ŒUVRES

DE

CHARLES HERMITE

PUBLIÉES

SOUS LES AUSPICES DE L'ACADÉMIE DES SCIENCES

Par ÉMILE PICARD,

MEMBRE DE L'INSTITUT.

TOME III.

PARIS,

GAUTHIER-VILLARS, IMPRIMEUR-LIBRAIRE

DU BUREAU DES LONGITUDES, DE L'ÉCOLE POLYTECHNIQUE,

Quai des Grands-Augustins, 55.

1912

[illegible]

[illegible]

[illegible]

[illegible]

[illegible]

[illegible]

[illegible]

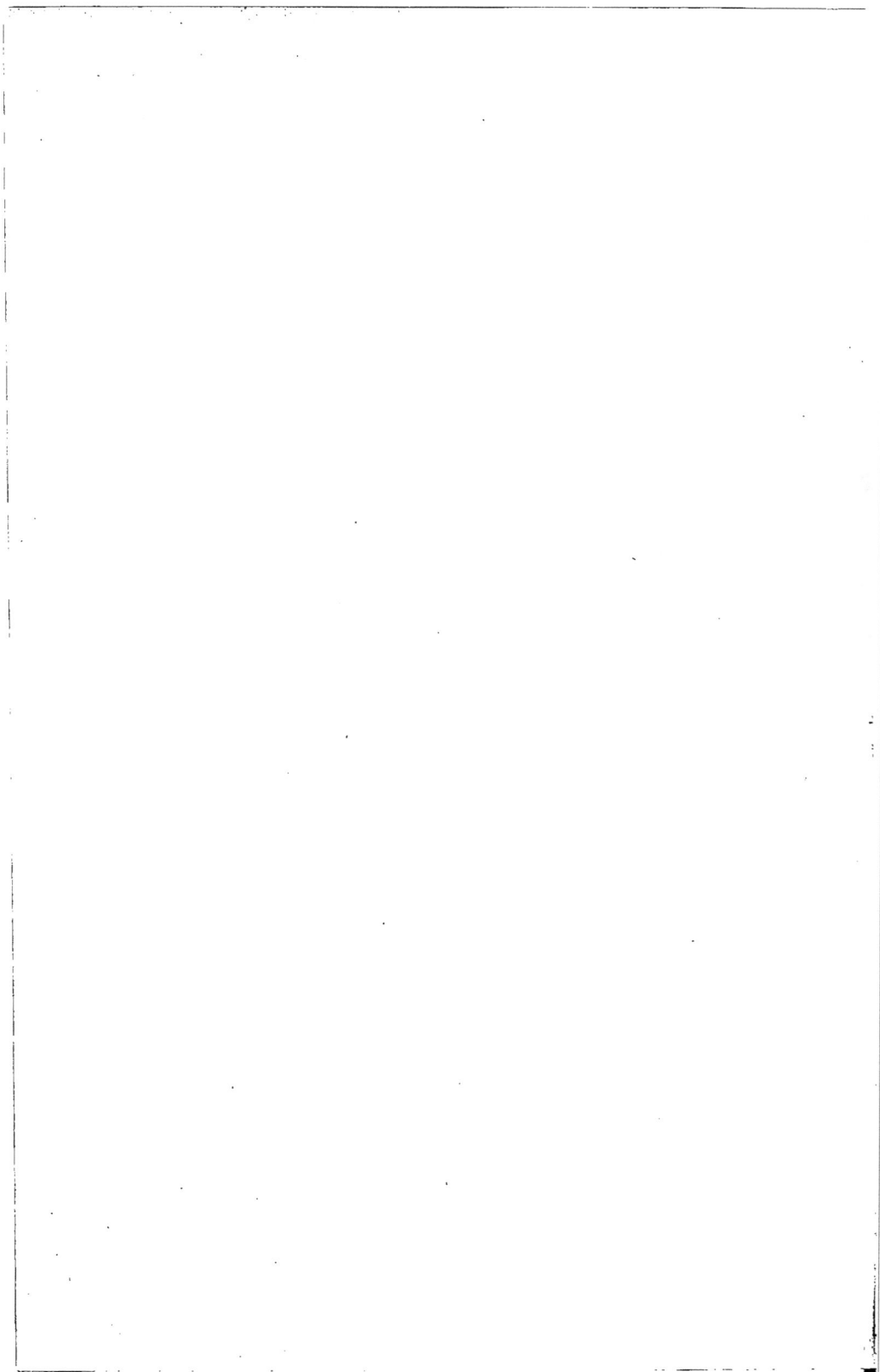

ŒUVRES

DE

CHARLES HERMITE.

43600 PARIS. — IMPRIMERIE GAUTHIER-VILLARS,
Quai des Grands-Augustins, 55.

Cliché Pirou Héliog. L. Schutzenberger

CHARLES HERMITE

ŒUVRES

DE

CHARLES HERMITE

PUBLIÉES

SOUS LES AUSPICES DE L'ACADÉMIE DES SCIENCES

Par ÉMILE PICARD,

MEMBRE DE L'INSTITUT.

TOME III.

PARIS,

GAUTHIER-VILLARS, IMPRIMEUR-LIBRAIRE

DU BUREAU DES LONGITUDES, DE L'ÉCOLE POLYTECHNIQUE,

Quai des Grands-Augustins, 55.

1912

AVERTISSEMENT.

La publication des Œuvres d'Hermite se poursuit dans les mêmes conditions, grâce au zèle dévoué de M. Henry Bourget qui me continue son précieux concours, et aux soins de M. Gauthier-Villars.

Les Mémoires ici reproduits vont de 1872 à 1880. Ce Volume commence toutefois par un travail inédit *Sur l'extension du théorème de Sturm à un système d'équations simultanées*, datant de la jeunesse d'Hermite, retrouvé récemment dans les papiers de Liouville. On lira aussi dans ce Tome divers Chapitres empruntés au *Cours d'Analyse de l'École Polytechnique*, une Note publiée dans l'*Algèbre supérieure* de Serret sur les équations résolubles par radicaux, et enfin une Leçon sur *l'équation de Lamé*, faite à l'École Polytechnique pendant l'hiver de 1872-1873, qui, à notre connaissance, contient les premières recherches d'Hermite sur une question qu'il devait approfondir quelques années plus tard. Le portrait placé au commencement du Volume représente Hermite vers l'âge de soixante-cinq ans.

Dans le Tome IV et dernier, nous publierons la fin de l'œuvre mathématique d'Hermite, ainsi que divers articles et discours.

Émile Picard.

ŒUVRES

DE

CHARLES HERMITE.

TOME III.

SUR

L'EXTENSION DU THÉORÈME DE M. STURM

A UN SYSTÈME D'ÉQUATIONS SIMULTANÉES (¹).

Mémoire inédit.

J'ai présumé longtemps que la question traitée dans ce Mémoire dépendait de l'extension des principes du calcul des résidus aux fonctions de plusieurs variables. On sait, en effet, que Cauchy a tiré de ce calcul son beau théorème sur la détermination du nombre des racines imaginaires d'une équation à une inconnue qui sont renfermées dans un contour donné. En réfléchissant sur les méthodes de l'illustre géomètre, il me semblait que des théorèmes analogues pour des équations simultanées devraient résulter de l'état des

(¹) Nous publions ici un Mémoire présenté à l'Académie par Hermite, le 12 juillet 1852, et retrouvé dans les papiers de Liouville par sa fille Mme de Blignières, qui a bien voulu nous le donner pour cette édition. Ce Mémoire avait été renvoyé à une Commission composée de Cauchy, Liouville et Sturm. Aucun Rapport n'a été fait; une Note a seulement été publiée dans les *Comptes rendus* et elle se trouve reproduite dans le Tome I de ces *Œuvres* (p. 281). E. P.

diverses valeurs que peut prendre une même intégrale double, lorsqu'en conservant les limites on substitue des fonctions imaginaires quelconques aux variables réelles de l'intégration. C'est ainsi qu'en désignant par $F(z, z')$, $\Phi(z, z')$ les premiers membres de deux équations simultanées, j'ai été conduit à la recherche des valeurs multiples de l'intégrale $\int\int \frac{\frac{dF}{dz}\frac{d\Phi}{dz'} - \frac{d\Phi}{dz}\frac{dF}{dz'}}{F\Phi}\, dz\, dz'$, qui me semblait devoir jouer un rôle analogue à celui de l'intégrale simple $\int \frac{F'_z}{F}\, dz$ dans la théorie des équations à une inconnue. Un grand nombre d'autres questions que je ne puis indiquer ici et qui se rapportent aux fonctions périodiques de plusieurs variables, m'amenaient encore à cette même recherche, et je ne puis douter qu'elles n'ouvrent un jour à l'analyse le plus vaste champ de découvertes. Mais, arrêté à plusieurs reprises par des difficultés qui me semblent bien au-dessus de mes forces, je ne sais s'il me sera jamais donné d'y faire quelque progrès. Aussi est-ce à d'autres principes que se rattachent les considérations développées dans ce Mémoire. Je dois indiquer d'abord les belles expressions découvertes par M. Sylvester pour les fonctions auxiliaires qui figurent dans le théorème de M. Sturm, et celles que M. Cayley en a déduites, comme m'ayant ouvert une voie nouvelle. Ce sont, en effet, des formules analogues à celles de ces deux savants géomètres qui seront posées *a priori* pour des équations simultanées, et dont on conclut avec facilité des propriétés toutes semblables à celles des fonctions de M. Sturm.

I. Nous considérerons en premier lieu une équation à une inconnue $F(x) = 0$, et nous désignerons ses racines par $x_1, x_2, \ldots, x_m$. Soit encore S_i la somme symétrique des puissances semblables $x_1^i + x_2^i + \ldots + x_m^i$; avec les quantités $S_1, S_2, \ldots, S_{2m-1}$ et une indéterminée λ, composons le système linéaire :

$$(1)\quad \left\{\begin{array}{lllll} S_1 - \lambda, & S_2, & S_3, & \ldots, & S_m, \\ S_2, & S_3 - \lambda, & S_4, & \ldots, & S_{m+1}, \\ S_3, & S_4, & S_5 - \lambda, & \ldots, & S_{m+2}, \\ \ldots, & \ldots, & \ldots\ldots, & \ldots, & \ldots\ldots, \\ S_m, & S_{m+1}, & S_{m+2}, & \ldots, & S_{2m-1} - \lambda. \end{array}\right.$$

Le déterminant de ce système sera un polynome entier en λ du degré m, que nous représenterons ainsi :

$$\Lambda = \Lambda_0 + \lambda\Lambda_1 + \lambda^2\Lambda_2 + \ldots + (-1)^m\lambda^m.$$

Comme le système (1) est symétrique, l'équation $\Lambda = 0$ aura toujours ses racines réelles; cette propriété importante, démontrée pour la première fois par M. Cauchy dans ses recherches sur les inégalités séculaires du mouvement elliptique des planètes, sera fondamentale dans ce Mémoire. Mais voici d'abord la forme nouvelle sous laquelle nous présentons le théorème de M. Sturm.

Soit $\Lambda(\xi)$ ce que devient le polynome Λ, lorsqu'on considère l'équation $F(x+\xi) = 0$, au lieu de la proposée, et v_ξ le nombre de ses variations pour une valeur donnée de la quantité ξ; le nombre des racines réelles de l'équation $F(x) = 0$, qui sont comprises entre deux limites quelconques ξ_0 et ξ_1, sera représenté en supposant $\xi_1 > \xi_0$ par la différence $v_{\xi_0} - v_{\xi_1}$.

Les coefficients des diverses puissances de λ, dans le polynome $\Lambda(\xi)$, sont ainsi des fonctions entières de ξ, qui forment un système non identique, mais analogue à celui des fonctions auxiliaires de M. Sturm et qui conduisent absolument au même résultat.

Considérons en second lieu deux équations à deux inconnues

$$F(x, y) = 0, \qquad \Phi(x, y) = 0,$$

que nous supposerons d'abord générales et du degré m chacune; soient

$$\begin{array}{llll} x = x_1, & x = x_2, & \ldots, & x = x_{m^2}, \\ y = y_1, & y = y_2, & \ldots, & y = y_{m^2}, \end{array}$$

leurs diverses solutions simultanées, et $S_{i,j}$ la somme symétrique $x_1^i y_1^j + x_2^i y_2^j + \ldots + x_{m^2}^i y_{m^2}^j$; nous représenterons pour abréger par (ω) le système linéaire

$$\begin{array}{lllll} S_{1\omega}, & S_{2\omega}, & S_{3\omega}, & \ldots, & S_{m\omega}, \\ S_{2\omega}, & S_{3\omega}, & S_{4\omega}, & \ldots, & S_{m+1\omega}, \\ S_{3\omega}, & S_{4\omega}, & S_{5\omega}, & \ldots, & S_{m+2\omega}, \\ \ldots, & \ldots, & \ldots, & \ldots, & \ldots\ldots, \\ S_{m\omega}, & S_{m+1\omega}, & S_{m+2\omega}, & \ldots, & S_{2m-1\omega}. \end{array}$$

En attribuant à l'indice ω les valeurs $1, 2, \ldots, m$, on aura un système que nous réunirons de la manière suivante :

$$\begin{array}{lllll}
(1), & (2), & (3), & \ldots, & (m), \\
(2), & (3), & (4), & \ldots, & (m+1), \\
(3), & (4), & (5), & \ldots, & (m+2), \\
\ldots, & \ldots, & \ldots, & \ldots, & \ldots\ldots\ldots, \\
(m), & (m+1), & (m+2), & \ldots, & (2m-1),
\end{array}$$

ce qui donne un système à m^2 colonnes dont la loi est facile à saisir. Cela posé, retranchons des termes en diagonale une même quantité λ, et formons le déterminant; nous obtiendrons un polynome en λ du degré m^2 que nous représenterons ainsi :

$$\Lambda = \Lambda_0 + \lambda \Lambda_1 + \lambda^2 \Lambda_2 + \ldots + (-1)^{m^2} \lambda^{m^2},$$

et qui nous conduira à étendre le théorème de M. Sturm à deux équations simultanées.

Considérons pour cela les deux inconnues x et y, comme l'abscisse et l'ordonnée d'un point rapporté à deux axes rectangulaires, de sorte qu'à chaque solution des équations proposées, telle que

$$x = x_i, \quad y = y_i,$$

corresponde un point déterminé. L'objet de notre proposition est de déterminer le nombre de ces points qui sont renfermés dans l'intérieur d'un rectangle donné. A cet effet, soit $\Lambda(\xi, \eta)$ ce que devient Λ lorsqu'on considère les équations

$$F(x+\xi, y+\eta) = 0, \qquad \Phi(x+\xi, y+\eta) = 0,$$

au lieu des proposées, et $v_{\xi,\eta}$ le nombre de ses variations pour des valeurs données de ξ et η.

Le nombre des solutions renfermées dans l'intérieur du rectangle ayant pour coordonnées de ses sommets

$$\begin{array}{llll}
x = \xi_0, & x = \xi_0, & x = \xi_1, & x = \xi_1, \\
y = \eta_0, & y = \eta_1, & y = \eta_0, & y = \eta_1,
\end{array}$$

sera donnée par l'expression

$$\frac{v_{\xi_1,\eta_1} + v_{\xi_0,\eta_0} - v_{\xi_0,\eta_1} - v_{\xi_1,\eta_0}}{2}.$$

II. La démonstration des théorèmes que nous venons d'énoncer repose, dans le cas des équations à une inconnue comme dans le cas des équations simultanées, sur l'expression en fonction des racines des deux premiers termes Λ_0 et Λ_1 des fonctions Λ. Voici d'abord cette recherche pour les équations à une inconnue, en suivant la méthode propre au second cas et dont on verra ainsi le principe avec plus de facilité.

La quantité Λ_0 est évidemment la valeur du polynome Λ pour $\lambda = 0$; c'est donc le déterminant du système

$$\begin{matrix} S_1, & S_2, & S_3, & \ldots, & S_m, \\ S_2, & S_3, & S_4, & \ldots, & S_{m+1}, \\ S_3, & S_4, & S_5, & \ldots, & S_{m+2}, \\ \ldots, & \ldots, & \ldots, & \ldots, & \ldots\ldots, \\ S_m, & S_{m+1}, & S_{m+2}, & \ldots, & S_{2m-1}. \end{matrix}$$

Quant à Λ_1, il suffit d'un peu d'attention pour reconnaître que c'est la somme prise en signe contraire de tous les déterminants à $m - 1$ colonnes que fournit le système précédent, lorsqu'on fait abstraction d'une colonne horizontale de rang quelconque telle que $S_i, S_{i+1}, \ldots, S_{i+m-2}$, et de la colonne verticale composée des mêmes termes. D'après cela, si l'on considère le système des équations linéaires

$$(1)\quad \left\{ \begin{array}{l} S_1 z_1 + S_2 z_2 + S_3 z_3 + \ldots + S_m z_m = Z_1, \\ S_2 z_1 + S_3 z_2 + S_4 z_3 + \ldots + S_{m+1} z_m = Z_2, \\ S_3 z_1 + S_4 z_2 + S_5 z_3 + \ldots + S_{m+2} z_m = Z_3, \\ \ldots\ldots\ldots\ldots\ldots\ldots\ldots\ldots\ldots, \\ S_m z_1 + S_{m+1} z_2 + S_{m+2} z_3 + \ldots + S_{2m-1} z_m = Z_m, \end{array} \right.$$

et qu'on le résolve par rapport aux quantités z, de manière à obtenir

$$\begin{array}{l} z_1 = A_1^1 Z_1 + A_2^1 Z_2 + A_3^1 Z_3 + \ldots + A_m^1 Z_m, \\ z_2 = A_1^2 Z_1 + A_2^2 Z_2 + A_3^2 Z_3 + \ldots + A_m^2 Z_m, \\ z_3 = A_1^3 Z_1 + A_2^3 Z_2 + A_3^3 Z_3 + \ldots + A_m^3 Z_m, \\ \ldots\ldots\ldots\ldots\ldots\ldots\ldots\ldots\ldots, \\ z_m = A_1^m Z_1 + A_2^m Z_2 + A_3^m Z_3 + \ldots + A_m^m Z_m. \end{array}$$

Λ_0 sera le dénominateur commun des quantités A, et $\frac{\Lambda_1}{\Lambda_0}$ sera la valeur changée de signe de la somme des termes en diagonale $A_1^1 + A_2^2 + A_3^3 + \ldots + A_m^m$.

Cela posé, nous observerons qu'en introduisant m inconnues auxiliaires $\zeta_1, \zeta_2, \ldots, \zeta_m$, on peut remplacer le système des équations (1) par les deux suivants :

$$(2)\quad \begin{cases} \zeta_1 + \zeta_2 + \zeta_3 + \ldots + \zeta_m = Z_1, \\ x_1\zeta_1 + x_2\zeta_2 + x_3\zeta_3 + \ldots + x_m\zeta_m = Z_2, \\ x_1^2\zeta_1 + x_2^2\zeta_2 + x_3^2\zeta_3 + \ldots + x_m^2\zeta_m = Z_3, \\ \ldots\ldots\ldots\ldots\ldots\ldots\ldots\ldots, \\ x_1^{m-1}\zeta_1 + x_2^{m-1}\zeta_2 + x_3^{m-1}\zeta_3 + \ldots + x_m^{m-1}\zeta_m = Z_m, \end{cases}$$

et

$$(3)\quad \begin{cases} \zeta_1 = x_1 z_1 + x_1^2 z_2 + x_1^3 z_3 + \ldots + x_1^m z_m, \\ \zeta_2 = x_2 z_1 + x_2^2 z_2 + x_2^3 z_3 + \ldots + x_2^m z_m, \\ \zeta_3 = x_3 z_1 + x_3^2 z_2 + x_3^3 z_3 + \ldots + x_3^m z_m, \\ \ldots\ldots\ldots\ldots\ldots\ldots\ldots\ldots, \\ \zeta_m = x_m z_1 + x_m^2 z_2 + x_m^3 z_3 + \ldots + x_m^m z_m, \end{cases}$$

comme on le voit immédiatement par la substitution des valeurs des quantités ζ. De là résulte d'abord, par l'une des propositions élémentaires de la théorie des déterminants, que Λ_0 sera le produit des déterminants relatifs aux équations (2) et (3); or il est visible que le second n'est autre que le premier multiplié par le produit $x_1 x_2 x_3 \ldots x_m$; ainsi, nous avons cette égalité :

$$\Lambda_0 = \begin{vmatrix} S_1 & S_2 & S_3 & \ldots & S_m \\ S_2 & S_3 & S_4 & \ldots & S_{m+1} \\ S_3 & S_4 & S_5 & \ldots & S_{m+2} \\ \ldots & \ldots & \ldots & \ldots & \ldots \\ S_m & S_{m+1} & S_{m+2} & \ldots & S_{2m-1} \end{vmatrix}$$

$$= x_1 x_2 x_3 \ldots x_m \begin{vmatrix} 1 & 1 & 1 & \ldots & 1 \\ x_1 & x_2 & x_3 & \ldots & x_m \\ x_1^2 & x_2^2 & x_3^2 & \ldots & x_m^2 \\ \ldots & \ldots & \ldots & \ldots & \ldots \\ x_1^{m-1} & x_2^{m-1} & x_3^{m-1} & \ldots & x_m^{m-1} \end{vmatrix}^2.$$

Si nous n'avions en vue que les équations à une inconnue, nous pourrions nous arrêter ici, car on sait que le carré du déterminant par lequel se trouve exprimé Λ_0, est le produit des différences des racines x, prises deux à deux, de toutes les manières possibles, mais cette donnée nous manquera dans la question analogue relative aux équations simultanées; aussi nous allons, dès à présent, recourir à la méthode suivante. Introduisant un nouveau système de quantités auxiliaires $\eta_0, \eta_1, \eta_2, \ldots, \eta_{m-1}$, nous poserons

$$(4)\quad \left\{\begin{aligned} \zeta_1 &= \frac{\eta_0 + x_1\eta_1 + x_1^2\eta_2 + \ldots + x_1^{m-1}\eta_{m-1}}{F'(x_1)},\\ \zeta_2 &= \frac{\eta_0 + x_2\eta_1 + x_2^2\eta_2 + \ldots + x_2^{m-1}\eta_{m-1}}{F'(x_2)},\\ \zeta_3 &= \frac{\eta_0 + x_3\eta_1 + x_3^2\eta_2 + \ldots + x_3^{m-1}\eta_{m-1}}{F'(x_3)},\\ &\ldots\ldots\ldots\ldots\ldots\ldots,\\ \zeta_m &= \frac{\eta_0 + x_m\eta_1 + x_m^2\eta_2 + \ldots + x_m^{m-1}\eta_{m-1}}{F'(x_m)}, \end{aligned}\right.$$

$F'(x)$ désignant la dérivée du premier membre de l'équation proposée $F(x) = 0$; maintenant, si l'on substitue les nouvelles inconnues η aux quantités ζ dans les équations (2), il viendra

$$(5)\quad \left\{\begin{aligned} &\eta_0\sum\frac{1}{F'} + \eta_1\sum\frac{x}{F'} + \eta_2\sum\frac{x^2}{F'} + \ldots + \eta_{m-1}\sum\frac{x^{m-1}}{F'} = Z_1,\\ &\eta_0\sum\frac{x}{F'} + \eta_1\sum\frac{x^2}{F'} + \eta_2\sum\frac{x^3}{F'} + \ldots + \eta_{m-1}\sum\frac{x^{m}}{F'} = Z_2,\\ &\eta_0\sum\frac{x^2}{F'} + \eta_1\sum\frac{x^3}{F'} + \eta_2\sum\frac{x^4}{F'} + \ldots + \eta_{m-1}\sum\frac{x^{m+1}}{F'} = Z_3,\\ &\ldots\ldots\ldots\ldots\ldots\ldots\ldots\ldots\ldots,\\ &\eta_0\sum\frac{x^{m-1}}{F'} + \eta_1\sum\frac{x^{m}}{F'} + \eta_2\sum\frac{x^{m+1}}{F'} + \ldots + \eta_{m-1}\sum\frac{x^{2m-2}}{F'} = Z_m, \end{aligned}\right.$$

en représentant, pour abréger, la somme

$$\frac{x_1^\mu}{F'(x_1)} + \frac{x_2^\mu}{F'(x_2)} + \frac{x_3^\mu}{F'(x_3)} + \ldots + \frac{x_m^\mu}{F'(x_m)}$$

par

$$\sum\frac{x^\mu}{F'}.$$

Mais on sait que cette somme est nulle pour toutes les valeurs de μ moindres que $m-1$, et qu'elle est l'unité pour $\mu = m-1$ si le coefficient de x^m dans $F(x)$ est lui-même égal à 1. Pour les valeurs supérieures de μ, elle représentera une fonction rationnelle et entière des coefficients du polynome $F(x)$, de sorte qu'en faisant

$$\sum\frac{x^{m-1+i}}{F'} = \sigma_i,$$

les équations (5) prendront la forme

$$(6)\quad \left\{\begin{array}{r} \eta_{m-1} = Z_1, \\ \eta_{m-2} + \sigma_1 \eta_{m-1} = Z_2, \\ \eta_{m-3} + \sigma_1 \eta_{m-2} + \sigma_2 \eta_{m-1} = Z_3, \\ \ldots\ldots\ldots\ldots\ldots\ldots\ldots ; \\ \eta_0 + \sigma_1 \eta_1 + \sigma_2 \eta_2 + \ldots + \sigma_{m-2} \eta_{m-2} + \sigma_{m-1} \eta_{m-1} = Z_m, \end{array}\right.$$

et ne contiendront plus les racines $x_1, x_2, \ldots, x_m$. Mais, comme on le voit, le déterminant relatif à un pareil système est simplement $(-1)^{\frac{m(m+1)}{2}}$; il est d'ailleurs égal au produit des déterminants relatifs aux systèmes (2) et (4); le système (4) lui-même donne pour déterminant celui du système (2), divisé par le produit $F'(x_1)\,F'(x_2)\,F'(x_3)\ldots F'(x_m)$; on en conclut l'expression suivante que nous voulions obtenir, savoir

$$\Lambda_0 = (-1)^{\frac{m(m+1)}{2}} x_1 x_2 \ldots x_m\, F'(x_1)\,F'(x_2)\ldots F'(x_m).$$

III. L'introduction des inconnues η n'avait pas seulement pour objet de nous conduire à la valeur de Λ_0; elle nous servira aussi à la résolution des équations (1) et, par suite, à la détermination des quantités A et à celle de $\frac{\Lambda_1}{\Lambda_0}$. J'observerai d'abord que les équations (3) peuvent être mises absolument sous la même forme que les équations (6). Multiplions-les respectivement par les quantités $\frac{1}{x_1 F'(x_1)}, \frac{1}{x_2 F'(x_2)}, \ldots, \frac{1}{x_m F'(x_m)}$, en les ajoutant et se servant, pour abréger, du signe $\sum$, comme plus haut; il viendra d'abord

$$z_m = \frac{\zeta_1}{x_1 F'_{x_1}} + \frac{\zeta_2}{x_2 F'_{x_2}} + \ldots + \frac{\zeta_m}{x_m F'_{x_m}} = \sum \frac{\zeta}{x F'(x)},$$

et si l'on continue de même en prenant pour multiplicateurs les quantités $\frac{x^\mu}{F'_x}$, on arriva au système suivant :

$$(7)\quad \left\{\begin{array}{r} z_m = \sum \frac{\zeta}{x F'_x}, \\ z_{m-1} + \sigma_1 z_m = \sum \frac{x\zeta}{x F'_x}, \\ z_{m-2} + \sigma_1 z_{m-1} + \sigma_2 z_m = \sum \frac{x^2\zeta}{x F'_x}, \\ \ldots\ldots\ldots\ldots\ldots\ldots\ldots , \\ z_1 + \sigma_1 z_2 + \sigma_2 z_3 + \ldots + \sigma_{m-2} z_{m-1} + \sigma_{m-1} z_m = \sum \frac{x^{m-1}\zeta}{x F'_x}. \end{array}\right.$$

Cela posé, il est facile de voir que la résolution des équations (6) donne des résultats de cette forme, savoir :

$$\begin{aligned}
\eta_0 &= Z_m + \omega_1 Z_{m-1} + \omega_2 Z_{m-2} + \ldots + \ldots\ldots\ldots + \omega_{m-2} Z_2 + \omega_{m-1} Z_1,\\
\eta_1 &= Z_{m-1} + \omega_1 Z_{m-2} + \omega_2 Z_{m-3} + \ldots + \ldots\ldots\ldots + \omega_{m-2} Z_1,\\
\eta_2 &= Z_{m-2} + \omega_1 Z_{m-3} + \omega_2 Z_{m-4} + \ldots + \omega_{m-3} Z_1,\\
&\ldots\ldots\ldots\ldots\ldots\ldots\ldots\ldots\ldots\ldots,\\
\eta_{m-2} &= Z_2 + \omega_1 Z_1,\\
\eta_{m-1} &= Z_1.
\end{aligned}$$

Les quantités ω étant des fonctions rationnelles et entières des quantités σ, et, par suite, des coefficients de l'équation $F(x) = 0$. Si donc on fait

$$\begin{aligned}
\Omega_1(x) &= x^{m-1} + \omega_1 x^{m-2} + \omega_2 x^{m-3} + \ldots + \omega_{m-2} x + \omega_{m-1},\\
\Omega_2(x) &= x^{m-2} + \omega_1 x^{m-3} + \omega_2 x^{m-4} + \ldots + \omega_{m-2},\\
&\ldots\ldots\ldots\ldots\ldots\ldots\ldots\ldots\ldots\ldots,\\
\Omega_{m-1}(x) &= x^2 + \omega_1 x + \omega_2,\\
\Omega_m(x) &= x + \omega_1,
\end{aligned}$$

on trouvera, par la substitution des quantités η dans les équations (4), les valeurs suivantes :

$$\begin{aligned}
\zeta_1 &= \frac{\Omega_1(x_1)Z_1 + \Omega_2(x_1)Z_2 + \ldots + \Omega_{m-1}(x_1)Z_{m-1} + Z_m}{F'(x_1)},\\
\zeta_2 &= \frac{\Omega_1(x_2)Z_1 + \Omega_2(x_2)Z_2 + \ldots + \Omega_{m-1}(x_2)Z_{m-1} + Z_m}{F'(x_2)},\\
&\ldots\ldots\ldots\ldots\ldots\ldots\ldots\ldots\ldots\ldots,\\
\zeta_m &= \frac{\Omega_1(x_m)Z_1 + \Omega_2(x_m)Z_2 + \ldots + \Omega_{m-1}(x_m)Z_{m-1} + Z_m}{F'(x_m)}.
\end{aligned}$$

Maintenant la résolution des équations (7) par rapport aux inconnues z s'effectuera comme celle des équations (6), et donnera les valeurs

$$\begin{aligned}
z_1 &= \sum \frac{\Omega_1(x)\zeta}{x F'_x} = \frac{\Omega_1(x_1)\zeta_1}{x_1 F'(x_1)} + \frac{\Omega_1(x_2)\zeta_2}{x_2 F'(x_2)} + \ldots + \frac{\Omega_1(x_m)\zeta_m}{x_m F'(x_m)},\\
z_2 &= \sum \frac{\Omega_2(x)\zeta}{x F'_x} = \frac{\Omega_2(x_1)\zeta_1}{x_1 F'(x_1)} + \frac{\Omega_2(x_2)\zeta_2}{x_2 F'(x_2)} + \ldots + \frac{\Omega_2(x_m)\zeta_m}{x_m F'(x_m)},\\
&\ldots\ldots\ldots\ldots\ldots\ldots\ldots\ldots\ldots\ldots,\\
z_{m-1} &= \sum \frac{\Omega_{m-1}(x)\zeta}{x F'_x} = \frac{\Omega_{m-1}(x_1)\zeta_1}{x_1 F'(x_1)} + \frac{\Omega_{m-1}(x_2)\zeta_2}{x_2 F'(x_2)} + \ldots + \frac{\Omega_{m-1}(x_m)\zeta_m}{x_m F'(x_m)},\\
z_m &= \sum \frac{\zeta}{x F'_x} = \frac{\zeta_1}{x_1 F'(x_1)} + \frac{\zeta_2}{x_2 F'(x_2)} + \ldots + \frac{\zeta_m}{x_m F'(x_m)},
\end{aligned}$$

enfin, si l'on substitue les valeurs des inconnues ζ précédemment trouvées, il viendra, en employant toujours le signe $\sum$ pour indiquer une somme relative aux racines $x_1, x_2, \ldots, x_m$,

$$z_1 = \sum \frac{\Omega_1(x)[\Omega_1(x)Z_1 + \Omega_2(x)Z_2 + \ldots + \Omega_{m-1}(x)Z_{m-1} + Z_m]}{x\,F'^2(x)},$$

$$z_2 = \sum \frac{\Omega_2(x)[\Omega_1(x)Z_1 + \Omega_2(x)Z_2 + \ldots + \Omega_{m-1}(x)Z_{m-1} + Z_m]}{x\,F'^2(x)},$$

$$\ldots\ldots\ldots\ldots\ldots\ldots\ldots\ldots\ldots\ldots\ldots\ldots$$

$$z_{m-1} = \sum \frac{\Omega_{m-1}(x)[\Omega_1(x)Z_1 + \Omega_2(x)Z_2 + \ldots + \Omega_{m-1}(x)Z_{m-1} + Z_m]}{x\,F'^2(x)},$$

$$z_m = \sum \frac{\Omega_1(x)Z_1 + \Omega_2(x)Z_2 + \ldots + \Omega_{m-1}(x)Z_{m-1} + Z_m}{x\,F'^2(x)}.$$

Ce sont là les formules auxquelles nous voulions arriver pour la résolution des équations (1) du paragraphe précédent; on aurait pu les obtenir par une méthode plus directe et plus rapide, mais qu'il n'eût pas été possible d'appliquer aux équations analogues composées avec les solutions simultanées d'un système de deux équations à deux inconnues que nous rencontrerons plus tard; elles donnent, comme on voit, sous une forme élégante, les quantités désignées précédemment par A_k^i, savoir :

$$A_k^i = \sum \frac{\Omega_i(x)\,\Omega_k(x)}{x\,F'^2(x)}$$

et l'on en tire, pour la valeur de $\frac{\Lambda_1}{\Lambda_0}$, cette expression dont le numérateur est une somme de carrés

$$\frac{\Lambda_1}{\Lambda_0} = -(A_1^1 + A_2^2 + \ldots + A_m^m) = -\sum \frac{\Omega_1^2(x) + \Omega_2^2(x) + \ldots + \Omega_{m-1}^2(x) + 1}{x\,F'^2(x)}.$$

IV. Nous avons désigné par $\Lambda(\xi)$ au commencement, ce que devenait le polynome Λ, lorsqu'on considère au lieu de l'équation $F(x) = 0$, la suivante $F(x + \xi) = 0$, et nous avons posé

$$\Lambda(\xi) = \Lambda_0(\xi) + \lambda\,\Lambda_1(\xi) + \ldots + (-1)^m \lambda^m;$$

or, il est facile de passer des valeurs précédemment trouvées de Λ_0 et $\frac{\Lambda_1}{\Lambda_0}$, à celles de $\Lambda_0(\xi)$ et $\frac{\Lambda_1(\xi)}{\Lambda_0(\xi)}$. Et d'abord, comme on le voit de suite, les valeurs de la dérivée $F'(x + \xi)$, lorsqu'on mettra pour x

les racines de l'équation transformée $F(x+\xi)=0$, ne différeront point des quantités $F'(x_1)$, $F'(x_2)$, etc., de sorte qu'on aura

$$\Lambda_0(\xi)=(-1)^{\frac{m(m+1)}{2}}(x_1-\xi)(x_2-\xi)\ldots(x_m-\xi)\times F'(x_1)F'(x_2)\ldots F'(x_m).$$

Quant aux polynomes $\Omega_1(x)$, $\Omega_2(x)$, ..., ils deviendront des fonctions rationnelles et entières de ξ; ainsi en posant

$$\Omega_1^2(x)+\Omega_2^2(x)+\ldots+\Omega_{m-1}^2(x)+1=\mathcal{F}(\xi, x),$$

la fonction $\mathcal{F}$ correspondant à une racine x réelle ne pourra jamais ni s'évanouir ni changer de signe pour aucune valeur de ξ. Ces préliminaires posés, nous allons démontrer que les coefficients des diverses puissances de λ dans le polynome $\Lambda(\xi)$ possèdent les mêmes propriétés que les fonctions qui figurent dans le théorème de M. Sturm. En premier lieu, l'équation $\Lambda(\xi)=0$, ayant toujours toutes ses racines réelles, il suit d'une conséquence de la règle des signes de Descartes, que les coefficients de deux puissances consécutives de λ ne pourront jamais être supposés nuls en même temps, et que si un coefficient s'évanouit, ceux de la puissance précédente et suivante de λ seront de signes contraires. Si donc on fait croître ξ d'une manière continue de ξ_0 à ξ_1, des changements dans le nombre des variations de $\Lambda(\xi)$ ne pourront survenir qu'autant que ce sera le dernier terme qui viendra à s'annuler. Mais, d'après l'expression obtenue pour ce dernier terme, les valeurs de ξ qui peuvent l'annuler sont uniquement les racines de l'équation proposée. Cela étant, considérons le rapport $\frac{\Lambda_1(\xi)}{\Lambda_0(\xi)}$ dont nous avons obtenu l'expression, savoir :

$$\frac{\Lambda_1(\xi)}{\Lambda_0(\xi)}=-\sum\frac{\mathcal{F}(\xi, x)}{(x-\xi)F'^2(x)}=\sum\frac{\mathcal{F}(\xi, x)}{(\xi-x)F'^2(x)}.$$

Pour une valeur de ξ voisine d'une racine quelconque x, le signe de ce rapport dépendra du seul terme $\frac{\mathcal{F}(\xi, x)}{(\xi-x)F'^2(x)}$; donc, d'après ce que nous avons remarqué sur le numérateur, il sera négatif pour une valeur de ξ un peu inférieure à x, et positif pour une valeur un peu supérieure. Nous voyons donc que la quantité ξ croissant d'une manière continue de ξ_0 à ξ_1, le polynome $\Lambda(\xi)$ perd autant de variations qu'il y a de racines réelles de l'équation $F(x)=0$, comprises entre ces limites; le nombre de ces racines est donc bien $v_{\xi_0} - v_{\xi_1}$, comme nous l'avons annoncé.

V. Dans la démonstration du théorème analogue au précédent pour deux équations, nous supposons ces équations les plus générales de leur degré, pour n'avoir pas lieu de discuter les cas particuliers qui pourraient s'offrir et où nos formules seraient en défaut. Ces cas particuliers se trouveront d'ailleurs complètement évités dans une autre forme sous laquelle nous présenterons plus tard notre théorème, et qui, moins symétrique à la vérité, se prête plus facilement aux applications numériques. Nous avons pensé utile de présenter d'abord pour deux équations du second degré les calculs des quantités Λ_0 et Λ_1; on peut, en effet, écrire alors en entier les formules qui, en général, sont représentées d'une manière abrégée, et l'on en saisira très facilement le sens.

Nous avons employé, en commençant, le symbole (ω) pour représenter le système

$$\begin{matrix} S_{1\omega}, & S_{2\omega}, & S_{3\omega}, & \ldots, & S_{m\omega}, \\ S_{2\omega}, & S_{3\omega}, & S_{4\omega}, & \ldots, & S_{m+1\,\omega}, \\ S_{3\omega}, & S_{4\omega}, & S_{5\omega}, & \ldots, & S_{m+2\,\omega}, \\ \ldots, & \ldots, & \ldots, & \ldots, & \ldots\ldots, \\ S_{m\omega}, & S_{m+1\,\omega}, & S_{m+2\,\omega}, & \ldots, & S_{2m-1\,\omega}. \end{matrix}$$

Si l'on suppose $m = 2$, ce système se réduira à

$$\begin{matrix} S_{1\omega}, & S_{2\omega}, \\ S_{2\omega}, & S_{3\omega}, \end{matrix}$$

de sorte que la fonction Λ sera le déterminant suivant à quatre colonnes, savoir :

$$\Lambda = \begin{vmatrix} S_{11}-\lambda & S_{21} & S_{12} & S_{22} \\ S_{21} & S_{31}-\lambda & S_{22} & S_{32} \\ S_{12} & S_{22} & S_{13}-\lambda & S_{23} \\ S_{22} & S_{32} & S_{23} & S_{33}-\lambda \end{vmatrix}.$$

Cela posé, formons le système des équations linéaires :

$$(8)\qquad \left\{\begin{array}{l} S_{11}z_1 + S_{21}z_2 + S_{12}z_3 + S_{22}z_4 = Z_1, \\ S_{21}z_1 + S_{31}z_2 + S_{22}z_3 + S_{32}z_4 = Z_2, \\ S_{12}z_1 + S_{22}z_2 + S_{13}z_3 + S_{23}z_4 = Z_3, \\ S_{22}z_1 + S_{32}z_2 + S_{23}z_3 + S_{33}z_4 = Z_4. \end{array}\right.$$

Le dénominateur commun des valeurs des inconnues z sera Λ_0, et si ces valeurs sont représentées par les formules

$$\begin{aligned}
z_1 &= A_1^1 Z_1 + A_2^1 Z_2 + A_3^1 Z_3 + A_4^1 Z_4,\\
z_2 &= A_1^2 Z_1 + A_2^2 Z_2 + A_3^2 Z_3 + A_4^2 Z_4,\\
z_3 &= A_1^3 Z_1 + A_2^3 Z_2 + A_3^3 Z_3 + A_4^3 Z_4,\\
z_4 &= A_1^4 Z_1 + A_2^4 Z_2 + A_3^4 Z_3 + A_4^4 Z_4,
\end{aligned}$$

on aurait, comme précédemment,

$$\frac{\Lambda_1}{\Lambda_0} = -(A_1^1 + A_2^2 + A_3^3 + A_4^4).$$

Or, en introduisant quatre inconnues auxiliaires $\zeta_1, \zeta_2, \zeta_3, \zeta_4$, nous pourrons remplacer les équations (8) par les suivantes :

$$(9)\quad \left\{\begin{aligned}
\zeta_1 + \zeta_2 + \zeta_3 + \zeta_4 &= Z_1,\\
x_1\zeta_1 + x_2\zeta_2 + x_3\zeta_3 + x_4\zeta_4 &= Z_2,\\
y_1\zeta_1 + y_2\zeta_2 + y_3\zeta_3 + y_4\zeta_4 &= Z_3,\\
x_1y_1\zeta_1 + x_2y_2\zeta_2 + x_3y_3\zeta_3 + x_4y_4\zeta_4 &= Z_4,
\end{aligned}\right.$$

et

$$(10)\quad \left\{\begin{aligned}
\zeta_1 &= x_1y_1(z_1 + x_1z_2 + y_1z_3 + x_1y_1z_4),\\
\zeta_2 &= x_2y_2(z_1 + x_2z_2 + y_2z_3 + x_2y_2z_4),\\
\zeta_3 &= x_3y_3(z_1 + x_3z_2 + y_3z_3 + x_3y_3z_4),\\
\zeta_4 &= x_4y_4(z_1 + x_4z_2 + y_4z_3 + x_4y_4z_4),
\end{aligned}\right.$$

Donc Λ_0, qui est le déterminant relatif aux équations (8) aura pour valeur le produit des déterminants propres aux deux systèmes (9) et (10), ce qui donnera très facilement l'égalité suivante

$$\Lambda_0 = \begin{vmatrix}
S_{11} & S_{21} & S_{12} & S_{22}\\
S_{21} & S_{31} & S_{22} & S_{32}\\
S_{12} & S_{22} & S_{13} & S_{23}\\
S_{22} & S_{32} & S_{23} & S_{33}
\end{vmatrix}$$

$$= x_1x_2x_3x_4y_1y_2y_3y_4 \begin{vmatrix}
1 & 1 & 1 & 1\\
x_1 & x_2 & x_3 & x_4\\
y_1 & y_2 & y_3 & y_4\\
x_1y_1 & x_2y_2 & x_3y_3 & x_4y_4
\end{vmatrix}^2.$$

Cela posé, représentons par $\Delta(x,y)$ la déterminante fonctionnelle relative aux premiers membres de nos deux équations du second degré, $F(x,y)=0$, $\Phi(x,y)=0$, c'est-à-dire l'expression

$\frac{\partial F}{\partial y}\frac{\partial \Phi}{\partial x}-\frac{\partial F}{\partial x}\frac{\partial \Phi}{\partial y}$, et introduisons les nouvelles quantités auxiliaires $\eta_1, \eta_2, \eta_3, \eta_4$ par ces formules :

$$(11)\quad \left\{\begin{aligned}
\zeta_1 &= \frac{\eta_1 + x_1\eta_2 + y_1\eta_3 + x_1y_1\eta_4}{\Delta(x_1, y_1)},\\
\zeta_2 &= \frac{\eta_1 + x_2\eta_2 + y_2\eta_3 + x_2y_2\eta_4}{\Delta(x_2, y_2)},\\
\zeta_3 &= \frac{\eta_1 + x_3\eta_2 + y_3\eta_3 + x_3y_3\eta_4}{\Delta(x_3, y_3)},\\
\zeta_4 &= \frac{\eta_1 + x_4\eta_2 + y_4\eta_3 + x_4y_4\eta_4}{\Delta(x_4, y_4)}.
\end{aligned}\right.$$

On trouvera, par la substitution dans les équations (9), qu'elles se transforment ainsi :

$$\begin{aligned}
\eta_1\sum\frac{1}{\Delta} + \eta_2\sum\frac{x}{\Delta} + \eta_3\sum\frac{y}{\Delta} + \eta_4\sum\frac{xy}{\Delta} &= Z_1,\\
\eta_1\sum\frac{x}{\Delta} + \eta_2\sum\frac{x^2}{\Delta} + \eta_3\sum\frac{xy}{\Delta} + \eta_4\sum\frac{x^2y}{\Delta} &= Z_2,\\
\eta_1\sum\frac{y}{\Delta} + \eta_2\sum\frac{xy}{\Delta} + \eta_3\sum\frac{y^2}{\Delta} + \eta_4\sum\frac{xy^2}{\Delta} &= Z_3,\\
\eta_1\sum\frac{xy}{\Delta} + \eta_2\sum\frac{x^2y}{\Delta} + \eta_3\sum\frac{xy^2}{\Delta} + \eta_4\sum\frac{x^2y^2}{\Delta} &= Z_4.
\end{aligned}$$

en représentant pour abréger, par exemple, la somme symétrique $\frac{1}{\Delta(x_1, y_1)} + \frac{1}{\Delta(x_2, y_2)} + \ldots$, par $\sum\frac{1}{\Delta}$. Mais, d'après un théorème de M. Jacobi, les sommes $\sum\frac{1}{\Delta}$, $\sum\frac{x}{\Delta}$ et $\sum\frac{y}{\Delta}$ s'évanouissent ; ainsi nos équations en η deviennent plus simplement

$$(12)\quad \left\{\begin{aligned}
\eta_4\sum\frac{xy}{\Delta} &= Z_1,\\
\eta_2\sum\frac{x^2}{\Delta} + \eta_3\sum\frac{xy}{\Delta} + \eta_4\sum\frac{x^2y}{\Delta} &= Z_2,\\
\eta_2\sum\frac{xy}{\Delta} + \eta_3\sum\frac{y^2}{\Delta} + \eta_4\sum\frac{xy^2}{\Delta} &= Z_3,\\
\eta_1\sum\frac{xy}{\Delta} + \eta_2\sum\frac{x^2y}{\Delta} + \eta_3\sum\frac{xy^2}{\Delta} + \eta_4\sum\frac{x^2y^2}{\Delta} &= Z_4.
\end{aligned}\right.$$

Dans ce système, le déterminant n'est plus l'unité comme nous l'avons trouvé plus haut pour des équations analogues ; on obtient aisément pour sa valeur

$$\left(\sum \frac{xy}{\Delta}\right)^2 \left[\left(\sum \frac{xy}{\Delta}\right)^2 - \sum \frac{x^2}{\Delta} \sum \frac{y^2}{\Delta}\right],$$

dont voici l'expression en fonction des coefficients des équations proposées. A cet effet, soit

$$\begin{aligned} F(x, y) &= a x^2 + 2 b xy + cy^2 + \ldots, \\ \Phi(x, y) &= \alpha x^2 + 2\beta xy + \gamma y^2 + \ldots, \end{aligned}$$

les termes non écrits étant d'un degré inférieur; posons, pour abréger,

$$\begin{aligned} A &= \beta c - b\gamma, \\ B &= \alpha c - a\gamma, \\ C &= \alpha b - a\beta, \\ B^2 - 4AC &= \text{Ⓓ} \quad (^1). \end{aligned}$$

On trouvera par un calcul facile

$$\sum \frac{x^2}{\Delta} = -\frac{2A}{\text{Ⓓ}}, \qquad \sum \frac{xy}{\Delta} = \frac{B}{\text{Ⓓ}}, \qquad \sum \frac{y^2}{\Delta} = -\frac{2C}{\text{Ⓓ}};$$

donc

$$\left(\sum \frac{xy}{\Delta}\right)^2 \left[\left(\sum \frac{xy}{\Delta}\right)^2 - \sum \frac{x^2}{\Delta} \sum \frac{y^2}{\Delta}\right] = \frac{B^2}{\text{Ⓓ}^3}.$$

Le cas d'exception à nos formules se présenterait lorsque B ou Ⓓ s'évanouissent, mais, en général, ils seront différents de zéro; alors la quantité précédente représentant le produit des déterminants relatifs aux systèmes (9) et (11), on arrivera à cette égalité

$$\begin{vmatrix} 1 & 1 & 1 & 1 \\ x_1 & x_2 & x_3 & x_4 \\ y_1 & y_2 & y_3 & y_4 \\ x_1y_1 & x_2y_2 & x_3y_3 & x_4y_4 \end{vmatrix}^2 = \frac{B^2}{\text{Ⓓ}^3} \Delta(x_1, y_1)\Delta(x_2, y_2)\Delta(x_3, y_3)\Delta(x_4, y_4),$$

d'où l'on conclut la valeur de A_0, sous la forme suivante :

$$A_0 = x_1x_2x_3x_4\, y_1y_2y_3y_4 \frac{B^2}{\text{Ⓓ}^3} \Delta(x_1, y_1)\Delta(x_2, y_2)\Delta(x_3, y_3)\Delta(x_4, y_4).$$

---

(1) Cette quantité Ⓓ est le coefficient de la puissance la plus élevée dans l'équation finale en x ou en y quand on a fait disparaître les dénominateurs.

On retrouve bien ici la propriété connue de la fonction Δ de s'évanouir pour deux solutions égales, car si l'on suppose, par exemple, $x_1 = x_2$ et $y_1 = y_2$, deux colonnes du déterminant deviennent identiques et il s'annule.

VI. Résolvons, par rapport aux inconnues η, les équations (12), leurs valeurs auront la forme suivante :

$$\begin{aligned}
\eta_1 &= \alpha Z_1 + \beta Z_2 + \gamma Z_3 + \delta Z_4,\\
\eta_2 &= \alpha' Z_1 + \beta' Z_2 + \gamma' Z_3,\\
\eta_3 &= \alpha'' Z_1 + \beta'' Z_2 + \gamma'' Z_3,\\
\eta_4 &= \alpha''' Z_1,
\end{aligned}$$

et l'on pourrait même démontrer qu'on a ces relations

$$\beta = \alpha', \qquad \gamma = \alpha'', \qquad \delta = \alpha''', \qquad \gamma' = \beta'';$$

mais, pour abréger, nous éviterons de les employer en modifiant légèrement la marche suivie précédemment dans le calcul analogue pour les équations à une inconnue. Posons d'abord

$$\begin{aligned}
\Omega_1(x, y) &= \alpha + \alpha' x + \alpha'' y + \alpha''' xy,\\
\Omega_2(x, y) &= \beta + \beta' x + \beta'' y,\\
\Omega_3(x, y) &= \gamma + \gamma' x + \gamma'' y,
\end{aligned}$$

on trouvera, par la substitution des quantités η dans les équations (11),

$$(14)\quad \left\{\begin{aligned}
\zeta_1 &= \frac{\Omega_1(x_1, y_1)Z_1 + \Omega_2(x_1, y_1)Z_2 + \Omega_3(x_1, y_1)Z_3 + \delta Z_4}{\Delta(x_1, y_1)},\\
\zeta_2 &= \frac{\Omega_1(x_2, y_2)Z_1 + \Omega_2(x_2, y_2)Z_2 + \Omega_3(x_2, y_2)Z_3 + \delta Z_4}{\Delta(x_2, y_2)},\\
\zeta_3 &= \frac{\Omega_1(x_3, y_3)Z_1 + \Omega_2(x_3, y_3)Z_2 + \Omega_3(x_3, y_3)Z_3 + \delta Z_4}{\Delta(x_3, y_3)},\\
\zeta_4 &= \frac{\Omega_1(x_4, y_4)Z_1 + \Omega_2(x_4, y_4)Z_2 + \Omega_3(x_4, y_4)Z_3 + \delta Z_4}{\Delta(x_4, y_4)}.
\end{aligned}\right.$$

Or, en multipliant les équations (9) respectivement par z_1, z_2, z_3, z_4, et les ajoutant, il viendra en ayant égard aux équations (10),

$$\frac{1}{x_1 y_1}\zeta_1^2 + \frac{1}{x_2 y_2}\zeta_2^2 + \frac{1}{x_3 y_3}\zeta_3^2 + \frac{1}{x_4 y_4}\zeta_4^2 = z_1 Z_1 + z_2 Z_2 + z_3 Z_3 + z_4 Z_4.$$

Qu'on substitue maintenant dans le second membre à z_1, z_2, ..., leurs valeurs en fonction linéaire de $Z_1, Z_2, \ldots$; valeurs que nous avons plus haut représentées ainsi :

$$\begin{aligned}
z_1 &= A_1^1 Z_1 + A_2^1 Z_2 + A_3^1 Z_3 + A_4^1 Z_4,\\
z_2 &= A_1^2 Z_1 + A_2^2 Z_2 + A_3^2 Z_3 + A_4^2 Z_4,\\
z_3 &= A_1^3 Z_1 + A_2^3 Z_2 + A_3^3 Z_3 + A_4^3 Z_4,\\
z_4 &= A_1^4 Z_1 + A_2^4 Z_2 + A_3^4 Z_3 + A_4^4 Z_4.
\end{aligned}$$

La relation obtenue existera identiquement quelles que soient les quantités $Z_1, Z_2, \ldots$, et, si l'on compare en particulier les coefficients des carrés dans les deux membres, on trouvera de suite la formule à laquelle nous voulions arriver, savoir :

$$A_1^1 + A_2^2 + A_3^3 + A_4^4 = \sum \frac{\Omega_1^2(x, y) + \Omega_2^2(x, y) + \Omega_3^2(x, y) + \delta^2}{xy\, \Delta^2(x, y)} = -\frac{A_1}{A_0},$$

le signe $\sum$ se rapportant aux divers couples de solutions $x_1, y_1, x_2, y_2, \ldots$.

VII. Arrêtons-nous un instant, avant d'aller plus loin, sur une conséquence remarquable des calculs précédents. Rapprochant des équations (9) les équations (14) qui en donnent la résolution, nous voyons que les premières sont satisfaites en annulant $\zeta_2, \zeta_3, \zeta_4$ et faisant

$$\zeta_1 = Z_1, \qquad x_1\zeta_1 = Z_2, \qquad y_1\zeta_1 = Z_3, \qquad x_1 y_1 \zeta_1 = Z_4;$$

donc, dans ces hypothèses, il en sera de même des secondes. Or, il suit de là qu'en posant

$$\Omega(x, y) = \Omega_1(x, y) + x_1\, \Omega_2(x, y) + y_1\, \Omega_3(x, y) + \delta x_1 y_1,$$

on aura à la fois

$$\Omega(x_2, y_2) = 0, \qquad \Omega(x_3, y_3) = 0, \qquad \Omega(x_4, y_4) = 0$$

et

$$\Omega(x_1, y_1) = \Delta(x_1, y_1).$$

On voit donc que l'équation $\Omega(x, y) = 0$ admet toutes les solutions des équations $F(x, y) = 0$, $\Phi(x, y) = 0$, sauf une seule. Les coefficients de cette équation dépendent d'ailleurs rationnellement de ceux des équations proposées et de la solution écartée

x_1, y_1; ainsi le polynome $\Omega(x, y)$ peut être regardé comme analogue au quotient de la division du premier membre d'une équation à une seule inconnue par l'inconnue diminuée d'une racine. La relation

$$\Omega(x_1, y_1) = \Delta(x_1, y_1)$$

confirme encore cette analogie, la déterminante fonctionnelle jouant dans cette circonstance comme dans tant d'autres le rôle d'une dérivée. Enfin, nous remarquerons qu'en joignant à l'équation $\Omega(x, y) = 0$ une combinaison linéaire des proposées où le carré de l'une des inconnues ait été éliminé, le système ainsi obtenu conduira à une équation finale en x ou en y, du troisième degré seulement; c'est ce qu'on vérifiera très facilement par l'application de la règle de M. Minding, ou même directement par l'élimination.

VIII. Nous allons maintenant revenir au cas de deux équations $F(x, y) = 0$, $\Phi(x, y) = 0$ du degré m, pour présenter de la manière la plus générale des calculs entièrement semblables aux précédents, et qu'il sera bien facile de saisir. Désignant par les mêmes lettres affectées d'indices simples ou doubles, les quantités analogues, nous considérons en premier lieu entre deux groupes de quantités, ζ et Z, un système de m^2 équations linéaires, déduites de la suivante :

$$(9') \qquad \sum_{1}^{m^2}{}_{\omega}\, x_{\omega}^{p} y_{\omega}^{q} \zeta_{\omega} = Z_{p,q},$$

en attribuant successivement aux exposants p et q toutes les valeurs $0, 1, 2, \ldots, m-1$. Ces équations seront, comme on voit, les analogues des équations (9); nous établirons aussi un second système de m^2 équations entre les mêmes quantités ζ et un nouveau groupe d'inconnues z, qu'on déduira de la suivante :

$$(10') \qquad \zeta_{\omega} = x_{\omega} y_{\omega} \sum_{1}^{m-1}{}_{i,j}\, x_{\omega}^{i} y_{\omega}^{j} z_{i,j},$$

en attribuant à l'indice ω les valeurs $1, 2, \ldots, m^2$, et ces équations correspondront aux équations (10). Cela posé, l'élimination des quantités ζ donnera m^2 équations entre les inconnues z et Z dont voici le type :

$$\sum_{1}^{m^2}{}_{\omega} x_\omega^p y_\omega^q x_\omega y_\omega \sum_{0}^{m-1}{}_{i,j} x_\omega^i y_\omega^j z_{i,j} = Z_{p,q},$$

ou bien encore

$$\sum_{1}^{m^2}{}_{\omega} \sum_{0}^{m-1}{}_{i,j} x_\omega^{p+1+i} y_\omega^{q+1+j} z_{i,j} = Z_{p,q},$$

et, en intervertissant l'ordre des deux sommations,

$$\sum_{0}^{m-1}{}_{i,j} z_{i,j} \sum_{1}^{m^2}{}_{\omega} x_\omega^{p+1+i} y_\omega^{q+1+j} = Z_{p,q}.$$

Mais nous avons déjà introduit la notation $S_{a,b}$ pour désigner la somme symétrique $\sum x^a y^b$, de sorte que nous écrirons plus simplement

$$(8') \qquad \sum_{0}^{m-1}{}_{i,j} z_{i,j} S_{p+1+i,\, q+1+j} = Z_{p,q}.$$

Nous fixerons l'ordre dans lequel toutes les équations du système se déduiront de celle-là en attribuant d'abord à q la valeur zéro, et à p la série des valeurs $0, 1, 2, \ldots, m-1$, puis à q la valeur 1, et à p la même série que précédemment, et ainsi de suite. Cela étant, la fonction Λ se déduira du déterminant relatif au système ainsi formé après que des termes en diagonale on aura retranché une même quantité λ, de sorte que Λ sera un polynome entier du degré m^2 :

$$\Lambda = \Lambda_0 + \lambda \Lambda_1 + \lambda^2 \Lambda^2 + \ldots + (-1)^{m^2} \lambda^{m^2},$$

et ce qu'il nous faut calculer présentement ce sont les deux premiers coefficients Λ_0 et Λ_1, ou plutôt le rapport $\frac{\Lambda_1}{\Lambda_0}$.

Et d'abord Λ_0 sera le produit des déterminants des systèmes (9') et (10'), et en désignant par $\mathfrak{D}$ le premier on trouvera de suite l'équation

$$\Lambda_0 = x_1 y_1 x_2 y_2 \ldots x_{m^2} y_{m^2} \mathfrak{D}^2.$$

Le déterminant $\mathfrak{D}$ appartiendrait également au système déduit de l'équation suivante :

$$\zeta_\omega = \sum_{i,j}^{m-1} x_\omega^i y_\omega^j z_{i,j},$$

puisqu'il ne diffère du système $(9')$ que par l'échange des colonnes horizontales et verticales, mais nous verrons ainsi plus facilement une propriété essentielle de ce déterminant, celle de ne pas changer de valeur lorsqu'on met respectivement $x_\omega - \xi$ et $y_\omega - \eta$ à la place de x_ω et y_ω, c'est-à-dire lorsqu'on considère, au lieu des équations

$$F(x, y) = 0, \qquad \Phi(x, y) = 0,$$

les suivantes :

$$F(x + \xi, y + \eta) = 0, \qquad \Phi(x + \xi, y + \eta) = 0.$$

Qu'on fasse en effet pour un instant

$$\Pi(x, y) = \sum_{i,j}^{m-1} x^i y^j z_{i,j},$$

le changement en question reviendra à mettre à la place de $z_{i,j}$ une fonction linéaire des quantités z, donnée par le coefficient de $x^i y^j$ dans le développement de l'expression

$$\Pi(-\xi + x, -\eta + y)$$

suivant les puissances de x et y, de sorte que si l'on fait

$$\Pi(-\xi + x, -\eta + y) = \sum_{i,j}^{m-1} x^i y^j z'_{i,j},$$

ce sera précisément la quantité $z'_{i,j}$ qu'il faudra substituer à $z_{i,j}$. Mais si l'on met dans l'équation précédente $x + \xi$ et $y + \eta$ à la place de x et y, le premier membre redevenant $\Pi(x, y)$, on voit que les quantités z s'exprimeront inversement par les quantités z', sans introduire aucun dénominateur; donc le déterminant relatif à la substitution des z' aux z ne peut être que l'unité.

Cette remarque nous permet immédiatement de passer de l'équation

$$\Lambda_0 = x_1 y_1 x_2 y_2 \ldots x_{m'} y_{m'} \mathfrak{D}^2$$

à la suivante :

$$\Lambda_1(\xi, \eta) = (x_1 - \xi)(y_1 - \eta)(x_2 - \xi)(y_2 - \eta)\ldots(x_{m^2} - \xi)(y_{m^2} - \eta)\mathfrak{D}^2$$

sur laquelle nous nous fonderons plus tard.

La détermination du rapport $\frac{\Lambda_1}{\Lambda_0}$ dépend, comme nous l'avons vu, de la résolution des équations (8′) par rapport aux inconnues z, de sorte que si l'on représente les valeurs de ces quantités par la formule générale

$$z_{i,j} = \sum_{0}^{m-1}{}_{p,q} A_{p,q}^{i,j} Z_{p,q},$$

on aura

$$\frac{\Lambda_1}{\Lambda_0} = -\sum_{0}^{m-1}{}_{p,q} A_{p,q}^{p,q}.$$

Pour effectuer sous la forme convenable la résolution des équations (8′), introduisons les quantités η en posant

$$\zeta_\omega = \sum \frac{\sum_{0}^{m-1}{}_{i,j} x_\omega^i y_\omega^j \eta_{i,j}}{\Delta(x_\omega, y_\omega)};$$

il viendra, par la substitution dans les équations (9′),

$$(12') \qquad \sum_{0}^{m-1}{}_{i,j} \eta_{i,j} \sum_{1}^{m^2}{}_\omega \frac{x_\omega^{p+i} y_\omega^{q+j}}{\Delta(x_\omega, y_\omega)} = Z_{p,q},$$

et dans ce nouveau système on devra, d'après le théorème déjà cité de M. Jacobi, annuler toutes les sommes

$$\sum_{1}^{m^2}{}_\omega \frac{x_\omega^{p+i} y_\omega^{q+j}}{\Delta(x_\omega, y_\omega)},$$

dans lesquelles on aura

$$p + q + i + j = \text{ou} < 2m - 3.$$

Ainsi, en particulier dans la première équation où l'on doit supposer

$$p = q = 0,$$

toutes les inconnues disparaîtront, sauf la dernière $z_{m-1,m-1}$ multipliée par la somme non évanouissante en général, $\sum_{\omega}^{m^2} \frac{x_{\omega}^{m-1} y_{\omega}^{m-1}}{\Delta(x_{\omega}, y_{\omega})}$. Mais ce qu'il importe surtout de remarquer, c'est que les coefficients qui ne disparaissent pas sont des fonctions rationnelles des coefficients des équations proposées, fonctions que M. Jacobi a appris à calculer dans son admirable Mémoire intitulé *Theoremata nova algebraica circa systema duarum æquationum inter duas variabiles propositarum* (¹). Quant au déterminant de ce système il est le produit des déterminants relatifs aux systèmes (9′) et (11′); si donc on le désigne par δ, on arrivera à la relation

$$\mathfrak{D}^2 = \delta\,\Delta(x_1, y_1)\,\Delta(x_2, y_2)\ldots\Delta(x_{m^2}, y_{m^2}),$$

équation remarquable et analogue à celle que nous avons précédemment trouvée pour les équations à une inconnue. Nous ne pouvons nous occuper ici d'une détermination plus complète de δ dont nous avons fait le calcul ci-dessus dans le cas de $m=2$; nous observerons seulement qu'en passant des équations proposées à leurs transformées en $x-\xi$, $y-\eta$, δ ne change pas. Cette propriété vient déjà d'être établie pour le déterminant $\mathfrak{D}$, et il est très facile de voir qu'elle a lieu également pour toutes les quantités $\Delta(x_\omega, y_\omega)$, en se rapportant à l'expression de $\Delta(x, y)$ où ne figurent que les dérivées partielles des fonctions $F(x, y)$, $\Phi(x, y)$. Cela posé, résolvons, par rapport aux inconnues η, les équations (12′) et soit

$$\eta_{i,j} = \frac{\sum_{p,q}^{m-1} \omega_{p,q}^{i,j} Z_{p,q}}{\delta},$$

les quantités ω étant des fonctions entières des coefficients des équations proposées. Si nous posons

$$\Omega_{p,q}(x, y) = \sum_{i,j}^{m-1} x^i y^j \omega_{p,q}^{i,j},$$

(¹) Jacobi, *Gesammelte Werke*, t. III, p. 285-294.

on trouvera, par la substitution dans les équations (11'),

$$\zeta_\omega = \sum_{p,q}^{m-1} \frac{\Omega_{p,q}(x_\omega, y_\omega) Z_{p,q}}{\delta \Delta(x_\omega, y_\omega)}.$$

Or, des équations (9') et (10') nous tirons la relation

$$\sum_{\omega}^{m^2} \frac{1}{x_\omega y_\omega} \zeta_\omega^2 = \sum_{i,j}^{m-1} z_{i,j} Z_{i,j},$$

qui existera identiquement par rapport aux quantités Z, lesquelles entrent seules dans le premier membre. Quant au second membre, si l'on y remplace $z_{i,j}$ par la formule posée plus haut, savoir

$$z_{i,j} = \sum_{p,q}^{m-1} A_{p,q}^{i,j} Z_{p,q},$$

il ne dépendra plus de même que des quantités Z, et, en égalant les carrés de $Z_{p,q}$ dans les deux membres, on trouvera

$$A_{p,q}^{p,q} = \sum_{\omega}^{m^2} \frac{\Omega_{p,q}^2(x_\omega, y_\omega)}{x_\omega y_\omega \delta^2 \Delta^2(x_\omega, y_\omega)},$$

d'où l'on conclut enfin

$$\frac{A_1}{A_0} = -\sum_{p,q}^{m-1} A_{p,q}^{p,q} = -\sum_{\omega}^{m^2} \frac{\sum_{p,q}^{m-1} \Omega_{p,q}^2(x_\omega, y_\omega)}{x_\omega y_\omega \delta^2 \Delta^2(x_\omega, y_\omega)}.$$

IX. De l'analyse précédente résulte un théorème analogue à celui que nous avons donné précédemment pour deux équations du second degré, et qui consiste en ce que le polynome

$$\Omega(x, y) = \sum_{p,q}^{m-1} \Omega_{p,q}(x, y) x_1^p y_1^q$$

vérifie l'équation

$$\Omega(x_1, y_1) = \delta \Delta(x_1, y_1),$$

et s'annule quand on y remplace x et y par toutes les solutions simultanées différentes de la solution

$$x = x_1, \qquad y = y_1.$$

Comme cela est très facile à vérifier, nous ne nous y arrêterons pas, et nous arrivons de suite à la démonstration de notre théorème. Précédemment nous avons obtenu l'équation

$$\Lambda_0(\xi, \eta) = (x_1 - \xi)(y_1 - \eta)(x_2 - \xi)(y_2 - \eta)\ldots(x_{m^2} - \xi)(y_{m^2} - \eta)\omega^2,$$

et de la valeur trouvée pour $\frac{\Lambda_1}{\Lambda_0}$ résulte aussi

$$\frac{\Lambda_1(\xi, \eta)}{\Lambda_0(\xi, \eta)} = -\sum_1^{m^2} \frac{\mathcal{F}(x_\omega, y_\omega, \xi, \eta)}{(x_\omega - \xi)(y_\omega - \eta)\,\delta^2\Delta^2(x_\omega, y_\omega)},$$

le numérateur $\mathcal{F}(x_\omega, y_\omega, \xi, \eta)$ désignant ce que devient l'expression $\sum \Omega_{p,q}^2(x_\omega, y_\omega)$ lorsqu'on substitue aux équations proposées leurs transformées en $x + \xi$ et $y + \eta$. Or, il est évident que la fonction $\mathcal{F}$ correspondante à deux solutions simultanées réelles ne changera jamais de signe pour aucune valeur des quantités ξ et η. Ces préliminaires posés, nous allons, en premier lieu, rechercher comment se modifie le nombre des variations du polynome

$$\Lambda(\xi, \eta) = \Lambda_0(\xi, \eta) + \lambda\Lambda_1(\xi, \eta) + \ldots + (-1)^{m^2}\lambda^{m^2}$$

lorsqu'on y fait croître η d'une manière continue de η_0 à η_1, la quantité ξ restant constante et égale à une valeur déterminée ξ_0. Et, d'abord, les coefficients de deux puissances consécutives de λ ne pourront jamais s'évanouir en même temps, et si un coefficient s'annule, le précédent et le suivant seront de signes contraires. C'est, comme nous l'avons déjà dit, une conséquence du théorème de Descartes et de ce que l'équation $\Lambda(\xi, \eta) = 0$ a toujours toutes ses racines réelles.

Ainsi des changements dans le nombre des variations ne pourront survenir qu'autant que ce sera le dernier terme qui viendra à s'annuler. Mais, d'après l'expression de ce dernier terme, les valeurs de η qui peuvent l'annuler sont uniquement les racines y du système des équations proposées, qui sont comprises entre les limites η_0 et η_1.

Cela étant, considérons le rapport

$$\frac{\Lambda_1(\xi, \eta)}{\Lambda_0(\xi, \eta)} = -\sum \frac{\mathcal{F}(x_\omega, y_\omega, \xi, \eta)}{(x_\omega - \xi)(y_\omega - \eta)\partial^2 \Delta^2(x_\omega, y_\omega)}$$
$$= \sum \frac{\mathcal{F}(x_\omega, y_\omega, \xi, \eta)}{(x_\omega - \xi)(\eta - y_\omega)\partial^2 \Delta^2(x_\omega, y_\omega)}$$

pour une valeur de η voisine d'une racine y_ω; son signe dépendra du seul terme $\frac{\mathcal{F}(x_\omega, y_\omega, \xi, \eta)}{(x_\omega - \xi)(\eta - y_\omega)\partial^2 \Delta^2(x_\omega, y_\omega)}$, ou, d'après ce que nous avons établi relativement au numérateur, du seul facteur $\frac{1}{(x_\omega - \xi)(\eta - y_\omega)}$. Or, deux cas sont à distinguer; en premier lieu, si $x_\omega - \xi_0$ est positif, ce rapport sera négatif pour une valeur de η un peu inférieure à y_ω, et positif pour une valeur un peu supérieure; donc alors une variation se change en permanence dans le polynome $\Lambda(\xi, \eta)$, lorsque η atteint et dépasse la racine y_ω. Mais si nous supposons en second lieu $x_\omega - \xi_0$ négatif, c'est évidemment le contraire qui arrive : c'est une variation qui s'introduit dans $\Lambda(\xi, \eta)$ lorsque η franchit la valeur y_ω. Il est facile de conclure de là la signification de la différence $v_{\xi_0,\eta_0} - v_{\xi_0,\eta_1}$, c'est-à-dire des séries du nombre des variations du polynome $\Lambda(\xi_0, \eta_0)$, sur le nombre des variations de $\Lambda(\xi_0, \eta_1)$. Considérons x_ω comme l'abscisse et y_ω comme l'ordonnée d'un point rapporté à deux axes rectangulaires dans un certain plan, de sorte qu'à chaque solution du système de nos équations corresponde un point déterminé. Cela étant, si nous menons deux parallèles à l'axe des abscisses par les points dont les coordonnées seraient

$$x = \xi_0, \qquad x = \xi_0,$$
$$y = \eta_0, \qquad y = \eta_1,$$

les points auxquels correspondent des solutions et qui seront compris dans l'intérieur des deux parallèles se partageront en deux groupes ξ_0, selon que leurs abscisses seront plus grandes ou plus petites que ξ_0. On voit que ceux du premier groupe seront à droite de l'ordonnée verticale menée par le point (ξ_0, η_0), et les autres à gauche. Donc, lorsque la quantité η varie d'une manière continue de η_0 à η_1, le polynome $\Lambda(\xi, \eta)$ perd autant de variations qu'il existe de points dans le premier groupe, et en gagne autant qu'il en existe dans le second. Soient donc respectivement $\mathfrak{M}$ et $\mathfrak{M}'$ le nombre de ces points, on aura la relation

$$\rho_{\xi_0,\eta_0} - \rho_{\xi_0,\eta_1} = \mathfrak{N} - \mathfrak{N}',$$

Cela posé, si la quantité ξ_0 devient ξ_1, $\mathfrak{N}$ s'accroîtra du nombre des points renfermés dans l'intérieur du rectangle, ayant pour coordonnées de ses sommets

$$\begin{array}{llll} x = \xi_0, & x = \xi_0, & x = \xi_1, & x = \xi_1, \\ y = \eta_0, & y = \eta_1, & y = \eta_0, & y = \eta_1, \end{array}$$

et $\mathfrak{N}'$ sera diminué du même nombre. En le désignant par n, nous aurons donc

$$\rho_{\xi_1,\eta_0} - \rho_{\xi_1,\eta_1} = (\mathfrak{N} + n) - (\mathfrak{N}' - n) = \mathfrak{N} - \mathfrak{N}' + 2n.$$

Or, cette relation jointe à la précédente conduit immédiatement à notre théorème qui consiste dans l'équation

$$\frac{\rho_{\xi_0,\eta_0} + \rho_{\xi_1,\eta_1} - \rho_{\xi_0,\eta_1} - \rho_{\xi_1,\eta_0}}{2} = n.$$

X. On a pu remarquer dans les calculs précédents que les deux inconnues x et y étaient traitées de la même manière; c'est cette symétrie qui nous a engagés à nous occuper ainsi avec détail de deux équations générales du degré m. Mais on va voir que les mêmes principes conduisent à une analyse plus simple lorsqu'on considère deux équations de la forme

$$\begin{gathered} F(x) = 0, \\ \Phi(x) = y, \end{gathered}$$

$F(x)$ étant un polynome entier et $\Phi(x)$ une fonction rationnelle quelconque de x. On obtient d'ailleurs des formules d'une application numérique très facile, et qui n'offrent aucune exception. Nous admettrons seulement qu'on ait enlevé, dans le polynome $F(x)$, les facteurs qui lui seraient communs avec le dénominateur de $\Phi(x)$, de sorte que toutes les racines y soient des quantités finies. Cela étant, nommons $x_1, x_2, \ldots, x_m$ les racines de l'équation $F(x) = 0$; $y_1, y_2, \ldots, y_m$, les valeurs correspondantes de y, et T la somme symétrique $y_1 x_1^i + y_2 x_2^i + \ldots + y_m x_m^i$; notre fonction $\Lambda(\xi, \eta)$, sera ce que devient le déterminant

$$\Lambda = \begin{vmatrix} T_1 - \lambda & T_2 & T_3 & \dots & T_m \\ T_2 & T_3 - \lambda & T_4 & \dots & T_{m+1} \\ T_3 & T_4 & T_5 - \lambda & \dots & T_{m+2} \\ \dots & \dots & \dots & \dots & \dots \\ T_m & T_{m+1} & T_{m+2} & \dots & T_{2m-1} - \lambda \end{vmatrix}$$

lorsqu'on substitue $x + \xi$ et $y + \eta$, à la place de x et y, dans les équations proposées, et le nombre des solutions simultanées comprises dans l'intérieur d'un rectangle sera encore donné par la même formule que ci-dessus :

$$\frac{\rho_{\xi_1, \eta_1} + \rho_{\xi_0, \eta_0} - \rho_{\xi_1, \eta_0} - \rho_{\xi_0, \eta_1}}{2}.$$

XI. La démonstration repose toujours sur le calcul du terme indépendant et du coefficient de la première puissance de λ dans la fonction Λ ; nous le présenterons de la manière suivante.

Formons en premier lieu, entre les quantités ζ et Z, les m équations :

$$(2') \quad \left\{ \begin{array}{r} \zeta_1 + \zeta_2 + \dots + \zeta_m = Z_1, \\ x_1 \zeta_1 + x_2 \zeta_2 + \dots + x_m \zeta_m = Z_2, \\ x_1^2 \zeta_1 + x_2^2 \zeta_2 + \dots + x_m^2 \zeta_m = Z_3, \\ \dots\dots\dots\dots\dots\dots\dots\dots, \\ x_1^{m-1} \zeta_1 + x_2^{m-1} \zeta_2 + \dots + x_m^{m-1} \zeta_m = Z_m, \end{array} \right.$$

semblables aux équations (2) du paragraphe II, puis, entre les quantités ζ et Z, les suivantes analogues aux équations (3), savoir :

$$(3') \quad \left\{ \begin{array}{l} \zeta_1 = y_1 (x_1 z_1 + x_1^2 z_2 + \dots + x_1^m z_m), \\ \zeta_2 = y_2 (x_2 z_1 + x_2^2 z_2 + \dots + x_2^m z_m), \\ \zeta_3 = y_3 (x_3 z_1 + x_3^2 z_2 + \dots + x_3^m z_m), \\ \dots\dots\dots\dots\dots\dots\dots\dots, \\ \zeta_m = y_m (x_m z_1 + x_m^2 z_2 + \dots + x_m^m z_m) ; \end{array} \right.$$

on trouvera d'abord, par l'élimination des quantités ζ, les relations

$$(1') \quad \left\{ \begin{array}{l} S_1 z_1 + S_2 z_2 + \dots + S_m z_m = Z_1, \\ S_2 z_1 + S_3 z_2 + \dots + S_{m+1} z_m = Z_2, \\ S_2 z_1 + S_4 z_2 + \dots + S_{m+2} z_m = Z_3, \\ \dots\dots\dots\dots\dots\dots\dots\dots, \\ S_m z_1 + S_{m+1} z_2 + \dots + S_{2m-1} z_m = Z_m, \end{array} \right.$$

la quantité S_i désignant la somme $y_1 x_1^i + y_2 x_2^i + \ldots + y_m x_m^i$.

Donc le déterminant de ce dernier système, c'est-à-dire précisément Λ_0, sera le produit des déterminants relatifs aux équations (2') et (1'), ce qui donnera la relation

$$\Lambda_0 = \begin{vmatrix} S_1 & S_2 & \ldots & S_m \\ S_2 & S_3 & \ldots & S_{m+1} \\ S_3 & S_4 & \ldots & S_{m+2} \\ \ldots & \ldots & \ldots & \ldots \\ S_m & S_{m+1} & \ldots & S_{2m-1} \end{vmatrix}$$

$$= x_1 y_1 x_2 y_2 \ldots x_m y_m \begin{vmatrix} 1 & 1 & \ldots & 1 \\ x_1 & x_2 & \ldots & x_m \\ x_1^2 & x_2^2 & \ldots & x_m^2 \\ \ldots & \ldots & \ldots & \ldots \\ x_1^{m-1} & x_2^{m-1} & \ldots & x_m^{m-1} \end{vmatrix}^2,$$

ou, évidemment,

$$\Lambda_0 = x_1 y_1 x_2 y_2 \ldots x_m y_m \, F'(x_1) \, F'(x_2) \ldots F'(x_m).$$

Donc, désignant par $\Lambda(\xi, \eta)$ ce que devient la fonction Λ, par rapport aux équations en $x + \xi$ et $y + \eta$, et faisant comme ci-dessus

$$\Lambda(\xi, \eta) = \Lambda_0(\xi, \eta) + \lambda \, \Lambda_1(\xi, \eta) + \ldots + (-1)^m \lambda^m,$$

on aura

$$\begin{aligned} \Lambda_0(\xi, \eta) = {} & (x_1 - \xi)(y_1 - \eta)(x_2 - \xi)(y_2 - \eta) \ldots \\ & \times (x_m - \xi)(y_m - \eta) \, F'(x_1) \, F'(x_2) \ldots F'(x_m). \end{aligned}$$

Le calcul du rapport $\frac{\Lambda_1}{\Lambda_0}$ dépend, comme nous l'avons déjà vu, de la résolution des équations (1'); soit donc

$$\begin{aligned} z_1 &= A_1^1 Z_1 + A_2^1 Z_2 + \ldots + A_m^1 Z_m, \\ z_2 &= A_1^2 Z_1 + A_2^2 Z_2 + \ldots + A_m^2 Z_m, \\ z_3 &= A_1^3 Z_1 + A_2^3 Z_2 + \ldots + A_m^3 Z_m, \\ & \ldots\ldots\ldots\ldots\ldots\ldots\ldots\ldots, \\ z_m &= A_1^m Z_1 + A_2^m Z_2 + \ldots + A_m^m Z_m, \end{aligned}$$

on aura

$$\frac{\Lambda_1}{\Lambda_0} = -(A_1^1 + A_2^2 + \ldots + A_m^m).$$

Maintenant, pour effectuer cette résolution, nous introduirons un système de quantités auxiliaires η par les formules

$$(4')\quad \left\{\begin{aligned} \zeta_1 &= \frac{\eta_0 + x_1\eta_1 + x_1^2\eta_2 + \ldots + x_1^{m-1}\eta_{m-1}}{F'(x_1)},\\ \zeta_2 &= \frac{\eta_0 + x_2\eta_1 + x_2^2\eta_2 + \ldots + x_2^{m-1}\eta_{m-1}}{F'(x_2)},\\ &\ldots\ldots\ldots\ldots\ldots\ldots,\\ \zeta_m &= \frac{\eta_0 + x_m\eta_1 + x_m^2\eta_2 + \ldots + x_m^{m-1}\eta_{m-1}}{F'(x_m)}. \end{aligned}\right.$$

En substituant dans les équations (2′), il viendra

$$\begin{aligned} &\eta_0\sum\frac{1}{F'} + \eta_1\sum\frac{x}{F'} + \ldots + \eta_{m-1}\sum\frac{x^{m-1}}{F'} = Z_1,\\ &\eta_0\sum\frac{x}{F'} + \eta_1\sum\frac{x^2}{F'} + \ldots + \eta_{m-1}\sum\frac{x^{m}}{F'} = Z_2,\\ &\eta_0\sum\frac{x^2}{F'} + \eta_1\sum\frac{x^3}{F'} + \ldots + \eta_{m-1}\sum\frac{x^{m+1}}{F'} = Z_3,\\ &\ldots\ldots\ldots\ldots\ldots\ldots,\\ &\eta_0\sum\frac{x^{m-1}}{F'} + \eta_1\sum\frac{x^{m}}{F'} + \ldots + \eta_{m-1}\sum\frac{x^{2m-2}}{F'} = Z_m. \end{aligned}$$

Or ces équations se résolvent immédiatement comme on va le voir. Soit, en effet,

$$F(x) = x^m + a_1x^{m-1} + a_2x^{m-2} + \ldots + a_{m-1}x + a_m.$$

On vérifiera sans peine les valeurs suivantes que nous avons omis de donner explicitement dans le paragraphe III, savoir :

$$\begin{aligned} \eta_0 &= Z_m + a_1Z_{m-1} + a_2Z_{m-2} + \ldots + a_{m-2}Z_2 + a_{m-1}Z_1,\\ \eta_1 &= Z_{m-1} + a_1Z_{m-2} + a_2Z_{m-3} + \ldots + a_{m-2}Z_1,\\ &\ldots\ldots\ldots\ldots\ldots\ldots,\\ \eta_{m-2} &= Z_2 + a_1Z_1,\\ \eta_{m-1} &= Z_1. \end{aligned}$$

Que l'on pose donc

$$\begin{aligned} \Omega_1(x) &= x^{m-1} + a_1x^{m-2} + a_2x^{m-3} + \ldots + a_{m-2}x + a_{m-1},\\ \Omega_2(x) &= x^{m-2} + a_1x^{m-3} + a_2x^{m-4} + \ldots + a_{m-2},\\ &\ldots\ldots\ldots\ldots\ldots\ldots,\\ \Omega_{m-2}(x) &= x^2 + a_1x + a_2,\\ \Omega_{m-1}(x) &= x + a_1, \end{aligned}$$

on trouvera, par la substitution des quantités η dans les équations (4′), les valeurs

$$\zeta_1 = \frac{\Omega_1(x_1)Z_1 + \Omega_2(x_1)Z_2 + \ldots + \Omega_{m-1}(x_1)Z_{m-1} + Z_m}{F'(x_1)},$$
$$\zeta_2 = \frac{\Omega_1(x_2)Z_1 + \Omega_2(x_2)Z_2 + \ldots + \Omega_{m-1}(x_2)Z_{m-1} + Z_m}{F'(x_2)},$$
$$\ldots\ldots\ldots\ldots\ldots\ldots\ldots\ldots\ldots\ldots\ldots\ldots,$$
$$\zeta_m = \frac{\Omega_1(x_m)Z_1 + \Omega_2(x_m)Z_2 + \ldots + \Omega_{m-1}(x_m)Z_{m-1} + Z_m}{F'(x_m)}.$$

Cela posé, les relations (2′) et (3′) donnent la suivante :

$$\frac{1}{x_1 y_1}\zeta_1^2 + \frac{1}{x_2 y_2}\zeta_2^2 + \ldots + \frac{1}{x_m y_m}\zeta_m^2 = z_1 Z_1 + z_2 Z_2 + \ldots + z_m Z_m,$$

et si l'on met dans le second membre, à la place des quantités z, leurs valeurs en fonction linéaire des quantités Z, on trouvera, en comparant les carrés de $Z_1, Z_2, \ldots$, les expressions auxquelles nous voulions parvenir, savoir

$$A_i^i = \frac{\Omega_i^2(x_1)}{x_1 y_1 F'^2(x_1)} + \frac{\Omega_i^2(x_2)}{x_2 y_2 F'^2(x_2)} + \ldots + \frac{\Omega_i^2(x_m)}{x_m y_m F'^2(x_m)};$$

elles donnent immédiatement

$$\frac{A_1}{A_0} = -(A_1^1 + A_2^2 + \ldots + A_m^m) = -\sum \frac{\Omega_1^2(x) + \Omega_2^2(x) + \ldots + \Omega_{m-1}^2(x) + 1}{xy\, F'^2(x)},$$

le signe $\sum$ se rapportant aux diverses solutions simultanées. On en conclut qu'en passant des équations proposées à leurs transformées en $x+\xi$ et $y+\eta$, il viendra

$$\frac{A_1(\xi, \eta)}{A_0(\xi, \eta)} = -\sum \frac{\mathcal{F}(x, \xi)}{(x-\xi)(y-\eta)\, F'^2(x)},$$

expression dans laquelle le numérateur désigné par $\mathcal{F}(x, \xi)$ ne pourra jamais ni s'évanouir ni changer de signe quel que soit ξ, lorsque la racine x sera réelle, puisqu'elle représente une somme de carrés. Nous pouvons donc appliquer exactement la démonstration employée précédemment pour la détermination du nombre des solutions simultanées qui sont comprises dans l'intérieur d'un rectangle ayant ses côtés parallèles aux axes coordonnés. Seulement on voit de suite la possibilité d'obtenir par le calcul des quantités S_1, S_2, ..., les divers coefficients de la fonction $\Lambda(\xi, \eta)$, qui jouent dans cette question le rôle de fonctions auxiliaires du théorème de M. Sturm. D'ailleurs aucun cas d'exception ne peut ici se présenter à moins que l'équation $F(x) = 0$ n'ait des racines égales. Mais, même alors, nous pouvons conserver la fonction $\Lambda(\xi, \eta)$, dont le premier terme $\Lambda_0(\xi, \eta)$ disparaît, car les deux suivants Λ_1 et Λ_2, s'il existe par exemple deux racines égales, se trouvent prendre la même forme analytique et jouer le même rôle que les deux premiers. Nous développerons ce qui se rapporte à ce sujet dans un autre Mémoire.

XII. Il suffira d'un peu d'attention pour reconnaître qu'on peut étendre à un nombre quelconque d'équations simultanées les principes appliqués précédemment à deux équations à deux inconnues. Nous en donnerons un exemple en considérant le système suivant :

$$\begin{aligned} F(x) &= 0, \\ \Phi(x) &= y, \\ \Psi(x) &= z, \end{aligned}$$

où nous supposerons que les fonctions Φ et Ψ sont rationnelles et ne deviennent infinies pour aucune valeur satisfaisant à la première équation $F(x) = 0$. Soient toujours $x_1, x_2, \ldots, x_m$ les racines de cette équation, $y_1, z_1, y_2, z_2, \ldots, y_m, z_m$ les déterminations correspondantes des inconnues y et z, et U_i la somme symétrique

$$y_1 z_1 x_1^i + y_2 z_2 x_2^i + \ldots + y_m z_m x_m^i,$$

nous considérerons encore le déterminant

$$\Lambda = \begin{vmatrix} U_1 - \lambda & U_2 & U_3 & \ldots & U_m \\ U_2 & U_3 - \lambda & U_4 & \ldots & U_{m+1} \\ U_3 & U_4 & U_5 - \lambda & \ldots & U_{m+2} \\ \ldots & \ldots & \ldots\ldots & \ldots & \ldots\ldots \\ U_m & U_{m+1} & U_{m+2} & \ldots & U_{2m-1} - \lambda \end{vmatrix},$$

de même forme analytique que les précédents. Cela posé, si l'on substitue $x + \xi$, $y + \eta$, $z + \zeta$ aux inconnues proposées, il deviendra fonction de ξ, η, ζ, et nous le représenterons par

$$\Lambda(\xi, \eta, \zeta) = \Lambda_0(\xi, \eta, \zeta) + \lambda \Lambda_1(\xi, \eta, \zeta) + \ldots + (-1)^m \lambda^m.$$

Or, on trouvera les expressions suivantes, savoir :

$$A_0(\zeta, \eta, \zeta) = (x_1-\xi)(y_1-\eta)(z_1-\zeta)(x_2-\xi)(y_2-\eta)(z_2-\zeta)\ldots \times F'(x_1)F'(x_2)\ldots F'(x_m),$$

$$\frac{A_1(\xi, \eta, \zeta)}{A_0(\xi, \eta, \zeta)} = -\sum \frac{\mathcal{F}(x, \xi)}{(x-\xi)(y-\eta)(z-\zeta)F'^2(x)},$$

le signe $\sum$ s'étendant aux diverses solutions et le numérateur $\mathcal{F}(x, \xi_0)$ étant la fonction déjà considérée dans les cas des équations à une seule et à deux inconnues. Cela posé, soit, pour un système donné de valeurs de ξ, η, ζ, $\varphi(\xi, \eta, \zeta)$ le nombre des variations du polynome $A(\xi, \eta, \zeta)$, nous allons en premier lieu donner la signification de la différence $\varphi(\xi, \eta, \zeta_0) - \varphi(\xi, \eta, \zeta_1)$ où nous supposons $\zeta_1 > \zeta_0$. Considérons en effet x, y, z comme les coordonnées rectangulaires d'un point situé dans l'espace, de sorte qu'à chaque solution des trois équations proposées corresponde un point déterminé.

Les deux plans $z = \zeta_0$ et $z = \zeta_1$ comprendront dans leur intervalle un certain nombre des points figurant ainsi des solutions; nous les partagerons en quatre groupes de la manière suivante. Menant dans le plan des xy des parallèles aux axes des x et des y par le point dont les coordonnées sont $x = \xi$, $y = \eta$, on voit que ces droites détermineront quatre régions, que nous désignerons par A, B, C, D, et les points dont nous formerons un même groupe seront ceux qui le projettent dans une même région, ou, si l'on veut, dans l'intérieur d'un même angle. Soient A et C d'une part, B et D de l'autre, les angles opposés par le sommet; dans les deux premiers, les expressions $(x-\xi)(y-\eta)$ seront de même signe et, pour fixer les idées, seront positives; tandis qu'elles seront négatives dans B et D. D'après cela, on voit de suite qu'en nommant respectivement a, b, c, d, les nombres de points qui appartiennent aux régions A, B, C, D, la différence

$$\varphi(\xi, \eta, \zeta_0) - \varphi(\xi, \eta, \zeta_1)$$

aura pour valeur

$$a + c - b - d.$$

Considérons en second lieu deux valeurs de η, η_0 et η_1, en laissant constante la quantité ξ. Les deux droites $y = \eta_0$, $y = \eta_1$

comprendront dans leur intervalle un certain nombre des projections des points racines; nous les séparerons encore en deux groupes, suivant qu'elles se trouveront à droite ou à gauche de la parallèle à l'axe des y, $x = \xi$, et nous désignerons par $\mathcal{N}$ le nombre des projections contenues dans le premier groupe et par $\mathcal{N}'$ le nombre des projections contenues dans le second.

Cela posé, il est clair qu'en passant de η_0 à η_1, a et d deviendront respectivement $a + \mathcal{N}'$ et $d - \mathcal{N}'$; b et c en même temps se changeront en $b + \mathcal{N}$ et $c - \mathcal{N}$. Nous aurons donc, d'une part,

$$\nu(\xi, \eta_0, \zeta_0) - \nu(\xi, \eta_0, \zeta_1) = a + c - b - d,$$

et de l'autre

$$\nu(\xi, \eta_1, \zeta_0) - \nu(\xi, \eta_1, \zeta_1) = a + c - b - d + 2(\mathcal{N}' - \mathcal{N}),$$

et, par suite,

$$\nu(\xi, \eta_0, \zeta_0) + \nu(\xi, \eta_1, \zeta_1) - \nu(\xi, \eta_0, \zeta_1) - \nu(\xi, \eta_1, \zeta_0) = 2(\mathcal{N} - \mathcal{N}').$$

Il ne nous reste plus maintenant qu'à faire varier la quantité ξ; or, en passant de ξ_0 à ξ_1, $\mathcal{N}'$ s'augmentera du nombre des projections renfermées dans le rectangle ayant pour sommets

$$\begin{array}{llll} x = \xi_0, & x = \xi_0, & x = \xi_1, & x = \xi_1, \\ y = \eta_0, & y = \eta_1, & y = \eta_0, & y = \eta_1, \end{array}$$

et $\mathcal{N}$ diminuera du même nombre. Désignons par n ce nombre, il représentera évidemment combien se trouvent de points figurant des couples de solution dans l'intérieur du parallélépipède ayant pour projection verticale le rectangle dont nous venons de parler et terminé par les plans $z = \zeta_0$, $z = \zeta_1$. Or, nous avons à la fois les relations

$$\begin{aligned} &\nu(\xi_0, \eta_0, \zeta_0) + \nu(\xi_0, \eta_1, \zeta_1) - \nu(\xi_0, \eta_0, \zeta_1) - \nu(\xi_0, \eta_1, \zeta_0) = 2(\mathcal{N} - \mathcal{N}'), \\ &\nu(\xi_1, \eta_0, \zeta_0) + \nu(\xi_1, \eta_1, \zeta_1) - \nu(\xi_1, \eta_0, \zeta_1) - \nu(\xi_1, \eta_1, \zeta_0) = 2(\mathcal{N} - \mathcal{N}') - 4n. \end{aligned}$$

d'où l'on conclut

$$n = \frac{\left[\begin{array}{l} \nu(\xi_0, \eta_0, \zeta_0) + \nu(\xi_0, \eta_1, \zeta_1) + \nu(\xi_1, \eta_0, \zeta_1) + \nu(\xi_1, \eta_1, \zeta_0) \\ - \nu(\xi_0, \eta_0, \zeta_1) - \nu(\xi_0, \eta_1, \zeta_0) - \nu(\xi_1, \eta_0, \zeta_0) - \nu(\xi_1, \eta_1, \zeta_1) \end{array}\right]}{4}.$$

On aura un énoncé plus simple si l'on convient de désigner par

(M) le nombre des variations du polynome $A(\xi, \eta, \zeta)$, M étant le point de l'espace dont les coordonnées rectangulaires sont ξ, η, ζ. Nommant alors $pqrs$ la base inférieure et $p'q'r's'$ la base supérieure du parallélépipède, de sorte que les points p et p', q et q', ..., appartiennent respectivement aux mêmes ordonnées verticales et que les droites pq, ps soient parallèles aux parties positives des x et des y, on aura la valeur suivante :

$$n = \frac{1}{4}\{[(p) - (p')] - [(q) - (q')] + [(r) - (r')] - [(s) - (s')]\}.$$

INTÉGRATION

DES

FONCTIONS RATIONNELLES[1].

Nouvelles Annales de Mathématiques, 2e série, t. XI, 1872, p. 145-148.
Annales de l'École Normale supérieure, 1re série, t. I, 1872, p. 215-218.
Cours d'Analyse de l'École Polytechnique, 1873, p. 268 et suiv.

Soient $F(x)$ et $F_1(x)$ deux polynomes entiers; en posant, pour mettre en évidence l'ordre de multiplicité des divers facteurs,

$$F(x) = (x-a)^{\alpha+1}(x-b)^{\beta+1}\dots(x-1)^{\lambda+1},$$

en admettant pour simplifier que le degré du numérateur soit moindre que le degré de $F(x)$, la décompositon en fractions simples donne la formule générale

$$\begin{aligned}\frac{F_1(x)}{F(x)} = & \frac{A}{x-a} + \frac{A_1}{(x-a)^2} + \dots + \frac{A_\alpha}{(x-a)^{\alpha+1}} \\ & + \frac{B}{x-b} + \frac{B_1}{(x-b)^2} + \dots + \frac{B_\beta}{(x-b)^{\beta+1}} \\ & \dots\dots\dots\dots\dots\dots \\ & + \frac{L}{x-l} + \frac{L_1}{(x-l)^2} + \dots + \frac{L_\lambda}{(x-l)^{\lambda+1}},\end{aligned}$$

(1) Nous publions ici un extrait du *Cours d'Analyse de l'École Polytechnique* Paris, Gauthiers-Villars, 1873) relatif à l'intégration des fonctions rationnelles; antérieurement, la question avait été traitée d'une manière plus sommaire par Hermite dans deux Notes des *Nouvelles Annales* et des *Annales de l'École Normale* que nous ne reproduisons pas. E. P.

ou, pour abréger l'écriture ([1]),

$$\frac{F_1(x)}{F(x)} = \sum \frac{A}{x-a} + \sum \frac{A_1}{(x-a)^2} + \ldots + \sum \frac{A_n}{(x-a)^{n+1}}.$$

On en déduit immédiatement cette expression de l'intégrale de toute fonction rationnelle

$$\int \frac{F_1(x)}{F(x)} dx = \sum A \log(x-a) - \sum \frac{A_1}{x-a} - \ldots - \frac{1}{n} \sum \frac{A_n}{(x-a)^n},$$

où l'on voit figurer une partie transcendante et une partie algébrique qui donnent lieu aux remarques suivantes.

I. Nous observerons d'abord qu'en supposant réels les polynomes $F(x)$ et $F_1(x)$, les racines du dénominateur peuvent être imaginaires, de sorte qu'il est nécessaire de mettre le résultat obtenu sous une forme explicitement réelle. Or, on sait que les racines imaginaires seront conjuguées deux à deux; de plus, qu'elles seront de même ordre de multiplicité, et qu'en les désignant par a et b les numérateurs des fractions simples correspondantes

$$\frac{A_i}{(x-a)^{i+1}}, \quad \frac{B_i}{(x-b)^{i+1}}$$

seront respectivement exprimés de la même manière en fonction rationnelle de a et b. Ce seront donc aussi des quantités imaginaires conjuguées, et les termes qui en résultent dans la partie algébrique de l'intégrale, à savoir

$$-\frac{1}{i} \frac{A_i}{(x-a)^i}, \quad -\frac{1}{i} \frac{B_i}{(x-b)^i},$$

donnent, par les réductions ordinaires, une somme réelle. Mais, dans la partie transcendante, il sera nécessaire, pour effectuer cette réduction, d'employer l'expression des logarithmes des quantités imaginaires

$$\log(x-\alpha-\beta\sqrt{-1}) = \frac{1}{2}\log[(x-\alpha)^2+\beta^2] + \sqrt{-1}\,\text{arc tang}\,\frac{x-\alpha}{\beta},$$

([1]) On supposera que n soit le plus grand des nombres α, β, ..., λ, et qu'on attribue des valeurs nulles à ceux des numérateurs A_n, B_n, ..., L_n dont les indices surpasseraient respectivement α, β, ..., λ.

et, en faisant

$$a = \alpha + \beta\sqrt{-1}, \qquad A = P + Q\sqrt{-1},$$
$$b = \alpha - \beta\sqrt{-1}, \qquad B = P - Q\sqrt{-1},$$

on trouvera facilement

$$\begin{aligned} &A\log(x-a) + B\log(x-b) \\ &\quad = P\log[(x-\alpha)^2+\beta^2] - 2Q\,\text{arc tang}\frac{x-\alpha}{\beta}. \end{aligned}$$

Ce résultat peut également s'obtenir par l'intégration directe de la somme des fractions imaginaires conjuguées

$$\frac{P+Q\sqrt{-1}}{x-\alpha-\beta\sqrt{-1}} + \frac{P-Q\sqrt{-1}}{x-\alpha+\beta\sqrt{-1}} = \frac{2P(x-\alpha)-2Q\beta}{(x-\alpha)^2+\beta^2}.$$

Écrivant, en effet,

$$\int \frac{2P(x-\alpha)-2Q\beta}{(x-\alpha)^2+\beta^2}\,dx = P\int\frac{2(x-\alpha)\,dx}{(x-\alpha)^2+\beta^2} - 2Q\int\frac{\beta\,dx}{(x-\alpha)^2+\beta^2},$$

on a d'abord

$$\int\frac{2(x-\alpha)\,dx}{(x-\alpha)^2+\beta^2} = \int\frac{d[(x-\alpha)^2+\beta^2]}{(x-\alpha)^2+\beta^2} = \log[(x-\alpha)^2+\beta^2];$$

faisant ensuite $x-\alpha = \beta z$, il viendra

$$\int\frac{\beta\,dx}{(x-\alpha)^2+\beta^2} = \int\frac{dz}{z^2+1} = \text{arc tang}\,z,$$

et, par suite,

$$\int\frac{\beta\,dx}{(x-\alpha)^2+\beta^2} = \text{arc tang}\frac{x-\alpha}{\beta},$$

de sorte que nous aurons, comme précédemment,

$$\int\frac{2P(x-\alpha)-2Q\beta}{(x-\alpha)^2+\beta^2}\,dx = P\log[(x-\alpha)^2+\beta^2] - 2Q\,\text{arc tang}\frac{x-\alpha}{\beta}.$$

II. La formule

$$\int\frac{F_1(x)}{F(x)}\,dx = \sum A\log(x-a) - \sum\frac{A_1}{x-a} - \ldots - \frac{1}{n}\sum\frac{A_n}{(x-a)^n}$$

montre que le second membre sera simplement algébrique, lorsque les constantes A, B, ..., L seront toutes nulles. Ces conditions, qui sont suffisantes, sont évidemment nécessaires ; car, si l'on égale pour un instant à une fraction rationnelle la quantité

$$\sum \mathrm{A} \log(x-a) = \int \sum \frac{\mathrm{A}}{x-a}\,dx,$$

et qu'on prenne la dérivée de cette fonction rationnelle après l'avoir décomposée en fractions simples, on fera ainsi disparaître toutes les fractions partielles dont les dénominateurs sont du premier degré. On ne pourra donc reproduire l'expression $\sum \frac{\mathrm{A}}{x-a}$, la décomposition en fractions simples n'étant possible que d'une seule manière.

Remarquons aussi que la partie algébrique de l'intégrale est de la forme $\frac{\mathfrak{F}(x)}{(x-a)^{\alpha}(x-b)^{\beta}\ldots(x-l)^{\lambda}}$, $\mathfrak{F}(x)$ étant un polynome entier qu'on peut facilement obtenir, comme on va le voir, à l'aide des développements en série suivant les puissances décroissantes de la variable, de l'intégrale et de la partie transcendante. On forme le premier en supposant qu'on ait, par la division algébrique,

$$\frac{\mathrm{F}_1(x)}{\mathrm{F}(x)} = \frac{\omega}{x} + \frac{\omega_1}{x^2} + \frac{\omega_2}{x^3} + \ldots;$$

de là, nous tirons, en effet, en intégrant les deux membres,

$$\int \frac{\mathrm{F}_1(x)}{\mathrm{F}(x)}\,dx = \omega \log x - \frac{\omega_1}{x} - \frac{\omega_2}{2x^2} - \ldots.$$

Quant au second, il suffit d'employer la série élémentaire

$$\frac{1}{x-a} = \frac{1}{x} + \frac{a}{x^2} + \frac{a^2}{x^3} + \ldots,$$

pour en conclure

$$\sum \frac{\mathrm{A}}{x-a} = \frac{\Sigma \mathrm{A}}{x} + \frac{\Sigma \mathrm{A}a}{x^2} + \frac{\Sigma \mathrm{A}a^2}{x^3} + \ldots,$$

puis, en intégrant,

$$\Sigma \mathrm{A} \log(x-a) = \Sigma \mathrm{A} \log x - \frac{\Sigma \mathrm{A}a}{x} - \frac{\Sigma \mathrm{A}a^2}{2x^2} - \ldots$$

Nous obtenons ainsi la relation

$$\frac{\mathfrak{F}(x)}{(x-a)^{\alpha}(x-b)^{\beta}\ldots(x-l)^{\lambda}}$$
$$=(\Sigma\mathrm{A}-\omega)\log x+\frac{\omega_1-\Sigma\mathrm{A}a}{x}+\frac{\omega_2-\Sigma\mathrm{A}a^2}{2x^2}+\ldots,$$

où le terme logarithmique, dans le second membre, doit nécessairement disparaître, un tel terme ne pouvant provenir du développement d'une fonction rationnelle suivant les puissances descendantes de la variable. Nous avons donc la condition

$$\Sigma\mathrm{A}=\omega,$$

dont il est souvent fait usage, surtout dans le cas où le degré de $\mathrm{F}_1(x)$ étant inférieur de deux unités à celui de $\mathrm{F}(x)$, on a $\omega=0$ [1].

Soit maintenant, pour abréger,

$$\frac{\omega_n-\Sigma\mathrm{A}a^n}{n}=\pi_n,$$

le polynome $\mathfrak{F}(x)$, que nous nous proposons de déterminer, sera donné par cette expression

$$\mathfrak{F}(x)=(x-a)^{\alpha}(x-b)^{\beta}\ldots(x-l)^{\lambda}\left(\frac{\pi_1}{x}+\frac{\pi_2}{x^2}+\frac{\pi_3}{x^3}+\ldots\right),$$

où il est nécessaire que les termes en nombre infini contenant x en dénominateur se détruisent, de sorte qu'il suffira d'en extraire la partie entière. Soit, à cet effet,

$$(x-a)^{\alpha}(x-b)^{\beta}\ldots(x-l)^{\lambda}=x^m+p_1x^{m-1}+p_2x^{m-2}+\ldots+p_m;$$

on trouve sur-le-champ

$$\begin{aligned}\mathfrak{F}(x)={}&\pi_2(x^{m-1}+p_1x^{m-2}+\ldots+p_{m-1})\\&+\pi_2(x^{m-2}+p_1x^{m-3}+\ldots+p_{m-2})+\ldots+\pi_{m-1}(x+p_1)+\pi_m,\end{aligned}$$

et nous voyons qu'on pourra s'arrêter dans les développements de

---

(1) Les quantités A, B, ..., L étant les résidus de la fonction $\frac{\mathrm{F}_1(x)}{\mathrm{F}(x)}$ correspondant aux diverses racines du dénominateur, la somme $\Sigma\mathrm{A}$ a reçu de Cauchy la dénomination de *résidu intégral* de cette fonction.

l'intégrale et de la partie transcendante aux termes en $\frac{1}{x^m}$. Mais nous allons reprendre, par une méthode plus approfondie, cette recherche importante de la partie algébrique de l'intégrale

$$\int \frac{F_1(x)}{F(x)} dx.$$

Nous nous proposons, en effet, de la déterminer de manière à obtenir la somme effectuée des fractions simples données par la formule générale, de sorte que la connaissance des racines de l'équation $F(x) = 0$ ne sera plus nécessaire que pour former la partie transcendante $\sum A \log(x - a)$.

III. Dans ce but, on commencera par mettre le dénominateur au moyen de la théorie des racines égales, sous la forme

$$F(x) = N^{n+1} P^{p+1} Q^{q+1} \dots S^{s+1},$$

N, P, Q, ..., S étant des polynomes tels que l'équation

$$NPQ \dots S = 0$$

n'ait que des racines simples. Nous remplaçons ensuite la décomposition en fractions simples par celle-ci :

$$\frac{F_1(x)}{F(x)} = \frac{\mathfrak{N}}{N^{n+1}} + \frac{\mathfrak{P}}{P^{p+1}} + \frac{\mathfrak{Q}}{Q^{q+1}} + \dots + \frac{\mathfrak{S}}{S^{s+1}},$$

où $\mathfrak{N}$, $\mathfrak{P}$, $\mathfrak{Q}$, ..., $\mathfrak{S}$ sont des fonctions entières qu'on obtient par la méthode suivante.

Je me fonderai sur le procédé algébrique que je vais rappeler, et par lequel, étant donnés deux polynomes premiers entre eux U et V, on peut en déterminer deux autres A et B, tels qu'on ait

$$AV + BU = 1,$$

et, par conséquent,

$$\frac{A}{U} + \frac{B}{V} = \frac{1}{UV}.$$

Effectuons sur U et V la recherche du plus grand commun diviseur de manière à obtenir ces relations, où Q, Q_1, Q_2, ... sont les quotients, et R, R_1, R_2, ... les restes successifs, savoir

$$\begin{aligned}
U &= VQ + R,\\
V &= RQ_1 + R_1,\\
R &= R_1 Q_2 + R_2.\\
&\dots\dots\dots\dots
\end{aligned}$$

Les valeurs qu'on en tire, savoir

$$\begin{aligned}
R &= U - VQ,\\
R_1 &= V(1 + QQ_1) - UQ_1,\\
&\dots\dots\dots\dots,
\end{aligned}$$

montrent qu'un reste de rang quelconque s'exprime au moyen des polynomes U et V par une combinaison de la forme

$$AV + BU,$$

où A et B sont des fonctions entières. Or, le dernier de ces restes est, dans l'hypothèse admise, une simple constante, ce qui démontre et donne le moyen de former la relation annoncée.

Cela posé, soit

$$U = N^{n+1}, \qquad V = P^{p+1} Q^{q+1} \dots S^{s+1};$$

nous pouvons écrire

$$\frac{1}{UV} = \frac{1}{F(x)} = \frac{A}{N^{n+1}} + \frac{B}{P^{p+1} Q^{q+1} \dots S^{s+1}},$$

puis, en multipliant par $F_1(x)$, et faisant $\mathfrak{N} = AF_1(x)$,

$$\frac{F_1(x)}{F(x)} = \frac{\mathfrak{N}}{N^{n+1}} + \frac{BF_1(x)}{P^{p+1} Q^{q+1} \dots S^{s+1}}.$$

Maintenant il est clair qu'en opérant sur la fraction

$$\frac{BF_1(x)}{P^{p+1} Q^{q+1} \dots S^{s+1}},$$

comme sur la proposée, on la décomposera pareillement en un terme $\frac{\mathfrak{P}}{P^{p+1}}$ et une nouvelle fraction dont le dénominateur ne renfermera que les facteurs de $F(x)$ autres que N^{n+1} et P^{p+1}. Continuant donc les mêmes opérations jusqu'à l'épuisement complet de ces facteurs, on réalisera ainsi la décomposition que nous voulions obtenir de $\frac{F_1(x)}{F(x)}$ sous la forme

$$\frac{F_1(x)}{F(x)} = \frac{\mathfrak{M}}{N^{n+1}} + \frac{\mathfrak{P}}{P^{p+1}} + \ldots + \frac{\mathfrak{S}}{S^{s+1}}.$$

On en tire

$$\int \frac{F_1(x)}{F(x)}\,dx = \int \frac{\mathfrak{M}}{N^{n+1}}\,dx + \int \frac{\mathfrak{P}}{P^{p+1}}\,dx + \ldots + \int \frac{\mathfrak{S}}{S^{s+1}}\,dx,$$

les intégrations portant, comme on voit, sur des expressions toutes semblables, qu'on traite de la manière suivante.

IV. J'observe que N, n'ayant pas de facteurs multiples, est premier avec la dérivée N'; de sorte qu'on pourra déterminer deux polynomes A et B remplissant la condition

$$BN - N'A = 1.$$

Cela étant, nous formerons deux séries de fonctions entières

$$\begin{array}{llll} V_0, & V_1, & \ldots, & V_{n-1}, \\ \mathfrak{M}_1, & \mathfrak{M}_2, & \ldots, & \mathfrak{M}_n, \end{array}$$

par ces relations, où K, K_1, ..., K_{n-1} sont des polynomes entièrement arbitraires, savoir

$$\begin{aligned} nV_0 &= A\mathfrak{M} - NK, \\ (n-1)V_1 &= A\mathfrak{M}_1 - NK_1, \\ (n-2)V_2 &= A\mathfrak{M}_2 - NK_2, \\ &\ldots\ldots\ldots\ldots\ldots\ldots, \\ V_{n-1} &= A\mathfrak{M}_{n-1} - NK_{n-1}, \end{aligned}$$

puis, en second lieu,

$$\begin{aligned} \mathfrak{M}_1 &= B\mathfrak{M} - N'K - V'_0, \\ \mathfrak{M}_2 &= B\mathfrak{M}_1 - N'K_1 - V'_1, \\ &\ldots\ldots\ldots\ldots\ldots\ldots, \\ \mathfrak{M}_n &= B\mathfrak{M}_{n-1} - N'K_{n-1} - V'_{n-1}. \end{aligned}$$

Je vais maintenant prouver qu'en faisant

$$U = \mathfrak{M}_n,$$
$$V = V_0 + NV_1 + N^2V_2 + \ldots + N^{n-1}V_{n-1},$$

on a identiquement

$$\frac{\mathfrak{M}}{N^{n+1}} = \frac{U}{N} + \frac{d}{dx}\left(\frac{V}{N^n}\right),$$

d'où

$$\int \frac{\mathfrak{M}}{N^{n+1}}\,dx = \int \frac{U}{N}\,dx + \frac{V}{N^n},$$

de sorte que $\frac{V}{N^n}$ est la partie algébrique de l'intégrale, et $\int \frac{U}{N}\,dx$ la partie transcendante.

Éliminons, à cet effet, A et B entre les trois égalités

$$\begin{aligned} (n-i)V_i &= A\,\mathfrak{M}_i - NK_i, \\ \mathfrak{M}_{i+1} &= B\,\mathfrak{M}_i - N'K_i - V'_i, \\ 1 &= BN - N'A, \end{aligned}$$

ce qui donne

$$N\,\mathfrak{M}_{i+1} = \mathfrak{M}_i + (n-i)N'V_i - NV'_i.$$

Nous mettrons cette relation sous la forme suivante :

$$\frac{\mathfrak{M}_i}{N^{n-i+1}} - \frac{\mathfrak{M}_{i+1}}{N^{n-i}} = \frac{d}{dx}\left(\frac{V_i}{N^{n-i}}\right),$$

et, supposant ensuite $i = 0, 1, 2, \ldots, n-1$, nous en conclurons, en ajoutant membre à membre,

$$\frac{\mathfrak{M}}{N^{n+1}} - \frac{\mathfrak{M}_n}{N} = \frac{d}{dx}\left(\frac{V_0}{N^n} + \frac{V_1}{N^{n-1}} + \ldots + \frac{V_{n-1}}{N}\right),$$

ce qui fait bien voir qu'on satisfait à la condition proposée

$$\frac{\mathfrak{M}}{N^{n+1}} = \frac{U}{N} + \frac{d}{dx}\left(\frac{V}{N^n}\right)$$

par les expressions

$$\begin{aligned} U &= \mathfrak{M}_n, \\ V &= V_0 + NV_1 + N^2V_2 + \ldots + N^{n-1}V_{n-1}, \end{aligned}$$

comme il s'agissait de le démontrer.

J'ai dit que les polynomes K, $K_1, \ldots, K_{n-1}$ étaient arbitraires ; on pourra donc en disposer de manière que les degrés de $V_0, V_1, \ldots, V_{n-1}$ soient moindres que le degré de N ; on pourra aussi les supposer tous nuls, ce qui donne, par exemple,

$$
\begin{aligned}
n V_0 &= \mathfrak{M} A,\\
n(n-1)V_1 &= \mathfrak{M} A(nB - A') - \mathfrak{M}' A^2,\\
&\ldots\ldots\ldots\ldots\ldots\ldots
\end{aligned}
$$

Ces deux suppositions se concilient dans le cas de l'intégrale

$$\int \frac{dx}{(x^2-1)^{n+1}},$$

que je choisis comme application de la méthode. Nous aurons alors

$$
\begin{aligned}
N &= x^2 - 1, & N' &= 2x,\\
A &= -\frac{x}{2}, & B &= -1,
\end{aligned}
$$

puis successivement

$$
\begin{aligned}
n V_0 &= -\frac{x}{2},\\
(n-1)V_1 &= +\frac{2n-1}{2n}\,\frac{x}{2},\\
(n-2)V_2 &= -\frac{(2n-1)(2n-3)}{2n(2n-2)}\,\frac{x}{2},\\
(n-3)V_3 &= +\frac{(2n-1)(2n-3)(2n-5)}{2n(2n-2)(2n-4)}\,\frac{x}{2},\\
&\ldots\ldots\ldots\ldots\ldots\ldots,
\end{aligned}
$$

$$
\begin{aligned}
\mathfrak{M}_1 &= -\frac{2n-1}{2n},\\
\mathfrak{M}_2 &= +\frac{(2n-1)(2n-3)}{2n(2n-2)},\\
\mathfrak{M}_3 &= -\frac{(2n-1)(2n-3)(2n-5)}{2n(2n-2)(2n-4)},\\
&\ldots\ldots\ldots\ldots\ldots\ldots,
\end{aligned}
$$

d'où ces valeurs, qu'on retrouvera bientôt par une autre voie,

$$U = \mathfrak{M}_n = (-1)^n \frac{(2n-1)(2n-3)\ldots 3.1}{2n(2n-2)\ldots 4.2},$$

$$
\begin{aligned}
V &= V_0 + NV_1 + N^2V_2 + \ldots + N^{n-1}V_{n-1}\\
&= -\frac{x}{2}\left[\frac{1}{n} - \frac{2n-1}{2n}\,\frac{x^2-1}{n-1} + \frac{(2n-1)(2n-3)}{2n(2n-2)}\,\frac{(x^2-1)^2}{n-2} - \ldots\right.\\
&\qquad\left. + (-1)^n \frac{(2n-1)(2n-3)\ldots 3}{2n(2n-2)\ldots 4}(x^2-1)^{n-1}\right].
\end{aligned}
$$

De l'intégrale $\int \frac{dx}{(x^2 - a^2)^{n+1}}$.

1. Des notions importantes d'Analyse se rattachent à cette expression, qui va nous servir d'exemple pour l'application des méthodes générales d'intégration des fonctions rationnelles. J'observe d'abord qu'on aura pour la partie transcendante et la partie algébrique ces expressions

$$A \log(x - a) + B \log(x + a), \qquad \frac{\mathfrak{F}(x)}{(x^2 - a^2)^n},$$

et que, dans la série

$$\frac{\omega}{x} + \frac{\omega_1}{x^2} + \frac{\omega_2}{x^3} + \ldots,$$

les coefficients $\omega, \omega_1, \ldots, \omega_{2n}$ s'évanouissent. En écrivant, en effet,

$$\frac{1}{(x^2 - a^2)^{n+1}} = \frac{1}{x^{2n+2}}\left(1 - \frac{a^2}{x^2}\right)^{-(n+1)},$$

la formule du binome donne

$$\frac{1}{(x^2 - a^2)^{n+1}} = \frac{1}{x^{2n+2}} + \frac{(n+1)a^2}{x^{2n+4}} + \ldots,$$

d'où

$$\int \frac{dx}{(x^2 - a^2)^{n+1}} = -\frac{1}{(2n+1)x^{2n+1}} - \frac{(n+1)a^2}{(2n+3)x^{2n+3}} - \ldots.$$

La première conséquence à tirer de là, c'est qu'ayant

$$A + B = 0,$$

la partie transcendante est simplement

$$A \log \frac{x - a}{x + a},$$

et la seconde, c'est que le produit du développement en série de l'intégrale par le facteur $(x^2 - a^2)^n$, ne contenant aucune puissance positive de la variable, le polynome $\mathfrak{F}(x)$ se réduit à la partie entière de l'expression $A \log \frac{x - a}{x + a}(x^2 - a^2)^n$.

Maintenant A est donné par le coefficient de $\frac{1}{z}$ dans le développement suivant les puissances croissantes de cette quantité, de la fraction $\frac{1}{(x^2-a^2)^{n+1}}$, lorsqu'on y a fait $x = a + z$. Or, ayant

$$\frac{1}{(x^2-a^2)^{n-1}} = \frac{1}{z^{n+1}}(2a+z)^{-n-1},$$

nous sommes amenés à chercher le coefficient de z^n dans le développement de $(2a+z)^{-n-1}$. Partant, à cet effet, de la formule du binome

$$(\alpha+z)^m = \alpha^m + \frac{m}{1}\alpha^{m-1}z + \ldots + \frac{m(m-1)\ldots(m-n+1)}{1.2\ldots n}\alpha^{m-n}z^n + \ldots,$$

il suffira de supposer, dans le terme général,

$$\alpha = 2a, \qquad m = -n-1,$$

pour obtenir la valeur

$$\mathrm{A} = \frac{(-1)^n}{(2a)^{2n+1}}\,\frac{(n+1)(n+2)\ldots 2n}{1.2\ldots n},$$

où je remarquerai que le facteur numérique $\frac{(n+1)(n+2)\ldots 2n}{1.2\ldots n}$ est aussi le coefficient du terme moyen dans le développement de la puissance $2n$ du binome. On peut donc lui substituer la quantité $2^{2n}\alpha_n$, en posant

$$\alpha_n = \frac{1.3.5\ldots 2n-1}{2.4.6\ldots 2n},$$

ce qui donnera

$$\mathrm{A} = \frac{(-1)^n\alpha_n}{2a^{2n+1}}.$$

Cela posé, il ne nous reste plus qu'à déterminer la partie rationnelle de l'intégrale, en formant le polynome $\mathfrak{F}(x)$ au moyen des termes entiers en x du produit

$$\mathrm{A}\log\frac{x+a}{x-a}(x^2-a^2)^n.$$

Mais le calcul et le résultat sont plus simples en employant, à la place de la série

$$\frac{1}{2}\log\left(\frac{x+a}{x-a}\right) = \frac{a}{x} + \frac{1}{3}\frac{a^3}{x^3} + \frac{1}{5}\frac{a^5}{x^5} + \ldots,$$

celle-ci,

$$\frac{1}{2}\log\left(\frac{x+a}{x-a}\right) = x\left[\frac{a}{x^2-a^2} - \frac{2}{3}\frac{a^3}{(x^2-a^2)^2} + \frac{2.4}{3.5}\frac{a^5}{(x^2-a^2)^3} - \frac{2.4.6}{3.5.7}\frac{a^7}{(x^2-a^2)^4} + \ldots\right],$$

qu'on démontre facilement en prenant les dérivées des deux membres, et employant cette identité

$$\frac{d}{da}\left[\frac{a^{2n-1}}{(x^2-a^2)^n}\right] = \frac{(2n-1)a^{2n-2}}{(x^2-a^2)^n} + \frac{2a^{2n}}{(x^2-a^2)^{n+1}}.$$

La partie entière qui résulte de la multiplication par $(x^2-a^2)^n$ se présente, en effet, sous la forme

$$x\left[a(x^2-a^2)^{n-1} - \frac{2}{3}a^3(x^2-a^2)^{n-2} + \frac{2.4}{3.5}a^5(x^2-a^2)^{n-3} - \ldots - (-1)^n\frac{2.4\ldots 2n-2}{3.5\ldots 2n-1}a^{2n-1}\right],$$

et il vient, par suite,

$$\mathfrak{F}(x) = 2Ax\left[(x^2-a^2)^{n-1} - \frac{2}{3}a^2(x^2-a^2)^{n-2} + \frac{2.4}{3.5}a^4(x^2-a^2)^{n-3} - \ldots - (-1)^n\frac{2.4\ldots 2n-2}{3.5\ldots 2n-1}a^{2n-2}\right],$$

ou, en employant le facteur A sous la forme

$$A = \frac{(-1)^n}{2a^{2n+1}}\frac{1.3.5\ldots(2n-1)}{2.4.6\ldots 2n},$$

et renversant l'ordre des termes,

$$\mathfrak{F}(x) = -\frac{x}{2}\left[\frac{1}{na^2} - \frac{2n-1}{2n}\frac{x^2-a^2}{(n-1)a^4} + \frac{(2n-1)(2n-3)}{2n(2n-2)a^6}\frac{(x^2-a^2)^2}{n-2} - \ldots\right];$$

c'est précisément le résultat trouvé précédemment, dans le cas de $a=1$.

II. L'intégrale $\int\frac{dx}{(x^2-a^2)^{n+1}}$ peut encore s'obtenir au moyen d'un changement de variables en posant

$$\frac{x-a}{x+a}=y.$$

Cette substitution donne en effet

$$x=a\frac{1+y}{1-y},\qquad dx=\frac{2a\,dy}{(1-y)^2},$$

d'où, par conséquent,

$$\int\frac{dx}{(x^2-a^2)^{n+1}}=\frac{1}{(2a)^{2n+1}}\int\frac{(y-1)^{2n}\,dy}{y^{n+1}},$$

et l'intégration relative à la nouvelle variable s'effectue aisément comme il suit. Soit en désignant, pour abréger, les coefficients numériques par N_1, N_2, N_3, ...,

$$(y-1)^{2n}=y^{2n}+N_1y^{2n-1}+N_2y^{2n-2}+\ldots+N_1y+1,$$

nous écrirons, en rapprochant les termes équidistants des extrêmes et isolant le terme du milieu y^n,

$$(y-1)^{2n}=(y^{2n}+1)+N_1(y^{2n-1}+y)+N_2(y^{2n-2}+y^2)+\ldots+N_ny^n,$$

de sorte qu'il viendra

$$\begin{aligned}\frac{(y-1)^{2n}}{y^{n+1}}=\left(y^{n-1}+\frac{1}{y^{n+1}}\right)&+N_1\left(y^{n-2}+\frac{1}{y^n}\right)\\&+N_2\left(y^{n-3}+\frac{1}{y^{n-1}}\right)+\ldots+\frac{N_n}{y},\end{aligned}$$

et, par suite,

$$\begin{aligned}\int\frac{(y-1)^{2n}\,dy}{y^{n+1}}=\frac{1}{n}\left(y^n-\frac{1}{y^n}\right)&+\frac{N_1}{n-1}\left(y^{n-1}-\frac{1}{y^{n-1}}\right)\\&+\frac{N_2}{n-2}\left(y^{n-2}-\frac{1}{y^{n-2}}\right)+\ldots+N_n\log y.\end{aligned}$$

Cette formule doit coïncider, en y remplaçant y par $\frac{x-a}{x+a}$, avec celle que donne la première méthode, et, en effet, la partie logarithmique est la même, car le coefficient moyen N_n de la puissance $(y-1)^{2n}$ a précisément pour valeur

$$(-1)^n\frac{(n+1)(n+2)\ldots 2n}{1.2\ldots n}.$$

Quant à l'égalité des parties rationnelles, elle conduit, en posant

$$x = a\sqrt{-1}\cot\frac{1}{2}\varphi,$$

d'où

$$y = \cos\varphi + \sqrt{-1}\sin\varphi,$$

à l'identité suivante :

$$\begin{aligned}\frac{\sin n\varphi}{n} &+ N_1\frac{\sin(n-1)\varphi}{n-1} + N_2\frac{\sin(n-2)\varphi}{n-2} + \ldots\\ &= (-1)^{n-1}\frac{(n+1)(n+2)\ldots 2n}{1.2\ldots n}\cot\frac{1}{2}\varphi\\ &\times\left(\sin^2\frac{1}{2}\varphi + \frac{2}{3}\sin^4\frac{1}{2}\varphi + \frac{2.4}{3.5}\sin^6\frac{1}{2}\varphi + \ldots\right.\\ &\left.+\frac{2.4\ldots(2n-2)}{3.5\ldots(2n-1)}\sin^{2n}\frac{1}{2}\varphi\right);\end{aligned}$$

mais, sans m'y arrêter, voici un troisième procédé entièrement différent des précédents, et qui servira de transition pour arriver aux méthodes propres essentiellement à l'intégration des fonctions algébriques.

Soit $u = (x^2 - a^2)^m$, l'exposant m étant quelconque, on aura, en différentiant deux fois de suite,

$$\frac{1}{2m}\frac{du}{dx} = x(x^2-a^2)^{m-1},$$

$$\frac{1}{2m}\frac{d^2u}{dx^2} = (x^2-a^2)^{m-1} + (2m-2)x^2(x^2-a^2)^{m-2}.$$

Or, on peut écrire

$$\begin{aligned}\frac{1}{2m}\frac{d^2u}{dx^2} &= (x^2-a^2)^{m-1} + (2m-2)(x^2-a^2+a^2)(x^2-a^2)^{m-2}\\ &= (2m-1)(x^2-a^2)^{m-1} + a^2(2m-2)(x^2-a^2)^{m-2}.\end{aligned}$$

de sorte qu'il vient, en multipliant les deux membres par dx et intégrant,

$$\begin{aligned}\frac{1}{2m}\frac{du}{dx} &= x(x^2-a^2)^{m-1}\\ &= (2m-1)\int(x^2-a^2)^{m-1}\,dx + a^2(2m-2)\int(x^2-a)^{m-2}\,dx.\end{aligned}$$

Faisons maintenant

$$m = 1 - n,$$

et l'on obtiendra

$$\frac{x}{(x^2-a^2)^n} = -(2n-1)\int \frac{dx}{(x^2-a^2)^n} - 2na^2 \int \frac{dx}{(x^2-a^2)^{n+1}},$$

ou bien

$$2na^2 \int \frac{dx}{(x^2-a^2)^{n+1}} = -(2n-1)\int \frac{dx}{(x^2-a^2)^n} - \frac{x}{(x^2-a^2)^n},$$

et, par conséquent, pour $n = 1, 2, 3, \ldots$,

$$\begin{aligned}
2a^2 \int \frac{x}{(x^2-a^2)^2} &= -\int \frac{dx}{x^2-a^2} - \frac{x}{x^2-a^2},\\
4a^2 \int \frac{dx}{(x^2-a^2)^3} &= -3\int \frac{dx}{(x^2-a^2)^2} - \frac{x}{(x^2-a^2)^2},\\
6a^2 \int \frac{dx}{(x^2-a^2)^4} &= -5\int \frac{dx}{(x^2-a^2)^3} - \frac{x}{(x^2-a^2)^3},\\
\ldots\ldots\ldots&\ldots\ldots\ldots\ldots\ldots\ldots\ldots\ldots
\end{aligned}$$

Ces relations successives conduisent évidemment à exprimer l'intégrale relative à un exposant quelconque $\int \frac{dx}{(x^2-a^2)^{n+1}}$, au moyen de celle-ci $\int \frac{dx}{x^2-a^2}$, et d'une fonction rationnelle de x; un calcul facile donne en effet pour résultat

$$a^{2n} \int \frac{dx}{(x^2-a^2)^{n+1}} = (-1)^n \frac{1.3.5\ldots(2n-1)}{2.4.6\ldots 2n}\left[\int \frac{dx}{x^2-a^2} + f_n(x)\right],$$

en posant

$$\begin{aligned}
f_n(x) = x\Bigg[\frac{1}{x^2-a^2} - \frac{2}{3}\frac{a^2}{(x^2-a^2)^2} + \frac{2.4}{3.5}\frac{a^4}{(x^2-a^2)^3} - \ldots\\
-(-1)^n \frac{2.4\ldots(2n-2)}{3.5\ldots(2n-1)}\frac{a^{2n-2}}{(x^2-a^2)^n}\Bigg].
\end{aligned}$$

Et, si l'on veut le démontrer, on observera qu'en changeant n en $n-1$, il vient

$$a^{2n-2} \int \frac{dx}{(x^2-a^2)^n} = (-1)^{n-1} \frac{1.3\ldots(2n-3)}{2.4\ldots(2n-2)}\left[\int \frac{dx}{x^2-a^2} + f_{n-1}(x)\right],$$

de sorte qu'en substituant dans la relation générale

$$2na^2 \int \frac{dx}{(x^2-a^2)^{n+1}} = -(2n-1)\int \frac{dx}{(x^2-a^2)^n} - \frac{x}{(x^2-a^2)^n},$$

nous obtenons la condition

$$f_n(x) = f_{n-1}(x) - (-1)^n \frac{2.4\ldots(2n-2)}{3.5\ldots(2n-1)} \frac{a^{2n-2}x}{(x^2-a^2)^n},$$

qui est satisfaite d'elle-même. La fonction $f_n(x)$ donne ainsi, pour la partie rationnelle de l'intégrale proposée, l'intégrale

$$\frac{(-1)^n}{a^{2n}} \frac{1.3.5\ldots(2n-1)}{2.4.6\ldots 2n} \frac{x}{(x^2-a^2)^n}$$
$$\times \left[(x^2-a^2)^{n-1} - \frac{2}{3}a^2(x^2-a^2)^{n-2} + \frac{2.4}{3.5}a^4(x^2-a^2)^{n-3} - \ldots\right],$$

qui, d'après l'expression du coefficient A, coïncide bien avec celle qui a été obtenue précédemment sous la forme $\frac{\mathfrak{F}(x)}{(x^2-a^2)^n}$, et quant à la partie transcendante, l'identité

$$\frac{2a}{x^2-a^2} = \frac{1}{x-a} - \frac{1}{x+a}$$

donne sur-le-champ

$$\int \frac{dx}{x^2-a^2} = \frac{1}{2a} \log \frac{x-a}{x+a}.$$

III. La détermination du polynome $\mathfrak{F}(x)$, dans l'équation

$$\int \frac{dx}{(x^2-a^2)^{n+1}} = \text{A} \log \frac{x-a}{x+a} + \frac{\mathfrak{F}(x)}{(x^2-a^2)^n},$$

a été obtenue par cette remarque très simple qu'en l'écrivant ainsi

$$\mathfrak{F}(x) = \text{A}(x^2-a^2)^n \log \frac{x+a}{x-a} + (x^2-a^2)^n \int \frac{dx}{(x^2-a^2)^{n+1}},$$

le développement suivant les puissances descendantes de la variable de l'expression $(x^2-a^2)^n \int \frac{dx}{(x^2-a^2)^{n+1}}$ est de la forme $\frac{\alpha}{x} + \frac{\beta}{x^2} + \cdots$, sans contenir aucune partie entière en x. Or, il résulte encore de cette remarque une conséquence importante que voici. Faisons, pour plus de simplicité, $a = 1$, et prenons les dérivées d'ordre n des deux membres dans la relation

$$\mathfrak{F}(x) = \text{A}(x^2-1)^n \log \frac{x+1}{x-1} + \frac{\alpha}{x} + \frac{\beta}{x^2} + \ldots.$$

A l'égard du produit $(x^2-1)^n \log \frac{x+1}{x-1}$, il faudra, en posant

$$U=(x^2-1)^n, \qquad V=\log \frac{x+1}{x-1},$$

appliquer la formule

$$\frac{d^n UV}{dx^n}=\frac{d^n U}{dx^n}V+\frac{n}{1}\frac{d^{n-1}U}{dx^{n-1}}\frac{dV}{dx}+\frac{n(n-1)}{1.2}\frac{d^{n-2}U}{dx^{n-2}}\frac{d^2V}{dx^2}+\ldots,$$

dont le premier terme $\frac{d^n(x^2-1)^n}{dx^n}\log \frac{x+1}{x-1}$ sera seul à dépendre du logarithme, les autres étant tous rationnels et même entiers. On a effectivement

$$\begin{aligned}\frac{d^a \log \frac{x+1}{x-1}}{dx^a}&=\frac{d^a}{dx^a}[\log(x+1)-\log(x-1)]\\&=(-1)^{a-1}1.2\ldots(a-1)\left[\frac{1}{(x+1)^a}-\frac{1}{(x-1)^a}\right],\end{aligned}$$

et comme $\frac{d^{n-a}(x^2-1)^n}{dx^{n-a}}$ contient en facteur $(x^2-1)^a$, le produit est entier en x. Réunissant ces termes au polynome $\frac{d^n \mathfrak{F}(x)}{dx^n}$, en les faisant passer dans le premier membre, que je désignerai alors par $F_n(x)$, nous parviendrons à cette relation.

$$\begin{aligned}F_n(x)=A\,&\frac{d^n(x^2-1)^n}{dx^n}\log\frac{x+1}{x-1}\\&+(-1)^n 1.2\ldots n\left[\frac{\alpha}{x^{n+1}}-\frac{(n+1)\beta}{x^{n+2}}+\ldots\right],\end{aligned}$$

à laquelle je m'arrêterai un moment. Elle montre qu'en multipliant par le polynome du $n^{\text{ième}}$ degré $\frac{d^n(x^2-1)^n}{dx^n}$ la série infinie

$$\log\frac{x+1}{x-1}=2\left(\frac{1}{x}+\frac{1}{3x^3}+\frac{1}{5x^5}+\ldots\right),$$

le produit manque des puissances $\frac{1}{x}, \frac{1}{x^2}, \frac{1}{x^3}, \ldots, \frac{1}{x^n}$, et il en résulte qu'en divisant $F_n(x)$ par $\frac{d^n(x^2-1)^n}{dx^n}$, le quotient, ordonné par rapport aux puissances décroissantes de la variable, coïncide avec cette série, aux termes près de l'ordre $\frac{1}{x^{2n+1}}$. Cet exemple de l'approximation d'une transcendante par une fonction rationnelle, qui est intéressant en lui-même, recevra plus tard une application importante. Il met en évidence une propriété entièrement caractéristique des expressions $\frac{d^n(x^2-1)^n}{dx^n}$ auxquelles on donne le nom de *polynomes de Legendre*, et qu'on désigne par X_n en posant

$$X_n = \frac{1}{2.4.6\ldots 2n}\frac{d^n(x^2-1)^n}{dx^n}.$$

Ces fonctions, introduites en Analyse par l'illustre géomètre à l'occasion de ses recherches sur l'attraction des sphéroïdes et la figure des planètes, sont d'une grande importance, et donnent lieu à plusieurs théorèmes remarquables, dont l'un nous servira de nouvelle application du procédé de l'intégration par parties, fondé sur la formule

$$\int U\frac{d^{n+1}V}{dx^{n+1}}dx = \Theta - (-1)^n\int V\frac{d^{n+1}U}{dx^{n+1}}dx$$

où

$$\Theta = U\frac{d^nV}{dx^n} - \frac{dU}{dx}\frac{d^{n-1}V}{dx^{n-1}} + \frac{d^2U}{dx^2}\frac{d^{n-2}V}{dx^{n-2}} + \ldots.$$

Soit, en effet, $V=(x^2-1)^{n+1}$, en supposant que U soit un polynome arbitraire de degré n, l'intégrale du second membre disparaîtra, et nous obtiendrons d'abord

$$\int U\frac{d^{n+1}(x^2-1)^{n+1}}{dx^{n+1}}dx = \Theta.$$

J'observe ensuite que, les dérivées successives de $(x^2-1)^{n+1}$ jusqu'à celle d'ordre n, contenant en facteur x^2-1, Θ s'évanouit pour $x=1$ et $x=-1$, et il en résulte que l'intégrale définie

$$\int_{-1}^{+1} U\frac{d^{n+1}(x^2-1)^{n+1}}{dx^{n+1}}dx,$$

différence des valeurs de Θ pour $x=1$ et $x=-1$, est nulle.

Le théorème exprimé par l'équation

$$\int_{-1}^{+1} UX_{n+1}\,dx = 0$$

appartient exclusivement aux polynomes de Legendre; car, en

désignant un moment par $F(x)$ une autre fonction entière de degré $n+1$, telle que l'on ait aussi

$$\int_{-1}^{+1} UF(x)\,dx = 0,$$

on en conclurait, quelle que soit la constante k,

$$\int_{-1}^{+1} UF(x)\,dx - k\int_{-1}^{+1} UX_{n+1}\,dx = 0,$$

ou bien

$$\int_{-1}^{+1} U[F(x) - kX_{n+1}]\,dx = 0.$$

Or, en prenant k, de manière que $F(x) - kX_{n+1}$ s'abaisse au $n^{\text{ième}}$ degré, en posant alors

$$U = F(x) - kX_{n+1},$$

nous trouvons la condition suivante :

$$\int_{-1}^{+1} U^2\,dx = 0.$$

Elle exige évidemment que U s'évanouisse identiquement; car autrement, l'intégrale ne serait jamais nulle, tous les éléments étant positifs, et il en résulte

$$F(x) = kX_{n+1}.$$

INTÉGRATION

DES

FONCTIONS TRANSCENDANTES.

Sur l'intégrale des fonctions circulaires (*Proceedings of the London mathematical Society*, t. IV, 1872, pp. 164-175).
Cours d'Analyse de l'École Polytechnique, 1873, pp. 320-351.

En désignant par $f(x)$ une fonction rationnelle de la variable, et par $f(\sin x, \cos x)$ une fonction rationnelle de $\sin x$ et $\cos x$, les seules expressions, dans le champ infini des quantités transcendantes, dont nous puissions aborder l'intégration sont celles-ci :

$$f(\sin x, \cos x), \quad e^{\omega x} f(x), \quad e^{\omega x} f(\sin x, \cos x),$$

et nous n'aurons point, pour parvenir à notre but, à exposer des principes nouveaux, ni des méthodes propres qui en soient la conséquence. On va retrouver, en effet, d'une part la décomposition en fractions simples, et de l'autre le procédé pour obtenir, lorsqu'elle est possible sous forme algébrique, l'intégrale d'une fonction dépendant de la racine carrée d'un polynome. Il ne sera pas toutefois sans profit d'employer ainsi, dans des conditions différentes, les méthodes qui nous sont déjà familières; elles recevront de ces applications un nouveau jour qui en fera mieux saisir la portée et le caractère. On verra surtout comment cette recherche des procédés d'intégration conduit naturellement à approfondir, au point de vue de l'Analyse générale, la nature des expressions $(f \sin x, \cos x)$, qui sont le type des fonctions périodiques, en préparant ainsi ce que nous aurons à dire, dans la seconde partie du Cours, des fonctions à double période.

De l'intégrale $\int f(\sin x, \cos x)\,dx$.

I. Nous partirons de la transformation en une fonction rationnelle de la quantité transcendante $f(\sin x, \cos x)$, qu'on obtient en posant

$$e^{x\sqrt{-1}} = z.$$

De là résulte, en effet,

$$\sin x = \frac{z^2 - 1}{2z\sqrt{-1}}, \qquad \cos x = \frac{z^2+1}{2z},$$

de sorte qu'on peut faire

$$f(\sin x, \cos x) = \frac{F_1(z)}{F(z)};$$

$F(z)$ et $F_1(z)$ désignent des polynomes entiers en z. Cela posé, je vais montrer que de la décomposition en fractions simples de la fraction rationnelle $\frac{F_1(z)}{F(z)}$ résulte une décomposition en éléments simples, de la fonction transcendante qui en donnera semblablement et d'une manière immédiate l'intégration. Considérant, dans ce but, la quantité $\frac{1}{(z-a)^n}$, qui est le type des fractions simples, je pose

$$a = e^{\alpha\sqrt{-1}},$$

ce qui sera toujours possible en exceptant le cas de $a = 0$, et je remarque qu'on aura

$$\frac{1}{z-a} = \frac{1}{e^{x\sqrt{-1}} - e^{\alpha\sqrt{-1}}} = \frac{e^{-\alpha\sqrt{-1}}}{2}\left(-1 - i\cot\frac{x-\alpha}{2}\right);$$

c'est une conséquence, en effet, de la relation

$$\cot\frac{x}{2} = \sqrt{-1}\,\frac{e^{x\sqrt{-1}}+1}{e^{x\sqrt{-1}}-1},$$

mise sous la forme

$$\frac{1}{e^{x\sqrt{-1}} - 1} = \frac{1}{2}\left(- \quad - i\cot\frac{x}{2}\right),$$

quand on y change x en $x-\alpha$. De là résulte une première transformation du groupe des fractions partielles

$$\frac{A}{z-a}+\frac{A}{(z-a)^2}+\ldots+\frac{A_n}{(z-a)^{n+1}}$$

en un polynome entier et du degré $n+1$ en $\cot\frac{x-\alpha}{2}$; mais nous pouvons faire

$$\cot^2 x = -1 - \frac{d\cot x}{dx},$$

$$\cot^3 x = -\cot x + \frac{1}{2}\frac{d^2\cot x}{dx^2},$$

$$\ldots\ldots\ldots\ldots\ldots\ldots\ldots\ldots,$$

et la relation identique

$$\cot^{k+1} x = -\cot^{k-1} x - \frac{1}{k}\frac{d\cot^k x}{dx}$$

montre que, de proche en proche, on exprimera linéairement $\cot^n x$ au moyen des dérivées successives de $\cot x$ jusqu'à celle d'ordre $n-1$. Nous parvenons donc à ce nouveau résultat, savoir

$$\frac{A}{z-a}+\frac{A_1}{(z-a)^2}+\ldots+\frac{A_n}{(z-a)^{n+1}}$$
$$= C + \mathcal{A}\cot\frac{1}{2}(x-\alpha) + \mathcal{A}_1\frac{d\cot\frac{1}{2}(x-\alpha)}{dx}+\ldots+\mathcal{A}_n\frac{d^n\cot\frac{1}{2}(x-\alpha)}{dx^n},$$

les constantes $C, \mathcal{A}, \mathcal{A}_1, \ldots, \mathcal{A}_n$ dépendant linéairement des divers numérateurs $A, A_1, \ldots, A_n$. Ce point établi, je mettrai en évidence, si elles existent, les racines nulles du polynome $F(z)$ en faisant

$$F(z) = z^{m+1}(z-a)^{n+1}(z-b)^{p+1}\ldots(z-l)^{s+1},$$

et je modifierai la formule générale de décomposition en fractions simples en réunissant à la partie entière du quotient $\frac{F_1(z)}{F(z)}$ les fractions partielles en $\frac{1}{z}, \frac{1}{z^2}, \ldots, \frac{1}{z^{m-1}}$, de manière à avoir

$$\frac{F_1(z)}{F(z)} = \mathcal{F}(z) + \frac{A}{z-a}+\frac{A_1}{(z-a)^2}+\ldots+\frac{A_n}{(z-a)^{n+1}}$$
$$+\frac{B}{z-b}+\frac{B_1}{(z-b)^2}+\ldots+\frac{B_p}{(z-b)^{p+1}}$$
$$\ldots\ldots\ldots\ldots\ldots\ldots\ldots\ldots\ldots\ldots$$
$$+\frac{L}{z-l}+\frac{L_1}{(z-l)^2}+\ldots+\frac{L_s}{(z-l)^{s+1}},$$

où $\mathfrak{F}(z)$ sera, par conséquent, de la forme $\sum a_k z^k$ avec des puissances entières, mais positives ou négatives, de z. Maintenant nous conclurons de cette formule élémentaire, en revenant à la valeur $z = e^{x\sqrt{-1}}$, l'expression suivante de la fonction $f(\sin x, \cos x)$. La quantité $\mathfrak{F}(x)$, devenant d'abord

$$a_k e^{kx\sqrt{-1}} = \Sigma a_k(\cos kx + \sqrt{-1}\sin kx),$$

nous donne une première partie, que je désignerai par $\Pi(x)$, et qui en sera considérée comme la partie entière. Les fractions partielles donnent ensuite une seconde partie $\Phi(x)$, qui, en posant

$$a = e^{\alpha\sqrt{-1}}, \qquad b = e^{\beta\sqrt{-1}}, \qquad \ldots, \qquad l = e^{\lambda\sqrt{-1}},$$

aura la forme suivante :

$$\begin{aligned}\Phi(x) = \text{const.} &+ \mathcal{A}_0 \cot\frac{1}{2}(x-\alpha) + \mathcal{A}_1 \frac{d\cot\frac{1}{2}(x-\alpha)}{dx} + \ldots + \mathcal{A}_n \frac{d^n\cot\frac{1}{2}(x-\alpha)}{dx^n} \\ &+ \mathcal{B}_0 \cot\frac{1}{2}(x-\beta) + \mathcal{B}_1 \frac{d\cot\frac{1}{2}(x-\beta)}{dx} + \ldots + \mathcal{B}_p \frac{d^p\cot\frac{1}{2}(x-\beta)}{dx^p} \\ &\ldots\ldots\ldots\ldots\ldots\ldots\ldots\ldots\ldots\ldots\ldots\ldots \\ &+ \mathcal{L} \cot\frac{1}{2}(x-\lambda) + \mathcal{L}_1 \frac{d\cot\frac{1}{2}(x-\lambda)}{dx} + \ldots + \mathcal{L}_s \frac{d^s\cot\frac{1}{2}(x-\lambda)}{dx^s}.\end{aligned}$$

La détermination des coefficients $\mathcal{A}_0, \mathcal{B}, \ldots, \mathcal{L}, \mathcal{A}_1, \mathcal{B}_1, \ldots$ rendra plus complète encore l'analogie de la formule que nous venons d'obtenir

$$f(\sin x, \cos x) = \Pi(x) + \Phi(x),$$

avec celle de la décomposition des fractions rationnelles en fractions simples.

II. Je ferai, dans ce but, en ayant en vue le groupe des coefficients $\mathcal{A}_0, \mathcal{A}_1, \ldots, \mathcal{A}_n$, $x = \alpha + h$, et je développerai les deux membres suivant les puissances croissantes de h. Or, les séries provenant ainsi de la partie entière et de $\cot\frac{1}{2}(x-\beta), \ldots, \cot\frac{1}{2}(x-\lambda)$ ne contiendront que des puissances entières et positives de h, tandis que la quantité $\cot \frac{1}{2}(x - \alpha)$ et ses dérivées donneront un nombre fini et limité de puissances négatives. Nous avons, en effet,

$$\cot \frac{x - \alpha}{2} = \cot \frac{h}{2} = \frac{2}{h} - \frac{h}{6} - \frac{h^3}{360} - \ldots,$$

et, comme la dérivée de h prise par rapport à x est l'unité, on déduira successivement de cette relation

$$\frac{d \cot \frac{1}{2}(x - \alpha)}{dx} = - \frac{2}{h^2} - \frac{1}{6} - \frac{h^2}{120} - \ldots,$$

$$\frac{d^2 \cot \frac{1}{2}(x - \alpha)}{dx^2} = + \frac{4}{h^3} - \frac{h}{60} - \ldots;$$

et, en général, si l'on n'écrit point les puissances positives de h,

$$\frac{d^n \cot \frac{1}{2}(x - \alpha)}{dx^n} = (-1)^n 1.2\ldots n \frac{2}{h^{n+1}}.$$

Le développement du second membre $\Pi(x) + \Phi(x)$ se composant ainsi des termes

$$2\left[\frac{\mathcal{A}_0}{h} - \frac{\mathcal{A}_1}{h^2} + \frac{1.2\mathcal{A}_2}{h^3} - \ldots + (-1)^n \frac{1.2\ldots n\mathcal{A}_n}{h^{n+1}}\right]$$

et d'une série infinie de puissances positives de h, nous obtiendrons les coefficients $\mathcal{A}_0, \mathcal{A}_1, \ldots, \mathcal{A}_n$, en formant la partie du développement du premier membre $f(\sin x, \cos x)$ qui est composée des seules puissances négatives de h. Supposons à cet effet

$$f[\sin(\alpha + h), \cos(\alpha + h)] = \frac{A}{h} - \frac{A_1}{h^2} + \frac{1.2 A_2}{h^3} - \ldots + (-1)^n \frac{1.2\ldots n A_n}{h^{n+1}},$$

on aura immédiatement

$$\mathcal{A}_0 = \frac{1}{2} A, \qquad \mathcal{A}_1 = \frac{1}{2} A_1, \qquad \ldots, \qquad \mathcal{A}_n = \frac{1}{2} A_n,$$

et j'ajoute que, si l'on multiplie membre à membre l'égalité précédente avec celle-ci, que donne le théorème de Taylor,

$$\begin{aligned}&\cot\frac{1}{2}(x-\alpha-h)\\&=\cot\frac{1}{2}(x-\alpha)-\frac{h}{1}\,\frac{d\cot\frac{1}{2}(x-\alpha)}{dx}+\frac{h^2}{1.2}\,\frac{d^2\cot\frac{1}{2}(x-\alpha)}{dx^2}-\ldots\\&\quad+(-1)^n\frac{h^n}{1.2\ldots n}\,\frac{d^n\cot\frac{1}{2}(x-\alpha)}{dx^n}+\ldots,\end{aligned}$$

on trouve pour le coefficient divisé par deux, du terme en $\frac{1}{h}$, précisément

$$\mathcal{A}\cot\frac{1}{2}(x-\alpha)+\mathcal{A}_1\frac{d\cot\frac{1}{2}(x-\alpha)}{dx}+\ldots+\mathcal{A}_n\frac{d^n\cot\frac{1}{2}(x-\alpha)}{dx^n}.$$

Le groupe total des *éléments simples*, se rapportant à la quantité $x=\alpha$ qui rend infinie la fonction proposée, est ainsi le demi-résidu correspondant à $h=0$, de l'expression

$$f[\sin(\alpha+h),\ \cos(\alpha+h)]\cot\frac{x-\alpha-h}{2};$$

résultat analogue, comme on voit, à un théorème de Lagrange.

III. Après avoir jusqu'ici suivi pas à pas la théorie de la décomposition des fractions rationnelles en fractions simples, nous allons introduire une considération nouvelle qui a son origine dans la propriété caractéristique de la transcendante $f(\sin x, \cos x)$ d'être périodique. Je remarque que, d'après la relation

$$\cot\frac{x}{2}=\cot x+\operatorname{coséc} x,$$

la fonction $\Phi(x)$ s'exprime en termes de deux formes, à savoir

$$\frac{d^n\cot(x-\alpha)}{dx^n}\quad\text{et}\quad\frac{d^n\operatorname{coséc}(x-\alpha)}{dx^n},$$

les premiers ayant pour période π et les autres se reproduisant en signe contraire lorsqu'on change x en $x+\pi$. Or, à l'égard de

$$\Pi(x)=\Sigma a_k(\cos kx+\sqrt{-1}\sin kx),$$

si l'on fait

$$\theta(x) = \Sigma a_{2k}(\cos 2kx + \sqrt{-1}\sin 2kx)$$

et

$$\eta(x) = \Sigma a_{2k+1}[\cos(2k+1)x + \sqrt{-1}\sin(2k+1)x],$$

en réunissant d'une part les termes contenant les multiples pairs, et de l'autre les multiples impairs de la variable, on aura de même

$$\theta(x+\pi) = \theta(x), \qquad \eta(x+\pi) = -\eta(x).$$

De là résulte la décomposition de la fonction proposée en deux parties $\Theta(x)$, $\mathrm{H}(x)$, de sorte qu'on aura

$$f(\sin x, \cos x) = \Theta(x) + \mathrm{H}(x),$$

avec les conditions

$$\Theta(x+\pi) = \Theta(x), \qquad \mathrm{H}(x+\pi) = -\mathrm{H}(x),$$

les expressions des nouvelles fonctions introduites étant

$$\begin{aligned}\Theta(x) = \theta(x) &+ \mathcal{A}\cot(x-\alpha) + \mathcal{A}_1\frac{d\cot(x-\alpha)}{dx} + \ldots + \mathcal{A}_n\frac{d^n\cot(x-\alpha)}{dx^n}\\ &+ \mathcal{B}\cot(x-\beta) + \mathcal{B}_1\frac{d\cot(x-\beta)}{dx} + \ldots + \mathcal{B}_p\frac{d^p\cot(x-\beta)}{dx^p}\\ &\ldots\ldots\ldots\ldots\ldots\ldots\ldots\ldots\ldots\ldots\\ &+ \mathcal{L}\cot(x-\lambda) + \mathcal{L}_1\frac{d\cot(x-\lambda)}{dx} + \ldots + \mathcal{L}_s\frac{d^s\cot(x-\lambda)}{dx^s}\end{aligned}$$

et

$$\begin{aligned}\mathrm{H}(x) = \eta(x) &+ \mathcal{A}\,\mathrm{cos\acute{e}c}(x-\alpha) + \mathcal{A}_1\frac{d\,\mathrm{cos\acute{e}c}(x-\alpha)}{dx} + \ldots + \mathcal{A}_n\frac{d^n\,\mathrm{cos\acute{e}c}(x-\alpha)}{dx^n}\\ &+ \mathcal{B}\,\mathrm{cos\acute{e}c}(x-\beta) + \mathcal{B}_1\frac{d\,\mathrm{cos\acute{e}c}(x-\beta)}{dx} + \ldots + \mathcal{B}_p\frac{d^p\,\mathrm{cos\acute{e}c}(x-\beta)}{dx^p}\\ &\ldots\ldots\ldots\ldots\ldots\ldots\ldots\ldots\ldots\ldots\\ &+ \mathcal{L}\,\mathrm{cos\acute{e}c}(x-\lambda) + \mathcal{L}_1\frac{d\,\mathrm{cos\acute{e}c}(x-\lambda)}{dx} + \ldots + \mathcal{L}_s\frac{d^s\,\mathrm{cos\acute{e}c}(x-\lambda)}{dx^s}.\end{aligned}$$

Nous voyons donc apparaître deux éléments simples distincts, $\cot x$ et $\mathrm{cos\acute{e}c}\,x$ ou $\frac{1}{\sin x}$, appartenant en propre aux fonctions dont la périodicité est celle de $\Theta(x)$ ou $\mathrm{H}(x)$, au lieu de $\cot\frac{x}{2}$ qui, dans le cas général, a le rôle de la quantité $\frac{1}{x}$ à l'égard des fonctions rationnelles. C'est par les applications qu'on reconnaîtra surtout l'utilité de ces distinctions et, pour commencer par un cas facile, j'envisagerai d'abord la fonction $\frac{1}{\cos\alpha - \cos x}$.

J'observe en premier lieu qu'en introduisant la variable $z = e^{x\sqrt{-1}}$, il vient

$$\frac{1}{\cos\alpha - \cos x} = \frac{2z}{2z\cos\alpha - 1 - z^2}.$$

Or, les racines du dénominateur sont évidemment les quantités $e^{\alpha\sqrt{-1}}$, $e^{-\alpha\sqrt{-1}}$, le numérateur est seulement du premier degré ; ainsi la partie entière $\Pi(z)$ n'existe point, et nous aurons

$$\frac{1}{\cos\alpha - \cos x} = C + \mathcal{A} \cot\frac{x-\alpha}{2} + \mathcal{B} \cot\frac{x+\alpha}{2}.$$

Calculant maintenant les résidus pour $x = \alpha$ et $x = -\alpha$, j'obtiens les quantités

$$\frac{1}{\sin\alpha}, \qquad -\frac{1}{\sin\alpha},$$

et, par suite, en divisant par 2 les valeurs

$$\mathcal{A} = \frac{1}{2\sin\alpha}, \qquad \mathcal{B} = -\frac{1}{2\sin\alpha},$$

de sorte qu'il vient

$$\frac{1}{\cos\alpha - \cos x} = C + \frac{1}{2\sin\alpha}\left(\cot\frac{x-\alpha}{2} - \cot\frac{x+\alpha}{2}\right).$$

On trouve d'ailleurs sans peine que $C = 0$; mais voici, pour des cas moins faciles, une détermination directe et immédiate de cette constante. Supposons, en général,

$$f(\sin x, \cos x) = \frac{F_1(z)}{F(z)};$$

$F(z)$ ne contenant point le facteur z et étant de degré au moins égal à celui de $F_1(z)$, la partie désignée par $\Phi(x)$ existera seule dans l'expression de la fonction, qui sera ainsi

$$
\begin{aligned}
f(\sin x, \cos x) = C &+ \mathcal{A} \cot\frac{1}{2}(x-\alpha) + \mathcal{A}_1 \frac{d\cot\frac{1}{2}(x-\alpha)}{dx} + \ldots \\
&+ \mathcal{B} \cot\frac{1}{2}(x-\beta) + \mathcal{B}_1 \frac{d\cot\frac{1}{2}(x-\beta)}{dx} + \ldots \\
&\ldots\ldots\ldots\ldots\ldots\ldots\ldots\ldots\ldots\ldots \\
&+ \mathcal{L} \cot\frac{1}{2}(x-\lambda) + \mathcal{L}_1 \frac{d\cot\frac{1}{2}(x-\lambda)}{dx} + \ldots.
\end{aligned}
$$

Or, je dis qu'en appelant G et H les valeurs de $\frac{F_1(z)}{F(z)}$ pour z nul et infini, on aura

$$C = \frac{1}{2}(G+H).$$

En effet, la relation

$$\cot\frac{x-\alpha}{2} = \sqrt{-1}\,\frac{e^{(x-\alpha)\sqrt{-1}}+1}{e^{(x-\alpha)\sqrt{-1}}-1} = \sqrt{-1}\,\frac{z\,e^{-\alpha\sqrt{-1}}+1}{z\,e^{-\alpha\sqrt{-1}}-1}$$

fait voir qu'en supposant z nul et infini toutes les quantités $\cot\frac{x-\alpha}{2}$ se réduisent à $-\sqrt{-1}$ et $+\sqrt{-1}$; elle montre aussi que leurs dérivées des divers ordres s'évanouissent; nous avons donc

$$
\begin{aligned}
G &= C - (\mathcal{A} + \mathcal{B} + \ldots + \mathcal{L})\sqrt{-1}, \\
H &= C + (\mathcal{A} + \mathcal{B} + \ldots + \mathcal{L})\sqrt{-1},
\end{aligned}
$$

et, par conséquent,

$$\mathcal{A} + \mathcal{B} + \ldots + \mathcal{L} = -\frac{G-H}{2}\sqrt{-1}, \qquad C = \frac{G+H}{2}.$$

Dans l'exemple considéré tout à l'heure, on trouve sur-le-champ $G=0$, $H=0$, de sorte que C est nul comme nous l'avons dit.

Soit, en second lieu, l'expression

$$\frac{\sin mx}{\sin nx} = z^{n-m}\,\frac{z^{2m}-1}{z^{2n}-1},$$

les nombres m et n étant entiers. Si l'on suppose $m > n$, on voit qu'il existera une partie entière $H(x)$, dont voici le calcul. Partant de cette identité

$$z^{n-m}\frac{z^{2m}-1}{z^{2n}-1} = z^{m-n} + z^{n-m} + z^{m-3n} + z^{3n-m} + \dots$$
$$+ z^{m-(2k-1)n} + z^{(2k-1)n-m} + \frac{z^{(2k+1)n-m} - z^{m-(2k-1)n}}{z^{2n}-1},$$

je prends pour k l'entier immédiatement supérieur à $\frac{m-n}{2n}$, de sorte qu'on ait

$$k = \frac{m-n}{2n} + \varepsilon,$$

ε étant positif et moindre que l'unité. Il en résulte que

$$(2k+1)n - m = 2\varepsilon n \quad \text{et} \quad m-(2k-1)n = 2(1-\varepsilon)n;$$

ainsi, dans la fraction du second membre, le numérateur est de degré inférieur au dénominateur. L'identité employée se vérifie d'ailleurs sur-le-champ, car, en remplaçant z par l'exponentielle $e^{x\sqrt{-1}}$, elle se transforme dans l'équation bien connue

$$\frac{\sin mx}{\sin nx} = 2\cos(m-n)x + 2\cos(m-3n)x + \dots$$
$$+ 2\cos[m-(2k-1)n]x - \frac{\sin(2kn-m)x}{\sin nx}.$$

Nous obtenons ainsi

$$H(x) = 2\cos(m-n)x + 2\cos(m-3n)x + \dots + 2\cos[m-(2k-1)n]x$$

et

$$\Phi(x) = -\frac{\sin(2kn-m)x}{\sin nx},$$

ou simplement

$$\Phi(x) = -\frac{\sin mx}{\sin nx},$$

en supposant maintenant m inférieur à n, en valeur absolue.

Cela établi, les racines de l'équation $z^{2n}-1=0$ sont données par la formule $z = e^{\frac{k\pi}{n}\sqrt{-1}}$, k prenant les valeurs $0, 1, 2, \dots, 2n-1$, et si l'on fait $\alpha = \frac{k\pi}{n}$, le résidu de la fonction $\frac{\sin mx}{\sin nx}$ correspondant à $x=\alpha$ sera $\frac{\sin m\alpha}{\sin n\alpha} = \frac{(-1)^k \sin m\alpha}{n}$; et nous obtenons, par conséquent,

$$\frac{\sin mx}{\sin nx} = \frac{1}{2n} \sum (-1)^k \sin m\alpha \cot \frac{1}{2}(x-\alpha).$$

Mais ayant

$$\Phi(x+\pi) = (-1)^{m+n} \Phi(x),$$

la fonction appartiendra à l'espèce $\Theta(x)$ ou $H(x)$, suivant que $m+n$ sera pair ou impair, de sorte qu'il vient, pour le premier cas,

$$\frac{\sin nx}{\sin mx} = \frac{1}{2n} \sum (-1)^k \sin m\alpha \cot(x-\alpha),$$

et pour le second,

$$\frac{\sin mx}{\sin nx} = \frac{1}{2n} \sum \frac{(-1)^k \sin m\alpha}{\sin(x-\alpha)}.$$

Or, dans les deux cas, les termes des sommes qui correspondent aux valeurs k et $k+n$ sont égaux; on peut donc, en doublant, se borner à prendre $k = 1, 2, \ldots, n-1$, le résidu relatif à $k = 0$ étant nul.

Soit encore l'expression

$$\cot(x-\alpha)\cot(x-\beta)\ldots\cot(x-\lambda);$$

en désignant par n le nombre des quantités $\alpha, \beta, \ldots, \varkappa, \lambda$ et faisant $a = e^{\alpha\sqrt{-1}}$, $b = e^{\beta\sqrt{-1}}$, $\ldots$, $l = e^{\lambda\sqrt{-1}}$, on aura, pour transformée en z,

$$(\sqrt{-1})^n \frac{(z^2+a^2)(z^2+b^2)\ldots(z^2+l^2)}{(z^2-a^2)(z^2-b^2)\ldots(z^2-l^2)}.$$

On voit que le numérateur et le dénominateur sont de même degré; ainsi il n'existe pas de partie entière et nous avons seulement à calculer $\Phi(x)$. Or, les $2n$ racines du dénominateur sont, d'une part, $e^{\alpha\sqrt{-1}}$, $e^{\beta\sqrt{-1}}$, $\ldots$, $e^{\lambda\sqrt{-1}}$, et, en outre, ces mêmes quantités changées de signe, c'est-à-dire $e^{(\alpha+\pi)\sqrt{-1}}$, $e^{(\beta+\pi)\sqrt{-1}}$, $e^{(\lambda+\pi)\sqrt{-1}}$; d'ailleurs, ayant $\Phi(x+\pi) = \Phi(x)$, la fonction proposée appartient au type $\Theta(x)$ et ses éléments simples, où figurent les arguments α et $\alpha+\pi$, β et $\beta+\pi$, $\ldots$, se réduiront à ceux-ci :

$$\cot(x-\alpha), \quad \cot(x-\beta), \quad \ldots, \quad \cot(x-\lambda).$$

Nous aurons, en conséquence,

$$\Phi(x) = C + \mathcal{A} \cot(x-\alpha) + \mathcal{B} \cot(x-\beta) + \ldots + \mathcal{L} \cot(x-\lambda),$$

$\mathcal{A}, \mathcal{B}, \ldots, \mathcal{L}$ étant les résidus de $\Phi(x)$ pour $x=\alpha$, $x=\beta$, …, $x=\lambda$, c'est-à-dire

$$\begin{aligned}
\mathcal{A} &= \cot(\alpha-\beta)\cot(\alpha-\gamma)\ldots\cot(\alpha-\lambda),\\
\mathcal{B} &= \cot(\beta-\alpha)\cot(\beta-\gamma)\ldots\cot(\beta-\lambda),\\
&\ldots\ldots\ldots\ldots\ldots\ldots\ldots\ldots\ldots\ldots,\\
\mathcal{L} &= \cot(\lambda-\alpha)\cot(\lambda-\beta)\ldots\cot(\lambda-\varkappa).
\end{aligned}$$

Enfin la constante C s'obtient par l'équation établie page 63, $C = \frac{1}{2}(G+H)$, au moyen des valeurs

$$G = (-\sqrt{-1})^n, \qquad H = (\sqrt{-1})^n,$$

que prend la transformée en z, pour z nul et infini, ce qui donne simplement $C = \cos\frac{n\pi}{2}$.

On traitera de la même manière l'expression plus générale

$$\frac{F(\sin x, \cos x)}{\sin(x-\alpha)\sin(x-\beta)\ldots\sin(x-\lambda)},$$

où le numérateur est un polynome entier en $\sin x$ et $\cos x$, et, si nous supposons qu'il soit homogène et de degré $n-1$, on sera amené à la relation suivante :

$$\begin{aligned}
&\frac{F(\sin x, \cos x)}{\sin(x-\alpha)\sin(x-\beta)\ldots\sin(x-\lambda)}\\
&\quad = \frac{F(\sin\alpha, \cos\alpha)}{\sin(\alpha-\beta)\sin(\alpha-\gamma)\ldots\sin(\alpha-\lambda)}\,\frac{1}{\sin(x-\alpha)}\\
&\qquad + \frac{F(\sin\beta, \cos\beta)}{\sin(\beta-\alpha)\sin(\beta-\gamma)\ldots\sin(\beta-\lambda)}\,\frac{1}{\sin(x-\beta)}\\
&\qquad \ldots\ldots\ldots\ldots\ldots\ldots\ldots\ldots\ldots\ldots\\
&\qquad + \frac{F(\sin\lambda, \cos\lambda)}{\sin(\lambda-\alpha)\sin(\lambda-\beta)\ldots\sin(\lambda-\varkappa)}\,\frac{1}{\sin(x-\lambda)}.
\end{aligned}$$

Nous en déduirons, en chassant le dénominateur,

$$\begin{aligned}
F(\sin x, \cos x) = {} & \frac{\sin(x-\beta)\sin(x-\gamma)\ldots\sin(x-\lambda)}{\sin(\alpha-\beta)\sin(\alpha-\gamma)\ldots\sin(\alpha-\lambda)}F(\sin\alpha, \cos\alpha)\\
& + \frac{\sin(x-\alpha)\sin(x-\gamma)\ldots\sin(x-\lambda)}{\sin(\beta-\alpha)\sin(\beta-\gamma)\ldots\sin(\beta-\lambda)}F(\sin\beta, \cos\beta)\\
& \ldots\ldots\ldots\ldots\ldots\ldots\ldots\ldots\ldots\ldots\\
& + \frac{\sin(x-\alpha)\sin(x-\beta)\ldots\sin(x-\varkappa)}{\sin(\lambda-\alpha)\sin(\lambda-\beta)\ldots\sin(\lambda-\varkappa)}F(\sin\lambda, \cos\lambda),
\end{aligned}$$

résultat qui se rapporte à la théorie de l'interpolation comme donnant l'expression de la fonction $F(\sin x, \cos x)$, où entrent n coefficients arbitraires, au moyen de n valeurs qu'elle prend pour $x = \alpha, x = \beta, \ldots, x = \lambda$.

V. C'est pour obtenir l'intégrale de la fonction transcendante $f(\sin x, \cos x)$ qu'a été établie la formule de décomposition en éléments simples, dont je ne multiplierai pas davantage les applications; sous ce point de vue, voici maintenant les conséquences à tirer de la formule générale

$$f(\sin x, \cos x) = \Pi(x) + \Phi(x).$$

En premier lieu, et à l'égard de

$$H(x) = \Sigma a_k(\cos kx + \sqrt{-1}\sin kx),$$

nous observons qu'on a

$$\frac{d\sin kx}{dx} = k\cos kx, \qquad \frac{d\cos kx}{dx} = -k\sin kx,$$

d'où, par conséquent,

$$\int \cos kx\, dx = \frac{\sin kx}{k}, \qquad \int \sin kx\, dx = -\frac{\cos kx}{k}.$$

Ainsi l'intégration reproduit une expression de même forme que la fonction proposée, sauf un terme proportionnel à la variable provenant de la partie constante qu'elle peut contenir.

Soit, par exemple, $\Pi(x) = \cos^n x$; l'égalité $2\cos x = \frac{z^2+1}{z}$ donnera, en l'élevant à la puissance n, et rapprochant les termes équidistants des extrêmes,

$$2^n \cos^n x = z^n + \frac{1}{z^n} + \frac{n}{1}\left(z^{n-2} + \frac{1}{z^{n-2}}\right) + \frac{n(n-1)}{1.2}\left(z^{n-4} + \frac{1}{z^{n-4}}\right) + \ldots$$

Distinguons maintenant les deux cas de n pair et impair; nous aurons, dans le premier, avec le terme constant,

$$2^{n-1}\cos^n x = \cos nx + \frac{n}{1}\cos(n-2)x + \frac{n(n-1)}{1.2}\cos(n-4)x + \ldots$$
$$+ \frac{1}{2}\,\frac{n(n-1)\ldots\left(\frac{n}{2}+1\right)}{1.2\ldots\frac{n}{2}},$$

et, par conséquent,

$$2^{n-1}\int \cos^n x\,dx = \frac{\sin nx}{n} + \frac{n}{1}\frac{\sin(n-2)x}{n-2} + \frac{n(n-1)}{1.2}\frac{\sin(n-4)x}{n-4} + \ldots$$

$$+ \frac{1}{2}\frac{n(n-1)\ldots\left(\frac{n}{2}+1\right)}{1.2\ldots\frac{n}{2}}x;$$

dans le second, il viendra

$$2^{n-1}\cos^n x = \cos nx + \frac{n}{1}\cos(n-2)x + \frac{n(n-1)}{1.2}\cos(n-4)x + \ldots$$

$$+ \frac{n(n-1)\ldots\left(\frac{n+1}{2}+1\right)}{1.2\ldots\frac{n-1}{2}}\cos x,$$

d'où cette formule où la variable ne sort plus du signe sinus

$$2^{n-1}\int \cos^n x\,dx = \frac{\sin nx}{n} + \frac{n}{1}\frac{\sin(n-2)x}{n-2} + \ldots$$

$$+ \frac{n(n-1)\ldots\left(\frac{n+1}{2}+1\right)}{1.2\ldots\frac{n-1}{2}}\sin x.$$

On traitera de même l'expression plus générale

$$\sin^a x \cos^b x = \left(\frac{z^2-1}{2z\sqrt{-1}}\right)^a \left(\frac{z^2+1}{2z}\right)^b;$$

mais l'intégrale $\int \sin^a \cos^b x\,dx$ s'obtient encore par un autre procédé fondé sur l'identité suivante :

$$\begin{aligned}\frac{d\sin^{a-1}x\cos^{b+1}x}{dx} &= (a-1)\sin^{a-2}x\cos^{b+2}x - (b+1)\sin^a x\cos^b x\\ &= (a-1)\sin^{a-2}x\cos^b x(1-\sin^2 x) - (b+1)\sin^a x\cos^b x\\ &= (a-1)\sin^{a-2}x\cos^b x - (a+b)\sin^a x\cos^b x.\end{aligned}$$

Nous tirons en effet

$$(a+b)\int \sin^a x\cos^b x\,dx = (a-1)\int \sin^{a-2}x\cos^b x\,dx - \sin^{a-1}x\cos^{b+1}x,$$

ce qui permettra de ramener, de proche en proche, la quantité

$$\int \sin^a x \cos^b x \, dx$$

à celle-ci

$$\int \sin^{a-2n} \cos^b x \, dx,$$

où n est un entier quelconque. Si l'on suppose a impair, le calcul est terminé, car, en faisant $a = 2n + 1$, on obtient immédiatement

$$\int \sin x \cos^b x \, dx = -\frac{\cos^{b+1} x}{b+1}.$$

Dans le cas de a pair, nous prendrons $2n = a$, et l'on opérera ensuite sur l'intégrale $\int \cos^b x \, dx$, au moyen de la relation

$$b \int \cos^b x \, dx = (b-1) \int \cos^{b-2} x \, dx + \sin x \cos^{b-1} x,$$

qui ramène, soit à $\int \cos x \, dx = \sin x$, soit à $\int dx = x$.

En considérant en second lieu l'expression $\int \Phi(x) \, dx$, j'écrirai pour abréger, comme à propos des fonctions rationnelles, p. 36,

$$\Phi(x) = C + \sum \mathcal{A} \cot \frac{1}{2}(x - \alpha) + \sum \mathcal{A}_1 \frac{d \cot \frac{1}{2}(x-\alpha)}{dx} + \dots$$
$$+ \sum \mathcal{A}_n \frac{d^n \cot \frac{1}{2}(x-\alpha)}{dx^n};$$

maintenant on voit comment la composition de cette formule conduit immédiatement au résultat. Nous n'avons, en effet, qu'à déterminer la seule intégrale $\int \cot \frac{1}{2}(x - \alpha) \, dx$; or, on a

$$\cot \frac{x-\alpha}{2} = \frac{\cos \frac{1}{2}(x-\alpha)}{\sin \frac{1}{2}(x-\alpha)} = 2 \frac{d \log \sin \frac{1}{2}(x-\alpha)}{dx},$$

et, par conséquent,

$$\int \cot \frac{x-\alpha}{2} \, dx = 2 \log \sin \frac{1}{2}(x-\alpha),$$

de sorte que

$$\int \Phi(x)\,dx = Cx + 2\sum \mathcal{A} \log \sin \frac{1}{2}(x-\alpha) + \sum \mathcal{A}_1 \cot \frac{1}{2}(x-\alpha) + \ldots$$
$$+ \sum \mathcal{A}_n \frac{d^{n-1} \cot \frac{1}{2}(x-\alpha)}{dx^{n-1}}.$$

Les relations

$$\Theta(x) = \sum \mathcal{A} \cot(x-\alpha) + \sum \mathcal{A}_1 \frac{d \cot(x-\alpha)}{dx} + \ldots$$
$$+ \sum \mathcal{A}_n \frac{d^n \cot(x-\alpha)}{dx^n},$$

$$\mathrm{H}(x) = \sum \mathcal{A} \operatorname{cos\acute{e}c}(x-\alpha) + \sum \mathcal{A}_1 \frac{d \operatorname{cos\acute{e}c}(x-\alpha)}{dx} + \ldots$$
$$+ \sum \mathcal{A}_n \frac{d^n \operatorname{cos\acute{e}c}(x-\alpha)}{dx^n}$$

donneront pareillement

$$\int \Theta\,(x)\,dx = \sum \mathcal{A} \log \sin(x-\alpha) + \sum \mathcal{A}_1 \cot(x-\alpha) + \ldots$$
$$+ \sum \mathcal{A}_n \frac{d^{n-1} \cot(x-\alpha)}{dx^{n-1}},$$

$$\int \mathrm{H}\,(x)\,dx = \sum \mathcal{A} \log \operatorname{tang} \frac{1}{2}(x-\alpha) + \sum \mathcal{A}_1 \operatorname{cos\acute{e}c}(x-\alpha) + \ldots$$
$$+ \sum \mathcal{A}_n \frac{d^{n-1} \operatorname{cos\acute{e}c}(x-\alpha)}{dx^{n-1}}.$$

En effet, nous avons déjà

$$\int \cot(x-\alpha)\,dx = \log \sin(x-\alpha),$$

et, quant à l'intégrale

$$\int \operatorname{cos\acute{e}c}(x-\alpha)\,dx = \int \frac{dx}{\sin(x-\alpha)},$$

elle s'obtient, soit par l'équation

$$\frac{1}{\sin(x-\alpha)} = \frac{1}{2}\left[\operatorname{tang} \frac{1}{2}(x-\alpha) + \cot \frac{1}{2}(x-\alpha)\right],$$

soit en posant

$$\operatorname{tang} \frac{1}{2}(x-\alpha) = t,$$

car il vient ainsi

$$\frac{1}{\sin(x-\alpha)} = \frac{1+t^2}{2t}, \qquad dx = \frac{2\,dt}{1+t^2},$$

d'où

$$\frac{dx}{\sin(x-\alpha)} = \int \frac{dt}{t} = \log t = \log \operatorname{tang} \frac{1}{2}(x-\alpha).$$

Voici quelques remarques sur ces résultats.

VI. Les expressions qui, en dehors des termes logarithmiques, à savoir

$$\mathcal{A}_1 \cot(x-\alpha) + \mathcal{A}_2 \frac{d\cot(x-\alpha)}{dx} + \ldots + \mathcal{A}_n \frac{d^{n-1}\cot(x-\alpha)}{dx^{n-1}}$$

et

$$\mathcal{A}_1 \operatorname{coséc}(x-\alpha) + \mathcal{A}_2 \frac{d\operatorname{coséc}(x-\alpha)}{dx} + \ldots + \mathcal{A}_n \frac{d^{n-1}\operatorname{coséc}(x-\alpha)}{dx^{n-1}},$$

composent, avec diverses valeurs des constantes $\mathcal{A}$ et α, les intégrales $\int \Theta(x)\,dx$, $\int \mathrm{H}(x)\,dx$, ont respectivement la même périodicité que $\Theta(x)$ et $\mathrm{H}(x)$. La première, comme on l'a vu au paragraphe I, équivaut à un polynome entier du degré n en $\cot(x-\alpha)$, la seconde donne lieu à la transformation suivante. Soit, pour un moment,

$$\operatorname{coséc}(x-\alpha) = u \qquad \text{et} \qquad \cot(x-\alpha) = t;$$

nous remarquerons qu'on peut écrire

$$u = -\sin(x-\alpha)\frac{dt}{dx},$$

de sorte qu'il vient successivement

$$\frac{du}{dx} = -\sin(x-\alpha)\frac{d^2t}{dx^2} - \cos(x-\alpha)\frac{dt}{dx},$$

$$\frac{d^2u}{dx^2} = -\sin(x-\alpha)\left(\frac{d^3t}{dx^3} - \frac{dt}{dx}\right) - 2\cos(x-\alpha)\frac{d^2t}{dx^2},$$

et, en général,

$$\frac{d^ku}{dx^k} = -\sin(x-\alpha)\left[\frac{d^{k+1}t}{dx^{k+1}} - \frac{k(k-1)}{1.2}\frac{d^{k-1}t}{dx^{k-1}} + \ldots\right]$$
$$- \cos(x-\alpha)\left[\frac{k}{1}\frac{d^kt}{dx^k} - \frac{k(k-1)(k-2)}{1.2.3}\frac{d^{k-2}t}{dx^{k-2}} + \ldots\right].$$

Il en résulte qu'on peut donner à l'expression

$$\mathcal{A}_1 u + \mathcal{A}_2 \frac{du}{dx} + \ldots + \mathcal{A}_n \frac{d^{n-1} u}{dx^{n-1}}$$

d'abord la forme

$$\sin(x-\alpha)\left(G \frac{d^n t}{dx^n} + G_1 \frac{d^{n-1} u}{dx^{n-1}} + \ldots\right)$$
$$+ \cos(x-\alpha)\left(H \frac{d^{n-1} t}{dx^{n-1}} + H_1 \frac{dx^{n-2} t}{dx^{n-2}} + \ldots\right),$$

les coefficients G et H étant constants; ensuite celle-ci

$$\sin(x-\alpha)\,F(t) + \cos(x-\alpha)\,F_1(t),$$

en désignant par $F(t)$ et $F_1(t)$ des polynomes en t des degrés $n+1$ et n; enfin au moyen des valeurs

$$\sin(x-\alpha) = \frac{1}{\sqrt{1+t^2}}, \qquad \cos(x-\alpha) = \frac{t}{\sqrt{1+t^2}},$$

on écrira

$$\mathcal{A}_1 u + \mathcal{A}_2 \frac{du}{dx} + \ldots + \mathcal{A}_n \frac{d^{n-1} u}{dx^{n-1}} = \frac{\mathfrak{F}(t)}{\sqrt{1+t^2}},$$

ce nouveau polynome $\mathfrak{F}(t)$ étant du degré $n+1$. Sous ces formes nouvelles, les quantités qui entrent dans les deux intégrales sont parfois d'une détermination plus facile, et j'en donnerai quelques exemples.

Soit d'abord l'intégrale

$$\int \cot^{n+1} x\, dx,$$

l'exposant n étant entier et positif; d'après la méthode générale, on posera

$$\cot^{n+1} x = C + \mathcal{A}_0 \cot x + \mathcal{A}_1 \frac{d \cot x}{dx} + \ldots + \mathcal{A}_n \frac{d^n \cot x}{dx^n},$$

et les coefficients s'obtiendront, soit au moyen des relations

$$\cot^2 x = -1 - \frac{d \cot x}{dx},$$
$$\cot^3 x = -\cot x + \frac{1}{2} \frac{d^2 \cot x}{dx^2},$$
$$\cot^4 x = 1 + \frac{4}{3} \frac{d \cot x}{dx} - \frac{1}{6} \frac{d^3 \cot x}{dx^3},$$
$$\ldots\ldots\ldots\ldots\ldots\ldots\ldots\ldots\ldots,$$

soit en formant la puissance $n+1$ ainsi que les dérivées de la série

$$\cot x = \frac{1}{x} - \frac{x}{3} - \frac{x^3}{45} - \ldots,$$

et substituant dans l'équation pour identifier.

Or, la variable $\cot x = t$, qui est indiquée par la forme connue d'avance de l'intégrale, en donne facilement la valeur, car ayant

$$\int \cot^{n+1} x \, dx = -\int \frac{t^{n+1}\, dt}{1+t^2},$$

il suffira d'extraire la partie entière de la fraction $\frac{t^{n+1}}{1+t^2}$; si n est impair, on formera ainsi l'égalité

$$\frac{t^{n+1}}{1+t^2} = t^{n-1} - t^{n-3} + t^{n-5} - \ldots + (-1)^{\frac{n-1}{2}} - \frac{(-1)^{\frac{n-1}{2}}}{1+t^2},$$

d'où

$$\int \frac{t^{n+1}\, dt}{1+t^2} = \frac{t^n}{n} - \frac{t^{n-2}}{n-2} + \frac{t^{n-4}}{n-4} - \ldots + (-1)^{\frac{n-1}{2}} t - (-1)^{\frac{n-1}{2}} \operatorname{arc\,tang} t,$$

et, par conséquent,

$$\int \cot^{n+1} x \, dx = -\frac{\cot^n x}{n} + \frac{\cot^{n-2} x}{n-2} - \frac{\cot^{n-4} x}{n-4} - \ldots$$
$$- (-1)^{\frac{n-1}{2}} \cot x - (-1)^{\frac{n-1}{2}} x.$$

Dans le cas de n pair, il viendra semblablement

$$\frac{t^{n+1}}{1+t^2} = t^{n-1} - t^{n-2} + t^{n-5} - \ldots - (-1)^{\frac{n}{2}} t + \frac{(-1)^{\frac{n}{2}} t}{1+t^2};$$

on en conclura alors

$$\int \cot^{n+1} x \, dx = -\frac{\cot^n x}{n} + \frac{\cot^{n-2} x}{n-2} - \frac{\cot^{n-4} x}{n-4} + \ldots$$
$$+ (-1)^{\frac{n}{2}} \frac{\cot^2 x}{2} + (-1)^{\frac{n}{2}} \log \sin x.$$

Rapprochant ces résultats de l'expression donnée par la méthode générale, à savoir :

$$\int \cot^{n+1} x \, dx = Cx + \mathcal{A} \log \sin x + \ldots + \mathcal{A}_1 \cot x + \ldots + \mathcal{A}_n \frac{d^{n-1} \cot x}{dx^{n-1}},$$

nous en tirons cette conséquence qu'on a $\mathcal{A} = (-1)^{\frac{n}{2}}$ ou $\mathcal{A} = 0$, suivant que n est pair ou impair; et je m'y arrêterai un moment pour montrer en peu de mots comment cette seule connaissance du résidu $\mathcal{A}$ relatif à la valeur $x = 0$ de la fonction $\cot^{n+1} x$ suffit pour la détermination complète de la série

$$\cot x = \frac{a}{x} + b + cx + dx^2 + \dots.$$

Et d'abord, de ce que le terme en $\frac{1}{x}$ manque dans le carré, la quatrième puissance et toutes les puissances paires, on conclut de proche en proche les conditions $b = 0$, $d = 0$, ..., c'est-à-dire que le développement ne contient que des puissances impaires de la variable, et a la forme

$$\cot x = \frac{\alpha}{x} + \beta x + \gamma x^3 + \dots.$$

De ce que le coefficient du même terme est $+1$, -1, $+1$, ..., dans la première, la troisième, la cinquième puissance, etc., on tire aisément les égalités

$$\alpha = 1, \qquad 3\alpha^2\beta = -1, \qquad 5\alpha^4\gamma + 10\alpha^3\beta^2 = 1, \qquad \dots,$$

d'où

$$\beta = -\frac{1}{3}, \qquad \gamma = -\frac{1}{45}, \qquad \dots.$$

Le développement de $\cot x$, auquel nous parvenons ainsi, est d'une grande importance en Analyse; en l'écrivant de cette manière

$$\cot x = \frac{1}{x} - \frac{2^2 B_1 x}{1.2} - \frac{2^4 B_2 x^3}{1.2.3.4} - \frac{2^6 B_3 x^5}{1.2.3.4.5.6} - \dots,$$

les coefficients

$$B_1 = \frac{1}{6}, \qquad B_2 = \frac{1}{30}, \qquad B_3 = \frac{1}{42}, \qquad \dots$$

sont appelés les *nombres de Bernoulli* (¹), et l'on a de même

$$\operatorname{tang} x = \frac{2^2(2^2-1)B_1 x}{1.2} + \frac{2^4(2^4-1)B_2 x^3}{1.2.3.4} + \frac{2^6(2^6-1)B_3 x^5}{1.2.3.4.5.6} + \dots,$$

$$\operatorname{coséc} x = \frac{1}{x} + \frac{(2^2-2)B_1 x}{1.2} + \frac{(2^4-2)B_2 x^3}{1.2.3.4} + \frac{(2^6-2)B_3 x^5}{1.2.3.4.5.6} + \dots.$$

(¹) BERTRAND, *Traité de calcul différentiel et de calcul intégral*, t. I, p. 347. — SERRET, *Cours de calcul différentiel et intégral*, t. II, p. 217.

Soit encore l'expression $\frac{1}{\sin^{\alpha+1} x \cos^{\beta+1} x}$, qui, en supposant $\alpha + \beta$ un nombre pair, aura, comme la précédente, la périodicité de $\Theta(x)$. Au lieu de déduire l'intégrale

$$\int \frac{dx}{\sin^{\alpha+1} x \cos^{\beta+1} x}$$

de la relation

$$\frac{1}{\sin^{\alpha+1} x \cos^{\beta+1} x} = C + \mathcal{A} \cot x + \mathcal{A}_1 \frac{d \cot x}{dx} + \ldots + \mathcal{A}_\alpha \frac{d \cot x}{dx}$$
$$+ \mathcal{B} \operatorname{tang} x + \mathcal{B}_1 \frac{d \operatorname{tang} x}{dx} + \ldots + \mathcal{B}_\beta \frac{d \operatorname{tang} x}{dx},$$

nous ferons toujours $\cot x = t$, et l'on voit que la transformée

$$\int \frac{(1+t^2)^{\frac{\alpha+\beta}{2}}}{t^{\beta+1}} dt$$

s'obtiendra facilement en développant la puissance $(1+t^2)^{\frac{\alpha+\beta}{2}}$, dont l'exposant est entier dans l'hypothèse admise. Si nous faisons en particulier $\beta = -1$, $\alpha = 2n+1$, nous trouvons, en désignant par n_1, n_2, ... les coefficients de la puissance n du binome

$$\int \frac{dx}{\sin^{2n+2} x} = -\cot x - \frac{n_1}{3} \cot^3 x - \frac{n_2}{5} \cot^5 x - \ldots - \frac{1}{2n+1} \cot^{2n+1} x,$$

puis, en changeant x en $\frac{\pi}{2} - x$,

$$\int \frac{dx}{\cos^{2n-2} x} = \operatorname{tang} x + \frac{n_1}{3} \operatorname{tang}^3 x + \frac{n_2}{5} \operatorname{tang}^5 x + \ldots + \frac{1}{2n+1} \operatorname{tang}^{2n+1} x.$$

VII. L'intégrale $\int f(\sin x, \cos x)\, dx$ se ramenant par la substitution $\sin x = X$ à cette forme

$$\int f(X, \sqrt{1-X^2}) \frac{dX}{\sqrt{1-X^2}},$$

qui a été l'objet d'une étude antérieure, nous devrions maintenant comparer les deux procédés d'intégration, et les résultats auxquels ils conduisent. A cet égard, je me bornerai à remarquer qu'en faisant $\sin x = X$ dans la formule générale

$$\int \Phi(x)\,dx = Cx + 2\sum \mathcal{A} \log \sin \frac{1}{2}(x-\alpha)$$

$$+ \sum \mathcal{A}_1 \cot \frac{1}{2}(x-\alpha) + \ldots + \sum \mathcal{A}_n \frac{d^{n-1} \cot \frac{1}{2}(x-\alpha)}{dx^{n-1}},$$

la partie transcendante est donnée par les termes Cx et

$$\int \cot \frac{1}{2}(x-\alpha)\,dx = 2 \log \sin \frac{1}{2}(x-\alpha),$$

dont le dernier prendra la forme suivante. Soient

$$Y = \sqrt{1-X^2}, \qquad a = \sin\alpha, \qquad b = \cos\alpha,$$

on aura

$$\int \cot \frac{1}{2}(x-\alpha)\,dx = \int \frac{\sin(x-\alpha)}{1-\cos(x-\alpha)}\,dx = \int \frac{bX - aY}{1-aX-bY}\frac{dX}{Y},$$

de sorte qu'au lieu de la fonction de troisième espèce amenée par la méthode d'intégration des radicaux carrés, à savoir :

$$\int \frac{b\,dx}{(x-a)y} = \log\left(\frac{1-ax-by}{x-a}\right),$$

nous sommes conduits à la quantité

$$\int \frac{bx-ay}{1-ax-by}\frac{dx}{y} = \log(1-ax-by).$$

Mais j'arrive, sans insister sur ce point [1], à une dernière considération, à la détermination de l'intégrale définie

$$\int_0^{2\pi} f(\sin x, \cos x)\,dx.$$

---

[1] On a, d'une manière plus générale,

$$\int \frac{(cb'-bc')x + (ac'-ca')y + ab'-ba'}{(ax+by+c)(a'x+b'y+c')}\frac{dx}{y} = \log\frac{ax+by+c}{a'x+b'y+c'},$$

et l'on doit remarquer les cas particuliers dans lesquels cette intégrale ne devient indéfinie que pour deux valeurs de la variable. Ils se présentent lorsque les droites $ax+by+c=0$, $a'x+b'x+c'=0$ se coupent sur le cercle $x^2+y^2=1$, ou lui sont tangentes.

Reprenant, à cet effet, l'expression

$$f(\sin x, \cos x = \Pi(x) + \Phi(x),$$

j'observe d'abord que la fonction $\Phi(x)$ devra être finie pour toutes les valeurs de la variable comprise de zéro à 2π, c'est-à-dire quel que soit x, puisqu'on a $\Phi(x + 2\pi) = \Phi(x)$; ainsi dans les éléments simples $\cot\frac{1}{2}(x - \alpha)$, aucune des constantes α ne sera réelle. Ceci posé, les termes périodiques de l'intégrale indéfinie des fonctions $\Pi(x)$ et $\Phi(x)$, reprenant la même valeur aux limites $x = 0$ et $x = 2\pi$, ne figureront point dans le résultat, et nous aurons seulement à considérer le terme Cx, ainsi que la partie logarithmique $\sum \mathcal{A} \log \sin\frac{1}{2}(x - \alpha)$. Du premier résulte immédiatement la quantité $C 2\pi$; mais les termes transcendants demandent une attention particulière. Comme dans le cas plus simple de l'expression

$$\int_{x_0}^{x_1} \frac{dx}{x - \alpha - \beta\sqrt{-1}},$$

la relation

$$\int \cot\frac{1}{2}(x - \alpha)\, dx = 2 \log \sin\frac{x - \alpha}{2}$$

ne détermine pas sur-le-champ, à cause des valeurs multiples des logarithmes, l'intégrale définie prise entre des limites données x_0, x_1, et j'indiquerai d'abord de quelle manière on y parvient avant de supposer $x_0 = 0$ et $x_1 = 2\pi$.

Soient

$$\alpha = a + b\sqrt{-1}, \qquad \sin\frac{1}{2}(x - \alpha) = X + Y\sqrt{-1}.$$

Envisageant X et Y comme les coordonnées OP et MP d'un point M rapporté à deux axes rectangulaires Ox et Oy, je figure la courbe MM' qui sera le lieu de ces points lorsque la variable x croîtra de x_0 à x_1. De cette manière, le rayon vecteur $OM = R$ et l'angle $MOx = \theta$ seront, à partir du point M, correspondant à $x = x_0$, des fonctions continues entièrement déterminées de la variable x. Remplaçant donc $\cot\frac{1}{2}(x - \alpha)$ par la dérivée logarithmique de

$$\sin\frac{1}{2}(x - \alpha) = X + Y\sqrt{-1} = R(\cos\theta + \sqrt{-1}\sin\theta),$$

il vient

$$\frac{1}{2}\int \cot\frac{1}{2}(x-\alpha)\,dx = \int \frac{dR}{R} + \int d\theta\sqrt{-1},$$

maintenant on a, sans aucune ambiguïté,

$$\int_{x_0}^{x_1} \frac{dR}{R} = \log OM' - \log OM, \qquad \int_{x_0}^{x_1} d\theta = M'Ox - MOx,$$

et l'intégrale proposée se trouve déterminée. Mais arrivons aux limites zéro et 2π; si nous faisons pour un moment

$$A = \cos\frac{b}{2}\sqrt{-1} = \frac{e^b+1}{2e^{\frac{1}{2}b}},$$

$$B = \frac{\sin\frac{b}{2}\sqrt{-1}}{\sqrt{-1}} = \frac{e^b-1}{2e^{\frac{1}{2}b}},$$

nous aurons

$$X = A\sin\frac{1}{2}(x-a), \qquad Y = -B\cos\frac{1}{2}(x-a),$$

d'où

$$\frac{X^2}{A^2} + \frac{Y^2}{B^2} = 1;$$

de sorte que la courbe MM' est une ellipse. Remarquant que A est toujours positif, je distingue deux cas, suivant que B sera positif ou négatif. Dans le premier, je pose

$$\frac{x-a}{2} = \frac{\pi}{2} + \varphi,$$

d'où

$$X = A\cos\varphi, \qquad Y = B\sin\varphi;$$

cela étant, lorsque x croîtra de zéro à 2π, cette ellipse sera décrite dans le sens direct depuis un point M (*fig.* 30) jusqu'au point M' situé sur le prolongement du diamètre OM. En second lieu, lorsque B est négatif, je fais

$$\frac{x-a}{2} = \frac{\pi}{2} - \varphi,$$

ce qui donne

$$X = A\cos\varphi, \qquad Y = -B\sin\varphi;$$

c'est alors du point M au point M' la seconde moitié de la courbe qui sera décrite dans le sens inverse. Cela étant, dans le premier cas, l'angle croît avec x, et nous avons

$$M'Ox = MOx + \pi;$$

dans le second, au contraire, il décroît, et nous passons de la valeur MOx à $M'Ox = MOx - \pi$; les deux rayons vecteurs OM et OM' sont d'ailleurs égaux, ce qui fait disparaître la partie logarithmique; par conséquent, en désignant par (b) une quantité égale à l'unité en valeur absolue et du signe de b, nous aurons

$$\int_0^{2\pi} \cot \frac{1}{2}(x - a - b\sqrt{-1})\,dx = 2(b)\sqrt{-1}.$$

Voici quelques applications de cette formule :

Posons

$$\lambda = \alpha\sqrt{-1}$$

dans la relation

$$\frac{2\sin\lambda}{\cos\lambda - \cos x} = \cot\frac{x-\lambda}{2} - \cot\frac{x+\lambda}{2}$$

établie page 62, et soit $a = e^{\alpha}$; elle prendra cette forme

$$\frac{2(1-a^2)}{1-2a\cos x + a^2} = \sqrt{-1}\left(\cot\frac{x-\alpha\sqrt{-1}}{2} - \cot\frac{x+\alpha\sqrt{-1}}{2}\right),$$

et nous en conclurons successivement pour $\alpha < 0$ et $\alpha > 0$, c'est-à-dire en supposant $a < 1$ et $a > 1$,

$$\int_0^{2\pi} \frac{(1-a^2)\,dx}{1-2a\cos x + a^2} = 2\pi \quad \text{et} \quad \int_0^{2\pi} \frac{(1-a^2)\,dx}{1-2a\cos 2 + a^2} = -2\pi.$$

Le second cas se déduit d'ailleurs immédiatement du premier par le changement de a en $\frac{1}{a}$.

Soit encore l'expression plus générale

$$\frac{\cos mx}{\cos\lambda - \cos x},$$

m étant un nombre entier quelconque; en faisant

$$e^{x\sqrt{-1}} = z,$$

elle devient

$$-\frac{z^{2m}+1}{z^{m-1}(1-2z\cos\lambda + z^2)},$$

et contient par conséquent une partie entière qui s'obtient ainsi. Je pars de ces deux identités, faciles à vérifier,

$$\frac{\sin\lambda}{1-2z\cos\lambda+z^2} = \sin\lambda + z\sin 2\lambda + z^2\sin 3\lambda + \ldots$$
$$+ z^{m-2}\sin(m-1)\lambda + z^{m-1}\frac{\sin m\lambda - z\sin(m-1)\lambda}{1-2z\cos\lambda+z^2},$$

$$\frac{\sin\lambda}{1-2z\cos\lambda+z^2} = \frac{\sin\lambda}{z^2} + \frac{\sin 2\lambda}{z^3} + \frac{\sin 3\lambda}{z^4} + \ldots$$
$$+ \frac{\sin m\lambda}{z^{m+1}} + \frac{1}{z^{m+1}}\,\frac{z\sin(m+1)\lambda - \sin m\lambda}{1-2z\cos\lambda+z^2},$$

et je les ajoute membre à membre après avoir divisé la première par z^{m-1}, et multiplié la seconde par z^{m+1}; il vient

$$\frac{(z^{2m}+1)\sin\lambda}{z^{m-1}(1-2z\cos+z^2)} = (z^{m-1}+z^{1-m})\sin\lambda + (z^{m-2}+z^{2-m})\sin 2\lambda + \ldots$$
$$+ (z+z^{-1})\sin(m-1)\lambda + \sin m\lambda$$
$$+ \frac{z[\sin(m+1)\lambda - \sin(m-1)\lambda]}{1-2z\cos\lambda+z^2},$$

et, par conséquent, si l'on remplace z par l'exponentielle $e^{x\sqrt{-1}}$, nous aurons

$$\frac{\cos mx\sin\lambda}{\cos x-\cos\lambda} = \Pi(x) + \frac{\cos m\lambda\sin\lambda}{\cos x-\cos\lambda},$$

en faisant

$$\pi(x) = 2\sin\lambda\cos(m-1)x + 2\sin 2\lambda\cos(m-2)x + \ldots$$
$$+ 2\sin(m-1)\lambda\cos x + \sin m\lambda.$$

Le terme constant de la partie entière est $\sin m\lambda$; on en conclura, en faisant comme plus haut, $\lambda = \alpha\sqrt{-1}$, $e^\alpha = a$, ce qui donne

$$\sin m\lambda = \frac{1-a^{2m}}{2a^m\sqrt{-1}}, \qquad \cos m\lambda = \frac{1+a^{2m}}{2a^m},$$

$$\int_0^{2\pi}\frac{(1-a^2)\cos mx\,dx}{1-2a\cos x+a^2} = 2\pi a^m \qquad \text{pour} \qquad a<1,$$

et

$$\int_0^{2\pi}\frac{(1-a^2)\cos mx\,dx}{1-2a\cos x+a^2} = -\frac{2\pi}{a^m} \qquad \text{pour} \qquad a>1.$$

Je considère en dernier lieu la quantité

$$\frac{\sin^2 x}{(\cos\lambda-\cos x)(\cos\mu-\cos x)};$$

la décomposition en éléments simples conduit d'abord à la relation

$$\frac{\sin^2 x}{(\cos\lambda - \cos x)(\cos\mu - \cos x)} = -1 + \mathcal{A}\left(\cot\frac{x-\lambda}{2} - \cot\frac{x+\lambda}{2}\right) + \mathcal{B}\left(\cot\frac{x-\mu}{2} - \cot\frac{x-\mu}{2}\right),$$

en posant

$$2\mathcal{A} = \frac{\sin\lambda}{\cos\mu - \cos\lambda}, \qquad 2\mathcal{B} = \frac{\sin\mu}{\cos\lambda - \cos\mu}.$$

Faisant encore

$$\lambda = \alpha\sqrt{-1}, \qquad \mu = \beta\sqrt{-1}, \qquad a = e^{\alpha}, \qquad b = e^{\beta},$$

nous trouverons, en nous bornant, pour abréger, au seul cas de $\alpha < 0$, $\beta < 0$,

$$\int_0^{2\pi} \frac{4ab\sin^2 x\,dx}{(1-2a\cos x + a^2)(1-2b\cos x + b^2)} = -2\pi - (\mathcal{A} + \mathcal{B})4\pi\sqrt{-1};$$

or, on a facilement

$$\mathcal{A} + \mathcal{B} = \frac{1}{2}\cot\frac{\lambda+\mu}{2} = \frac{1}{2}\sqrt{-1}\,\frac{1+ab}{1-ab},$$

d'où cette formule

$$\int_0^{2\pi} \frac{\sin^2 x\,dx}{(1-2a\cos x + a^2)(1-2b\cos x + b^2)} = \frac{\pi}{1-ab},$$

qui donne un résultat important en développant les deux membres suivant les puissances de a et b. Si nous employons, à cet effet, les relations

$$\frac{\sin x}{1 - 2a\cos x + a^2} = \sum a^m \sin(m+1)x,$$

$$\frac{\sin x}{1 + 2b\cos x + b^2} = \sum b^n \sin(n+1)x,$$

où m et n reçoivent toutes les valeurs entières de zéro à l'infini, on parvient à l'égalité suivante :

$$\sum a^m b^m \int_0^{2\pi} \sin(m+1)x\sin(n+1)x\,dx = \pi(1 + ab + a^2b^2 + \ldots),$$

dont le second membre ne renferme que les puissances du produit ab. Nous avons donc

$$\int_0^{2\pi} \sin mx \sin nx \, dx = 0$$

lorsque m et n sont différents, tandis qu'il vient, si on les suppose égaux,

$$\int_0^{2\pi} \sin^2 mx \, dx = \pi.$$

On trouve d'ailleurs directement ces relations au moyen des identités

$$2 \sin mx \sin nx = \cos(m-n)x - \cos(m+n)x,$$
$$2 \sin^2 mx = 1 - \cos 2mx,$$

qui donnent les intégrales indéfinies

$$\int \sin mx \sin nx \, dx = \frac{\sin(m-n)x}{2(m-n)} - \frac{\sin(m+n)x}{2(m+n)},$$
$$\int \sin^2 mx \, dx = \frac{x}{2} - \frac{\sin 2mx}{4m};$$

et, par suite, comme on voit,

$$\int_0^{2\pi} \sin mx \sin nx \, dx = 0, \qquad \int_0^{2\pi} \sin^2 mx \, dx = \pi.$$

En partant de celles-ci :

$$2 \sin mx \cos nx = \sin(m+n)x + \sin(m-n)x,$$
$$2 \cos mx \cos nx = \cos(m+n)x + \cos(m-n)x,$$

nous aurons semblablement

$$\int_0^{2\pi} \sin mx \cos nx \, dx = 0,$$

même dans le cas de $m = n$, puis

$$\int_0^{2\pi} \cos mx \cos nx \, dx = 0, \qquad \int_0^{2\pi} \cos^2 mx \, dx = \pi.$$

Ces intégrales définies, qu'on obtient si facilement, conduisent, comme nous allons voir, à d'importantes conséquences.

VIII. Les séries qui précèdent suivant les puissances entières et positives d'une ou de plusieurs variables ont pour caractère essentiel d'être continues lorsqu'elles sont convergentes, et c'est en admettant cette condition de continuité qu'elles ont été employées dans les applications géométriques, et en particulier dans les théories du contact et de la courbure des lignes et des surfaces. Mais l'analyse conduit à des séries d'une autre nature, qui, tout en restant convergentes afin d'avoir une limite déterminée, ne sont plus nécessairement continues, et peuvent, lorsque la variable croît par degrés insensibles, représenter diverses successions de valeurs appartenant à des fonctions de formes tout à fait différentes. Un premier exemple en a déjà été donné, et nous avons vu qu'en faisant

$$f(x) = \sin x + \frac{\sin 3x}{3} + \frac{\sin 5x}{5} + \ldots$$

on a

$$f(x) = \frac{\pi}{4},$$

lorsque la variable est comprise entre $2n\pi$ et $(2n+1)\pi$, tandis qu'on obtient

$$f(x) = -\frac{\pi}{4}$$

quand on la suppose comprise entre $(2n-1)\pi$ et $2n\pi$, n étant un nombre entier quelconque. Or, ce résultat se rattache à une formule générale donnant un nouveau mode d'expression des fonctions d'une grande importance en Analyse, et que je vais indiquer succinctement.

Soit $\mathfrak{F}(x)$ une fonction donnée entre les limites $x = a$, $x = b$, avec la seule condition d'être toujours finie; la suivante :

$$f(x) = \mathfrak{F}\left(a + \frac{b-a}{2\pi} x\right),$$

le sera de même depuis $x = 0$ jusqu'à $x = 2\pi$, et l'on prouve qu'elle peut se représenter de la manière suivante :

$$\begin{aligned} f(x) = A_0 + A_1 \cos x + A_2 \cos 2x + \ldots + A_m \cos mx + \ldots \\ + B_1 \sin x + B_2 \sin 2x + \ldots + B_m \sin mx + \ldots; \end{aligned}$$

voici maintenant, la possibilité du développement admise [1], comment se déterminent les coefficients. Le premier s'obtient en multipliant les deux membres par dx, et intégrant entre les limites zéro et 2π; ayant, en effet,

$$\int_0^{2\pi} \cos mx\, dx = 0, \qquad \int_0^{2\pi} \sin mx\, dx = 0,$$

il vient ainsi

$$2\pi A_0 = \int_0^{2\pi} f(x)\, dx.$$

J'opère ensuite d'une manière analogue en multipliant successivement par les facteurs $\cos mx\, dx$, $\sin mx\, dx$; les relations précédemment établies, à savoir :

$$\int_0^{2\pi} \cos mx \cos nx\, dx = 0, \qquad \int_0^{2\pi} \cos mx \sin nx\, dx = 0$$

montrent que l'intégration entre les limites zéro et 2π éliminera tous les coefficients de la série, sauf A_m et B_m, qui seront respectivement multipliés par les quantités

$$\int_0^{2\pi} \cos^2 mx\, dx = \pi, \qquad \int_0^{2\pi} \sin^2 mx\, dx = \pi,$$

et nous trouverons, par conséquent,

$$\pi A_m = \int_0^{2\pi} f(x) \cos mx\, dx, \qquad \pi B_m = \int_0^{2\pi} f(x) \sin mx\, dx.$$

C'est cette expression de A_m et B_m, au moyen d'intégrales définies, qui donne le moyen de s'affranchir de la condition de continuité que suppose absolument le mode de détermination des coefficients de la série de Maclaurin

$$f(x) = f(x_0) + \frac{x - x_0}{1} f'(x_0) + \frac{(x - x_0)^2}{1.2} f''(x_0) + \ldots,$$

---

[1] Je renverrai pour la démonstration rigoureuse au Mémoire célèbre de Dirichlet, sur la convergence des séries trigonométriques qui servent à représenter une fonction arbitraire entre des limites données (*Journal de Crelle*, t. 4, p. 157).

où figurent toutes les dérivées de $f(x)$ pour $x = x_0$. D'après la nature même de l'opération d'intégration, rien n'empêche, en effet, d'admettre qu'entre les limites zéro et 2π, et dans un nombre quelconque d'intervalles de zéro à x_1, x_1 à x_2, ..., x_{n-1} à 2π, $f(x)$ coïncide successivement avec n fonctions distinctes $f_1(x)$, $f_2(x)$, ..., $f_n(x)$, les expressions des coefficients devenant alors

$$2\pi A_0 = \int_0^{x_1} f_1(x)\,dx + \int_{x_1}^{x_2} f_2(x)\,dx + \ldots + \int_{x_{n-1}}^{2\pi} f_n(x)\,dx,$$

$$\pi A_m = \int_0^{x_1} f_1(x)\cos mx\,dx + \int_{x_1}^{x_2} f_2(x)\cos mx\,dx + \ldots + \int_{x_{n-1}}^{2\pi} f_n(x)\cos mx\,dx,$$

$$\pi B_m = \int_0^{x_1} f_1(x)\sin mx\,dx + \int_{x_1}^{x_2} f_2(x)\sin mx\,dx + \ldots + \int_{x_{n-1}}^{2\pi} f_n(x)\sin mx\,dx.$$

Une circonstance qu'il importe aussi de ne pas omettre, c'est qu'à la limite de séparation de deux intervalles, pour $x = x_1$, par exemple, la série ne présente point l'ambiguïté de la fonction et a pour valeur $\frac{1}{2}[f_1(x_1) + f_2(x_1)]$; mais je me bornerai à énoncer ces résultats et à en faire l'application au cas d'une fonction $f(x)$ successivement égale à $+\frac{\pi}{4}$ entre $x = 0$, $x = \pi$, et à $-\frac{\pi}{4}$ entre $x = \pi$, $x = 2\pi$. On trouve alors immédiatement $A_0 = 0$; observant ensuite qu'on a

$$\int_0^{\pi} \cos mx\,dx = 0, \qquad \int_{\pi}^{2\pi} \cos mx\,dx = 0,$$

nous en concluons semblablement $A_m = 0$; enfin les expressions

$$\int_0^{\pi} \sin mx\,dx = \frac{1 - \cos m\pi}{m}, \qquad \int_{\pi}^{2\pi} \sin mx\,dx = \frac{\cos m\pi - 1}{m}$$

donnent

$$\pi B_m = 2\,\frac{1 - \cos m\pi}{m},$$

et l'on retrouve bien la série

$$f(x) = \sin x + \frac{\sin 3x}{3} + \frac{\sin 5x}{5} + \ldots,$$

comme nous l'avions obtenue par une autre voie.

De l'intégrale $\int e^{\omega x} f(x)\, dx$.

I. Je me fonderai sur cette remarque que l'expression

$$e^{\omega x}\left(\mathrm{A}\, u + \mathrm{A}_1 \frac{du}{dx} + \mathrm{A}_2 \frac{d^2 u}{dx^2} + \ldots + \mathrm{A}_n \frac{d^n u}{dx^n}\right),$$

où u est une fonction quelconque de x, prend, si l'on pose

$$e^{\omega x} u = v,$$

la forme suivante :

$$\mathcal{A}\, v + \mathcal{A}_1 \frac{dv}{dx} + \mathcal{A}_2 \frac{d^2 v}{dx^2} + \ldots + \mathcal{A}_n \frac{d^n v}{dx^n}.$$

En effet, nous avons successivement $u = e^{-\omega x} v$,

$$\frac{du}{dx} = e^{-\omega x}\left(-\omega v + \frac{dv}{dx}\right), \quad \frac{d^2 u}{dx^2} = e^{-\omega x}\left(\omega^2 v - 2\omega \frac{dv}{dx} + \frac{d^2 v}{dx^2}\right), \quad \ldots,$$

et la substitution conduit au résultat annoncé, les quantités $\mathcal{A}$, $\mathcal{A}_1$, ... ayant ces valeurs

$$\begin{aligned}
\mathcal{A} &= \mathrm{A} - \mathrm{A}_1 \omega + \mathrm{A}_2 \omega^2 - \mathrm{A}_3 \omega^3 + \ldots,\\
\mathcal{A}_1 &= \mathrm{A}_1 - 2\mathrm{A}_2 \omega + 3\mathrm{A}_3 \omega^2 - \ldots = -\frac{d\mathcal{A}}{d\omega},\\
\mathcal{A}_2 &= \mathrm{A}_2 - 3\mathrm{A}_3 \omega + \ldots = \frac{1}{2}\frac{d^2\mathcal{A}}{d\omega^2},\\
&\ldots\ldots\ldots\ldots\ldots\ldots\ldots\ldots,
\end{aligned}$$

qu'on obtient directement comme il suit. La fonction u étant quelconque, faisons en particulier $u = e^{hx}$, on en conclura $v = e^{(\omega+h)x}$, et la relation

$$\begin{aligned}
&e^{\omega x}\left(\mathrm{A}\, u + \mathrm{A}_1 \frac{du}{dx} + \mathrm{A}_2 \frac{d^2 u}{dx^2} + \ldots + \mathrm{A}_n \frac{d^n v}{dx^n}\right)\\
&\quad = \mathcal{A}\, v + \mathcal{A}_1 \frac{dv}{dx} + \mathcal{A}_2 \frac{d^2 v}{dx^2} + \ldots + \mathcal{A}_n \frac{d^n v}{dx^n}
\end{aligned}$$

donne ainsi, après avoir supprimé dans les deux membres le facteur exponentiel,

$$\begin{aligned} &A + A_1 h + A_2 h^2 + \ldots + A_n h^n \\ &\quad = \mathcal{A} + \mathcal{A}_1(\omega + h) + \mathcal{A}_2(\omega + h)^2 + \ldots + \mathcal{A}_n(\omega + h)^n. \end{aligned}$$

Changeons maintenant h en $h - \omega$; nous en concluons

$$\begin{aligned} &A + A_1(-\omega + h) + A_2(-\omega + h)^2 + \ldots + A_n(-\omega + h)^n \\ &\quad = \mathcal{A} + \mathcal{A}_1 h + \mathcal{A}_2 h^2 + \ldots + \mathcal{A}_n h^n, \end{aligned}$$

et l'on voit que le développement du premier membre suivant les puissances de h donne bien pour les coefficients $\mathcal{A}$, $\mathcal{A}_1$, ... les valeurs précédemment obtenues.

Cela posé, nous tirerons de la décomposition en fractions simples de la fraction rationnelle $f(x)$ la transformation suivante de l'expression $e^{\omega x} f(x)$. Soit, à cet effet, en désignant la partie entière par $F(x)$,

$$f(x) = F(x) + \sum \frac{A}{x-a} + \sum \frac{A_1}{(x-a)^2} + \ldots + \sum \frac{A_n}{(x-a)^{n+1}},$$

ou plutôt, après avoir modifié convenablement les constantes A_1, A_2, ..., A_n,

$$\begin{aligned} f(x) = F(x) &+ \sum A(x-a)^{-1} \\ &+ \sum A_1 \frac{d(x-a)^{-1}}{dx} + \ldots + \sum A_n \frac{d^n (x-a)^{-1}}{dx^n}; \end{aligned}$$

je ferai, d'après la remarque précédente,

$$\begin{aligned} &e^{\omega x}\left[A(x-a)^{-1} + A_1 \frac{d(x-a)^{-1}}{dx} + \ldots + A_n \frac{d^n (x-a)^{-1}}{dx^n}\right] \\ &\quad = \mathcal{A}[e^{\omega x}(x-a)^{-1}] + \mathcal{A}_1 \frac{d}{dx}[e^{\omega x}(x-a)^{-1}] + \ldots \\ &\qquad + \mathcal{A}_n \frac{d^n}{dx^n}[e^{\omega x}(x-a)^{-1}]. \end{aligned}$$

Or, en ajoutant membre à membre les relations de même nature qui correspondent aux divers groupes de fractions simples, on trouvera cette expression

$$\begin{aligned} e^{\omega x} f(x) = e^{\omega x} \mathrm{F}(x) &+ \sum \mathcal{A}[e^{\omega x}(x-a)^{-1}] \\ &+ \sum \mathcal{A}_1 \frac{d}{dx} [e^{\omega x}(x-a)^{-1}] + \ldots \\ &+ \sum \mathcal{A}_n \frac{d^n}{dx^n} [e^{\omega x}(x-a)^{-1}], \end{aligned}$$

où les quantités $\frac{e^{\omega x}}{x-a}$ se montrent comme ayant, à l'égard de la fonction transcendante $e^{\omega x} f(x)$, le même rôle d'éléments simples que les fractions $\frac{1}{x-a}$ par rapport à la fonction rationnelle $f(x)$. Il en résulte que l'intégrale $\int e^{\omega x} f(x)\, dx$ se trouve exprimée d'une part au moyen de celle-ci $\int e^{\omega x} \mathrm{F}(x)\, dx$, précédemment obtenue sous cette forme :

$$\int e^{\omega x} \mathrm{F}(x)\, dx = e^{\omega x} \left[\frac{\mathrm{F}(x)}{\omega} - \frac{\mathrm{F}'(x)}{\omega^2} + \frac{\mathrm{F}''(x)}{\omega^3} - \ldots \right];$$

en second lieu, par les expressions également explicites

$$\sum \mathcal{A}_1 [e^{\omega x}(x-a)^{-1}], \qquad \sum \mathcal{A}_2 \frac{d}{dx} [e^{\omega x}(x-a)^{-1}], \qquad \ldots,$$

et, enfin, par la quantité

$$\sum \mathcal{A} \int e^{\omega x}(x-a)^{-1}\, dx,$$

où figure au fond, comme nous allons voir, une seule et unique transcendante.

Soit, à cet effet, pour un instant,

$$\varphi(z) = \int \frac{e^z\, dz}{z};$$

en faisant

$$z = \omega(x-a),$$

on aura

$$\varphi[\omega(x-a)] = \int \frac{e^{\omega(x-a)}\, dx}{x-a},$$

d'où

$$\int \frac{e^{\omega x}\, dx}{x-a} = e^{\omega a} \varphi[\omega(x-a)],$$

et, par conséquent,

$$\sum \mathcal{A} \int \frac{e^{\omega x}\, dx}{x-a} = \sum \mathcal{A} e^{\omega a} \varphi[\omega(x-a)].$$

La transcendante $\int \frac{e^z\, dz}{z}$, si l'on fait $e^z = x$, prend la forme $\int \frac{dx}{\log x}$ et reçoit la dénomination de *logarithme intégral*. On a démontré l'impossibilité de la représenter par des combinaisons en nombre fini de fonctions algébriques, logarithmiques et exponentielles, d'où résulte qu'on doit l'envisager comme un élément analytique *sui generis*, dont la notion première s'est offerte, ainsi que celle des transcendantes elliptiques et abéliennes, par la voie du Calcul intégral. Elle a été l'objet de nombreux travaux, mais nous nous bornerons à mentionner à son égard une propriété singulière qui en montrera le rôle dans l'Arithmétique supérieure. Elle consiste en ce que l'intégrale définie $\int_a^b \frac{dx}{\log x}$ donne approximativement la valeur N du nombre des nombres premiers compris entre a et b, l'approximation étant d'autant plus grande que b est plus grand par rapport à a, et étant ainsi caractérisée que la limite du rapport de l'intégrale au nombre N est l'unité pour b infini.

II. Il existe une infinité de cas dans lesquels l'intégrale

$$\int e^{\omega x} f(x)\, dx$$

s'obtient sous forme finie explicite; il suffit pour cela que les diverses constantes $\mathcal{A}$ s'évanouissent. J'ajoute que ces conditions sont nécessaires si l'on veut que $\int e^{\omega x} f(x)\, dx$ s'exprime au moyen d'une fonction rationnelle multipliée par $e^{\omega x}$. Il est aisé, en effet, de reconnaître l'impossibilité d'une relation de la forme suivante :

$$\sum \mathcal{A} \int \frac{e^{\omega x}\, dx}{x-a} = e^{\omega x} \mathcal{F}(x),$$

$\mathcal{F}(x)$ étant en général une fonction algébrique, car en faisant $x = a + h$, et développant suivant les puissances croissantes de h, le premier membre contiendra la quantité $\mathcal{A} e^{\omega a} \log h$, et aucun terme logarithmique ne pourra, dans l'hypothèse admise, provenir du second membre. On voit par là toute l'importance des constantes $\mathcal{A}$; aussi nous allons en donner une détermination nouvelle, en déduisant à la fois et directement de la formule

$$e^{\omega x} f(x) = e^{\omega x} \mathrm{F}(x) + \sum \mathcal{A}[e^{\omega x}(x-a)^{-1}] + \sum \mathcal{A}_1 \frac{d}{dx}[e^{\omega x}(x-a)^{-1}] + \ldots$$

le groupe de coefficients $\mathcal{A}, \mathcal{A}_1, \ldots, \mathcal{A}_n$.

Soit à cet effet $x = a + h$; développons, comme tout à l'heure, suivant les puissances négatives; posons

$$e^{\omega h} f(a+h) = \mathrm{A} h^{-1} + \mathrm{A}_1 \frac{dh^{-1}}{dh} + \mathrm{A}_2 \frac{dh^{-2}}{dh^2} + \ldots,$$

d'où, par conséquent,

$$e^{\omega(a+h)} f(a+h) = e^{\omega a}\left(\mathrm{A} h^{-1} + \mathrm{A}_1 \frac{dh^{-1}}{dh} + \mathrm{A}_2 \frac{dh^{-2}}{dh^2} + \ldots\right).$$

Or, dans le second membre, les termes en $\frac{1}{h}, \frac{1}{h^2}, \cdots$ ne peuvent provenir que de la quantité $e^{\omega x}(x-a)^{-1}$ et de ses dérivées, qui donnent, en effet, en négligeant les puissances positives,

$$\begin{aligned}
e^{\omega x}(x-a)^{-1} &= e^{\omega a} h^{-1} + \ldots, \\
\frac{d}{dx}[e^{\omega x}(x-a)^{-1}] &= e^{\omega a} \frac{dh^{-1}}{dh} + \ldots, \\
\frac{d^2}{dx^2}[e^{\omega x}(x-a)^{-1}] &= e^{\omega a} \frac{d^2 h^{-1}}{dh^2} + \ldots, \\
&\ldots\ldots\ldots\ldots\ldots\ldots,
\end{aligned}$$

attendu que la dérivée de h par rapport à x est l'unité. L'expression suivante

$$e^{\omega a}\left(\mathcal{A} h^{-1} + \mathcal{A}_1 \frac{dh^{-1}}{dh} + \mathcal{A}_2 \frac{d^2 h^{-1}}{dh^2} + \ldots\right)$$

représente, par conséquent, la portion du développement du second membre qui renferme les puissances négatives de h, et l'on voit qu'on a

$$\mathcal{A} = \mathrm{A}, \qquad \mathcal{A}_1 = \mathrm{A}_1, \qquad \mathcal{A}_2 = \mathrm{A}_2, \qquad \ldots.$$

Soit, par exemple,

$$f(x) = \left(1 - \frac{1}{ax}\right)\left(1 - \frac{1}{bx}\right),$$

et prenons

$$\omega = a + b;$$

on multipliera le développement de l'exponentielle

$$e^{(a+b)h} = 1 + (a+b)h + (a+b)^2 \frac{h^2}{2} + \ldots$$

par la quantité

$$f(h) = \frac{1}{abh^2} - \frac{a+b}{abh} + 1,$$

ce qui donne

$$e^{(a+b)h} f(h) = \frac{1}{abh^2} - \frac{a^2+b^2}{2ab} + \ldots.$$

Or, le terme en $\frac{1}{h}$ manquant, nous sommes assurés que l'intégrale est possible sous forme finie explicite; on a, en effet,

$$\int e^{(a+b)x}\left(1 - \frac{1}{ax}\right)\left(1 - \frac{1}{bx}\right) dx = e^{(a+b)x}\left(\frac{1}{a+b} - \frac{1}{abx}\right),$$

et l'on trouvera semblablement

$$\begin{aligned} &\int e^{(a+b)x}\left(1 - \frac{3}{ax} + \frac{3}{a^2x^2}\right)\left(1 - \frac{3}{bx} + \frac{3}{b^2x^2}\right) dx \\ &= \frac{e^{(a+b)x}}{a+b} + \frac{3(a^2+b^2)}{2a^2b^2}\frac{e^{(a+b)x}}{x} - \frac{3}{2a^2b^2}\frac{d^2}{dx^2}\left(\frac{e^{(a+b)x}}{x}\right) \\ &= e^{(a+b)x}\left[\frac{1}{a+b} - \frac{3}{abx} + \frac{3(a+b)}{a^2b^2x^2} - \frac{3}{a^2b^2x^3}\right]. \end{aligned}$$

III. J'ajouterai succinctement, en vue des intégrales

$$\int \cos \omega x\, f(x)\, dx, \qquad \int \sin \omega x\, f(x)\, dx;$$

les conséquences auxquelles conduit la relation générale

$$e^{\omega x} f(x) = e^{\omega x} F(x) + \sum \mathcal{A}[e^{\omega x}(x-a)^{-1}] + \ldots,$$

lorsqu'on y change ω en $\omega\sqrt{-1}$. En supposant pour plus de simplicité que dorénavant ω soit réel, ainsi que $f(x)$ et les quantités a, je remplacerai les coefficients $\mathcal{A}$, $\mathcal{A}_1$, ... par $\mathcal{A} + \mathcal{A}'\sqrt{-1}$, $\mathcal{A}_1 + \mathcal{A}'_1\sqrt{-1}$, ... Cette équation donne alors les deux suivantes :

$$\begin{aligned}
&\cos\omega x\, f(x) \\
&\quad = \cos\omega x\, \mathrm{F}(x) + \sum \mathcal{A}[\cos\omega x(x-a)^{-1}] - \sum \mathcal{A}'[\sin\omega x(x-a)^{-1}] \\
&\qquad + \sum \mathcal{A}_1 \frac{d}{dx}[\cos\omega x(x-a)^{-1}] - \sum \mathcal{A}'_1 \frac{d}{dx}[\sin\omega x(x-a)^{-1}] \\
&\qquad \cdots\cdots\cdots\cdots\cdots\cdots\cdots\cdots\cdots\cdots,
\end{aligned}$$

$$\begin{aligned}
&\sin\omega x\, f(x) \\
&\quad = \sin\omega x\, \mathrm{F}(x) + \sum \mathcal{A}[\sin\omega x(x-a)^{-1}] + \sum \mathcal{A}'[\cos\omega x(x-a)^{-1}] \\
&\qquad + \sum \mathcal{A}_1 \frac{d}{dx}[\sin\omega x(x-a)^{-1}] + \sum \mathcal{A}'_1 \frac{d}{dx}[\cos\omega x(x-a)^{-1}] \\
&\qquad \cdots\cdots\cdots\cdots\cdots\cdots\cdots\cdots\cdots\cdots
\end{aligned}$$

On voit donc que les intégrales

$$\int \cos\omega x\, f(x)\, dx, \qquad \int \sin\omega x\, f(x)\, dx$$

s'expriment en général par les transcendantes

$$\int \frac{\cos\omega x\, dx}{x-a}, \quad \int \frac{\sin\omega x\, dx}{x-a},$$

qui elles-mêmes se réduisent à celles-ci :

$$\int \frac{\cos z\, dz}{z}, \quad \int \frac{\sin z\, dz}{z}.$$

Nous voyons aussi qu'on obtiendra à la fois pour l'une et pour l'autre, des valeurs sous forme finie explicite, lorsque les divers coefficients $\mathcal{A}$ et $\mathcal{A}'$ s'évanouiront. Or, $\mathcal{A} + \mathcal{A}'\sqrt{-1}$ étant le coefficient de $\frac{1}{h}$ dans le développement de

$$e^{\omega h\sqrt{-1}} f(a+h) = \left(\cos\omega h + \sqrt{-1}\sin\omega h\right) f(a+h),$$

il en résulte qu'en supposant réelles, comme nous l'avons admis, les quantités ω et a, ainsi que la fonction $f(x)$, $\mathcal{A}$ et $\mathcal{A}'$ seront aussi, à l'égard des fonctions

$$\cos\omega h\, f(a+h), \qquad \sin\omega h\, f(a+h),$$

les coefficients des termes en $\frac{1}{h}$.

Soit, comme application, l'intégrale

$$\int\left(\cos ax - \frac{\sin ax}{ax}\right)\left(\cos bx - \frac{\sin bx}{bx}\right) dx;$$

j'écrirai d'abord

$$\begin{aligned} 2\left(\cos ax - \frac{\sin ax}{ax}\right)\left(\cos bx - \frac{\sin bx}{bx}\right) \\ = \cos(a+b)x\left(1 - \frac{1}{abx^2}\right) - \sin(a+b)x\frac{a+b}{abx} \\ + \cos(a-b)x\left(1 + \frac{1}{abx^2}\right) + \sin(a-b)x\frac{a-b}{abx}, \end{aligned}$$

et nous serons conduits à une combinaison linéaire des quatre quantités

$$\int \frac{\cos(a+b)x\,dx}{x^2}, \quad \int \frac{\sin(a+b)x\,dx}{x},$$
$$\int \frac{\cos(a-b)x\,dx}{x^2}, \quad \int \frac{\sin(a-b)x\,dx}{x},$$

dont aucune ne peut s'obtenir, l'expression proposée s'exprimant néanmoins sous forme finie explicite. Supposons, en effet, dans les formules précédentes,

$$f(x) = \frac{1}{x^2}, \qquad \omega = a + b;$$

on aura

$$\frac{\cos(a+b)x}{x^2} = -(a+b)\frac{\sin(a+b)x}{x} - \frac{d}{dx}\left[\frac{\cos(a+b)x}{x}\right],$$

puis, en changeant b en $-b$,

$$\frac{\cos(a-b)x}{x^2} = -(a-b)\frac{\sin(a-b)x}{x} - \frac{d}{dx}\left[\frac{\cos(a-b)x}{x}\right].$$

Il en résulte, en intégrant,

$$\int\left[\frac{\cos(a+b)x}{x^2} + (a+b)\frac{\sin(a+b)x}{x}\right]dx = -\frac{\cos(a+b)x}{x},$$
$$\int\left[\frac{\cos(a-b)x}{x^2} + (a-b)\frac{\sin(a-b)x}{x}\right]dx = -\frac{\cos(a-b)x}{x},$$

et, par conséquent, ce résultat

$$2\int\left(\cos ax - \frac{\sin ax}{ax}\right)\left(\cos bx - \frac{\sin bx}{bx}\right)dx$$
$$= -\frac{\sin(a+b)x}{a+b} + \frac{\cos(a+b)x}{abx}$$
$$-\frac{\sin(a-b)x}{a-b} - \frac{\cos(a-b)x}{abx}.$$

C'est le cas le plus simple d'une proposition générale concernant les réduites successives

$$\frac{x}{1},\quad \frac{3x}{3-x^2},\quad \frac{15x-x^3}{15-6x^2},\quad \ldots$$

de la fraction continue de Lambert

$$\operatorname{tang} x = \cfrac{x}{1 - \cfrac{x^2}{3 - \cfrac{x^2}{5 - \ldots}}}$$

Soit, en général, $\frac{P}{Q}$ la $n^{\text{ième}}$ réduite, P et Q étant des polynomes entiers en x, et posons

$$\varphi(x) = \frac{P\cos x - Q\sin x}{x^n};$$

l'intégrale $\int \varphi(ax)\,\varphi(bx)\,dx$ pourra toujours être obtenue sous forme finie explicite. La fonction $\varphi(x)$ donne aussi ce résultat

$$\int \frac{dx}{\varphi^2(x)} = \frac{P\sin x + Q\cos x}{P\cos x + Q\sin x};$$

c'est, sous une forme très simple, la valeur d'une intégrale que nous n'avons point de méthode pour aborder, car elle n'appartient à aucune des catégories considérées jusqu'ici; on verra comment on y parvient facilement, dans le seconde partie du Cours.

Je remarquerai enfin que, en désignant par $F(\sin x, \cos x)$ un polynome entier en $\sin x$ et $\cos x$, l'intégrale

$$\int F(\sin x, \cos x)\,f(x)\,dx$$

rentre dans celles que nous venons de traiter, ce polynome pouvant être transformé en une fonction linéaire des sinus et cosinus des multiples de la variable. La quantité $\int \frac{\sin^n x}{x^m} dx$, par exemple, étant d'abord, abstraction faite d'un facteur constant, mise sous la forme

$$\int \sin^n x \frac{d^m (x^{-1})}{dx^m} dx,$$

sera immédiatement ramenée, au moyen de l'intégration par parties, à celle-ci :

$$\int \frac{d^m \sin^n x}{dx^m} \frac{dx}{x}.$$

Or, $\frac{d^m \sin^n x}{dx^m}$ est une somme de cosinus ou une somme de sinus de multiples de x, suivant que $m+n$ est pair ou impair; dans le premier cas, l'intégrale se réduit donc à $\int \frac{\cos z \, dz}{z}$, et dans le second à $\int \frac{\sin z}{z} dz$.

De l'intégrale $\int e^{\omega x} f(\sin x, \cos x)\, dx$.

I. La propriété caractéristique de la transcendante

$$e^{\omega x} f(\sin x, \cos x),$$

où $f(\sin x, \cos x)$ désigne une fonction rationnelle de $\sin x$ et $\cos x$, consiste en ce qu'elle se reproduit multipliée par un facteur constant $e^{2\omega\pi}$, lorsqu'on y change x en $x+2\pi$. Elle se rapproche ainsi des fonctions périodiques, et le procédé d'intégration résultera encore d'une décomposition en éléments simples, qu'on obtient comme il suit. Je pars, à cet effet, de la relation générale établie page 58, à savoir

$$f(\sin x, \cos x) = \Pi(x) + \Phi(x);$$

elle nous donne dans la fonction proposée une première partie $e^{\omega x}\Pi(x)$, qui en sera semblablement regardée comme la partie entière et dont l'intégration est immédiate. En effet, $\Pi(x)$ étant composée linéairement des quantités $\cos kx$, $\sin kx$, il suffit d'employer les formules

$$\int e^{\omega x}\cos kx\,dx = \frac{e^{\omega x}(\omega\cos kx + k\sin kx)}{\omega^2+k^2},$$

$$\int e^{\omega x}\sin kx\,dx = \frac{e^{\omega x}(\omega\sin kx - k\cos kx)}{\omega^2+k^2}.$$

Maintenant nous parviendrons aux éléments simples, propres à la nouvelle transcendante, en appliquant la relation de la page 86 à la seconde partie $e^{\omega x}\Phi(x)$, c'est-à-dire aux quantités suivantes :

$$e^{\omega x}\left[\mathcal{A}\cot\frac{1}{2}(x-\alpha) + \mathcal{A}_1\frac{d\cot\frac{1}{2}(x-\alpha)}{dx} + \ldots + \mathcal{A}_n\frac{d^n\cot\frac{1}{2}(x-\alpha)}{dx^n}\right],$$

qui, en conséquence, prendront cette nouvelle forme

$$\mathfrak{A}\,e^{\omega x}\cot\frac{1}{2}(x-\alpha) + \mathfrak{A}_1\frac{d}{dx}\left[e^{\omega x}\cot\frac{1}{2}(x-\alpha)\right] + \ldots + \mathfrak{A}_n\frac{d^n}{dx^n}\left[e^{\omega x}\cot\frac{1}{2}(x-\alpha)\right].$$

Or, en faisant la somme d'expressions semblables, pour les différents systèmes de valeurs constantes $\mathfrak{A}$ et $\mathfrak{B}$, nous trouverons pour formule de décomposition

$$\begin{aligned} e^{\omega x}f(\sin x, \cos x) &= e^{\omega x}(x) + \mathfrak{A}\left[e^{\omega x}\cot\frac{1}{2}(x-\alpha)\right] + \mathfrak{A}_1\frac{d}{dx}\left[e^{\omega x}\cot\frac{1}{2}(x-\alpha)\right] + \ldots \\ &\quad + \mathfrak{B}\left[e^{\omega x}\cot\frac{1}{2}(x-\beta)\right] + \mathfrak{B}_1\frac{d}{dx}\left[e^{\omega x}\cot\frac{1}{2}(x-\beta)\right] + \ldots \\ &\quad \ldots\ldots\ldots\ldots\ldots\ldots\ldots\ldots\ldots\ldots \\ &\quad + \mathfrak{L}\left[e^{\omega x}\cot\frac{1}{2}(x-\lambda)\right] + \mathfrak{L}_1\frac{d}{dx}\left[e^{\omega x}\cot\frac{1}{2}(x-\lambda)\right] + \ldots. \end{aligned}$$

C'est, à l'égard de notre fonction, l'équivalent de la décomposition en fractions simples des fractions rationnelles; les quantités qui jouent le rôle d'éléments simples étant

$$e^{\omega x}\cot\frac{1}{2}(x-\alpha),\quad e^{\omega x}\cot\frac{1}{2}(x-\beta),\quad \ldots,\quad e^{\omega x}\cot\frac{1}{2}(x-\lambda),$$

il en résulte qu'en faisant pour un instant

$$\varphi(x) = \int e^{\omega x}\cot\frac{1}{2}x\,dx,$$

l'intégrale

$$\int e^{\omega x} f(\sin x, \cos x)\, dx$$

sera exprimée, d'une part, par la somme

$$\mathfrak{A} e^{\omega\alpha} \varphi(x-\alpha) + \mathfrak{B} e^{\omega\beta} \varphi(x-\beta) + \ldots + \mathfrak{L} e^{\omega\lambda} \varphi(x-\lambda),$$

et de l'autre, au moyen des fonctions explicites de la variable. Les conditions $\mathfrak{A} = 0$, $\mathfrak{B} = 0$, $\ldots$, $\mathfrak{L} = 0$ sont donc suffisantes pour que la partie non explicite disparaisse, et la valeur même de l'intégrale sera connue au moyen des divers coefficients $\mathfrak{A}_1$, $\mathfrak{A}_2$, $\ldots$, $\mathfrak{B}_1$, $\mathfrak{B}_2$, $\ldots$. Il importe donc d'en avoir une détermination directe, et on l'obtient comme il suit.

II. En ayant, en vue, pour fixer les idées, le groupe des quantités $\mathfrak{A}$, $\mathfrak{A}_1$, $\ldots$, $\mathfrak{A}_n$, nous ferons $x = \alpha + h$ dans la fonction proposée, et développant suivant les puissances ascendantes de h, nous représenterons les termes affectés des puissances négatives de cette quantité sous cette forme

$$\begin{aligned} &e^{\omega(\alpha+h)} f[\sin(\alpha+h), \cos(\alpha+h)] \\ &\quad = e^{\omega\alpha}\left(\mathrm{A}\, h^{-1} + \mathrm{A}_1 \frac{dh^{-1}}{dh} + \ldots + \mathrm{A}_n \frac{d^n h^{-1}}{dh^n}\right) + \ldots. \end{aligned}$$

Or, la relation

$$\begin{aligned} &e^{\omega x} f(\sin x, \cos x) \\ &\quad = e^{\omega x} \mathrm{H}(x) + \mathfrak{A}\left[e^{\omega x} \cot \tfrac{1}{2}(x-\alpha)\right] + \mathfrak{A}_1 \frac{d}{dx}\left[e^{\omega x} \cot \tfrac{1}{2}(x-\alpha)\right] + \ldots \\ &\qquad + \mathfrak{B}\left[e^{\omega x} \cot \tfrac{1}{2}(x-\beta)\right] + \mathfrak{B}_1 \frac{d}{dx}\left[e^{\omega x} \cot \tfrac{1}{2}(x-\beta)\right] + \ldots \\ &\qquad \ldots\ldots\ldots\ldots\ldots\ldots\ldots\ldots\ldots\ldots\ldots\ldots \end{aligned}$$

montre que, pour $x = \alpha + h$, la partie suivante du second membre, savoir

$$\mathfrak{A}\left[e^{\omega x} \cot \tfrac{1}{2}(x-\alpha)\right] + \mathfrak{A}_1 \frac{d}{dx}\left[e^{\omega x} \cot \tfrac{1}{2}(x-\alpha)\right] + \ldots$$

sera seule à donner des puissances négatives de h. Maintenant on trouve

$$e^{\omega x} \cot \tfrac{1}{2}(x-\alpha) = e^{\omega\alpha}\left(\frac{2}{h} + 2\omega - \frac{h}{6} + \ldots\right),$$

puis, abstraction faite des puissances positives,

$$\frac{d^n}{dx^n}\left[e^{\omega x}\cot\frac{1}{2}(x-\alpha)\right] = 2e^{\omega\alpha}\frac{d^n h^{-1}}{dh^n},$$

la dérivée de h par rapport à x étant l'unité; nous en conclurons que l'expression

$$2e^{\omega\alpha}\left(\mathfrak{A}h^{-1}+\mathfrak{A}_1\frac{dh^{-1}}{dh}+\ldots+\mathfrak{A}_n\frac{d^n h^{-1}}{dh^n}\right)$$

représente dans le développement du second membre tous les termes contenant des puissances négatives de h, de sorte que l'on aura

$$\mathfrak{A}=\frac{1}{2}A,\qquad \mathfrak{A}_1=\frac{1}{2}A_1,\qquad \ldots,\qquad \mathfrak{A}_n=\frac{1}{2}A_n.$$

Pour faire une application de ce résultat, nous considérerons la fonction

$$e^{(a+b)x}\left(a-\frac{1}{2}\cot\frac{x}{2}\right)\left(b-\frac{1}{2}\cot\frac{x}{2}\right),$$

qui devient infinie pour la seule valeur $x=0$, de sorte qu'il suffira de la développer suivant les puissances ascendantes de la variable. Or, on a

$$e^{ax}\left(a-\frac{1}{2}\cot\frac{x}{2}\right)=\left(1+ax+\frac{a^2x^2}{2}+\ldots\right)\left(-\frac{1}{x}+a+\frac{x}{12}+\ldots\right)$$
$$=-\frac{1}{x}+\frac{1+6a^2}{12}x+\ldots,$$

et pareillement

$$e^{bx}\left(b-\frac{1}{2}\cot\frac{x}{2}\right)=-\frac{1}{x}+\frac{1+6b^2}{12}x+\ldots;$$

d'où, en multipliant membre à membre,

$$e^{(a+b)x}\left(a-\frac{1}{2}\cot\frac{x}{2}\right)\left(b-\frac{1}{2}\cot\frac{x}{2}\right)=\frac{1}{x^2}+\ldots.$$

Le terme en $\frac{1}{x}$ manque, ainsi $A=0$; mettant ensuite $\frac{1}{x^2}$ sous la forme $\frac{d(x^{-1})}{dx}$, on en conclut $A_1=-1$; par conséquent

$$\mathfrak{A}=0,\qquad \mathfrak{A}_1=-\frac{1}{2}.$$

Maintenant nous devons calculer la partie entière $\Pi(x)$ de la fonction

$$\left(a - \frac{1}{2}\cot\frac{x}{2}\right)\left(b - \frac{1}{2}\cot\frac{x}{2}\right),$$

qui est simplement une constante. Or on a, d'après la règle établie page 63,

$$G = \left(a + \frac{1}{2}\sqrt{-1}\right)\left(b + \frac{1}{2}\sqrt{-1}\right), \qquad H = \left(a - \frac{1}{2}\sqrt{-1}\right)\left(b - \frac{1}{2}\sqrt{-1}\right),$$

donc

$$\Pi(x) = \frac{G + H}{2} = ab - \frac{1}{4},$$

et nous obtenons, en conséquence, la relation

$$e^{(a+b)x}\left(a - \frac{1}{2}\cot\frac{x}{2}\right)\left(b - \frac{1}{2}\cot\frac{x}{2}\right)$$
$$= e^{(a+b)x}\left(ab - \frac{1}{4}\right) - \frac{1}{2}\frac{d}{dx}\left(e^{(a+b)x}\cot\frac{x}{2}\right),$$

d'où cette expression sous forme finie explicite de l'intégrale du premier membre, savoir

$$\int e^{(a+b)x}\left(a - \frac{1}{2}\cot\frac{x}{2}\right)\left(b - \frac{1}{2}\cot\frac{x}{2}\right)dx = e^{(a+b)x}\left[\frac{4ab - 1}{4(a+b)} - \frac{1}{2}\cot\frac{x}{2}\right].$$

Ce résultat est le cas le plus simple du théorème suivant, auquel nous serons amenés dans la seconde partie du Cours. Soit, en désignant par n un nombre entier quelconque,

$$F(x) = (x-1)^a (x+1)^{-a}\frac{d^n}{dx^n}\left[(x-1)^{n-a}(x+1)^{n+a}\right],$$

il est aisé de voir que $F(x)$ est un polynome entier en x et en a du degré n; cela étant, je représenterai par $\mathfrak{F}(x, a)$ ce qu'il devient en y changeant x en $x\sqrt{-1}$ et a en $a\sqrt{-1}$, suppression faite du facteur $(\sqrt{-1})^n$. On aura ainsi pour $n = 1$

$$\mathfrak{F}(x) = 2(x - a),$$

pour $n = 2$

$$\mathfrak{F}(x) = 4(3x^2 - 3ax + a^2 + 1), \qquad \ldots;$$

or, l'intégrale

$$\int e^{(a+b)x} \mathfrak{F}\left(\cot\frac{x}{2}, 2a\right) \mathfrak{F}\left(\cot\frac{x}{2}, 2b\right) dx,$$

ou encore celle-ci, qui s'y ramène

$$\int e^{(a+b)x} \mathfrak{F}(\cot x, a) \mathfrak{F}(\cot x, b)\, dx,$$

s'expriment toujours sous forme finie explicite.

De l'intégrale $\int_{-\infty}^{+\infty} f(\sin x, \cos x), f_1(x)\, dx$.

1. Je supposerai que $f(\sin x, \cos x)$ soit une fonction rationnelle de $\sin x$ et $\cos x$, et $f_1(x)$ une fonction rationnelle de x, sans partie entière; faisant ensuite, pour abréger,

$$\varphi(x) = f(\sin x, \cos x)\, f_1(x),$$

nous éviterons la considération de l'infini *a priori*, comme il s'offre dans l'expression proposée

$$\int_{-\infty}^{+\infty} \varphi(x)\, dx,$$

en la remplaçant par celle-ci

$$\int_{-\varepsilon}^{+\eta} \varphi(x)\, dx,$$

en cherchant sa limite lorsqu'on fait croître indéfiniment ε et η. En adoptant en outre pour ces quantités ces formes particulières

$$\varepsilon = 2m\pi, \qquad \eta = 2(n+1)\pi.$$

où m et n sont des nombres entiers, je me fonderai sur une transformation remarquable et importante qui a été donnée par Legendre dans les *Exercices de Calcul intégral*, et par Poisson dans son *Mémoire sur les intégrales définies* (*Journal de l'École Polytechnique*, XVIIe Cahier, p. 630). Elle consiste à décomposer l'intégrale en une somme d'autres de même forme dont les limites soient des multiples consécutifs de 2π, en écrivant

$$\begin{aligned}\int_{-2m\pi}^{+2(n+1)\pi} \varphi(x)\,dx = &\int_{-2m\pi}^{-2(m-1)\pi} \varphi(x)\,dx \\ &+ \int_{-2(m-1)\pi}^{-2(m-2)\pi} \varphi(x)\,dx + \ldots \\ &+ \int_{-2\pi}^{0} \varphi(x)\,dx + \int_{0}^{2\pi} \varphi(x)\,dx \\ &+ \int_{2\pi}^{4\pi} \varphi(x)\,dx + \ldots + \int_{2n\pi}^{2(n+1)\pi} \varphi(x)\,dx,\end{aligned}$$

ou bien, pour abréger,

$$\int_{-2m\pi}^{+2(n+1)\pi} \varphi(x)\,dx = \sum_{k=-m}^{k=+n} \int_{2k\pi}^{2(k+1)\pi} \varphi(x)\,dx.$$

Cela étant, nous ferons dans le second membre $x = z + 2k\pi$, ce qui donnera

$$\int_{2k\pi}^{2(k+1)\pi} \varphi(x)\,dx = \int_{0}^{2\pi} \varphi(z + 2k\pi)\,dz,$$

et, par conséquent,

$$\int_{-2m\pi}^{+2(n+1)\pi} \varphi(x)\,dx = \sum_{k=-m}^{k=+n} \int_{0}^{2\pi} \varphi(z + 2k\pi)\,dz,$$

ou encore

$$\int_{-2m\pi}^{+2(n+1)\pi} \varphi(x)\,dx = \int_{0}^{2\pi} \Phi(x)\,dx,$$

en posant

$$\Phi(x) = \sum_{k=-m}^{k=+n} \varphi(x + 2k\pi).$$

Nous rencontrons ainsi l'expression analytique d'une fonction périodique qui a été indiquée dans l'Introduction, et sous la condition qu'en faisant croître indéfiniment m et n, la série

$$\begin{aligned}\Phi(x) = \varphi(x) + \varphi(x + 2\pi) + \ldots + \varphi(x + 2n\pi) \\ + \varphi(x - 2\pi) + \ldots + \varphi(x - 2m\pi)\end{aligned}$$

soit convergente, nous aurons

$$\Phi(x+2\pi)=\Phi(x).$$

Or, cette transformation donne la valeur de l'intégrale définie proposée; je dis, en effet, que $\Phi(x)$ s'exprime par une fonction rationnelle de $\sin x$ et $\cos x$, lorsqu'on suppose, comme nous l'avons admis,

$$\varphi(x)=f(\sin x, \cos x)f_1(x).$$

II. Je me servirai pour le faire voir de la formule suivante, qui sera démontrée dans le Cours de seconde année, savoir :

$$\sum_{k=-m}^{k=+n}\frac{1}{x+2k\pi}=\frac{1}{2}\cot\frac{x}{2}+\frac{1}{2\pi}\log\frac{n}{m}+\frac{x+\pi}{4m\pi}+\frac{x-\pi}{4n\pi}+\ldots,$$

où les termes non écrits contiennent en dénominateur le carré et les puissances plus élevées de m et n. Elle fait voir que la série du premier membre appartient à l'espèce des suites semi-convergentes, de sorte qu'elle ne représentera $\frac{1}{2}\cot\frac{x}{2}$ qu'en supposant le rapport $\frac{m}{n}$ égal à l'unité pour m et n infinis. Mais, en général, soit λ la limite de la constante $\frac{1}{2\pi}\log\frac{n}{m}$ lorsqu'on fait croître indéfiniment m et n, ce qui donnera

$$\sum_{k=-m}^{k=+n}\frac{1}{x+2k\pi}=\frac{1}{2}\cot\frac{x}{2}+\lambda;$$

nous remarquerons que cette quantité disparaît dans l'expression des dérivées successives du premier membre, qui sont ainsi des séries absolument convergentes, dont la formule nous donne les valeurs, à savoir :

$$\sum_{k=-m}^{k=+n}\frac{d(x+2k\pi)^{-1}}{dx}=\frac{1}{2}\,\frac{d\cot\frac{x}{2}}{dx},$$

$$\sum_{k=-m}^{k=+n}\frac{d^2(x+2k\pi)^{-1}}{dx^2}=\frac{1}{2}\,\frac{d^2\cot\frac{x}{2}}{dx^2}.$$

Cela étant, il suffit d'observer qu'ayant, par la décomposition en fractions simples,

$$f_1(x) = \sum \frac{A}{x-a} + \sum \frac{A_1}{(x-\alpha)^2} + \ldots + \sum \frac{A_n}{(x-\alpha)^n},$$

ou plutôt

$$f_1(x) = \sum A(x-\alpha)^{-1} + \sum A_1 \frac{d(x-\alpha)^{-1}}{dx} + \ldots + \sum A_n \frac{d^n(x-\alpha)^{-1}}{dx^n},$$

on en conclut sur-le-champ

$$\begin{aligned}\sum_{k=-m}^{k=+n} f_1(x+2k\pi) = \lambda \sum A + \frac{1}{2} \sum A \cot \frac{1}{2}(x-\alpha) \\ + \frac{1}{2} \sum A_1 \frac{d \cot \frac{1}{2}(x-\alpha)}{dx} + \ldots \\ + \frac{1}{2} \sum A_n \frac{d^n \cot \frac{1}{2}(x-\alpha)}{dx^n}.\end{aligned}$$

Nous obtenons ainsi une fonction rationnelle de $\sin x$ et $\cos x$; or, ayant

$$\varphi(x) = f(\sin x, \cos x) f_1(x),$$

d'où

$$\Phi(x) = f(\sin x, \cos x) \sum_{k=-m}^{k=+n} f_1(x+2k\pi),$$

on voit que $\Phi(x)$ est aussi une expression de même nature. Ajoutons que, dans l'intégrale $\int_0^{2\pi} \Phi(x)\,dx$, à laquelle se trouve ramenée la proposée, la quantité indéterminée λ a pour coefficient

$$\sum A \int_0^{2\pi} (f \sin x, \cos x)\,dx;$$

elle aura donc une valeur entièrement déterminée sous l'une ou l'autre de ces deux conditions

$$\sum A = 0 \quad \text{ou} \quad \int_0^{2\pi} f(\sin x, \cos x)\,dx = 0.$$

Il ne sera pas inutile, avant de faire des applications de ce résultat, de présenter sur l'intégrale indéfinie

$$\int f(\sin x, \cos x) f_1(x)\, dx$$

quelques remarques qui montreront comment elle diffère de celles que nous avons précédemment considérées.

III. Soit, en partant de la formule de décomposition en éléments simples,

$$f(\sin x, \cos x) = \Pi(x) + \Phi(x),$$

nous en conclurons

$$\int f(\sin x, \cos x) f_1(x)\, dx = \int \Pi(x) f_1(x)\, dx + \int \Phi(x) f_1(x)\, dx;$$

or, la première partie

$$\int \Pi(x) f_1(x)\, dx$$

nous est déjà connue, et il a été établi (p. 92) qu'elle s'exprime au moyen de fonctions explicites et des transcendantes

$$\int \frac{\cos mx\, dx}{x-\alpha}, \quad \int \frac{\sin mx\, dx}{x-\alpha},$$

m étant un nombre entier, et les quantités α désignant les racines du dénominateur de $f_1(x)$ égalé à zéro. A l'égard de la seconde intégrale

$$\int \Phi(x) f_1(x)\, dx,$$

nous ferons, en admettant pour plus de généralité une partie entière,

$$f_1(x) = \mathrm{F}(x) + \sum \mathrm{A}(x-\alpha)^{-1} + \sum \mathrm{A}_1 \frac{d(x-\alpha)^{-1}}{dx} + \ldots + \sum \mathrm{A}_n \frac{d^n(x-\alpha)^{-1}}{dx^n},$$

et elle se trouvera décomposée en termes de ces deux formes, savoir :

$$\int F(x)\Phi(x)\,dx \quad \text{et} \quad \int \frac{d^m(x-\alpha)^{-1}}{dx^m}\Phi(x)\,dx,$$

Ces deux termes se décomposeront eux-mêmes si l'on emploie la formule

$$\Phi(x) = \sum \mathcal{A} \cot\frac{1}{2}(x-a) + \sum \mathcal{A}_1 \frac{d\cot\frac{1}{2}(x-a)}{dx} + \sum \mathcal{A}_2 \frac{d^2\cot\frac{1}{2}(x-a)}{dx^2} + \ldots,$$

dans les suivants

$$\int F(x)\frac{d^n\cot\frac{1}{2}(x-a)}{dx^n}\,dx, \qquad \int \frac{d^m(x-\alpha)^{-1}}{dx^m}\,\frac{d^n\cot\frac{1}{2}(x-a)}{dx^n}\,dx.$$

On tire enfin de l'intégration par parties, c'est-à-dire de la relation

$$\int U\frac{d^nV}{dx^n}\,dx = \Theta + (-1)^n\int V\frac{d^nU}{dx^n}\,dx$$

une dernière résolution donnant, d'une part, des fonctions explicites de la variable, et de l'autre les intégrales

$$\int \cot\frac{1}{2}(x-a)\frac{d^nF(x)}{dx^n}\,dx, \qquad \int \cot\frac{1}{2}(x-a)\frac{d^{m+n}(x-\alpha)^{-1}}{dx^{m+n}}\,dx.$$

Les éléments simples auxquels nous sommes amenés, si l'on observe que $\frac{d^nF(x)}{dx^n}$ est un polynome entier dont le degré peut être quelconque, sont donc les divers termes de ces deux séries

$$\int \cot\frac{1}{2}(x-a)x\,dx, \quad \int \cot\frac{1}{2}(x-a)x^2\,dx, \quad \int \cot\frac{1}{2}(x-a)x^3\,dx, \quad \ldots,$$

$$\int \frac{\cot\frac{1}{2}(x-a)\,dx}{x-\alpha}, \quad \int \frac{\cot\frac{1}{2}(x-a)\,dx}{(x-\alpha)^2}, \quad \int \frac{\cot\frac{1}{2}(x-a)\,dx}{(x-\alpha)^3}, \quad \ldots,$$

dont les uns rappellent la forme analytique des intégrales elliptiques et abéliennes de première et de seconde espèce, les autres celle des fonctions de troisième espèce. Mais on ne connaît entre eux aucune relation qui permette de les ramener les uns aux autres, et ils constituent sans doute des transcendantes distinctes.

Nous voyons par là combien l'intégrale

$$\int f(\sin x, \cos x) f_1(x)\, dx$$

est d'une nature analytique plus complexe que toutes celles dont nous nous sommes déjà occupés; toutefois, les calculs par lesquels nous la réduisons généralement aux éléments simples définis précédemment en donneront la valeur sous forme finie explicite lorsqu'ils disparaîtront du résultat. On en tire aussi cette conclusion que l'intégrale définie prise entre limites $-\infty$ et $+\infty$ dépend uniquement des quantités

$$\int_{-\infty}^{+\infty} \frac{\cos mx\, dx}{x-\alpha}, \quad \int_{-\infty}^{+\infty} \frac{\sin mx\, dx}{x-\alpha},$$

$$\int_{-\infty}^{+\infty} \cot \frac{1}{2}(x-a) \frac{d^n (x-\alpha)^{-1}}{dx^n}\, dx,$$

en excluant l'intégrale $\int_{-\infty}^{+\infty} \cot \frac{1}{2}(x-\alpha) x^n\, dx$, qui est amenée par la partie entière $F(x)$ de la fonction $f_1(x)$, et dont la valeur serait infinie ou indéterminée. Or on peut leur substituer, comme nous avons vu, celles-ci :

$$\frac{1}{2}\int_0^{2\pi} \cos mx \cot \frac{1}{2}(x-\alpha)\, dx, \qquad \frac{1}{2}\int_0^{2\pi} \sin mx \cot \frac{1}{2}(x-\alpha)\, dx,$$

$$\frac{1}{2}\int_0^{2\pi} \cot \frac{1}{2}(x-a) \frac{d^n \cot \frac{1}{2}(x-\alpha)}{dx^n}\, dx,$$

dont voici la détermination.

IV. Nous considérerons en même temps les deux premières, et j'appliquerai, comme s'il s'agissait d'obtenir les intégrales indéfinies, la méthode générale exigeant qu'on mette sous la forme $\Pi(x) + \Phi(x)$ les fonctions

$$\cos mx \cot \frac{1}{2}(x-a), \quad \sin mx \cot \frac{1}{2}(x-a),$$

afin de donner un dernier exemple de ces transformations. Formant pour cela la combinaison

$$\cos mx \cot \frac{1}{2}(x-a) + \sqrt{-1} \sin mx \cot \frac{1}{2}(x-a),$$

dont la transformée en $z = e^{x\sqrt{-1}}$ sera

$$z^m \frac{z+a_1}{z-a_1}\sqrt{-1},$$

si l'on fait $a_1 = e^{a\sqrt{-1}}$, nous n'aurons qu'à extraire la partie entière de la fraction en écrivant

$$z^m \frac{z+a_1}{z-a_1} = z^m + 2a_1 z^{m-1} + 2a_1^2 z^{m-2} + \ldots + 2a_1^m + \frac{2a_1^{m+1}}{z-a_1}.$$

Qu'on remplace maintenant z et a_1 par leurs valeurs, la quantité $\frac{2a_1^{m+1}}{z-a_1}$ par

$$-a_1^m\left[1+\sqrt{-1}\cot\frac{1}{2}(x-a)\right],$$

en égalant les parties réelles et les parties imaginaires, il viendra aisément

$$\begin{aligned}\cos mx \cot \frac{1}{2}(x-a) = {} & + \sin mx + 2\sin[(m-1)x+a] \\ & + 2\sin[(m-2)x+2a] + \ldots + 2\sin[x+(m-1)a] \\ & + \sin ma - \cos ma \cot\frac{1}{2}(x-a),\end{aligned}$$

$$\begin{aligned}\sin mx \cot \frac{1}{2}(x-a) = {} & - \cos mx - 2\cos[(m-1)x+a] \\ & - 2\cos[(m-2)x+2a] - \ldots - 2\cos[x+(m-1)a] \\ & - \cos ma - \sin ma \cot\frac{1}{2}(x-a).\end{aligned}$$

Nous tirons de ces égalités

$$\int_0^{2\pi} \cos mx \cot\frac{1}{2}(x-a)\,dx = +2\pi \sin ma - \cos ma \int_0^{2\pi} \cot\frac{1}{2}(x-a)\,dx,$$

$$\int_0^{2\pi} \sin mx \cot\frac{1}{2}(x-a)\,dx = -2\pi \cos ma - \sin ma \int_0^{2\pi} \cot\frac{1}{2}(x-a)\,dx.$$

Or on a établi (p. 79) qu'en supposant

$$a = \alpha + \beta\sqrt{-1},$$

l'intégrale

$$\int_0^{2\pi} \cot \frac{1}{2}(x-a)\, dx$$

a pour valeur $+2\pi\sqrt{-1}$ ou $-2\pi\sqrt{-1}$, suivant que β est positif ou négatif; dans le premier cas nous aurons donc

$$\int_0^{2\pi} \cos mx \cot \frac{1}{2}(x-a)\, dx$$
$$= 2\pi(+\sin ma - \sqrt{-1}\cos ma) = -2\pi\sqrt{-1}\, e^{ma\sqrt{-1}},$$
$$\int_0^{2\pi} \sin mx \cot \frac{1}{2}(x-a)\, dx$$
$$= -2\pi(\cos ma + \sqrt{-1}\sin ma) = -2\pi e^{ma\sqrt{-1}},$$

et dans le second

$$\int_0^{2\pi} \cos mx \cot \frac{1}{2}(x-a)\, dx$$
$$= 2\pi(+\sin ma + \sqrt{-1}\cos ma) = +2\pi\sqrt{-1}\, e^{-ma\sqrt{-1}},$$
$$\int_0^{2\pi} \sin mx \cot \frac{1}{2}(x-a)\, dx$$
$$= -2\pi(\cos ma - \sqrt{-1}\sin ma) = -2\pi e^{-ma\sqrt{-1}}.$$

Considérant ensuite l'intégrale

$$\int_0^{2\pi} \cot \frac{1}{2}(x-\alpha) \frac{d^n \cot \frac{1}{2}(x-a)}{dx^n}\, dx,$$

nous partirons, en supposant d'abord $n=0$, de la formule

$$\cot \frac{1}{2}(x-\alpha) \cot \frac{1}{2}(x-a)$$
$$= -1 + \cot \frac{1}{2}(\alpha-a)\left[\cot \frac{1}{2}(x-\alpha) - \cot \frac{1}{2}(x-a)\right];$$

on en tirera, en désignant par (a) et (α) des quantités égales à l'unité en valeur absolue, et du signe des coefficients de $\sqrt{-1}$ dans a et α,

$$\int_0^{2\pi} \cot \frac{1}{2}(x-a) \cot \frac{1}{2}(x-a)\, dx$$
$$= -2\pi + 2\pi \cot \frac{1}{2}(\alpha-a)\,[(\alpha)-(a)]\sqrt{-1}.$$

Supposant ensuite $n > 0$, la partie entière qui était tout à l'heure une constante n'existe plus, et la décomposition en éléments simples donne l'égalité

$$\cot\frac{1}{2}(x-\alpha)\frac{d^n\cot\frac{1}{2}(x-a)}{dx^n}$$
$$= \mathcal{A}\cot\frac{1}{2}(x-\alpha) + \mathrm{A}\cot\frac{1}{2}(x-a)$$
$$+ \mathrm{A}_1\frac{d\cot\frac{1}{2}(x-a)}{dx} + \ldots + \mathrm{A}_n\frac{d^n\cot\frac{1}{2}(x-a)}{dx^n},$$

d'où

$$\int_0^{2\pi}\cot\frac{1}{2}(x-\alpha)\frac{d^n\cot\frac{1}{2}(x-a)}{dx^n}dx = 2\pi[\mathcal{A}(\alpha) + \mathrm{A}(a)]\sqrt{-1}.$$

Or, la relation générale établie page 63,

$$\mathcal{A} + \mathcal{B} + \ldots + \mathcal{L} = -\frac{\mathrm{G}-\mathrm{H}}{2}\sqrt{-1}.$$

conduit, dans le cas actuel, à la condition $\mathcal{A} + \mathrm{A} = 0$, les quantités G et H étant nulles quand n est égal ou supérieur à l'unité. Ayant donc immédiatement

$$\mathcal{A} = \frac{d^n\cot\frac{1}{2}(\alpha-a)}{d\alpha^n},$$

on en conclut la valeur suivante :

$$\int_0^{2\pi}\cot\frac{1}{2}(x-\alpha)\frac{d^n\cot\frac{1}{2}(x-a)}{dx^n}dx$$
$$= 2\pi\frac{d^n\cot\frac{1}{2}(\alpha-a)}{d\alpha^n}[(\alpha)-(a)]\sqrt{-1}.$$

Mais le cas particulier de $a = \alpha$ fait exception, car alors on doit poser

$$\cot\frac{1}{2}(x-\alpha)\frac{d^n\cot\frac{1}{2}(x-a)}{dx^n}$$
$$= \mathcal{A}\cot\frac{1}{2}(x-\alpha) + \mathcal{A}_1\frac{d\cot\frac{1}{2}(x-\alpha)}{dx} + \ldots + \mathcal{A}_{n+1}\frac{d^{n+1}\cot\frac{1}{2}(x-\alpha)}{dx^{n+1}};$$

or, un calcul très facile donne $\mathcal{A} = 0$, l'intégrale, dans ce cas, est donc toujours nulle, sauf le cas unique de $n = 0$, où la relation

$$\cot^2 \frac{1}{2}(x-\alpha) = -1 - 2\frac{d\cot\frac{1}{2}(x-\alpha)}{dx}$$

conduit à la valeur

$$\int_0^{2\pi} \cot^2 \frac{1}{2}(x-\alpha)\,dx = -2\pi.$$

V. Pour passer des résultats que nous venons d'obtenir aux valeurs des intégrales

$$\int_{-\infty}^{+\infty} \frac{\cos mx\,dx}{x-a}, \quad \int_{-\infty}^{+\infty} \frac{\sin mx\,dx}{x-a},$$

$$\int_{-\infty}^{+\infty} \cot\frac{1}{2}(x-\alpha)\frac{d^n \cot\frac{1}{2}(x-a)}{dx^n}\,dx,$$

il ne nous reste plus qu'à considérer le coefficient de l'indéterminée λ, afin de reconnaître si elles ont, en effet, une valeur entièrement déterminée. Or, à l'égard des deux premières, les facteurs

$$\int_0^{2\pi} \cos mx\,dx, \quad \int_0^{2\pi} \sin mx\,dx$$

étant nuls, ce coefficient s'évanouit, et nous avons par conséquent

$$\int_{-\infty}^{+\infty} \frac{\cos mx\,dx}{x-a} = \frac{1}{2}\int_0^{2\pi} \cos mx \cot\frac{1}{2}(x-a)\,dx = -\pi\sqrt{-1}\,e^{ma\sqrt{-1}},$$

$$\int_{-\infty}^{+\infty} \frac{\sin mx\,dx}{x-a} = \frac{1}{2}\int_0^{2\pi} \sin mx \cot\frac{1}{2}(x-a)\,dx = -\pi e^{ma\sqrt{-1}},$$

ou bien

$$\int_{-\infty}^{+\infty} \frac{\cos mx\,dx}{x-a} = +\sqrt{-1}\,e^{-ma\sqrt{-1}},$$

$$\int_{-\infty}^{+\infty} \frac{\sin mx\,dx}{x-a} = -\pi e^{-ma\sqrt{-1}},$$

suivant que le coefficient de $\sqrt{-1}$ dans a est positif ou négatif.

Relativement à la troisième intégrale, la quantité

$$\int_0^{2\pi} \cot \frac{1}{2}(x - \alpha)\, dx$$

est toujours différente de zéro; mais l'autre facteur, qui est l'unique résidu de $\frac{d^n(x-a)^{-1}}{dx^n}$ est nul pour toute valeur de n, sauf dans le cas de $n = 0$; l'intégrale

$$\int_{-\infty}^{+\infty} \frac{\cot \frac{1}{2}(x - \alpha)\, dx}{x - a}$$

est donc seule indéterminée, et l'on a généralement

$$\int_{-\infty}^{+\infty} \cot \frac{1}{2}(x - \alpha) \frac{d^n(x - a)^{-1}}{dx^n} dx = \pi \frac{d^n \cot \frac{1}{2}(\alpha - a)}{d\alpha^n} [(\alpha) - (a)] \sqrt{-1}.$$

Observons enfin que les constantes a et α doivent être imaginaires pour que les quantités

$$\frac{1}{x - a} \cot \frac{1}{2}(x - \alpha)$$

ne deviennent point infinies entre les limites des intégrations. Une exception importante est toutefois à remarquer; elle concerne l'intégrale

$$\int_{-\infty}^{+\infty} \frac{\sin mx}{x} dx,$$

la fonction $\frac{\sin mx}{x}$ restant finie pour $x = 0$. La valeur qu'on obtient alors, savoir

$$\int_{-\infty}^{+\infty} \frac{\sin mx}{x} dx = \pi,$$

offre cette circonstance, qu'il est aisé d'expliquer, d'être indépendante de m. Effectivement, si l'on fait $mx = z$, m disparaît et l'on trouve

$$\int_{-\infty}^{+\infty} \frac{\sin mx}{x} dx = \int_{-\infty}^{+\infty} \frac{\sin z}{z} dz.$$

La même substitution permet semblablement de ramener les intégrales

$$\int_{-\infty}^{+\infty} \frac{\cos mx\,dx}{x-a}, \quad \int_{-\infty}^{+\infty} \frac{\sin mx\,dx}{x-a},$$

où m est non seulement un nombre entier, mais une quantité réelle quelconque, au seul cas de $m=1$, car on en déduit

$$\int_{-\infty}^{+\infty} \frac{\cos mx\,dx}{x-a} = \int_{-\infty}^{+\infty} \frac{\cos z\,dz}{z-ma}$$

et

$$\int_{-\infty}^{+\infty} \frac{\sin mx\,dx}{x-a} = \int_{-\infty}^{+\infty} \frac{\sin z\,dz}{z-ma}.$$

Mais, en donnant, comme nous l'avons fait, à la transformée en z les limites $-\infty$ et $+\infty$, nous avons supposé implicitement m positif, et dans l'hypothèse contraire les limites doivent être interverties, de sorte qu'on aura alors

$$\int_{-\infty}^{+\infty} \frac{\sin mx\,dx}{x} = -\int_{-\infty}^{+\infty} \frac{\sin x\,dx}{x} = -\pi.$$

De là ce fait remarquable et important en Analyse, que l'intégrale $\int_{-\infty}^{+\infty} \frac{\sin mx\,dx}{x}$, envisagée comme fonction de m, est constante et égale à $+\pi$ ou à $-\pi$, suivant que la variable est positive ou négative. Mais voici d'autres exemples de fonctions discontinues obtenues sous forme d'intégrales définies. Considérons les expressions

$$\int \frac{\sin ax \sin bx}{x^2}\,dx, \quad \int \frac{\sin ax \sin bx \sin cx}{x^3}\,dx,$$

que je vais d'abord réduire par la méthode générale à des quantités explicites et transcendantes

$$\int \frac{\cos mx\,dx}{x}, \quad \int \frac{\sin mx\,dx}{x},$$

Faisant, à cet effet, pour un instant

$$\mathrm{U} = \sin ax \sin bx, \qquad \mathrm{V} = \sin ax \sin bx \sin cx,$$

j'aurai d'abord

$$\int \frac{\mathrm{U}\,dx}{x^2} = -\int \mathrm{U}\,d(x^{-1}) = -x^{-1} + \int x^{-1}\frac{d\mathrm{U}}{dx}\,dx,$$

$$\int \frac{\mathrm{V}\,dx}{x^4} = \frac{1}{2}\int \mathrm{V}\frac{d^2(x^{-1})}{dx^2}\,dx = \frac{1}{2}\left[\mathrm{V}\frac{d(x^{-1})}{dx} - \frac{d\mathrm{V}}{dx}x^{-1}\right] + \frac{1}{2}\int x^{-1}\frac{d^2\mathrm{V}}{dx^2}\,dx,$$

et les identités

$$2\mathrm{U} = \cos(a-b)x - \cos(a+b)x,$$

$$4\mathrm{V} = \sin(a+b-c)x + \sin(b+c-a)x + \sin(c+a-b)x - \sin(a+b+c)x$$

donneront immédiatement

$$2\frac{d\mathrm{U}}{dx} = -(a-b)\sin(a-b)x + (a+b)\sin(a+b)x,$$

$$4\frac{d^2\mathrm{V}}{dx^2} = -(a+b-c)^2\sin(a+b-c)x - (b+c-a)^2\sin(b+c-a)x - (c+a-b)^2\sin(c+a-b)x + (a+b+c)^2\sin(a+b+c)x.$$

Nous tirerons de là, en observant que les quantités en dehors des intégrales s'évanouissent aux limites $x = -\infty$, $x = +\infty$,

$$\int_{-\infty}^{+\infty}\frac{\sin ax \sin bx}{x^2}\,dx = -\frac{a-b}{2}\int_{-\infty}^{+\infty}\frac{\sin(a-b)x}{x}\,dx + \frac{a+b}{2}\int_{-\infty}^{+\infty}\frac{\sin(a+b)x}{x}\,dx;$$

or, a et b étant positifs, on en conclura, pour $a - b > 0$,

$$\int_{-\infty}^{+\infty}\frac{\sin ax \sin bx}{x^2}\,dx = -\frac{a-b}{2}\pi + \frac{a+b}{2}\pi = b\pi,$$

et, pour $a - b < 0$,

$$\int_{-\infty}^{+\infty}\frac{\sin ax \sin bx}{x^2}\,dx = \frac{a-b}{2}\pi + \frac{a+b}{2}\pi = a\pi;$$

de sorte que l'intégrale a pour valeur le produit par π du plus petit des nombres a et b.

Maintenant, la relation

$$\int_{-\infty}^{+\infty} \frac{\sin ax \sin bx \sin cx}{x^3}\,dx$$

$$= -\frac{(a+b-c)^2}{8}\int_{-\infty}^{+\infty}\frac{\sin(a+b-c)x}{x}\,dx$$

$$-\frac{(b+c-a)^2}{8}\int_{-\infty}^{+\infty}\frac{\sin(b-c-a)x}{x}\,dx$$

$$-\frac{(c+a-b)^2}{8}\int_{-\infty}^{+\infty}\frac{\sin(c+a-b)x}{x}\,dx$$

$$+\frac{(a+b+c)^2}{8}\int_{-\infty}^{+\infty}\frac{\sin(a+b+c)x}{x}\,dx$$

aura semblablement pour conséquence que l'intégrale du premier membre, sous les conditions

$$a+b-c>0, \qquad b+c-a>0, \qquad c+a-b>0,$$

sera la quantité

$$(2ab+2bc+2ca-a^2-b^2-c^2)\frac{\pi}{4};$$

tandis qu'en renversant le premier, le second ou le troisième signe d'inégalité, elle aura pour valeur $ab\pi$, $bc\pi$, ou $ca\pi$. Les hypothèses faites sont d'ailleurs, comme on sait, les seules possibles, en admettant que les constantes a, b, c soient positives.

SUR L'ÉQUATION $x^3 + y^3 = z^3 + u^3$.

Nouvelles Annales de Mathématiques, 2ᵉ série, t. XI, 1872, p. 5.

On doit à Euler les formules suivantes, qui vérifient identiquement cette équation :

$$
\begin{aligned}
x &= +(f^2 + 3g^2)^2 - (ff' + 3gg' + 3fg' - 3f'g)(f'^2 + 3g'^2),\\
y &= -(f^2 + 3g^2)^2 + (ff' + 3gg' - 3fg' + 3f'g)(f'^2 + 3g'^2),\\
z &= -(f'^2 + 3g'^2)^2 + (ff' + 3gg' - 3fg' + 3f'g)(f^2 + 3g^2),\\
u &= +(f'^2 + 3g'^2)^2 - (ff' + 3gg' + 3fg' - 3f'g)(f^2 + 3g^2),
\end{aligned}
$$

et M. Binet, dans une *Note sur une question relative à la théorie des nombres* (*Comptes rendus*, t. XII, p. 248), a observé qu'on pouvait, sans diminuer leur généralité, les réduire aux expressions plus simples :

$$
\begin{aligned}
x &= +(a^2 + 3b^2)^2 - a + 3b,\\
y &= -(a^2 + 3b^2)^2 + a + 3b,\\
z &= +(a^2 + 3b^2)(a + 3b) - 1,\\
u &= -(a^2 + 3b^2)(a - 3b) + 1,
\end{aligned}
$$

où n'entrent que deux indéterminées a et b. Je me propose de tirer ces résultats comme une conséquence de la propriété générale des surfaces du troisième ordre, consistant en ce que leurs points peuvent se déterminer individuellement. Soit donc $u = 1$; j'observe qu'en désignant par α une racine cubique imaginaire de l'unité, les droites

$$
\begin{aligned}
x &= \alpha, & x &= \alpha^2,\\
y &= \alpha^2 z, & y &= \alpha z
\end{aligned}
$$

sont entièrement situées sur la surface

$$x^3 + y^3 = z^3 + 1.$$

Cela posé, une autre droite, représentée par les équations

$$x = az + b,$$
$$y = pz + q,$$

rencontrera chacune de ces génératrices, si l'on a les conditions

$$\frac{\alpha - b}{a} = \frac{q}{\alpha^2 - p},$$
$$\frac{\alpha^2 - b}{a} = \frac{q}{\alpha - p};$$

d'où l'on tire

$$p = b, \qquad q = \frac{b^2 + b + 1}{a},$$

et les coordonnées z_1, z_2 des points de rencontre seront respectivement les quantités

$$z_1 = \frac{\alpha - b}{a},$$
$$z_2 = \frac{\alpha^2 - b}{a}.$$

Or l'équation

$$(az + b)^3 + (pz + q)^3 = z^3 + 1$$

devra admettre pour solutions

$$z = z_1, \qquad z = z_2;$$

la troisième racine sera donc une fonction rationnelle des coefficients, qui s'obtient aisément comme il suit.

Développons l'équation en nous bornant aux termes en z^3 et z^2; nous en conclurons, pour la somme des racines, l'expression

$$z + z_1 + z_2 = 3\,\frac{a^2 b + p^3 q}{1 - a^3 - p^3}.$$

Mais on a

$$z_1 + z_2 = \frac{\alpha + \alpha^2 - 2b}{a} = -\frac{1 + 2b}{a};$$

donc

$$z = \frac{1 + 2b}{a} + 3\,\frac{a^2 b + p^2 q}{1 - a^3 - p^3}.$$

Il vient ensuite, si l'on remplace p et q par leurs valeurs en a et b,

$$z = \frac{(1 + b + b^2)^2 - a^3(1 - b)}{a(1 - a^3 - b^3)},$$

et de là résultent, pour x et y, les expressions

$$x=\frac{(1+b+b^2)(1+2b)-a^3}{1-a^3-b^3},$$

$$y=\frac{(1+b+b^2)^2-a^3(1+2b)}{a(1-a^3-b^3)}.$$

Elles se simplifient, si l'on écrit, au lieu de a, $\frac{1}{a}$, et au lieu de b, $\frac{b}{a}$, en prenant ces nouvelles formes, savoir :

$$x=\frac{(a^2+ab+b^2)(a+2b)-1}{a^3-b^3-1},$$

$$y=\frac{(a^2+ab+b^2)^2-a-2b}{a^3-b^3-1},$$

$$z=\frac{(a^2+ab+b^2)^2-a+b}{a^3-b^3-1};$$

et, en revenant à l'équation homogène

$$x^3+y^3=z^3+u^3,$$

nous obtenons ainsi pour solution :

$$x=(a^2+ab+b^2)(a+2b)-1,$$
$$y=(a^2+ab+b^2)^2-a-2b,$$
$$z=(a^2+ab+b^2)^2-a+b,$$
$$u=a^3-b^3-1=(a^2+ab+b^2)(a-b)-1.$$

Or il suffit maintenant de changer b en $2b$ et a en $a-b$ pour que ces formules deviennent

$$x=(a^2+3b^2)(a+3b)-1,$$
$$y=(a^2+3b^2)^2-a-3b,$$
$$z=(a^2+3b^2)^2-a+3b,$$
$$u=(a^2+3b^2)(a-3b)-1.$$

Ce sont précisément celles d'Euler, sauf que x, y, z, u sont remplacés par z, $-y$, x, et $-u$.

SUR L'ÉQUATION DE LAMÉ (1).

Extrait des feuilles autographiées du *Cours d'Analyse de l'École Polytechnique,* par M. Hermite, 1re Division, 1872-1873, 32e leçon.

Dans la théorie de la chaleur, Lamé a été conduit à considérer l'équation différentielle suivante :

$$4X\frac{d^2y}{dx^2} + 2X'\frac{dy}{dx} = (ax+b)y,$$

dans laquelle X est un polynome du troisième degré de la forme

$$X = x(1-x)(1-K^2x).$$

Dans le cas où $a = n(n+1)K^2$, n étant un nombre entier, il se trouve qu'on peut satisfaire à l'équation de Lamé en prenant pour y un polynome entier de degré n, pourvu que b ait pour valeur un certain polynome entier également de degré n. Nous ne traiterons pas cette question et nous nous bornerons à supposer $a = n(n+1)K''$, b restant complètement arbitraire.

En appelant u et v deux solutions particulières de l'équation de Lamé, la solution la plus générale de l'équation est

$$y = cu + c'v,$$

c et c' étant deux constantes arbitraires.

Je dis que, si u et v sont convenablement choisies, le produit uv

(1) Nous avons retrouvé dans les feuilles lithographiées destinées aux élèves de l'École Polytechnique, une leçon faite par Hermite pendant l'hiver 1872-1873 sur l'équation de Lamé. Nous reproduisons cette leçon, qui, à notre connaissance, fait connaître les premières recherches de Hermite sur une question qu'il devait approfondir quelques années après. E. P.

est un polynome entier en x. En posant $z = y^2$, ou

$$z = c^2 u^2 + 2cc' uv + c'^2 v^2,$$

je vois qu'il sera démontré que uv est un polynome entier en x, de degré n, si je prouve que z est un polynome entier de degré n, puisque u^2 et v^2 sont des valeurs particulières de z; je pose donc $z = y^2$, et je cherche la transformée en z de l'équation de Lamé, ou, en me plaçant à un point de vue plus général, de l'équation

$$4 A y'' + 2 A' y' = B y,$$

dans laquelle A et B sont deux polynomes entiers quelconques en x. J'aurai

$$\frac{dz}{dx} = 2 y y',$$

$$\frac{d^2 z}{dx^2} = 2(y y'' + y'^2).$$

En multipliant par $2A$,

$$2 A z'' = 4 A y y'' + 4 A y'^2 = y(B y - 2 A' y') + 4 A y'^2,$$

ou

$$2 A z'' = B z - 2 A' y y' + 4 A y'^2,$$

et, comme

$$2 y y' = z',$$

$$2 A z'' + A' z' - B z = 4 A y'^2.$$

En différentiant de nouveau

$$\begin{aligned}[2 A z'' + A' z' - B z]' &= 8 A y' y'' + 4 A' y'^2 \\ &= 2 y'(4 A y'' + 2 A' y'),\end{aligned}$$

et comme

$$4 A y'' + 2 A' y = B y,$$

$$[2 A z'' + A' z' - B z]' = 2 B y y',$$

$$[2 A z'' + A' z' - B z]' = B z'.$$

Telle est la transformée en z. Si maintenant je développe le premier membre, il vient

$$2 A z''' + 3 A' z'' + (A'' - 2 B) z' - B' z = 0.$$

Je différentie n fois cette équation, et je pose

$$u = \frac{d^n z}{dx^n}.$$

Il vient, en supposant A du troisième degré et B du premier degré, comme dans l'équation de Lamé,

$$\begin{array}{r|l|l|l}
2\mathrm{A}u''' + 2n\mathrm{A}' & u'' + n(n-1)\mathrm{A}'' & u' + \dfrac{n(n-1)(n-2)}{3}\mathrm{A}''' & u = 0. \\
+ 3n\mathrm{A}' & + 3n\mathrm{A}'' & + \dfrac{3n(n-1)}{2}\mathrm{A}''' & \\
 & + \mathrm{A}'' - 2\mathrm{B} & + n(\mathrm{A}''' - 2\mathrm{B}') & \\
 & & - \quad \mathrm{B}' &
\end{array}$$

Considérons le coefficient du terme en u et effectuons les réductions dans ce terme. Il vient

$$n\mathrm{A}'''\left[\frac{(n-1)(n-2)}{3} + \frac{3(n-1)}{2} + 1\right] - (2n+1)\mathrm{B}',$$

$$n\mathrm{A}'''\,\frac{(n+1)(2n+1)}{6} - (2n+1)\mathrm{B}'.$$

Or, on a

$$\mathrm{A} = x(1-x)(1-\mathrm{K}^2 x),$$

d'où

$$\mathrm{A}''' = \mathrm{K}^2 \times 1.2.3;$$

$$\mathrm{B} = n(n+1)\mathrm{K}^2 x + b,$$

d'où

$$\mathrm{B}' = n(n+1)\mathrm{K}^2.$$

On voit donc que le coefficient de u se réduit à zéro. Par suite, l'équation transformée en u est satisfaite quand on donne à u une valeur constante quelconque. Donc

$$\frac{d^n z}{dx^n} = c.$$

En intégrant n fois, on arrivera pour la valeur de z à un polynome entier de degré n, ce qu'il fallait démontrer. Donc le produit uv de deux solutions particulières convenables de l'équation de Lamé est un polynome entier en x de degré n,

$$uv = \mathrm{F}(x).$$

Nous allons maintenant chercher à déterminer u et v. Considérons le déterminant fonctionnel

$$z = u'v - uv'.$$

D'où

$$z' = u''v - uv'',$$

$$4Az' = v \times 4Au'' - u \times 4Av'',$$

$$4Az' = v(Bu - 2A'u') - u(Bv - 2A'v'),$$

ou

$$4Az' = 2A'(v'u - vu'),$$

$$4Az' = -2A'z,$$

$$2Az' + A'z = 0;$$

A est le polynome figurant dans l'équation de Lamé. Par suite,

$$2Xz' + X'z = 0.$$

Le premier membre est la dérivée de Xz^2; il en résulte que $Xz^2 = \text{const.}$,

$$z = \frac{c}{\sqrt{X}},$$

$$u'v - v'u = \frac{c}{\sqrt{X}}.$$

On a d'ailleurs, puisque $uv = F(x)$,

$$u'v + v'u = F'(x).$$

D'où les deux équations

$$\frac{u'}{u} - \frac{v'}{v} = \frac{c}{F(x)\sqrt{X}},$$

$$\frac{u'}{u} + \frac{v'}{v} = \frac{F'(x)}{F(x)},$$

ou

$$\frac{u'}{u} = \frac{1}{2}\left[\frac{c}{F\sqrt{X}} + \frac{F'}{F}\right],$$

$$\frac{v'}{v} = \frac{1}{2}\left[\frac{-c}{F\sqrt{X}} + \frac{F'}{F}\right].$$

En intégrant

$$\operatorname{Log} u = \operatorname{Log}\sqrt{F} + \frac{1}{2}\int\frac{C\,dx}{F\sqrt{X}},$$

$$\operatorname{Log} v = \operatorname{Log}\sqrt{F} - \frac{1}{2}\int\frac{C\,dx}{F\sqrt{X}},$$

$$u = \sqrt{F(x)}\,e^{\frac{c}{2}\int\frac{dx}{F(x)\sqrt{X}}},$$

$$v = \sqrt{F(x)}\,e^{-\frac{c}{2}\int\frac{dx}{F(x)\sqrt{X}}}.$$

Nous avons donc la solution complète de l'équation de Lamé au moyen des fonctions elliptiques, puisque X est un polynome du troisième degré.

Si l'on pose

$$x = \sin^2 am t,$$

l'équation prend la forme sous laquelle Lamé l'a étudiée.

On aura

$$\frac{dx}{dt} = 2 \sin am t \frac{d(\sin am t)}{dt}.$$

Or, en posant

$$u = \sin am t,$$

on a

$$\frac{du}{dt} = \sqrt{(1-u^2)(1-K^2u^2)}.$$

Donc

$$\frac{dx}{dt} = 2u\sqrt{(1-u^2)(1-K^2u^2)} = 2\sqrt{u^2(1-u^2)(1-K^2u^2)} = 2\sqrt{X}.$$

Formons maintenant la transformée en t. On a

$$\frac{dy}{dx} = \frac{dy}{dt}\frac{1}{\dfrac{dx}{dt}} = \frac{dy}{dt}\frac{1}{2\sqrt{X}},$$

$$\frac{d^2y}{dx^2} = \frac{d^2y}{dt^2}\frac{1}{4X} + \frac{dy}{dt}\frac{d\dfrac{1}{2\sqrt{X}}}{dx}.$$

Or

$$\frac{d\dfrac{1}{2\sqrt{X}}}{dx} = \frac{-1}{2X}\frac{d\sqrt{X}}{dx} = \frac{-1}{2X}\frac{X'}{2\sqrt{X}} = \frac{-X'}{4X\sqrt{X}}.$$

D'où

$$\frac{d^2y}{dx^2} = \frac{1}{4X}\frac{d^2y}{dt^2} - \frac{X'}{4X\sqrt{X}}\frac{dy}{dt}.$$

D'où la transformée

$$4X\left[\frac{1}{4X}\frac{d^2y}{dt^2} - \frac{X'}{4X\sqrt{X}}\frac{dy}{dt}\right] + 2X'\frac{1}{2\sqrt{X}}\frac{dy}{dt} = [n(n+1)K^2x + \alpha]y,$$

ou enfin

$$\frac{d^2y}{dt^2} = [n(n+1)K^2 \sin^2 am t + \alpha]y.$$

ON AN APPLICATION

OF THE

THEORY OF UNICURSAL CURVES.

Proceedings of the London mathematical Society, t. IV, p. 343-345.

Extract from a letter to Prof. Cayley (Read May 8th, 1873).

Prof. Cayley communicated to the Society a letter, dated 28th March, 1873, which he had received from M. Hermite. In connexion which some investigations on elliptic functions which Prof. Cayley is engaged with, M. Hermite calls attention to the question of determining all the quantities

$$\operatorname{sinam} \frac{4mK + 4m'iK'}{n}$$

in terms of the $n+1$ roots of the modular equation

$$F(u, v) = 0,$$

without, as said Jacobi, the resolution of any equation. Is it necessary, for this purpose, to make use of the singular equations indicated by Abel between the quantities

$$\operatorname{sinam} \frac{l}{n}(4mK + 4m'iK') \qquad \text{for} \qquad l = 1, 2, \ldots, \overline{n-1}$$

and the nth roots of unity?

And after referring to a remark on the employment of the theory of unicursal curves in his *Cours d'Analyse de l'École Polytechnique*, and noticing that it is not only in the commen-

If then

$$T = (t+1)\left(t^3 - \frac{3}{5}t^2 + \frac{8}{5^2}t - \frac{4^2}{5^3}\right),$$

we have

$$u = \frac{t^2(t+1)}{t+\frac{1}{5}}\frac{1}{\sqrt{T}}, \qquad \text{then} \qquad v = \frac{4^4}{5^5}\frac{(t+1)t}{\left(t+\frac{4}{5}\right)^2 T},$$

whence

$$dx = \frac{du}{v} = \frac{5}{2}\frac{dt}{\sqrt{T}},$$

whence

$$x = -\frac{5}{2}\int\frac{dt}{\sqrt{T}}.$$

Consequently the question is integrable by elliptic functions The other examples are contained in the type

$$v^3 + 3Pv^2 + 4Q = 0$$

(with the condition $P^3 + Q = R^2$).

P, Q, R being integral functions of u of the degrees 2, 6, 3.

But this equation may be writen

$$(v + 2P)^2(v - P) = -4(P^3 + Q) = -4R^2,$$

and on writing

$$v + 2P = -\frac{2R}{w}$$

becomes simply

$$w^3 - 3Pw - 2R = 0.$$

And this transformed equation being of the degree 3 in w, u, these two quantities, and consequently also v, u, can be expressed as rational functions of t and of an elliptic radical.

The equation $F\left(\frac{d^2u}{dx^2}, u\right)$ gives rise to similar substitutions.

SUR L'IRRATIONALITÉ

DE LA

BASE DES LOGARITHMES HYPERBOLIQUES.

Report of the British Association for Advancement of Science (43th meeting, p. 22-23, 1873).

On reconnaîtra volontiers que, dans le domaine mathématique, la possession d'une vérité importante ne devient complète et définitive qu'autant qu'on a réussi à l'établir par plus d'une méthode.

A cet égard la théorie des fonctions elliptiques offre un exemple célèbre, présent à tous les esprits, mais qui est loin d'être unique dans l'Analyse.

Je citerai encore le théorème de Sturm, resté comme enveloppé d'une sorte de mystère jusqu'à la mémorable découverte de M. Sylvester, qui a ouvert, pour pénétrer au cœur de la question, une voie plus facile et plus féconde que celle du premier inventeur. Telles sont encore, dans l'Arithmétique supérieure, les lois de réciprocité entre deux nombres premiers, auxquelles est attaché le nom à jamais illustre d'Eisenstein. Mais dans cette même science et pour des questions du plus haut intérêt, comme la détermination du nombre des classes de formes quadratiques de même invariant, on a été moins heureux, et jusqu'ici le mérite de la première découverte est resté sans partage à Dirichlet. Enfin, et pour en venir à l'objet de cette Note, je citerai encore dans le champ de l'Arithmétique, la proposition de Lambert sur l'irrationalité du rapport de la circonférence au diamètre, et des puissances de la base des logarithmes hyperboliques. Ayant été récemment conduit à m'occuper de ce dernier nombre, j'ai l'honneur de soumettre à la réunion de l'Association Britannique une démonstration nouvelle du théorème de Lambert, où n'intervient plus le Calcul intégral, et qui, je l'espère, paraîtra entièrement élémentaire. Je pars simplement de la série

$$e^x = 1 + \frac{x}{1} + \frac{x^2}{1.2} + \ldots + \frac{x^n}{1.2\ldots n} + \ldots,$$

et posant pour un instant

$$F(x) = 1 + \frac{x}{1} + \frac{x^2}{1.2} + \ldots + \frac{x^n}{1.2\ldots n},$$

ce qui permet d'écrire

$$\frac{e^x - F(x)}{x^{n+1}} = \frac{1}{1.2\ldots n+1} + \frac{x}{1.2\ldots n+2} + \ldots = \sum \frac{x^k}{1.2\ldots n+k+1},$$

il suffira, comme on va voir, de prendre les dérivées d'ordre n des deux membres de cette relation. Effectivement, on obtient d'abord

$$D_x^n \frac{e^x}{x^{n+1}} = \frac{e^x \Phi(x)}{x^{2n+1}},$$

où $\Phi(x)$ est un polynome à coefficients entiers du degré n, dont il n'est aucunement nécessaire d'avoir l'expression qu'il serait d'ailleurs aisé de former. Nous remarquerons ensuite, à l'égard du terme $\frac{F(x)}{x^{n+1}}$, que la différentiation, effectuée n fois de suite, fait disparaître les dénominateurs des coefficients, de sorte qu'il vient

$$D_x^n \frac{F(x)}{x^{n+1}} = \frac{\Phi_1(x)}{x^{2n+1}},$$

$\Phi_1(x)$ étant un polynome dont tous les coefficients sont des nombres entiers. De la relation proposée, nous tirons donc la suivante :

$$\frac{e^x \Phi(x) - \Phi_1(x)}{x^{2n+1}} = \sum_0^\infty {}_k \frac{(k+1)(k+2)\ldots(k+n)x^k}{1.2\ldots k+2n+1},$$

ou bien sous une autre forme

$$\begin{aligned} e^x \Phi(x) - \Phi_1(x) &= x^{2n+1} \sum \frac{(k+1)(k+2)\ldots(k+n)x^k}{1.2\ldots k+2n+1} \\ &= \frac{x^{2n+1}}{1.2\ldots n} \sum \frac{(k+1)(k+2)\ldots(k+n)x^k}{n+1.n+2\ldots k+2n+1}. \end{aligned}$$

Or je dis qu'en faisant croître n, le second membre qui jamais ne peut s'évanouir deviendra plus petit que toute grandeur donnée. Il en est effectivement ainsi du facteur $\frac{x^{2n+1}}{1.2\ldots n}$, et d'autre part, la série infinie $\sum \frac{(k+1)(k+2)\ldots(k+n)x^k}{n+1.n+2\ldots k+2n+1}$ étant mise sous la forme $\sum \frac{1.2\ldots k+n}{n+1.n+2\ldots k+2n+1}\,\frac{x^k}{1.2\ldots k}$, on reconnaît qu'elle a pour limite supérieure $e^x = \sum \frac{x^k}{1.2\ldots k}$, car le facteur

$$\frac{1.2\ldots k+n}{n+1.n+2\ldots k+2n+1}$$

est inférieur à l'unité.

De là résulte qu'en supposant x un nombre entier, e^x ne peut être une quantité commensurable $\frac{b}{a}$; car on aurait

$$e^x\Phi(x) - \Phi_1(x) = \frac{b\Phi(x) - a\Phi_1(x)}{a},$$

et cette fraction dont le numérateur est essentiellement entier, d'après ce qui a été établi à l'égard des polynomes $\Phi(x)$ et $\Phi_1(x)$, ne peut, sans être nulle, descendre au-dessous de $\frac{1}{a}$.

L'expression découverte par Lambert

$$\frac{e^x - e^{-x}}{e^x + e^{-x}} = \cfrac{x}{1 + \cfrac{x^2}{3 + \ldots}},$$

que j'évite ainsi d'employer, n'en reste pas moins un résultat du plus grand prix et qui ouvre la voie à des recherches curieuses et intéressantes. En supposant par exemple $x = 2$, on peut présumer qu'il restera quelque chose, de la série si simple des fractions intégrantes ayant pour numérateurs le nombre constant 4, dans la fraction continue ordinaire équivalente, dont les numérateurs seraient l'unité.

En effet, il paraît que, de distance en distance, viennent alors s'offrir des quotients incomplets continuellement croissants. C'est du moins ce qu'indique le résultat suivant, dû à M. G. Forestier, ingénieur des Ponts et Chaussées, à Rochefort.

Prenant l'expression que nous avons en vue, à partir du terme où les fractions intégrantes sont inférieures à $\frac{1}{2}$, c'est-à-dire la quantité

$$\cfrac{4}{9+\cfrac{4}{11+\cfrac{4}{13+\dots}}}$$

M. Forestier a trouvé pour la fraction continue ordinaire équivalente

$$\cfrac{1}{q+\cfrac{1}{q'+\cfrac{1}{q''+\dots}}},$$

la série suivante, des quotients incomplets, q, q', q'', ..., à savoir : 2, 2, 1, 20, 1, 10, 19, 1, 2, 11, 7, 1, 3, 1, 5, 1, 1, 1, 20, 3, 1, 3, 67, 2, 2, 3, 1, 5, 1, 3, 3, 147, ...

Or, on y voit figurer les termes 19, 20, 67, 147, qui semblent justifier cette prévision (¹).

(¹) Les nombres indiqués ne sont pas exacts. M. Bourget, ayant exécuté deux fois les calculs, a trouvé la suite 2, 2, 1, 20, 1, 10, 19, 1, 3, 1, 2, 2, 2, 70, 18, 1, 1, 1, 2, 1, 2, 1, 1, 3, 2, 5, 1, 2, 35, 1, 14, 4, ... E. P.

SUR UNE ÉQUATION TRANSCENDANTE.

Bulletin des Sciences mathématiques et astronomiques,
t. IV, 1873, p. 61.

Soit $f(x)$ une fonction rationnelle de la forme suivante :

$$\frac{A}{x-a}+\frac{B}{x-b}+\ldots+\frac{L}{x-l},$$

les quantités a, b, ..., l étant toutes réelles, et les coefficients A, B, ..., L réels et positifs ; je dis en premier lieu que l'équation

$$\log\alpha\frac{1+x}{1-x}-f(x)=0,$$

où α est une constante positive, possède $n+1$ racines réelles, n désignant le nombre des quantités a, b, ..., l, comprises entre -1 et $+1$. Soit, en effet, pour un instant,

$$F(x)=\log\alpha\frac{1+x}{1-x}-f(x),$$

et désignons par g et h deux termes consécutifs de la série

$$a,\quad b,\quad c,\quad \ldots,\quad l,$$

en supposant les termes rangés par ordre croissant de grandeur, de sorte que la fonction rationnelle $f(x)$ soit finie et continue lorsque la variable est comprise entre les limites g et h.

Cela étant, la fonction $\log\alpha\frac{1+x}{1-x}$, et, par suite, $F(x)$ sera elle-même réelle et continue entre ces limites, si on les suppose inférieures en valeur absolue à l'unité ; or, ayant pour ε infiniment petit et positif

$$F(g+\varepsilon) = -\frac{G}{\varepsilon}, \qquad F(h-\varepsilon) = +\frac{H}{\varepsilon},$$

c'est-à-dire deux résultats de signes contraires, nous en concluons pour l'équation proposée l'existence d'une racine réelle comprise entre g et h. J'ajoute qu'il n'y en a qu'une; car, en prenant la dérivée de $F(x)$, on obtient cette expression positive pour toutes les valeurs de x entre -1 et $+1$, savoir

$$F'(x) = \frac{2}{1-x^2} + \frac{A}{(x-a)^2} + \frac{B}{(x-b)^2} + \ldots + \frac{L}{(x-l)^2},$$

de sorte que $F(x)$ va continuellement en croissant depuis $-\frac{G}{\varepsilon}$ jusqu'à $+\frac{H}{\varepsilon}$, et ne s'annule par conséquent qu'une seule fois. En désignant donc par n le nombre des quantités $a, b, \ldots, l$, qui sont comprises entre -1 et $+1$, nous prouvons ainsi que l'équation proposée possède $n-1$ racines réelles; mais ayant

$$F(-1+\varepsilon) = \log\alpha \frac{\varepsilon}{2-\varepsilon},$$

quantité infiniment grande et négative, on voit de plus qu'il existe encore une racine comprise entre -1 et le terme le plus voisin de la suite $a, b, \ldots, l$; enfin une dernière racine se trouve pareillement entre le terme le plus voisin de l'unité et l'unité, attendu que l'expression

$$F(1-\varepsilon) = \log\alpha \frac{2-\varepsilon}{\varepsilon}$$

est infiniment grande et positive.

En second lieu, je dis que l'équation proposée ne peut admettre aucune racine imaginaire dont le module soit inférieur à l'unité. Soit, en effet, $x = \alpha + \beta\sqrt{-1}$ une telle racine; on trouvera d'abord

$$f(\alpha+\beta\sqrt{-1}) = \frac{A(\alpha-a)}{(\alpha-a)^2+\beta^2} + \frac{B(\alpha-b)}{(\alpha-b)^2+\beta^2} + \ldots$$
$$- \beta\sqrt{-1}\left[\frac{A}{(\alpha-a)^2+\beta^2} + \frac{B}{(\alpha-b)^2+\beta^2} + \ldots\right].$$

Pour calculer ensuite la valeur, que l'on sait être unique et entièrement déterminée, de l'expression $\log\frac{1+x}{1-x}$, lorsque, conformément à la supposition faite, le module de $x=\alpha+\beta\sqrt{-1}$ est inférieur à l'unité, j'emploierai la relation, aisée à vérifier,

$$\log\frac{1+x}{1-x}=\int_{-1}^{+1}\frac{dz}{\frac{1}{x}-z}.$$

Or on en déduit, en faisant, pour un moment,

$$\frac{1}{\rho}=\alpha^2+\beta^2,$$

$$\int_{-1}^{+1}\frac{dz}{\frac{1}{x}-z}=\int_{-1}^{+1}\frac{dz}{\rho(\alpha-\beta\sqrt{-1})-z}$$

$$=\int_{-1}^{+1}\frac{(\rho\alpha-z)\,dz}{(\rho\alpha-z)^2+\beta^2}+\rho\beta\sqrt{-1}\int_{-1}^{+1}\frac{dz}{(\rho\alpha-z)^2+\beta^2},$$

et l'on voit ainsi que le coefficient de $\beta\sqrt{-1}$ est la quantité essentiellement positive

$$\rho\int_{-1}^{+1}\frac{dz}{(\rho\alpha-z)^2+\beta^2}.$$

Ayant donc, pour ce même coefficient dans l'expression de

$$-f(\alpha+\beta\sqrt{-1}),$$

une quantité qui est également positive, à savoir

$$\frac{A}{(\alpha-a)^2+\beta^2}+\frac{B}{(\alpha-b)^2+\beta^2}+\ldots,$$

nous reconnaissons que la partie imaginaire de $F(\alpha+\beta\sqrt{-1})$ ne peut jamais s'évanouir, de sorte que notre équation n'admet, comme nous voulions l'établir, que des racines réelles.

La relation précédemment employée, à savoir

$$\log\frac{1+x}{1-x}=\int_{-1}^{+1}\frac{dz}{\frac{1}{x}-z},$$

donne lieu à cette remarque que, en posant

$$\frac{1+x}{1-x} = a,$$

d'où

$$\log a = \int_{-1}^{+1} \frac{dz}{\frac{a+1}{a-1} - z},$$

celle des valeurs en nombre infini du logarithme qui se trouve ainsi représentée par l'intégrale définie est l'intégrale $\int_1^a \frac{dz}{z}$, en supposant que la variable z décrive la ligne droite joignant les deux points qui ont pour affixes 1 et a.

EXTRAIT

D'UNE

LETTRE DE M. CH. HERMITE A M. PAUL GORDAN,

SUR L'EXPRESSION $U \sin x + V \cos x + W$.

Journal de Crelle, t. 76, p. 303-312.

... En attendant, c'est des fractions continues algébriques que je prends la liberté de vous entretenir, ou plutôt d'une extension de cette théorie, ayant cherché le système des polynomes entiers en x, U, V, W, tels que le développement de l'expression à trois termes

$$U \sin x + V \cos x + W$$

commence par la plus haute puissance possible de la variable. Ces polynomes forment une série doublement infinie, ainsi que pouvait le faire présumer l'analogie avec la théorie arithmétique des minima successifs de la quantité

$$x + ay + bz,$$

où a et b sont des constantes numériques, x, y, z des nombres entiers. Ces minima s'obtiennent, en effet, par la réduction continuelle de la forme quadratique ternaire :

$$(x + ay + bz)^2 + \frac{y^2}{\alpha} + \frac{z^2}{\beta},$$

où entrent deux indéterminées α et β auxquelles doivent être attribuées toutes les valeurs de zéro à l'infini. La première série conduira à la fraction continue de Lambert :

$$\tang x = \cfrac{x}{1 - \cfrac{x^2}{3 - \cfrac{x^2}{5 - \dots}}}$$

et s'obtient ainsi.

Soit

$$A = \sin x,$$

puis successivement

$$A_1 = \int_0^x Ax\,dx = \sin x - x\cos x,$$

$$A_2 = \int_0^x A_1 x\,dx = (3 - x^2)\sin x - 3x\cos x,$$

$$A_3 = \int_0^x A_2 x\,dx = (15 - 6x^2)\sin x - (15x - x^3)\cos x,$$

$$\dots\dots\dots\dots\dots\dots\dots\dots,$$

et, en général,

$$A_{n+1} = \int_0^x A_n x\,dx.$$

Les formules élémentaires

$$\int \cos x\,F(x)\,dx = \sin x\,\mathfrak{F}(x) + \cos x\,\mathfrak{F}'(x),$$

$$\int \sin x\,F(x)\,dx = \sin x\,\mathfrak{F}'(x) - \cos x\,\mathfrak{F}(x),$$

où l'on suppose $F(x)$ un polynome entier et

$$\mathfrak{F}(x) = F(x) - F''(x) + F^{\text{IV}}(x) - \dots,$$

montrent que A_n est de la forme $U\sin x + V\cos x$, U et V étant des polynomes entiers dont l'un est du degré n et l'autre du degré $n - 1$. En second lieu, si l'on part du développement en série :

$$A = \sin x = x - \frac{x^3}{2.3} + \frac{x^5}{2.3.4.5} - \dots,$$

on en conclura aisément

$$A_n = \frac{x^{2n+1}}{1.3.5\ldots 2n+1} - \frac{x^{2n+3}}{1.2.3.5\ldots 2n+3} + \dots$$

ou encore

$$A_n = x^{2n+1} \sum_{0}^{k} \frac{1}{(2k+1)(2k+3)\ldots(2k+2n+1)} \frac{(-1)^k x^{2k}}{1.2.3\ldots 2k}.$$

Le premier terme de cette série étant en x^{2n+1}, vous voyez que U et V sont bien les polynomes qui résultent de la théorie des fractions continues. Mais on peut y parvenir par une autre voie.

Soit

$$\mathfrak{U} = \frac{\sin x}{x},$$

puis successivement

$$\mathfrak{U}_1 = -\frac{1}{x}\frac{d\mathfrak{U}}{dx} = \frac{\sin x - x\cos x}{x^3},$$

$$\mathfrak{U}_2 = -\frac{1}{x}\frac{d\mathfrak{U}_1}{dx} = \frac{(3-x^2)\sin x - 3x\cos x}{x^5},$$

$$\mathfrak{U}_3 = -\frac{1}{x}\frac{d\mathfrak{U}_2}{dx} = \frac{(15-6x^2)\sin x - (15x - x^3)\cos x}{x^7},$$

et, en général,

$$\mathfrak{U}_{n+1} = -\frac{1}{x}\frac{d\mathfrak{U}_n}{dx}.$$

On reconnaît immédiatement qu'on aura

$$\mathfrak{U}_n = \frac{U\sin x + V\cos x}{x^{2n+1}},$$

U et V étant encore des polynomes dont l'un est de degré n et l'autre de degré $n-1$; on obtient aussi facilement la série

$$\mathfrak{U}_n = \frac{1}{1.3.5\ldots 2n+1} - \frac{x^2}{2.3.5\ldots 2n+3} + \ldots.$$

Il s'ensuit que

$$\mathfrak{U}_n = \frac{A_n}{x^{2n+1}};$$

et, par conséquent,

$$\frac{A_{n+1}}{x^{2n+3}} = -\frac{1}{x}\frac{d}{dx}\left(\frac{A_n}{x^{2n+1}}\right),$$

c'est-à-dire

$$A_{n+1} = (2n+1)A_n - \frac{dA_n}{dx}x;$$

mais

$$\frac{dA_n}{dx} = A_{n-1}x,$$

et nous parvenons entre trois termes consécutifs à la relation

$$A_{n+1} = (2n+1)A_n - A_{n-1}x^2.$$

De là se tire la fraction continue de Lambert, et l'équation différentielle des transcendantes de Bessel. Il suffit, en effet, d'observer que

$$A_{n-1} = \frac{1}{x}\frac{dA_n}{dx}, \qquad A_{n-2} = \frac{1}{x^2}\left(\frac{d^2A_n}{dx^2} - \frac{1}{x}\frac{dA_n}{dx}\right)$$

pour passer de l'égalité

$$A_n = (2n-1)A_{n-1} - A_{n-2}x^2$$

à cette équation si connue

$$\frac{d^2A_n}{dx^2} - \frac{2n}{x}\frac{dA_n}{dx} + A_n = 0,$$

dont une seconde solution est donnée comme il est aisé de le voir par la formule

$$A_n = U\cos x - V\sin x.$$

Je vais maintenant sortir du domaine des fractions continues, et définir une seconde série de polynomes U, V, W, en posant

$$B_n = \int_0^x A_n\,dx,$$

puis successivement une troisième, une quatrième, etc., par les relations semblables

$$C_n = \int_0^x B_n\,dx, \qquad D_n = \int_0^x C_n\,dx, \qquad \dots.$$

Les formules déjà employées

$$\int \cos x\,F(x)\,dx = \sin x\,\mathfrak{f}(x) + \cos x\,\mathfrak{f}'(x),$$

$$\int \sin x\,F(x)\,dx = \sin x\,\mathfrak{f}'(x) - \cos x\,\mathfrak{f}(x)$$

donnent la composition de ces quantités, et montrent qu'en désignant par P_n le terme général de la série de rang p, on aura

$$P_n = U \sin x + V \cos x + W,$$

U et V étant des polynomes entiers, l'un du degré n, l'autre du degré $n-1$, et W de degré $p-1$. Or le développement

$$P_n = x^{2n+p} \sum_0^{k} \frac{(2k+2)(2k+4)\ldots(2k+2n)(-1)^k x^{2k}}{1.2.3\ldots 2k+2n+p},$$

dont le premier terme est de degré $2n+p$, a bien la forme voulue. Ces mêmes quantités peuvent s'obtenir d'une autre manière comme il suit. Posons, suivant que p est pair ou impair,

$$\mathfrak{P} = \frac{(-1)^{\frac{1}{2}p}}{x^p} \left[\cos x - 1 + \frac{x^2}{1.2} - \frac{x^4}{1.2.3.4} + \ldots + (-1)^{\frac{1}{2}p} \frac{x^{p-2}}{1.2\ldots p-2} \right]$$

ou bien

$$\mathfrak{P} = \frac{(-1)^{\frac{p-1}{2}}}{x^p} \left[\sin x - x + \frac{x^3}{1.2.3} - \ldots + (-1)^{\frac{p-1}{2}} \frac{x^{p-2}}{1.2\ldots p-2} \right]$$

et faisons successivement

$$\mathfrak{P}_1 = -\frac{1}{x} \frac{d\mathfrak{P}}{dx}, \qquad \mathfrak{P}_2 = -\frac{1}{x} \frac{d\mathfrak{P}_1}{dx}, \qquad \ldots, \qquad \mathfrak{P}_{n+1} = -\frac{1}{x} \frac{d\mathfrak{P}_n}{dx}.$$

Cette loi de formation donne très facilement le développement en série de $\mathfrak{P}_n$, en partant du développement de $\mathfrak{P}$, à savoir

$$\mathfrak{P} = \frac{1}{1.2\ldots p} - \frac{x^2}{1.2\ldots p+2} + \frac{x^4}{1.2\ldots p+4} \cdots$$

On retrouve ainsi

$$\mathfrak{P}_n = \sum_0^{k} \frac{(2k+2)(2k+4)\ldots(2k+2n)(-1)^k x^{2k}}{1.2.3\ldots 2k+2n+p},$$

ce qui conduit à la relation

$$\mathfrak{P}_n = \frac{P_n}{x^{2n+p}},$$

d'où l'on tire, comme pour les quantités A_n, celle-ci :

$$P_{n+1} = (2n+p) P_n - \frac{dP_n}{dx} x.$$

Mais la dérivée $\frac{dP_n}{dx}$ est le $n^{\text{ième}}$ terme de la $(p-1)^{\text{ième}}$ série; faisant donc

$$p = 2, 3, 4, \ldots,$$

nous aurons successivement

$$\begin{aligned} B_{n+1} &= (2n+2)B_n - A_n x, \\ C_{n+1} &= (2n+3)C_n - B_n x, \\ D_{n+1} &= (2n+4)D_n - C_n x, \\ &\ldots\ldots\ldots\ldots\ldots\ldots \end{aligned}$$

J'ai calculé par ces formules et celles qui concernent A_n les valeurs suivantes :

$$\begin{aligned} A_1 &= \sin x - x\cos x, \\ A_2 &= (3-x^2)\sin x - 3x\cos x, \\ A_3 &= (15-6x^2)\sin x - (15x - x^3)\cos x, \\ A_4 &= (105 - 45x^2 + x^4)\sin x - (105x - 10x^3)\cos x, \\ A_5 &= (945 - 420x^2 + 15x^4)\sin x - (945x - 105x^3 + x^5)\cos x, \\ &\ldots\ldots\ldots\ldots\ldots\ldots\ldots\ldots\ldots\ldots, \end{aligned}$$

$$\begin{aligned} B_0 &= -\cos x + 1, \\ B_1 &= -x\sin x - 2\cos x + 2, \\ B_2 &= -5x\sin x - (8 - x^2)\cos x + 8, \\ B_3 &= -(33x - x^3)\sin x - (48 - 9x^2)\cos x + 48, \\ B_4 &= -(279x - 14x^3)\sin x - (384 - 87x^2 + x^4)\cos x + 384, \\ B_5 &= -(2895x - 185x^3 + x^5)\sin x - (3840 - 975x^2 + 20x^4)\cos x + 3840, \\ &\ldots\ldots\ldots\ldots\ldots\ldots\ldots\ldots\ldots\ldots, \end{aligned}$$

$$\begin{aligned} C_0 &= -\sin x + x, \\ C_1 &= -3\sin x + x\cos x + 2x, \\ C_2 &= -(15 - x^2)\sin x + 7x\cos x + 8x, \\ C_3 &= -(105 - 12x^2)\sin x + (57x - x^3)\cos x + 48x, \\ C_4 &= -(945 - 141x^2 + x^4)\sin x + (561x - 18x^3)\cos x + 384x, \\ &\ldots\ldots\ldots\ldots\ldots\ldots\ldots\ldots\ldots\ldots, \end{aligned}$$

$$\begin{aligned} D_0 &= \cos x - 1 + \frac{x^2}{2}, \\ D_1 &= x\sin x + 4\cos x + x^2 - 4, \\ D_2 &= 9x\sin x + (24 - x^2)\cos x + 4x^2 - 24, \\ D_3 &= (87x - x^3)\sin x + (192 - 15x^2)\cos x + 24x^2 - 192, \\ &\ldots\ldots\ldots\ldots\ldots\ldots\ldots\ldots\ldots\ldots \end{aligned}$$

C'est maintenant, Monsieur, que se présente une question arithmétique d'un grand intérêt. Supposons $x = i$, en faisant pour abréger

$$h = \frac{\sin i}{i} = \frac{e - e^{-1}}{2}, \qquad h' = \cos i = \frac{e + e^{-1}}{2};$$

la quantité

$$P_n = U \sin x + V \cos x + W$$

prendra la forme suivante,

$$i^{2n+p}(uh + vh' + w),$$

où u et v sont toujours des nombres entiers, w pouvant être fractionnaire, mais devenant également entier quand n croît au delà d'une certaine limite. On a, en effet,

$$W = -(-1)^{\frac{1}{2}p} \sum \frac{(p-k)(p-k+2)\ldots(p-k+2n-2)(-1)^{\frac{1}{2}k} x^k}{1.2.3\ldots k},$$

en supposant $k = 0, 2, 4, \ldots, p-2$, si p est pair, et

$$W = (-1)^{\frac{p-1}{2}} \sum \frac{(p-k)(p-k+2)\ldots(p-k+2n-2)(-1)^{\frac{k-1}{2}} x^k}{1.2.3\ldots k},$$

en faisant $k = 1, 3, 5, \ldots, p-2$, si p est impair; or, dans les deux cas, il est visible que le coefficient

$$\frac{(p-k)(p-k+2)\ldots(p-k+2n-2)}{1.2.3\ldots k}$$

finit par devenir entier. Cela posé, les divers systèmes des nombres

$$x = u, \qquad y = v, \qquad z = w$$

donneront-ils des minima de la fonction linéaire $xh + yh' + z$?

Vous connaissez la découverte mémorable de Dirichlet sur les minima des fonctions linéaires, à un nombre quelconque d'indéterminées; en arithmétique elle me semble, si je puis dire, aussi importante que la théorie des fonctions elliptiques pour l'Analyse. Mais, tandis que les fractions continues sont d'un emploi usuel, les applications numériques des théorèmes de Dirichlet restent comme impossibles, et à cet égard je reconnais n'avoir encore guère avancé la question, en déduisant ces théorèmes de la considération des formes quadratiques. Me plaçant toutefois en ce moment à mon point de vue, j'envisage les minima de la forme

$$f = (xh + yh' + z)^2 + \frac{x^2}{\alpha} + \frac{y^2}{\beta},$$

où α et β sont positifs et dont l'invariant est $D = \frac{1}{\alpha\beta}$. Ces minima satisfont à la condition $f \leqq \sqrt{2D}$; or le produit $(hx + h'y + z)^2 \frac{x^2}{\alpha} \frac{y^2}{\beta}$ a pour maximum $\left(\frac{f}{3}\right)^3$, d'où cette relation indépendante de α et β, savoir :

$$(hx + h'y + z)xy < \sqrt{\frac{2}{27}}.$$

En appliquant ce critérium aux nombres donnés par les quantités B_n, on reconnaît immédiatement qu'ils ne peuvent convenir; mais dans les séries suivantes je trouve :

$$iC_2 = 16h - 7h' - 8 = \frac{1}{3.5.6.7} + \ldots,$$

$$D_2 = -9h + 25h' - 28 = \frac{1}{3.5.6.7.8} + \ldots,$$

$$D_3 = -88h + 207h' - 216 = -\frac{1}{3.5.7.8.9.10} - \ldots,$$

$$iE_3 = -333h + 124h' - 200 = \frac{1}{3.5.7.8.9.10.11} + \ldots,$$

$$F_3 = 166h - 501h' - 578 = \frac{1}{3.5.7.8.9.10.11.12} + \ldots,$$

$$F_4 = 2327h - 6136h' - 6736 = -\frac{1}{3.5.7.9.10.11.12.13.14} - \ldots,$$

. . . . ,

et vous voyez que la condition requise est complètement remplie, le calcul par logarithmes donnant dans le dernier cas

$$\frac{2327.6136}{3.5.7.9.10.11.12.13.14} = 0,06006.$$

Mais je reviens à l'Algèbre, pour considérer les expressions rationnelles approchées de $\sin x$ et $\cos x$ données par deux équations telles que

$$A_n = 0, \qquad B_n = 0$$

ou bien

$$B_n = 0, \qquad C_n = 0; \qquad C_n = 0, \qquad D_n = 0, \qquad \dots$$

Dans le premier cas, par exemple, on trouve pour $n = 1, 2, 3$ ces valeurs :

$$\sin x = \frac{2x}{2+x^2} = \frac{24x}{24+4x^2+x^4} = \frac{720x - 48x^3}{720+72x^2+6x^4+x^6},$$

$$\cos x = \frac{2}{2+x^2} = \frac{24-8x^2}{24+4x^2+x^4} = \frac{720-288x^2}{720+72x^2+6x^4+x^6},$$

et, en général, il est aisé de voir qu'elles seront de la forme

$$\cos x = \frac{S}{R}, \qquad \sin x = \frac{T}{R},$$

R, S et T étant des polynomes entiers dont les premiers renferment seulement des puissances paires et le troisième des puissances impaires de la variable. En déduisant d'abord des relations proposées

$$\cos x + i \sin x = \frac{S+iT}{R},$$

j'observe que, si l'on change x en $-ix$, on se trouve amené à une expression entièrement réelle de l'exponentielle e^x, par une fraction dont le dénominateur ne contient que des puissances paires. Sous ce point de vue plus simple, je remarque qu'en posant

$$\Phi(x) = a_0 + a_1 x^2 + a_2 x^4 + \dots + a_n x^{2n}$$

on peut, en général, disposer des coefficients $a_0, a_1, \dots$ de manière que le produit $e^x \Phi(x)$ ordonné suivant les puissances croissantes de x manque des n termes en x^{n+p+1}, x^{n+p+2}, ..., x^{2n+p}, et soit de la forme

$$e^x \Phi(x) = \Pi(x) + \varepsilon x^{2n-p+1} + \varepsilon' x^{2n+p+2} + \dots.$$

Il résulte qu'en faisant

$$\Pi_1(x) = \Pi(-x)$$

nous aurons, aux termes près de l'ordre $2n+p+1$,

$$e^x = \frac{\Pi(x)}{\Phi(x)}, \qquad e^{-x} = \frac{\Pi_1(x)}{\Phi(x)},$$

et il suffira de changer x en ix pour retrouver sous forme réelle les expressions que j'ai eues d'abord en vue

$$\cos x = \frac{S}{R}, \qquad \sin x = \frac{T}{R}.$$

Or, ces polynomes $\Phi(x)$ et $\Pi(x)$, dont la considération me semble indispensable pour approfondir la question arithmétique difficile que j'ai seulement touchée, s'obtiennent comme il suit.

J'applique la formule

$$\int F(t)\,e^{-tx}\,dt = -e^{-tx}\,\mathfrak{F}(t),$$

où $F(t)$ est une fonction entière et $\mathfrak{F}$ la quantité

$$\mathfrak{F}(t) = \frac{F(t)}{x} + \frac{F'(t)}{x^2} + \frac{F''(t)}{x^3} + \ldots,$$

à la détermination de l'intégrale définie $\int_0^1 t^n(1-t^2)^p\,e^{-tx}\,dt$. Pour cela je remarque que la relation

$$\int_0^1 F(t)\,e^{-tx}\,dt = \mathfrak{F}(0) - e^{-x}\,\mathfrak{F}(1)$$

met en évidence deux termes, dont le premier se calcule au moyen du développement

$$F(t) = t^n(1-t^2)^p = t^n - \frac{p}{1}\,t^{n+2} + \frac{p(p-1)}{1.2}\,t^{n+4} - \ldots + (-1)^p\,t^{n+2p}$$

qui donne les valeurs des dérivées de $F(t)$ pour $t=0$; on a donc immédiatement

$$\mathfrak{F}(0) = \frac{1.2.3\ldots n}{x^{n+1}} - \frac{p}{1}\,\frac{1.2.3\ldots n+2}{x^{n+3}} + \ldots$$
$$+ (-1)^p\,\frac{1.2.3\ldots n+2p}{x^{n+2p+1}} = \frac{1.2.3\ldots n}{x^{n+2p+1}}\,\Phi(x),$$

en posant

$$\Phi(x) = x^{2p} - \frac{p}{1}(n+1)(n+2)\,x^{2p-2}$$
$$+ \frac{p(p-1)}{1.2}(n+1)(n+2)(n+3)(n+4)\,x^{2p-4} - \ldots.$$

Soit en second lieu $t = 1 + h$; les dérivées de $F(t)$ pour $t = 1$ s'obtiendront en développant suivant les puissances de h la quantité

$$F(1+h) = (-1)^p h^p (1+h)^n (2+h)^p.$$

Faisons

$$(1+h)^n (2+h)^p = A + Bh + Ch^2 + \ldots + h^{n+p},$$

et l'on en conclura semblablement

$$\mathfrak{f}(1) = \frac{(-1)^p . 1.2.3\ldots p}{x^{n+2p+1}} \Pi(x),$$

en écrivant pour abréger

$$\Pi(x) = Ax^{n+p} + pBx^{n+p-1} + p(p+1)Cx^{n+p-2} + \ldots.$$

Ceci posé, et, en observant que l'intégrale $\int_0^1 t^n (1-t^2)^p e^{-tx}\,dt$ peut être évidemment développée sous la forme $\varepsilon + \varepsilon_1 x + \varepsilon_2 x^2 + \ldots$, la relation à laquelle nous sommes amenés, à savoir

$$\frac{1.2.3\ldots n}{x^{n+2p+1}} \Phi(x) - e^{-x} \frac{(-1)^p . 1.2.3\ldots p}{x^{n+2p+1}} \Pi(x) = \varepsilon + \varepsilon_1 x + \varepsilon_2 x^2 + \ldots,$$

donne facilement

$$e^x \Phi(x) - (-1)^p \frac{1.2.3\ldots p}{1.2.3\ldots n} \Pi(x) = \varepsilon' x^{n+2p+1} + \varepsilon'' x^{n+2p+2} + \ldots.$$

Les polynomes cherchés sont donc ainsi obtenus d'une manière générale, mais je n'en ai pas jusqu'ici fait l'étude approfondie. J'ai seulement remarqué que l'intégrale définie $\int_0^1 t^n (1-t^2)^p e^{-tx}\,dt$, et ces deux autres

$$\int_0^{-1} t^n (1-t^2)^p e^{-tx}\,dt, \qquad \int_0^{\infty} t^n (1-t^2)^p e^{-tx}\,dt,$$

satisfont à l'équation linéaire du troisième ordre

$$x \frac{d^3 y}{dx^3} + (n + 2p + 3) \frac{d^2 y}{dx^2} - x \frac{dy}{dx} - (n+1) y = 0.$$

EXTRAIT

D'UNE

LETTRE DE M. CH. HERMITE A M. BORCHARDT,

SUR

QUELQUES APPROXIMATIONS ALGÉBRIQUES.

Journal de Crelle, t. 76, p. 342-344, 1873.

... Je ne me hasarderai point à la recherche d'une démonstration de la transcendance du nombre π. Que d'autres tentent l'entreprise, nul ne sera plus heureux que moi de leur succès, mais croyez-m'en, mon cher ami, il ne laissera pas que de leur en coûter quelques efforts. Tout ce que je puis, c'est de refaire ce qu'a déjà fait Lambert, seulement d'une autre manière, au moyen de cette égalité

$$A_n = U \sin x + V \cos x = \frac{x^{2n+1}}{2.4\ldots 2n} \int_0^1 (1 - z^2)^n \cos xz \, dz,$$

où A_n, U et V désignent les mêmes quantités que dans ma lettre à M. Gordan. Vous savez que U est un polynome entier et à coefficients entiers en x^2 du degré $\frac{n}{2}$ ou $\frac{n-1}{2}$ selon que n est pair ou impair; il en résulte dans le premier cas, par exemple, que pour $x = \frac{\pi}{2}$, en supposant que $\frac{\pi^2}{4}$ soit une fraction $\frac{b}{a}$, on aura

$$U = \frac{N}{a^{\frac{1}{2}n}},$$

où N est entier, et la relation proposée donne

$$\frac{N}{a^{\frac{1}{2}n}} = \frac{\left(\frac{b}{a}\right)^{\frac{1}{2}}\left(\frac{b}{a}\right)^{n}}{2.4\ldots 2n} \int_0^1 (1-z^2)^n \cos\frac{\pi z}{2}\,dz$$

ou bien

$$N = \frac{\left(\frac{b}{a}\right)^{\frac{1}{2}}\left(\frac{b}{\sqrt{a}}\right)^{n}}{2.4\ldots 2n} \int_0^1 (1-z^2)^n \cos\frac{\pi z}{2}\,dz.$$

Or, on met immédiatement une impossibilité en évidence, puisque le second membre devient, sans pouvoir jamais s'annuler, plus petit que toute quantité donnée quand n augmente, le premier étant un nombre entier.

Voici une autre conséquence de l'expression de A_n par une intégrale définie; on en tire aisément, sous forme d'intégrales doubles, les quantités

$$B_n = \int_0^x A_n\,dx, \qquad C_n = \int_0^x B_n\,dx, \qquad \ldots,$$

en employant les formules élémentaires

$$\int_0^x dx \int_0^x f(x)\,dx = \int_0^x (x-z) f(z)\,dz = x^2 \int_0^1 (1-\lambda) f(\lambda x)\,d\lambda,$$

$$\int_0^x dx \int_0^x dx \int_0^x f(x)\,dx = \int_0^x \frac{(x-z)^2}{1.2} f(z)\,dz$$
$$= \frac{x^3}{1.2} \int_0^1 (1-\lambda)^2 f(\lambda x)\,d\lambda,$$

. . . . ,

et il vient ainsi

$$P_n = \frac{x^{2n+p+1}}{1.2\ldots p-1.2.4\ldots 2n} \int_0^1 \int_0^1 (1-\lambda^2)^n (1-\lambda_1)^{p-1} \lambda_1^{2n+1} \cos\lambda\lambda_1 x\,d\lambda\,d\lambda_1.$$

Mais, sous un point de vue plus général, supposons les i polynomes : $\Phi_m(x)$, $\Phi_n(x)$, ..., $\Phi_r(x)$ des degrés m, n, ..., r déterminés de manière que le développement suivant les puissances croissantes de la variable de la fonction

$$f(x) = e^{\alpha x}\Phi_m(x) + e^{\beta x}\Phi_n(x) + \ldots + \Phi_r(x)$$

commence au terme du degré le plus élevé possible en $x^{m+n+\ldots+r+i-1}$. En multipliant par une nouvelle exponentielle, $e^{\omega x}$, et formant la suite des quantités

$$f_1(x) = \int_0^x e^{\omega x} f(x)\,dx, \qquad f_2(x) = \int_0^x f_1(x)\,dx, \qquad \ldots,$$

$$f_{s+1}(x) = \int_0^x f_s(x)\,dx,$$

il est clair que la dernière sera de la forme suivante,

$$f_{s+1}(x) = e^{(\alpha+\omega)x}\,\Psi_m(x) + e^{(\beta+\omega)x}\,\Psi_n(x) + \ldots + e^{\omega x}\,\Psi_r(x) + \Psi_s(x),$$

où $\Psi_m(x)$, $\Psi_n(x)$, $\ldots$, $\Psi_s(x)$ seront des polynomes entiers des degrés m, n, $\ldots$, s, et que son développement commencera par un terme de degré $m+n+\ldots+s+i$. On en conclut aisément que si l'on pose

$$\Theta(\lambda_1, \lambda_2, \ldots, \lambda_i) = (1-\lambda_1)^n (1-\lambda_2)^p \ldots (1-\lambda_i)^s \lambda_1^m \lambda_2^{m+n+1} \ldots \lambda_i^{m+n+\ldots+r+i-1}$$

$$\Lambda = (\alpha-\beta)\lambda_1\lambda_2\ldots\lambda_i + (\beta-\gamma)\lambda_2\lambda_3\ldots\lambda_i + (\gamma-\delta)\lambda_3\lambda_4\ldots\lambda_i + \ldots + \omega\lambda_i$$

on aura la relation

$$\int_0^1 \int_0^1 \ldots \int_0^1 \Theta(\lambda_1, \lambda_2, \ldots, \lambda_i) e^{\Lambda x}\, d\lambda_1\, d\lambda_2 \ldots d\lambda_i$$
$$= \frac{e^{\alpha x}\,\Theta_m(x) + e^{\beta x}\,\Theta_n(x) + \ldots + e^{\omega x}\,\Theta_r(x) + \Theta_s(x)}{x^{m+n+\ldots+s+i}},$$

où $\Theta_m(x)$, $\Theta_n(x)$, $\ldots$, $\Theta_s(x)$ sont des polynomes entiers des degrés m, n, $\ldots$, s; c'est donc au moyen d'une intégrale multiple la définition du système des polynomes entiers de degrés donnés, qui donnent la plus grande approximation de la fonction linéaire composée avec les exponentielles $e^{\alpha x}$, $e^{\beta x}$, $\ldots$, $e^{\omega x}$.

Dans le courant de ces recherches, voici une question arithmétique qui m'a beaucoup préoccupé. En considérant pour une valeur entière de x la fraction continue

$$\frac{e^x - 1}{e^x + 1} = \cfrac{x}{2 + \cfrac{x^2}{6 + \ldots}}$$

ne doit-il pas exister quelque caractère spécial, à l'égard de la fraction continue ordinaire équivalente dans laquelle les numérateurs des fractions intégrantes sont l'unité? J'avais présumé qu'au moins de distance en distance, les quotients incomplets iraient en grandissant, et c'est ce qui se trouve jusqu'à un certain point confirmé, par le résultat suivant que je dois à l'obligeance de M. Forestier. Soit $x = 3$, et faisons

$$\frac{e^3 - 1}{e^3 + 1} = \cfrac{1}{q + \cfrac{1}{q' + \cfrac{1}{q'' + \dots}}};$$

la suite des nombres entiers $q, q', q'', \dots$ est

1, 8, 1, 16, 2, 1, 1, 2, 4, 1, 2, 11, 2, 1, 2, 36, 1, 8, 4, 17, 9, 1, 1, 1, 1, 1, 2, 3, 90, ...

Malheureusement les calculs sont si longs et si pénibles qu'on ne peut espérer trouver quelque loi par la voie de l'induction (¹).

(¹) Le calcul, après deux vérifications, a donné à M. Bourget la suite différente de celle du texte 1, 9, 1, 1, 5, 2, 1, 8, 1, 1, 12, 2, 1, 7, 1, 3, 8, 4, 6, 1, 1, 6, 1, 1, 1, 1, 1, 2, 1, 2, 1, 1, ... E. P.

SUR

LA FONCTION EXPONENTIELLE.

Comptes rendus de l'Académie des Sciences, t. LXXVII, 1873, p. 18-24, 74-79, 226-233, 285-293.

I. Étant donné un nombre quelconque de quantités numériques $\alpha_1, \alpha_2, \ldots, \alpha_n$, on sait qu'on peut en approcher simultanément par des fractions de même dénominateur, de telle sorte qu'on ait

$$\alpha_1 = \frac{A_1}{A} + \frac{\delta_1}{A\sqrt[n]{A}},$$
$$\alpha_2 = \frac{A_2}{A} + \frac{\delta_2}{A\sqrt[n]{A}},$$
$$\dots\dots\dots\dots\dots,$$
$$\alpha_n = \frac{A_n}{A} + \frac{\delta_n}{A\sqrt[n]{A}},$$

$\delta_1, \delta_2, \ldots, \delta_n$ ne pouvant dépasser une limite qui dépend seulement de n. C'est, comme on voit, une extension du mode d'approximation résultant de la théorie des fractions continues, qui correspondrait au cas le plus simple de $n = 1$. Or, on peut se proposer une généralisation semblable de la théorie des fractions continues algébriques, en cherchant les expressions approchées de n fonctions $\varphi_1(x), \varphi_2(x), \ldots, \varphi_n(x)$ par des fractions rationnelles $\frac{\Phi_1(x)}{\Phi(x)}, \frac{\Phi_2(x)}{\Phi(x)}, \ldots, \frac{\Phi_n(x)}{\Phi(x)}$, de manière que les développements en série suivant les puissances croissantes de la variable coïncident jusqu'à une puissance déterminée x^{M}. Voici d'abord, à cet égard, un premier résultat qui s'offre immédiatement. Supposons que les fonctions $\varphi_1(x)$, $\varphi_2(x)$, ..., $\varphi_n(x)$ soient toutes développables en séries de la forme $\alpha + \beta x + \gamma x^2 + \ldots$ et faisons

$$\Phi(x) = \mathrm{A}x^m + \mathrm{B}x^{m-1} + \ldots + \mathrm{K}x + \mathrm{L}.$$

On pourra, en général, disposer des coefficients A, B, ..., L de manière à annuler dans les n produits $\varphi_i(x)\Phi(x)$ les termes en

$$x^{\mathrm{M}}, \quad x^{\mathrm{M}-1}, \quad \ldots, \quad x^{\mathrm{M}-\mu_i+1},$$

μ_i étant un nombre entier arbitraire. Nous poserons ainsi un nombre d'équations homogènes de premier degré égal précisément à μ_i, et l'on aura

$$\varphi_i(x)\Phi(x) = \Phi_i(x) + \varepsilon_1 x^{\mathrm{M}+1} + \varepsilon_2 x^{\mathrm{M}+2} + \ldots,$$

ε_1, ε_2, ... étant des constantes, $\Phi_i(x)$ un polynome entier de degré $\mathrm{M} - \mu_i$. Or, cette relation donnant

$$\varphi_i(x) = \frac{\Phi_i(x)}{\Phi(x)} + \frac{\varepsilon_1 x^{\mathrm{M}+1} + \varepsilon_2 x^{\mathrm{M}+2} + \ldots}{\Phi(x)},$$

on voit que les développements en série de la fraction rationnelle et de la fonction seront, en effet, les mêmes jusqu'aux termes en x^{M}, et, comme le nombre total des équations posées est $\mu_1 + \mu_2 + \ldots + \mu_n$, il suffit d'assujettir à la seule condition

$$\mu_1 + \mu_2 + \ldots + \mu_n = m$$

les entiers μ_i restés jusqu'ici absolument arbitraires. C'est cette considération si simple qui a servi de point de départ à l'étude de la fonction exponentielle que je vais exposer, me proposant d'en faire l'application aux quantités

$$\varphi_1(x) = e^{ax}, \qquad \varphi_2(x) = e^{bx}, \qquad \ldots, \qquad \varphi_n(x) = e^{hx}.$$

II. Soit, pour abréger, $\mathrm{M} - m = \mu$; je compose avec les constantes a, b, ..., h le polynome

$$\mathrm{F}(z) = z^{\mu}(z-a)^{\mu_1}(z-b)^{\mu_2}\ldots(z-h)^{\mu_n},$$

de degré $\mu + \mu_1 + \ldots + \mu_n = \mathrm{M}$, et j'envisage les n intégrales définies

$$\int_0^a e^{-zx}\,\mathrm{F}(z)\,dz, \qquad \int_0^b e^{-zx}\,\mathrm{F}(z)\,dz, \qquad \ldots, \qquad \int_0^h e^{-zx}\,\mathrm{F}(z)\,dz,$$

qu'il est facile d'obtenir sous forme explicite. Faisant, en effet,

$$\mathfrak{F}(z) = \frac{F(z)}{x} + \frac{F'(z)}{x^2} + \ldots + \frac{F^{(M)}(z)}{x^{M+1}},$$

nous aurons

$$\int e^{-zx} F(z)\, dz = -e^{-zx}\, \mathfrak{F}(z),$$

et, par conséquent,

$$\int_0^a e^{-zx} F(z)\, dz = \mathfrak{F}(0) - e^{-ax}\, \mathfrak{F}(a),$$

$$\int_0^b e^{-zx} F(z)\, dz = \mathfrak{F}(0) - e^{-bx}\, \mathfrak{F}(b),$$

$$\ldots\ldots\ldots\ldots\ldots\ldots\ldots\ldots\ldots\ldots$$

Or l'expression de $\mathfrak{F}(z)$ donne immédiatement, sous forme de polynomes ordonnés suivant les puissances croissantes de $\frac{1}{x}$, les diverses quantités $\mathfrak{F}(0)$, $\mathfrak{F}(a)$, $\mathfrak{F}(b)$, ..., et si l'on observe qu'on a

$$F(0) = 0, \qquad F'(0) = 0, \qquad \ldots, \qquad F^{(\mu-1)}(0) = 0,$$

puis successivement,

$$F(a) = 0, \qquad F'(a) = 0, \qquad \ldots, \qquad F^{(\mu_1-1)}(a) = 0,$$
$$F(b) = 0, \qquad F'(b) = 0, \qquad \ldots, \qquad F^{(\mu_2-1)}(b) = 0,$$
$$\ldots\ldots\ldots\ldots\ldots\ldots\ldots\ldots\ldots\ldots,$$

nous en conclurons les résultats suivants

$$\mathfrak{F}(0) = \frac{\Phi(x)}{x^{M+1}}, \qquad \mathfrak{F}(a) = \frac{\Phi_1(x)}{x^{M+1}}, \qquad \ldots, \qquad \mathfrak{F}(h) = \frac{\Phi_n(x)}{x^{M+1}},$$

où le polynome entier $\Phi(x)$ est du degré $M - \mu = m$, et les autres $\Phi_1(x)$, $\Phi_2(x)$, ..., $\Phi_n(x)$, des degrés $M - \mu_1$, $M - \mu_2$, ..., $M - \mu_n$. Cela posé, nous écrirons

$$e^{ax}\, \Phi(x) - \Phi_1(x) = x^{M+1} e^{ax} \int_0^a e^{-zx} F(z)\, dz,$$

$$e^{bx}\, \Phi(x) - \Phi_2(x) = x^{M+1} e^{bx} \int_0^b e^{-zx} F(z)\, dz,$$

$$\ldots\ldots\ldots\ldots\ldots\ldots\ldots\ldots\ldots\ldots,$$

$$e^{hx}\, \Phi(x) - \Phi_n(x) = x^{M+1} e^{hx} \int_0^h e^{-zx} F(z)\, dz;$$

or, les intégrales définies se développant en séries de la forme $\alpha + \beta x + \gamma x^2 + \ldots$, on voit que les conditions précédemment posées comme définitions du nouveau mode d'approximation des fonctions se trouvent entièrement remplies. Nous avons ainsi obtenu, dans toute sa généralité, le système des fractions rationnelles $\frac{\Phi_1(x)}{\Phi(x)}, \frac{\Phi_2(x)}{\Phi(x)}, \ldots, \frac{\Phi_n(x)}{\Phi(x)}$, de même dénominateur, représentant les fonctions $e^{ax}, e^{bx}, \ldots, e^{hx}$, aux termes près de l'ordre x^{M+1}.

III. Soit, comme application, $n = 1$, et supposons de plus $\mu = \mu_1 = m$, ce qui donnera

$$M = 2m, \qquad F(z) = z^m(z-1)^m;$$

les dérivées de $F(z)$ pour $z = 0$ se tirent sur-le-champ du développement par la formule du binome

$$F(z) = z^{2m} - \frac{m}{1} z^{2m-1} + \frac{m(m-1)}{1.2} z^{2m-2} - \ldots + (-1)^m z^m,$$

et l'on obtient

$$\frac{F^{(2m-k)}(0)}{1.2.3\ldots 2m-k} = \frac{m(m-1)\ldots(m-k+1)}{1.2.3\ldots k}(-1)^k,$$

d'où, par suite,

$$\frac{\Phi(x)}{1.2.3\ldots m} = 2m(2m-1)\ldots(m+1) - (2m-1)(2m-2)\ldots(m+1)\frac{m}{1}x$$
$$+ (2m-2)(2m-3)\ldots(m+1)\frac{m(m-1)}{1.2}x^2 - \ldots + (-1)^m x^m.$$

Pour avoir, en second lieu, les valeurs des dérivées quand on suppose $z = 1$, nous poserons $z = 1 + h$, afin de développer suivant les puissances de h le polynome $F(1+h) = h^m(h+1)^m$. Or les coefficients précédemment obtenus se reproduisant, sauf le signe, on voit qu'on aura

$$\Phi_1(x) = \Phi(-x).$$

Ces résultats conduisent à introduire, au lieu de $\Phi(x)$ et $\Phi_1(x)$, les polynomes

$$\Pi(x) = \frac{\Phi(x)}{1.2.3\ldots m}, \qquad \Pi_1(x) = \frac{\Phi_1(x)}{1.2.3\ldots m},$$

dont les coefficients sont des nombres entiers; on aura ainsi

$$e^x \Pi(x) - \Pi_1(x) = \frac{x^{2m+1}}{1.2.3\ldots m} e^x \int_0^1 e^{-zx} z^m (z-1)^m \, dz$$
$$= (-1)^m \frac{x^{2m+1}}{1.2.3\ldots m} \int_0^1 e^{x(1-z)} z^m (1-z)^m \, dz,$$

et l'on met en évidence que le premier membre peut devenir, pour une valeur suffisamment grande de m, plus petit que toute quantité donnée. Nous savons effectivement que le facteur $\frac{x^{2m+1}}{1.2.3\ldots m}$ a zéro pour limite, et il en est de même de l'intégrale, la quantité $z^m(1-z)^m$ étant toujours inférieure à son maximum $\left(\frac{1}{2}\right)^m$ qui décroît indéfiniment quand m augmente. Il résulte de là qu'en supposant x un nombre entier, l'exponentielle e^x ne peut avoir une valeur commensurable; car si l'on fait $e^x = \frac{b}{a}$, on parvient, après avoir chassé le dénominateur, à l'égalité

$$b\,\Pi(x) - a\,\Pi_1(x) = (-1)^m \frac{a x^{2m+1}}{1.2.3\ldots m} \int^1 e^{x(1-x)} z^m (1-z)^m \, dz,$$

dont le second membre peut devenir moindre que toute grandeur donnée, et sans jamais s'évanouir, tandis que le premier est un nombre entier. Lambert, à qui l'on doit cette proposition, ainsi que la seule démonstration, jusqu'à ce jour obtenue, de l'irrationalité du rapport de la circonférence au diamètre et de son carré, a tiré ces importants résultats de la fraction continue

$$\frac{e^x - e^{-x}}{e^x + e^{-x}} = \cfrac{x}{1 + \cfrac{x^2}{3 + \cfrac{x^2}{5 + \ldots}}}$$

à laquelle nous parviendrons plus tard. Laissant entièrement de côté le rapport de la circonférence au diamètre, je vais maintenant tenter d'aller plus loin à l'égard du nombre e, en établissant l'impossibilité d'une relation de la forme

$$N + e^a N_1 + e^b N_2 + \ldots + e^h N_n = 0,$$

$a, b, \ldots, h$ étant des nombres entiers, ainsi que les coefficients N, $N_1, \ldots, N_n$.

IV. Je considère, à cet effet, parmi les divers systèmes de fractions rationnelles $\frac{\Phi_1(x)}{\Phi(x)}, \frac{\Phi_2(x)}{\Phi(x)}, \ldots, \frac{\Phi_n(x)}{\Phi(x)}$, celui qu'on obtient lorsqu'on suppose $\mu = \mu_1 = \ldots = \mu_n$, ce qui donne

$$m = n\mu, \qquad M = (n+1)\mu \qquad \text{et} \qquad F(z) = f^\mu(z),$$

en faisant

$$f(z) = z(z-a)(z-b)\ldots(z-h).$$

Soit alors, comme tout à l'heure,

$$\Pi(x) = \frac{\Phi(x)}{1.2.3\ldots\mu}, \qquad \Pi_1(x) = \frac{\Phi_1(x)}{1.2.3\ldots\mu}, \qquad \ldots,$$
$$\Pi_n(x) = \frac{\Phi_n(x)}{1.2.3\ldots\mu};$$

ces nouveaux polynomes auront encore, pour leurs coefficients, des nombres entiers, et conduiront aux relations suivantes :

$$(\text{A}) \qquad \begin{cases} e^{ax}\Pi(x) - \Pi_1(x) = \varepsilon_1, \\ e^{bx}\Pi(x) - \Pi_2(x) = \varepsilon_2, \\ \ldots\ldots\ldots\ldots\ldots\ldots\ldots, \\ e^{hx}\Pi(x) - \Pi_n(x) = \varepsilon_n, \end{cases}$$

en écrivant, pour abréger,

$$\varepsilon_1 = \frac{x^{M+1}e^{ax}}{1.2.3\ldots\mu}\int_0^a e^{-zx}F(z)\,dz = \int_0^a e^{x(a-z)}\frac{f^\mu(z)x^{(n+1)\mu+1}}{1.2.3\ldots\mu}\,dz,$$

$$\varepsilon_2 = \frac{x^{M+1}e^{bx}}{1.2.3\ldots\mu}\int_0^b e^{-zx}F(z)\,dz = \int^b e^{x(b-z)}\frac{f^\mu(z)x^{(n+1)\mu+1}}{1.2.3\ldots\mu}\,dz,$$

$$\ldots\ldots\ldots\ldots\ldots\ldots\ldots\ldots\ldots\ldots\ldots\ldots$$

Cela posé, j'observe en premier lieu que $\varepsilon_1, \varepsilon_2, \ldots$ deviennent, pour une valeur suffisamment grande de μ, plus petits que toute quantité donnée; car, le polynome $f(z)$ ne dépassant jamais une certaine limite λ dans l'intervalle parcouru par la variable, le facteur $\frac{f^\mu(z)x^{(n+1)\mu+1}}{1.2.3\ldots\mu}$, qui multiplie l'exponentielle sous le signe d'intégration, est constamment inférieur à la quantité $\frac{(\lambda x^{n+1})^\mu x}{1.2.3\ldots\mu}$, qui a zéro pour limite.

Je suppose maintenant $x = 1$ dans les équations (A), et, désignant alors par P_i la valeur correspondante de $\Pi_i(x)$ qui sera un nombre entier dans l'hypothèse admise à l'égard de $a, b, \ldots, h$, elles deviendront

$$\begin{aligned} e^a P - P_1 &= \varepsilon_1, \\ e^b P - P_2 &= \varepsilon_2, \\ \cdots\cdots&\cdots\cdots, \\ e^h P - P_n &= \varepsilon_n, \end{aligned}$$

et la relation supposée

$$N + e^a N_1 + e^b N_2 + \ldots + e^h N_n = 0$$

donnera facilement celle-ci,

$$NP + N_1 P_1 + \ldots + N_n P_n = -(N_1 \varepsilon_1 + N_2 \varepsilon_2 + \ldots + N_n \varepsilon_n),$$

dont le premier membre est essentiellement entier, le second, d'après ce qui a été établi relativement à $\varepsilon_1, \varepsilon_2, \ldots$ pouvant, lorsque μ augmente, devenir plus petit que toute grandeur donnée. On aura donc nécessairement, à partir d'une certaine valeur de μ et pour toutes les valeurs plus grandes,

$$NP + N_1 P_1 + \ldots + N_n P_n = 0.$$

Supposons, en conséquence, que, μ devenant successivement $\mu + 1, \mu + 2, \ldots, \mu + n$, P_i se change en $P'_i, P''_i, \ldots, P^{(n)}_i$; on aura de même

$$\begin{aligned} NP' + N_1 P'_n + \ldots + N_n P'_n &= 0, \\ NP'' + N_1 P''_1 + \ldots + N_n P''_n &= 0, \\ \cdots\cdots\cdots\cdots&\cdots\cdots, \\ NP^{(n)} + N_1 P^{(n)}_1 + \ldots + N_n P^{(n)}_n &= 0. \end{aligned}$$

Ces relations entraînent la condition suivante :

$$\begin{vmatrix} P & P_1 & \ldots & P_n \\ P' & P'_1 & \ldots & P'_n \\ P'' & P''_1 & \ldots & P''_n \\ \vdots & \vdots & \vdots & \vdots \\ P^{(n)} & P^{(n)}_1 & \ldots & P^{(n)}_n \end{vmatrix} = 0.$$

En prouvant donc que ce déterminant est différent de zéro, on démontrera l'impossibilité de la relation admise

$$N + e^a N_1 + e^b N_2 + \ldots + e^b N_n = 0.$$

J'observerai dans ce but qu'on peut substituer aux termes d'une même ligne horizontale des combinaisons linéaires semblables pour toutes ces lignes, et que j'indiquerai en considérant, par exemple, la première. Elle consiste à remplacer respectivement P, P_1, P_2, ..., P_{n-1}, P_n par $P - e^{-a}P_1$, $e^{-a}P_1 - e^{-b}P_2$, ..., $e^{-g}P_{n-1} - e^{-h}P_n$, $e^{-h}P_n$; il est alors aisé de voir que, si l'on multiplie toutes ces quantités par $1.2.3\ldots\mu$, elles deviennent précisément les intégrales

$$\int_0^a e^{-z}f^\mu(z)\,dz, \quad \int_a^b e^{-z}f^\mu(z)\,dz, \quad \ldots,$$
$$\int_g^h e^{-z}f^\mu(z)\,dz, \quad \int_h^\infty e^{-z}f^\mu(z)\,dz.$$

Maintenant les autres lignes se déduisent de celle-là par le changement de μ en $\mu+1$, $\mu+2$, ..., $\mu+n$, et le déterminant transformé sur lequel nous allons raisonner est le suivant :

$$\Delta = \begin{vmatrix} \int_0^a e^{-z}f^\mu(z)\,dz, & \int_a^b e^{-z}f^\mu(z)\,dz, & \ldots, & \int_h^\infty e^{-z}f^\mu(z)\,dz \\ \int_0^a e^{-z}f^{\mu+1}(z)\,dz, & \int_a^b e^{-z}f^{\mu+1}(z)\,dz, & \ldots, & \int_h^\infty e^{-z}f^{\mu+1}(z)\,dz \\ \ldots\ldots, & \ldots\ldots; & \ldots; & \ldots\ldots \\ \int_0^a e^{-z}f^{\mu+n}(z)\,dz, & \int_a^b e^{-z}f^{\mu+n}(z)\,dz, & \ldots, & \int_h^\infty e^{-z}f^{\mu+n}(z)\,dz \end{vmatrix}.$$

V. Nous devons supposer, comme on l'a vu précédemment, que μ est un grand nombre ; c'est ce qui conduit à déterminer, au moyen de la belle méthode donnée par Laplace (*De l'intégration par approximation des différentielles qui renferment des facteurs élevés à de grandes puissances* dans la *Théorie analytique des Probabilités*, p. 88), l'expression asymptotique des intégrales

$$\int_0^a e^{-z}f^\mu(z)\,dz, \quad \int_a^b e^{-z}f^\mu(z)\,dz, \quad \ldots, \quad \int_h^\infty e^{-z}f^\mu(z)\,dz,$$

afin d'en conclure pour Δ une valeur approchée, dont le rapport à la valeur exacte soit l'unité pour μ infini. Admettant, à cet effet, que les nombres entiers $a, b, \ldots, h$ soient tous positifs et rangés par ordre croissant de grandeur, de sorte que, dans chaque intégrale, la fonction $e^{-z}f^{\mu}(z)$, qui s'annule aux limites, ne présente, dans l'intervalle, qu'un seul maximum, je considérerai en premier lieu l'équation

$$\frac{f'(z)}{f(z)} = \frac{1}{\mu},$$

dont dépendent tous ces maxima. Or on sait que ses racines sont réelles et comprises, la première z_1 entre zéro et a, la seconde z_2 entre a et b, et ainsi de suite, la plus grande z_{n+1} étant supérieure à h. Envisagées comme fonctions de μ, il est aisé de voir qu'elles croissent lorsque μ augmente, et qu'en désignant par $p, q, \ldots, s$ les racines de l'équation dérivée $f'(z) = 0$, rangées par ordre croissant de grandeur, on aura, si l'on néglige $\frac{1}{\mu^2}$:

$$z_1 = p + \frac{1}{\mu}\frac{f(p)}{f''(p)}, \qquad z_2 = q + \frac{1}{\mu}\frac{f(q)}{f''(q)}, \qquad \ldots, \qquad z_n = s + \frac{1}{\mu}\frac{f(s)}{f''(s)},$$

et, en dernier lieu,

$$z_{n+1} = (n+1)\mu + \frac{a+b+\ldots+h}{n+1},$$

une approximation plus grande n'étant pas alors nécessaire. Cela posé, si l'on écrit pour un instant

$$\varphi(z) = \frac{f(z)}{\sqrt{f'^2(z) - f(z)f''(z)}},$$

les valeurs cherchées seront

$$\sqrt{\frac{2\pi}{\mu}}\, e^{-z_1} f^{\mu}(z_1)\,\varphi(z_1), \quad \sqrt{\frac{2\pi}{\mu}}\, e^{-z_2} f^{\mu}(z_2)\,\varphi(z_2), \quad \ldots,$$
$$\sqrt{\frac{2\pi}{\mu}}\, e^{-z_{n+1}} f^{\mu}(z_{n+1})\,\varphi(z_{n+1});$$

mais ces quantités se simplifient, comme on va le voir.

Considérant la première pour fixer les idées, j'observe que nous avons

$$z_1 = p + \frac{1}{\mu}\frac{f(p)}{f''(p)},$$

où p satisfait à la condition $f'(p) = 0$; on en conclut $f(x_1) = f(p)$, en négligeant seulement $\frac{1}{\mu^2}$. Par conséquent, si l'on pose

$$f(z_1) = f(p)\left(1 + \frac{\alpha}{\mu^2} + \frac{\alpha'}{\mu^3} + \ldots\right),$$

puis d'une manière analogue

$$\varphi(z_1) = \varphi(p)\left(1 + \frac{\beta}{\mu} + \frac{\beta'}{\mu^2} + \ldots\right),$$

on aura d'abord

$$f^{\mu}(z_1) = f^{\mu}(p)\left(1 + \frac{\alpha}{\mu} + \ldots\right),$$

et l'on en tire aisément

$$f^{\mu}(z_1)\,\varphi(z_1) = f^{\mu}(p)\,\varphi(p)\left(1 + \frac{\gamma}{\mu} + \frac{\gamma'}{\mu^2} + \ldots\right).$$

Ainsi, en négligeant seulement des quantités infiniment petites par rapport au terme conservé, nous pouvons écrire

$$\int_0^a e^{-z} f^{\mu}(z)\,dz = \sqrt{\frac{2\pi}{\mu}}\, e^{-p} f^{\mu}(p)\,\varphi(p),$$

et l'on aura de même

$$\int_a^b e^{-z} f^{\mu}(z)\,dz = \sqrt{\frac{2\pi}{\mu}}\, e^{-q} f^{\mu}(q)\,\varphi(q),$$

$$\ldots\ldots\ldots\ldots\ldots\ldots\ldots\ldots\ldots\ldots\ldots\ldots,$$

$$\int_g^h e^{-z} f^{\mu}(z)\,dz = \sqrt{\frac{2\pi}{\mu}}\, e^{-s} f^{\mu}(s)\,\varphi(s).$$

Mais la dernière intégrale $\int_h^{\infty} e^{-z} f^{\mu}(z)\,dz$ est d'une forme analytique différente, en raison de la valeur $z_{n+1} = (n+1)\mu$ qui devient infinie avec μ. Pour y parvenir, je développerai, suivant les puissances descendantes de la variable, l'expression

$$\log[e^{-z} f^{\mu}(z)\,\varphi(z)],$$

en négligeant les termes en $\frac{1}{z}$, $\frac{1}{z^2}$, $\ldots$, ce qui permet d'écrire

$$\log f(z) = (n+1)\log z, \qquad \log \varphi z = \log \frac{z^{n+1}}{\sqrt{(n+1)z^{2n} + \ldots}} = \log \frac{z}{\sqrt{n+1}},$$

et, par suite,

$$\log[e^{-z} f^{\mu}(z)\,\varphi(z)] = (n\mu + \mu + 1)\log z - z - \tfrac{1}{2}\log(n+1).$$

Après avoir substitué la valeur de z_{n+1}, une réduction facile nous donnera, en faisant, pour abréger,

$$\theta(\mu) = (n\mu + \mu + 1)\log(n+1)\mu - (n+1)\mu - \tfrac{1}{2}\log(n+1),$$

cette expression semblable à celle des intégrales eulériennes de première espèce

$$\int_h^{\infty} e^{-z} f^{\mu}(z)\,dz = \sqrt{\frac{2\pi}{\mu}}\, e^{\theta(\mu)}.$$

Maintenant on va voir comment les résultats ainsi obtenus conduisent aisément à la valeur du déterminant Δ.

VI. J'effectuerai d'abord une première simplification en supprimant, dans les termes de la ligne horizontale de rang i, le facteur $\sqrt{\frac{2\pi}{\mu+i}}$, puis une seconde, en divisant tous les termes d'une même colonne verticale par le premier d'entre eux. Le nouveau déterminant ainsi obtenu, si l'on fait, pour abréger,

$$P = f(p), \qquad Q = f(q), \qquad \ldots, \qquad S = f(s),$$

sera évidemment

$$\begin{vmatrix} 1 & 1 & 1 & 1 \\ P & Q & S & e^{\theta(\mu+1)-\theta(\mu)} \\ P^2 & Q^2 & S^2 & e^{\theta(\mu+2)-\theta(\mu)} \\ \vdots & \vdots & \vdots & \vdots \\ P^n & Q^n & S^n & e^{\theta(\mu+n)-\theta(\mu)} \end{vmatrix}.$$

Or, on voit que μ ne figure plus que dans une colonne, dont les termes croissent d'une telle manière que le dernier $e^{\theta(\mu+n)-\theta(\mu)}$ est infiniment plus grand que tous les autres. Nous avons, en effet,

$$\begin{aligned} \theta(\mu+i) &= \theta(\mu) + i\theta'(\mu) + \frac{i^2}{2}\theta''(\mu) + \ldots \\ &= \theta(\mu) + i\left[\frac{1}{\mu} + (n+1)\log(n+1)\mu\right] \\ &\quad + \frac{i^2}{2}\left(-\frac{1}{\mu^2} + \frac{n+1}{\mu}\right) + \ldots, \end{aligned}$$

et, par conséquent, si l'on néglige $\frac{1}{\mu}, \frac{1}{\mu^2}, \ldots,$

$$\theta(\mu+i) - \theta(\mu) = i(n+1)\log(n+1)\mu,$$

d'où

$$e^{\theta(\mu+i)-\theta(\mu)} = [(n+1)\mu]^{i(n+1)}.$$

En ne conservant donc dans le déterminant que le terme en μ de l'ordre le plus élevé, il se réduit simplement à cette expression

$$[(n+1)\mu]^{n(n+1)} \begin{vmatrix} 1 & 1 & 1 \\ P & Q & S \\ P^2 & Q^2 & S^2 \\ \vdots & \vdots & \vdots \\ P^{n-1} & Q^{n-1} & S^{n-1} \end{vmatrix}.$$

Il en résulte qu'on ne peut, en général, admettre que le déterminant proposé Δ s'annule, car les quantités $P = f(p)$, $Q = f(q), \ldots,$ fonctions entières semblables des racines $p, q, \ldots$ de l'équation dérivée $f'(x) = 0$, seront, comme ces racines, différentes entre elles. C'est ce qu'il fallait établir pour démontrer l'impossibilité de toute relation de la forme

$$N + e^a N_1 + e^b N_2 + \ldots + e^h N_n = 0,$$

et arriver ainsi à prouver que *le nombre e ne peut être racine d'une équation algébrique de degré quelconque à coefficients entiers*.

Mais une autre voie conduira à une seconde démonstration plus rigoureuse; on peut, en effet, comme on va le voir, étendre aux fractions rationnelles

$$\frac{\Phi_1(x)}{\Phi(x)}, \quad \frac{\Phi_2(x)}{\Phi(x)}, \quad \ldots, \quad \frac{\Phi_n(x)}{\Phi(x)}$$

le mode de formation des réduites donné par la théorie des fractions continues, et par là mettre plus complètement en évidence le caractère arithmétique d'une irrationnelle non algébrique. Dans cet ordre d'idées, M. Liouville a déjà obtenu un théorème remarquable qui est l'objet de son travail intitulé : *Sur des classes très étendues de quantités dont la valeur n'est ni algébrique, ni même réductible à des irrationnelles algébriques* (¹), et je rappellerai aussi que l'illustre géomètre a démontré le premier la proposition qui est le sujet de ces recherches pour les cas de l'équation du second degré et de l'équation bicarrée [*Note sur l'irrationnalité du nombre e* (*Journal de Mathématiques*, t. V, p. 192)]. Sous le point de vue auquel je me suis placé, voici la première proposition à établir :

VII. *Soient* $F(z), F_1(z), \ldots, F_{n+1}(z)$ *les polynomes déduits de l'expression*

$$z^{\mu}(z-a)^{\mu_1}(z-b)^{\mu_2}\ldots(z-h)^{\mu_n},$$

lorsqu'on attribue aux exposants $\mu, \mu_1, \ldots, \mu_n$, $n+2$ *systèmes différents de valeurs entières et positives. En représentant, en général, par* $\dfrac{\Phi_i^k(x)}{\Phi^k(x)}$ *les fractions convergentes vers les exponentielles, qui correspondent à l'un quelconque d'entre eux* $F_k(z)$, *on pourra toujours déterminer les quantités* A, B, C, ..., L *par les équations suivantes :*

$$\begin{aligned}
&A\Phi(x) + B\Phi^1(x) + C\Phi^2(x) + \ldots + L\Phi^{n+1}(x) = 0,\\
&A\Phi_1(x) + B\Phi_1^1(x) + C\Phi_1^2(x) + \ldots + L\Phi_1^{n+1}(x) = 0,\\
&\ldots\ldots\ldots\ldots\ldots\ldots\ldots\ldots\ldots\ldots\ldots\ldots\ldots\ldots,\\
&A\Phi_n(x) + B\Phi_n^1(x) + C\Phi_n^2(x) + \ldots + L\Phi_n^{n+1}(x) = 0.
\end{aligned}$$

Mais, au lieu de conclure de telles relations des polynomes $\Phi_i^k(x)$ supposés connus, notre objet est de les obtenir directement et *a priori;* je vais établir pour cela qu'il existe, entre les intégrales indéfinies

$$\int e^{-zx}F(z)\,dz,\quad \int e^{-zx}F_1(z)\,dz,\quad \ldots,\quad \int e^{-zx}F_{n+1}(z)\,dz,$$

une équation de la forme

$$\begin{aligned}
\mathcal{A}\int e^{-zx}F(z)\,dz + \mathcal{B}\int e^{-zx}F_1(z)\,dz + \ldots&\\
+ \mathcal{L}\int e^{-zx}F_{n+1}(z)\,dz &= e^{-zx}\Theta(z),
\end{aligned}$$

(¹) *Comptes rendus*, t. XVIII, p. 883 et 910.

les coefficients $\mathcal{A}, \mathcal{B}, \ldots, \mathcal{L}$ étant indépendants de z, et $\Theta(z)$ un polynome entier divisible par $f(z)$. Si l'on fait, en effet,

$$\mathfrak{F}_k(z) = \frac{F_k(z)}{x} + \frac{F'_k(z)}{x^2} + \frac{F''_k(z)}{x^3} + \ldots,$$

on aura

$$\mathcal{A}\int e^{-zx}F(z)\,dz + \mathcal{B}\int e^{-zx}F_1(z)\,dz + \ldots + \mathcal{L}\int e^{-zx}F_{n+1}(z)\,dz$$
$$= -e^{-zx}[\mathcal{A}\mathfrak{F}(z) + \mathcal{B}\mathfrak{F}_1(z) + \ldots + \mathcal{L}\mathfrak{F}_{n+1}(z)],$$

et il est clair que les rapports $\frac{\mathcal{B}}{\mathcal{A}}, \frac{\mathcal{C}}{\mathcal{A}}, \ldots, \frac{\mathcal{L}}{\mathcal{A}}$ pourront être déterminés, et d'une seule manière, par la condition supposée que le polynome

$$\Theta(z) = -[\mathcal{A}\mathfrak{F}(z) + \mathcal{B}\mathfrak{F}_1(z) + \ldots + \mathcal{L}\mathfrak{F}_{n+1}(z)]$$

contienne comme facteur

$$f(z) = z(z-a)(z-b)\ldots(z-h).$$

Nous conclurons de là en prenant les intégrales entre les limite $z = 0$ et $z = a$, par exemple,

$$\mathcal{A}\int_0^a e^{-zx}F(z)\,dz + \mathcal{B}\int_0^a e^{-zx}F_1(z)\,dz + \ldots$$
$$+ \mathcal{L}\int_0^a e^{-zx}F_{n+1}(z)\,dz = 0.$$

Maintenant, les relations

$$\int_0^a e^{-zx}F(z)\,dz = \frac{e^{ax}\Phi(x) - \Phi_1(x)}{e^{ax}x^{M+1}},$$

$$\int_0^a e^{-zx}F_1(z)\,dz = \frac{e^{ax}\Phi_1(x) - \Phi'_1(x)}{e^{ax}x^{M_1+1}},$$

. . . .

donneront, en égalant séparément à zéro le terme algébrique et le coefficient de l'exponentielle e^{ax}, si l'on fait, pour abréger,

$$A = \frac{\mathcal{A}}{x^{M+1}}, \qquad B = \frac{\mathcal{B}}{x^{M_1+1}}, \qquad \ldots, \qquad L = \frac{\mathcal{L}}{x^{M_{n+1}+1}},$$

les égalités suivantes :

$$A\,\Phi(x) + B\,\Phi^1(x) + \ldots + L\,\Phi^{n+1}(x) = 0,$$
$$A\,\Phi_1(x) + B\,\Phi_1^1(x) + \ldots + L\,\Phi_1^{n+1}(x) = 0.$$

Or, on aura de même, en prenant pour limites supérieures des intégrales $z = b, c, \ldots, h$,

$$A\,\Phi_2(x) + B\,\Phi_2^1(x) + \ldots + L\,\Phi_2^{n+1}(x) = 0,$$
$$\ldots\ldots\ldots\ldots\ldots\ldots\ldots\ldots\ldots,$$
$$A\,\Phi_n(x) + B\,\Phi_n^1(x) + \ldots + L\,\Phi_n^{n+1}(x) = 0,$$

et il est aisé de voir que les coefficients A, B, ..., L pourront être supposés des polynomes entiers en x. L'intégrale

$$\int_0^1 e^{-zx} z^m (z-1)^m \, dz,$$

qui figure dans la relation précédemment considérée (p. 154),

$$e^x \Pi(x) - \Pi_1(x) = \frac{x^{2m+1} e^x}{1.2.3\ldots m} \int_0^1 e^{-zx} z^m (z-1)^m \, dz,$$

nous servira d'abord d'exemple.

VIII. Dans ce cas facile, où l'on a simplement

$$f(z) = z(z-1),$$

je partirai, en supposant

$$\Theta(z) = x f^{m+1}(z) + (m+1) f^m(z) f'(z),$$

de l'identité suivante :

$$\begin{aligned}\frac{d[e^{-zx}\Theta(z)]}{dz} &= e^{-zx}[\Theta'(z) - x\Theta(z)] \\ &= e^{-zx}[-x^2 f^{m+1}(z) + (m+1) f^m(z) f''(z) \\ &\qquad + m(m+1) f^{m-1} f'^2(z)],\end{aligned}$$

et j'observerai que

$$f'^2(z) = 4z^2 - 4z + 1 = 4f(z) + 1, \qquad f''(z) = 2,$$

ce qui permet de l'écrire ainsi :

$$\begin{aligned}\frac{d[e^{-zx}\Theta(z)]}{dx} &= e^{-zx}[-x^2 f^{m+1}(z) \\ &\quad + (2m+1)(2m+2) f^m(z) + m(m+1) f^{m-1}(z)].\end{aligned}$$

Nous aurons donc, en intégrant,

$$e^{-zx}\theta(z) = -x^2\int e^{-zx}f^{m+1}(z)\,dz + (2m+1)(2m+2)\int e^{-zx}f^m(z)\,dz$$
$$+ m(m+1)\int e^{-zx}f^{m-1}(z)\,dz,$$

et ensuite, si nous prenons pour limites $z = 0$ et $z = 1$,

$$x^2\int_0^1 e^{-zx}f^{m+1}(z)\,dz = (2m+1)(2m+2)\int_0^1 e^{-zx}f^m(z)\,dz$$
$$+ m(m+1)\int_0^1 e^{-zx}f^{m-1}(z)\,dz.$$

Soit maintenant

$$\varepsilon_m = \frac{x^{2m+1}e^x}{1.2\ldots m}\int_0^1 e^{-zx}z^m(z-1)^m\,dz,$$

et cette relation deviendra

$$\varepsilon_{m+1} = (4m+2)\varepsilon_m + x^2\varepsilon_{m-1}.$$

C'est le résultat auquel nous voulions parvenir; en y supposant successivement $m = 1, 2, 3, \ldots$, les équations qu'on en tire

$$\varepsilon_2 = 6\varepsilon_1 + x^2\varepsilon_0,$$
$$\varepsilon_3 = 10\varepsilon_2 + x^2\varepsilon_1,$$
$$\varepsilon_4 = 14\varepsilon_3 + x^2\varepsilon_2,$$
$$\ldots\ldots\ldots\ldots\ldots$$

donnent aisément la fraction continue

$$\frac{\varepsilon_1}{\varepsilon_0} = -\cfrac{x^2}{6+\cfrac{x^2}{10+\cfrac{x^2}{14+\ldots}}},$$

et il suffit d'employer les valeurs

$$\varepsilon_0 = xe^x\int_0^1 e^{-zx}\,dz = e^x - 1,$$

$$\varepsilon_1 = x^3e^x\int_0^1 e^{-zx}z(z-1)\,dz = e^x(2-x) - 2 - x,$$

d'où l'on conclut

$$\frac{\varepsilon_1}{\varepsilon_0} = 2 - \frac{e^x + 1}{e^x - 1} x,$$

pour retrouver, sauf le changement de x en $\frac{x}{2}$, le résultat de Lambert [1]

$$\frac{e^x - 1}{e^x + 1} = \cfrac{x}{2 + \cfrac{x^2}{6 + \cfrac{x^2}{10 + \cfrac{x^2}{14 + \dots}}}}$$

En abordant maintenant le cas général et me proposant d'obtenir, à l'égard des intégrales définies

$$\int_0^a e^{-z} f^m(z)\,dz, \quad \int_0^b e^{-z} f^m(z)\,dz, \quad \dots, \quad \int_0^h e^{-z} f^m(z)\,dz,$$

un algorithme qui permette de les calculer de proche en proche, pour toutes les valeurs du nombre entier m, j'introduirai, afin de rendre les calculs plus symétriques, les modifications suivantes dans les notations précédemment admises. Je ferai

$$f(z) = (z - z_0)(z - z_1)\dots(z - z_n),$$

au lieu de

$$f(z) = z(z - a)(z - b)\dots(z - h),$$

de manière à considérer le polynome le plus général de degré $n+1$; désignant ensuite par Z l'une quelconque des quantités $z_1, z_2, \dots, z_n$, je raisonnerai sur l'intégrale

$$\int_{z_0}^{Z} e^{-z} f^m(z)\,dz,$$

qui donnera évidemment toutes celles que nous avons en vue, en faisant $z_0 = 0$. Cela étant, voici la remarque qui m'a ouvert la voie et conduit à la méthode que je vais exposer.

---

(1) Mémoire sur quelques propriétés remarquables des quantités transcendantes circulaires et logarithmiques (*Mémoires de l'Académie des Sciences de Berlin*, année 1761, p. 265). *Voir* aussi la Note IV des *Éléments de Géométrie*, de Legendre, p. 288.

IX. En intégrant les deux membres de la relation identique

$$\frac{d[e^{-z}f^m(z)]}{dz} = e^{-z}[mf^{m-1}(z)f'(z) - f^m(z)],$$

on obtient

$$e^{-z}f^m(z) = m\int e^{-z}f^{m-1}(z)f'(z)\,dz - \int e^{-z}f^m(z)\,dz,$$

et, par conséquent,

$$\int_{z_0}^{Z} e^{-z}f^m(z)\,dz = m\int_{z_0}^{Z} e^{-z}f^{m-1}(z)f'(z)\,dz,$$

ou encore

$$\int_{z_0}^{Z} e^{-z}f^m(z)\,dz = m\int_{z_0}^{Z} \frac{e^{-z}f^m(z)}{z-z_0}\,dz + m\int_{z_0}^{Z} \frac{e^{-z}f^m(z)}{z-z_1}\,dz + \ldots + m\int_{z_0}^{Z} \frac{e^{-z}f^m(z)}{z-z_n}\,dz,$$

d'après la formule

$$\frac{f'(z)}{f(z)} = \frac{1}{z-z_0} + \frac{1}{z-z_1} + \ldots + \frac{1}{z-z_n}.$$

Or ce sont ces nouvelles intégrales

$$\int_{z_0}^{Z} \frac{e^{-z}f^m(z)}{z-z_0}\,dz, \quad \int_{z_0}^{Z} \frac{e^{-z}f^m(z)}{z-z_1}\,dz, \quad \ldots, \quad \int_{z_0}^{Z} \frac{e^{-z}f^m(z)}{z-z_n}\,dz$$

qui donnent lieu à un système de relations récurrentes de la forme

$$\int_{z_0}^{Z} \frac{e^{-z}f^{m+1}(z)}{z-z_0}\,dz = (00)\int_{z_0}^{Z} \frac{e^{-z}f^m(z)}{z-z_0}\,dz + (01)\int_{z_0}^{Z} \frac{e^{-z}f^m(z)}{z-z_1}\,dz + \ldots + (0n)\int_{z_0}^{Z} \frac{e^{-z}f^m(z)}{z-z_n}\,dz,$$

$$\int_{z_0}^{Z} \frac{e^{-z}f^{m+1}(z)}{z-z_1}\,dz = (10)\int_{z_0}^{Z} \frac{e^{-z}f^m(z)}{z-z_0}\,dz + (11)\int_{z_0}^{Z} \frac{e^{-z}f^m(z)}{z-z_1}\,dz + \ldots + (1n)\int_{z_0}^{Z} \frac{e^{-z}f^m(z)}{z-z_n}\,dz,$$

. . . . ,

$$\int_{z_0}^{Z} \frac{e^{-z}f^{m+1}(z)}{z-z_n}\,dz = (n0)\int_{z_0}^{Z} \frac{e^{-z}f^m(z)}{z-z_0}\,dz + (n1)\int_{z_0}^{Z} \frac{e^{-z}f^m(z)}{z-z_1}\,dz + \ldots + (nn)\int_{z_0}^{Z} \frac{e^{-z}f^m(z)}{z-z_n}\,dz,$$

où les coefficients (ik), ainsi que leur déterminant, s'obtiennent d'une manière facile, comme nous verrons.

C'est donc en opérant sur les éléments au nombre de $n+1$, dans lesquels a été décomposée l'intégrale $\int_{z_0}^{Z} e^{-z} f^m(z)\,dz$, que nous parvenons à sa détermination, au lieu de chercher, comme une analogie naturelle aurait paru l'indiquer, une expression linéaire de $\int_{z_0}^{Z} e^{-z} f^{m+n+1}(z)\,dz$, au moyen de

$$\int_{z_0}^{Z} e^{-z} f^m(z)\,dz, \quad \int_{z_0}^{Z} e^{-z} f^{m+1}(z)\,dz, \quad \ldots, \quad \int_{z_0}^{Z} e^{-z} f^{m+n}(z)\,dz.$$

Mais soit, d'une manière plus générale, pour des valeurs entières quelconques des exposants,

$$F(z) = (z-z_0)^{\mu_0}(z-z_1)^{\mu_1}\ldots(z-z_n)^{\mu_n};$$

en intégrant les deux membres de l'identité

$$\frac{d[e^{-z}F(z)]}{dz} = e^{-z}[F'(z) - F(z)],$$

on aura

$$e^{-z}F(z) = \int e^{-z}F'(z)\,dz - \int e^{-z}F(z)\,dz,$$

d'où

$$\int_{z_0}^{Z} e^{-z}F(z)\,dz = \int_{z_0}^{Z} e^{-z}F'(z)\,dz.$$

Maintenant la formule

$$\frac{F'(z)}{F(z)} = \frac{\mu_0}{z-z_0} + \frac{\mu_1}{z-z_1} + \ldots + \frac{\mu_n}{z-z_n}$$

donne la décomposition suivante,

$$\int_{z_0}^{Z} e^{-z}F(z)\,dz = \mu_0 \int_{z_0}^{Z} \frac{e^{-z}F(z)\,dz}{z-z_0} + \mu_1 \int_{z_0}^{Z} \frac{e^{-z}F(z)\,dz}{z-z_1} + \ldots + \mu_n \int_{z_0}^{Z} \frac{e^{-z}F(z)\,dz}{z-z_0},$$

qui conduira pareillement au calcul des divers termes de la suite

$$\int_{z_0}^{Z} e^{-z}\,F(z)\,dz,\quad \int_{z_0}^{Z} e^{-z}\,F(z)f(z)\,dz,\quad \ldots,\quad \int_{z_0}^{Z} e^{-z}\,F(z)\,f^k(z)\,dz;$$

effectivement, les éléments de décomposition de l'un quelconque d'entre eux s'expriment en fonction linéaire des quantités semblables qui se rapportent au terme précédent, ainsi qu'on va le montrer.

X. J'établirai pour cela qu'on peut toujours déterminer deux polynomes entiers de degré n, $\Theta(z)$ et $\Theta_1(z)$, tels qu'on ait, en désignant par ζ l'une des racines $z_0, z_1, \ldots, z_n$, la relation suivante :

$$\int \frac{e^{-z}\,F(z)f(z)}{z-\zeta}\,dz = \int \frac{e^{-z}\,F(z)\,\Theta_1(z)}{f(z)}\,dz - e^{-z}\,F(z)\,\Theta(z).$$

En effet, si, après avoir différentié les deux membres, nous multiplions par le facteur $\frac{f(z)}{F(z)}$, il vient

$$\frac{f(z)}{z-\zeta}f(z) = \Theta_1(z) + \left[1 - \frac{F'(z)}{F(z)}\right]f(z)\,\Theta(z) - f(z)\,\Theta'(z).$$

Or, $f(z)$ étant divisible par $z-\zeta$, le premier membre de cette égalité est un polynome entier de degré $2n+1$; le second est du même degré, d'après la supposition admise à l'égard de $\Theta(z)$ et $\Theta_1(z)$, et, puisque chacun de ces polynomes renferme ainsi $n+1$ coefficients indéterminés, on a bien le nombre nécessaire égal à $2n+2$ de constantes arbitraires pour effectuer l'identification. Ce point établi, j'observe qu'en supposant $z = z_i$ la fraction rationnelle $\frac{F'(z)f(z)}{F(z)}$ a pour valeur $\mu_i f'(z_i)$; on a, par conséquent, ces conditions

$$\begin{aligned}
\Theta_1(z_0) &= \mu_0\, f'(z_0)\,\Theta(z_0),\\
\Theta_1(z_1) &= \mu_1\, f'(z_1)\,\Theta(z_1),\\
&\ldots\ldots\ldots\ldots\ldots\ldots,\\
\Theta_1(z_n) &= \mu_n\, f'(z_n)\,\Theta(z_n),
\end{aligned}$$

qui permettent, par la formule d'interpolation, de calculer immédiatement $\Theta_1(z)$, lorsque $\Theta(z)$ sera connu. Nous avons de cette manière, en effet, l'expression suivante,

$$\frac{\Theta_1(z)}{f(z)} = \frac{\mu_0\,\Theta(z_0)}{z-z_0} + \frac{\mu_1\,\Theta(z_1)}{z-z_1} + \ldots + \frac{\mu_n\,\Theta(z_n)}{z-z_n},$$

dont nous ferons bientôt usage. Pour obtenir maintenant $\Theta(z)$, je reprends la relation proposée, en divisant les deux membres par $f(z)$, ce qui donne

$$\frac{f(z)}{z-\zeta} = \frac{\Theta_1(z)}{f(z)} + \left[1 - \frac{F'(z)}{F(z)}\right]\Theta(z) - \Theta'(z),$$

et je remarque que, la fraction $\frac{\Theta_1(z)}{f(z)}$ n'ayant pas de partie entière, on est amené à cette conséquence, que le polynome cherché doit être tel que la partie entière de l'expression

$$\left[1 - \frac{F'(z)}{F(z)}\right]\Theta(z) - \Theta'(z)$$

soit égale au quotient $\frac{f(z)}{z-\zeta}$. C'est ce qui conduit aisément à la détermination de $\Theta(z)$. Soit d'abord, à cet effet,

$$f(z) = z^{n+1} + p_1 z^n + p_2 z^{n-1} + \ldots + p_{n+1},$$

ce qui donnera

$$\frac{f(z)}{z-\zeta} = z^n + \zeta \left|\, z^{n-1} + \zeta^2 \right|\, z^{n-2} + \ldots + \zeta^n$$
$$\qquad\qquad + p_1 \qquad\; + p_1\zeta \qquad\qquad + p_1\zeta^{n-1}$$
$$\qquad\qquad\qquad\qquad + p_2 \qquad\qquad + p_2\zeta^{n-2}$$
$$\qquad\qquad\qquad\qquad\qquad\qquad \cdots\cdots$$
$$\qquad\qquad\qquad\qquad\qquad\qquad + p_n,$$

ou plutôt

$$\frac{f(z)}{z-\zeta} = z^n + \zeta_1 z^{n-1} + \zeta_2 z^{n-2} + \ldots + \zeta_n,$$

en écrivant, pour abréger,

$$\zeta_i = \zeta^i + p_1\zeta^{i-1} + p_2\zeta^{i-2} + \ldots + p_i.$$

Soit encore

$$\Theta(z) = \alpha_0 z^n + \alpha_1 z^{n-1} + \alpha_2 z^{n-2} + \ldots + \alpha_n,$$

et développons la fonction $\frac{F'(z)}{F(z)}$ suivant les puissances descendantes de la variable, afin d'obtenir la partie entière du produit $\frac{F'(z)}{F(z)}\Theta(z)$. Il viendra ainsi, en posant $s_i = \mu_0 z_0^i + \mu_1 z_1^i + \mu_2 z_2^i + \ldots + \mu_n z_n^i$,

$$\frac{F'(z)}{F(z)} = \frac{s_0}{z} + \frac{s_1}{z^2} + \frac{s_2}{z^3} + \ldots,$$

et, par conséquent,

$$\frac{F'(z)}{F(z)}\Theta(z) = \alpha_0 s_0 z^{n-1} + \left.\begin{matrix}\alpha_1 s_0 \\ +\alpha_0 s_1\end{matrix}\right| z^{n-2} + \left.\begin{matrix}\alpha_2 s_0 \\ +\alpha_1 s_1 \\ +\alpha_0 s_2\end{matrix}\right| z^{n-3} + \ldots.$$

Les équations en α_0, α_1, α_2, ..., auxquelles nous sommes amené par l'identification, sont donc

$$\begin{aligned}
1 &= \alpha_0, \\
\zeta_1 &= \alpha_1 - \alpha_0(s_0 + n), \\
\zeta_2 &= \alpha_2 - \alpha_1(s_0 + n - 1) - \alpha_0 s_1, \\
\zeta_3 &= \alpha_3 - \alpha_2(s_0 + n - 2) - \alpha_1 s_1 - \alpha_0 s_2, \\
&\ldots\ldots\ldots\ldots\ldots\ldots
\end{aligned}$$

Elles donnent

$$\begin{aligned}
\alpha_0 &= 1, \\
\alpha_1 &= \zeta_1 + s_0 + n, \\
\alpha_2 &= \zeta_2 + (s_0 + n - 1)\zeta_1 + (s_0 + n)(s_0 + n - 1) + s_1, \\
&\ldots\ldots\ldots\ldots\ldots\ldots,
\end{aligned}$$

et montrent que α_0, α_1, α_2, ... sont des polynomes en ζ ayant pour coefficients des fonctions entières et à coefficients entiers de s_0, s_1, s_2, ... et par suite des racines z_0, z_1, ..., z_n. On voit de plus que α_i est un polynome de degré i dans lequel le coefficient de ζ^i est égal à l'unité; ainsi, en posant pour plus de clarté

$$\alpha_i = \theta_i(\zeta),$$

et écrivant désormais $\Theta(z, \zeta)$ au lieu de $\Theta(z)$, afin de mettre ζ en évidence, nous aurons

$$\Theta(z, \zeta) = z^n + \theta_1(\zeta) z^{n-2} + \theta_2(\zeta) z^{n-3} + \ldots + \theta_n(\zeta).$$

De là résulte, pour le polynome $\Theta_1(z)$, la formule

$$\frac{\Theta_1(z)}{f(z)} = \frac{\mu_0 \Theta(z_0, \zeta)}{z - z_0} + \frac{\mu_1 \Theta(z_1, \zeta)}{z - z_1} + \ldots + \frac{\mu_n \Theta(z_n, \zeta)}{z - z_n},$$

et l'on en tire immédiatement le résultat que nous nous sommes proposé d'obtenir. Il suffit, en effet, de prendre les intégrales entre les limites z_0 et Z dans la relation

$$\int \frac{e^{-z} F(z) f(z)}{z-\zeta} dz = \int \frac{e^{-z} F(z) \Theta_1(z)}{f(z)} dz - e^{-z} F(z) \Theta(z),$$

ce qui donne

$$\begin{aligned}\int_{z_0}^{Z} \frac{e^{-z} F(z) f(z)}{z-\zeta} dz &= \int_{z_0}^{Z} \frac{e^{-z} F(z) \Theta_1(z)}{f(z)} dz \\ &= \mu_0 \Theta(z_0, \zeta) \int_{z_0}^{Z} \frac{e^{-z} F(z)}{z-z_0} dz, \\ &+ \mu_1 \Theta(z_1, \zeta) \int_{z_0}^{Z} \frac{e^{-z} F(z)}{z-z_1} dz, \\ &\ldots\ldots\ldots\ldots\ldots\ldots, \\ &+ \mu_n \Theta(z_n, \zeta) \int_{z_0}^{Z} \frac{e^{-z} F(z)}{z-z_n} dz.\end{aligned}$$

C'est surtout dans le cas où l'on suppose

$$\mu_0 = \mu_1 = \ldots = \mu_n = m,$$

que nous ferons usage de cette équation ; si l'on fait alors

$$m \Theta(z_i, z_k) = (ik),$$

et qu'on prenne ζ successivement égal à $z_0, z_1, \ldots, z_n$, on en conclut, comme on voit, les relations précédemment énoncées, qui résultent de celle-ci,

$$\begin{aligned}\int_{z_0}^{Z} \frac{e^{-z} f^{m+1}(z)}{z-z_i} dz = (i0) \int_{z_0}^{Z} \frac{e^{-z} f^m(z)}{z-z_0} dz \\ + (i1) \int_{z_0}^{Z} \frac{e^{-z} f^m(z)}{z-z_1} dz + \ldots + (in) \int_{z_0}^{Z} \frac{e^{-z} f^m(z)}{z-z_n} dz,\end{aligned}$$

pour $i = 0, 1, 2, \ldots, n$. Je resterai encore cependant dans le cas général pour établir la proposition suivante :

X. *Soient* Δ *et* δ *les déterminants*

$$\begin{vmatrix} \Theta(z_0, z_0) & \Theta(z_1, z_0) & \ldots & \Theta(z_n, z_0) \\ \Theta(z_0, z_1) & \Theta(z_1, z_1) & \ldots & \Theta(z_n, z_1) \\ \ldots & \ldots & \ldots & \ldots \\ \Theta(z_0, z_n) & \Theta(z_1, z_n) & \ldots & \Theta(z_n, z_n) \end{vmatrix}$$

et

$$\begin{vmatrix} 1 & 1 & \dots & 1 \\ z_0 & z_1 & \dots & z_n \\ z_0^2 & z_1^2 & \dots & z_n^2 \\ \dots & \dots & \dots & \dots \\ z_0^n & z_1^n & \dots & z_n^n \end{vmatrix};$$

je dis qu'on a

$$\Delta = \delta^2.$$

Effectivement, l'expression de $\Theta(z, \zeta)$ sous la forme

$$\Theta(z, \zeta) = z^n + \theta_1(\zeta) z^{n-1} + \theta_2(\zeta) z^{n-2} + \dots + \theta_n(\zeta)$$

montre que Δ est le produit des deux déterminants

$$\begin{vmatrix} 1 & 1 & \dots & 1 \\ z_0 & z_1 & \dots & z_n \\ z_0^2 & z_1^2 & \dots & z_n^2 \\ \dots & \dots & \dots & \dots \\ z_0^n & z_1^n & \dots & z_n^n \end{vmatrix}$$

et

$$\begin{vmatrix} 1 & 1 & \dots & 1 \\ \theta_1(z_0) & \theta_1(z_1) & \dots & \theta_1(z_n) \\ \theta_2(z_0) & \theta_2(z_1) & \dots & \theta_2(z_n) \\ \dots\dots & \dots\dots & \dots & \dots\dots \\ \theta_n(z_0) & \theta_n(z_1) & \dots & \theta_n(z_n) \end{vmatrix}.$$

Mais $\theta_i(\zeta)$ étant un polynome en ζ du degré i seulement, de sorte qu'on peut faire

$$\theta_i(\zeta) = \zeta^i + r\zeta^{i-1} + s\zeta^{i-2} + \dots,$$

cette seconde quantité, d'après les théorèmes connus, se réduit simplement à la première, et l'on a bien, comme nous voulions l'établir,

$$\Delta = \delta^2.$$

Cela posé, soient

$$\varepsilon_m = \frac{1}{1.2\dots m} \int_{z_0}^{Z} e^{-z} f^m(z)\, dz,$$

$$\varepsilon_m^i = \frac{1}{1.2\dots m-1} \int_{z_0}^{Z} \frac{e^{-z} f^m(z)}{z - z_i}\, dz;$$

la relation établie page 167

$$\int_{z_0}^{Z} e^{-z} f^m(z)\,dz = m\int_{z_0}^{Z} \frac{e^{-z} f^m(z)}{z-z_0}\,dz + m\int_{z_0}^{Z} \frac{e^{-z} f^m(z)}{z-z_1}\,dz + \ldots + m\int_{z_0}^{Z} \frac{e^{-z} f^m(z)}{z-z_n}\,dz$$

deviendra plus simplement

$$\varepsilon_m = \varepsilon_m^0 + \varepsilon_m^1 + \ldots + \varepsilon_m^n;$$

et celle-ci,

$$\int_{z_0}^{Z} \frac{e^{-z} f^{m+1}(z)}{z-\zeta}\,dz = m\,\Theta(z_0,\zeta)\int_{z_0}^{Z} \frac{e^{-z} f^m(z)}{z-z_0}\,dz + m\,\Theta(z_1,\zeta)\int_{z_0}^{Z} \frac{e^{-z} f^m(z)}{z-z_1}\,dz + \ldots + m\,\Theta(z_n,\zeta)\int_{z_0}^{Z} \frac{e^{-z} f^m(z)}{z-z_n}\,dz,$$

en supposant successivement $\zeta = z_0, z_1, \ldots, z_n$, nous donnera la substitution suivante, que je désignerai par S_m, à savoir

$$\begin{aligned}
\varepsilon_{m+1}^0 &= \Theta(z_0, z_0)\varepsilon_m^0 + \Theta(z_1, z_0)\varepsilon_m^1 + \ldots + \Theta(z_n, z_0)\varepsilon_m^n,\\
\varepsilon_{m+1}^1 &= \Theta(z_0, z_1)\varepsilon_m^0 + \Theta(z_1, z_1)\varepsilon_m^1 + \ldots + \Theta(z_n, z_1)\varepsilon_m^n,\\
&\ldots\ldots\ldots\ldots\ldots\ldots\ldots\ldots\ldots\ldots,\\
\varepsilon_{m+1}^n &= \Theta(z_0, z_n)\varepsilon_m^0 + \Theta(z_1, z_n)\varepsilon_m^1 + \ldots + \Theta(z_n, z_n)\varepsilon_m^n.
\end{aligned}$$

Si l'on compose maintenant de proche $S_1, S_2, \ldots, S_{m-1}$, on en déduira les expressions de $\varepsilon_m^0, \varepsilon_m^1, \ldots, \varepsilon_m^n$ en $\varepsilon_1^0, \varepsilon_1^1, \ldots, \varepsilon_1^n$, que je représenterai ainsi :

$$\begin{aligned}
\varepsilon_m^0 &= A_0\varepsilon_1^0 + A_1\varepsilon_1^1 + \ldots + A_n\varepsilon_1^n,\\
\varepsilon_m^1 &= B_0\varepsilon_1^0 + B_1\varepsilon_1^1 + \ldots + B_n\varepsilon_1^n,\\
&\ldots\ldots\ldots\ldots\ldots\ldots,\\
\varepsilon_m^n &= L_0\varepsilon_1^0 + L_1\varepsilon_1^1 + \ldots + L_n\varepsilon_1^n,
\end{aligned}$$

et le déterminant de cette nouvelle substitution, étant égal au produit des déterminants des substitutions composantes, sera $\delta^{2(m-1)}$. Il nous reste encore à remplacer $\varepsilon_1^0, \varepsilon_1^1, \ldots, \varepsilon_1^n$ par leurs valeurs pour avoir les expressions des quantités ε_m^i sous la forme appropriée à notre objet. Ces valeurs s'obtiennent facilement, comme on va voir.

XII. J'applique à cet effet la formule générale

$$\int e^{-z} \mathrm{F}(z)\, dz = -e^{-z} \mathfrak{F}(z),$$

en supposant

$$\mathrm{F}(z) = \frac{f(z)}{z-\zeta},$$

c'est-à-dire

$$\mathrm{F}(z) = z^n + \left.\begin{matrix}\zeta \\ +p_1\end{matrix}\right| z^{n-1} + \left.\begin{matrix}\zeta^2 \\ +p_1\zeta \\ +p_2\end{matrix}\right| z^{n-2} + \ldots.$$

Il est aisé de voir alors que $\mathfrak{F}(z)$ devient une expression entière en z et ζ, entièrement semblable à $\Theta(z, \zeta)$, de sorte que, si on la désigne par $\Phi(z, \zeta)$, on a

$$\Phi(z, \zeta) = z^n + \varphi_1(\zeta) z^{n-1} + \varphi_2(\zeta) z^{n-2} + \ldots + \varphi_n(\zeta),$$

$\varphi_i(\zeta)$ étant un polynome en ζ de degré i, dans lequel le coefficient de ζ^i est l'unité. Ainsi l'on obtient, en particulier,

$$\varphi_1(\zeta) = \zeta + p_1 + n,$$
$$\varphi_2(\zeta) = \zeta^2 + (p_1 + n - 1)\zeta + p_2 + (n-1)p_1 + n(n-1),$$
$$\ldots\ldots\ldots\ldots\ldots\ldots\ldots\ldots\ldots\ldots\ldots\ldots\ldots,$$

et l'analogie de forme avec $\Theta(z, \zeta)$ montre que le déterminant

$$\begin{vmatrix} \Phi(z_0, z_0) & \Phi(z_1, z_0) & \ldots & \Phi(z_n, z_0) \\ \Phi(z_0, z_1) & \Phi(z_1, z_1) & \ldots & \Phi(z_n, z_1) \\ \ldots\ldots & \ldots\ldots & \ldots & \ldots\ldots \\ \Phi(z_0, z_n) & \Phi(z_1, z_n) & \ldots & \Phi(z_n, z_n) \end{vmatrix}$$

est encore égal à δ^2. Cela posé, nous tirons de la relation

$$\int_{z_0}^{Z} \frac{e^{-z} f(z)}{z-\zeta}\, dz = e^{-z_0} \Phi(z_0, \zeta) - e^{-Z} \Phi(Z, \zeta),$$

en supposant $\zeta = z_i$, la valeur cherchée

$$\varepsilon_1^i = e^{-z_0} \Phi(z_0, z_i) - e^{-Z} \Phi(Z, z_i).$$

Or, voici les expressions des quantités ε_m^i qui en résultent. Soient

$$\mathcal{A} = \mathrm{A}_0 \Phi(Z, z_0) + \mathrm{A}_1 \Phi(Z, z_1) + \ldots + \mathrm{A}_n \Phi(Z, z_n),$$
$$\mathcal{B} = \mathrm{B}_0 \Phi(Z, z_0) + \mathrm{B}_1 \Phi(Z, z_1) + \ldots + \mathrm{B}_n \Phi(Z, z_n),$$
$$\ldots\ldots\ldots\ldots\ldots\ldots\ldots\ldots\ldots\ldots\ldots\ldots;$$
$$\mathcal{L} = \mathrm{L}_0 \Phi(Z, z_0) + \mathrm{L}_1 \Phi(Z, z_1) + \ldots + \mathrm{L}_n \Phi(Z, z_n),$$

et convenons de représenter par $\mathcal{A}_0$, $\mathcal{B}_0$, ..., $\mathcal{L}_0$ les valeurs obtenues pour $Z = z_0$; on aura

$$\begin{aligned}
\varepsilon_m^0 &= e^{-z_0}\mathcal{A}_0 - e^{-Z}\mathcal{A},\\
\varepsilon_m^1 &= e^{-z_0}\mathcal{B}_0 - e^{-Z}\mathcal{B},\\
&\dots\dots\dots\dots,\\
\varepsilon_m^n &= e^{-z_0}\mathcal{L}_0 - e^{-Z}\mathcal{L}.
\end{aligned}$$

Dans ces formules, Z désigne l'une quelconque des quantités z_1, z_2, ..., z_n; maintenant, si nous voulons mettre en évidence le résultat correspondant à $Z = z_k$, nous conviendrons, en outre, de représenter, d'une part, par $\mathcal{A}_k$, $\mathcal{B}_k$, ..., $\mathcal{L}_k$, et de l'autre par η_k^0, η_k^1, ..., η_k^n les valeurs que prennent, dans ce cas, les coefficients $\mathcal{A}$, $\mathcal{B}$, ..., $\mathcal{L}$ et les quantités ε_m^0, ε_m^1, ..., ε_m^n. On obtient ainsi les équations

$$\begin{aligned}
\eta_k^0 &= e^{-z_0}\mathcal{A}_0 - e^{-z_k}\mathcal{A}_k,\\
\eta_k^1 &= e^{-z_0}\mathcal{B}_0 - e^{-z_k}\mathcal{B}_k,\\
&\dots\dots\dots\dots,\\
\eta_k^n &= e^{-z_0}\mathcal{L}_0 - e^{-z_k}\mathcal{L}_k,
\end{aligned}$$

qui vont nous conduire à la seconde démonstration que j'ai annoncée de l'impossibilité d'une relation de la forme

$$e^{z_0}N_0 + e^{z_0}N_1 + \ldots + e^{z_n}N_n = 0,$$

les exposants z_0, z_1, ..., z_n étant supposés entiers, ainsi que les coefficients N_0, N_1, ..., N_n.

XIII. Je dis en premier lieu que ε_m^i peut devenir plus petit que toute quantité donnée, pour une valeur suffisamment grande de m. Effectivement, l'exponentielle e^{-z} étant toujours positive, on a, comme on sait,

$$\int_{z_0}^{Z} e^{-z}F(z)\,dz = F(\xi)\int_{z_0}^{Z} e^{-z}\,dz = F(\xi)(e^{-z_0} - e^{-Z}),$$

$F(z)$ étant une fonction quelconque et ξ une quantité comprise entre les limites z_0 et Z de l'intégrale. Or, en supposant

$$F(z) = \frac{f^m(z)}{z - z_1},$$

on aura cette expression

$$\varepsilon'_m = \frac{f^{m-1}(\xi)}{1.2\ldots m-1}\,\frac{f(\xi)}{\xi - z_i}(e^{-z_0} - e^{-Z}),$$

qui met en évidence la propriété énoncée. Cela posé, je tire des équations

$$\begin{aligned}
\eta_1^0 &= e^{-z_0}\mathcal{A}_0 - e^{-z_1}\mathcal{A}_1,\\
\eta_2^0 &= e^{-z_0}\mathcal{A}_0 - e^{-z_2}\mathcal{A}_2,\\
&\ldots\ldots\ldots\ldots\ldots\ldots,\\
\eta_n^0 &= e^{-z_0}\mathcal{A}_0 - e^{-z_n}\mathcal{A}_n,
\end{aligned}$$

la relation suivante,

$$\begin{aligned}
&e^{z_1}\eta_1^0 N_1 + e^{z_2}\eta_2^0 N_2 + \ldots + e^{z_n}\eta_n^0 N_n\\
&\quad = e^{-z_0}(e^{z_1}N_1 + e^{z_2}N_2 + \ldots + e^{z_n}N_n)\mathcal{A}_0\\
&\quad\quad - (\mathcal{A}_1 N_1 + \mathcal{A}_2 N_2 + \ldots + \mathcal{A}_n N_n).
\end{aligned}$$

Si l'on introduit la condition

$$e^{z_0}N_0 + e^{z_1}N_1 + \ldots + e^{z_n}N_n = 0,$$

elle devient

$$\begin{aligned}
&e^{z_1}\eta_1^0 N_1 + e^{z_2}\eta_2^0 N_2 + \ldots + e^{z_n}\eta_n^0 N_n\\
&\quad = -(\mathcal{A}_0 N_0 + \mathcal{A}_1 N_1 + \ldots + \mathcal{A}_n N_n).
\end{aligned}$$

Or, en supposant que $z_0, z_1, \ldots, z_n$ soient entiers, il en est de même des quantités $\Theta(z_i, z_k)$, $\Phi(z_i, z_k)$, et, par conséquent, de $\mathcal{A}_0, \mathcal{A}_1, \ldots, \mathcal{A}_n$. Nous avons donc un nombre entier

$$\mathcal{A}_0 N_0 + \mathcal{A}_1 N_1 + \ldots + \mathcal{A}_n N_n,$$

qui décroît indéfiniment avec $\eta_1^0, \eta_1^1, \ldots, \eta_1^n$, lorsque m augmente; il en résulte que, à partir d'une certaine valeur de m, et pour toutes les valeurs plus grandes, on aura

$$\mathcal{A}_0 N_0 + \mathcal{A}_1 N_1 + \ldots + \mathcal{A}_n N_n = 0,$$

et, comme on obtient pareillement les conditions

$$\begin{aligned}
\mathcal{B}_0 N_0 + \mathcal{B}_1 N_1 + \ldots + \mathcal{B}_n N_n &= 0,\\
\ldots\ldots\ldots\ldots\ldots\ldots\ldots\ldots&,\\
\mathcal{L}_0 N_0 + \mathcal{L}_1 N_1 + \ldots + \mathcal{L}_n N_n &= 0,
\end{aligned}$$

la relation

$$e^{z_0}N_0 + e^{z_1}N_1 + \ldots + e^{z_n}N_n = 0$$

a pour conséquence que le déterminant

$$\Delta = \begin{vmatrix} \mathcal{A}_0 & \mathcal{A}_1 & \dots & \mathcal{A}_n \\ \mathcal{B}_0 & \mathcal{B}_1 & \dots & \mathcal{B}_n \\ \dots & \dots & \dots & \dots \\ \mathcal{L}_0 & \mathcal{L}_1 & \dots & \mathcal{L}_n \end{vmatrix}$$

doit nécessairement être nul. Mais, d'après les expressions des quantités $\mathcal{A}_k$, $\mathcal{B}_k$, ..., $\mathcal{L}_k$, Δ est le produit de ces deux autres déterminants

$$\begin{vmatrix} A_0 & A_1 & \dots & A_n \\ B_0 & B_1 & \dots & B_n \\ \dots & \dots & \dots & \dots \\ L_0 & L_1 & \dots & L_n \end{vmatrix}$$

et

$$\begin{vmatrix} \Phi(z_0, z_0) & \Phi(z_1, z_0) & \dots & \Phi(z_n, z_0) \\ \Phi(z_0, z_1) & \Phi(z_1, z_1) & \dots & \Phi(z_n, z_1) \\ \dots & \dots & \dots & \dots \\ \Phi(z_0, z_n) & \Phi(z_1, z_n) & \dots & \Phi(z_n, z_n) \end{vmatrix},$$

dont le premier a pour valeur $\delta^{2(m-1)}$, et le second δ^2. On a donc $\Delta = \delta^{2m}$, et il est ainsi démontré, d'une manière entièrement rigoureuse, que la relation supposée est impossible, et que, par suite, le nombre e n'est point compris dans les irrationnelles algébriques.

XIV. Il ne sera pas inutile de donner quelques exemples du mode d'approximation des quantités auquel nous avons été conduits, et je considérerai d'abord le cas le plus simple, où l'on ne considère que la seule exponentielle e^x. En faisant alors $f(z) = z(z-x)$, nous aurons

$$\varepsilon_m = \frac{1}{1.2\ldots m} \int_0^x e^{-z} z^m (z-x)^m \, dz$$

et

$$\varepsilon_m^0 = \frac{1}{1.2\ldots m-1} \int_0^x e^{-z} z^{m-1} (z-x)^m \, dz,$$

$$\varepsilon_m^1 = \frac{1}{1.2\ldots m-1} \int_0^x e^{-z} z^m (z-x)^{m-1} \, dz.$$

Or on obtient immédiatement

$$\Theta(z, \zeta) = z + \zeta + 2m + 1 - x,$$

d'où

$$\Theta(0, 0) = 2m + 1 - x, \qquad \Theta(x, 0) = 2m + 1,$$
$$\Theta(0, x) = 2m + 1, \qquad \Theta(x, x) = 2m + 1 + x,$$

et, par conséquent, ces relations

$$\varepsilon_{m+1}^0 = (2m + 1 - x)\varepsilon_m^0 + (2m + 1)\varepsilon_m^1,$$
$$\varepsilon_{m+1}^1 = (2m + 1)\varepsilon_m^0 + (2m + 1 + x)\varepsilon_m^1.$$

J'observerai maintenant qu'il vient, en retranchant membre à membre,

$$\varepsilon_{m+1}^1 - \varepsilon_{m+1}^0 = x(\varepsilon_m^0 + \varepsilon_m^1),$$

de sorte que, ayant

$$\varepsilon_m = \varepsilon_m^0 + \varepsilon_m^1,$$

on en conclut

$$\varepsilon_{m+1}^1 - \varepsilon_{m+1}^0 = x\varepsilon_m.$$

Joignons à cette équation la suivante :

$$\varepsilon_{m+1}^1 + \varepsilon_{m+1}^0 = \varepsilon_{m+1};$$

nous en déduirons les valeurs

$$\varepsilon_{m+1}^1 = \frac{\varepsilon_{m+1} + x\varepsilon_m}{2}, \qquad \varepsilon_{m+1}^0 = \frac{\varepsilon_{m+1} - x\varepsilon_m}{2},$$

et, si l'on y change m en $m - 1$, une simple substitution, par exemple, dans la relation

$$\varepsilon_{m+1}^0 = (2m + 1 - x)\varepsilon_m^0 + (2m + 1)\varepsilon_m^1,$$

donnera le résultat précédemment obtenu (p. 165),

$$\varepsilon_{m+1} = (4m + 2)\varepsilon_m + x^2\varepsilon_{m-1}.$$

Soient, en second lieu,

$$n = 2, \qquad z_0 = 0, \qquad z_1 = 1, \qquad z_2 = 2,$$

d'où

$$f(z) = z(z - 1)(z - 2) = z^3 - 3z^2 + 2z;$$

on trouvera

$$\Theta(z, \zeta) = z^2 + (\zeta - 1)z + (\zeta - 1)^2 + 3m(z + \zeta + 1) + 9m^2,$$

et, par conséquent,

$$\Theta(0,0)=9m^2+3m+1,\quad \Theta(0,1)=9m^2+6m,\quad \Theta(0,2)=9m^2+9m+1,$$
$$\Theta(1,0)=9m^2+6m+1,\quad \Theta(1,1)=9m^2+9m+1,\quad \Theta(1,2)=9m^2+12m+3,$$
$$\Theta(2,0)=9m^2+9m+3,\quad \Theta(2,1)=9m^2+12m+4,\quad \Theta(2,2)=9m^2+15m+7.$$

En particulier, pour $m=1$, nous aurons

$$\begin{aligned}
\varepsilon_2^0 &= 13\varepsilon_1^0+16\varepsilon_1^1+21\varepsilon_1^2,\\
\varepsilon_2^1 &= 15\varepsilon_1^0+19\varepsilon_1^1+25\varepsilon_1^2,\\
\varepsilon_2^2 &= 19\varepsilon_1^0+24\varepsilon_1^1+31\varepsilon_1^2;
\end{aligned}$$

d'ailleurs il vient facilement

$$\Phi(z,\zeta)=z^2+(\zeta-1)z+(\zeta-1)^2,$$

ce qui donne

$$\begin{aligned}
\varepsilon_1^0 &= 1-e^{-Z}(Z^2-Z+1),\\
\varepsilon_1^1 &= \quad -e^{-Z}Z^2,\\
\varepsilon_1^2 &= 1-e^{-Z}(Z^2+Z+1);
\end{aligned}$$

on en conclut

$$\begin{aligned}
\varepsilon_2^0 &= 34-e^{-Z}(50Z^2+8Z+34),\\
\varepsilon_2^1 &= 40-e^{-Z}(59Z^2+10Z+40),\\
\varepsilon_2^2 &= 50-e^{-Z}(74Z^2+12Z+50).
\end{aligned}$$

De là résulte que

$$\varepsilon_1=\varepsilon_1^0+\varepsilon_1^1+\varepsilon_1^2=2-e^{-Z}(3Z^2+2),$$
$$\varepsilon_2=\varepsilon_2^0+\varepsilon_2^1+\varepsilon_2^2=124-e^{-Z}(183Z^2+30Z+124);$$

et, si l'on fait successivement $Z=1$, $Z=2$, l'expression de ε_1 fournit les valeurs approchées

$$e=\frac{5}{2},\qquad e^2=\frac{14}{2}=7,$$

et l'expression de ε_2 les suivantes :

$$e=\frac{337}{124},\qquad e^2=\frac{916}{124},$$

où l'erreur ne porte que sur les dix-millièmes. En supposant ensuite $m = 2$, ce qui donnera [1]

$$\begin{aligned} \varepsilon_3^0 &= 43\varepsilon_2^0 + 49\varepsilon_2^1 + 57\varepsilon_2^2, \\ \varepsilon_3^1 &= 48\varepsilon_2^0 + 55\varepsilon_2^1 + 64\varepsilon_2^2, \\ \varepsilon_3^2 &= 55\varepsilon_2^0 + 63\varepsilon_2^1 + 73\varepsilon_2^2, \end{aligned}$$

nous obtiendrons

$$\begin{aligned} \varepsilon_3^0 &= 6272 - e^{-Z}(\ 9259 Z^2 + 1518 Z + 6272), \\ \varepsilon_3^1 &= 7032 - e^{-Z}(10381 Z^2 + 1702 Z + 7032), \\ \varepsilon_3^2 &= 8040 - e^{-Z}(11869 Z^2 + 1946 Z + 8040), \end{aligned}$$

d'où

$$\varepsilon_3 = 21344 - e^{-Z}(31509 Z^2 + 5166 Z + 21344),$$

et, par suite,

$$e = \frac{58019}{21344}, \qquad e^2 = \frac{157712}{21344},$$

l'erreur portant sur les dix-millionièmes.

---

(1) Dans le texte d'Hermite, on trouve au dernier terme du second membre de la troisième ligne le coefficient 75. M. Bourget, en refaisant les calculs, a trouvé le coefficient 73; cette rectification a amené des modifications assez importantes dans les valeurs de e et de e^2, dont l'approximation monte, de ce fait, aux dix-millionièmes. E. P.

EXTRAIT D'UNE LETTRE DE M. CH. HERMITE

SUR L'INTÉGRALE $\int_0^\pi \left(\frac{\sin^2 x}{1-2a\cos x+a^2}\right)^m dx$.

Nouvelle Correspondance mathématique, t. I, 1874, p. 33-35.

Permettez-moi de vous adresser une seconde détermination de l'intégrale de Poisson

$$\int_0^\pi \left(\frac{\sin^2 x}{1-2a\cos x+a^2}\right)^m dx,$$

qui offre l'application la plus importante du théorème de M. Liouville, dont vous avez donné la démonstration.

Soit, pour abréger,

$$f(x) = \frac{\sin^2 x}{1-2a\cos x+a^2}.$$

Je désigne par ε une constante telle que la série

$$\varepsilon f(x) + \varepsilon^2 f^2(x) + \ldots + \varepsilon^m f^m(x) + \ldots$$

soit convergente : elle aura pour somme

$$\frac{\varepsilon f(x)}{1-\varepsilon f(x)};$$

ce qui conduit à chercher la valeur de l'intégrale

$$\int_0^\pi \frac{\varepsilon f(x)\,dx}{1-\varepsilon f(x)},$$

dont il suffira ensuite d'effectuer le développement en série, suivant les puissances croissantes de ε. Or, en faisant pour un moment $\cos x = z$, la décomposition en fractions simples de la fraction rationnelle

$$\frac{\varepsilon f(x)}{1-\varepsilon f(x)} = \frac{\varepsilon(1-z^2)}{1-2az+a^2-\varepsilon(1-z^2)}$$

donne immédiatement le résultat; car, en écrivant

$$\frac{\varepsilon(1-z^2)}{1-2az+a^2-\varepsilon(1-z^2)} = -1+\frac{G}{g-z}+\frac{H}{h-z},$$

vous voyez que nous sommes ramenés à l'intégrale connue

$$\int_0^\pi \frac{dx}{g-\cos x} = \frac{\pi}{\sqrt{g^2-1}}.$$

Cela posé, on obtient, en résolvant l'équation du second degré

$$1-2az+a^2-\varepsilon(1-z^2)=0,$$

$$g=\frac{a+\sqrt{(1-\varepsilon)(a^2-\varepsilon)}}{\varepsilon}, \qquad h=\frac{a-\sqrt{(1-\varepsilon)(a^2-\varepsilon)}}{\varepsilon}.$$

On a ensuite

$$G=\varepsilon\frac{g^2-1}{g-h}, \qquad H=\varepsilon\frac{h^2-1}{h-g},$$

$$\sqrt{g^2-1}=\pm\frac{a\sqrt{1-\varepsilon}-\sqrt{a^2-\varepsilon}}{\varepsilon},$$

$$\sqrt{h^2-1}=\pm\frac{a\sqrt{1-\varepsilon}+\sqrt{a^2-\varepsilon}}{\varepsilon},$$

comme il est facile de le vérifier en élevant les deux membres au carré. Mais il est nécessaire, avant d'employer ces formules, de choisir les signes $\pm$ de manière que les radicaux aient bien les déterminations qui leur conviennent dans les relations

$$\int_0^\pi \frac{dx}{g-\cos x} = \frac{\pi}{\sqrt{g^2-1}}, \qquad \int_0^\pi \frac{dx}{h-\cos x} = \frac{\pi}{\sqrt{h^2-1}}.$$

Revenant, à cet effet, à la condition de convergence de la série $\Sigma\varepsilon^m f^m(x)$, j'observe que le maximum de $f(x)$ est l'unité pour $a<1$, et $\frac{1}{a^2}$ pour $a>1$; on doit donc supposer $\varepsilon<1$ dans le premier cas et $\varepsilon<a^2$ dans le second, de manière à avoir $\varepsilon f(x)<1$, pour toutes les valeurs de la variable. De l'inégalité $1-\varepsilon f(x)>0$, résulte que l'équation

$$1-\varepsilon f(x)=0$$

n'admet aucune racine réelle par rapport à x; cependant on peut toujours supposer g et h réels, en prenant dans les deux cas, ce qui est permis, ε moindre que la plus petite des quantités 1 et a^2. Effectivement le radical $\sqrt{(1-\varepsilon)(a^2-\varepsilon)}$ sera réel, et, si l'on admet que a soit positif ainsi que ε, l'équation

$$1 - 2az + a^2 - \varepsilon(1 - z^2) = 0$$

fait voir que les racines seront, l'une et l'autre, positives. De là résulte que, dans les relations précédentes,

$$\int_0^\pi \frac{dx}{g - \cos x} = \frac{\pi}{\sqrt{g^2 - 1}}, \qquad \int_0^\pi \frac{dx}{h - \cos x} = \frac{\pi}{\sqrt{h^2 - 1}},$$

les radicaux ont le signe $+$; par suite, on doit prendre

$$\sqrt{g^2 - 1} = \frac{a\sqrt{1-\varepsilon} - \sqrt{a^2 - \varepsilon}}{\varepsilon},$$

si l'on suppose $a < 1$; et

$$\sqrt{g^2 - 1} = \frac{\sqrt{a^2 - \varepsilon} - a\sqrt{1-\varepsilon}}{\varepsilon},$$

dans le cas de $a > 1$. Ayant toujours d'ailleurs

$$\sqrt{h^2 - 1} = \frac{a\sqrt{1-\varepsilon} + \sqrt{a^2 - \varepsilon}}{\varepsilon},$$

on obtient, dans le premier cas,

$$\int_0^\pi \frac{\varepsilon \sin^2 x \, dx}{1 - 2a\cos x + a^2 - \varepsilon \sin^2 x} = \pi\left[-1 + (1-\varepsilon)^{-\frac{1}{2}}\right],$$

et, dans le second,

$$\int_0^\pi \frac{\varepsilon \sin^2 x \, dx}{1 - 2a\cos x + a^2 - \varepsilon \sin^2 x} = \pi\left[-1 + \left(1 - \frac{\varepsilon}{a^2}\right)^{-\frac{1}{2}}\right].$$

Vous voyez que ces formules donnent bien le résultat de Poisson, en faisant usage du développement

$$(1-\varepsilon)^{-\frac{1}{2}} = 1 + \frac{1}{2} + \frac{1.3}{2.4}\varepsilon^2 + \ldots + \frac{1.3.5\ldots(2m-1)}{2.4.6\ldots 2m}\varepsilon^m + \ldots.$$

EXTRAIT

D'UNE

LETTRE DE M. CH. HERMITE A M. BORCHARDT,

SUR LA

TRANSFORMATION DES FORMES QUADRATIQUES TERNAIRES EN ELLES-MÊMES.

Journal de Crelle, t. 78, 1874, p. 325-328.

Permettez-moi de répondre à une objection très fondée qui a été faite par M. *P. Bachmann*, à mes formules pour la transformation des formes quadratiques ternaires en elles-mêmes, dans son travail intitulé : *Untersuchungen über quadratische Formen*, tome LXXVI de votre journal, page 331. L'analyse indirecte dont j'ai fait usage ne prouve pas en effet qu'elles comprennent, sans aucune exception, toutes les substitutions qui reproduisent une forme donnée; or un point aussi essentiel demande à être complètement éclairci, et c'est ce que je vais essayer de faire. Désignant la forme proposée par $f(x, y, z)$, et posant la condition

$$f(x, y, z) = f(X, Y, Z),$$

je l'écris de la manière suivante :

$$x\frac{df}{dx} + y\frac{df}{dy} + z\frac{df}{dz} = X\frac{df}{dX} + Y\frac{df}{dY} + Z\frac{df}{dZ},$$

ou pour abréger

$$\Sigma x\frac{df}{dx} = \Sigma X\frac{df}{dX}.$$

Cela posé, je joins à cette condition la relation identique

$$\Sigma x \frac{df}{dX} = \Sigma X \frac{df}{dx},$$

et j'ajoute les deux égalités membre à membre, ce qui donnera

$$\Sigma x\left(\frac{df}{dx} + \frac{df}{dX}\right) = \Sigma X\left(\frac{df}{dx} + \frac{df}{dX}\right),$$

ou bien

$$\Sigma(x - X)\left(\frac{df}{dx} + \frac{df}{dX}\right) = 0.$$

Soit maintenant

$$U = x - X, \qquad U' = \frac{df}{dx} + \frac{df}{dX},$$

$$V = y - Y, \qquad V' = \frac{df}{dy} + \frac{df}{dY},$$

$$W = z - Z, \qquad W' = \frac{df}{dz} + \frac{df}{dZ}.$$

Vous voyez que des expressions de x, y, z en X, Y, Z résulteront pour ces diverses quantités des fonctions linéaires de ces trois indéterminées, telles qu'on ait identiquement

$$UU' + VV' + WW' = 0.$$

Cherchons ces fonctions, et pour cela considérons un premier cas dans lequel nous supposerons qu'il soit possible d'obtenir inversement X, Y, Z en U, V, W. Il est clair que U', V', W' seront alors des quantités linéaires en U, V, W, et un calcul facile donne sur-le-champ, pour la solution de l'équation proposée, les formules

$$(1) \qquad \begin{cases} U' = \nu V - \mu W, \\ V' = \lambda W - \nu U, \\ W' = \mu U - \lambda V, \end{cases}$$

où λ, μ, ν sont des constantes. Or on en tire les relations suivantes :

$$(I) \qquad \begin{cases} \mu z - \nu y + \dfrac{df}{dx} = \mu Z - \nu Y - \dfrac{df}{dX}, \\ \nu x - \lambda z + \dfrac{df}{dy} = \nu X - \lambda Z - \dfrac{df}{dY}, \\ \lambda y - \mu x + \dfrac{df}{dz} = \lambda Y - \mu X - \dfrac{df}{dZ}, \end{cases}$$

d'une forme bien différente de celles que j'avais d'abord obtenues, à savoir

$$
\text{(II)} \qquad \left\{
\begin{aligned}
x - \nu \frac{df}{dy} + \mu \frac{df}{dz} &= X + \nu \frac{df}{dY} - \mu \frac{df}{dZ},\\
y - \lambda \frac{df}{dz} + \nu \frac{df}{dx} &= Y + \lambda \frac{df}{dZ} - \nu \frac{df}{dX},\\
z - \mu \frac{df}{dx} + \lambda \frac{df}{dy} &= Z + \mu \frac{df}{dX} - \lambda \frac{df}{dY},
\end{aligned}
\right.
$$

et qui résulteraient des équations

$$
\begin{aligned}
U &= \nu V' - \mu W',\\
V &= \lambda W' - \nu U',\\
W &= \mu U' - \lambda V'.
\end{aligned}
$$

Mais un de mes élèves, M. *Tannery*, agrégé de l'Université, a fait la remarque ingénieuse qu'en remplaçant λ, μ, ν par $\frac{1}{D}\frac{dg}{d\lambda}$, $\frac{1}{D}\frac{dg}{d\mu}$, $\frac{1}{D}\frac{dg}{d\nu}$, où $g(\lambda, \mu, \nu)$ désigne la forme adjointe de $f(\lambda, \mu, \nu)$, D son déterminant, et changeant X, Y, Z en $-X$, $-Y$, $-Z$, les équations (I) donnent les relations (II).

Supposons, en second lieu, qu'il ne soit pas possible d'exprimer X, Y, Z en U, V, W; en désignant alors par θ, θ', θ'' trois indéterminées, je proposerai d'une part

$$U = \theta, \qquad V = \theta', \qquad W = a\theta - b\theta'$$

et de l'autre

$$
\begin{aligned}
U' &= A\theta + A'\theta' + A''\theta'',\\
V' &= B\theta + B'\theta' + B''\theta'',\\
W' &= C\theta + C'\theta' + C''\theta''.
\end{aligned}
$$

Cela étant, la condition proposée $UU' + VV' + WW' = 0$ donne les relations

$$
\begin{aligned}
A + aC &= 0, \qquad & B' - bB' &= 0,\\
A'' + aC'' &= 0, \qquad & B'' - bC'' &= 0
\end{aligned}
$$

et

$$A' + B + aC' - bC = 0.$$

En remplaçant cette dernière par les deux suivantes où c est une indéterminée

$$A' + aC' = c, \qquad B - bC = -c,$$

on conclura

$$\begin{aligned} A &= -aC, & B &= bC - c, \\ A' &= -aC' + c, & B' &= bC', \\ A'' &= -aC'', & B'' &= bC'', \end{aligned}$$

et il en résulte que

$$\begin{aligned} U' &= -a(C\theta + C'\theta' + C''\theta'') + c\theta' = cV - aW', \\ V' &= b(C\theta + C'\theta' + C''\theta'') - c\theta = bW' - cU. \end{aligned}$$

Ayant ailleurs $W = aU - bV$, il est clair que la nouvelle solution obtenue se déduit des équations (1) en permutant W et W'. Or les relations auxquelles elle conduit entre x, y, z et X, Y, Z, à savoir

$$\begin{aligned} cx + \frac{df}{dy} - b\frac{df}{dz} &= cX - \frac{df}{dY} + b\frac{df}{dZ}, \\ cy - a\frac{df}{dz} - \frac{df}{dx} &= cY + a\frac{df}{dZ} + \frac{df}{dX}, \\ ax - by - z &= aX - bY - Z, \end{aligned}$$

se ramènent au type (II) si l'on fait

$$a = -\frac{\lambda}{\nu}, \qquad b = \frac{\mu}{\nu}, \qquad c = -\frac{1}{\nu},$$

car l'équation

$$\lambda x + \mu y + \nu z = \lambda X + \mu Y + \nu Z$$

s'en déduit comme conséquence.

Il ne reste plus qu'à examiner un dernier cas dans lequel U, V, W dépendraient d'une seule indéterminée au lieu de deux, de sorte qu'on aurait $U = \alpha W$, $V = \beta W$, et par conséquent $\alpha U' + \beta V' + W' = 0$. Nous aurons alors les relations

$$\begin{aligned} x - \alpha z &= X - \alpha Z, \\ y - \beta z &= Y - \beta Z, \\ \alpha\frac{df}{dx} + \beta\frac{df}{dy} + \frac{df}{dz} &= -\alpha\frac{df}{dX} - \beta\frac{df}{dY} - \frac{df}{dZ}, \end{aligned}$$

qui en remplaçant α et β par $\frac{\alpha}{\gamma}$, $\frac{\beta}{\gamma}$ donnent les formules

$$\begin{aligned} x &= X - \frac{\alpha}{f(\alpha, \beta, \gamma)}\left(\alpha\frac{df}{dX} + \beta\frac{df}{dY} + \gamma\frac{df}{dZ}\right), \\ y &= Y - \frac{\beta}{f(\alpha, \beta, \gamma)}\left(\alpha\frac{df}{dX} + \beta\frac{df}{dY} + \gamma\frac{df}{dZ}\right) \\ z &= Z - \frac{\gamma}{f(\alpha, \beta, \gamma)}\left(\alpha\frac{df}{dX} + \beta\frac{df}{dY} + \gamma\frac{df}{dZ}\right) \end{aligned}$$

Je m'y arrête un moment pour observer qu'en désignant la substitution ainsi obtenue par S, on aura $S^{-1} = S$, d'où $S^2 = 1$. Cette circonstance m'avait fait penser un instant qu'elles constitueraient une exception au type général, mais j'ai ensuite remarqué que les relations (I) donnant la suivante :

$$\lambda \frac{df}{dx} + \mu \frac{df}{dy} + \nu \frac{df}{dz} = -\lambda \frac{df}{dX} - \mu \frac{df}{dY} - \nu \frac{df}{dZ},$$

il suffisait pour les obtenir de poser $\lambda = \alpha\nu$, $\mu = \beta\nu$, puis de faire ν infini. Je pense, mon cher ami, avoir ainsi rempli la lacune que présentaient mes anciennes recherches.

EXTRAIT

D'UNE

LETTRE DE M. Ch. HERMITE A M. BORCHARDT,

SUR LA

RÉDUCTION DES FORMES QUADRATIQUES TERNAIRES.

Journal de Crelle, t. 79, 1874, p. 17-20.

Deux géomètres russes extrêmement distingués, M. *Korkine* et M. *Zolotareff*, ont récemment publié dans les *Annales de Mathématiques*, de M. *Neumann*, des recherches approfondies ayant pour objet, entre autres choses, le théorème de *Seeber*, sur la limitation du produit des coefficients des carrés des variables dans les formes quadratiques ternaires réduites. L'importance du sujet rend peut-être utile de multiplier les points de vue sous lesquels on peut le traiter, et, après la méthode de ces deux auteurs, je proposerai la suivante.

Soit

$$D = aa'a'' + 2bb'b'' - ab^2 - a'b'^2 - a''b''^2;$$

il s'agit d'établir dans deux cas distincts que la condition $aa'a'' < 2D$ est vérifiée, le premier supposant les conditions

$$(\text{I}) \qquad \begin{cases} b > 0, \quad b' > 0, \quad b'' > 0, \\ a < a' < a''; \quad 2b'' < a, \quad 2b' < a, \quad 2b < a', \end{cases}$$

et le second cet autre système

$$(\text{II}) \qquad \begin{cases} b < 0, \quad b' < 0, \quad b'' < 0, \\ a < a' < a'', \quad -2b'' < a, \quad -2b' < a, \quad -2b < a', \\ a + a' + 2(b + b' + b'') > 0. \end{cases}$$

Considérant à cet effet a, a' et a'' comme constants dans l'expression

$$2D - aa'a'' = aa'a'' + 4bb'b'' - 2ab^2 - 2a'b'^2 - 2a''b''^2,$$

j'observe qu'il suffira de prouver qu'elle est positive quand on attribue à b'' par exemple sa plus petite et sa plus grande valeur. Effectivement dans les deux cas que nous avons à traiter, b'' parcourt des valeurs toujours du même signe, positives dans le premier, négatives dans le second, à partir de $b'' = 0$. Or l'expression est un trinome du second degré en b'' dont le terme du second degré est affecté d'un coefficient négatif, et, si le terme constant qui est donné pour $b'' = 0$ est positif, ses racines seront réelles et de signes contraires. On voit par là qu'à l'égard d'une série de valeurs du même signe, il suffit bien de vérifier que l'expression est positive aux limites, pour être assuré qu'elle l'est aussi pour les valeurs intermédiaires. Cela posé, faisons en premier lieu $b'' = 0$ et $b'' = \frac{a}{2}$ dans l'expression de $2D - aa'a''$. Je remarque que les quantités auxquelles on sera conduit, et qu'il faut démontrer être positives, seront à l'égard de b' des trinomes du second degré dont le terme du second degré sera encore négatif, et que cette variable sera de même assujettie à parcourir une série de valeurs de même signe, de sorte que le raisonnement précédent leur sera applicable. Sans le répéter davantage, on voit clairement que notre objet est maintenant de donner les limites de ces intervalles que parcourent b, b', b'', sous les conditions (I) et (II), et de calculer les valeurs correspondantes de $2D - aa'a''$. Or elles sont pour le premier cas :

$$b''=0\left\{\begin{array}{ll} b'=0\left\{\begin{array}{ll} b=0, & aa'a'', \\ b=\dfrac{a'}{2}, & aa'a''-\dfrac{aa'^2}{2}, \end{array}\right. \\ b'=\dfrac{a}{2}\left\{\begin{array}{ll} b=0, & aa'a''-\dfrac{a^2a'}{2}, \\ b=\dfrac{a'}{2}, & aa'a''-\dfrac{aa'^2}{2}-\dfrac{a^2a'}{2}, \end{array}\right. \end{array}\right.$$

$$b''=\frac{a}{2}\left\{\begin{array}{ll} b'=0\left\{\begin{array}{ll} b=0, & aa'a''-\dfrac{a^2a''}{2}, \\ b=\dfrac{a'}{2}, & aa'a''-\dfrac{a^2a''}{2}-\dfrac{aa'^2}{2}, \end{array}\right. \\ b'=\dfrac{a}{2}\left\{\begin{array}{ll} b=0, & aa'a''-\dfrac{a^2a'}{2}-\dfrac{a^2a''}{2}, \\ b=\dfrac{a'}{2}, & aa'a''-\dfrac{aa'^2}{2}-\dfrac{a^2a''}{2}, \end{array}\right. \end{array}\right.$$

Dans l'autre cas on aura ce second Tableau :

$$
\begin{array}{llll}
 & & b = 0, & aa'a'', \\
 & b' = 0 & b = -\dfrac{a'}{2}, & aa'a'' - \dfrac{aa'^2}{2}, \\
b'' = 0 & & b = 0, & aa'a'' - \dfrac{a^2a'}{2}, \\
 & b' = -\dfrac{a}{2} & b = -\dfrac{a'}{2}, & aa'a'' - \dfrac{aa'^2}{2} - \dfrac{a^2a'}{2}, \\
 & & b = 0, & aa'a'' - \dfrac{a^2a''}{2}, \\
 & b' = 0 & b = -\dfrac{a'}{2}, & aa'a'' - \dfrac{a^2a''}{2} - \dfrac{aa'^2}{2}, \\
b'' = -\dfrac{a}{2} & & b = 0, & aa'a'' - \dfrac{a^2a'}{2} - \dfrac{a^2a''}{2}, \\
 & b' = -\dfrac{a}{2} & b = -\dfrac{a'-a}{2}, & aa'a'' - \dfrac{aa'^2}{2} - \dfrac{a^2a''}{2},
\end{array}
$$

et à première vue on reconnaît que ces quantités sont positives sous les conditions

$$a < a' < a''.$$

Mais cette démonstration toute élémentaire est loin de l'élégance et de la profondeur de celle que *Gauss* tire dans le premier cas, par exemple, de cette identité

$$
\begin{aligned}
2D = aa'a'' + ab(a' - 2b) + a'b'(a'' - 2b') + a''b''(a - 2b'') \\
+ b(a - 2b')(a' - 2b'') + b'(a' - 2b'')(a'' - 2b) \\
+ b''(a'' - 2b)(a - 2b') + (a - 2b')(a' - 2b'')(a'' - 2b).
\end{aligned}
$$

En réfléchissant à cette étonnante transformation j'ai fait la remarque qu'elle peut être généralisée de cette manière :

$$
\begin{aligned}
2\alpha\alpha'\alpha''D = (2\alpha\alpha'\alpha'' - 1)aa'a'' + \alpha ab(a' - 2\alpha'\alpha''b) + \alpha'a'b'(a'' - 2\alpha\alpha''b') \\
+ \alpha''a''b''(a - 2\alpha\alpha'b'') + \alpha b(a - 2\alpha'b')(a' - 2\alpha''b'') \\
+ \alpha'b'(a' - 2\alpha''b'')(a'' - 2\alpha b) + \alpha''b''(a'' - 2\alpha b)(a - 2\alpha'b') \\
+ (a - 2\alpha'b')(a' - 2\alpha''b'')(\alpha'' - 2\alpha b).
\end{aligned}
$$

On vérifie aisément en effet que le second membre s'évanouit si l'on fait $\alpha = 0$; par un changement de lettres on conclut qu'il s'annule aussi pour $\alpha' = 0$ et $\alpha'' = 0$; la formule est donc démontrée en général; puisqu'elle coïncide avec celle de *Gauss*, en supposant $\alpha = 1$, $\alpha' = 1$, $\alpha'' = 1$.

Enfin je remarque qu'en permutant x et y par exemple dans la forme proposée, ce qui revient à échanger a et a' d'une part, b et b' de l'autre, l'invariant conserve la même valeur. Il en résulte que cette seconde relation donnée par *Gauss*

$$\begin{aligned} D = {} & aa'a'' + ab(a'' - 2b) + a'b'(a - 2b') + a''b''(a' - 2b'') \\ & + b(a - 2b'')(a'' - 2b') + b'(a' - 2b)(a - 2b'') \\ & + b''(a'' - 2b')(a' - 2b) + (a - 2b'')(a' - 2b)(a'' - 2b') \end{aligned}$$

est simplement une conséquence de la première et qu'elle se généralise de la même manière.

Saint-Sauveur (Hautes-Pyrénées), 25 juin 1874.

EXTRAIT

D'UNE

LETTRE DE M. CH. HERMITE DE PARIS A M. L. FUCHS DE GÖTTINGUE,

SUR

QUELQUES ÉQUATIONS DIFFÉRENTIELLES LINÉAIRES.

Journal de Crelle, t. 79, 1875, p. 324-338.

... J'ai pris en effet pour point de départ l'intégrale suivante

$$y = \int (z - z_0)^{\mu_0 - 1}(z - z_1)^{\mu_1 - 1}\dots(z - z_n)^{\mu_n - 1}(x - z)^{n-p}\,dz,$$

qui comprend les transcendantes hyperelliptiques, et dont je tire facilement une équation linéaire d'ordre $n+1$ analogue à celle qui définit la série de *Gauss*.

Soit en effet

$$f(z) = (z - z_0)(z - z_1)\dots(z - z_n),$$

puis

$$f_1(z) = \frac{\mu_0 f(z)}{z - z_0} + \frac{\mu_1 f(z)}{z - z_1} + \dots + \frac{\mu_n f(z)}{z - z_n};$$

on trouve aisément la relation

$$\begin{aligned} f(x)\frac{d^{n+1}y}{dx^{n+1}} + \frac{p}{1}f'(x)\frac{d^n y}{dx^n} + \frac{p(p-1)}{1.2}f''(x)\frac{d^{n-1}y}{dx^{n-1}} + \dots \\ - f_1(x)\frac{d^n y}{dx^n} - \frac{(p-1)}{1}f_1'(x)\frac{d^{n-1}y}{dx^{n-1}} - \frac{(p-1)(p-2)}{1.2}f_1''(x)\frac{d^{n-2}y}{dx^{n-2}} - \dots \\ = \pm(p-1)(p-2)\dots(p-n)(z-z_0)^{\mu_0}(z-z_1)^{\mu_1}\dots(z-z_n)^{\mu_n}(x-z)^{-p}. \end{aligned}$$

Or, en supposant les exposants $\mu_0, \mu_1, \ldots, \mu_n$ positifs, le second membre s'évanouit pour $z = z_0, z_1, \ldots, z_n$, et, si l'on convient de désigner par Z l'une quelconque des n quantités $z_1, z_2, \ldots, z_n$, les diverses intégrales

$$\int_0^{Z} \mathfrak{f}(z)(x-z)^{n-p}\,dz,$$

où j'ai écrit pour abréger

$$\mathfrak{f}(z) = (z-z_0)^{\mu_0-1}(z-z_1)^{\mu_1-1}\ldots(z-z_n)^{\mu_n-1},$$

satisfont à l'équation linéaire sans second membre. Mais il est un autre point de vue que celui de l'application de vos théorèmes généraux sous lequel cette équation me paraît encore offrir quelque intérêt. Ces rapports de la théorie des fractions continues avec certaines équations du second ordre que nous ont fait connaître les belles recherches de M. *Heine* et de M. *Christoffel* se trouvent en effet susceptibles d'extension, et vous allez voir comment l'équation linéaire d'ordre $n+1$ se lie aux modes nouveaux d'approximations simultanées de plusieurs fonctions, dont j'ai donné un premier exemple en considérant les quantités e^{ax}, e^{bx}, ... [*Sur la fonction exponentielle* (*Comptes rendus*, 1873)]. Soit d'abord, en effet, en supposant m un nombre entier positif,

$$\mu_0 = \mu_1 = \ldots = \mu_n = m+1$$

et

$$p = m+n+1;$$

on sera conduit à l'équation

$$\begin{aligned} f(x)\frac{d^{n+1}y}{dx^{n+1}} + n f'(x)\frac{d^n y}{dx^n} - \frac{1}{2}(m+n)(m-n+1)f''(x)\frac{d^{n-1}y}{dx^{n-1}} \\ - \frac{1}{2.3}(m+n)(m+n-1)(2m-n+2)f'''(x)\frac{d^{n-2}y}{dx^{n-2}} - \ldots = 0, \end{aligned}$$

dont n solutions représentées par les intégrales

$$y = \int_{z_0}^{Z} \frac{f^m(z)}{(x-z)^{m+1}}\,dz$$

s'obtiennent comme il suit sous forme finie explicite. Dans la formule élémentaire

$$\int U \frac{d^m V}{dz^m} dz = \Theta + (-1)^m \int V \frac{d^m U}{dz^m} dz,$$

où

$$\Theta = U \frac{d^{m-1} V}{dz^{m-1}} - \frac{dU}{dz} \frac{d^{m-2} V}{dz^{m-2}} + \ldots + (-1)^{m-1} \frac{d^{m-1} U}{dz^{m-1}} V,$$

je fais

$$U = f^m(z), \qquad V = \frac{1}{x-z},$$

et observant qu'aux limites $z = z_0$, $z = Z$ la quantité Θ s'évanouit, puisque la dérivée d'ordre $m-1$ de $f^m(z)$ contient encore le facteur $f(z)$, j'en tire en négligeant un coefficient numérique

$$y = \int_{z_0}^{Z} \frac{d^m f^m(z)}{dz^m} \frac{dz}{x-z}.$$

Soit pour abréger

$$\Phi(z) = \frac{d^m f^m(z)}{dz^m};$$

on pourra écrire encore

$$y = \int_{z_0}^{Z} \frac{\Phi(z)}{x-z} dz = \Phi(x) \int_{z_0}^{Z} \frac{dz}{x-z} - \int_{z_0}^{Z} \frac{\Phi(x) - \Phi(z)}{x-z} dz,$$

de sorte qu'en désignant par $\Phi_i(x)$ l'intégrale

$$\int_{z_0}^{z_i} \frac{\Phi(x) - \Phi(z)}{x-z} dz,$$

qui est un polynome entier en x d'un degré inférieur d'une unité au degré de $\Phi(x)$, les expressions cherchées sont

$$y_1 = \Phi(x) \int_{z_0}^{z_1} \frac{dz}{x-z} - \Phi_1(x),$$

$$y_2 = \Phi(x) \int_{z_0}^{z_2} \frac{dz}{x-z} - \Phi_2(x),$$

. . . . ,

$$y_n = \Phi(x) \int_{z_0}^{z_n} \frac{dz}{x-z} - \Phi_n(x).$$

Cela posé, on voit immédiatement, en revenant à l'intégrale

$$\int_{z_0}^{Z} \frac{f^m(z)}{(x-z)^{m+1}} dz.$$

dont elles ont été déduites, qu'elles donnent des développements suivant les puissances descendantes de la variable commençant par un terme en

$$\frac{1}{x^{m+1}}.$$

Les fractions de même dénominateur

$$\frac{\Phi_1(x)}{\Phi(x)}, \quad \frac{\Phi_2(x)}{\Phi(x)}, \quad \ldots, \quad \frac{\Phi_n(x)}{\Phi(x)}$$

représentent donc les quantités

$$\int_{z_0}^{z_1} \frac{dz}{x-z} = \log\frac{x-z_0}{x-z_1}, \qquad \int_{z_0}^{z_2} \frac{dz}{x-z} = \log\frac{x-z_0}{x-z_2}, \qquad \ldots,$$
$$\int_{z_0}^{z_n} \frac{dz}{x-z} = \log\frac{x-z_0}{x-z_n}$$

aux termes près de l'ordre

$$\frac{1}{x^{mn+m+1}},$$

ou si l'on veut de l'ordre de

$$\frac{1}{\Phi(x)\sqrt[n]{\Phi(x)}},$$

afin de nous rapprocher de l'arithmétique, et elles doivent être regardées comme analogues aux réduites de la théorie des fractions continues. Pour le mieux faire voir, supposons que $\Phi(x)$ représente le polynome le plus général de degré mn; tous les coefficients se trouveront déterminés sauf un facteur constant, en s'imposant pour conditions, que les développements suivant les puissances descendantes de la variable des n fonctions

$$\Phi(x)\int_{z_0}^{z_1} \frac{dz}{x-z}, \quad \Phi(x)\int_{z_0}^{z_2} \frac{dz}{x-z}, \quad \ldots, \quad \Phi(x)\int_{z_0}^{z_n} \frac{dz}{x-z}$$

ne contiennent aucune des puissances

$$\frac{1}{x}, \quad \frac{1}{x^2}, \quad \ldots, \quad \frac{1}{x^m}.$$

Et si l'on désigne les parties entières de ces produits qui sont de degré $mn-1$, par

$$\Phi_1(x),\quad \Phi_2(x),\quad \ldots,\quad \Phi_n(x),$$

on atteint précisément, mais sans la dépasser, l'approximation que nous avions obtenue pour les quantités

$$\Phi(x)\int_{z_0}^{z_i}\frac{dz}{x-z}-\Phi_i(x),$$

dont les développements commencent par un terme en

$$\frac{1}{x^{m+1}};$$

on voit donc que cette approximation est bien en effet de l'ordre le plus élevé possible, en supposant

$$\Phi(x)=\frac{d^m f^m(x)}{dx^m}.$$

J'achèverai enfin de mettre en évidence le lien de l'équation différentielle avec ce nouveau mode d'approximation des fonctions, en établissant que $\Phi(x)$ en est une solution, et ce sera aussi en un point essentiel compléter son analogie avec le polynome X_n de *Legendre*. Remarquons à cet effet que, rien ne spécifiant, à l'égard de l'intégrale

$$\int_{z_0}^{Z}\frac{f^m(z)\,dz}{(x-z)^{m+1}},$$

le chemin suivi par la variable entre les limites z_0, Z, on est maître d'introduire dans une des solutions, telle que

$$\Phi(x)\int_{z_0}^{z_1}\frac{dz}{x-z}-\Phi_1(x),$$

les déterminations multiples du logarithme. Or on obtient de nouvelles solutions, dont se tire immédiatement, par différence, le polynome $\Phi(x)$.

Des résultats semblables aux précédents s'offrent dans des circonstances un peu moins simples, lorsqu'on fait la supposition suivante :

$$\mu_0=\mu_1=\ldots=\mu_n=m+\frac{1}{2}$$

et

$$p = m + n + 1,$$

m étant encore un nombre entier positif. L'équation différentielle est alors

$$f(x)\frac{d^{n+1}y}{dx^{n+1}} + \left(n + \frac{1}{2}\right)f'(x)\frac{d^n y}{dx^n} - \frac{1}{2}(m+n)(m-n)f''(x)\frac{d^{n-1}y}{dx^{n-1}}$$
$$- \frac{1}{2.3}(m+n)(m+n-1)\left(2m - n + \frac{3}{2}\right)f'''(x)\frac{d^{n-2}y}{dx^{n-2}} - \ldots = 0,$$

et elle admet pour solutions les intégrales

$$\int_{z_0}^{Z} \frac{f^{m-\frac{1}{2}}(z)}{(x-z)^{m+1}}\,dz,$$

qui, en opérant comme plus haut, se ramènent à la forme

$$y = \int_{z_0}^{Z} \frac{d^m f^{m-\frac{1}{2}}(z)}{dz^m}\,\frac{dz}{x-z}.$$

Posons

$$\frac{d^m f^{m-\frac{1}{2}}(z)}{dz^m} = \frac{\Phi(z)}{\sqrt{f(z)}},$$

de sorte que $\Phi(z)$ soit un polynome entier de degré mn; la relation suivante

$$y = \int_{z_0}^{Z} \frac{\Phi(z)}{(x-z)\sqrt{f(z)}} = \Phi(x)\int_{z_0}^{Z} \frac{dz}{(x-z)\sqrt{f(z)}} - \int_{z_0}^{Z} \frac{\Phi(x)-\Phi(z)}{x-z}\,\frac{dz}{\sqrt{f(z)}}$$

met en évidence les intégrales hyperelliptiques

$$\int_{z_0}^{Z} \frac{dz}{(x-z)\sqrt{f(z)}} \quad \text{et} \quad \int_{z_0}^{Z} \frac{\Phi(x)-\Phi(z)}{x-z}\,\frac{dz}{\sqrt{f(z)}},$$

que je vais exprimer par leurs éléments simples.

A cet effet et en considérant d'abord la première, soit

$$f(z) = A_0 z^{n+1} + A_1 z^n + \ldots + A_{n+1};$$

posons ensuite pour abréger

$$\lambda_k(z) = (2k+1-n)A_0 z^k + (2k-n)A_1 z^{k-1}$$
$$+ (2k-1-n)A_2 z^{k-2} + \ldots + (k+1-n)A_k$$

et

$$[Z]_i = \frac{1}{2}\int_{z_0}^{Z} \frac{z^i\, dz}{\sqrt{f(z)}};$$

on aura, comme conséquence du théorème sur l'échange de l'argument et du paramètre,

$$\int_{z_0}^{Z} \frac{\sqrt{f(x)}\, dz}{(x-z)\sqrt{f(z)}}$$
$$= [Z]_{n-1}\int_{z_0}^{x} \frac{\lambda_0\, dx}{\sqrt{f(x)}} + [Z]_{n-2}\int_{z_0}^{x} \frac{\lambda_1(x)\, dx}{\sqrt{f(x)}} + \ldots + [Z]_0\int_{z_0}^{x} \frac{\lambda_{n-1}(x)\, dx}{\sqrt{f(x)}}.$$

Quant à la seconde, où figure le polynome entier

$$\frac{\Phi(x)-\Phi(z)}{x-z},$$

elle se ramène au moyen des réductions élémentaires connues à une combinaison linéaire de

$$[Z]_0, \quad [Z]_1, \quad \ldots, \quad [Z]_{n-1},$$

et sera par conséquent de cette forme

$$\int_{z_0}^{Z} \frac{\Phi(x)-\Phi(z)}{x-z}\,\frac{dz}{\sqrt{f(z)}} = [Z]_{n-1}\,\Phi_1(x) + [Z]_{n-2}\,\Phi_2(x) + \ldots + [Z]_0\,\Phi_n(x),$$

$\Phi_1(x)$, $\Phi_2(x)$, ..., $\Phi_n(x)$ étant des polynomes entiers en x de degré $mn-1$. Ces résultats donnent la transformation cherchée

$$\begin{aligned}\int_{z_0}^{Z} \frac{\Phi(z)\, dz}{(x-z)\sqrt{f(z)}} = \; & [Z]_{n-1}\left[\frac{\Phi(x)}{\sqrt{f(x)}}\int_{z_0}^{x} \frac{\lambda_0\, dx}{\sqrt{f(x)}} - \Phi_1(x)\right] \\ & + [Z]_{n-2}\left[\frac{\Phi(x)}{\sqrt{f(x)}}\int_{z_0}^{x} \frac{\lambda_1(x)\, dx}{\sqrt{f(x)}} - \Phi_2(x)\right] \\ & \ldots\ldots\ldots\ldots\ldots\ldots\ldots\ldots\ldots\ldots \\ & + [Z]_0\left[\frac{\Phi(x)}{\sqrt{f(x)}}\int_{z_0}^{x} \frac{\lambda_{n-1}(x)\, dx}{\sqrt{f(x)}} - \Phi_n(x)\right],\end{aligned}$$

dont voici les conséquences :

Remarquons d'abord que le premier membre conduit, comme on le voit, si l'on revient à l'expression

$$\int_{z_0}^{Z} \frac{f^{m-\frac{1}{2}}(z)\, dz}{(x-z)^{m+1}},$$

à un développement suivant les puissances décroissantes de x, commençant par le terme

$$\frac{1}{x^{m+1}}.$$

Supposons ensuite successivement

$$Z = z_1, \qquad Z = z_2, \qquad \dots, \qquad Z = z_n,$$

en observant à l'égard des relations ainsi obtenues, que le déterminant

$$\begin{vmatrix} [z_1]_0 & [z_1]_1 & \dots & [z_1]_{n-1} \\ [z_2]_0 & [z_2]_1 & \dots & [z_2]_{n-1} \\ \dots & \dots & \dots & \dots \\ [z_n]_0 & [z_n]_1 & \dots & [z_n]_{n-1} \end{vmatrix}$$

n'est point nul; on en conclut que le développement des n fonctions

$$y_1 = \frac{\Phi(x)}{\sqrt{f(x)}} \int_{z_0}^{x} \frac{\lambda_0\, dx}{\sqrt{f(x)}} \qquad - \Phi_1(x),$$

$$y_2 = \frac{\Phi(x)}{\sqrt{f(x)}} \int_{z_0}^{x} \frac{\lambda_1(x)\, dx}{\sqrt{f(x)}} \qquad - \Phi_2(x),$$

$$\dots\dots\dots\dots\dots\dots,$$

$$y_n = \frac{\Phi(x)}{\sqrt{f(x)}} \int_{z_0}^{x} \frac{\lambda_{n-1}(x)\, dx}{\sqrt{f(x)}} - \Phi_n(x),$$

commence de même par le terme $\frac{1}{x^{m+1}}$. C'est exactement à l'égard des transcendantes

$$\frac{1}{\sqrt{f(x)}} \int_{z_0}^{x} \frac{\lambda_k(x)}{\sqrt{f(x)}}\, dx$$

le résultat obtenu par la quantité $\log \frac{x - z_0}{x - z_k}$, et il en résulte que les intégrales hyperelliptiques

$$\int_{z_0}^{x} \frac{\lambda_0\, dx}{\sqrt{f(x)}}, \quad \int_{z_0}^{x} \frac{\lambda_1(x)\, dx}{\sqrt{f(x)}}, \quad \dots, \quad \int_{z_0}^{x} \frac{\lambda_{n-1}(x)\, dx}{\sqrt{f(x)}}$$

sont représentées par les expressions

$$\frac{\Phi_1(x)}{\Phi(x)} \sqrt{f(x)}, \quad \frac{\Phi_2(x)}{\Phi(x)} \sqrt{f(x)}, \quad \dots, \quad \frac{\Phi_n(x)}{\Phi(x)} \sqrt{f(x)}$$

aux quantités près de l'ordre

$$\frac{1}{x^{\left(m-\frac{1}{2}\right)(n+1)+1}}.$$

Relativement à l'équation différentielle, je remarque enfin que les solutions données en premier lieu par les quantités

$$\int_{z_0}^{Z} \frac{f^{m-\frac{1}{2}}(z)\,dz}{(x-z)^{m+1}}$$

ont été mises ensuite sous la forme

$$y_k = \frac{\Phi(x)}{\sqrt{f(x)}} \int_{z_0}^{x} \frac{\lambda_{k-1}(x)\,dx}{\sqrt{f(x)}} - \Phi_k(x),$$

où il est permis d'introduire les déterminations multiples de l'intégrale

$$\int_{z_0}^{x} \frac{\lambda_{k-1}(x)\,dx}{\sqrt{f(x)}};$$

et cette considération, précédemment employée, conduit à la nouvelle solution purement algébrique

$$\frac{\Phi(x)}{\sqrt{f(x)}}, \qquad \text{ou, si l'on veut,} \qquad \frac{d^m f^{m-\frac{1}{2}}(x)}{dx^m}.$$

En rencontrant ainsi, comme un élément nécessaire de l'intégration de certaines équations linéaires, ces approximations des fonctions par des fractions rationnelles analogues aux réduites de la théorie des fractions continues, j'ai dû songer à chercher à leur égard un algorithme semblable à la loi de formation de ces réduites. Mais avant de m'engager dans cette voie, et pour m'éclairer sur la question, je me suis proposé, dans le cas de ces équations, à savoir

$$(x^2-1)\frac{d^2y}{dx^2} + 2x\frac{dy}{dx} - m(m+1)y = 0,$$

$$(x^2-1)\frac{d^2y}{dx^2} + 3x\frac{dy}{dx} - (m^2-1)y = 0,$$

de tirer directement, des intégrales définies qui y satisfont, les relations propres aux fonctions X_m dans le premier cas, et aux quantités $\frac{\sin m(\text{arc}\cos x)}{\sqrt{1-x^2}}$ dans le second. Pour plus de généralité, je remplacerai ces équations par les suivantes :

$$f(x)\frac{d^2y}{dx^2}+f'(x)\frac{dy}{dx}-\frac{1}{2}m(m+1)f''(x)y=0,$$

$$f(x)\frac{d^2y}{dx^2}+\frac{3}{2}f'(x)\frac{dy}{dx}-\frac{1}{2}(m^2-1)f''(x)y=0,$$

où je suppose

$$f(x)=(x-a)(x-b),$$

de sorte que les solutions seront

$$y=\int_a^b \frac{f^m(z)}{(x-z)^{m+1}}dz, \qquad y=\int_a^b \frac{f^{m-\frac{1}{2}}(z)}{(x-z)^{m+1}}dz.$$

Cela posé, je pars de ces identités faciles à former :

$$\begin{aligned}\frac{d}{dz}\left[\frac{f(z)}{x-z}\right]^{m+1} &= -2(m+1)\left[\frac{f(z)}{x-z}\right]^m\\ &\quad+(m+1)(2x-a-b)\frac{f^m(z)}{(x-z)^{m+1}}+(m+1)\frac{f^{m+1}(z)}{(x-z)^{m+2}},\end{aligned}$$

$$\begin{aligned}\frac{d}{dz}\left[\frac{f^m(z)f'(z)}{(x-z)^m}\right] &= 2(m+1)\left[\frac{f(z)}{x-z}\right]^m\\ &\quad+m(a-b)^2\frac{f^{m-1}(z)}{(x-z)^m}+m(2x-a-b)\frac{f^m(z)}{(x-z)^{m+1}},\end{aligned}$$

et je les ajoute membre à membre afin d'éliminer le terme $\left(\frac{f(z)}{x-z}\right)^m$. Il vient ainsi

$$\begin{aligned}&\frac{d}{dz}\left[\frac{f(z)+(x-z)f'(z)}{(x-z)^{m+1}}\right]f^m(z)\\ &= m(a-b)^2\frac{f^{m-1}(z)}{(x-z)^m}\\ &\quad+(2m+1)(2x-a-b)\frac{f^m(z)}{(x-z)^{m+1}}+(m+1)\frac{f^{m+1}(z)}{(x-z)^{m+2}}.\end{aligned}$$

En intégrant entre les limites $z=a$, $z=b$ et posant

$$\frac{1}{2^m}\int_a^b \frac{f^m(z)}{(x-z)^{m+1}}dz=(-1)^m u_m,$$

on en tire la relation

$$(m+1)u_{m+1} = \left(m+\frac{1}{2}\right)(2x-a-b)u_m - \frac{1}{4}m(a-b)^2 u_{m-1}.$$

C'est bien le résultat connu lorsqu'on suppose

$$f(x) = x^2 - 1,$$

pour le polynome de *Legendre;* mais on voit de plus qu'en faisant

$$u_m = X_m \log\frac{x+1}{x-1} - P_m,$$

elle se partage en deux et que P_m, comme l'a trouvé M. *Christoffel*, satisfait à la même équation.

Je considérerai en second lieu les identités suivantes :

$$\frac{d}{dz}\left[\frac{f^{m+\frac{1}{2}}(z)}{(x-z)^{m+1}}\right] = -(2m+1)\frac{f^{m-\frac{1}{2}}(z)}{(x-z)^m} + \left(m+\frac{1}{2}\right)(2x-a-b)\frac{f^{m-\frac{1}{2}}(z)}{(x-z)^{m+1}} + (m+1)\frac{f^{m+\frac{1}{2}}(z)}{(x-z)^{m+2}},$$

$$\frac{d}{dz}\left[\frac{f^{m-\frac{1}{2}}(z)f'(z)}{(x-z)^m}\right] = 2m\frac{f^{m-\frac{1}{2}}(z)}{(x-z)^m} + m(2x-a-b)\frac{f^{m-\frac{1}{2}}(z)}{(x-z)^{m+1}} + \left(m-\frac{1}{2}\right)(a-b)^2\frac{f^{m-\frac{3}{2}}(z)}{(x-z)^m}.$$

L'élimination de $\frac{f^{m-\frac{1}{2}}(z)}{(x-z)^m}$ donne

$$\frac{d}{dz}\left[\frac{\left(m+\frac{1}{2}\right)f^{m-\frac{1}{2}}(z)f'(z)}{(x-z)^m} + m\frac{f^{m+\frac{1}{2}}(z)}{(x-z)^{m+1}}\right] = \frac{d^2}{dz^2}\left[\frac{f^{m-\frac{1}{2}}(z)}{(x-z)^m}\right]$$

$$= (a-b)^2\left(m^2-\frac{1}{4}\right)\frac{f^{m-\frac{3}{2}}(z)}{(x-z)^m} + m(2m+1)(2x-a-b)\frac{f^{m-\frac{1}{2}}(z)}{(x-z)^{m+1}} + m(m+1)\frac{f^{m+\frac{1}{2}}(z)}{(x-z)^{m+2}}.$$

Intégrons de nouveau de $z=a$ à $z=b$; on en déduit, en

posant

$$\frac{1.2\ldots m}{1.3.5\ldots 2m-1}\int_a^b \frac{f^{m-\frac{1}{2}}(z)\,dz}{(x-z)^{m+1}} = (-1)^m v_m,$$

$$v_{m+1} = (2x-a-b)v_m - \frac{1}{4}(a-b)^2 v_{m-1},$$

d'où encore un résultat connu dans le cas de

$$f(z) = z^2 - 1.$$

Je viens maintenant au cas général, en me posant cette question : trouver un algorithme qui permette de calculer de proche en proche les termes de cette série

$$\int_{z_0}^{Z} \frac{\mathfrak{f}(z)\,dz}{(x-z)^{m+1}},\quad \int_{z_0}^{Z} \frac{\mathfrak{f}(z)\,f(z)\,dz}{(x-z)^{m+2}},\quad \ldots,\quad \int_{z_0}^{Z} \frac{\mathfrak{f}(z)\,f^k(z)\,dz}{(x-z)^{m+k+1}},$$

où je suppose

$$\mathfrak{f}(z) = (z-z_0)^{\mu_0-1}(z-z_1)^{\mu_1-1}\ldots(z-z_n)^{\mu_n-1},$$
$$f(z) = (z-z_0)(z-z_1)\ldots(z-z_n).$$

Soit pour abréger

$$F(z) = \mathfrak{f}(z)\,f^k(z) = (z-z_0)^{\nu_0}(z-z_1)^{\nu_1}\ldots(z-z_n)^{\nu_n}$$

et

$$m + k = p,$$

de sorte que le terme général devienne

$$\int_{z_0}^{Z} \frac{F(z)\,dz}{(x-z)^{p+1}};$$

je remarquerai qu'en intégrant entre les limites $z = z_0$ et $z = Z$ les deux membres de cette identité

$$\frac{d}{dz}\left[\frac{F(z)}{(x-z)^p}\right] = \frac{p\,F(z)}{(x-z)^{p+1}} + \frac{F'(z)}{(x-z)^p}$$

on en conclut

$$\int_{z_0}^{Z} \frac{F(z)\,dz}{(x-z)^{p+1}} = -\frac{1}{p}\int_{z_0}^{Z} \frac{F'(z)\,dz}{(x-z)^p},$$

et, par suite, d'après la formule

$$\frac{F'(z)}{F(z)} = \frac{\nu_0}{z - z_0} + \frac{\nu_1}{z - z_1} + \ldots + \frac{\nu_n}{z - z_n},$$

$$\int_{z_0}^{Z} \frac{F(z)\,dz}{(x-z)^{p+1}} = -\frac{\nu_0}{p}\int_{z_0}^{Z} \frac{F(x)}{z - z_0}\,\frac{dz}{(x-z)^p}$$
$$-\frac{\nu_1}{p}\int_{z_0}^{Z} \frac{F(z)}{z - z_1}\,\frac{dz}{(x-z)^p} - \ldots - \frac{\nu_n}{p}\int_{z_0}^{Z} \frac{F(z)}{z - z_n}\,\frac{dz}{(x-z)^p}.$$

De cette manière l'intégrale proposée est décomposée en $n+1$ autres qu'on peut représenter par

$$\int_{z_0}^{Z} \frac{F(z)}{z - \zeta}\,\frac{dz}{(x-z)^p},$$

ζ désignant successivement les racines z_0, z_1, ..., z_n, et il en sera de même de celle-ci

$$\int_{z_0}^{Z} \frac{F(z)\,f(z)\,dz}{(x-z)^{p+1}},$$

qui est le terme suivant dans la série, et qui aura pour éléments les quantités

$$\int_{z_0}^{Z} \frac{F(z)\,f(z)}{z-\zeta}\,\frac{dz}{(x-z)^{p+1}}.$$

Or ce sont les éléments ainsi définis qui donnent lieu à un système de relations récurrentes, faciles à obtenir, comme vous allez voir, en suivant, sans y rien changer en quelque sorte, la méthode que j'ai appliquée aux intégrales

$$\int_{z}^{Z} e^{-z}\,F(z)\,dz.$$

[*Sur la fonction exponentielle* (*Comptes rendus*, 1873).]

Effectivement il suffira de démontrer qu'on peut toujours satisfaire à la relation suivante

$$\int \frac{F(z)\,f(z)}{z-\zeta}\,\frac{dz}{(x-z)^{p+1}} = \int \frac{\Theta_1(z)}{f(z)}\,\frac{F(z)\,dz}{(x-z)^p} - \frac{\Theta(z)\,F(z)}{(x-z)^p},$$

en prenant pour $\Theta(z)$ et $\Theta_1(z)$ deux polynomes entiers du degré n, et c'est ce qu'on reconnaît sur-le-champ; car la différentiation donne, après avoir multiplié par $\frac{f(z)}{F(z)}$,

$$\frac{f^2(z)}{z-\zeta} = (x-z)\Theta_1(z) - p\,\Theta(z)\,f(z)$$
$$-(x-z)\left[\Theta'(z)f(z) + \Theta(z)\frac{F'(z)f(z)}{F(z)}\right],$$

et l'on a précisément le nombre voulu de $2n+2$ constantes arbitraires, pour identifier les deux membres, qui sont des polynomes entiers de degré $2n+1$. Ce point établi, j'observe qu'en supposant

$$z = z_i$$

on obtient

$$\Theta_1(z_i) = \nu_i f(z_i)\Theta(z_i),$$

et que par suite $\Theta_1(z)$ se déduira de $\Theta(z)$, qui restera seul à déterminer au moyen de la formule

$$\Theta_1(z) = \nu_0\Theta(z_0)\frac{f(z)}{z-z_0} + \nu_1\Theta(z_1)\frac{f(z)}{z-z_1} + \ldots + \nu_n\Theta(z_n)\frac{f(z)}{z-z_n}.$$

Pour obtenir maintenant $\Theta(z)$, après avoir déduit de la relation ci-dessus proposée la condition

$$\Theta(x) = -\frac{1}{p}\,\frac{f(x)}{x-\zeta},$$

je l'écrirai comme il suit

$$\frac{f(z)}{(z-\zeta)(x-z)} = \frac{\Theta_1(z)}{f(z)} - \Theta(z)\left[\frac{p}{x-z} + \frac{F'(z)}{F(z)}\right] - \Theta'(z),$$

et de cette forme nouvelle, je conclurai en remarquant que la fraction $\frac{\Theta_1(z)}{f(z)}$ n'a pas de partie entière, que le polynome cherché doit être tel que les parties entières de ces deux expressions

$$\Theta(z)\left[\frac{p}{x-z} + \frac{F'(z)}{F(z)}\right] + \Theta'(z)$$

et

$$\frac{f(z)}{(z-\zeta)(z-x)}$$

coïncident. Soit donc pour en faire le calcul

$$\frac{p}{x-z} + \frac{F'(z)}{F(z)} = \frac{s_0}{z} + \frac{s_1}{z^2} + \frac{s_2}{z^3} + \ldots$$

en posant

$$\Theta(z) = \alpha_0 z^n + \alpha_1 z^{n-1} + \ldots + \alpha_n;$$

nous aurons d'abord

$$\Theta(z)\left[\frac{p}{x-z} + \frac{F'(z)}{F(z)}\right] = \alpha_0 s_0 z^{n-1} + \begin{array}{l|} \alpha_1 s_0 \\ + \alpha_0 s_1 \end{array} \; z^{n-2} + \begin{array}{l|} \alpha_2 s_0 \\ + \alpha_1 s_1 \\ + \alpha_0 s_2 \end{array} \; z^{n-3} + \ldots$$

Soit ensuite

$$\frac{f(z)}{(z-\zeta)(z-x)} = z^{n-1} + p_1 z^{n-2} + p_2 z^{n-3} + \ldots + p_{n-1},$$

et nous obtiendrons les équations suivantes, au nombre de n, à savoir :

$$\begin{aligned}
1 &= \alpha_0(s_0 + n), \\
p_1 &= \alpha_1(s_0 + n - 1) + \alpha_0 s_1, \\
p_2 &= \alpha_2(s_0 + n - 2) + \alpha_1 s_1 + \alpha_0 s_2, \\
&\ldots\ldots\ldots\ldots\ldots\ldots\ldots\ldots, \\
p_{n-1} &= \alpha_{n-1}(s_0 + 1) + \alpha_{n-2} s_1 + \ldots + \alpha_0 s_{n-2}.
\end{aligned}$$

Elles déterminent de proche les coefficients $\alpha_0, \alpha_1, \alpha_2, \ldots, \alpha_{n-1}$, et quant à α_n, qui seul reste à obtenir, c'est la condition précédemment remarquée

$$\Theta(x) = -\frac{1}{p}\,\frac{f(x)}{x-\zeta},$$

qui en donne la valeur. Revenant maintenant à la relation

$$\int \frac{F(z)f(z)}{z-\zeta}\,\frac{dz}{(x-z)^{p+1}} = \int \frac{\Theta_1(z)}{f(z)}\,\frac{F(z)\,dz}{(x-z)^p} - \frac{\Theta(z)F(z)}{(x-z)^p},$$

nous en déduirons d'abord

$$\int_{z_0}^{Z} \frac{F(z)f(z)}{z-\zeta}\,\frac{dz}{(x-z)^{p+1}} = \int_{z_0}^{Z} \frac{\Theta_1(z)}{f(z)}\,\frac{F(z)\,dz}{(x-z)^p},$$

puis, en décomposant $\frac{\Theta_1(z)}{f(z)}$ en fractions simples,

$$\begin{aligned}
\int_{z_0}^{Z} \frac{F(z)f(z)}{z-\zeta}\,\frac{dz}{(x-z)^{p+1}} = {} & \frac{\Theta_1(z_0)}{f'(z_0)} \int_{z_0}^{Z} \frac{F(z)}{z-z_0}\,\frac{dz}{(x-z)^p} \\
& + \frac{\Theta_1(z_1)}{f'(z_1)} \int_{z_0}^{Z} \frac{F(z)}{z-z_1}\,\frac{dz}{(x-z)^p} \\
& + \ldots\ldots\ldots\ldots\ldots\ldots\ldots\ldots \\
& + \frac{\Theta_1(z_n)}{f'(z_n)} \int_{z_0}^{Z} \frac{F(z)}{z-z_n}\,\frac{dz}{(x-z)^p}.
\end{aligned}$$

Mais on a

$$\vartheta_1(z_i) = \nu_i f'(z_i)\,\Theta(z_i),$$

et si l'on écrit $\Theta(x, \zeta)$ au lieu de $\Theta(z)$ afin de mettre en évidence ζ, qui entre, comme il est aisé de voir, au premier degré dans α_1, au second dans α_2, et ainsi de suite, nous obtiendrons sous forme entièrement explicite

$$\begin{aligned}\int_{z_0}^{Z} \frac{F(z)f(z)}{z-\zeta}\,\frac{dz}{(x-z)^{p+1}} = {} & \nu_0\,\Theta(z_0, \zeta)\int_{z_0}^{Z} \frac{F(z)}{z-z_0}\,\frac{dz}{(x-z)^p} \\ & + \nu_1\,\Theta(z_1, \zeta)\int_{z_0}^{Z} \frac{F(z)}{z-z_1}\,\frac{dz}{(x-z)^p} \\ & + \ldots\ldots\ldots\ldots\ldots\ldots\ldots\ldots \\ & + \nu_n\,\Theta(z_n, \zeta)\int_{z_0}^{Z} \frac{F(z)}{z-z_n}\,\frac{dz}{(x-z)^p}.\end{aligned}$$

Je ne ferai point, pour abréger, d'applications de ce résultat; j'observerai seulement qu'en considérant l'intégrale

$$\int_{z_0}^{Z} \frac{f^m(z)}{(x-z)^{m+1}}\,dz,$$

on obtiendra, pour les éléments de décomposition, l'expression suivante :

$$\int_{z_0}^{Z} \frac{f^m(z)}{z-\zeta}\,\frac{dz}{(x-z)^m} = \frac{f(x)}{x-\zeta}\,\Pi(x)\int_{z_0}^{Z} \frac{dz}{x-z} - \Pi_1(x),$$

$\Pi(x)$ et $\Pi_1(x)$ étant des polynomes entiers. On voit ainsi que le développement de l'intégrale suivant les puissances décroissantes de la variable commence par un terme en $\frac{1}{x^m}$, et il est facile de reconnaître que c'est l'ordre le plus élevé qu'on puisse obtenir pour un degré donné de $\Pi(x)$. Quant au facteur

$$\frac{f(x)}{x-\zeta},$$

il se trouve amené par la relation

$$\frac{d^{m-1}}{dx^{m-1}}\left[\frac{f^m(x)}{x-\zeta}\right] = \frac{f(x)}{x-\zeta}\Pi(x),$$

qui définit $\Pi(x)$ à un facteur constant près [1].

Les Sables-d'Olonne, 10 octobre 1874.

---

[1] La lettre d'Hermite se termine par quelques remarques sur l'intégrale

$$\int_x^\infty \frac{(z-x)^m\,dz}{f^{m+1}(z)}.$$

Nous ne les reproduirons pas, car les résultats ne nous ont pas paru exacts.

E. P.

EXTRAIT

D'UNE

LETTRE DE M. CH. HERMITE A M. BORCHARDT

SUR

LES NOMBRES DE BERNOULLI.

Journal de Crelle, t. 81, 1876, p. 93-95.

... M. Clausen et M. Staudt ont découvert en même temps sur les nombres de Bernoulli une proposition extrêmement remarquable, qui donne pour B_n cette expression

$$(-1)^n B_n = A_n + \frac{1}{2} + \frac{1}{\alpha} + \frac{1}{\beta} + \ldots + \frac{1}{\lambda},$$

dans laquelle, A_n étant entier, les dénominateurs des fractions sont tous des nombres premiers tels que $\frac{\alpha-1}{2}$, $\frac{\beta-1}{2}$, ..., $\frac{\lambda-1}{2}$ soient diviseurs de n. Ce beau théorème dont M. Staudt a donné la démonstration dans le Tome XXI, page 372 de ce journal (*Beweis eines Lehrsatzes, die Bernoullischen Zahlen betreffend*), conduit à rechercher directement les nombres entiers A_n, au moyen des relations qui servent au calcul des nombres de Bernoulli. Employant à cet effet l'équation

$$(2n+1)_2 B_1 - (2n+1)_4 B_2 + (2n+1)_6 B_3 - \ldots + (-1)^{n-1}(2n+1)_{2n} B_n = n - \frac{1}{2},$$

où $(2n+1)_2$, $(2n+1)_4$, ... désignent les coefficients de x^2, x^4, ... dans le développement de la puissance $(1+x)^{2n+1}$, on en tire d'abord, en substituant les expressions de B_1, B_2, B_3, ...,

$$\begin{aligned}
&(2n+1)_2\left(A_1+\frac{1}{2}+\frac{1}{3}\right)\\
&\quad+(2n+1)_4\left(A_2+\frac{1}{2}+\frac{1}{3}+\frac{1}{5}\right)\\
&\quad+(2n+1)_6\left(A_3+\frac{1}{2}+\frac{1}{3}+\frac{1}{7}\right)\\
&\quad\cdots\cdots\cdots\cdots\cdots\cdots\cdots\cdots\\
&\quad+(2n+1)_{2n}\left(A_n+\frac{1}{2}+\frac{1}{\alpha}+\frac{1}{\beta}+\ldots+\frac{1}{\lambda}\right)\\
&\quad+n-\frac{1}{2}=0.
\end{aligned}$$

Cela posé, les termes contenant en facteur $\frac{1}{2}$ sont

$$\frac{1}{2}[(2n+1)_2+(2n+1)_4+\ldots+(2n+1)_{2n}-1],$$

et comme on a

$$(2n+1)_2+(2n+1)_4+\ldots+(2n+1)_{2n}=2^{2n}-1,$$

ils se réduisent au nombre entier $2^{2n-1}-1$. Mais considérons, en général, ceux qui sont affectés du facteur $\frac{1}{p}$; ils proviennent des nombres de Bernoulli dont l'indice est un multiple de $\frac{1}{2}(p-1)$, et donnent cette somme

$$S_p=\frac{1}{p}[(2n+1)_{p-1}+(2n+1)_{2p-2}+(2n+1)_{3p-3}+\ldots]$$

que je vais montrer être aussi un nombre entier.

J'observe pour cela que, en désignant par ω les diverses racines de l'équation $x^{p-1}=1$, la somme $\sum(1+\omega)^{2n+1}$ a pour valeur

$$(p-1)[1+(2n+1)_{p-1}+(2n+1)_{2p-2}+(2n+1)_{3p-3}+\ldots].$$

Or, les racines ω, prises suivant le module premier p, sont les nombres entiers

$$1,\quad 2,\quad 3,\quad \ldots,\quad p-1;$$

les quantités $1+\omega$ seront donc

$$2,\quad 3,\quad 4,\quad \ldots,\quad p-1,\quad 0;$$

il en résulte que $\sum(1+\omega)^{2n+1}$ est, en lui ajoutant l'unité, la somme des puissances $2n+1$ des nombres $1, 2, \ldots, p-1$, qui est un multiple de p, attendu que l'exposant $2n+1$ n'est pas divisible par le nombre pair $p-1$. Ayant ainsi

$$\sum(1+\omega)^{2n+1}+1 \equiv 0 \qquad (\mathrm{mod}\, p),$$

on voit immédiatement que S_p se réduit bien à un nombre entier et nous obtenons pour le calcul direct des nombres A_n la relation suivante :

$$\begin{aligned}(2n+1)_2 A_1 + (2n+1)_4 A_2 + \ldots + (2n+1)_{2n} A_n \\ = 1 - n - 2^{2n-1} - S_3 - S_5 - \ldots - S_p\end{aligned}$$

où les quantités $S_3, S_5, \ldots, S_p$ se rapportent à tous les nombres premiers jusqu'à $2n+1$.

Soit, par exemple, $n=4$, les nombres premiers jusqu'à 9 étant 3, 5, 7, on aura

$$S_3 = \frac{1}{3}(36+126+84+9) = 85,$$

$$S_5 = \frac{1}{5}(126+9) = 27,$$

$$S_7 = \frac{1}{7}84 = 12,$$

et, par conséquent,

$$36A_1 + 126A_2 + 84A_3 + 9A_4 = -255,$$

ou, en supprimant le facteur 3 commun aux deux membres,

$$12A_1 + 42A_2 + 28A_3 + 3A_4 = -85.$$

Pour $n = 1, 2, 3$, nous trouverions successivement

$$\begin{aligned}A_1 &= -1,\\ 2A_1 + A_2 &= -3,\\ 3A_1 + 5A_2 + A_3 &= -9,\end{aligned}$$

et ces équations donnent facilement les valeurs

$$A_1 = A_2 = A_3 = A_4 = -1;$$

d'où

$$\begin{aligned}
B_1 &= 1 - \frac{1}{2} - \frac{1}{3} = \frac{1}{6},\\
B_2 &= -1 + \frac{1}{2} + \frac{1}{3} + \frac{1}{5} = \frac{1}{30},\\
B_3 &= 1 - \frac{1}{2} - \frac{1}{3} - \frac{1}{7} = \frac{1}{42},\\
B_4 &= -1 + \frac{1}{2} + \frac{1}{3} + \frac{1}{5} = \frac{1}{30}.
\end{aligned}$$

On aura ensuite

$$\begin{aligned}
B_5 &= 1 - \frac{1}{2} - \frac{1}{3} - \frac{1}{11} = \frac{5}{66},\\
B_6 &= -1 + \frac{1}{2} + \frac{1}{3} + \frac{1}{5} + \frac{1}{7} + \frac{1}{13} = \frac{691}{2730},\\
B_7 &= 2 - \frac{1}{2} - \frac{1}{3} = \frac{7}{6},\\
B_8 &= 6 + \frac{1}{2} + \frac{1}{3} + \frac{1}{5} + \frac{1}{17} = \frac{3617}{510},\\
B_9 &= 56 - \frac{1}{2} - \frac{1}{3} - \frac{1}{7} - \frac{1}{19} = \frac{43867}{798},\\
&\ldots\ldots\ldots\ldots\ldots\ldots
\end{aligned}$$

Vous remarquerez cette nouvelle fonction numérique attachée au nombre impair $2n+1$

$$S_3 + S_5 + \ldots + S_p,$$

à laquelle conduit le théorème de M. Clausen et de M. Staudt; elle vient se joindre à toutes celles dont la théorie des fonctions elliptiques a donné l'origine et les propriétés et peut être généralisée en substituant à S_p la somme suivante :

$$\mathfrak{S}_p = \frac{x^{2n+1}}{p}\left[\frac{(2n+1)_{p-1}}{x^{p-1}} + \frac{(2n+1)_{2p-2}}{x^{2p-2}} + \frac{(2n+1)_{3p-3}}{x^{3p-3}} + \ldots\right]$$

qui coïncide avec S_p pour $x = 1$. On démontre, en effet, comme plus haut, que $\mathfrak{S}_p$ est un nombre entier pour toute valeur entière de x, p étant un nombre premier quelconque, non supérieur à $2n+1$.

LETTRE DE M. CH. HERMITE A M. BORCHARDT

SUR LA

FONCTION DE JACOB BERNOULLI.

Journal de Crelle, t. 79, 1875, p. 339-344.

Je viens au sujet d'un Mémoire de M. Raabe, sur la fonction de Jacob Bernoulli (t. XLII de ce Journal, p. 348) vous présenter quelques remarques. Soient $B''(x)$ et $B'(x)$ les coefficients de $\frac{\lambda^{2m}}{1.2\ldots 2m}$ et $\frac{\lambda^{2m+1}}{1.2\ldots 2m+1}$ dans le développement suivant les puissances croissantes de λ de la fonction $\frac{e^{\lambda x}-1}{e^{\lambda}-1}$, de sorte que l'on ait

$$B''(x)=\frac{x^{2m+1}}{2m+1}-\frac{1}{2}x^{2m}+\frac{1}{2}(2m)_1 B_1 x^{2m-1}-\frac{1}{4}(2m)_3 B_2 x^{2m-3}+\ldots,$$

$$B'(x)=\frac{x^{2m+2}}{2m+2}-\frac{1}{2}x^{2m+1}+\frac{1}{2}(2m+1)_1 B_1 x^{2m}-\frac{1}{4}(2m+1)_3 B_2 x^{2m-2}+\ldots.$$

L'éminent géomètre donne parmi beaucoup de résultats entièrement nouveaux et d'un grand intérêt, cette expression sous forme d'intégrale définie de $B''(x)$, à savoir

$$(-1)^{m+1}(2\pi)^{2m+1}B''(x)=\sin 2\pi x\int_{-\infty}^{+\infty}\frac{u^{2m}\,du}{e^{u}+e^{-u}-2\cos 2\pi x}.$$

Peut-être n'est-il pas inutile de remarquer que la proposition importante démontrée par M. Malmsten (sur la formule

$$hu'_x=\Delta u_x-\frac{1}{2}h\Delta u'_x+\ldots,$$

t. XXXV, p. 55) que ce polynome ne change qu'une fois de signe, entre les limites $x = 0$, $x = 1$, est immédiatement mise en évidence dans l'expression de M. Raabe. Effectivement, l'intégrale

$$\int_{-x}^{+x} \frac{u^{2m}\,du}{e^u + e^{-u} - 2\cos 2\pi x}$$

est une quantité essentiellement positive pour toutes les valeurs de x, de sorte qu'entre les limites considérées, $B''(x)$ aura le signe du facteur $(-1)^{m+1}\sin 2\pi x$, et ne s'annulera que pour $x = \frac{1}{2}$. C'est ce qui m'a engagé à en rechercher une démonstration directe et en même temps à obtenir une expression analogue pour le polynome $B'(x)$, qui mettrait aussi en évidence sa propriété caractéristique, d'être toujours de même signe de $x = 0$ à $x = 1$.

J'emploierai dans ce but, la forme suivante que prend la fonction $\frac{e^{\lambda x} - 1}{e^{\lambda} - 1}$, en changeant λ en $2i\lambda$; si l'on pose

$$\varphi(x) = \frac{\sin\lambda + \sin(2x-1)\lambda}{2\sin\lambda},$$

$$\psi(x) = \frac{\cos\lambda - \cos(2x-1)\lambda}{2\sin\lambda},$$

on trouve, en effet,

$$\frac{e^{2i\lambda x} - 1}{e^{2i\lambda} - 1} = \varphi(x) + i\,\psi(x),$$

et il en résulte que $B''(x)$ et $B'(x)$ peuvent être définis comme les coefficients de $\frac{(-1)^m(2\lambda)^{2m}}{1.2\ldots 2m}$ et de $\frac{(-1)^m(2\lambda)^{2m+1}}{1.2\ldots 2m+1}$ dans les développements de $\varphi(x)$ et $\psi(x)$ suivant les puissances croissantes de λ. La considération de ces fonctions suffit déjà pour démontrer plusieurs des théorèmes de Raabe, au moyen de ces relations entièrement élémentaires, à savoir:

$$\varphi(1-x) = 1 - \varphi(x), \qquad \psi(1-x) = \psi(x),$$

$$\varphi(x) + \varphi\left(x + \frac{1}{n}\right) + \ldots + \varphi\left(x + \frac{n-1}{n}\right) = \frac{1}{2}n + \frac{\sin(2nx-1)\frac{\lambda}{n}}{2\sin\frac{\lambda}{n}},$$

$$\psi(x) + \psi\left(x + \frac{1}{n}\right) + \ldots + \psi\left(x + \frac{n-1}{n}\right) = \frac{n\cos\lambda}{2\sin\lambda} - \frac{\cos(2nx-1)\frac{\lambda}{n}}{2\sin\frac{\lambda}{n}}.$$

Mais c'est leur expression sous forme d'intégrales définies qu'il importe surtout d'obtenir, et voici comment j'y suis parvenu :

Soit $f(e^x)$ une fonction rationnelle quelconque de e^x, et

$$\Phi(x) = e^{mx} f(e^x).$$

Je ferai usage de la valeur de l'intégrale $\int_{-\infty}^{+\infty} \Phi(x)\,dx$, qui se détermine facilement comme vous allez voir. Ayant posé d'abord

$$\begin{aligned} f(z) = \Pi(z) &+ \frac{A}{z-a} + \frac{A_1}{(z-a)^2} + \ldots + \frac{A_\alpha}{(z-a)^{\alpha+1}} \\ &+ \frac{B}{z-b} + \frac{B_1}{(z-b)^2} + \ldots + \frac{B_\beta}{(z-b)^{\beta+1}} \\ &+ \ldots\ldots\ldots\ldots\ldots\ldots\ldots\ldots \end{aligned}$$

en réunissant dans la quantité $\Pi(z)$, la partie entière ainsi que les fractions en $\frac{1}{z}$, $\frac{1}{z^2}$, ..., s'il en existe, je remarque que l'expression

$$e^{mx}\left[\frac{A}{e^x-a} + \frac{A_1}{(e^x-a)^2} + \ldots + \frac{A_\alpha}{(e^x-a)^{\alpha+1}}\right]$$

peut se mettre sous cette nouvelle forme

$$\mathfrak{A}\left(\frac{e^{mx}}{e^x-a}\right) + \mathfrak{A}_1 D_x\left(\frac{e^{mx}}{e^x-a}\right) + \ldots + \mathfrak{A}_\alpha D_x^\alpha\left(\frac{e^{mx}}{e^x-a}\right).$$

Nous aurons en conséquence

$$\begin{aligned} \Phi(x) = e^{mx}\Pi(x) &+ \mathfrak{A}\left(\frac{e^{mx}}{e^x-a}\right) + \mathfrak{A}_1 D_x\left(\frac{e^{mx}}{e^x-a}\right) + \ldots + \mathfrak{A}_\alpha D_x^\alpha\left(\frac{e^{mx}}{e^x-a}\right) \\ &+ \mathfrak{B}\left(\frac{e^{mx}}{e^x-b}\right) + \mathfrak{B}_1 D_x\left(\frac{e^{mx}}{e^x-b}\right) + \ldots + \mathfrak{B}_\beta D_x^\beta\left(\frac{e^{mx}}{e^x-b}\right) \\ &+ \ldots\ldots\ldots\ldots\ldots\ldots\ldots\ldots, \end{aligned}$$

et cette décomposition entièrement analogue à celle des fractions rationnelles en fractions simples, ramènera l'intégrale $\int \Phi(x)\,dx$ à la transcendante $\int \frac{e^{mx}\,dx}{e^x-a}$, et l'intégrale définie proposée à la quantité $\int_{-\infty}^{+\infty} \frac{e^{mx}\,dx}{e^x-a}$. Avant d'en chercher la valeur, je remarque que la constante a doit être supposée négative quand elle est réelle ; on est amené par là à poser : $a = -e^{g+ih}$, avec la condition que h soit compris entre les limites $-\pi$ et $+\pi$, sans atteindre ces limites. Cela étant, nous aurons

$$\int_{-\infty}^{+\infty} \frac{e^{mx}\,dx}{e^x - a} = e^{-g-ih} \int_{-\infty}^{+\infty} \frac{e^{mx}\,dx}{e^{x-g-ih}+1};$$

puis en remplaçant x par $x+g$

$$\int_{-\infty}^{+\infty} \frac{e^{mx}\,dx}{e^{x-g-ih}+1} = e^{mg} \int_{-\infty}^{+\infty} \frac{e^{mx}\,dx}{e^{x-ih}+1},$$

et cette dernière quantité se détermine comme il suit :

Considérons l'intégrale d'une fonction quelconque effectuée en suivant le contour d'un rectangle ABCD, dont la base est sur l'axe

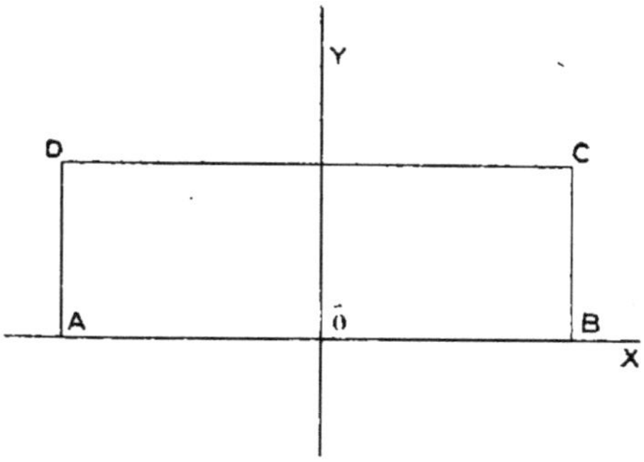

des abscisses, l'origine étant au milieu de cette base, et faisons $OB = a$, $BC = b$. Si l'on désigne par $\Phi(z)$ la fonction et par S la somme de ses résidus qui correspondent aux valeurs de z, comprises à l'intérieur du rectangle, on aura comme on sait

$$\int_{-a}^{+a} \Phi(x)\,dx + i\int_0^b \Phi(ix+a)\,dx$$
$$- \int_{-a}^{+a} \Phi(x+ib)\,dx - i\int_0^b \Phi(ix-a)\,dx = 2i\pi S.$$

Cela étant, je fais $\Phi(z) = \frac{e^{mz}}{e^z+1}$, et je suppose la hauteur b comprise entre π et 3π, de manière qu'à l'intérieur du rectangle, l'équation $e^z + 1 = 0$ n'ait que la racine $z = i\pi$ et $\Phi(z)$ le seul résidu $-e^{im\pi}$. Faisons maintenant croître indéfiniment la constante a; les deux quantités $\Phi(ix+a)$ et $\Phi(ix-a)$ tendront évidemment vers zéro si m est inférieur en valeur absolue à l'unité, et l'on obtiendra

$$\int_{-\infty}^{+\infty} \Phi(x)\,dx - \int_{-\infty}^{+\infty} \Phi(x+ib)\,dx = -2i\pi e^{im\pi},$$

d'où

$$\int_{-\infty}^{+\infty} \Phi(x+ib)\,dx = \frac{\pi}{\sin m\pi} + 2i\pi e^{im\pi} = \frac{\pi e^{2im\pi}}{\sin m\pi},$$

et par conséquent

$$\int_{-\infty}^{+\infty} \frac{e^{mx}\,dx}{e^{x+ib}+1} = \frac{\pi e^{im(2\pi-b)}}{\sin m\pi}.$$

Mais on peut poser: $b = 2\pi - h$, h étant compris entre $-\pi$ et $+\pi$, et nous trouvons ainsi

$$\int_{-\infty}^{+\infty} \frac{e^{mx}\,dx}{e^{x-ih}+1} = \frac{\pi e^{imh}}{\sin m\pi}.$$

Soit, en second lieu,

$$\Phi(z) = \frac{e^{mz}-e^{nz}}{e^z-1},$$

les constantes m et n étant moindres que l'unité, de sorte que $\Phi(ix+a)$ et $\Phi(ix-a)$ soient nulles pour a infini. En supposant $b=\pi$, la fonction proposée restera finie à l'intérieur du rectangle et l'on aura $S=0$, d'où, par conséquent,

$$\int_{-\infty}^{+\infty} \Phi(x)\,dx = \int_{-\infty}^{+\infty} \Phi(x+i\pi)\,dx.$$

Mais nous avons

$$\Phi(x+i\pi) = -e^{im\pi}\frac{e^{mx}}{e^x+1} + e^{in\pi}\frac{e^{nx}}{e^x+1},$$

et de cette expression résulte immédiatement la valeur connue

$$\int_{-\infty}^{+\infty} \frac{e^{mx}-e^{nx}}{e^x-1}\,dx = \pi\left[\frac{e^{in\pi}}{\sin n\pi} - \frac{e^{im\pi}}{\sin m\pi}\right] = \pi(\cot n\pi - \cot m\pi).$$

J'arrive maintenant à mon objet en appliquant les résultats qui précèdent à la détermination des intégrales,

$$\int_{-\infty}^{+\infty} \frac{e^{mz}\sin h\,dz}{e^z+e^{-z}+2\cos h} \quad \text{et} \quad \int_{-\infty}^{+\infty} \frac{(e^{mz}-e^{-mz})(1+\cos h)\,dz}{(e^z-1)(e^z+e^{-z}+\cos h)}.$$

A l'égard de la première, la relation

$$\frac{\sin h}{e^{z}+e^{-z}+2\cos h}=\frac{1}{2i}\left[\frac{1}{e^{z-ih}+1}-\frac{1}{e^{z+ih}+1}\right]$$

donnera

$$\int_{-\infty}^{+\infty}\frac{e^{mz}\sin h\,dz}{e^{z}+e^{-z}+2\cos h}=\frac{1}{2i}\left[\frac{e^{imh}}{\sin m\pi}-\frac{e^{-imh}}{\sin m\pi}\right]=\frac{\pi\sin mh}{\sin m\pi}.$$

Pour la seconde, j'emploierai la décomposition suivante :

$$\frac{4i\sin h(1+\cos h)}{(e^{z}-1)(e^{z}+e^{-z}+2\cos h)}=\frac{2i\sin h}{e^{z}-1}+\frac{e^{ih}+1}{e^{z+ih}+1}-\frac{e^{ih}+1}{e^{z-ih}+1},$$

et nous en conclurons au moyen des formules

$$\int_{+\infty}^{+\infty}\frac{e^{mz}-e^{-mz}}{e^{z}-1}\,dz=-2\pi\cot m\pi,\qquad \int_{+\infty}^{+\infty}\frac{e^{mz}-e^{-mz}}{e^{z+ih}+1}\,dz=\frac{2\pi\cos mh}{\sin m\pi},$$

la valeur cherchée

$$\int_{-\infty}^{+\infty}\frac{(e^{mz}-e^{-mz})(1+\cos h)}{(e^{z}-1)(e^{z}+e^{-z}+2\cos h)}\,dz=\pi\,\frac{\cos mh-\cos m\pi}{\sin m\pi}.$$

Ramenons encore ces intégrales à avoir pour limites zéro et l'infini, on obtiendra ces formules

$$\frac{\sin mh}{\sin m\pi}=\frac{1}{\pi}\int_{0}^{\infty}\frac{(e^{mz}+e^{-mz})\sin h}{e^{z}+e^{-z}+2\cos h}\,dz,$$

$$\frac{\cos mh-\cos m\pi}{\sin m\pi}=\frac{1}{\pi}\int_{0}^{\infty}\frac{(e^{z}+1)(e^{mz}-e^{-mz})(1+\cos h)}{(e^{z}-1)(e^{z}+e^{-z}+2\cos h)}\,dz,$$

où figurent des fonctions paires de la variable sous les signes d'intégration.

Elles donnent le résultat auquel je voulais arriver en faisant: $m=\frac{\lambda}{\pi}$ et $h=\pi(1-2x)$, de sorte que λ soit compris entre $-\pi$ et $+\pi$ et x entre zéro et l'unité. Il suffit, en effet, de remplacer z par πz, pour avoir

$$\begin{aligned}\varphi(x)&=\frac{\sin\lambda+\sin(2x-1)\lambda}{2\sin\lambda}\\&=\frac{1}{2}+\frac{1}{2}\sin 2\pi x\int_{0}^{\infty}\frac{e^{\lambda z}+e^{-\lambda z}}{e^{\pi z}+e^{-\pi z}-2\cos 2\pi x}\,dz,\end{aligned}$$

et

$$\psi(x) = \frac{\cos\lambda - \cos(2x-1)\lambda}{2\sin\lambda}$$
$$= -\sin^2\pi x \int_0^\infty \frac{(e^{\pi z}+1)(e^{\lambda z}-e^{-\lambda z})}{(e^{\pi z}-1)(e^{\pi z}+e^{-\pi z}-2\cos 2\pi x)}\,dz,$$

et l'on voit immédiatement que le théorème de M. Raabe se tire de de la première égalité en égalant les coefficients de λ^{2m} dans les deux membres. Mais on parvient, en outre, à étendre de la manière suivante, les importantes propositions de M. Malmsten à l'égard des polygones $B''(x)$ et $B(x)$. Remarquant que les dérivées d'un ordre quelconque par rapport à λ, des deux intégrales

$$\int_0^\infty \frac{e^{\lambda z}+e^{-\lambda z}}{e^{\pi z}+e^{-\pi z}-2\cos 2\pi x}\,dz,$$
$$\int_0^\infty \frac{(e^{\pi z}+1)(e^{\lambda z}-e^{-\lambda z})}{(e^{\pi z}-1)(e^{\pi z}+e^{-\pi z}-2\cos 2\pi x)}\,dz,$$

sont essentiellement positives si λ est lui-même positif, nous en concluons, en effet, qu'en supposant λ compris entre zéro et π, si l'on fait croître x de zéro à l'unité, les dérivées de la fonction $\varphi(x)$ par rapport à λ, seront toutes positives de $x=0$ à $x=\frac{1}{2}$ et négatives de $x=\frac{1}{2}$ à $x=1$, tandis que la fonction $\psi(x)$ et ses dérivées par rapport à λ seront toujours négatives de $x=0$ à $x=1$.

Je rattacherai enfin les développements en séries de sinus et de cosinus des arcs multiples de $2\pi x$ que Raabe a donnés pour les fonctions de $B''(x)$ et $B'(x)$, à ces formules connues, et qui subsistent entre les limites $x=0$ et $x=1$:

$$\varphi(x) = \frac{1}{2} + \pi\left[\frac{\sin 2\pi x}{\lambda^2-\pi^2} + \frac{2\sin 4\pi x}{\lambda^2-4\pi^2} + \frac{3\sin 6\pi x}{\lambda^2-9\pi^2} + \ldots\right],$$
$$\psi(x) = \frac{1}{2}\cot\lambda - \frac{1}{2\lambda} - \pi\lambda\left[\frac{\cos 2\pi x}{\lambda^2-\pi^2} + \frac{\cos 4\pi x}{\lambda^2-4\pi^2} + \frac{\cos 6\pi x}{\lambda^2-9\pi^2} + \ldots\right].$$

Il suffit, en effet, pour y arriver, d'égaler les coefficients des mêmes puissances de λ dans les deux membres.

Paris, 1er novembre 1874.

SUR LES

DÉVELOPPEMENTS DE $F(x) = \operatorname{sn}^a x \operatorname{cn}^b x \operatorname{dn}^c x$

OÙ LES EXPOSANTS SONT ENTIERS.

Académie royale des Sciences de Stockholm, Bihang III, n° 10, 1875, p. 3-10.

Le mode de calcul que je proposerais résulte de la proposition suivante :

Soit $\mathfrak{F}(z)$ une fonction uniforme ayant pour périodes $2K$ et $2iK'$; si l'on considère un rectangle dont les côtés parallèles aux axes Ox et Oy; soient $AB = 2K$, $AD = 2K'$, la somme S des résidus de $\mathfrak{F}(z)$ pour les valeurs de l'argument qui répondent à des points compris dans l'intérieur du rectangle est nulle. C'est ce que donne, en effet, l'intégration de $\mathfrak{F}(z)\,dz$ suivant le contour ABCD, car en appelant p pour un moment l'affixe de A, on obtient ainsi la relation

$$\int_0^{2K} \mathfrak{F}(p+z)\,dz + \int_0^{2iK'} \mathfrak{F}(p+2K+z)\,dz - \int_0^{2iK'} \mathfrak{F}(p+z)\,dz - \int_0^{2K} \mathfrak{F}(p+2iK'+z)\,dz = 2i\pi S$$

ou bien

$$\int_0^{2K} [\mathfrak{F}(p+z) - \mathfrak{F}(p+2iK'+z)]\,dz - \int_0^{2iK'} [\mathfrak{F}(p+z) - \mathfrak{F}(p+2K+z)]\,dz = 2i\pi S,$$

et les conditions

$$\mathfrak{f}(z + 2K) = \mathfrak{f}(z), \qquad \mathfrak{f}(z + 2iK') = \mathfrak{f}(z)$$

donnent sur le champ

$$S = 0.$$

Ce principe posé, je distingue à l'égard de $F(x)$, d'après les relations

$$F(x + 2K) = (-1)^{a+b} F(x), \qquad F(x + 2iK') = (-1)^{b+c} F(x)$$

quatre cas différents, suivant que la périodicité étant celle de $\operatorname{sn} x$, $\operatorname{cn} x$, $\operatorname{dn} x$, $\operatorname{sn}^2 x$, on aura

$$\text{(I)} \qquad \begin{cases} F(x + 2K) = -F(x), \\ F(x + 2iK') = +F(x), \end{cases}$$

$$\text{(II)} \qquad \begin{cases} F(x + 2K) = -F(x), \\ F(x + 2iK') = -F(x), \end{cases}$$

$$\text{(III)} \qquad \begin{cases} F(x + 2K) = +F(x), \\ F(x + 2iK') = -F(x), \end{cases}$$

$$\text{(IV)} \qquad \begin{cases} F(x + 2K) = +F(x), \\ F(x + 2iK) = +F(x), \end{cases}$$

et j'en ferai successivement l'application aux fonctions

$$\mathfrak{f}(z) = \frac{F(z)}{\operatorname{sn}(x - z)}, \qquad \frac{F(z)}{\operatorname{cn}(x - z)}, \qquad \frac{F(z)}{\operatorname{dn}(x - z)}, \qquad \frac{F(z)}{\operatorname{sn}^2(x - z)}.$$

Considérant d'abord le premier cas, j'observe que toutes les valeurs de z qui rendent le numérateur infini et le dénominateur nul sont

$$z = iK' + 2mK + 2niK', \qquad z = x + 2mK + 2niK',$$

m et n étant des nombres entiers. On a donc, à l'intérieur du rectangle ABCD, qu'à considérer deux quantités qui peuvent être ramenées à $z = iK'$, $z = x$, pour en déduire les résidus correspondants, c'est-à-dire les coefficients de $\frac{1}{\varepsilon}$ dans les développements suivant les puissances ascendantes de ε, de $F(iK' + \varepsilon)$, $F(x + \varepsilon)$. Soit, à cet effet, en écrivant les seuls termes qui contiennent ε en dénominateur,

$$F(iK'+\varepsilon) = \frac{A}{\varepsilon} + \frac{A_1}{\varepsilon^2} + \ldots + \frac{A_n}{\varepsilon^{n+1}}$$

ou sous une forme préférable

$$F(iK'+\varepsilon) = A\varepsilon^{-1} + A_1 D_\varepsilon \varepsilon^{-1} + \ldots + A_n D_\varepsilon^n \varepsilon^{-1}.$$

En multipliant membre à membre avec l'égalité suivante :

$$\frac{1}{\operatorname{sn}(x - iK' - \varepsilon)} = k \operatorname{sn}(x-\varepsilon) = k\left[\operatorname{sn} x - \frac{\varepsilon}{1} D_x \operatorname{sn} x + \frac{\varepsilon^2}{1.2} D_x^2 \operatorname{sn} x + \ldots \right.$$
$$\left. + (-1)^n \frac{\varepsilon^n}{1.2\ldots n} D_x^n \operatorname{sn} x + \ldots\right],$$

il vient, pour le coefficient de $\frac{1}{\varepsilon}$ dans le produit des seconds membres, l'expression

$$k(A \operatorname{sn} x + A_1 D_x \operatorname{sn} x + \ldots + A_n D_x^n \operatorname{sn} x).$$

L'autre résidu correspondant à $z = x$ étant évidemment $-F(x)$, la relation $S = 0$ donne la formule

$$F(x) = k(A \operatorname{sn} x + A_1 D_x \operatorname{sn} x + \ldots + A_n D_n^n \operatorname{sn} x).$$

Dans le second cas, où $\mathfrak{F}(z) = \frac{F(z)}{\operatorname{cn}(x-z)}$, le développement de $\frac{1}{\operatorname{cn}(x - iK' - \varepsilon)}$ conduit à un calcul tout semblable; mais j'observerai que, ayant

$$\frac{1}{\operatorname{cn}(x - iK')} = -\frac{ik}{k'} \operatorname{cn}(x-K),$$

on peut poser

$$\frac{1}{\operatorname{cn}(x - iK' - \varepsilon)} = -\frac{ik}{k'}\left[\operatorname{cn}(x-K) - \frac{\varepsilon}{1} D_x \operatorname{cn}(x-K) \right.$$
$$\left. + \frac{\varepsilon^2}{1.2} D_x^2 \operatorname{cn}(x-K) - \ldots\right];$$

multipliant membre avec l'égalité précédemment employée

$$F(iK'+\varepsilon) = A\varepsilon^{-1} + A_1 D_\varepsilon \varepsilon^{-1} + A_2 D_\varepsilon^2 \varepsilon^{-1} + \ldots$$

le résidu cherché s'obtient donc sous la forme suivante :

$$-\frac{ik}{k'}[A\,\mathrm{cn}(x-K) + A_1 D_x\,\mathrm{cn}(x-K) + \ldots + A_n D_x^n\,\mathrm{cn}(x-K)].$$

Maintenant, l'équation $\mathrm{cn}(x-z) = 0$ donne la solution

$$z = x - K,$$

et le résidu qui lui correspond a pour valeur

$$\frac{F(x-K)}{k'},$$

d'où la relation

$$F(x-K) = ik[A\,\mathrm{cn}(x-K) + A_1 D_x\,\mathrm{cn}(x-K) + \ldots].$$

et, en changeant x en $x + K$,

$$F(x) = ik(A\,\mathrm{cn}\,x + A_1 D_x\,\mathrm{cn}\,x + \ldots + A_n D_x^n\,\mathrm{cn}\,x).$$

Le troisième cas, en faisant usage de la relation

$$\frac{1}{\mathrm{dn}(x-iK')} = k'\,\mathrm{dn}(x-K-iK'),$$

donne de même

$$F(x) = -i(A\,\mathrm{dn}\,x + A_1 D_x\,\mathrm{dn}\,x + \ldots + A_n D_x^n\,\mathrm{dn}\,x);$$

mais la quatrième se présente différemment, le résidu de la fonction $\frac{F(z)}{\mathrm{sn}^2(x-z)}$ pour $z = x$ étant $F'(x)$, on obtient, en effet,

$$F'(x) = -k^2(A\,\mathrm{sn}^2 x + A_1 D_x\,\mathrm{sn}^2 x + \ldots + A_n D_x^n\,\mathrm{sn}^2 x).$$

Or, le théorème $S = 0$, appliqué à la fonction $F(z)$, remplissant actuellement les conditions

$$F(z+2K) = F(z), \qquad F(z+2iK') = F(z)$$

et qui n'a qu'un seul résidu, fait voir que ce résidu est nul. Ayant ainsi $A = 0$, on parvient, en intégrant les deux membres, à la relation cherchée

$$F(z) = \mathrm{const.} - k^2(A_1\,\mathrm{sn}^2 x + A_2 D_x\,\mathrm{sn}^2 x + \ldots + A_n D_x^{n-1}\,\mathrm{sn}^2 x)$$

qui donnera comme les précédentes, au moyen des coefficients A,

$A_1, \ldots$, le développement de $F(x)$ en série de sinus et de cosinus. Ce point établi, je reprends l'égalité

$$F(iK'+\varepsilon) = A\varepsilon^{-1} + A_1 D_\varepsilon \varepsilon^{-1} + \ldots + A_n D_\varepsilon^n \varepsilon^{-1},$$

et, observant que les formules

$$\operatorname{sn}(iK'+x) = \frac{1}{k \operatorname{sn} x},$$

$$\operatorname{cn}(iK'+x) = \frac{\operatorname{dn} x}{ik \operatorname{sn} x} = \frac{k'}{ik \operatorname{sn}\left(k'x, \frac{ik'}{k}\right)},$$

$$\operatorname{dn}(iK'+x) = \frac{\operatorname{cn} x}{i \operatorname{sn} x} = \frac{1}{\operatorname{sn}(ix, k')},$$

permettent d'écrire

$$F(iK'+x) = \left(\frac{1}{k}\right)^a \left(\frac{k'}{ik}\right)^b \frac{1}{\operatorname{sn}^a x \operatorname{sn}^b\left(k'x, \frac{ik'}{k}\right) \operatorname{sn}^c(ix, k')},$$

je suis amené à m'occuper de développement de $\frac{1}{\operatorname{sn} x}$ suivant les puissances ascendantes de la variable. Or, un moyen simple de l'obtenir résulte de la formule suivante :

$$\frac{k+ik'}{\operatorname{sn}\left(\frac{k+ik'}{2}x, \frac{k-ik'}{k+ik'}\right)} = \frac{1}{\operatorname{sn} x} + \frac{i}{\operatorname{sn}(ix, k')},$$

car, en posant

$$\frac{1}{\operatorname{sn} x} = \frac{1}{x} + \mathrm{H}_1(k)x + \mathrm{H}_2(k)x^3 + \ldots + \mathrm{H}_n(k)x^{2n-1} + \ldots$$

de sorte que

$$\mathrm{H}_n(k) = \alpha + \beta k^2 + \gamma k^4 + \ldots + \beta k^{2n-2} + \alpha k^{2n}$$

on en déduira

$$\frac{(k+ik')^{2n}}{2^{2n-1}} \mathrm{H}_n\left(\frac{k-ik'}{k+ik'}\right) = \mathrm{H}_n(k) + (-1)^n \mathrm{H}_n(k'),$$

et cette relation détermine les coefficients β, γ, ... au moyen de α qui est donné d'avance par le développement connu de $\frac{1}{\operatorname{sn} x}$.

Soit, par exemple, $n = 4$; en faisant

$$k = \cos\varphi,$$

d'où

$$k' = \sin\varphi, \qquad k + ik' = e^{i\varphi},$$

on aura facilement

$$64[\Pi_4(k) + \Pi_4(k')]$$
$$= 163\alpha + 104\beta + 48\gamma + (28\alpha + 24\beta + 16\gamma)\cos 4\varphi + \alpha\cos 8\varphi,$$

puis

$$(k + ik')^8 \Pi_4\left(\frac{k - ik'}{k + ik'}\right) = 2\alpha\cos 8\varphi + 2\beta\cos 4\varphi + \gamma$$

et, par conséquent, les équations suivantes :

$$\gamma = 2(163\alpha + 104\beta + 48\gamma),$$
$$\beta = 28\alpha + 24\beta + 16\gamma;$$

d'où l'on tire

$$\Pi_4(k) = \frac{127 - 284k^2 + 186k^4 - 284k^6 + 127k^8}{15 \times (2.3.4.5.6.7.8)}.$$

Le développement de $\frac{1}{\operatorname{sn}^2 x}$ me semble aussi mériter une attention particulière, et je remarquerai en premier lieu que, en posant

$$\frac{1}{\operatorname{sn}^2 x} = \frac{1}{x^2} + \Phi_1(k) + \Phi_2(k)x^2 + \ldots + \Phi_n(k)x^{2n-2} + \ldots,$$

le coefficient $\Phi_n(k)$ s'obtient au moyen de $\Pi_n(k)$ comme il suit :

$$(2^{2n-1} - 2)\Phi_n(k) = (2n - 1)\left[2^{2n-1}\Pi_n(k) + (-1)^n(1 + k)^{2n}\Pi_n\left(\frac{1-k}{1+k}\right)\right].$$

C'est la conséquence, en effet, de la relation

$$\frac{1}{\operatorname{sn}^2 x} - \frac{1}{\operatorname{sn}^2 \frac{x}{2}} = D_x\left[\frac{1}{\operatorname{sn} x} + \frac{i(1+k)}{\operatorname{sn}\left(\frac{1+k}{2}ix, \frac{1-k}{1+k}\right)}\right],$$

et inversement en partant de celle-ci

$$2D_x\frac{1}{\operatorname{sn} x} = \frac{2}{\operatorname{sn}^2 x} - \left[\frac{i(1+k)}{\operatorname{sn}\left(\frac{1+k}{2}ix, \frac{1-k}{1+k}\right)}\right]^2 - 1 - k^2,$$

on exprimera $\Pi_n(k)$ au moyen de $\Phi_n(k)$.

Voici le système des formules qui conduisent à ces résultats sur $\frac{1}{\operatorname{sn} x}$ et $\frac{1}{\operatorname{sn}^2 x}$:

$$\frac{i(1+k)}{\operatorname{sn}\left(\frac{1+k}{2} i x, \frac{1-k}{1+k}\right)} = \frac{\operatorname{cn} x + \operatorname{dn} x}{\operatorname{sn} x},$$

$$\frac{k+ik'}{\operatorname{sn}\left(\frac{k+ik'}{2} x, \frac{k-ik'}{k+ik'}\right)} = \frac{1+\operatorname{cn} x}{\operatorname{sn} x},$$

$$\frac{1+k'}{\operatorname{sn}\left(\frac{1+k'}{2} x, \frac{1-k'}{1+k'}\right)} = \frac{1+\operatorname{dn} x}{\operatorname{sn} x},$$

$$\frac{1}{\operatorname{sn}^2 \frac{x}{2}} = \frac{(1+\operatorname{cn} x)(1+\operatorname{dn} x)}{\operatorname{sn}^2 x};$$

j'en tirerai cette dernière conclusion

$$\left[\frac{i(1+k)}{\operatorname{sn}\left(\frac{1+k}{2} i x, \frac{1-k}{1+k}\right)}\right]^2 + \left[\frac{k+ik'}{\operatorname{sn}\left(\frac{k+ik'}{2} x, \frac{k-ik'}{k+ik'}\right)}\right]^2$$
$$+ \left[\frac{1+k'}{\operatorname{sn}\left(\frac{1+k'}{2} x, \frac{1-k'}{1+k'}\right)}\right]^2 - \frac{2}{\operatorname{sn}^2 \frac{x}{2}} - \frac{4}{\operatorname{sn}^2 x} + 2(1+k^2) = 0,$$

qui donne, pour le calcul direct de $\Phi_n(k)$, la relation

$$(k+ik)^{2n} \Phi_n\left(\frac{k-ik'}{k+ik'}\right) + (1+k')^{2n} \Phi_n\left(\frac{1-k'}{1+k'}\right)$$
$$+ (-1)^n (1+k)^{2n} \Phi_n\left(\frac{1-k}{1+k}\right) = (4^n+2)\,\Phi_n(k).$$

Mais une remarque est d'abord à faire sur la forme algébrique des polynomes $\Phi(k)$. Les égalités

$$\operatorname{sn}\left(kx, \frac{1}{k}\right) = k \operatorname{sn} x, \qquad \frac{1}{\operatorname{sn}^2 x} + \frac{1}{\operatorname{sn}^2(ix, k')} = 1$$

montrent, en effet, que

$$k^{2n}\Phi_n\left(\frac{1}{k}\right) = \Phi_n(k),$$
$$\Phi_n(k') = (-1)^n \Phi_n(k).$$

On est amené à rechercher l'expression la plus générale des polynomes entiers $\varphi(x)$ de degré n satisfaisant aux conditions

$$x^n \varphi\left(\frac{1}{x}\right) = \varphi(x),$$
$$\varphi(1-x) = (-1)^n \varphi(x).$$

Supposons d'abord n impair; en faisant $x = \frac{1}{2}$ dans ces deux égalités et $x = -1$ dans la première seulement, on en conclura

$$\varphi\left(\frac{1}{2}\right) = 0, \qquad \varphi(2) = 0, \qquad \varphi(-1) = 0,$$

par où l'on voit que $\varphi(x)$ contient le facteur

$$(x+1)(2x-1)(x-2).$$

Soit donc, pour un moment,

$$\varphi(x) = (x+1)(2x-1)(x-2)\psi(x);$$

le polynome de degré pair $\psi(x)$ sera réciproque et vérifiera la condition

$$\psi(1-x) = \psi(x),$$

car le produit $(x+1)(2x-1)(x-2)$ change de signe quand on y remplace x par $1-x$. Le cas de n impair est ainsi ramené à celui de n pair que je vais considérer en posant $n = 2m$. J'observe à cet effet que, en posant

$$\varphi_1(x) = \varphi(x) - A(x^2 - x + 1)^m,$$

où A est une constante arbitraire, on aura encore

$$x^{2m} \varphi_1\left(\frac{1}{x}\right) = \varphi_1(x),$$
$$\varphi_1(1-x) = \varphi_1(x).$$

Cela posé, déterminons A de manière que $\varphi_1(x)$ admette la racine $x = 0$; la condition

$$\varphi_1(1-x) = \varphi_1(x)$$

fait voir qu'on introduira en même temps la racine $x = 1$, de sorte qu'on peut faire

$$\varphi_1(x) = x(1-x)\varphi_2(x).$$

Or, on trouve à l'égard du nouveau polynome $\varphi(x)$ les relations

$$\varphi_2(1-x)=\varphi_2(x),$$
$$x^{2m-3}\varphi_2\left(\frac{1}{x}\right)=-\varphi_2(x)$$

qui donnent pour $x=1$

$$\varphi_2(1)=0 \quad \text{et} \quad \varphi_2(0)=0;$$

donc, comme tout à l'heure, $\varphi_2(x)$ admet le facteur $x(1-x)$, par où l'on voit qu'on doit faire

$$\varphi_1(x)=[x(1-x)]^2\,\varphi_3(x),$$

d'où résultera

$$\varphi_3(1-x)=\varphi_3(x),$$
$$x^{2m-6}\,\varphi_3\left(\frac{1}{x}\right)=\varphi_3(x).$$

Ainsi $\varphi_3(x)$ est un polynome de même nature que $\varphi(x)$, mais du degré $2m-6$, de sorte que, en raisonnant sur le nouveau polynome comme sur le précédent, on arrivera de proche en proche à l'expression cherchée

$$\begin{aligned}\varphi(x)=\mathrm{A}(x^2-x+1)^m &+\mathrm{B}(x^2-x+1)^{m-3}\,(x^2-x)^2\\ &+\mathrm{C}(x^2-x+1)^{m-6}\,(x^2-x)^4\\ &+\ldots\ldots\ldots\ldots\ldots\ldots\ldots\ldots\\ &+\mathrm{L}(x^2-x+1)^{m-3p}(x^2-x)^{2p},\end{aligned}$$

p désignant l'entier contenu dans $\frac{m}{3}$, et l'on en conclut, en faisant $x=k^2$,

$$\begin{aligned}\Phi_n(k)=\mathrm{A}(1-k^2k'^2)^m&+\mathrm{B}(1-k^2k'^2)^{m-3}k^4k'^4\\ &+\mathrm{C}(1-k^2k'^2)^{m-6}k^8k'^8+\ldots+\mathrm{L}(1-k^2k'^2)^{m-3p}k^{4p}k'^{4p}.\end{aligned}$$

Cette forme, canonique si je puis dire, des coefficients du développement de $\frac{1}{\operatorname{sn}^2 x}$ suivant les puissances croissantes de la variable, contiendra au plus, sous forme homogène, deux coefficients inconnus, jusqu'aux limites $n=10$ et $n=13$, suivant que n est pair ou impair. Et si l'on écrit pour abréger

$$\Phi_n(k)=\Sigma\mathrm{H}(1-k^2k'^2)^{m-3h}(kk'^2)^{2h},$$

on aura les formules suivantes :

$$(1+k)^{2n}\Phi_n\left(\frac{1-k}{1+k}\right) = \Sigma H(1+14k^2+k^4)^{m-3h}(4kk'^4)^{2h},$$

$$(1+k')^{2n}\Phi_n\left(\frac{1-k'}{1+k'}\right) = \Sigma H(16-16k^2+k^4)^{m-3h}(4k'k^4)^{2h},$$

$$(k+ik')^{2n}\Phi_n\left(\frac{k-ik'}{k+ik'}\right) = \Sigma H(1-16k^2k'^2)^{m-3h}(4ikk')^{2h},$$

qui permettent d'employer la relation

$$(k+ik')^{2n}\Phi_n\left(\frac{k-ik'}{k+ik'}\right) + (1+k')^{2n}\Phi_n\left(\frac{1-k'}{1+k'}\right) + (1+k)^{2n}\Phi\left(\frac{1-k}{1+k}\right) = (4^n+2)\Phi_n(k).$$

Soit, par exemple, $n=6$; on aura

$$\Phi_6(k) = A(1-k^2k'^2)^3 + B(kk')^4,$$

et l'hypothèse particulière

$$k^2k'^2 = 1,$$

d'où l'on tire

$$k^6 = -1,$$

puis

$$1+14k^2+k^4 = 15k^2,\quad 16-16k^2+k^4 = -15k'^2,\quad 1-16k^2+16k^4 = -15.$$

et enfin

$$(4kk'^4)^2 + (4k^4k')^2 + (4ikk')^2 = -48k^4k'^4 = -48,$$

conduira à l'égalité

$$15^3A + 1382B = 0.$$

Soit encore $n=4$; de la valeur $\Phi_4(k) = A(1-k^2k'^2)^2$ qui est immédiatement connue, nous tirerons celle de $\Pi_4(k)$ au moyen de la relation générale

$$2^{2n-1}(2n-1)\Pi_n(k) = 2^{2n-1}\Phi_n(k) - (-1)^n(1+k)^{2n}\Phi_n\left(\frac{1-k}{1+k}\right),$$

et l'expression précédemment calculée se retrouve, en effet, sous la forme suivante :

$$127-284k^2+186k^4-284k^6+127k^8 = 2^7(1-k^2+k^4)^2-(1+14k^2+k^4)^2.$$

SUR UN THÉORÈME D'EISENSTEIN.

Proceedings of the London Mathematical Society, t. VII, p. 173-175.
Read april 13 th, 1876.

M. Heine en donnant la démonstration du théorème célèbre d'Eisenstein, sur les développements en série des racines des équations algébriques, $f(y, x) = 0$, dans le *Journal de Crelle* (t. 48, p. 267), y a ajouté cette remarque extrêmement importante, qu'on peut ramener les coefficients supposés commensurables d'un tel développement, à être tous entiers, sauf le premier, par le changement de x en kx ([1]). C'est une simplification de la méthode employée par l'éminent géomètre, que je me propose d'indiquer en peu de mots. Considérons d'abord l'ensemble des divers développements ordonnés suivant les puissances entières et positives de la variable, qu'on peut tirer de l'équation proposée. J'observerai avec M. Heine, que si deux ou plusieurs d'entre eux, commençant par les mêmes termes, ont la partie commune

$$a + bx + cx^2 + \ldots + kx^p,$$

la transformée

$$F(z, x) = 0,$$

obtenue en posant

$$y = a + bx + cx^2 + \ldots + kx^p + zx^{p+1},$$

([1]) Note added by the permission of M. Hermite. — This remark had already been made by Eisenstein himself: His Words are, *Endlich kann statt x immer ein solches Vielfache von x gesetzt werden, dass alle Coefficienten der Reihe in ganze Zahlen uebergehen* (See Eisenstein's note in the *Monatsberichte* of the Berlin. Academy for July, 1852, p. 441; or the extract from it an earlier paper of M. Heine's in *Crelles Journal*, vol. XLV, p. 285). H.-J.-S. Smith.

aura cette propriété que, pour $x = 0$, toutes les racines seront nécessairement inégales. Cela étant, et désignant l'une d'elles supposée commensurable par z_0, je raisonnerai sur l'équation

$$F = (z + z_0, x) = 0,$$

qui sera par conséquent de la forme suivante :

$$\begin{aligned} & m_1 x + m_2 x^2 + m_3 x^3 + \ldots \\ & \quad + z\ (n + n_1 x + n_2 x^2 + \ldots) \\ & \quad + z^2 (p + p_1 x + p_2 x^2 + \ldots) \\ & \quad + \ldots \ldots \ldots \ldots \ldots \ldots \\ & \quad + z^\mu (s + s_1 x + s_2 x^2 + \ldots) = 0, \end{aligned}$$

les coefficients étant des nombres entiers et n devant essentiellement être supposé différent de zéro. Soit maintenant $z = nu$ et $x = n^2 t$; il viendra, après avoir divisé par n^2,

$$\begin{aligned} & m_1 t + n^2 m_2 t^2 + \ldots \\ & \quad + u(1 + n n_1 t + n^3 n_2 t^2 + \ldots) \\ & \quad + u^2 (p + n^2 p_1 t + n^4 p_2 t^2 + \ldots) \\ & \quad \ldots \ldots \ldots \ldots \ldots \ldots \ldots \\ & \quad + u^\mu n^{\mu-2} (s + n^2 s_1 t + n^4 s_2 t^2 + \ldots) = 0, \end{aligned}$$

relation que j'écrirai ainsi

$$\begin{aligned} u = & -\frac{m_1 t + n^2 m_2 t^2 + \ldots}{1 + n n_1 t + \ldots} \\ & - u^2 \frac{p + n^2 p_1 t + \ldots}{1 + n n_1 t + \ldots} \\ & \ldots \ldots \ldots \ldots \ldots \\ & - u^\mu n^{\mu-2} \frac{s + n^2 s_1 t + \ldots}{1 + n n_1 t + \ldots}, \end{aligned}$$

ou encore

$$\begin{aligned} u = & \, M_1 t + M_2 t^2 + \ldots \\ & + u^2 (P + P_1 t + P_2 t^2 + \ldots) \\ & + u^3 (Q + Q_1 t + Q_2 t^2 + \ldots) \\ & + \ldots \ldots \ldots \ldots \ldots \ldots \ldots \\ & + u^\mu (S + S_1 t + S_2 t^2 + \ldots), \end{aligned}$$

en observant que les séries infinies introduites dans le second membre ont toutes pour coefficients des nombres entiers. Faisant donc

$$u = a_1 t + a_2 t^2 + a_3 t^3 + \ldots,$$

on obtiendra les relations

$$a_1 = M_1,$$
$$a_2 = M_2 + P a_1^2,$$
$$a_3 = M_3 + 2 P a_1 a_2 + P_1 a_1^2 + Q a_1^3,$$

qui de proche en proche donnent les quantités a_1, a_2, a_3, ... en fonctions entières et à coefficients entiers de M_1, M_2, ..., P, P_1, P_2, ... Nous démontrons immédiatement ainsi le résultat découvert par M. Heine, que la série infinie qui satisfait à l'équation algébrique entre t et u a tous ses coefficients entiers. Et si l'on revient aux variables x et z, on aura cette expression

$$z = \frac{a_1}{n} x + \frac{a_2}{n^3} x^2 + \frac{a_3}{n^5} x^3 + \ldots + \frac{a_i}{n^{2i-1}} x^i + \ldots,$$

que je vais considérer à l'égard de la puissance fractionnaire du binome $(1-x)^{-\frac{m}{n}}$. Nous trouvons alors cette conséquence que

$$\frac{\frac{m}{n}\left(\frac{m}{n}+1\right)\left(\frac{m}{n}+2\right)\ldots\left(\frac{m}{n}+i-1\right)}{1.2.3\ldots i}$$
$$= \frac{m(m+n)(m+2n)\ldots[m+(i-1)n]}{1.2.3\ldots i.n^i} = \frac{a_i}{n^{2i-1}},$$

c'est-à-dire que l'expression

$$\frac{m(m+n)(m+2n)\ldots[m+(i-1)n]n^{i-1}}{1.2.3\ldots i}$$

est toujours un nombre entier

Le procédé, dont je viens de faire usage, s'applique également aux relations transcendantes. Considérons, par exemple, l'équation de Kepler

$$y = a + x \sin y;$$

on fera $y = a + u$, et on mettra la transformée

$$u = x \sin(a+u),$$

ou plutôt

$$u = x \sin a\left(1 - \frac{1}{2} u^2 + \frac{1}{24} u^4 - \ldots\right)$$
$$+ x \cos a\left(u - \frac{1}{6} u^3 + \frac{1}{120} u^5 - \ldots\right),$$

sous la forme suivante :

$$u(1 - x\cos a) = x\sin a - u^2\frac{x\sin a}{2} - u^3\frac{x\cos a}{6} - \ldots.$$

Nous sommes ainsi amené à introduire, au lieu de x, la quantité $\frac{x\sin a}{1 - x\cos a}$; en la désignant par ζ pour un moment, l'équation devient, en effet,

$$u = \zeta - u^2\frac{\zeta}{2} - u^3\frac{\zeta\cot a}{6}, \qquad \ldots,$$

et l'on tire très facilement

$$u = \zeta - \frac{1}{2}\zeta^3 - \frac{\cot a}{6}\zeta^4 - \ldots,$$

Dans les *Annales de l'Observatoire de Paris*, M. Serret avait déjà fait la remarque, que la valeur très simple $u = \zeta$, c'est-à-dire

$$y = a + \frac{x\sin a}{1 - x\cos a},$$

donnait une solution approchée du problème de Kepler, en négligeant seulement le cube de l'excentricité.

EXTRAIT

D'UNE

LETTRE DE M. CH. HERMITE A M. L. KÖNIGSBERGER.

SUR LE

DÉVELOPPEMENT DES FONCTIONS ELLIPTIQUES

SUIVANT LES PUISSANCES CROISSANTES DE LA VARIABLE.

Journal de Crelle, t. 81, 1876, p. 220-228.

Je me suis occupé de ces polynomes rationnels et entiers par rapport au module, qui se présentent dans les développements des fonctions $\sin \operatorname{am} x$, $\cos \operatorname{am} x$ et $\Delta \operatorname{am} x$ suivant les puissances croissantes de la variable, et dont les premiers seulement ont été calculés. Si l'on pose

$$\begin{aligned}
\sin \operatorname{am} x &= u - \frac{\mathfrak{P}_1 x^3}{1.2.3} + \frac{\mathfrak{P}_2 x^5}{1.2.3.4.5} - \ldots + (-1)^m \frac{\mathfrak{P}_m x^{2m+1}}{1.2\ldots 2m+1} + \ldots,\\
\cos \operatorname{am} x &= 1 - \frac{\mathfrak{Q}_1 x^2}{1.2} + \frac{\mathfrak{Q}_2 x^4}{1.2.3.4} - \ldots + (-1)^m \frac{\mathfrak{Q}_m x^{2m}}{1.2\ldots 2m} + \ldots,\\
\Delta \operatorname{am} x &= 1 - \frac{\mathfrak{R}_1 x^2}{1.2} + \frac{\mathfrak{R}_2 x^4}{1.2.3.4} - \ldots + (-1)^m \frac{\mathfrak{R}_m x^2 m}{1.2\ldots 2m} + \ldots,
\end{aligned}$$

vous savez qu'on a ces expressions

$$\begin{aligned}
\mathfrak{P}_m &= 1 + P_1 \varkappa^2 + P_2 \varkappa^4 + \ldots + \varkappa^{2m},\\
\mathfrak{Q}_m &= 1 + Q_1 \varkappa^2 + Q_2 \varkappa^4 + \ldots + Q_{m-1} \varkappa^{2m-2},\\
\mathfrak{R}_m &= R_0 \varkappa^2 + R_1 \varkappa^4 + R_2 \varkappa^6 + \ldots + \varkappa^{2m}
\end{aligned}$$

avec les conditions

$$R_0 = Q_{m-1}, \qquad R_1 = Q_{m-2}, \qquad \ldots;$$

qui ramènent $\mathfrak{R}_m$ à $\mathfrak{Q}_m$. Mais ni la formule de Maclaurin ni les relations tirées de la transformation du second ordre, telles que celle-ci

$$(\varkappa + i\varkappa')\cos\operatorname{am}\left[(\varkappa - i\varkappa')x, \frac{\varkappa + i\varkappa'}{\varkappa - i\varkappa'}\right] + (\varkappa - i\varkappa')\cos\operatorname{am}\left[(\varkappa + i\varkappa')x, \frac{\varkappa - i\varkappa'}{\varkappa + i\varkappa'}\right] = 2\varkappa\cos\operatorname{am}(x, \varkappa),$$

que j'ai employée autrefois pour le calcul des quantités $\mathfrak{Q}_m$, ne paraissent pouvoir conduire à l'expression générale en fonction de m, des coefficients des diverses puissances de $\varkappa$. C'est en suivant une autre voie que j'ai obtenu les résultats suivants, qui en montrent la composition arithmétique. Considérant en premier lieu le polynome $\mathfrak{P}_m$, on aura

$$4^2 P_1 = 3^{2m+1} - 8m - 3,$$
$$4^4 P_2 = 5^{2m+1} - (8m - 4)3^{2m+1} + 32m^2 - 32m - 17,$$
$$4^6 P_3 = 7^{2m+1} - (8m - 12)5^{2m+1} + (32m^2 - 88m + 30)3^{2m+1} - \frac{1}{3}(256m^3 - 1056m^2 + 752m + 471).$$

....

A l'égard de $\mathfrak{Q}_m$ je trouve semblablement

$$4^2 Q_1 = 3^{2m} - 8m - 1,$$
$$4^4 Q_2 = 5^{2m} - (8m - 8)3^{2m} + 32m^2 - 48m - 9,$$
$$4^6 Q_3 = 7^{2m} - (8m - 16)5^{2m} + (32m^2 - 120m + 82)3^{2m} - \frac{1}{3}(256m^3 - 288m^2 + 320m + 297),$$

....

Enfin pour $\mathfrak{R}_m$ on obtient (¹)

$$R_0 = 2^{2m-2},$$
$$R_1 = 2^{2m-6}\,[2^{2m} - 8m + 4],$$
$$R_2 = 2^{2m-10}[3^{2m} - (8m - 12)2^{2m} + 32m^2 - 88m + 31],$$
$$R_3 = 2^{2m-14}[4^{2m} - (8m - 20)3^{2m} + (32m^2 - 152m + 148)2^{2m} - \frac{1}{3}(256m^3 - 1728m^2 + 3080m - 900)],$$

....

(¹) Nous avons lieu de penser, d'après les calculs de M. Bourget, que les formules donnant Q_3 et R_3 ne sont pas exactes; c'est ce que montre la considération des cas particuliers $m = 2, 3$. E. P.

Supposons que m soit un grand nombre; alors nous aurons, lorsque le module est réel et moindre que l'unité, ces valeurs limites, à savoir

$$\frac{\mathfrak{P}_m}{1.2\ldots(2m+1)} = \frac{2}{\varkappa K'^{2m+2}},$$

$$\frac{\mathfrak{Q}_m}{1.2\ldots 2m} = \frac{2}{\varkappa K'^{2m+1}},$$

$$\frac{\mathfrak{R}_m}{1.2\ldots 2m} = \frac{2}{K'^{2m+1}}.$$

Il en résulte que les développements en série, de $\sin \operatorname{am} x$, $\cos \operatorname{am} x$, $\Delta \operatorname{am} x$, tendent de plus en plus à se confondre dans leurs derniers termes, avec ces simples progressions

$$\frac{(-1)^m 2x^{2m+1}}{\varkappa K'^{2m+2}}\left(1 - \frac{x^2}{K'^2} + \frac{x^4}{K'^4} - \ldots\right),$$

$$\frac{(-1)^m 2x^{2m}}{\varkappa K'^{2m+1}}\left(1 - \frac{x^2}{K'^2} + \frac{x^4}{K'^4} - \ldots\right),$$

$$\frac{(-1)^m 2x^{2m}}{K'^{2m+1}}\left(1 - \frac{x^2}{K'^2} + \frac{x^4}{K'^4} - \ldots\right),$$

et par suite seront convergents, lorsque le module de la variable sera moindre que K'.

Voici, après les quantités $\mathfrak{P}_m$, $\mathfrak{Q}_m$, $\mathfrak{R}_m$, deux nouvelles séries de polynomes, $\mathfrak{S}_m$ et $\mathfrak{T}_m$, définies par les relations suivantes :

$$\frac{1}{\sin \operatorname{am} x} = \frac{1}{x} + \mathfrak{S}_1 x + \frac{\mathfrak{S}_2 x^3}{1.2.3} + \ldots + \frac{\mathfrak{S}_m x^{2m-1}}{1.2\ldots(2m-1)} + \ldots,$$

$$\frac{1}{\sin^2 \operatorname{am} x} = \frac{1}{x^2} + \mathfrak{T}_1 + \frac{\mathfrak{T}_2 x^2}{1.2} + \ldots + \frac{\mathfrak{T}_m x^{2m-2}}{1.2\ldots(2m-2)} + \ldots,$$

et qui présentent quelque intérêt, comme j'espère vous le montrer. On a d'abord ces expressions

$$\mathfrak{S}_m = S_0 - S_1 \varkappa^2 + S_2 \varkappa^4 - \ldots + (-1)^m S_m \varkappa^{2m},$$

$$\mathfrak{T}_m = T_0 - T_1 \varkappa^2 + T_2 \varkappa^4 - \ldots + (-1)^m T_m \varkappa^{2m},$$

et les coefficients qui sont toujours commensurables mais non plus entiers comme précédemment, sont donnés par ces formules où B_m

désigne le $m^{\text{ième}}$ nombre de Bernoulli

$$S_0 = \frac{2^{2m-1}-1}{m} B_m,$$

$$4S_1 = (-1)^m + 2(2^{2m-1}-1)B_m,$$

$$4^3 S_2 = (-1)^m(8m-9) + (8m-14)(2^{2m-1}-1)B_m,$$

$$4^5 S_3 = (-1)^m(32m^2 - 128m + 101 + 3^{2m-1}) + \frac{1}{3}(64m^2 - 336m + 416)(2^{2m-1}-1)B_m,$$

$$\ldots\ldots\ldots\ldots\ldots\ldots\ldots\ldots\ldots\ldots;$$

$$T_0 = \frac{2^{2m-1}B_m}{m},$$

$$T_1 = 2^{2m-2}B_m,$$

$$T_2 = (-1)^m 2^{2m-7} + (4m-7)2^{2m-6}B_m,$$

$$T_3 = (-1)^m(m-2)2^{2m-8} + \frac{1}{3}(4m^2 - 21m + 26)2^{2m-7}B_m,$$

$$\ldots\ldots\ldots\ldots\ldots\ldots\ldots\ldots\ldots\ldots,$$

ces dernières équations relatives à $\mathfrak{T}_m$ devant être appliquées seulement à partir de $m = 2$.

On a, ensuite, en supposant que m soit un grand nombre, les expressions limites

$$\frac{\mathfrak{S}_m}{1.2\ldots(2m-1)} = \frac{2}{(2K)^{2m}} - \frac{(-1)^m}{(2K')^{2m}},$$

$$\frac{\mathfrak{T}_m}{1.2\ldots(2m-2)} = \frac{4m-1}{(2K)^{2m}} + \frac{(-1)^m(4m-1)}{(2K')^{2m}}.$$

Elles montrent que les développements de $\frac{1}{\sin \operatorname{am} x}$, $\frac{1}{\sin^2 \operatorname{am} x}$ sont convergents, tant que le module de la variable est au-dessous de la plus petite des deux quantités $2K$ et $2K'$, ce qui est encore la conclusion, que donne immédiatement le théorème de Cauchy. C'est à l'égard des polynomes $\mathfrak{S}_m$ et $\mathfrak{T}_m$ qu'on tire de la théorie de la transformation de nombreuses propriétés que je vais indiquer succinctement. Les premières et les plus simples résultent des équations

$$\sin \operatorname{am}\left(\varkappa x, \frac{1}{\varkappa}\right) = \varkappa \sin \operatorname{am}(x, \varkappa),$$

$$\frac{1}{\sin^2 \operatorname{am}(ix, \varkappa')} + \frac{1}{\sin^2 \operatorname{am}(x, \varkappa)} = 1,$$

qui donnent, en faisant

$$\mathfrak{S}_m = \mathrm{H}(\varkappa), \qquad \mathfrak{C}_m = \Phi(\varkappa),$$

les conditions

$$\varkappa^{2m}\,\mathrm{H}\left(\frac{1}{\varkappa}\right) = \mathrm{H}(\varkappa),$$

$$\varkappa^{2m}\,\Phi\left(\frac{1}{\varkappa}\right) = \Phi(\varkappa),$$

$$\Phi(\varkappa') = (-1)^m\,\Phi(\varkappa).$$

On en déduit aisément pour $\Phi(\varkappa)$ les conséquences suivantes : supposant en premier lieu que m soit pair et posant $m = 2n$, nous aurons cette expression canonique

$$\begin{aligned}\Phi(\varkappa) = \mathrm{G}(1-\varkappa^2+\varkappa^4)^n + \mathrm{G}_1(1-\varkappa^2+\varkappa^4)^{n-3}\varkappa^4\varkappa'^4 \\ + \mathrm{G}_2(1-\varkappa^2+\varkappa^4)^{n-6}\varkappa^8\varkappa'^8 + \ldots + \mathrm{G}_p(1-\varkappa^2+\varkappa^4)^{n-3p}\varkappa^{4p}\varkappa'^{4p},\end{aligned}$$

où p est l'entier contenu dans $\frac{n}{3}\cdot$ Supposons ensuite $m = 2n+1$; la forme analytique précédente n'est modifiée que par l'introduction du facteur

$$(1+\varkappa^2)(2-\varkappa^2)(1-2\varkappa^2) = \varphi(\varkappa),$$

et l'on obtient

$$\begin{aligned}\Phi(\varkappa) = \varphi(\varkappa)\,[\mathrm{H}(1-\varkappa^2+\varkappa^4)^{n-1} + \mathrm{H}_1(1-\varkappa^2+\varkappa^4)^{n-4}\varkappa^4\varkappa'^4 + \ldots \\ + \mathrm{H}_q(1-\varkappa^2+\varkappa^4)^{n-1-3q}\varkappa^{4q}\varkappa'^{4q}],\end{aligned}$$

q étant l'entier contenu dans $\frac{n-1}{3}\cdot$ Si nous continuons de désigner par B_m le $m^{\text{ième}}$ nombre de Bernoulli, les valeurs des premiers coefficients G et H seront

$$\mathrm{G} = \frac{2^{4n-2}\mathrm{B}_{2n}}{n},$$

$$\mathrm{G}_1 = 2^{4n-7} - 15 \cdot 2^{4n-6}\mathrm{B}_{2n},$$

$$\mathrm{G}_2 = -2^{8n-16} + (240n - 745)\,2^{4n-15} - (180n - 9495)^{4n-14}\mathrm{B}_{2n},$$

. . . . ;

$$\mathrm{H} = \frac{2^{4n}\mathrm{B}_{2n+1}}{2n+1},$$

$$\mathrm{H}_1 = -2^{4n-6} - \frac{(30-93)\,2^{4n-5}\mathrm{B}_{2n-1}}{2n+1},$$

. . . .

Voici maintenant les propriétés algébriques remarquables auxquelles conduit la transformation du second ordre, en partant des relations

$$\frac{1+\varkappa}{\sin\operatorname{am}\left(\frac{1+\varkappa}{2}ix,\ \frac{1-\varkappa}{1+\varkappa}\right)} = \frac{1}{\sin\operatorname{am}(ix,\varkappa')} + \frac{\varkappa}{\sin\operatorname{am}\left(i\varkappa x,\ \frac{i\varkappa'}{\varkappa}\right)},$$

$$\frac{1+\varkappa'}{\sin\operatorname{am}\left(\frac{1+\varkappa'}{2}x,\ \frac{1-\varkappa'}{1+\varkappa'}\right)} = \frac{1}{\sin\operatorname{am}(x,\varkappa)} + \frac{i\varkappa}{\sin\operatorname{am}\left(i\varkappa x,\ \frac{i\varkappa'}{\varkappa}\right)},$$

$$\frac{\varkappa+i\varkappa'}{\sin\operatorname{am}\left(\frac{\varkappa+i\varkappa'}{2}x,\ \frac{\varkappa-i\varkappa'}{\varkappa+i\varkappa'}\right)} = \frac{1}{\sin\operatorname{am}(x,\varkappa)} + \frac{i}{\sin\operatorname{am}(ix,\varkappa')}$$

auxquelles je joindrai encore celle-ci

$$\frac{1}{\sin^2\operatorname{am}\frac{x}{2}} = \frac{(1+\cos\operatorname{am}x)(1+\Delta\operatorname{am}x)}{\sin^2\operatorname{am}x};$$

j'en déduis les diverses conséquences suivantes.

Soit d'abord, pour abréger l'écriture,

$$\Pi' = (-1)^m\,\Pi(\varkappa'), \qquad \Pi'' = (-1)^m\varkappa^{2m}\,\Pi\left(\frac{i\varkappa'}{\varkappa}\right),$$

puis

$$\Pi_0 = (-1)^m(1+\varkappa)^{2m}\,\Pi\left(\frac{1-\varkappa}{1+\varkappa}\right),$$

$$\Pi_1 = (1+\varkappa')^{2m}\,\Pi\left(\frac{1-\varkappa'}{1+\varkappa'}\right),$$

$$\Pi_2 = (\varkappa+i\varkappa')^{2m}\,\Pi\left(\frac{\varkappa-i\varkappa'}{\varkappa+i\varkappa'}\right);$$

on aura en premier lieu

$$\Pi_0 = 2^{2m-1}(\Pi'+\Pi''),$$

$$\Pi_1 = 2^{2m-1}(\Pi''+\Pi),$$

$$\Pi_2 = 2^{2m-1}(\Pi+\Pi')$$

et il est aisé de voir que l'une quelconque de ces équations suffit pour déterminer sauf un facteur constant les coefficients du polynome $\Pi(x)$.

Je remarquerai ensuite que $\Phi(x)$ se conclut immédiatement de $\Pi(\varkappa)$; on a, en effet,

$$\Phi(\varkappa) = \frac{(2m-1)2^{2m-2}}{2^{2m-2}-1}(\Pi+\Pi'+\Pi''),$$

et les trois quantités suivantes, à savoir

$$\Phi_0 = (-1)^m (1+\varkappa)^{2m} \Phi\left(\frac{1-\varkappa}{1+\varkappa}\right),$$

$$\Phi_1 = (1+\varkappa')^{2m} \Phi\left(\frac{1-\varkappa'}{1+\varkappa'}\right),$$

$$\Phi_2 = (\varkappa+i\varkappa')^{2m} \Phi\left(\frac{\varkappa-i\varkappa'}{\varkappa+i\varkappa'}\right),$$

s'expriment par ces formules

$$\Phi_0 = \frac{(2m-1)2^{2m-2}}{2^{2m-2}-1}(\Pi_0+2\Pi),$$

$$\Phi_1 = \frac{(2m-1)2^{2m-2}}{2^{2m-2}-1}(\Pi_1+2\Pi'),$$

$$\Phi_2 = \frac{(2m-1)2^{2m-2}}{2^{2m-2}-1}(\Pi_2+2\Pi'').$$

Enfin on peut, d'une manière inverse, déterminer d'abord le polynome $\Phi(\varkappa)$, en employant à cet effet la relation

$$(2^{2m}+2)\Phi(\varkappa) = \Phi_0+\Phi_1+\Phi_2,$$

qui est une conséquence des précédentes. On en déduira ensuite

$$\Pi(\varkappa) = \frac{1}{(2m-1)2^{2m-1}}(2^{2m-1}\Phi-\Phi_0),$$

puis

$$\Pi_0 = \frac{1}{2m-1}(\Phi_0-2\Phi),$$

$$\Pi_1 = -\frac{1}{2m-1}(\Phi_1-2\Phi),$$

$$\Pi_2 = \frac{1}{2m-1}(\Phi_2-2\Phi).$$

Ces résultats manifestent entre $\Pi(\varkappa)$ et $\Phi(\varkappa)$ une dépendance réciproque, que ne pouvait guère faire prévoir leur origine; ils conduisent aussi à remarquer les deux combinaisons linéaires suivantes :

$$\Theta(\varkappa) = (2^{m-1}+1)\Phi(\varkappa)-(2m-1)2^{m-1}\Pi(\varkappa),$$
$$\Theta_1(\varkappa) = (2^{m-1}-1)\Phi(\varkappa)-(2m-1)2^{m-1}\Pi(\varkappa).$$

Nous aurons, en effet,

$$(1+\varkappa)^{2m}\Theta\left(\frac{1-\varkappa}{1+\varkappa}\right) = (-1)^m 2^m \Theta(\varkappa),$$

$$(1+\varkappa)^{2m}\Theta_1\left(\frac{1-\varkappa}{1+\varkappa}\right) = (-1)^{m+1} 2^m \Theta_1(\varkappa),$$

et de là résulte, comme vous allez voir, une forme canonique pour ces deux nouveaux polynomes.

Je cherche en premier lieu l'expression la plus générale des polynomes entiers $\varphi(x)$, de degré m en x^2, tels qu'on ait

$$(1) \qquad x^{2m}\varphi\left(\frac{1}{x}\right)=\varphi(x),$$

$$(2) \qquad (1+x)^{2m}\varphi\left(\frac{1-x}{1+x}\right)=2^m\varphi(x),$$

et je ferai d'abord cette remarque que, si $\varphi(x)$ est supposé s'annuler avec la variable, il contient le facteur $x^2(1-x^2)^2$. Soit à cet effet, dans l'équation (2), $x=0$; on en conclut que $\varphi(x)$ s'annule pour $x=1$ et admet par suite le facteur $x^2(1-x^2)$, puisqu'il ne renferme que des puissances paires de la variable. Or, en posant

$$\varphi(x)=x^2(1-x^2)\psi(x),$$

l'équation (1) donne

$$x^{2m-6}\psi\left(\frac{1}{x}\right)=-\psi(x),$$

ce qui montre immédiatement que $\psi(x)$ s'évanouit pour $x=\pm 1$. J'ajoute qu'en faisant

$$\psi(x)=(1-x^2)\chi(x)$$

ou bien

$$\varphi(x)=x^2(1-x^2)^2\chi(x),$$

on obtiendra à l'égard de $\chi(x)$

$$x^{2m-8}\chi\left(\frac{1}{x}\right)=\chi(x),$$

$$(1+x)^{2m-8}\chi\left(\frac{1-x}{1+x}\right)=2^{m-4}\chi(x),$$

c'est-à-dire les équations caractéristiques du polynome proposé $\varphi(x)$, en y changeant m en $m-4$.

Une seconde remarque va maintenant en donner l'expression générale. Soit pour un moment

$$\varphi_1(x)=\varphi(x)-A(1+x^2)^m,$$

A étant une constante arbitraire; on voit immédiatement qu'on aura

$$x^{2m}\varphi_1\left(\frac{1}{x}\right)=\varphi_1(x),$$

$$(1+x)^{2m}\varphi_1\left(\frac{1-x}{1+x}\right)=2^m\varphi_1(x).$$

Or, en disposant de A de manière que $\varphi_1(x)$ s'annule avec x, on le ramène, comme nous l'avons vu, au produit d'un polynome de même nature, de degré $2m-8$, multiplié par le facteur $x^2(1-x^2)^2$. Opérant donc sur ce nouveau polynome comme sur le précédent, il est clair qu'on parviendra de proche en proche à l'expression cherchée

$$\varphi(x)=A(1+x^2)^m+A_1(1+x^2)^{m-4}x^2(1-x^2)^2$$
$$+A_2(1+x^2)^{m-8}x^4(1-x^2)^4+\ldots+A_r(1+x^2)^{m-4r}x^{4r}(1-x^2)^{4r},$$

r désignant l'entier contenu dans $\frac{m}{4}$. Mais ce résultat ne nous suffit pas et nous avons encore à considérer les polynomes qui satisfont aux conditions,

$$x^{2m}\varphi\left(\frac{1}{x}\right)=\varphi(x),$$

$$(1+x)^{2m}\varphi\left(\frac{1-x}{1+x}\right)=-2^m\varphi(x).$$

Or, en faisant

$$\frac{1-x}{1+x}=x,$$

c'est-à-dire

$$x^2+2x-1=0,$$

la seconde équation donne

$$\varphi(x)=0,$$

de sorte que $\varphi(x)$ est divisible par x^2+2x-1, et, par conséquent, aussi par x^2-2x-1, attendu que $\varphi(-x)=\varphi(x)$. Ayant

$$(x^2+2x-1)(x^2-2x-1)=x^4-6x^2+1,$$

faisons

$$\varphi(x)=(x^4-6x^2+1)\psi(x);$$

on trouvera aisément les conditions

$$x^{2m-4}\psi\left(\frac{1}{x}\right)=\psi(x),$$

$$(1+x)^{2m-4}\psi\left(\frac{1-x}{1+x}\right)=2^{m-2}\psi(x),$$

qui sont celles du premier cas. Nous obtenons ainsi les expressions canoniques des polynomes $\Theta(x)$, $\Theta_1(x)$, et, par conséquent, les valeurs de $\Pi(x)$ et $\Phi(x)$ sous une forme algébrique semblable. Mais c'est trop m'étendre sur ces polynomes qui m'ont surtout occupé au point de vue de l'usage qu'on peut en faire dans le développement en série des puissances et produits de puissances des fonctions $\sin\operatorname{am} x$, $\cos\operatorname{am} x$, $\Delta\operatorname{am} x$. Cette question déjà traitée par M. C.-O. Meyer (*Entwickelung der elliptischen Functionen*

$$\Delta^{\pm r}\operatorname{am}\frac{2Kx}{\pi}\cos^{\pm s}\operatorname{am}\frac{2Kx}{\pi}\sin^{\pm t}\operatorname{am}\frac{2Kx}{\pi}\int_0^x\Delta^2\operatorname{am}\frac{2Kx}{\pi}\,dx,$$

nach den Sinus und Cosinus der Vielfachen von x, ce journal, t. XXXVII) joue un grand rôle dans la méthode de calcul des perturbations que M. Hugo Gylden a publiée dans les Mémoires de Saint-Pétersbourg (*Studien auf dem Gebiete der Störungstheorie*, 7e série, t. XVI), et où j'ai vu avec le plus vif intérêt les fonctions elliptiques recevoir une application heureuse et habile à la Mécanique céleste....

Lamothe-de-Meursac (Charente-Inférieure), 2 octobre 1875.

EXTRAIT

D'UNE

LETTRE DE M. CH. HERMITE A M. PAUL MANSION.

SUR

UNE FORMULE DE M. DELAUNAY.

Nouvelle Correspondance mathématique, t. II, 1876, p. 54-55.

M. Delaunay, dans sa *Thèse sur la distinction des maxima et minima qui dépendent du calcul des variations* (*Journal de M. Liouville*, t. VI, p. 212) a donné, sans démonstration, la formule suivante :

$$PD_x^m Q = D_x^m PQ - m_1 D_x^{m-1} P'Q + m_2 D_x^{m-2} P''Q + \ldots + (-1)^m P^{(m)} Q,$$

où P et Q sont deux fonctions de x, m_1, m_2, ... étant les coefficients de x, x^2, ... dans la puissance $(1+x)^m$. On peut l'établir facilement, si l'on observe que tous les termes du second membre donnent, en développant les dérivations indiquées, des résultats compris dans cette formule

$$AP^{(m)}Q + BP^{(m-1)}Q' + CP^{(m-2)}Q'' + \ldots + LPQ^{(m)},$$

les coefficients A, B, C, ..., L dépendant seulement de m. Leur somme peut donc être représentée par l'expression de même nature

$$a P^{(m)}Q + b P^{(m-1)}Q' + c P^{(m-2)}Q'' + \ldots + l PQ^{(m)};$$

et il suffira, pour obtenir les coefficients numériques a, b, ..., l, de faire une hypothèse particulière convenable sur les fonctions P et Q. Soit, à cet effet,

$$P = e^{px}, \qquad Q = e^{qx}.$$

On sera ainsi conduit à l'identité

$$\begin{aligned}D^m e^{(p+q)x} - m_1 p D^{m-1} e^{(p+q)x} + m_2 p^2 D^{m-2} e^{(p+q)x} - \ldots + (-1)^m p^m e^{(p+q)x} \\ = e^{(p+q)x}(ap^m + bp^{m-1}q + \ldots + lq^m).\end{aligned}$$

Or, en effectuant les dérivations et supprimant dans les deux membres le facteur exponentiel, elle prend cette forme

$$\begin{aligned}(p+q)^m - m_1 p(p+q)^{m-1} + m_2 p^2 (p+q)^{m-2} - \ldots + (-1)^m p^m \\ = ap^m + bp^{m-1} + \ldots + lq^m;\end{aligned}$$

et le premier membre se réduisant à $(p+q-p)^m$, c'est-à-dire simplement à q^m, on voit qu'en effet les coefficients a, b, ... disparaissent, sauf le dernier qui a pour valeur l'unité.

Paris, 25 novembre 1875.

SUR

L'AIRE D'UN SEGMENT DE COURBE CONVEXE.

Nouvelle Correspondance mathématique, t. II, 1876. Question 95.

Théorème. — AMB *étant un arc de courbe plane, convexe, on projette* A *sur la tangente* BA′ *en* B, *et l'on projette* B *sur la tangente* AB′ *en* A. *Cela posé, si l'on néglige les quantités du* cinquième ordre, *le segment* AMB *est équivalent au* $\frac{1}{6}$ *de la somme des triangles rectangles* AA′B, BB′A.

SUR UN EXEMPLE

DE

RÉDUCTION D'INTÉGRALES ABÉLIENNES,

AUX FONCTIONS ELLIPTIQUES.

Annales de la Société scientifique de Bruxelles, 1re année, 1876, p. 1-16.

Dans une Note du Tome 8 du *Journal de Crelle*, p. 416, Jacobi, en généralisant un résultat obtenu par Legendre, a montré que les deux intégrales abéliennes de première espèce $\int \frac{dz}{\sqrt{R(z)}}$ et $\int \frac{z\,dz}{\sqrt{R(z)}}$, où l'on suppose

$$R(z) = z(1-z)(1-abz)(1+az)(1+bz),$$

peuvent être ramenées, aux intégrales elliptiques, par la même substitution

$$\sqrt{z} = \frac{k'+l'}{\sqrt{1-k^2\sin^2\varphi}+\sqrt{1-l^2\sin^2\varphi}},$$

dont on déduit les relations

$$\int_0^z \frac{dz}{\sqrt{R(z)}} = \frac{1}{2}(k'+l')[F(k,\varphi)+F(l,\varphi)],$$

$$\int_0^z \frac{z\,dz}{\sqrt{R(z)}} = \frac{(k'+l')^2}{2(l'-k')}[F(k,\varphi)-F(l,\varphi)].$$

Les valeurs des modules k, l et de leurs compléments k', l' sont données par les formules suivantes, où je pose pour abréger $c = \sqrt{(1+a)(1+b)}$, à savoir :

$$k = \frac{\sqrt{a}+\sqrt{b}}{c}, \qquad l = \frac{\sqrt{a}-\sqrt{b}}{c},$$

$$k' = \frac{1-\sqrt{ab}}{c}, \qquad l' = \frac{1+\sqrt{ab}}{c}.$$

De ce résultat, extrêmement remarquable, ne semble avoir été tiré jusqu'ici d'autre conclusion que celle indiquée par Jacobi lui-même, et qui consiste à obtenir la partie réelle et le coefficient de i, dans l'intégrale $\int_0^\varphi \frac{d\varphi}{\sqrt{1-(e+if)\sin^2\varphi}}$. Si l'on représente cette quantité par $A+iB$, l'illustre géomètre en conclut, en effet, les expressions

$$A = g\int_0^z \frac{dz}{\sqrt{R(z)}}, \qquad B = h\int_0^z \frac{z\,dz}{\sqrt{R(z)}},$$

en prenant pour les paramètres a et b, qui figurent dans $R(z)$, les valeurs

$$a = \frac{\sqrt{(1-e)^2+f^2}+e-1}{\sqrt{e^2+f^2-e}}, \qquad b = \frac{\sqrt{(1-e)^2+f^2}+e-1}{\sqrt{e^2+f^2+e}},$$

et pour les facteurs g et h, celles-ci,

$$g = \left[\sqrt{(1-e)^2+f^2}-e+1\right]^{-\frac{1}{2}}, \qquad h = \frac{\left[\sqrt{(1-e)^2+f^2}+e-1\right]^{\frac{1}{2}}}{\sqrt{(1-e)^2+f^2}+e+1}.$$

Je me propose de faire voir qu'il a une portée beaucoup plus étendue, et qu'il ouvre une voie nouvelle, même après les belles découvertes de Clebsch, dans la recherche difficile des intégrales de différentielles algébriques, qui peuvent se réduire aux fonctions elliptiques. Il offre, en effet, le premier exemple, et le seul connu jusqu'ici, de la réduction d'un type d'intégrales qui contient essentiellement deux fonctions de première espèce, obtenue en introduisant deux intégrales elliptiques de modules différents. J'ai rencontré récemment dans une recherche, où je ne présumais point devoir le trouver, un second exemple qui a appelé mon attention sur les formules de Jacobi, et que je vais indiquer succinctement.

Soit

$$R(z) = (z^2 - a)(8z^3 - 6az - b);$$

on aura en premier lieu

$$\int \frac{dz}{\sqrt{R(z)}} = \frac{1}{3}\int \frac{dx}{\sqrt{(2ax-b)(x^2-a)}}$$

en prenant

$$x = \frac{4z^3 - 3az}{a},$$

et, si l'on pose ensuite

$$y = \frac{2z^3 - b}{3(z^2 - a)},$$

on obtiendra la relation

$$\int \frac{z\,dz}{\sqrt{R(z)}} = \frac{1}{2\sqrt{3}}\int \frac{dy}{\sqrt{y^3 - 3ay + b}}.$$

On est ainsi, par induction, conduit à croire qu'il existe pour les irrationnelles algébriques, dont le nombre caractéristique, ordinairement désigné par p, est supérieur à l'unité, des cas de réduction de leurs intégrales aux fonctions elliptiques, dans lesquels les p fonctions de première espèce seraient exprimées par autant d'intégrales elliptiques différentes, au moyen de p substitutions. Sans insister sur l'intérêt et la difficulté des recherches qui se présentent afin d'essayer de confirmer cette induction, je me propose, dans cette Note, d'achever, si je puis dire, la réduction aux fonctions elliptiques des intégrales abéliennes considérées par Jacobi, et d'arriver par là à une sorte de jonction entre la théorie des sinus d'amplitude et celles des fonctions de Göpel et de M. Rosenheim, où le rapprochement des formules et des relations qui les concernent pourra donner, ce me semble, des observations utiles.

I.

En posant pour abréger $x = \sin^2\varphi$, je reprends la substitution de Jacobi sous cette autre forme, donnée aussi par le grand géomètre,

$$x = \frac{c^2 z}{(1+az)(1+bz)},$$

et d'où l'on tire facilement

$$1 - x = \frac{(1-z)(1-abz)}{(1+az)(1+bz)},$$

$$1 - k^2 x = \frac{(1-\sqrt{ab}\,z)^2}{(1+az)(1+bz)},$$

et, par suite,

$$\text{(A)} \qquad \Delta(x, k) = \sqrt{R(z)}\,\frac{c(1-\sqrt{ab}\,z)}{(1+az)^2(1+bz)^2},$$

si l'on écrit pour abréger

$$\Delta(x, k) = \sqrt{x(1-x)(1-k^2x)}.$$

Cette relation conduit comme conséquence, en y changeant le signe du radical $\sqrt{ab}$, à la suivante :

$$\text{(B)} \qquad \Delta(x, l) = \sqrt{R(z)}\,\frac{c(1+\sqrt{ab}\,z)}{(1+az)^2(1+bz)^2},$$

où le nouveau module l est déterminé par la condition

$$l = \frac{\sqrt{a}-\sqrt{b}}{c}.$$

Or, ayant

$$\frac{dx}{dz} = \frac{c^2(1-abz^2)}{(1+az)^2(1+bz)^2},$$

on en tire sur-le-champ les deux égalités

$$\frac{dx}{\Delta(x, k)} = \frac{c(1+\sqrt{ab}\,z)\,dz}{\sqrt{R(z)}},$$

$$\frac{dx}{\Delta(x, l)} = \frac{c(1-\sqrt{ab}\,z)\,dz}{\sqrt{R(z)}}.$$

Je me propose maintenant d'en poursuivre les conséquences, et, conformément à la nature des intégrales abéliennes de première classe, je chercherai à réduire aux fonctions elliptiques la somme des deux intégrales semblables

$$\int \frac{f(X)\,dX}{\sqrt{R(X)}} + \int \frac{f(Y)\,dY}{\sqrt{R(Y)}},$$

en prenant pour X et Y des fonctions algébriques de deux variables indépendantes x et y, et pour $f(X)$ et $f(Y)$ les mêmes fonctions rationnelles de X et Y. On y parvient en considérant l'équation

$$F^2(z) - R(z) = 0,$$

où $F(z)$ est un polynome de troisième degré en z, déterminé de telle manière qu'elle admette comme facteur, d'une part le polynome du second degré

$$\Phi(z) = x(1 + az)(1 + bz) - c^2 z,$$

avec la condition (A),

$$\sqrt{R(z)} = \Delta(x, k)\frac{(1 + az)^2(1 + bz)^2}{c(1 - \sqrt{ab}\, z)};$$

et, en second lieu, le facteur semblable

$$\Phi_1(z) = y(1 + az)(1 + bz) - c^2 z,$$

et avec la condition (B),

$$\sqrt{R(z)} = \Delta(y, l)\frac{(1 + az)^2(1 + bz)^2}{c(1 + \sqrt{ab}\, z)}.$$

Nous allons voir, en effet, que les quantités X et Y seront les racines de l'équation du second degré en z, représentée par le quotient entier

$$\frac{F^2(z) - R(z)}{\Phi(z)\Phi_1(z)} = 0.$$

II.

Je ferai usage, à cet effet, du théorème d'Abel, en supposant la fonction rationnelle $f(x)$ réduite simplement à $\frac{1}{x - g}$, où g est une constante indéterminée, et j'en déduirai la relation suivante. Soient $z = x_0$, $z = x_1$ les racines de l'équation

$$x(1 + az)(1 + bz) - c^2 z = 0;$$

puis $x = y_0$, $z = y_1$ celles de l'équation semblable

$$y(1 + az)(1 + bz) - c^2 z = 0;$$

on aura comme on sait

$$\frac{1}{\sqrt{R(g)}}\log\frac{F(g)+\sqrt{R(g)}}{F(g)-\sqrt{R(g)}} = \int\frac{dx_0}{(x_0-g)\sqrt{R(x_0)}}+\int\frac{dx_1}{(x_1-g)\sqrt{R(x_1)}}$$
$$+\int\frac{dy_0}{(y_0-g)\sqrt{R(y_0)}}+\int\frac{dy_1}{(y_1-g)\sqrt{R(y_1)}}$$
$$+\int\frac{dX}{(X-g)\sqrt{R(X)}}+\int\frac{dY}{(Y-g)\sqrt{R(Y)}}.$$

Maintenant on va voir que les deux sommes d'intégrales

$$\int\frac{dx_0}{(x_0-g)\sqrt{R(x_0)}}+\int\frac{dx_1}{(x_1-g)\sqrt{R(x_1)}}$$

et

$$\int\frac{dy_0}{(y_0-g)\sqrt{R(y_0)}}+\int\frac{dy_1}{(y_1-g)\sqrt{R(y_1)}}$$

se réduisent aux fonctions elliptiques.

Considérons, en effet, la première qui se rapporte aux racines de l'équation

$$\Phi(z) = x(1+az)(1+bz)-c^2z = 0$$

et où l'on se rappelle qu'il faut prendre pour chacune de ces racines

$$\sqrt{R(z)} = \Delta(x,k)\frac{(1+az)^2(1+bz)^2}{c(1-\sqrt{ab}\,z)}.$$

Je transformerai d'abord comme il suit cette relation. Après l'avoir mise sous la forme

$$\sqrt{R(z)}\,c(1-\sqrt{ab}\,z)^2 = \Delta(x,k)(1+az)^2(1+bz)^2(1-\sqrt{ab}\,z),$$

je multiplie membre à membre avec la suivante :

$$1-k^2x = \frac{(1-\sqrt{ab}\,z)^2}{(1+az)(1+bz)},$$

ce qui donne, en simplifiant,

$$\sqrt{R(z)}\,c(1-k^2x) = \Delta(x,k)(1+az)(1+bz)(1-\sqrt{ab}\,z).$$

On introduit ainsi, dans le second membre, la quantité

$$\frac{d\Phi}{dx} = (1+az)(1+bz),$$

ce qui permet d'écrire

$$\sqrt{R(z)}\, c(1-k^2x) = \Delta(x, k)(1-\sqrt{ab}\, z)\frac{d\Phi}{dx}.$$

Or, il vient en différentiant l'équation $\Phi(z) = 0$:

$$\frac{d\Phi}{dz}dz = -\frac{d\Phi}{dx}dx.$$

et l'on conclut facilement, en divisant membre à membre,

$$\frac{dz}{\sqrt{R(z)}} = \frac{c(1-k^2x)\,dx}{(\sqrt{ab}\, z-1)\Phi'(z)\Delta(x, k)},$$

puis

$$\frac{dz}{(z-g)\sqrt{R(z)}} = \frac{c(1-k^2x)\,dx}{(\sqrt{ab}\, z-1)(z-g)\Phi'(z)\Delta(x, k)}.$$

Supposant maintenant $z = x_0$, puis $z = x_1$ et ajoutant membre à membre, on est conduit à calculer la fonction symétrique

$$\frac{1}{(\sqrt{ab}\, x_0-1)(x_0-g)\Phi'(x_0)} + \frac{1}{(\sqrt{ab}\, x_1-1)(x_1-g)\Phi'(x_1)}$$

des racines de l'équation $\Phi(z) = 0$, qu'il est aisé d'obtenir. Écrivons, en effet,

$$\frac{1}{(\sqrt{ab}\, z-1)(z-g)} = \frac{1}{(\sqrt{ab}\, g-1)}\left(\frac{1}{z-g} - \frac{\sqrt{ab}}{\sqrt{ab}\, z-1}\right),$$

et la valeur cherchée résultera de la formule élémentaire

$$\frac{1}{\Phi(x)} = \frac{1}{(x-x_0)\Phi'(x_0)} + \frac{1}{(x-x_1)\Phi'(x_1)},$$

en faisant successivement $x = g$ et $x = \frac{1}{\sqrt{ab}}$. Ce calcul, fort simple, conduit à joindre à la constante g une autre h, qui en dépend par la relation

$$h = \frac{c^2 g}{(1+ag)(1+bg)},$$

de sorte qu'on a

$$\sqrt{R(g)} = \Delta(h, k)\frac{(1+ag)^2(1+bg)^2}{c(1-\sqrt{ab}\, g)}.$$

De cette manière on obtient

$$\frac{dx_0}{(x_0-g)\sqrt{\mathrm{R}(x_0)}}+\frac{dx_1}{(x_1-g)\sqrt{\mathrm{R}(x_1)}}=-\frac{a+b+\sqrt{ab}+abg}{c(1+ag)(1+bg)}\,\frac{dx}{\Delta(x,k)}+\frac{\Delta(h,k)}{\sqrt{\mathrm{R}(g)}(x-h)}\,\frac{dx}{\Delta(x,k)},$$

et, par conséquent,

$$\int\frac{dx_0}{(x_0-g)\sqrt{\mathrm{R}(x_0)}}+\int\frac{dx_1}{(x_1-g)\sqrt{\mathrm{R}(x_1)}}=-\frac{a+b+\sqrt{ab}+abg}{c(1+ag)(1+bg)}\int\frac{dx}{\Delta(x,k)}+\frac{\Delta(h,k)}{\sqrt{\mathrm{R}(g)}}\int\frac{dx}{(x-h)\,\Delta(x,k)}.$$

Enfin, si l'on met la variable y au lieu de x, et qu'on change le signe du radical $\sqrt{ab}$, on aura la réduction aux fonctions elliptiques de la seconde somme d'intégrales, à savoir

$$\int\frac{dy_0}{(y_0-g)\sqrt{\mathrm{R}(y_0)}}+\int\frac{dy_1}{(y_1-g)\sqrt{\mathrm{R}(y_1)}}=-\frac{a+b-\sqrt{ab}+abg}{c(1+ag)(1+bg)}\int\frac{dy}{\Delta(y,l)}+\frac{\Delta(h,l)}{\sqrt{\mathrm{R}(g)}}\int\frac{dy}{(y-h)\,\Delta(y,l)}.$$

Les quantités X et Y, qui ont été obtenues par l'emploi du théorème d'Abel, ont donc le rôle que nous avons annoncé, et le résultat auquel nous venons de parvenir s'accorde bien avec la nature logarithmique des intégrales abéliennes de troisième espèce, car, en multipliant par le facteur $\sqrt{\mathrm{R}(g)}$, on obtient cette formule

$$\begin{aligned}\int\frac{\sqrt{\mathrm{R}(g)}\,d\mathrm{X}}{(\mathrm{X}-g)\sqrt{\mathrm{R}(\mathrm{X})}}+\int\frac{\sqrt{\mathrm{R}(g)}\,d\mathrm{Y}}{(\mathrm{Y}-g)\sqrt{\mathrm{R}(\mathrm{Y})}}
&=\log\frac{\mathrm{F}(g)+\sqrt{\mathrm{R}(g)}}{\mathrm{F}(g)-\sqrt{\mathrm{R}(g)}}+\mathrm{A}\int\frac{dx}{\Delta(x,k)}+\mathrm{B}\int\frac{dy}{\Delta(y,l)}\\
&\quad-\int\frac{\Delta(h,k)\,dx}{(x-h)\,\Delta(x,k)}-\int\frac{\Delta(h,l)\,dy}{(y-h)\,\Delta(y,l)},\end{aligned}$$

où les constantes A et B ont pour valeurs

$$\mathrm{A}=\frac{a+b+\sqrt{ab}+abg}{c(1+ag)(1+bg)}\sqrt{\mathrm{R}(g)},$$

$$\mathrm{B}=\frac{a+b-\sqrt{ab}+abg}{c(1+ag)(1+bg)}\sqrt{\mathrm{R}(g)}.$$

Je ne chercherai pas ici à la rapprocher des expressions données par M. Weierstrass, et qui sont l'une des plus belles découvertes de l'illustre géomètre; je me bornerai à remarquer qu'il est facile d'en conclure la réduction aux fonctions elliptiques des intégrales plus générales

$$\int \frac{f(X)\,dX}{\sqrt{R(X)}} + \int \frac{f(Y)\,dY}{\sqrt{R(Y)}}.$$

Effectivement, toute fonction rationnelle $f(x)$ s'exprime linéairement, d'une part, au moyen des quantités $\frac{1}{x-g}$, de leurs dérivées par rapport à g et de l'autre par les puissances entières de la variable. Or, on obtiendra ces dernières intégrales qui appartiennent à la catégorie des fonctions de première et de seconde espèce, en égalant dans les deux membres les coefficients de leurs développements suivant les puissances décroissantes de h. C'est le calcul que je vais faire afin de parvenir aux valeurs des fonctions inverses de nos intégrales abéliennes, exprimées par des fonctions algébriques de sinus d'amplitude.

III.

Considérons d'abord le terme

$$\log \frac{F(g) + \sqrt{R(g)}}{F(g) - \sqrt{R(g)}},$$

que j'écrirai ainsi

$$\log\left[1 + \frac{\sqrt{R(g)}}{F(g)}\right] - \log\left[1 - \frac{\sqrt{R(g)}}{F(g)}\right].$$

Nous avons dit précédemment que $F(g)$ est du troisième degré en g, et, comme $R(g)$ est du cinquième, on voit qu'elle s'évanouit pour g infini. Passons ensuite aux intégrales

$$\int \frac{\Delta(h, k)\,dx}{(x-h)\,\Delta(x, k)}, \quad \int \frac{\Delta(h, l)\,dy}{(y-l)\,\Delta(y, l)};$$

la formule $h = \frac{c^2 g}{(1+ag)(1+bg)}$, donnant $h = \frac{c^2}{ab}$ pour g infini, fait voir que ces quantités sont dans cette supposition l'une et l'autre finies. De la relation proposée, résulte donc, après avoir divisé les deux membres par $\sqrt{R(g)}$, que les termes en $\frac{1}{g}$ et en $\frac{1}{g^2}$ sont les mêmes, dans les développements des quantités

$$\int\frac{dX}{(X-g)\sqrt{R(X)}}+\int\frac{dY}{(Y-g)\sqrt{R(Y)}}$$

et

$$\frac{a+b+\sqrt{ab}}{c(1+ag)(1+bg)}\int\frac{dx}{\Delta(x,k)}+\frac{a+b-\sqrt{ab}}{c(1+ag)(1+bg)}\int\frac{dy}{\Delta(y,l)},$$

suivant les puissances descendantes de g. On obtient ainsi les relations auxquelles nous voulions parvenir, à savoir :

$$\int\frac{dX}{\sqrt{R(X)}}+\int\frac{dY}{\sqrt{R(Y)}}=-\frac{1}{c}\int\frac{dx}{\Delta(x,k)}-\frac{1}{c}\int\frac{dy}{\Delta(y,l)},$$

$$\int\frac{X\,dX}{\sqrt{R(X)}}+\int\frac{Y\,dY}{\sqrt{R(Y)}}=-\frac{1}{c\sqrt{ab}}\int\frac{dx}{\Delta(x,k)}+\frac{1}{c\sqrt{ab}}\int\frac{dy}{\Delta(y,l)}.$$

Qu'on définisse donc les fonctions inverses de nos intégrales abéliennes, en posant les équations

$$\int\frac{c(1+\sqrt{ab}\,X)\,dX}{2\sqrt{R(X)}}+\int\frac{c(1+\sqrt{ab}\,Y)\,dY}{2\sqrt{R(Y)}}=u,$$

$$\int\frac{c(1-\sqrt{ab}\,X)\,dX}{2\sqrt{R(X)}}+\int\frac{c(1-\sqrt{ab}\,Y)\,dY}{2\sqrt{R(Y)}}=v.$$

On voit qu'on aura

$$u=-\int\frac{dx}{\Delta(x,k)},\qquad v=-\int\frac{dy}{\Delta(y,l)}.$$

Par conséquent, les quantités X et Y, fonctions algébriques de x et y, s'expriment en u et v par des fonctions algébriques de $\sin\operatorname{am}(u,k)$ et de $\sin\operatorname{am}(v,l)$.

Cette conclusion donne beaucoup d'intérêt au calcul des valeurs de X et Y, et je terminerai cette Note en indiquant succinctement la marche que j'ai suivie pour l'effectuer.

Revenons, à cet effet, à l'équation

$$F^2(z)-R(z)=0,$$

et à la détermination de $F(z)$ par les conditions posées au paragraphe I. Ce polynome étant du troisième degré, je lui donnerai la forme suivante, où P, Q, R, S sont quatre coefficients arbitraires

$$F(z) = \frac{(1+az)(1+bz)}{c}[Pabz + P(a+b) + Q] + c(Rz+S).$$

Cela posé, ces coefficients devront être déterminés de manière à avoir

$$F(z) = \sqrt{R(z)},$$

en prenant pour z, d'abord les racines de l'équation

$$x(1+az)(1+bz) - c^2 z = 0,$$

avec la condition

$$\sqrt{R(z)} = \Delta(x, k)\frac{(1+az)^2(1+bz)^2}{c(1-\sqrt{ab}z)},$$

qu'on transforme facilement ainsi

$$\sqrt{R(z)} = \Delta(x, k)\frac{cz(1-\sqrt{ab}\,z)}{x(1-k^2x)},$$

puis en second lieu, les racines de l'équation

$$y(1+az)(1+bz) - c^2 z = 0,$$

avec la condition correspondante

$$\sqrt{R(z)} = \Delta(g, l)\frac{(1+az)^2(1+bz)^2}{c(1+\sqrt{ab}z)},$$

ou plutôt

$$\sqrt{R(z)} = \Delta(y, l)\frac{cz(1+\sqrt{ab}z)}{y(1-l^2y)}.$$

Or, en remplaçant dans le premier membre $\frac{(1+az)(1+bz)}{c}$ par $\frac{cz}{x}$, et z^2 dans le second membre par

$$\frac{1}{ab}\left[-(a+b)z - 1 + \frac{c^2}{x}\right],$$

on obtient une équation en z du premier degré, qui doit être par conséquent identique, et donne les égalités

$$\mathrm{S}x - \mathrm{P} = \frac{\Delta(x, k)}{\sqrt{ab}(1 - k^2 x)},$$

$$\mathrm{R}x + \mathrm{Q} + c^2\mathrm{S} = \frac{(a + b + \sqrt{ab})\,\Delta(x, k)}{\sqrt{ab}\,(1 - k^2 x)}.$$

En opérant d'une manière semblable, avec les conditions concernant le second facteur, avec la variable y, on trouve

$$\mathrm{S}y - \mathrm{P} = -\frac{\Delta(y, l)}{\sqrt{ab}(1 - l^2 y)},$$

$$\mathrm{R}y + \mathrm{Q} + c^2\mathrm{S} = -\frac{(a + b - \sqrt{ab})\,\Delta(y, l)}{\sqrt{ab}\,(1 - l^2 y)}.$$

Ces équations entre les coefficients P, Q, R, S, sont simples et donnent aisément les valeurs suivantes, où j'écris pour abréger :

$$\Delta(x, k) = \Delta, \qquad \alpha = a + b + \sqrt{ab},$$

$$\Delta(y, l) = \Delta_1, \qquad \beta = a + b - \sqrt{ab},$$

$$\mathrm{P} = \frac{y(1 - l^2 y)\,\Delta + x(1 - k^2 x)\,\Delta_1}{\sqrt{ab}(1 - k^2 x)(1 - l^2 y)(y - x)},$$

$$\mathrm{Q} = \frac{(\alpha y + c^2)(1 - l^2 y)\,\Delta + (\beta x + c^2)(1 - k^2 x)\,\Delta_1}{\sqrt{ab}(1 - k^2 x)(1 - l^2 y)(y - x)},$$

$$\mathrm{R} = -\frac{\alpha(1 - l^2 y)\,\Delta + \beta(1 - k^2 x)\,\Delta_1}{\sqrt{ab}(1 - k^2 x)(1 - l^2 y)(y - x)},$$

$$\mathrm{S} = -\frac{(1 - l^2 y)\,\Delta + (1 - k^2 x)\,\Delta_1}{\sqrt{ab}(1 - k^2 x)(1 - l^2 y)(y - x)};$$

le polynome $\mathrm{F}(z)$ étant connu, j'emploierai l'identité

$$\begin{aligned}\mathrm{F}^2(z) - \mathrm{R}(z) = \mathrm{C}&[x(1 + a z)(1 + b z) - c^2 z]\\ &\times [y(1 + a z)(1 + b z) - c^2 z]\\ &\times [(z - \mathrm{X})(z - \mathrm{Y})],\end{aligned}$$

où l'on trouve que le facteur constant C a pour valeur

$$\mathrm{C} = \frac{1}{xy}\left(\frac{\mathrm{P}ab}{c}\right)^2,$$

et je ferai successivement z égal aux diverses racines du polynome $R(z)$, de manière à obtenir les combinaisons des quantités X et Y que M. Weierstrass, en les considérant comme fonctions des variables u et v, représente par $\mathrm{al}(u, v)_\alpha$, avec un indice unique.

Ce calcul m'a donné pour résultat les formules suivantes :

$$\sqrt{ab}\,XY = \frac{y(1-l^2y)\Delta - x(1-k^2x)\Delta_1}{y(1-l^2y)\Delta + x(1-k^2x)\Delta_1},$$

$$\begin{aligned}\sqrt{ab(1-X)(1-Y)}\\ = \frac{(1-\sqrt{ab})(1-y)(1-l^2y)\Delta - (1+\sqrt{ab})(1-x)(1-k^2x)\Delta_1}{y(1-l^2y)\Delta + x(1-k^2x)\Delta_1}\\ \times \frac{\sqrt{xy}}{\sqrt{(1-x)(1-y)}},\end{aligned}$$

$$\begin{aligned}\sqrt{(1-abX)(1-abY)}\\ = \frac{(1-\sqrt{ab})(1-y)(1-l^2y)\Delta + (1+\sqrt{ab})(1-x)(1-k^2x)\Delta_1}{y(1-l^2y)\Delta + x(1-k^2x)\Delta_1}\\ \times \frac{\sqrt{xy}}{\sqrt{(1-x)(1-y)}},\end{aligned}$$

$$\begin{aligned}\sqrt{b(1-aX)(1-aY)}\\ = \frac{(\sqrt{a}+\sqrt{b})(1-l^2y)\Delta - (\sqrt{a}-\sqrt{b})(1-k^2x)\Delta_1}{y(1-l^2y)\Delta + x(1-k^2x)\Delta_1}\sqrt{xy},\end{aligned}$$

$$\begin{aligned}\sqrt{a(1-bX)(1-bY)}\\ = \frac{(\sqrt{a}+\sqrt{b})(1-l^2y)\Delta + (\sqrt{a}-\sqrt{b})(1-k^2x)\Delta_1}{y(1-l^2y)\Delta + x(1-k^2x)\Delta_1}\sqrt{xy}.\end{aligned}$$

Elles ouvrent la voie à des recherches sur lesquelles je me propose de revenir dans une autre occasion.

NOTE

SUR UNE FORMULE DE JACOBI.

Mémoires de la Société royale des Sciences de Liége, 2ᵉ série, t. VI, 1879, p. 1-7, et *Mathematische Annalen*, t. X, 1877.

Les belles recherches de M. Tchebichef et de M. Heine sur l'intégrale $\int_0^b \frac{f(z)}{x-z}dz$ ont montré dans les parties élevées de l'Analyse le rôle et l'importance de la théorie élémentaire des fractions continues algébriques. C'est une nouvelle application de cette théorie que j'ai l'honneur de présenter à la Société, et qui aura pour objet la relation importante dont Jacobi a fait la découverte, à savoir

$$\frac{d^n(1-x^2)^{n+\frac{1}{2}}}{dx^n} = C\sin[(n+1)\arc\cos x],$$

C désignant une constante.

Je rappellerai, d'abord, qu'étant proposée une fonction $f(x)$, développable en série infinie de la forme

$$f(x) = \frac{a}{x} + \frac{a_1}{x^2} + \frac{a_2}{x^3} + \ldots,$$

toute réduite, ou fraction convergente $\frac{F_1(x)}{F(x)}$, dont le dénominateur est un polynome de degré n en x, s'obtient directement comme il suit.

On détermine en premier lieu ce dénominateur par la condition que le produit $f(x)\,F(x)$, étant ordonné suivant les puissances décroissantes de la variable, manque des termes en $\frac{1}{x}, \frac{1}{x^2}, \ldots, \frac{1}{x^n}$; cela fait, le numérateur $F_1(x)$ est donné par la partie entière du même produit, qui est évidemment du degré $n-1$. On voit, en effet, qu'ayant ainsi la relation

$$f(x)F(x) = F_1(x) + \frac{\varepsilon_1}{x^{n+1}} + \frac{\varepsilon_2}{x^{n+2}} + \ldots,$$

et, par conséquent,

$$f(x) = \frac{F_1(x)}{F(x)} + \frac{1}{F(x)}\left(\frac{\varepsilon_1}{x^{n+1}} + \frac{\varepsilon_2}{x^{n+2}} + \ldots\right),$$

les développements suivant les puissances décroissantes de la fonction $f(x)$ et de la fraction rationnelle $\frac{F_1(x)}{F(x)}$ coïncideront jusqu'au terme en $\frac{1}{x^{2n+1}}$, le développement de $\frac{1}{F(x)}$ commençant par un terme en $\frac{1}{x^n}$. De plus, les polynomes $F(x)$ et $F_1(x)$, sauf un facteur constant commun, seront déterminés d'une manière unique.

Cela posé, soit, en particulier,

$$f(x) = \frac{1}{\sqrt{x^2-1}} = \frac{1}{x} + \frac{1}{2}\frac{1}{x^3} + \frac{1.3}{2.4}\frac{1}{x^5} + \ldots;$$

il sera aisé, dans ce cas, de former $F(x)$ et $F_1(x)$ pour toute valeur de n. Soit, pour cela,

$$(x+\sqrt{x^2-1})^n = F(x) + \sqrt{x^2-1}\,F_1(x),$$

c'est-à-dire

$$F(x) = \cos n(\operatorname{arc}\cos x),$$
$$F_1(x) = \sin n(\operatorname{arc}\cos x);$$

je dis que ces polynomes entiers de degrés n et $n-1$ donnent précisément les deux termes des réduites. On a, en effet,

$$x - \sqrt{x^2-1} = \frac{1}{x} + \ldots;$$

d'où

$$(x-\sqrt{x^2-1})^n = \frac{1}{x^n} + \ldots;$$

l'équation proposée, si l'on y change le signe du radical, donne, par conséquent,

$$\frac{1}{x^n}+\ldots=F(x)-\sqrt{x^2-1}\,F_1(x),$$

et, enfin,

$$\frac{F(x)}{\sqrt{x^2-1}}=F_1(x)+\frac{1}{\sqrt{x^2-1}}\left(\frac{1}{x^n}+\ldots\right)=F_1(x)+\frac{1}{x^{n+1}}+\ldots.$$

La condition posée, comme définition des réduites, se trouve ainsi complètement remplie. Or, on peut encore la réaliser d'une autre manière, comme on va voir. Formons la dérivée d'ordre n de l'expression

$$(x^2-1)^{n-\frac{1}{2}};$$

il est aisé de voir d'abord qu'elle sera de la forme $\frac{P}{\sqrt{x^2-1}}$, P étant un polynome entier en x de degré n. Soit ensuite, en développant suivant les puissances décroissantes de la variable

$$(x^2-1)^{n-\frac{1}{2}}=x^{2n-1}+ax^{2n-3}+\ldots+\lambda x+\frac{\varepsilon}{x}+\frac{\varepsilon_1}{x^3}+\ldots;$$

je remarquerai qu'en prenant la dérivée d'ordre n, la partie entière du second membre conduira à un polynome P_1 de degré $n-1$, tandis que la partie contenant les puissances négatives de la variable donnera une série infinie commençant par un terme en $\frac{1}{x^{n+1}}$.

Nous trouvons donc encore la relation

$$\frac{P}{\sqrt{x^2-1}}=P_1+\frac{\varepsilon'}{x^{n+1}}+\frac{\varepsilon''}{x^{n+2}}+\ldots$$

qui détermine, sauf un facteur commun constant, comme nous l'avons dit, les polynomes entiers qui y entrent. On en conclut, en désignant par N une constante numérique,

$$P=N\cos n(\operatorname{arc}\cos x),$$

et, par conséquent,

$$\frac{d^n(x^2-1)^{n-\frac{1}{2}}}{dx^n}=\frac{N\cos n(\operatorname{arc}\cos x)}{\sqrt{x^2-1}}.$$

Or le coefficient de x^{n-1} dans le premier membre a pour valeur

$$n(n+1)(n+2)\ldots(2n-1);$$

et comme on a

$$\cos n(\operatorname{arc}\cos x) = 2^{n-1}x^n + \ldots,$$

cette constante se trouve déterminée par la condition

$$n(n+1)(n+2)\ldots(2n-1) = 2^{n-1}\mathrm{N};$$

d'où l'on tire

$$\mathrm{N} = \frac{n(n+1)(n+2)\ldots(2n-1)}{2^{n-1}} = \frac{1.2.3\ldots(2n-1)}{2^{n-1}1.2.3\ldots(n-1)},$$

ou encore

$$\mathrm{N} = \frac{1.2.3\ldots(2n-1)}{2.4.6\ldots(2n-2)} = 1.3.5\ldots(2n-1).$$

La formule de Jacobi que nous avions en vue d'établir est une conséquence immédiate de ce résultat; car en mettant la relation obtenue sous la forme suivante :

$$\begin{aligned}\frac{d^n(1-x^2)^{n-\frac{1}{2}}}{dx^n} &= (-1)^n\mathrm{N}\frac{\cos n(\operatorname{arc}\cos x)}{\sqrt{1-x^2}}\\ &= (-1)^{n-1}\mathrm{N}\cos n(\operatorname{arc}\cos x)\frac{d\operatorname{arc}\cos x}{dx},\end{aligned}$$

on en conclut, en intégrant par rapport à x,

$$\frac{d^{n-1}(1-x^2)^{n-\frac{1}{2}}}{dx^{n-1}} = \frac{(-1)^{n-1}\mathrm{N}}{n}\sin n(\operatorname{arc}\cos x).$$

Nous n'ajoutons point de constante, attendu que les deux membres s'évanouissent quand on suppose $x=1$; cela étant, il suffit, comme on voit, de changer n en $n+1$, pour arriver au théorème proposé, la valeur de la constante C étant

$$\mathrm{C} = (-1)^n\frac{1.3.5\ldots(2n+1)}{n+1}.$$

Paris, août 1873.

SUR QUELQUES APPLICATIONS

DES

FONCTIONS ELLIPTIQUES.

Comptes rendus de l'Académie des Sciences, t. LXXXV, 1877, p. 689, 728, 821, 870, 984, 1085, 1185; t. LXXXVI, 1878, p. 271, 422, 622, 777, 850; t. LXXXIX, 1879, p. 1001, 1092; t. XC, 1880, p. 106, 201, 478, 643, 761; t. XCIII, 1881, p. 920, 1098; t. XCIV, 1882, p. 186, 372, 477, 594, 753.

La théorie analytique de la chaleur donne pour l'importante question de l'équilibre des températures d'un corps solide homogène, soumis à des sources calorifiques constantes, une équation aux différences partielles dont l'intégration, dans le cas de l'ellipsoïde, a été l'une des belles découvertes auxquelles est attaché le nom de Lamé. Les résultats obtenus par l'illustre géomètre découlent principalement de l'étude approfondie d'une équation différentielle linéaire du second ordre, que j'écrirai avec les notations de la théorie des fonctions elliptiques, sous la forme suivante :

$$\frac{d^2y}{dx^2} = [n(n+1)k^2 \operatorname{sn}^2 x + h]y,$$

k étant le module, n un nombre entier et h une constante. Lamé a montré que, pour des valeurs convenables de cette constante, on y satisfait par des polynomes entiers en $\operatorname{sn} x$

$$y = \operatorname{sn}^n x + h_1 \operatorname{sn}^{n-2} x + h_2 \operatorname{sn}^{n-4} x + \ldots,$$

dont les termes sont de même parité, puis encore par ces expressions :

$$y = (\operatorname{sn}^{n-1} x + h'_1 \operatorname{sn}^{n-3} x + h'_2 \operatorname{sn}^{n-5} x + \ldots)\operatorname{cn} x,$$
$$y = (\operatorname{sn}^{n-1} x + h''_1 \operatorname{sn}^{n-3} x + h''_2 \operatorname{sn}^{n-5} x + \ldots)\operatorname{dn} x,$$
$$y = (\operatorname{sn}^{n-2} x + h'''_1 \operatorname{sn}^{n-4} x + h'''_2 \operatorname{sn}^{n-6} x + \ldots)\operatorname{cn} x \operatorname{dn} x.$$

M. Liouville a ensuite introduit, dans la question physique, la considération de la seconde solution de l'équation différentielle, d'où il a tiré des théorèmes du plus grand intérêt (¹). C'est également cette seconde solution, dont la nature et les propriétés ont été approfondies par M. Heine, qui a montré l'analogie de ces deux genres de fonctions de Lamé avec les fonctions sphériques, et leurs rapports avec la théorie des fractions continues algébriques. On doit de plus à l'éminent géomètre une extension de ses profondes recherches à des équations différentielles linéaires du second ordre beaucoup plus générales, qui se rattachent aux intégrales abéliennes, comme celle de Lamé aux fonctions elliptiques (²).

Je me suis placé à un autre point de vue en me proposant d'obtenir, quel que soit h, l'intégrale générale de cette équation, et c'est l'objet principal des recherches qu'on va lire. On verra que la solution est toujours, comme dans les cas particuliers considérés par Lamé, une fonction uniforme de la variable, mais qui n'est plus doublement périodique. Elle est, en effet, donnée par la formule

$$y = C\,F(x) + C'\,F(-x),$$

où la fonction $F(x)$, qui satisfait à ces deux conditions

$$F(x+2K) = \mu\,F(x),$$
$$F(x+2iK') = \mu'\,F(x),$$

dans lesquelles les facteurs μ et μ' sont des constantes, s'exprime comme il suit. Soit, pour un moment,

$$\Phi(x) = \frac{H(x+\omega)}{\Theta(x)}\,e^{\left[\lambda - \frac{\Theta'(\omega)}{\Theta(\omega)}\right]x};$$

nous aurons

$$F(x) = D_x^{n-1}\,\Phi(x) - A_1\,D_x^{n-3}\,\Phi(x) + A_2\,D_x^{n-5}\,\Phi(x) - \ldots;$$

(¹) *Comptes rendus*, 1ᵉʳ sem. 1845, p. 1386 et 1609; *Journal de Mathématiques*, t. XI, p. 217 et 261.

(²) *Journal de Crelle* (*Beitrag zur Theorie des Anziehung und der Warme* t. 29); *Journal de M. Borchardt* (*Ueber die Lameschen Functionen; Einige Eigenschaften der Lameschen Functionen* dans le Tome 56, et *Die Lameschen Functionen verchiedener Ordnungen*, t. 57). Le premier de ces Mémoires, paru en 1845, mais daté du 19 avril 1844, contient une application de la seconde solution de l'équation de Lamé, qui a été par conséquent découverte par M. Heine, indépendamment des travaux de M. Liouville, et à la même époque.

les quantités $\operatorname{sn}^2\omega$ et λ^2 sont des fonctions rationnelles du module et de h, et les coefficients A_1, A_2, ..., des fonctions entières. On a, par exemple,

$$A_1 = \frac{(n-1)(n-2)}{2(2n-1)}\left[h + \frac{n(n+1)(1+k^2)}{3}\right],$$

$$A_2 = \frac{(n-1)(n-2)(n-3)(n-4)}{8(2n-1)(2n-3)}$$
$$\times\left[h^2 + \frac{2n(n+1)(1+k^2)}{3}h + \frac{n^2(n+1)^2}{9}(1+k^2)^2 - \frac{2n(n+1)(2n-1)}{15}(1-k^2+k^4)\right],$$

....

Je m'occuperai, avant de traiter le cas général où le nombre n est quelconque, des cas particuliers de $n=1$ et $n=2$. Le premier s'applique à la rotation d'un corps solide autour d'un point fixe, lorsqu'il n'y a point de forces accélératrices, et nous conduira aux formules données par Jacobi dans son admirable Mémoire sur cette question (*Œuvres complètes*, t. II, p. 139, et *Comptes rendus*, 30 juillet 1849). J'y rattacherai encore la détermination de la figure d'équilibre d'un ressort, qui a été le sujet de travaux de Binet et de Wantzel (*Comptes rendus*, 1er sem. 1844, p. 1115 et 1197). Le second se rapportant au pendule sphérique, j'aurai ainsi réuni quelques-unes des plus importantes applications qui aient été faites jusqu'ici de la théorie des fonctions elliptiques.

I.

La méthode que je vais exposer, pour intégrer l'équation de Lamé, repose principalement sur des expressions, par les quantités $\Theta(x)$, $H(x)$, ..., des fonctions $F(x)$, satisfaisant aux conditions énoncées tout à l'heure

$$F(x+2K) = \mu\, F(x),$$
$$F(x+2iK') = \mu'\, F(x),$$

qui s'obtiennent ainsi :

Soit, en désignant par A un facteur constant,

$$f(x) = A\,\frac{H(x+\omega)\,e^{\lambda x}}{H(x)};$$

les relations fondamentales

$$H(x+2K) = -H(x),$$
$$H(x+2iK') = -H(x)\,e^{-\frac{i\pi}{K}(x+iK')}$$

donneront celles-ci :

$$f(x+2K) = f(x)\,e^{2\lambda K},$$
$$f(x+2iK') = f(x)\,e^{-\frac{i\pi\omega}{K}+2i\lambda K'}.$$

Disposant donc de ω et λ de manière à avoir

$$\mu = e^{2\lambda K},$$
$$\mu' = e^{-\frac{i\pi\omega}{K}+2i\lambda K'},$$

on voit que le quotient $\frac{F(x)}{f(x)}$ est ramené aux fonctions doublement périodiques, d'où cette première forme générale et dont il sera souvent fait usage :

$$F(x) = f(x)\,\Phi(x),$$

la fonction $\Phi(x)$ n'étant assujettie qu'aux conditions

$$\Phi(x+2K) = \Phi(x), \qquad \Phi(x+2iK') = \Phi(x).$$

En voici une seconde, qui est fondamentale pour notre objet. Je remarque que les relations

$$f(x+2K) = \mu\, f(x),$$
$$f(x+2iK') = \mu' f(x),$$

ont pour conséquence celles-ci :

$$f(x-2K) = \frac{1}{\mu} f(x),$$
$$f(x-2iK') = \frac{1}{\mu'} f(x),$$

de sorte que le produit

$$\Phi(z) = F(z)\,f(x-z)$$

sera, quel que soit x, une fonction doublement périodique de z.

Cela étant, nous allons calculer les résidus $\Phi(z)$, pour les diverses valeurs de l'argument qui la rendent infinie, dans l'intérieur du rectangle des périodes ; et, en égalant leur somme à zéro, nous obtiendrons immédiatement l'expression cherchée. Remarquons à cet effet que $f(x)$ ne devient infinie qu'une fois pour $x = 0$, et que, son résidu ayant pour valeur

$$\frac{\mathrm{AH}(\omega)}{\mathrm{H}'(0)},$$

on peut disposer de A, de manière à le faire égal à l'unité. Posant donc, en adoptant cette détermination,

$$f(x) = \frac{\mathrm{H}'(0)\,\mathrm{H}(x+\omega)\,e^{\lambda x}}{\mathrm{H}(\omega)\,\mathrm{H}(x)},$$

on voit que le résidu correspondant à la valeur $z = x$ de $\Phi(z)$ sera $-\mathrm{F}(x)$. Ceux qui proviennent des pôles de $\mathrm{F}(z)$ s'obtiennent ensuite sous la forme suivante. Soit $z = a$ l'un d'eux, et posons en conséquence, pour ε infiniment petit,

$$\begin{aligned}\mathrm{F}(a+\varepsilon) = \mathrm{A}\varepsilon^{-1} + \mathrm{A}_1 \mathrm{D}_\varepsilon \varepsilon^{-1} + \mathrm{A}_2 \mathrm{D}_\varepsilon^2 \varepsilon^{-1} + \ldots \\ + \mathrm{A}_\alpha \mathrm{D}_\varepsilon^\alpha \varepsilon^{-1} + a_0 + a_1\varepsilon + a_2\varepsilon^2 + \ldots,\end{aligned}$$

$$\begin{aligned}f(x-a-\varepsilon) = f(x-a) - \frac{\varepsilon}{1}\mathrm{D}_x f(x-a) \\ + \frac{\varepsilon^2}{1.2}\mathrm{D}_x^2 f(x-a) - \ldots + \frac{(-1)^\alpha \varepsilon^\alpha}{1.2\ldots\alpha}\mathrm{D}_x^\alpha f(x-a) + \ldots,\end{aligned}$$

le coefficient du terme en $\frac{1}{\varepsilon}$ dans le produit des seconds membres, qui est la quantité cherchée, se trouve immédiatement, en remarquant que

$$\mathrm{D}_\varepsilon^n \varepsilon^{-1} = (-1)^n \frac{1.2\ldots n}{\varepsilon^{n+1}},$$

et a pour expression

$$\mathrm{A} f(x-a) + \mathrm{A}_1 \mathrm{D}_x f(x-a) + \mathrm{A}_2 \mathrm{D}_x^2 f(x-a) + \ldots + \mathrm{A}_\alpha \mathrm{D}_x^\alpha f(x-a).$$

La somme des résidus de la fonction $\Phi(z)$, égalée à zéro, nous conduit ainsi à la relation

$$\mathrm{F}(x) = \Sigma[\mathrm{A} f(x-a) + \mathrm{A}_1 \mathrm{D}_x f(x-a) + \ldots + \mathrm{A}_\alpha \mathrm{D}_x^\alpha f(x-a)],$$

où le signe Σ se rapporte, comme il a été dit, à tous les pôles de $\mathrm{F}(z)$ qui sont à l'intérieur du rectangle des périodes.

II.

La fonction $F(x)$ comprend les fonctions doublement périodiques; en supposant égaux à l'unité les multiplicateurs μ et μ', je vais immédiatement rechercher ce que l'on tire, dans cette hypothèse, du résultat auquel nous venons de parvenir. Tout d'abord les relations

$$\mu = e^{2\lambda K}, \qquad \mu' = e^{-\frac{i\pi\omega}{K} + 2i\lambda K'}$$

donnant nécessairement $\lambda = 0$ et $\omega = 2mK$, ou, ce qui revient au même, $\omega = 0$, le nombre m étant entier, la quantité

$$f(x) = \frac{H'(0)H(x+\omega)}{H(\omega)H(x)} e^{\lambda x}$$

devient infinie et la formule semble inapplicable. Mais il arrive seulement qu'elle subit un changement de forme analytique, qui s'obtient de la manière la plus facile, comme on va voir. Supposons, en effet, $\lambda = 0$ et ω infiniment petit; on aura, en développant suivant les puissances croissantes de ω,

$$\frac{H'(0)}{H(\omega)} = \frac{1}{\omega} + \left(\frac{1+k^2}{6} - \frac{J}{2K}\right)\omega + \ldots;$$

$$\frac{H(x+\omega)}{H(x)} = 1 + \frac{H'(x)}{H(x)}\omega + \ldots;$$

d'où

$$f(x) = \frac{1}{\omega} + \frac{H'(x)}{H(x)} + \left(\frac{1+k^2}{6} - \frac{J}{2K}\right)\omega + \ldots.$$

D'autre part, observons que les coefficients $A, A_1, \ldots$ doivent être considérés comme dépendants de ω, et qu'on aura en particulier

$$A = \mathrm{a} + \mathrm{a}'\omega + \ldots,$$

$\mathrm{a}, \mathrm{a}', \ldots$ désignant les valeurs de A et de ses dérivées par rapport à ω pour $\omega = 0$. Nous obtenons donc, en n'écrivant point les termes qui contiennent ω en facteur,

$$A f(x-a) = \frac{\mathrm{a}}{\omega} + \mathrm{a}' + \mathrm{a}\frac{H'(x-a)}{H(x-a)} + \ldots$$

et, par conséquent,

$$\Sigma A f(x-a) = \frac{1}{\omega}\Sigma \mathrm{a} + \Sigma \mathrm{a}' + \Sigma \mathrm{a}\frac{H'(x-a)}{H(x-a)} + \ldots$$

On voit que le coefficient de $\frac{1}{\omega}$ disparaît, les quantités a ayant une somme nulle comme résidus d'une fonction doublement périodique, et la différentiation donnant immédiatement, pour $\omega = 0$,

$$D_x f(x) = D_x \frac{H'(x)}{H(x)}, \qquad D_x^2 f(x) = D_x^2 \frac{H'(x)}{H(x)}, \qquad \ldots,$$

nous parvenons à l'expression suivante, où $\mathrm{a}, \mathrm{a}_1, \ldots, \mathrm{a}_\alpha$ sont les valeurs de $A, A_1, \ldots, A_\alpha$ pour $\omega = 0$:

$$F(x) = \Sigma \mathrm{a}' + \Sigma\left[\mathrm{a}\frac{H'(x-a)}{H(x-a)} + \mathrm{a}_1 D_x \frac{H'(x-a)}{H(x-a)} + \ldots + \mathrm{a}_\alpha D_x^\alpha \frac{H'(x-a)}{H(x-a)}\right].$$

C'est la formule que j'ai établie directement, pour les fonctions doublement périodiques, dans une *Note sur la théorie des fonctions elliptiques*, ajoutée à la sixième édition du *Traité de Calcul différentiel et de Calcul intégral* de Lacroix (Hermite, *Œuvres*, t. II, p. 125).

III.

Revenant au cas général pour donner des exemples de la détermination de la fonction $f(x)$, qui joue le rôle d'élément simple, et du calcul des coefficients $A, A_1, A_2, \ldots$, je considérerai ces deux expressions :

$$F(x) = \frac{\Theta(x+a)\,\Theta(x+b)\ldots\Theta(x+l)\,e^{\lambda x}}{\Theta^n(x)},$$

$$F_1(x) = \frac{H(x+a)\,H(x+b)\ldots H(x+l)\,e^{\lambda x}}{\Theta^n(x)},$$

où $a, b, \ldots, l$ sont des constantes au nombre de n. On trouve d'abord aisément leurs multiplicateurs, au moyen des relations

$$\begin{aligned}
\Theta(x+2K) &= +\,\Theta(x),\\
H(x+2K) &= -\,H(x),\\
\Theta(x+2iK') &= -\,\Theta(x)\,e^{-\frac{i\pi}{K}(x+iK')},\\
H(x+2iK') &= -\,H(x)\,e^{-\frac{i\pi}{K}(x+iK')}.
\end{aligned}$$

Elles montrent qu'en posant

$$\omega = a + b + \ldots + l,$$

puis, comme précédemment,

$$\mu = e^{2\lambda K},$$
$$\mu' = e^{-\frac{i\pi\omega}{K} + 2i\lambda K'},$$

on aura

$$F(x + 2K) = \mu F(x), \qquad F_1(x + 2K) = (-1)^n \mu F_1(x),$$
$$F(x + 2iK') = \mu' F(x), \qquad F_1(x + 2iK') = \mu' F_1(x).$$

Il en résulte que, quand n est pair, la fonction

$$f(x) = \frac{H'(o) H(x + \omega) e^{\lambda x}}{H(\omega) H(x)},$$

ayant ces quantités μ et μ' pour multiplicateurs, peut servir d'élément simple pour nos deux expressions ; mais il n'en est plus de même relativement à la seconde $F_1(x)$, dans le cas où n est impair : on voit aisément qu'il faut prendre alors pour élément simple la fonction

$$f_1(x) = \frac{H'(o) \Theta(x + \omega) e^{\lambda x}}{\Theta(\omega) H(x)},$$

afin de changer le signe du premier multiplicateur, le résidu correspondant à $x = o$ étant d'ailleurs égal à l'unité. Cela posé, comme $F(x)$ et $F_1(x)$ ne deviennent infinies que pour $x = iK'$, ce sont les quantités $f(x - iK')$ et $f_1(x - iK')$ qui figureront dans notre formule. Il convient de leur attribuer une désignation particulière, et nous représenterons dorénavant la première par $\varphi(x)$ et la seconde par $\chi(x)$, en observant que les relations

$$\Theta(x + iK') = i H(x) e^{-\frac{i\pi}{4K}(2x + iK')},$$
$$H(x + iK') = i \Theta(x) e^{-\frac{i\pi}{4K}(2x + iK')}$$

donnent facilement, après y avoir changé x en $-x$, ces valeurs :

$$\varphi(x) = \frac{H'(o) \Theta(x + \omega) e^{\lambda x}}{\sqrt{\mu'} H(\omega) \Theta(x)},$$
$$\chi(x) = \frac{H'(o) H(x + \omega) e^{\lambda x}}{\sqrt{\mu'} \Theta(\omega) \Theta(x)}.$$

Nous avons maintenant à calculer dans les développements de $F(iK'+\varepsilon)$ et $F_1(iK'+\varepsilon)$, suivant les puissances croissantes de ε, la partie qui renferme les puissances négatives de cette quantité, et qu'on pourrait, pour abréger, nommer la partie principale. A cet effet, je remarque qu'en faisant, pour un moment,

$$F(x)=\frac{H(x)}{\Theta^n(x)},\qquad F_1(x)=\frac{H_1(x)}{\Theta^n(x)},$$

on aura

$$F(iK'+\varepsilon)=\frac{\sqrt{\mu}'\,H_1(\varepsilon)}{H^n(\varepsilon)},\qquad F_1(iK'+\varepsilon)=\frac{\sqrt{\mu}'\,H(\varepsilon)}{H^n(\varepsilon)}.$$

Nous développerons donc $H(\varepsilon)$ et $H_1(\varepsilon)$, par la formule de Maclaurin, jusqu'aux termes en ε^{n-1}, et nous multiplierons par la partie principale de $\frac{1}{H^n(\varepsilon)}$, qui s'obtient, comme on va voir, au moyen de la fonction de M. Weierstrass :

$$\mathrm{Al}(x)_1=x-\frac{1+k^2}{6}x^3+\frac{1+4k^2+k^4}{120}x^5-\ldots.$$

On a en effet, d'après la définition même de l'illustre analyste,

$$H(x)=H'(0)\,e^{\frac{Jx^2}{2K}}\,\mathrm{Al}(x)_1,$$

et l'on en déduit

$$\begin{aligned}\left[\frac{H'(0)}{H(\varepsilon)}\right]^n&=e^{-\frac{nJ\varepsilon^2}{2K}}\left[\varepsilon-\frac{1+k^2}{6}\varepsilon^3+\frac{1+4k^2+k^4}{120}\varepsilon^5-\ldots\right]^{-n}\\&=e^{-\frac{nJ\varepsilon^2}{2K}}\left[\frac{1}{\varepsilon^n}+\frac{n(1+k^2)}{6}\frac{1}{\varepsilon^{n-2}}+\ldots\right]\\&=\frac{1}{\varepsilon^n}+n\left(\frac{1+k^2}{6}-\frac{J}{2K}\right)\frac{1}{\varepsilon^{n-2}}+\ldots.\end{aligned}$$

IV.

Je vais appliquer ce qui précède au cas le plus simple, en supposant $n=2$ et $\lambda=0$, ce qui donnera

$$F(x)=\frac{\Theta(x+a)\,\Theta(x+b)}{\Theta^2(x)},$$

$$F_1(x)=\frac{H(x+a)\,H(x+b)}{\Theta^2(x)},$$

et, par conséquent,

$$\mathrm{H}\ (\varepsilon) = \Theta(a)\,\Theta(b) + [\,\Theta(a)\,\Theta'(b) + \Theta(b)\,\Theta'(a)]\,\varepsilon + \ldots,$$
$$\mathrm{H}_1(\varepsilon) = \mathrm{H}(a)\,\mathrm{H}(b) + [\,\mathrm{H}(a)\,\mathrm{H}'(b) + \mathrm{H}(b)\,\mathrm{H}'(a)]\,\varepsilon + \ldots.$$

Maintenant, la partie principale de $\frac{1}{\mathrm{H}^2(\varepsilon)}$ ne contenant que le seul terme $\frac{1}{\mathrm{H}'^2(o)}\frac{1}{\varepsilon^2}$, on a immédiatement

$$\frac{\mathrm{H}'^2(o)}{\sqrt{\mu'}}\,\mathrm{F}\ (i\mathrm{K}' + \varepsilon) = \frac{\mathrm{H}(a)\,\mathrm{H}(b)}{\varepsilon^2} + \frac{\mathrm{H}(a)\,\mathrm{H}'(b) + \mathrm{H}(b)\,\mathrm{H}'(a)}{\varepsilon} + \ldots,$$
$$\frac{\mathrm{H}'^2(o)}{\sqrt{\mu'}}\,\mathrm{F}_1(i\mathrm{K}' + \varepsilon) = \frac{\Theta(a)\,\Theta(b)}{\varepsilon^2} + \frac{\Theta(a)\,\Theta'(b) + \Theta(b)\,\Theta'(a)}{\varepsilon} + \ldots,$$

et, par conséquent, ces deux relations :

$$\frac{\mathrm{H}'^2(o)\,\Theta(x+a)\,\Theta(x+b)}{\sqrt{\mu'}\,\Theta^2(x)} = -\,\mathrm{H}(a)\,\mathrm{H}(b)\,\varphi'(x) + [\mathrm{H}(a)\,\mathrm{H}'(b) + \mathrm{H}(b)\,\mathrm{H}'(a)]\,\varphi(x),$$
$$\frac{\mathrm{H}'^2(o)\,\mathrm{H}(x+a)\,\mathrm{H}(x+b)}{\sqrt{\mu'}\,\Theta^2(x)} = -\,\Theta(a)\,\Theta(b)\,\varphi'(x) + [\,\Theta(a)\,\Theta'(b) + \Theta(b)\,\Theta'(a)]\,\varphi(x).$$

En y remplaçant $\varphi(x)$ par sa valeur $\frac{\mathrm{H}'(o)\,\Theta\,(x+a+b)}{\sqrt{\mu'}\,\mathrm{H}(a+b)\Theta(x)}$, je les écrirai sous la forme suivante, qui est plus simple :

$$\frac{\mathrm{H}'(o)\,\mathrm{H}(a+b)\,\Theta(x+a)\,\Theta(x+b)}{\mathrm{H}(a)\,\mathrm{H}(b)\,\Theta^2(x)} = -\,\mathrm{D}_x\frac{\Theta(x+a+b)}{\Theta(x)} + \left[\frac{\mathrm{H}'(a)}{\mathrm{H}(a)} + \frac{\mathrm{H}'(b)}{\mathrm{H}(b)}\right]\frac{\Theta(x+a+b)}{\Theta(x)},$$
$$\frac{\mathrm{H}'(o)\,\mathrm{H}(a+b)\,\mathrm{H}(x+a)\,\mathrm{H}(x+b)}{\Theta(a)\,\Theta(b)\,\Theta^2(x)} = -\,\mathrm{D}_x\frac{\Theta(x+a+b)}{\Theta(x)} + \left[\frac{\Theta'(a)}{\Theta(a)} + \frac{\Theta'(b)}{\Theta(b)}\right]\frac{\Theta(x+a+b)}{\Theta(x)}.$$

On en tire d'abord, à l'égard des fonctions Θ, cette remarque que, sous la condition

$$a + b + c + d = o,$$

on a l'égalité (¹)

$$\begin{aligned}\mathrm{H}'(o)\,\mathrm{H}(a+b)\,\mathrm{H}(a+c)\,\mathrm{H}(b+c) = {} & \Theta'(a)\,\Theta(b)\,\Theta(c)\,\Theta(d)\\ & + \Theta'(b)\,\Theta(c)\,\Theta(d)\,\Theta(a)\\ & + \Theta'(c)\,\Theta(d)\,\Theta(a)\,\Theta(b)\\ & + \Theta'(d)\,\Theta(a)\,\Theta(b)\,\Theta(c).\end{aligned}$$

(¹) Elle a été donnée par Jacobi, *Journal de Crelle* (*Formulæ novæ in theoria transcendentium ellipticarum fundamentales*, t. 15, p. 199).

Mais c'est une autre conséquence que j'ai en vue, et qu'on obtient en mettant la première, par exemple, sous la forme

$$\Phi(x) = py - y',$$

où $\Phi(x)$ désigne le premier membre, y la fonction $\dfrac{\Theta(x+a+b)}{\Theta(x)}$, et p la constante $\dfrac{H'(a)}{H(a)} + \dfrac{H'(b)}{H(b)}$.

Si nous multiplions par e^{-px}, elle devient, en effet,

$$\Phi(x)\, e^{-px} = -D_x(y\, e^{-px}),$$

d'où

$$\int \Phi(x)\, e^{-px}\, dx = -y\, e^{-px}.$$

Ce résultat appelle l'attention sur un cas particulier des fonctions $\varphi(x)$, où, par suite d'une certaine détermination de λ, elles ne renferment plus qu'un paramètre. On voit qu'en posant

$$\varphi(x, a) = \frac{H'(0)\,\Theta(x+a)}{\sqrt{\mu'}\, H(a)\,\Theta(x)}\, e^{-\frac{H'(a)}{H(a)}x},$$

ce qui entraîne, pour le multiplicateur μ', la valeur

$$\mu' = e^{-\frac{i\pi a}{K} - 2iK'\frac{H'(a)}{H(a)}},$$

l'intégrale $\int \varphi(x, a)\, \varphi(x, b)\, dx$ s'obtient sous la forme finie explicite. Un calcul facile conduit en effet à la relation

$$\int \varphi(x, a)\, \varphi(x, b)\, dx = -\varphi(x, a+b)\, e^{\left[\frac{H'(a+b)}{H(a+b)} - \frac{H'(a)}{H(a)} - \frac{H'(b)}{H(b)}\right](x - iK')}.$$

Faisons, en second lieu,

$$\chi(x, a) = \frac{H'(0)\, H(x+a)}{\sqrt{\mu'}\,\Theta(a)\,\Theta(x)}\, e^{-\frac{\Theta'(a)}{\Theta(a)}x},$$

en désignant alors par μ' la quantité

$$\mu' = e^{-\frac{i\pi a}{K} - 2iK'\frac{\Theta'(a)}{\Theta(a)}},$$

et nous aurons semblablement

$$\int \chi(x, a)\, \chi(x, b)\, dx = -\varphi(x, a+b)\, e^{\left[\frac{H'(a+b)}{H(a+b)} - \frac{\Theta'(a)}{\Theta(a)} - \frac{\Theta'(b)}{\Theta(b)}\right](x - iK')}.$$

On en déduit aisément qu'en désignant a et b deux racines, d'abord de l'équation $H'(x) = 0$, puis de l'équation $\Theta'(x) = 0$, on aura, dans le premier cas,

$$\int_0^{2K} \varphi(x, a)\, \varphi(x, b)\, dx = 0;$$

et dans le second,

$$\int_0^{2K} \chi(x, a)\, \chi(x, b)\, dx = 0,$$

sous la condition que les deux racines ne soient point égales et de signes contraires. Si l'on suppose $b = -a$, nous obtiendrons

$$\int_0^{2K} \varphi(x, a)\, \varphi(x, -a)\, dx = 2\left(J - \frac{K}{\operatorname{sn}^2 a}\right),$$

$$\int_0^{2K} \chi(x, a)\, \chi(x, -a)\, dx = 2\,(J - k^2 K \operatorname{sn}^2 a).$$

On voit les recherches auxquelles ces théorèmes ouvrent la voie et que je me réserve de poursuivre plus tard ; je me borne à les indiquer succinctement, afin de montrer l'importance des fonctions $\varphi(x)$ et $\chi(x)$. Voici maintenant comment on parvient à les définir par des équations différentielles.

V

Nous remarquerons, en premier lieu, que les fonctions $\varphi(x)$ et $\chi(x)$ peuvent être réduites l'une à l'autre; leurs expressions, si l'on y remplace le multiplicateur μ' par sa valeur, étant, en effet,

$$\varphi(x, \omega) = \frac{H'(0)\, \Theta(x + \omega)}{H(\omega)\, \Theta(x)} e^{-\frac{H'(\omega)}{H(\omega)}(x - iK') + \frac{i\pi\omega}{2K}},$$

$$\chi(x, \omega) = \frac{H'(0)\, H(x + \omega)}{\Theta(\omega)\, \Theta(x)} e^{-\frac{\Theta'(\omega)}{\Theta(\omega)}(x - iK') + \frac{i\pi\omega}{2K}},$$

on en déduit facilement les relations suivantes

$$\varphi(x, \omega + iK') = \chi(x, \omega),$$

$$\chi(x, \omega + iK') = \varphi(x, \omega),$$

dont nous ferons souvent usage. Cette propriété établie, nous rechercherons le développement, suivant les puissances croissantes de ε, de $\chi(i\mathrm{K}'+\varepsilon)$, qui jouera plus tard un rôle important, et dont nous allons, comme on va voir, tirer l'équation différentielle que nous avons en vue. Pour le former, je partirai de l'égalité

$$\mathrm{D}_x \log\chi(x) = \frac{\mathrm{H}'(x+\omega)}{\mathrm{H}(x+\omega)} - \frac{\Theta'(x)}{\Theta(x)} - \frac{\Theta'(\omega)}{\Theta(\omega)},$$

d'où l'on déduit

$$\mathrm{D}_\varepsilon \log\chi(i\mathrm{K}'+\varepsilon) = \frac{\Theta'(\omega+\varepsilon)}{\Theta(\omega+\varepsilon)} - \frac{\mathrm{H}'(\varepsilon)}{\mathrm{H}(\varepsilon)} - \frac{\Theta'(\omega)}{\Theta(\omega)}.$$

Cela posé, nous aurons d'abord

$$\frac{\Theta'(\omega+\varepsilon)}{\Theta(\omega+\varepsilon)} - \frac{\Theta'(\omega)}{\Theta(\omega)} = \varepsilon\,\mathrm{D}_\omega \frac{\Theta'(\omega)}{\Theta(\omega)} + \frac{\varepsilon^2}{1.2}\mathrm{D}_\omega^2 \frac{\Theta'(\omega)}{\Theta(\omega)} + \ldots;$$

mais, l'équation de Jacobi

$$\mathrm{D}_x \frac{\Theta'(x)}{\Theta(x)} = \frac{\mathrm{J}}{\mathrm{K}} - k^2 \,\mathrm{sn}^2 x$$

donnant en général

$$\mathrm{D}_x^{n+1} \frac{\Theta'(x)}{\Theta(x)} = -\,\mathrm{D}_x^n k^2 \,\mathrm{sn}^2 x,$$

ce développement prend cette nouvelle forme

$$\frac{\Theta'(\omega+\varepsilon)}{\Theta(\omega+\varepsilon)} - \frac{\Theta'(\omega)}{\Theta(\omega)} = \varepsilon\left(\frac{\mathrm{J}}{\mathrm{K}} - k^2\,\mathrm{sn}^2\omega\right)$$
$$- \frac{\varepsilon^2}{1.2}\mathrm{D}_\omega k^2\,\mathrm{sn}^2\omega - \frac{\varepsilon^3}{1.2.3}\mathrm{D}_\omega^2 k^2\,\mathrm{sn}^2\omega - \ldots$$

Joignons-y le résultat qu'on tire de l'équation de M. Weierstrass

$$\mathrm{H}(\varepsilon) = \mathrm{H}'(0)\, e^{\frac{\mathrm{J}\varepsilon^2}{2\mathrm{K}}} \mathrm{Al}(\varepsilon)_1,$$

en prenant la dérivée logarithmique des deux membres,

$$\frac{\mathrm{H}'(\varepsilon)}{\mathrm{H}(\varepsilon)} = \varepsilon\frac{\mathrm{J}}{\mathrm{K}} + \frac{\mathrm{Al}'(\varepsilon)_1}{\mathrm{Al}(\varepsilon)_1},$$

et nous aurons

$$\mathrm{D}_\varepsilon \log\chi(i\mathrm{K}'+\varepsilon) = -\,\varepsilon k^2\,\mathrm{sn}^2\omega - \frac{\varepsilon^2}{1.2}\mathrm{D}_\omega k^2\,\mathrm{sn}^2\omega - \ldots - \frac{\mathrm{Al}'(\varepsilon)_1}{\mathrm{Al}(\varepsilon)_1},$$

d'où, par conséquent,

$$(iK'+\varepsilon) = \frac{e^{-\frac{\varepsilon^2}{2}k^2\,\mathrm{sn}^2\omega - \frac{\varepsilon^3}{2.3}\mathrm{D}_\omega k^2\,\mathrm{sn}^2\omega - \ldots}}{\mathrm{Al}(\varepsilon)_1}$$

$$= e^{-\frac{\varepsilon^2}{2}k^2\,\mathrm{sn}^2\omega - \frac{\varepsilon^3}{2.3}\mathrm{D}_\omega k^2\,\mathrm{sn}^2\omega - \ldots}\left(\frac{1}{\varepsilon} + \frac{1+k^2}{6}\varepsilon + \frac{7+8k^2+7k^4}{360}\varepsilon^3 + \ldots\right),$$

sans qu'il soit besoin d'introduire un facteur constant dans le second membre, puisque le premier terme de son développement est $\frac{1}{\varepsilon}$, comme il le faut d'après la nature de la fonction $\chi(x)$. Cette formule donne le résultat cherché par un calcul facile ; elle montre qu'en posant

$$\chi(iK'+\varepsilon) = \frac{1}{\varepsilon} - \frac{1}{2}\Omega\varepsilon - \frac{1}{3}\Omega_1\varepsilon^2 - \frac{1}{8}\Omega_2\varepsilon^3 - \ldots,$$

on aura

$$\Omega = k^2\,\mathrm{sn}^2\omega - \frac{1+k^2}{3},$$

$$\Omega_1 = k^2\,\mathrm{sn}\,\omega\,\mathrm{cn}\,\omega\,\mathrm{dn}\,\omega,$$

$$\Omega_2 = 2k^4\,\mathrm{sn}^4\omega - \frac{2(k^2+k^4)}{3}\mathrm{sn}^2\omega - \frac{7-22k^2+7k^4}{45},$$

....

En voici une première application.

VI.

Considérons, pour la décomposer en éléments simples, la fonction $k^2\,\mathrm{sn}^2 x\,\chi(x)$, qui a les multiplicateurs de $\chi(x)$ et ne devient infinie que pour $x = iK'$. On devra, à cet effet, en posant $x = iK'+\varepsilon$, former la partie principale de son développement suivant les puissances croissantes de ε, que nous obtenons immédiatement en multipliant membre à membre les deux égalités

$$\chi(iK'+\varepsilon) = \frac{1}{\varepsilon} - \frac{1}{2}\Omega\varepsilon - \ldots,$$

$$\frac{1}{\mathrm{sn}^2\varepsilon} = \frac{1}{\varepsilon^2} + \frac{1}{3}(1+k^2) - \ldots.$$

Il vient ainsi

$$k^2 \operatorname{sn}^2(iK'+\varepsilon)\,\chi(iK'+\varepsilon) = \frac{1}{\varepsilon^3} + \left[\frac{1}{3}(1+k^2) - \frac{1}{2}\Omega\right]\frac{1}{\varepsilon} + \dots$$
$$= \frac{1}{2} D_\varepsilon^2\, \varepsilon^{-1} + \left[\frac{1}{2}(1+k^2) - \frac{1}{2}k^2 \operatorname{sn}^2\omega\right]\varepsilon^{-1} + \dots,$$

et l'on en conclut la formule suivante

$$k^2 \operatorname{sn}^2 x\, \chi(x) = \frac{1}{2} D_x^2\, \chi(x) + \left[\frac{1}{2}(1+k^2) - \frac{1}{2}k^2 \operatorname{sn}^2\omega\right]\chi(x).$$

Elle montre que, en posant $y = \chi(x)$, nous obtenons une solution de l'équation linéaire du second ordre

$$\frac{d^2 y}{dx^2} = (2k^2 \operatorname{sn}^2 x - 1 - k^2 + k^2 \operatorname{sn}^2\omega)\,y,$$

qui est celle de Lamé dans le cas le plus simple où l'on suppose $n = 1$, la constante $h = -1 - k^2 + k^2 \operatorname{sn}^2\omega$ étant quelconque, puisque ω est arbitraire; et, comme cette équation ne change pas lorsqu'on change x en $-x$, la solution obtenue en donne une seconde, $y = \chi(-x)$, d'où, par suite, l'intégrale complète sous la forme

$$y = C\chi(x) + C'\chi(-x).$$

A ce résultat il est nécessaire de joindre ceux qu'on obtient quand on remplace successivement ω par $\omega + iK'$, $\omega + K$, $\omega + K + iK'$, ce qui conduit aux équations

$$\frac{d^2 y}{dx^2} = \left(2k^2 \operatorname{sn}^2 x - 1 - k^2 + \frac{1}{\operatorname{sn}^2\omega}\right)y,$$
$$\frac{d^2 y}{dx^2} = \left(2k^2 \operatorname{sn}^2 x - 1 - k^2 + \frac{k^2 \operatorname{cn}^2\omega}{\operatorname{dn}^2\omega}\right)y,$$
$$\frac{d^2 y}{dx^2} = \left(2k^2 \operatorname{sn}^2 x - 1 - k^2 + \frac{\operatorname{dn}^2\omega}{\operatorname{cn}^2\omega}\right)y.$$

La première, d'après l'égalité $\chi(x, \omega + iK') = \varphi(x, \omega)$, a pour intégrale

$$y = C\varphi(x) + C'\varphi(-x);$$

et, en introduisant ces nouvelles fonctions, à savoir

$$i\chi_1(x, \omega) = \chi(x, \omega + K),$$
$$i\varphi_1(x, \omega) = \varphi(x, \omega + K),$$

nous aurons, sous une forme semblable, pour la seconde et la troisième,

$$y = \mathrm{C}\,\chi_1(x) + \mathrm{C}'\,\chi_1(-x),$$

$$y = \mathrm{C}\,\varphi_1(x) + \mathrm{C}'\,\varphi_1(-x).$$

Les expressions de $\varphi_1(x)$ et $\chi_1(x)$ s'obtiennent aisément à l'aide des fonctions $\Theta_1(x) = \Theta(x+\mathrm{K})$, $\mathrm{H}_1(x) = \mathrm{H}(x+\mathrm{K})$; on trouve ainsi

$$\varphi_1(x, \omega) = \frac{\mathrm{H}'(0)\,\Theta_1(x+\omega)}{\mathrm{H}_1(\omega)\,\Theta(x)}\, e^{-\frac{\mathrm{H}'_1(\omega)}{\mathrm{H}_1(\omega)}(x - i\mathrm{K}') + \frac{i\pi\omega}{2\mathrm{K}}},$$

$$\chi_1(x, \omega) = \frac{\mathrm{H}'(0)\,\mathrm{H}_1(x+\omega)}{\Theta_1(\omega)\,\Theta(x)}\, e^{-\frac{\Theta'_1(\omega)}{\Theta_1(\omega)}(x - i\mathrm{K}') + \frac{i\pi\omega}{2\mathrm{K}}}.$$

Nous allons en voir un premier usage dans la recherche des solutions de l'équation de Lamé par des fonctions doublement périodiques.

VII.

Nous supposons à cet effet $\omega = 0$ dans les équations précédentes, en exceptant toutefois celle où se trouve le terme $\frac{1}{\operatorname{sn}^2\omega}$ qui deviendrait infini. On obtient ainsi, pour la constante h, les déterminations suivantes :

$$h = -1 - k^2, \qquad h = -1, \qquad h = -k^2.$$

Ce sont précisément les quantités qu'on trouve en appliquant la méthode de Lamé ; et en même temps nous tirons des valeurs des fonctions $\chi(x)$, $\chi_1(x)$, $\varphi_1(x)$, pour $\omega = 0$, les solutions auxquelles conduit son analyse

$$y = \sqrt{k}\,\frac{\mathrm{H}(x)}{\Theta(x)}, \qquad y = \sqrt{kk'}\,\frac{\mathrm{H}_1(x)}{\Theta(x)}, \qquad y = \sqrt{k'}\,\frac{\Theta_1(x)}{\Theta(x)},$$

ou, plus simplement, puisqu'on peut les multiplier par des facteurs constants,

$$y = \operatorname{sn} x, \qquad y = \operatorname{cn} x, \qquad y = \operatorname{dn} x.$$

Mais une circonstance se présente maintenant, qui demande un examen attentif. On ne peut plus, en effet, déduire de ces expressions d'autres qui en soient distinctes par le changement de signe de la variable, et il faut, par suite, employer une nouvelle méthode pour obtenir l'intégrale complète. Représentons, dans ce but, la solution générale de l'une quelconque de nos trois équations, en laissant ω indéterminé, par la formule

$$y = C\,F(x, \omega) + C'\,F(-x, \omega).$$

Je la mettrai d'abord sous cette forme équivalente

$$y = C\,F(x, \omega) + C'\,F(x, -\omega);$$

puis, en développant suivant les puissances croissantes de ω, je ferai

$$F(x, \omega) = F_0(x) + \omega\,F_1(x) + \omega^2\,F_2(x) + \ldots,$$

ce qui permettra d'écrire

$$y = (C + C')\,F_0(x) + \omega(C - C')\,F_1(x) + \omega^2(C + C')\,F_2(x) + \ldots,$$

ou encore

$$y = C_0\,F_0(x) + C_1\,F_1(x) + \omega\,C_0\,F_2(x) + \ldots,$$

en posant, d'après la méthode de d'Alembert,

$$C_0 = C + C', \qquad C_1 = \omega(C - C').$$

Si l'on suppose maintenant $\omega = 0$, on parvient à la formule

$$y = C_0\,F_0(x) + C_1\,F_1(x),$$

qu'il faudra appliquer en faisant successivement

$$F(x, \omega) = \chi(x), \qquad F(x, \omega) = \chi_1(x), \qquad F(x, \omega) = \varphi_1(x);$$

mais le calcul sera plus simple si l'on prend

$$F(x, \omega) = \frac{H(x + \omega)}{\Theta(x)}\, e^{-\frac{\Theta'(\omega)}{\Theta(\omega)}x},$$

$$F(x, \omega) = \frac{H_1(x + \omega)}{\Theta(x)}\, e^{-\frac{\Theta'_1(\omega)}{\Theta_1(\omega)}x},$$

$$F(x, \omega) = \frac{\Theta_1(x + \omega)}{\Theta(x)}\, e^{-\frac{H'_1(\omega)}{H_1(\omega)}x},$$

ces quantités ne différant des précédentes que par des facteurs constants. Observant donc que, pour $\omega = 0$, on a

$$D_\omega \frac{\Theta'(\omega)}{\Theta(\omega)} = \frac{J}{K}, \qquad D_\omega \frac{\Theta'_1(\omega)}{\Theta_1(\omega)} = \frac{J}{K} - k^2, \qquad D_\omega \frac{H'_1(\omega)}{H_1(\omega)} = \frac{J}{K} - 1,$$

nous obtenons immédiatement les valeurs que prennent leurs dérivées par rapport à ω, dans cette hypothèse de $\omega = 0$

$$F_1(x) = \frac{H'(x)}{\Theta(x)} - \frac{J\,H(x)}{K\,\Theta(x)}x,$$

$$F_1(x) = \frac{H'_1(x)}{\Theta(x)} - \frac{(J - k^2 K)\,H_1(x)}{K\,\Theta(x)}x,$$

$$F_1(x) = \frac{\Theta'_1(x)}{\Theta(x)} - \frac{(J - K)\,\Theta_1(x)}{K\,\Theta(x)}x.$$

La solution générale de l'équation de Lamé, dans les cas particuliers que nous venons de considérer, peut donc se représenter par les formules suivantes :

1° $h = -1 - k^2$, $\quad y = C\,\mathrm{sn}\,x + C'\,\mathrm{sn}\,x\left[\frac{H'(x)}{H(x)} - \frac{J}{K}x\right]$,

2° $h = -1$, $\quad y = C\,\mathrm{cn}\,x + C'\,\mathrm{cn}\,x\left[\frac{H'_1(x)}{H_1(x)} - \frac{J - k^2 K}{K}x\right]$,

3° $h = -k^2$, $\quad y = C\,\mathrm{dn}\,x + C'\,\mathrm{dn}\,x\left[\frac{\Theta'_1(x)}{\Theta_1(x)} - \frac{J - K}{K}x\right]$.

VIII.

Un dernier point me reste à traiter avant d'aborder, au moyen des résultats qui viennent d'être obtenus, le problème de la rotation d'un corps autour d'un point fixe, dans le cas où il n'y a point de forces accélératrices. On a vu que les quantités $\varphi(x)$, $\chi(x)$, $\varphi_1(x)$, $\chi_1(x)$ sont les produits d'une exponentielle par les fonctions périodiques

$$\frac{H'(0)\,\Theta(x+\omega)}{H(\omega)\,\Theta(x)}, \quad \frac{H'(0)\,H(x+\omega)}{\Theta(\omega)\,\Theta(x)}, \quad \frac{H'(0)\,\Theta_1(x+\omega)}{H_1(\omega)\,\Theta(x)}, \quad \frac{H'(0)\,H_1(x+\omega)}{\Theta_1(\omega)\,\Theta(x)},$$

développables par conséquent en séries simples de sinus et cosinus de multiples entiers de $\frac{\pi x}{K}$. Ces séries ont été données pour la première fois par Jacobi, à l'occasion même de ses recherches sur la rotation; et, comme l'observe l'illustre auteur, elles sont d'une grande importance dans la théorie des fonctions elliptiques. Je vais montrer comment on peut y parvenir au moyen de l'équation suivante

$$\int_0^{2K} F(x_0+x)\,dx + \int_0^{2iK'} F(x_0+2K+x)\,dx$$
$$-\int_0^{2K} F(x_0+2iK'+x)\,dx - \int_0^{2iK'} F(x_0+x)\,dx = 2i\pi S,$$

où, les quatre intégrales étant rectilignes, S représente la somme des résidus de la fonction $F(x)$ qui correspondent aux pôles situés à l'intérieur du rectangle dont les sommets ont pour affixes les quantités x_0, x_0+2K, $x_0+2K+2iK'$, x_0+2iK'. Supposons à cet effet qu'on ait

$$F(x+2K) = \mu\, F(x),$$
$$F(x+2iK') = \mu' F(x);$$

on obtiendra la relation

$$(1-\mu')\int_0^{2K} F(x_0+x)\,dx - (1-\mu)\int_0^{2iK'} F(x_0+x)\,dx = 2i\pi S,$$

et, si l'on admet en outre que le multiplicateur μ soit égal à l'unité, on en conclura le résultat suivant :

$$\int_0^{2K} F(x_0+x)\,dx = \frac{2i\pi S}{1-\mu'}.$$

Cela posé, soit, en désignant par n un nombre entier quelconque,

$$F(x) = \frac{H'(0)\,\Theta(x+\omega)}{H(\omega)\,\Theta(x)}\, e^{-\frac{i\pi n x}{K}};$$

on aura

$$\mu = 1, \qquad \mu' = e^{-\frac{i\pi}{K}(\omega+2niK')},$$

et, en prenant la constante x_0 dans des limites telles que le pôle unique de $F(x)$ qui est à l'intérieur du rectangle soit $x = iK'$, nous obtiendrons pour le résidu correspondant, et par conséquent pour S, la valeur

$$S = e^{-\frac{i\pi}{2K}(\omega+2niK')}.$$

De là résulte, pour l'intégrale définie, l'expression suivante,

$$\int_0^{2K} F(x_0+x)\,dx = \frac{2i\pi\, e^{-\frac{i\pi}{2K}(\omega+2niK')}}{1-e^{-\frac{i\pi}{K}(\omega+2niK')}} = \frac{\pi}{\sin\frac{\pi}{2K}(\omega+2niK')},$$

et l'on voit qu'en posant l'équation

$$\frac{H'(0)\Theta(x_0+x+\omega)}{H(\omega)\Theta(x_0+x)} = \sum A_n e^{\frac{i\pi n(x_0+x)}{K}},$$

on en déduit immédiatement la détermination de A_n. Nous avons, en effet,

$$2K A_n = \int_0^{2K} F(x_0+x)\,dx,$$

et, par conséquent,

$$\frac{2K}{\pi} A_n = \frac{1}{\sin\frac{\pi}{2K}(\omega+2niK')}.$$

La constante x_0 que j'ai introduite pour plus de généralité, et aussi pour éviter qu'un pôle de $F(x)$ se trouve sur le contour d'intégration, peut maintenant sans difficulté être supposée nulle. Nous parvenons ainsi à une première formule de développement

$$\frac{2K}{\pi}\frac{H'(0)\Theta(x+\omega)}{H(\omega)\Theta(x)} = \sum \frac{e^{\frac{i\pi nx}{K}}}{\sin\frac{\pi}{2K}(\omega+2niK')},$$

dont les trois autres résultent, comme on va le voir. Qu'on change, en effet, ω en $\omega+iK'$, on en conclura d'abord

$$\frac{2K}{\pi}\frac{H'(0)H(x+\omega)}{\Theta(\omega)\Theta(x)} e^{-\frac{i\pi x}{2K}} = \sum \frac{e^{\frac{i\pi nx}{K}}}{\sin\frac{\pi}{2K}[\omega+(2n+1)iK']},$$

puis en multipliant les deux membres par l'exponentielle, et posant $m=2n+1$,

$$\frac{2K}{\pi}\frac{H'(0)H(x+\omega)}{\Theta(\omega)\Theta(x)} = \sum \frac{e^{\frac{i\pi mx}{2K}}}{\sin\frac{\pi}{2K}(\omega+miK')}.$$

Mettons enfin, dans les deux formules que nous venons d'établir, $\omega + K$ à la place de K, et l'on obtiendra les suivantes, qui nous restaient à trouver :

$$\frac{2K}{\pi}\frac{H'(0)\,\Theta_1(x+\omega)}{H_1(\omega)\,\Theta(x)} = \sum \frac{e^{\frac{i\pi n x}{K}}}{\cos\frac{\pi}{2K}(\omega + 2niK')},$$

$$\frac{2K}{\pi}\frac{H'(0)\,H_1(x+\omega)}{\Theta_1(\omega)\,\Theta(x)} = \sum \frac{e^{\frac{i\pi m x}{2K}}}{\cos\frac{\pi}{2K}(\omega + miK')}.$$

Voici à leur sujet quelques remarques.

IX.

Elles sont d'une forme différente de celles de Jacobi et l'on peut s'en servir utilement dans beaucoup de questions que je ne puis aborder en ce moment. Je me contenterai, sans en faire l'étude, d'indiquer succinctement comment on en tire les sommes des séries suivantes

$$\Sigma f(2niK')\,e^{\frac{i\pi n x}{K}}, \qquad \Sigma f(miK')\,e^{\frac{i\pi m x}{2K}},$$

où $f(z)$ est une fonction rationnelle de $\sin\frac{\pi z}{2K}$ et $\cos\frac{\pi z}{2K}$, sans partie entière et assujettie à la condition $f(z+2K) = -f(z)$. Il suffit, en effet, d'employer la décomposition de cette fonction en éléments simples, c'est-à-dire en termes tels que $D_z^\alpha \frac{1}{\sin\frac{\pi}{2K}(z+\omega)}$, pour obtenir immédiatement la valeur des séries proposées, au moyen de ces deux expressions

$$\Sigma D_\omega^\alpha \left[\frac{1}{\sin\frac{\pi}{2K}(\omega + 2niK')}\right] e^{\frac{i\pi n x}{K}} = D_\omega^\alpha \frac{2K}{\pi}\frac{H'(0)\,\Theta(x+\omega)}{H(\omega)\,\Theta(x)},$$

$$\Sigma D_\omega^\alpha \left[\frac{1}{\sin\frac{\pi}{2K}(\omega + miK')}\right] e^{\frac{i\pi m x}{2K}} = D_\omega^\alpha \frac{2K}{\pi}\frac{H'(0)\,H(x+\omega)}{\Theta(\omega)\,\Theta(x)}.$$

J'ajouterai encore qu'on retrouve les résultats de Jacobi, si l'on réunit les termes qui correspondent à des valeurs de l'indice égales et de signes contraires. Il vient ainsi, en effet, en désignant par m un nombre qu'on fera successivement pair et impair,

$$\frac{e^{\frac{i\pi m x}{2K}}}{\sin\frac{\pi}{2K}(\omega+miK')}+\frac{e^{-\frac{i\pi m x}{2K}}}{\sin\frac{\pi}{2K}(\omega-miK')}=\frac{2\cos\frac{m\pi x}{2K}\cos\frac{m\pi iK'}{2K}\sin\frac{\pi\omega}{2K}}{\sin\frac{\pi}{2K}(\omega+miK')\sin\frac{\pi}{2K}(\omega-miK')}-i\,\frac{2\sin\frac{m\pi x}{2K}\sin\frac{m\pi iK'}{2K}\cos\frac{\pi\omega}{2K}}{\sin\frac{\pi}{2K}(\omega+miK')\sin\frac{\pi}{2K}(\omega-miK')};$$

employons ensuite les équations du paragraphe 35 des *Fundamenta*, qui donnent

$$\cos\frac{m\pi iK'}{2K}=\frac{1+q^m}{2\sqrt{q^m}},$$

$$\sin\frac{m\pi iK'}{2K}=i\,\frac{1-q^m}{2\sqrt{q^m}},$$

$$\sin\frac{\pi}{2K}(\omega+miK')\sin\frac{\pi}{2K}(\omega-miK')=\frac{1-2q^m\cos\frac{\pi\omega}{K}+q^{2m}}{4q^m},$$

et nous parviendrons à cette nouvelle forme

$$\frac{e^{\frac{i\pi m x}{2K}}}{\sin\frac{\pi}{2K}(\omega+miK')}+\frac{e^{-\frac{i\pi m x}{2K}}}{\sin\frac{\pi}{2K}(\omega-miK')}=\frac{4\sqrt{q^m}(1+q^m)\sin\frac{\pi\omega}{2K}}{1-2q^m\cos\frac{\pi\omega}{K}+q^{2m}}\cos\frac{m\pi x}{2K}+\frac{4\sqrt{q^m}(1-q^m)\cos\frac{\pi\omega}{2K}}{1-2q^m\cos\frac{\pi\omega}{K}+q^{2m}}\sin\frac{m\pi x}{2K}.$$

C'est celle qu'on voit dans la lettre adressée à l'Académie des Sciences et publiée dans les *Comptes rendus* du 30 juillet 1849; car, en introduisant la constante $b=\frac{i\omega}{K'}$, on peut écrire

$$\sin\frac{\pi\omega}{2K}=\frac{q^{\frac{1}{2}b}-q^{-\frac{1}{2}b}}{2i},$$

$$\cos\frac{\pi\omega}{2K}=\frac{q^{\frac{1}{2}b}+q^{-\frac{1}{2}b}}{2},$$

et

$$1 - 2q^m \cos\frac{\pi\omega}{K} + q^{2m} = (1 - q^{m+b})(1 - q^{m-b}).$$

Mais une faute d'impression, reproduite dans les *Œuvres complètes*, t. II, p. 143, et dans le *Journal de Crelle*, t. XXXIX, p. 297, s'est glissée dans ces formules. Les équations (3), (4), (5), (6) renferment en effet les quantités

$$\sqrt{q(1+q)},\quad \sqrt{q^3(1+q^3)},\quad \ldots \quad \text{et} \quad \sqrt{q(1-q)},\quad \sqrt{q^3(1-q^3)},\quad \ldots,$$

qui doivent être remplacées par

$$\sqrt{q}(1+q),\quad \sqrt{q^3}(1+q^3),\quad \ldots \quad \text{et} \quad \sqrt{q}(1-q),\quad \sqrt{q^3}(1-q^3),\quad \ldots.$$

On peut d'ailleurs parvenir par d'autres méthodes à ces résultats importants. M. Somoff les obtient en décomposant la quantité

$$\frac{(1-qvz)(1-q^3vz)(1-q^5vz)\ldots(1-qv^{-1}z^{-1})(1-q^3v^{-1}z^{-1})(1-q^5v^{-1}z^{-1})\ldots}{(z-1)(1-q^2z)(1-q^4z)\ldots(1-q^2z^{-1})(1-q^4z^{-1})\ldots}$$

en fractions simples

$$\frac{A_0}{z-1} + \sum \frac{A_m}{1-q^{2m}z} + \sum \frac{B_m}{z-q^{2m}}.$$

Le P. Joubert m'a communiqué la remarque qu'on peut, en suivant la même marche, partir de ces expressions finies

$$\frac{z(z-q^{1-b})(z-q^{3-b})\ldots(z-q^{2n-1-b})(1-q^{1+b}z)(1-q^{3+b}z)\ldots(1-q^{2n-1+b}z)}{(z-q)(z-q^3)\ldots(z-q^{2n+1})(1-qz)(1-q^3z)\ldots(1-q^{2n+1}z)}$$

$$\frac{z(z-q^{2-b})(z-q^{4-b})\ldots(z-q^{2n-b})(1-q^{2+b}z)(1-q^{4+b}z)\ldots(1-q^{2n+b}z)}{(z-q)(z-q^3)\ldots(z-q^{2n+1})(1-qz)(1-q^3z)\ldots(1-q^{2n+1}z)},$$

et faire grandir indéfiniment le nombre n.

Enfin, et en dernier lieu, je remarque qu'au moyen de la formule

$$\int_0^{2K} F(x_0+x)\,dx = \frac{2i\pi S}{1-\mu'},$$

qui a été le point de départ de mon procédé, nous pouvons très simplement démontrer les relations établies au paragraphe IV, page 227 :

$$\int_0^{2K} \frac{\Theta(x+a)\,\Theta(x+b)}{\Theta^2(x)}\,dx = 0,$$

$$\int_0^{2K} \frac{H(x+a)\,H(x+b)}{\Theta^2(x)}\,dx = 0,$$

où a et b désignent, dans la première, deux racines de l'équation $H'(x) = 0$, et dans la seconde, deux racines de l'équation $\Theta'(x) = 0$. Si l'on prend, en effet, successivement

$$F(x) = \frac{\Theta(x+a)\,\Theta(x+b)}{\Theta^2(x)},$$

$$F(x) = \frac{H(x+a)\,H(x+b)}{\Theta^2(x)},$$

on aura $\mu = 1$ et μ' différant de l'unité, sauf la supposition que nous excluons de $b = -a$. On obtient d'ailleurs, dans le premier cas,

$$S = \frac{H(a)\,H'(b) + H(b)\,H'(a)}{H'^2(0)}\sqrt{\mu'},$$

et, dans le second,

$$S = \frac{\Theta(a)\,\Theta'(b) + \Theta(b)\,\Theta'(a)}{H'^2(0)}\sqrt{\mu'},$$

de sorte que, sous les conditions admises, les deux valeurs de S s'évanouissent. Cela étant, nous pouvons, dans la relation ainsi démontrée,

$$\int_0^{2K} F(x_0 + x)\,dx = 0,$$

supposer $x_0 = 0$; car l'intégrale est une fonction continue de x_0, non seulement dans le voisinage de cette valeur particulière, mais dans l'intervalle des deux parallèles à l'axe des abscisses, menées à la même distance K' au-dessus et au-dessous de cet axe.

X.

Dans la théorie de la rotation d'un corps autour d'un point fixe O, le mouvement d'un point quelconque du solide se détermine en rapportant ce point aux axes principaux d'inertie Ox', Oy', Oz', immobiles dans le corps, mais entraînés par lui, et dont on donne la position à un instant quelconque par rapport à des axes fixes Ox, Oy, Oz, le plan des xy étant le plan invariable et l'axe Oz la perpendiculaire de ce plan. Soient donc x, y, z les coordonnées d'un point du corps par rapport aux axes fixes, et ξ, η, ζ les coordonnées par rapport aux axes mobiles; ces quantités seront liées par les relations

$$x = a\,\xi + b\,\eta + c\,\zeta,$$
$$y = a'\xi + b'\eta + c'\zeta,$$
$$z = a''\xi + b''\eta + c''\zeta,$$

et la question consiste à obtenir en fonction du temps les neuf coefficients a, b, c, ... Jacobi le premier en a donné une solution complète et définitive, qui offre l'une des plus belles applications de calcul à la Mécanique et ouvre en même temps des voies nouvelles dans la théorie des fonctions elliptiques. C'est à l'étude des résultats si importants découverts par l'immortel géomètre que je dois les recherches exposées dans ce travail, et tout d'abord l'intégration de l'équation de Lamé, dans le cas dont je viens de m'occuper, où l'on suppose $n = 1$; on va voir en effet comment la théorie de la rotation, lorsqu'il n'y a point de force accélératrice, se trouve étroitement liée à cette équation.

Pour cela je partirai des relations suivantes, données dans le Tome II du *Traité de Mécanique* de Poisson, page 135 :

$$\frac{da}{dt} = br - cq, \qquad \frac{da'}{dt} = b'r - c'q, \qquad \frac{da''}{dt} = b''r - c''q,$$
$$\frac{db}{dt} = cp - ar, \qquad \frac{db'}{dt} = c'p - a'r, \qquad \frac{db''}{dt} = c''p - a''r,$$
$$\frac{dc}{dt} = aq - bp, \qquad \frac{dc'}{dt} = a'q - b'p, \qquad \frac{dc''}{dt} = a''q - b''p,$$

dans lesquelles p, q, r sont les composantes rectangulaires de la vitesse de rotation, par rapport aux mobiles Ox', Oy', Oz'. Cela étant, des conditions connues

$$p = \alpha a'', \qquad q = \beta b'', \qquad r = \gamma c'',$$

où α, β, γ sont des constantes, on tire immédiatement les équations

$$\frac{da''}{dt} = (\gamma - \beta)b''c'', \qquad \frac{db''}{dt} = (\alpha - \gamma)c''a'', \qquad \frac{dc''}{dt} = (\beta - \alpha)a''b'',$$

dont une première intégrale algébrique est donnée par l'égalité

$$a''^2 + b''^2 + c''^2 = 1,$$

et une seconde intégrale par celle-ci :

$$\alpha a''^2 + \beta b''^2 + \gamma c''^2 = \delta,$$

δ étant une constante arbitraire. Ces quantités α, β, γ, δ sont liées aux constantes A, B, C, h, l du Mémoire de Jacobi par les relations

$$\alpha = \frac{l}{A}, \qquad \beta = \frac{l}{B}, \qquad \gamma = \frac{l}{C}, \qquad \delta = \frac{h}{l};$$

elles sont donc du signe de l qui peut être positif ou négatif, comme représentant le moment d'impulsion dans le plan invariable. Dans ces deux cas, β sera compris entre α et γ, puisqu'on suppose B compris entre A et C ; mais j'admettrai, pour fixer les idées, que l soit positif. On voit de plus que, δ étant une moyenne entre α, β, γ, peut être plus grand ou plus petit que β : la première hypothèse donne $Bh > l^2$, et Jacobi suppose alors $A > B > C$; dans la seconde, on a $Bh < l^2$, avec $A < B < C$; ces conditions prendront, avec nos constantes, la forme suivante :

$$\text{(I)} \qquad \alpha < \beta < \delta < \gamma,$$
$$\text{(II)} \qquad \alpha > \beta > \delta > \gamma,$$

et nous allons immédiatement en faire usage en recherchant les expressions des coefficients a'', b'', c'', par des fonctions elliptiques du temps.

XI.

J'observe, en premier lieu, qu'on obtient, si l'on exprime a'' et c'' au moyen de b'', les valeurs

$$(\gamma - \alpha) a''^2 = \gamma - \delta - (\gamma - \beta) b''^2, \qquad (\gamma - \alpha) c''^2 = \delta - \alpha - (\beta - \alpha) b''^2.$$

Posons maintenant

$$a''^2 = \frac{\gamma - \delta}{\gamma - \alpha} V^2, \qquad b''^2 = \frac{\gamma - \delta}{\gamma - \beta} U^2, \qquad c''^2 = \frac{\delta - \alpha}{\gamma - \alpha} W^2,$$

puis

$$k^2 = \frac{(\beta - \alpha)(\gamma - \delta)}{(\delta - \alpha)(\gamma - \beta)};$$

il viendra plus simplement

$$V^2 = 1 - U^2, \qquad W^2 = 1 - k^2 U^2.$$

Introduisons, en outre, la quantité $n^2 = (\delta - \alpha)(\gamma - \beta)$; l'équation $\frac{db''}{dt} = (\alpha - \gamma) c'' a''$ prend cette forme :

$$\frac{dU}{dt} = n VW,$$

et l'on en conclut, en désignant par t_0 une constante arbitraire,

$$U = \operatorname{sn}[n(t - t_0), k], \qquad V = \operatorname{cn}[n(t - t_0), k], \qquad W = \operatorname{dn}[n(t - t_0), k].$$

J'ajoute que les quantités $\frac{\gamma - \delta}{\gamma - \alpha}$, $\frac{\gamma - \delta}{\gamma - \beta}$, $\frac{\delta - \alpha}{\gamma - \alpha}$, $(\delta - \alpha)(\gamma - \beta)$ sont toutes positives et que k^2 est positif et moindre que l'unité, sous les conditions (I) et (II). A l'égard du module il suffit en effet de remarquer que l'identité

$$(\delta - \alpha)(\gamma - \beta) = (\gamma - \alpha)(\delta - \beta) + (\beta - \alpha)(\gamma - \delta)$$

donne

$$k'^2 = \frac{(\gamma - \alpha)(\delta - \beta)}{(\delta - \alpha)(\gamma - \beta)},$$

de sorte que k^2 et k'^2, étant évidemment positifs, sont par cela même tous deux inférieurs à l'unité. Ce point établi, désignons par ε, ε', ε'' des facteurs égaux à ± 1 ; en convenant de prendre dorénavant les racines carrées avec le signe $+$, nous pourrons écrire

$$a'' = \varepsilon \sqrt{\frac{\gamma - \delta}{\gamma - \alpha}} V, \qquad b'' = \varepsilon' \sqrt{\frac{\gamma - \delta}{\gamma - \beta}} U, \qquad c'' = \varepsilon'' \sqrt{\frac{\delta - \alpha}{\gamma - \alpha}} W,$$

et la substitution dans les équations

$$\frac{da''}{dt} = (\gamma - \beta) b'' c'', \qquad \frac{db''}{dt} = (\alpha - \gamma) c'' a'', \qquad \frac{dc''}{dt} = (\beta - \alpha) a'' b'',$$

donnera les conclusions suivantes. Admettons d'abord les conditions (I) : les trois différences $\beta - \gamma$, $\alpha - \gamma$, $\alpha - \beta$ seront négatives, et l'on trouvera

$$\varepsilon = -\varepsilon' \varepsilon'', \qquad \varepsilon' = -\varepsilon'' \varepsilon, \qquad \varepsilon'' = -\varepsilon \varepsilon';$$

mais sous les conditions (II), ces mêmes quantités étant positives, nous aurons

$$\varepsilon = \varepsilon'\varepsilon'', \qquad \varepsilon' = \varepsilon''\varepsilon, \qquad \varepsilon'' = \varepsilon\varepsilon';$$

ainsi, en faisant, avec Jacobi, $\varepsilon = -1$, $\varepsilon' = +1$, on voit qu'il faudra prendre $\varepsilon'' = +1$ dans le premier cas et la valeur contraire $\varepsilon'' = -1$ dans le second. Cela posé, et en convenant toujours que les racines carrées soient positives, je dis qu'on peut déterminer un argument ω par les deux conditions

$$\operatorname{cn}\omega = \sqrt{\frac{\gamma-\alpha}{\gamma-\delta}}, \qquad \operatorname{dn}\omega = \sqrt{\frac{\gamma-\alpha}{\gamma-\beta}};$$

d'où nous tirons

$$\frac{\operatorname{dn}\omega}{\operatorname{cn}\omega} = \sqrt{\frac{\gamma-\delta}{\gamma-\beta}};$$

ces quantités satisfont en effet à la relation

$$dn^2\omega - k^2 cn^2\omega = k'^2,$$

comme on le vérifie aisément. Je remarque, en outre, que $\operatorname{cn}\omega$ et $\operatorname{dn}\omega$ étant des fonctions paires, on peut encore à volonté disposer du signe de ω. Or, ayant $\frac{\operatorname{sn}^2\omega}{\operatorname{cn}^2\omega} = \frac{\alpha-\delta}{\gamma-\alpha}$, nous fixerons ce signe de manière que, suivant les conditions (I) ou (II), $\frac{\operatorname{sn}\omega}{i\operatorname{cn}\omega}$, qui est une fonction impaire, soit égal à $+\sqrt{\frac{\delta-\alpha}{\gamma-\alpha}}$ ou à $-\sqrt{\frac{\delta-\alpha}{\gamma-\alpha}}$. Nous éviterons, en définissant la constante ω comme on vient de le faire, les doubles signes qui figurent dans les relations de Jacobi ; ainsi, à l'égard de a'', b'', c'', on aura, dans tous les cas, les formules suivantes, où je fais pour abréger $u = n(t - t_0)$:

$$a'' = -\frac{\operatorname{cn}u}{\operatorname{cn}\omega}, \qquad b'' = \frac{\operatorname{dn}\omega\operatorname{sn}u}{\operatorname{cn}\omega}, \qquad c'' = \frac{\operatorname{sn}\omega\operatorname{dn}u}{i\operatorname{cn}\omega}.$$

Enfin il est facile de voir que $\omega = i\upsilon$, υ étant réel ; de la formule $\operatorname{cn}(i\upsilon, k) = \frac{1}{\operatorname{cn}(\upsilon, k')}$, on conclut, en effet, $\operatorname{cn}(\upsilon, k') = \sqrt{\frac{\gamma-\delta}{\gamma-\alpha}}$, valeur qui est dans les deux cas non seulement réelle, mais moindre que l'unité.

XII.

J'aborde maintenant la détermination des six coefficients a, b, c, a', b', c' en introduisant les quantités

$$A = a + ia', \qquad B = b + ib', \qquad C = c + ic',$$

et partant des relations suivantes:

$$\begin{aligned} A a'' + B b'' + C c'' &= 0, \\ i A - B c'' + C b'' &= 0, \end{aligned}$$

qu'il est facile de démontrer. La première est une suite des égalités

$$aa'' + bb'' + cc'' = 0, \qquad a'a'' + b'b'' + c'c'' = 0,$$

et la seconde résulte de celles-ci :

$$a = b'c'' - c'b'', \qquad a' = b''c - c''b, \qquad a'' = bc' - cb', \qquad \ldots.$$

Qu'on prenne, en effet, les valeurs de a et a', on en déduira

$$a + ia' = (b' - ib)c'' - b''(c' - ic),$$

ce qui revient bien à la relation énoncée. Cela posé, je fais usage des équations de Poisson rappelées plus haut, et qui donnent

$$D_t A = Br - Cq, \qquad D_t B = Cp - Ar, \qquad D_t C = Aq - Bp,$$

puis, en remplaçant p, q, r par $\alpha a''$, $\beta b''$, $\gamma c''$,

$$D_t A = B c'' \gamma - C b'' \beta, \qquad D_t B = C a'' \alpha - A c'' \gamma, \qquad D_t C = A b'' \beta - B a'' \alpha.$$

Mettons maintenant dans la première les expressions de B et C en A, qu'on tire de nos deux relations, à savoir

$$B = \frac{a''b'' - ic''}{a''^2 - 1} A, \qquad C = \frac{a''c'' + ib''}{a''^2 - 1} A;$$

on obtiendra aisément

$$\frac{D_t A}{A} = \frac{(\gamma - \beta) a'' b'' c'' - i(\gamma c''^2 + \beta b''^2)}{a''^2 - 1},$$

ou bien encore

$$\frac{D_t A}{A} = \frac{a'' D_t a'' + i(\alpha a''^2 - \delta)}{a''^2 - 1},$$

et, par un simple changement de lettres, on en conclut, sans nouveau calcul,

$$\frac{D_t B}{B} = \frac{b'' D_t b'' + i(\beta b''^2 - \delta)}{b''^2 - 1},$$

$$\frac{D_t C}{C} = \frac{c'' D_t c'' + i(\gamma c''^2 - \delta)}{c''^2 - 1}.$$

Ces formules seront plus simples si l'on fait

$$A = \mathrm{a}\, e^{i\alpha t}, \qquad B = \mathrm{b}\, e^{i\beta t}, \qquad C = \mathrm{c}\, e^{i\gamma t};$$

car il vient ainsi

$$\frac{D_t \mathrm{a}}{\mathrm{a}} = \frac{a'' D_t a'' + i(\alpha - \delta)}{a''^2 - 1},$$

$$\frac{D_t \mathrm{b}}{\mathrm{b}} = \frac{b'' D_t b'' + i(\beta - \delta)}{b''^2 - 1},$$

$$\frac{D_t \mathrm{c}}{\mathrm{c}} = \frac{c'' D_t c'' + i(\gamma - \delta)}{c''^2 - 1}.$$

Cela étant, j'envisage la première, et pour un instant je pose $a''^2 - 1 = \mathfrak{a}^2$, ce qui donnera

$$\frac{D_t \mathrm{a}}{\mathrm{a}} = \frac{\mathfrak{a} D_t \mathfrak{a} + i(\alpha - \delta)}{\mathfrak{a}^2} = \frac{D_t \mathfrak{a}}{\mathfrak{a}} + i\,\frac{\alpha - \delta}{\mathfrak{a}^2}.$$

On en conclut ensuite, en différentiant,

$$\frac{D_t^2 \mathrm{a}}{\mathrm{a}} - \left(\frac{D_t \mathrm{a}}{\mathrm{a}}\right)^2 = \frac{D_t^2 \mathfrak{a}}{\mathfrak{a}} - \left(\frac{D_t \mathfrak{a}}{\mathfrak{a}}\right)^2 - 2i\,\frac{(\alpha - \delta) D_t \mathfrak{a}}{\mathfrak{a}^3};$$

puis encore, par l'élimination de $\frac{D_t \mathrm{a}}{\mathrm{a}}$,

$$\frac{D_t^2 \mathrm{a}}{\mathrm{a}} = \frac{D_t^2 \mathfrak{a}}{\mathfrak{a}} - \frac{(\alpha - \delta)^2}{\mathfrak{a}^4};$$

mais, comme conséquence de l'équation différentielle,

$$(D_t a'')^2 = (\gamma - \beta)^2 b''^2 c''^2 = [\delta - \beta - (\alpha - \beta) a''^2]\,[\gamma - \delta - (\gamma - \alpha) a''^2],$$

on a la suivante :

$$\frac{\mathfrak{a}^2}{1 + \mathfrak{a}^2} (D_t \mathfrak{a})^2 = -(\delta - \alpha)^2 - (\delta - \alpha)(\beta + \gamma - 2\alpha)\mathfrak{a}^2 - (\beta - \alpha)(\gamma - \alpha)\mathfrak{a}^4,$$

qui peut s'écrire

$$(D_t\mathfrak{a})^2 + \frac{(\delta-\alpha)^2}{\mathfrak{a}^2}$$
$$= -(\delta-\alpha)^2 - (\delta-\alpha)(\beta+\gamma-2\alpha)(1+\mathfrak{a}^2) - (\beta-\alpha)(\gamma-\alpha)(\mathfrak{a}^2+\mathfrak{a}^4).$$

Or on en tire, en différentiant et divisant ensuite les deux membres par $2\mathfrak{a}D_t\mathfrak{a}$,

$$\frac{D_t^2\mathfrak{a}}{\mathfrak{a}} - \frac{(\delta-\alpha)^2}{\mathfrak{a}^4}$$
$$= -[(\delta-\alpha)(\beta+\gamma-2\alpha) + (\beta-\alpha)(\gamma-\alpha)] - 2(\beta-\alpha)(\gamma-\alpha)\mathfrak{a}^2.$$

Nous avons donc, après avoir remplacé $\mathfrak{a}^2$ par $a''^2 - 1$,

$$\frac{D_t^2 \mathrm{a}}{\mathrm{a}} = (\beta-\alpha)(\gamma-\delta) - (\delta-\alpha)(\gamma-\alpha) - 2(\beta-\alpha)(\gamma-\alpha)a''^2;$$

c'est le résultat que j'avais en vue d'obtenir.

XIII.

Deux voies s'ouvrent maintenant pour parvenir aux expressions de A, B, C; voici d'abord la plus élémentaire. Revenant aux formules

$$B = \frac{a''b'' - ic''}{a''^2 - 1}A, \qquad C = \frac{a''c'' + ib''}{a''^2 - 1}A,$$

je remplace a'', b'', c'' par les valeurs obtenues au paragraphe XI, page 293 :

$$a'' = -\frac{\operatorname{cn} u}{\operatorname{cn}\omega}, \qquad b'' = \frac{\operatorname{dn}\omega \operatorname{sn} u}{\operatorname{cn}\omega}, \qquad c'' = \frac{\operatorname{sn}\omega \operatorname{dn} u}{i \operatorname{cn}\omega},$$

et, au moyen des relations relatives à l'addition des arguments. j'obtiens ces résultats :

$$\frac{a''b'' - ic''}{a''^2 - 1} = \frac{\operatorname{sn} u \operatorname{cn} u \operatorname{dn}\omega + \operatorname{sn}\omega \operatorname{cn}\omega \operatorname{dn} u}{\operatorname{sn}^2 u - \operatorname{sn}^2\omega} = \frac{\operatorname{cn}(u-\omega)}{\operatorname{sn}(u-\omega)},$$
$$\frac{a''c'' + ib''}{a''^2 - 1} = \frac{\operatorname{sn} u \operatorname{cn}\omega \operatorname{dn}\omega + \operatorname{sn}\omega \operatorname{cn} u \operatorname{dn} u}{i(\operatorname{sn}^2 u - \operatorname{sn}^2\omega)} = \frac{1}{i \operatorname{sn}(u-\omega)},$$

de sorte que nous pouvons écrire

$$B = \frac{\operatorname{cn}(u-\omega)}{\operatorname{sn}(u-\omega)}A, \qquad C = \frac{A}{i \operatorname{sn}(u-\omega)}.$$

Cela posé, j'envisage l'expression

$$\frac{\mathrm{D}_t \mathrm{a}}{\mathrm{a}} = \frac{a'' \mathrm{D}_t a'' + i(\alpha - \delta)}{a''^2 - 1} = \frac{(\gamma - \beta) a'' b'' c'' + i(\alpha - \delta)}{a''^2 - 1}$$

et je fais le même calcul, après avoir remplacé $\gamma - \beta$ et $\alpha - \delta$ par les valeurs suivantes :

$$\gamma - \beta = in \frac{\operatorname{cn} \omega}{\operatorname{sn} \omega \operatorname{dn} \omega}, \qquad \alpha - \delta = in \frac{\operatorname{sn} \omega \operatorname{dn} \omega}{\operatorname{cn} \omega},$$

qu'on tire facilement des équations posées page 293 :

$$\operatorname{cn} \omega = \sqrt{\frac{\gamma - \alpha}{\gamma - \delta}}, \qquad \operatorname{dn} \omega = \sqrt{\frac{\gamma - \alpha}{\gamma - \beta}}, \qquad \operatorname{sn} \omega = i \sqrt{\frac{\delta - \alpha}{\gamma - \delta}}$$

et de $n = \sqrt{(\delta - \alpha)(\gamma - \beta)}$. L'expression à laquelle nous parvenons ainsi,

$$\frac{\mathrm{D}_t \mathrm{a}}{\mathrm{a}} = n \frac{\operatorname{sn} u \operatorname{cn} u \operatorname{dn} u + \operatorname{sn} \omega \operatorname{cn} \omega \operatorname{dn} \omega}{\operatorname{sn}^2 u - \operatorname{sn}^2 \omega},$$

nous offre une fonction doublement périodique, dont les périodes sont $2\mathrm{K}$, $2i\mathrm{K}'$, et qui a deux pôles, $u = \omega$, $u = i\mathrm{K}'$. Les résidus correspondant à ces pôles étant $+1$ et -1, la décomposition en éléments simples donne immédiatement

$$\frac{\operatorname{sn} u \operatorname{cn} u \operatorname{dn} u + \operatorname{sn} \omega \operatorname{cn} \omega \operatorname{dn} \omega}{\operatorname{sn}^2 u - \operatorname{sn}^2 \omega} = \frac{\mathrm{H}'(u - \omega)}{\mathrm{H}(u - \omega)} - \frac{\Theta'(u)}{\Theta(u)} + \mathrm{C},$$

et la constante se détermine en faisant, par exemple, $u = 0$; on obtient de cette manière

$$\mathrm{C} = \frac{\mathrm{H}'(\omega)}{\mathrm{H}(\omega)} - \frac{\operatorname{cn} \omega \operatorname{dn} \omega}{\operatorname{sn} \omega} + \frac{\Theta'(\omega)}{\Theta(\omega)}.$$

Nous pouvons donc écrire, après avoir pris pour variable $u = n(t - t_0)$,

$$\frac{\mathrm{D}_u \mathrm{a}}{\mathrm{a}} = \frac{\mathrm{H}'(u - \omega)}{\mathrm{H}(u - \omega)} - \frac{\Theta'(u)}{\Theta(u)} + \frac{\Theta'(\omega)}{\Theta(\omega)},$$

et, si l'on désigne par $\mathrm{N} e^{i\nu}$ une nouvelle constante à laquelle nous donnons cette forme, parce qu'elle doit être, en général, supposée imaginaire, on aura

$$\mathrm{a} = \mathrm{N} e^{i\nu} \frac{\mathrm{H}(u - \omega)}{\Theta(u)} e^{\frac{\Theta'(\omega)}{\Theta(\omega)} u}.$$

De cette formule résulte ensuite

$$A = N\, e^{i(\nu+\alpha t_0)} \frac{H(u-\omega)}{\Theta(u)} e^{\left[\frac{i\alpha}{n}+\frac{\Theta'(\omega)}{\Theta(\omega)}\right]u},$$

ou plus simplement, en mettant $\nu - \alpha t_0$ au lieu de ν,

$$A = N\, e^{i\nu} \frac{H(u-\omega)}{\Theta(u)} e^{\left[\frac{i\alpha}{n}+\frac{\Theta'(\omega)}{\Theta(\omega)}\right]u},$$

et l'on en conclut immédiatement

$$B = \frac{\operatorname{cn}(u-\omega)}{\operatorname{sn}(u-\omega)} A = \sqrt{k'}\, N\, e^{i\nu} \frac{H_1(u-\omega)}{\Theta(u)} e^{\left[\frac{i\alpha}{n}+\frac{\Theta'(\omega)}{\Theta(\omega)}\right]u},$$

$$C = \frac{1}{i\operatorname{sn}(u-\omega)} A = \sqrt{k}\, N\, e^{i\nu} \frac{\Theta(u-\omega)}{i\Theta(u)} e^{\left[\frac{i\alpha}{n}+\frac{\Theta'(\omega)}{\Theta(\omega)}\right]u}.$$

Des deux indéterminées N et ν qui figurent dans ces expressions, la dernière seule subsistera comme quantité arbitraire; N, qui est réel et positif, se détermine comme nous allons le montrer.

XIV.

Je fais à cet effet, pour plus de simplicité, dans les expressions précédentes,

$$\frac{i\alpha}{n} + \frac{\Theta'(\omega)}{\Theta(\omega)} = i\lambda,$$

en observant que cette quantité λ est réelle, car on a $\omega = i\upsilon$, ainsi que nous l'avons fait voir (p. 293). Cela étant, nous pouvons écrire

$$A = \sqrt{k}\, N \frac{\Theta(u-\omega)\, e^{i(\lambda u+\nu)}}{\Theta(u)} \operatorname{sn}(u-\omega),$$

$$B = \sqrt{k}\, N \frac{\Theta(u-\omega)\, e^{i(\lambda u+\nu)}}{\Theta(u)} \operatorname{cn}(u-\omega),$$

$$C = \sqrt{k}\, N \frac{\Theta(u-\omega)\, e^{i(\lambda u+\nu)}}{i\Theta(u)},$$

et je remarque tout d'abord que ces formules permettent de vérifier facilement les conditions auxquelles doivent satisfaire les neuf coefficients a, b, c, ... En premier lieu, nous en déduisons

$$\mathrm{A}a'' + \mathrm{B}b'' + \mathrm{C}c'' = \sqrt{k}\,\mathrm{N}\frac{\Theta(u-\omega)\,e^{i(\lambda u+\nu)}}{\mathrm{cn}\,\omega\,\Theta(u)}$$
$$\times[-\mathrm{cn}\,u\,\mathrm{sn}(u-\omega) + \mathrm{dn}\,\omega\,\mathrm{sn}\,u\,\mathrm{cn}(u-\omega) - \mathrm{sn}\,\omega\,\mathrm{dn}\,u].$$

Or on a

$$\mathrm{cn}\,u\,\mathrm{sn}(u-\omega) - \mathrm{dn}\,\omega\,\mathrm{sn}\,u\,\mathrm{cn}(u-\omega) + \mathrm{sn}\,\omega\,\mathrm{dn}\,u = 0,$$

cette équation étant l'une des relations fondamentales pour l'addition des arguments [Jacobi, *Œuvres complètes*, t. II, p. 325, équation (16)], et nous obtenons ainsi

$$aa'' + bb'' + cc'' = 0, \qquad a'a'' + b'b'' + c'c'' = 0.$$

Je remarque ensuite que la somme des carrés $\mathrm{A}^2 + \mathrm{B}^2 + \mathrm{C}^2$ s'évanouit comme contenant en facteur $\mathrm{sn}^2(u-\omega) + \mathrm{cn}^2(u-\omega) - 1$, et nous en concluons

$$a^2 + b^2 + c^2 = a'^2 + b'^2 + c'^2, \qquad aa' + bb' + cc' = 0.$$

Ayant d'ailleurs

$$a''^2 + b''^2 + c''^2 = \left(\frac{\mathrm{cn}\,u}{\mathrm{cn}\,\omega}\right)^2 + \left(\frac{\mathrm{dn}\,\omega\,\mathrm{sn}\,u}{\mathrm{cn}\,\omega}\right)^2 - \left(\frac{\mathrm{sn}\,\omega\,\mathrm{dn}\,u}{\mathrm{cn}\,\omega}\right)^2$$
$$= \frac{1-\mathrm{sn}^2 u}{\mathrm{cn}^2\omega} + \frac{(1-k^2\,\mathrm{sn}^2\omega)\,\mathrm{sn}^2 u}{\mathrm{cn}^2\omega} - \frac{(1-k^2\,\mathrm{sn}^2 u)\,\mathrm{sn}^2\omega}{\mathrm{cn}^2\omega} = 1,$$

les six relations que nous avons en vue seront complètement vérifiées dès que N sera déterminé de manière à obtenir $a^2 + b^2 + c^2 = 1$ (¹).

(¹) Les équations

$$i\mathrm{A} = \mathrm{B}c'' - \mathrm{C}b'', \quad i\mathrm{B} = \mathrm{C}a'' - \mathrm{A}c'', \quad i\mathrm{C} = \mathrm{A}b'' - \mathrm{B}a'',$$

dont la première a été employée précédemment, page 294, et qui contiennent les suivantes :

$$a = b'c'' - c'b'', \qquad b = c'a'' - a'c'', \qquad c = a'b'' - b'a'',$$
$$a' = b''c - c''b, \qquad b' = c''a - a''c, \qquad c' = a''b - b''a,$$

se vérifient aussi de la manière la plus facile. Les relations auxquelles elles conduisent, à savoir :

$$\mathrm{cn}\,\omega = \mathrm{cn}\,u\,\mathrm{cn}(u-\omega) + \mathrm{dn}\,\omega\,\mathrm{sn}\,u\,\mathrm{sn}(u-\omega),$$
$$\mathrm{cn}\,u = \mathrm{cn}\,\omega\,\mathrm{cn}(u-\omega) - \mathrm{dn}\,u\,\mathrm{sn}\,u\,\mathrm{sn}(u-\omega),$$
$$\mathrm{dn}\,\omega\,\mathrm{sn}\,u = \mathrm{cn}\,\omega\,\mathrm{sn}(u-\omega) + \mathrm{sn}\,\omega\,\mathrm{dn}\,u\,\mathrm{cn}(u-\omega),$$

figurent, en effet, dans le Tableau donné par Jacobi sous les nos 9, 10 et 11.

Formons pour cela les carrés des modules de A, B, C; en remarquant que, par le changement de i en $-i$, ω se change en $-\omega$, on trouve immédiatement

$$a^2 + a'^2 = kN^2 \frac{\Theta(u+\omega)\Theta(u-\omega)}{\Theta^2(u)} \operatorname{sn}(u+\omega)\operatorname{sn}(u-\omega),$$

$$b^2 + b'^2 = kN^2 \frac{\Theta(u+\omega)\Theta(u-\omega)}{\Theta^2(u)} \operatorname{cn}(u+\omega)\operatorname{cn}(u-\omega),$$

$$c^2 + c'^2 = kN^2 \frac{\Theta(u+\omega)\Theta(u-\omega)}{\Theta^2(u)};$$

d'où, en ajoutant membre à membre,

$$2 = kN^2 \frac{\Theta(u+\omega)\Theta(u-\omega)}{\Theta^2(u)} [\operatorname{sn}(u+\omega)\operatorname{sn}(u-\omega) + \operatorname{cn}(u+\omega)\operatorname{cn}(u-\omega) + 1].$$

Formons enfin les trois produits

$$(b - ib')(c + ic'), \quad (c - ic')(a + ia'), \quad (a - ia')(b + ib');$$

nous trouverons

$$(b - ib')(c + ic') = -\frac{\Theta(0)H_1(0)H_1(u+\omega)\Theta(u-\omega)}{H_1^2(\omega)\Theta^2(u)}\, i.$$

$$(c - ic')(a + ia') = -\frac{\Theta_1(0)H_1(0)\Theta(u+\omega)H(u-\omega)}{i\, H_1^2(\omega)\Theta^2(u)},$$

$$(a - ia')(b + ib') = \frac{\Theta(0)\Theta_1(0)H(u+\omega)H_1(u-\omega)}{H_1^2(\omega)\Theta^2(u)};$$

or les relations élémentaires

$$\Theta(0)H_1(0)H_1(u+\omega)\Theta(u-\omega) = -H(\omega)\Theta_1(\omega)H(u)\Theta_1(u) + H_1(\omega)\Theta(\omega)\Theta(u)H_1(u),$$
$$\Theta_1(0)H_1(0)\Theta(u+\omega)H(u-\omega) = -H(\omega)\Theta(\omega)H_1(u)\Theta_1(u) + H_1(\omega)\Theta_1(\omega)\Theta(u)H(u),$$
$$\Theta(0)\Theta_1(0)H(u+\omega)H_1(u-\omega) = \Theta(\omega)\Theta_1(\omega)H(u)H_1(u) + H(\omega)H_1(\omega)\Theta(u)\Theta_1(u)$$

conduisent facilement à ces égalités

$$(b - ib')(c + ic') = -b''c'' + ia'',$$
$$(c - ic')(a + ia') = -c''a'' + ib'',$$
$$(a - ia')(b + ib') = -a''b'' + ic'';$$

d'où l'on tire ce nouveau système de conditions :

$$bc + b'c' + b''c'' = 0, \qquad bc' - cb' = a'',$$
$$ca + c'a' + c''a'' = 0, \qquad ca' - ac' = b'',$$
$$ab + a'b' + a''b'' = 0, \qquad ab' - ba' = c''.$$

Or les formules élémentaires

$$\operatorname{sn}(u+\omega)\operatorname{sn}(u-\omega) = \frac{\operatorname{sn}^2 u - \operatorname{sn}^2\omega}{1 - k^2 \operatorname{sn}^2 u \operatorname{sn}^2\omega},$$

$$\operatorname{cn}(u+\omega)\operatorname{cn}(u-\omega) = -1 + \frac{\operatorname{cn}^2 u + \operatorname{cn}^2\omega}{1 - k^2 \operatorname{sn}^2 u \operatorname{sn}^2\omega},$$

donnent

$$\operatorname{sn}(u+\omega)\operatorname{sn}(u-\omega) + \operatorname{cn}(u+\omega)\operatorname{cn}(u-\omega) + 1 = \frac{2\operatorname{cn}^2\omega}{1 - k^2 \operatorname{sn}^2 u \operatorname{sn}^2\omega};$$

on a d'ailleurs

$$\frac{\Theta^2(0)\,\Theta(u+\omega)\,\Theta(u-\omega)}{\Theta^2(u)\,\Theta^2(\omega)} = 1 - k^2 \operatorname{sn}^2 u \operatorname{sn}^2\omega;$$

nous obtenons donc

$$1 = k\mathrm{N}^2 \frac{\Theta^2(\omega)\operatorname{cn}^2\omega}{\Theta^2(0)},$$

et par conséquent, après une réduction facile,

$$\mathrm{N} = \frac{\Theta_1(0)}{\mathrm{H}_1(\omega)}.$$

On en conclut les résultats de Jacobi, que nous gardons sous la forme suivante :

$$a + ia' = \frac{\Theta_1(0)\,\mathrm{H}\,(u-\omega)\,e^{i(\lambda u+\nu)}}{\mathrm{H}_1(\omega)\,\Theta(u)},$$

$$b + ib' = \frac{\Theta\,(0)\,\mathrm{H}_1(u-\omega)\,e^{i(\lambda u+\nu)}}{\mathrm{H}_1(\omega)\,\Theta(u)},$$

$$c + ic' = \frac{\mathrm{H}_1(0)\;\;\Theta(u-\omega)\,e^{i(\lambda u+\nu)}}{i\,\mathrm{H}_1(\omega)\,\Theta(u)},$$

et il ne nous reste plus qu'à y joindre les expressions des vitesses de rotation autour des axes fixes Ox, Oy, Oz.

Ces quantités, que je désignerai par v, v', v'', ont pour valeurs

$$v = a\,p + b\,q + c\,r,$$
$$v' = a'p + b'q + c'r,$$
$$v'' = a''p + b''q + c''r,$$

ou encore, en remplaçant p, q, r, par $\alpha a''$, $\beta b''$, $\gamma c''$,

$$v = aa''\alpha + bb''\beta + cc''\gamma,$$
$$v' = a'a''\alpha + b'b''\beta + c'c''\gamma,$$
$$v'' = a''^2\alpha + b''^2\beta + c''^2\gamma = \delta.$$

Cela posé, soit $v + iv' = V$; nous pouvons écrire

$$V = A a'' \alpha + B b'' \beta + C c'' \gamma,$$

et, si nous employons de nouveau les égalités

$$B = \frac{a'' b'' - ic''}{a''^2 - 1} A, \qquad C = \frac{a'' c'' + ib''}{a''^2 - 1} A,$$

on obtiendra la formule

$$V = \frac{(\delta - \alpha) a'' + i(\gamma - \beta) b'' c''}{a''^2 - 1} A.$$

Or, au moyen des relations

$$\delta - \alpha = -in \frac{\operatorname{sn} \omega \operatorname{dn} \omega}{\operatorname{cn} \omega}, \qquad \gamma - \beta = in \frac{\operatorname{cn} \omega}{\operatorname{sn} \omega \operatorname{dn} \omega}$$

et des valeurs de a'', b'', c'', il vient

$$\begin{aligned} \frac{(\delta - \alpha) a'' + i(\gamma - \beta) b'' c''}{a''^2 - 1} &= -in \frac{\operatorname{sn} \omega \operatorname{cn} u \operatorname{dn} \omega + \operatorname{sn} u \operatorname{cn} \omega \operatorname{dn} u}{\operatorname{sn}^2 u - \operatorname{sn}^2 \omega} \\ &= -in \frac{\operatorname{dn}(u - \omega)}{\operatorname{sn}(u - \omega)}; \end{aligned}$$

l'expression précédente de A nous donne donc immédiatement

$$V = -in \frac{H'(0)\, \Theta_1(u - \omega)\, e^{i(\lambda u + \nu)}}{H_1(\omega)\, \Theta(u)}.$$

Voici maintenant la seconde méthode que j'ai annoncée pour parvenir à la détermination des quantités A, B, C.

XV.

Je reprends l'équation différentielle du second ordre, obtenue au paragraphe XII, page 296, à savoir :

$$D_t^2 a = [(\beta - \alpha)(\gamma - \delta) - (\delta - \alpha)(\gamma - \alpha) - 2(\beta - \alpha)(\gamma - \alpha) a''^2] a,$$

et j'y joins les deux suivantes, qui s'en tirent par un changement de lettres

$$D_t^2 b = [(\gamma - \beta)(\alpha - \delta) - (\delta - \beta)(\alpha - \beta) - 2(\gamma - \beta)(\alpha - \beta) b''^2] b,$$
$$D_t^2 c = [(\alpha - \gamma)(\beta - \delta) - (\delta - \gamma)(\beta - \gamma) - 2(\alpha - \gamma)(\beta - \gamma) c''^2] c.$$

Cela posé, au moyen des expressions de a'', b'', c'', en fonction de u, et de ces formules qu'on établit sans peine,

$$\alpha - \beta = in \frac{k^2 \operatorname{sn}\omega \operatorname{cn}\omega}{\operatorname{dn}\omega}, \qquad \beta - \delta = in \frac{k'^2 \operatorname{sn}\omega}{\operatorname{cn}\omega \operatorname{dn}\omega},$$

$$\alpha - \delta = in \frac{\operatorname{sn}\omega \operatorname{dn}\omega}{\operatorname{cn}\omega}, \qquad \gamma - \beta = in \frac{\operatorname{cn}\omega}{\operatorname{sn}\omega \operatorname{dn}\omega},$$

$$\gamma - \alpha = in \frac{\operatorname{cn}\omega \operatorname{dn}\omega}{\operatorname{sn}\omega}, \qquad \gamma - \delta = in \frac{\operatorname{dn}\omega}{\operatorname{sn}\omega \operatorname{cn}\omega},$$

nous obtenons, par un calcul facile,

$$\alpha)(\gamma-\delta)-(\delta-\alpha)(\gamma-\alpha)-2(\beta-\alpha)(\gamma-\alpha)a''^2 = n^2[2k^2\operatorname{sn}^2 u - 1 - k^2 + k^2 \operatorname{sn}^2\omega],$$

$$\beta)(\alpha-\delta)-(\delta-\beta)(\alpha-\beta)-2(\gamma-\beta)(\alpha-\beta)b''^2 = n^2\left[2k^2\operatorname{sn}^2 u - 1 - k^2 + k^2 \frac{\operatorname{cn}^2\omega}{\operatorname{dn}^2\omega}\right],$$

$$\gamma)(\beta-\delta)-(\delta-\gamma)(\beta-\gamma)-2(\alpha-\gamma)(\beta-\gamma)c''^2 = n^2\left[2k^2\operatorname{sn}^2 u - 1 - k^2 + \frac{1}{\operatorname{sn}^2\omega}\right].$$

Prenant donc pour variable indépendante u au lieu de t, on aura

$$D_u^2 \mathrm{a} = [2k^2 \operatorname{sn}^2 u - 1 - k^2 + k^2 \operatorname{sn}^2\omega]\,\mathrm{a},$$

$$D_u^2 \mathrm{b} = \left[2k^2 \operatorname{sn}^2 u - 1 - k^2 + k^2 \frac{\operatorname{cn}^2\omega}{\operatorname{dn}^2\omega}\right]\mathrm{b},$$

$$D_u^2 \mathrm{c} = \left[2k^2 \operatorname{sn}^2 u - 1 - k^2 + \frac{1}{\operatorname{sn}^2\omega}\right]\mathrm{c},$$

et nous nous trouvons, par conséquent, amenés à trois des quatre formes canoniques de l'équation de Lamé, qui ont été considérées au paragraphe VI, page 280. La solution générale de ces équations nous donne donc, en désignant les constantes arbitraires par P, Q, R, P', Q', R',

$$\mathrm{a} = \mathrm{P}\frac{\mathrm{H}(u-\omega)\,e^{\frac{\Theta'(\omega)}{\Theta(\omega)}u}}{\Theta(u)} + \mathrm{P}'\frac{\mathrm{H}(u+\omega)\,e^{-\frac{\Theta'(\omega)}{\Theta(\omega)}u}}{\Theta(u)},$$

$$\mathrm{b} = \mathrm{Q}\frac{\mathrm{H}_1(u-\omega)\,e^{\frac{\Theta_1'(\omega)}{\Theta_1(\omega)}u}}{\Theta(u)} + \mathrm{Q}'\frac{\mathrm{H}_1(u+\omega)\,e^{-\frac{\Theta_1'(\omega)}{\Theta_1(\omega)}u}}{\Theta(u)},$$

$$\mathrm{c} = \mathrm{R}\frac{\Theta(u-\omega)\,e^{\frac{\mathrm{H}'(\omega)}{\mathrm{H}(\omega)}u}}{\Theta(u)} + \mathrm{R}'\frac{\Theta(u+\omega)\,e^{-\frac{\mathrm{H}'(\omega)}{\mathrm{H}(\omega)}u}}{\Theta(u)},$$

et l'on en conclut, si l'on écrit, pour plus de simplicité, P, Q, R,

... au lieu de $Pe^{i\alpha t_0}$, $Qe^{i\beta t_0}$, Re^{it_0}, ...,

$$A = P\,\frac{H(u-\omega)}{\Theta(u)}\,e^{\left[\frac{i\alpha}{n}+\frac{\Theta'(\omega)}{\Theta(\omega)}\right]u} + P'\,\frac{H(u+\omega)}{\Theta(u)}\,e^{\left[\frac{i\alpha}{n}-\frac{\Theta'(\omega)}{\Theta(\omega)}\right]u},$$

$$B = Q\,\frac{H_1(u-\omega)}{\Theta(u)}\,e^{\left[\frac{i\beta}{n}+\frac{\Theta_1'(\omega)}{\Theta_1(\omega)}\right]u} + Q'\,\frac{H_1(u+\omega)}{\Theta(u)}\,e^{\left[\frac{i\beta}{n}-\frac{\Theta_1'(\omega)}{\Theta_1(\omega)}\right]u},$$

$$C = R\,\frac{\Theta(u-\omega)}{\Theta(u)}\,e^{\left[\frac{i\gamma}{n}+\frac{H'(\omega)}{H(\omega)}\right]u} + R'\,\frac{\Theta(u+\omega)}{\Theta(u)}\,e^{\left[\frac{i\gamma}{n}-\frac{H'(\omega)}{H(\omega)}\right]u}.$$

La détermination des six constantes qui entrent dans ces expressions se fait très facilement, comme on va le voir.

Je remarque, en premier lieu, que nous pouvons poser

$$\frac{i\alpha}{n}+\frac{\Theta'(\omega)}{\Theta(\omega)} = \frac{i\beta}{n}+\frac{\Theta_1'(\omega)}{\Theta_1(\omega)} = \frac{i\gamma}{n}+\frac{H'(\omega)}{H(\omega)} = i\lambda,$$

λ désignant la quantité déjà considérée au paragraphe XIV, page 298. On a, en effet,

$$\frac{\Theta_1'(\omega)}{\Theta_1(\omega)} - \frac{\Theta'(\omega)}{\Theta(\omega)} = D_\omega \log \operatorname{dn}\omega = -\frac{k^2 \operatorname{sn}\omega \operatorname{cn}\omega}{\operatorname{dn}\omega},$$

$$\frac{H'(\omega)}{H(\omega)} - \frac{\Theta'(\omega)}{\Theta(\omega)} = D_\omega \log \operatorname{sn}\omega = \frac{\operatorname{cn}\omega \operatorname{dn}\omega}{\operatorname{sn}\omega},$$

et les égalités précédentes sont vérifiées au moyen des relations

$$\alpha - \beta = in\,\frac{k^2 \operatorname{sn}\omega \operatorname{cn}\omega}{\operatorname{dn}\omega}, \qquad \gamma - \alpha = in\,\frac{\operatorname{cn}\omega \operatorname{dn}\omega}{\operatorname{sn}\omega},$$

que nous avons données plus haut. Une conséquence importante découle de là : c'est qu'en changeant u en $u+4K$, les fonctions $\frac{H(u-\omega)e^{i\lambda u}}{\Theta(u)}$, $\frac{H_1(u-\omega)e^{\lambda i u}}{\Theta(u)}$, $\frac{\Theta(u-\omega)e^{i\lambda u}}{\Theta(u)}$ se reproduisent multipliées par le même facteur $e^{4i\lambda K}$, tandis que les quantités

$$\frac{H(u+\omega)}{\Theta(u)}\,e^{\left[\frac{i\alpha}{n}-\frac{\Theta'(\omega)}{\Theta(\omega)}\right]u}, \quad \frac{H_1(u+\omega)}{\Theta(u)}\,e^{\left[\frac{i\beta}{n}-\frac{\Theta_1'(\omega)}{\Theta_1(\omega)}\right]u}, \quad \frac{\Theta(u+\omega)}{\Theta(u)}\,e^{\left[\frac{i\gamma}{n}-\frac{H'(\omega)}{H(\omega)}\right]u}$$

sont affectées des facteurs

$$e^{4iK\left(\frac{2\alpha}{n}-\lambda\right)}, \quad e^{4iK\left(\frac{2\beta}{n}-\lambda\right)}, \quad e^{4iK\left(\frac{2\gamma}{n}-\lambda\right)},$$

essentiellement inégaux. Or on a obtenu, pour les quotients $\frac{B}{A}$, $\frac{C}{A}$, des fonctions doublement périodiques, ne changeant point quand on met $u+4K$ au lieu de u; il faut donc que les facteurs qui multiplient A, B, C, lorsqu'on remplace u par $u+4K$, soient les mêmes, ce qui exige qu'on fasse $P'=0$, $Q'=0$, $R'=0$. Ce point établi, j'écris, en modifiant convenablement la forme des constantes P, Q, R,

$$A = P\frac{\Theta(u-\omega)\,e^{i\lambda u}}{\Theta(u)}\operatorname{sn}(u-\omega),$$

$$B = Q\frac{\Theta(u-\omega)\,e^{i\lambda u}}{\Theta(u)}\operatorname{cn}(u-\omega),$$

$$C = R\frac{\Theta(u-\omega)\,e^{i\lambda u}}{\Theta(u)},$$

et j'emploie la condition $Aa''+Bb''+Cc''=0$, qui conduit à l'égalité

$$-P\operatorname{cn}u\operatorname{sn}(u-\omega)+Q\operatorname{dn}\omega\operatorname{sn}u\operatorname{cn}(u-\omega)-iR\operatorname{sn}\omega\operatorname{dn}u=0.$$

Or, en faisant $u=0$ et $u=\omega$, on en déduit

$$P=Q=iR;$$

de sorte qu'on peut poser

$$P=\sqrt{k}\,N\,e^{i\nu},\qquad Q=\sqrt{k}\,N\,e^{i\nu},\qquad R=\frac{\sqrt{k}\,N\,e^{i\nu}}{i},$$

ce qui nous donne les expressions de A, B, C obtenues au paragraphe XIV, page 298. Le calcul s'achève donc en déterminant, ainsi qu'on l'a fait plus haut, la valeur du facteur N.

XVI.

Les formules que nous venons d'établir ont été le sujet des travaux de plusieurs géomètres; M. Somoff en a donné une démonstration dans un Mémoire du *Journal de Crelle* (1), peu différente de celle de Jacobi, et qui repose aussi sur l'emploi des trois angles

(1) *Démonstration des formules de M. Jacobi relatives à la théorie de la rotation d'un corps solide*, t. XLII, p. 95.

d'Euler. M. Brill, dans un excellent travail intitulé : *Sul problema della rotazione dei corpi* (*Annali di Matematica*, série 2e, t. III, p. 33), a employé le premier les équations différentielles de Poisson et les quantités $a + ia'$, $b + ib'$, $c + ic'$ dont j'ai fait usage, mais son analyse est entièrement différente de la mienne. C'est à un autre point de vue que s'est placé M. Chelini (¹) en déduisant pour la première fois les conséquences analytiques de la belle théorie de Poinsot, que son auteur ni personne n'avait encore données d'une manière aussi approfondie. Je mentionnerai enfin deux récents Mémoires de M. Siacci, professeur à l'Université de Turin, et dont l'auteur a bien voulu, dans la lettre suivante, m'indiquer les points les plus essentiels :

« Turin, 24 décembre 1877.

» Poinsot, à la fin de son *Mémoire sur la rotation des corps*, démontre que la section diamétrale de l'ellipsoïde central, déterminée par le plan parallèle au couple d'impulsion, a son aire constante. Ce théorème a été le point de départ d'un Mémoire (²) dont les résultats se rattachent à la théorie des fonctions elliptiques aussi bien qu'à la théorie de la rotation. Je me suis d'abord proposé le problème de déterminer le mouvement des axes de cette section : pour abréger, je l'appellerai *section invariable*, et son plan, *plan invariable*. Une première solution du problème est suggérée par l'homothétie de la section invariable avec l'indicatrice de Dupin, relative à l'extrémité de l'axe instantané (pôle). La rotation d'un système de trois axes rectangulaires, dont les premiers coïncident avec les axes de la section, n'est que la résultante de deux rotations, l'une due au mouvement du pôle sur la poloïde, l'autre due au mouvement de l'ellipsoïde. Soient, sur ces axes, P_1, P_2, P_3 les composantes de la première vitesse angulaire; m_1, m_2, m_3 celles de la seconde. La résultante se composera de $P_1 + m_1$, $P_2 + m_2$, $P_3 + m_3$; et, comme le pôle reste sur un plan, on aura

$$(1) \qquad P_1 + m_1 = 0, \qquad P_2 + m_2 = 0, \qquad P_3 + m_3 = d\psi : dt,$$

(¹) *Determinazione analitica della rotazione dei corpi liberi secundo i concette del signor Poinsot* (*Memorie dell'Accademia delle Scienze dell'Istituto di Bologna*, vol. X).

(²) *Memorie della Società italiana delle Scienze*, 3e série, t. III.

ψ étant la longitude d'un des axes de la section. Soient $\sqrt{a_1}$, $\sqrt{a_2}$, $\sqrt{a_3}$ les demi-axes de l'ellipsoïde (le troisième est celui qui ne se couche jamais sur le plan invariable); x_1, x_2, x_3 les coordonnées du pôle; λ_1, λ_2, λ_3 ($\lambda_3 = 0$, λ_1, λ_2 sont les demi-axes carrés de la section) les racines de l'équation

$$(\lambda) \equiv \frac{x_1^2}{a_1 - \lambda} + \frac{x_2^2}{a_2 - \lambda} + \frac{x_3^2}{a_3 - \lambda} - 1 = 0.$$

On aura

$$m_r^2 = \frac{(a_1 - \lambda_r)(a_2 - \lambda_r)(a_3 - \lambda_r)}{(\lambda_r - \lambda_s)(\lambda_r - \lambda_{s'})}, \qquad 2 P_r \, dt = \frac{m_s m_{s'}}{\lambda_s - \lambda_{s'}} \left(\frac{d\lambda_s}{m_s^2} + \frac{d\lambda_{s'}}{m_{s'}^2} \right)$$

(r, s, s' étant trois nombres de la série 1, 2, 3). Comme $\lambda_1 \lambda_2 = \text{const.} = c^2$, on a $m_3 = \text{const.}$ C'est, en effet, la distance du centre O au plan fixe de contact; de même m_1, m_2 sont les distances de O des plans tangents aux surfaces (λ_1) et (λ_2). Au moyen de ces valeurs, les équations (1), qui reviennent en substance aux équations d'Euler, donnent t et ψ en fonction de $x = \lambda_1 + \lambda_2$. En posant $t = nu$ (n expression connue), on obtient

$$(2) \quad \psi = \mp \frac{u}{2} \left(\frac{d \log \operatorname{sn} i\sigma}{d\sigma} + \frac{d \log \operatorname{sn} i\tau}{d\tau} \right) \pm \frac{1}{2i} [\Pi(u, i\sigma) + \Pi(u, i\tau)],$$

$$(3) \quad \psi = \pm \frac{u}{2} \left[\frac{d \log H(i\sigma)}{d\sigma} + \frac{d \log H(i\tau)}{d\tau} \right] \pm \frac{1}{4i} \log \frac{\Theta(u - i\sigma)\Theta(u - i\tau)}{\Theta(u + i\sigma)\Theta(u + i\tau)},$$

et l'on prendra le signe supérieur ou inférieur, suivant que $m_3^2 >$ ou $< a_2$.

Le module est

$$k = \sqrt{\frac{a_3(a_2 - a_1)(c^2 - a_1 a_2)}{a_1(a_2 - a_3)(c^2 - a_2 a_3)}},$$

et σ et τ sont ainsi donnés

$$\tau = \int_0^F \frac{d\varphi}{\sqrt{1 - k'^2 \sin^2 \varphi}}, \qquad \sigma = \int_0^G \frac{d\varphi}{\sqrt{1 - k'^2 \sin^2 \varphi}},$$

$$\cos \begin{pmatrix} F \\ G \end{pmatrix} = \frac{c \pm a_3}{a_3 \pm c} \sqrt{\frac{a_3}{a_2}},$$

F étant un angle aigu négatif ou positif, suivant que $m_3^2 \gtrless a_2$ et G un angle positif, qui sera $<$ ou $> \frac{1}{2}\pi$, suivant que la zone entourée par la poloïde comprendra deux ombilics ou aucun : c'est, en effet, ce qui revient aux cas de $G \lesseqgtr \frac{1}{2}\pi$ ou de $\sigma \lesseqgtr K'$. La double expression

$$c\,\frac{H(i\sigma)\sqrt{\Theta(u+i\tau)\,\Theta(u-i\tau)} \pm H(i\tau)\sqrt{\Theta(u+i\sigma)\,\Theta(u-i\sigma)}}{H(i\sigma)\sqrt{\Theta(u+i\tau)\,\Theta(u-i\tau)} \pm H(i\tau)\sqrt{\Theta(u+i\sigma)\,\Theta(u-i\sigma)}}$$

donne λ_1 et λ_2. L'étude de l'expression (3) démontre que le mouvement moyen des demi-axes de la section est donné par le terme multiplié par u, et l'inégalité par l'autre, lorsque $\sigma < K'$; lorsque $\sigma > K'$, le mouvement moyen et l'inégalité sont donnés par les mêmes termes en λ changeant σ en $\sigma - 2K'$; et l'on trouve que, dans le second cas, le mouvement moyen coïncide avec celui des projections des demi-axes $\sqrt{a_1}$ et $\sqrt{a_2}$, et dans le premier avec celui des projections de $\sqrt{a_3}$ et de l'axe instantané.

» On peut tirer ψ de l'expression de la longitude (μ) d'une droite quelconque OR, dont l'extrémité a ξ_1, ξ_2, ξ_3 pour coordonnées. Je trouve ainsi

$$\psi + \text{arc tang}\left[\left(\frac{m_2 x_1 \xi_1}{a_1-\lambda_2} + \frac{m_2 x_2 \xi_2}{a_2-\lambda_2} + \frac{m_2 x_3 \xi_3}{a_3-\lambda_2}\right) : \left(\frac{m_1 x_1 \xi_1}{a_1-\lambda_1} + \frac{m_1 x_2 \xi_2}{a_2-\lambda_1} + \frac{m_1 x_3 \xi_3}{a_3-\lambda_1}\right)\right] = (\ldots$$

et je donne aussi l'expression développée de (μ). Comme ξ_1, ξ_2, ξ_3 sont fonctions arbitraires de u, on voit l'infinité de formes qu'on peut donner à l'expression (2) de ψ.

» En faisant coïncider OR avec $\sqrt{a_1}$, $\sqrt{a_2}$, $\sqrt{a_3}$ et avec l'axe instantané, on obtient leurs longitudes μ_1, μ_2, μ_3, μ et l'on a

$$(4)\qquad \psi = \mu_r - \text{arc tang}\,\frac{m_2}{m_1}\,\frac{a_r-\lambda_1}{a_r-\lambda_2} = \mu - \text{arc tang}\,\frac{m_2}{m_1}.$$

» Ces quatre expressions de ψ contiennent les principaux théorèmes sur la transformation et sur l'addition des paramètres des intégrales elliptiques de troisième espèce, mais sous une forme nouvelle, à cause des termes circulaires.

» Le mouvement des projections des axes du corps et de l'axe instantané a été déterminé par Jacobi : leurs inégalités sont données au moyen d'une constante a, qui se trouve liée avec nos quantités par l'équation $\sigma + \tau = 2a$; mais aux expressions des mouvements moyens concourent les moments d'inertie du corps. Au moyen des quantités σ et τ, elles acquièrent, comme on a vu, une forme plus homogène. Si nous posons $\sigma - \tau = 2b$, les constantes du problème a_1, a_2, a_3, m_3 se transforment en a, b, c, k. Ainsi on a

$$\frac{a_1}{c} = \frac{\operatorname{sn} ia \operatorname{dn} ia \operatorname{cn} ib}{\operatorname{sn} ib \operatorname{dn} ib \operatorname{cn} ia}, \quad \frac{a_2}{c} = \frac{\operatorname{sn} ia \operatorname{cn} ib \operatorname{dn} ib}{\operatorname{sn} ib \operatorname{cn} ia \operatorname{dn} ia}, \quad \frac{a_3}{c} = \frac{\operatorname{sn} ib \operatorname{cn} ib \operatorname{dn} ia}{\operatorname{sn} ia \operatorname{cn} ia \operatorname{dn} ib},$$

$$\frac{x_1^2}{a_1} = \frac{\operatorname{cn}^2 u}{\operatorname{cn}^2 ib}, \quad \frac{x_2^2}{a_2} = \frac{\operatorname{dn}^2 ib}{\operatorname{cn}^2 ib} \operatorname{sn}^2 u, \quad \frac{x_3^2}{a_3} = -\frac{\operatorname{sn}^2 ib}{\operatorname{cn}^2 ib} \operatorname{dn}^2 u;$$

en changeant $x_r^2 : a_r$ en $m_3^2 x_r^2 : a_r^2$, on change b en a.

» J'ajouterai aux résultats de mon Mémoire le cosinus de direction des axes de la section invariable par rapport à l'axe instantané et aux axes du corps; ils sont

$$\frac{m_1}{\sqrt{m_1^2 + m_2^2}} = \mp \frac{\mathrm{Y} \operatorname{dn}(u + ia) - \mathrm{X} \operatorname{dn}(u - ia)}{2i\sqrt{\mathrm{XY}} \operatorname{dn}(u + ia) \operatorname{dn}(u - ia)},$$

$$\frac{m_2}{\sqrt{m_1^2 + m_2^2}} = -\frac{\mathrm{Y} \operatorname{dn}(u + ia) + \mathrm{X} \operatorname{dn}(u - ia)}{2\sqrt{\mathrm{XY}} \operatorname{dn}(u + ia) \operatorname{dn}(u - ia)},$$

$$\frac{x_1}{a_1 - \lambda_1} = -\frac{\mathrm{Y} \operatorname{sn}(u + ia) + \mathrm{X} \operatorname{sn}(u - ia)}{2 \operatorname{cn} ia \sqrt{\mathrm{XYZ}}}, \quad \frac{m_2 x_1}{a_1 - \lambda_2} = \mp \frac{\mathrm{Y} \operatorname{sn}(u + ia) - \mathrm{X} \operatorname{sn}(u - ia)}{2i \operatorname{cn} ia \sqrt{\mathrm{XYZ}}},$$

$$\frac{x_2}{a_2 - \lambda_1} = -\frac{\mathrm{Y} \operatorname{cn}(u + ia) + \mathrm{X} \operatorname{cn}(u - ia)}{2 \operatorname{cn} ia \sqrt{\mathrm{XYZ}}}, \quad \frac{m_2 x_2}{a_2 - \lambda_2} = \mp \frac{\mathrm{Y} \operatorname{cn}(u + ia) - \mathrm{X} \operatorname{cn}(u - ia)}{2i \operatorname{cn} ia \sqrt{\mathrm{XYZ}}},$$

$$\frac{x_3}{a_3 - \lambda_1} = \mp \frac{\mathrm{Y} - \mathrm{X}}{2i \operatorname{cn} ia \sqrt{\mathrm{XYZ}}}, \quad \frac{m_2 x_3}{a_3 - \lambda_2} = -\frac{\mathrm{Y} + \mathrm{X}}{2 \operatorname{cn} ia \sqrt{\mathrm{XYZ}}},$$

où

$$\mathrm{X}^2 = 1 - k^2 \operatorname{sn}^2 ib \operatorname{sn}^2(u + ia), \quad \mathrm{Y}^2 = 1 - k^2 \operatorname{sn}^2 ib \operatorname{sn}^2(u - ia),$$

$$\mathrm{Z}(1 - k^2 \operatorname{sn}^2 ia \operatorname{sn}^2 u) = 1,$$

$$\frac{n}{\sqrt{c}} = \pm \frac{2 \operatorname{sn} i\sigma \operatorname{sn} i\tau}{\sqrt{\operatorname{sn}^2 i\tau - \operatorname{sn}^2 i\sigma}}.$$

Les doubles signes se rapportent aux cas de $m_3^2 \gtrless a_2$, avec la convention que, suivant que $a + b >$ ou $< \mathrm{K}'$, X, Y, ou bien X $\operatorname{sn}(u - ia)$, Y $\operatorname{sn}(u + ia)$ imaginaires conjugués, aient leur partie réelle positive. On tire ces expressions de (4). La substitution directe des valeurs x_1, x_2, x_3; m_1, m_2; λ_1, λ_2, donne des expressions assez simples, mais tout à fait différentes, et leur comparaison donne lieu à des formules remarquables. »

Les résultats dont on vient de voir l'indication succincte sont les premiers qui aient été ajoutés aux travaux de Jacobi dans la théorie de la rotation; mais je dois signaler encore, en raison de l'intérêt que j'y attache, un point non mentionné dans le résumé précédent. Remplaçons, dans le plan invariable, les axes fixes Ox, Oy par deux autres également rectangulaires, mais mobiles, Ox_1, Oy_1, dont le premier soit constamment parallèle à la direction du rayon vecteur de l'erpoloïde; M. Chelini a introduit, en suivant la méthode de Poinsot, les angles des axes d'inertie avec les droites Ox_1, Oy_1, Oz, et donné ce système de formules, où $\imath$ désigne le rayon vecteur de l'erpoloïde

$$\cos(x_1 x') = \frac{(\alpha-\delta)a''}{\imath}, \qquad \cos(y_1 x') = \frac{(\gamma-\beta)b''c''}{\imath}, \qquad \cos(z_1 x') = a'',$$

$$\cos(x_1 y') = \frac{(\beta-\delta)b''}{\imath}, \qquad \cos(y_1 y') = \frac{(\alpha-\gamma)c''a''}{\imath}, \qquad \cos(z_1 y') = b'',$$

$$\cos(x_1 z') = \frac{(\gamma-\delta)c''}{\imath}, \qquad \cos(y_1 z') = \frac{(\beta-\alpha)a''b''}{\imath}, \qquad \cos(z_1 z') = c''.$$

C'est le passage des neuf cosinus de M. Chelini à ceux de Jacobi, qu'il était important d'effectuer pour compléter la déduction analytique de la théorie de Poinsot, alors même que, par cette voie, on ne dût peut-être pas y arriver de la manière la plus rapide. Je renverrai, sur ce point essentiel, aux beaux Mémoires de M. Siacci, en me bornant à remarquer les relations suivantes, dans lesquelles $V_1 = v - iv'$,

$$\cos(x_1 x') + i\cos(y_1 x') = \frac{1}{\imath}AV_1,$$

$$\cos(x_1 y') + i\cos(y_1 y') = \frac{1}{\imath}BV_1,$$

$$\cos(x_1 z') + i\cos(y_1 z') = \frac{1}{\imath}CV_1,$$

et j'y ajouterai quelques formules relatives à l'erpoloïde.

XVII.

Si l'on met, au lieu de ξ, η, ζ, dans les équations du paragraphe X, page 290, les quantités suivantes :

$$\xi = p\rho, \qquad \eta = q\rho, \qquad \zeta = r\rho,$$

où p, q, r sont les composantes de la vitesse et ρ une indéterminée, on aura, pour déterminer la position de l'axe instantané de rotation par rapport aux axes fixes, les formules

$$x = (a\,p + b\,q + c\,r)\rho = v\,\rho,$$
$$y = (a'p + b'q + c'r)\rho = v'\rho,$$
$$z = (a''p + b''q + c''r)\rho = v''\rho,$$

dont la dernière est simplement $z = \delta\rho$. Or, l'erpoloïde étant la trace de cet axe mobile sur le plan tangent à l'ellipsoïde central, $z = \delta$, on voit qu'il suffit de faire $\rho = 1$ pour obtenir les coordonnées de cette courbe, exprimées en fonction du temps, ou de la variable u. Nous avons ainsi $x = v$, $y = v'$; mais ce sont plutôt les quantités $x + iy$ et $x - iy$ qu'il convient de considérer, et je poserai en conséquence

$$x + iy = -in\frac{H'(o)\Theta_1(u-\omega)e^{i(\lambda u+\nu)}}{H_1(\omega)\Theta(u)} = \Phi\,(u),$$
$$x - iy = +in\frac{H'(o)\Theta_1(u+\omega)e^{-i(\lambda u+\nu)}}{H_1(\omega)\Theta(u)} = \Phi_1(u),$$

ce qui permettra d'employer les conditions caractéristiques

$$\Phi\,(u+2K) = \mu\,\Phi\,(u), \qquad \Phi\,(u+2iK') = -\,\mu'\,\Phi\,(u),$$
$$\Phi_1(u+2K) = \frac{1}{\mu}\Phi_1(u), \qquad \Phi_1(u+2iK') = -\frac{1}{\mu'}\Phi_1(u),$$

où j'ai fait

$$\mu = e^{2i\lambda K}, \qquad \mu' = e^{\frac{i\pi\omega}{K} - 2\lambda K'}.$$

Elles montrent, en effet, que les produits $\Phi(u)\Phi_1(u)$, $D_u\Phi(u)D_u\Phi_1(u)$, et en général $D_u^m\Phi(u)D_u^n\Phi_1(u)$, quels que soient m et n, sont des fonctions doublement périodiques, ayant $2K$ et $2iK'$ pour périodes. En particulier, nous envisagerons l'expression

$$D_u\Phi(u)\,D_u\Phi_1(u) = x'^2 + y'^2,$$

puis les coefficients de i dans les suivantes

$$D_u\Phi(u)\quad \Phi_1(u) = xx' + yy' + i(xy' - yx'),$$
$$D_u^2\Phi(u)\,D_u\Phi_1(u) = x'x'' + y'y'' + i(x'y'' - y'x''),$$

ces fonctions doublement périodiques donnant, par les formules connues, les éléments de l'arc, du secteur et le rayon de courbure. J'emploierai, pour les obtenir, la formule de décomposition en éléments simples, rappelée au commencement de ce travail (§ I, p. 270), et dont l'application sera facile, $\Phi(u)$ et $\Phi_1(u)$ ayant pour pôle unique $u = iK'$. N'ayant ainsi à considérer qu'un seul élément simple, $\frac{\Theta'(u)}{\Theta(u)}$, il suffit d'avoir les développements suivant les puissances croissantes de ε de $\Phi(iK'+\varepsilon)$ et $\Phi_1(iK'+\varepsilon)$; ils s'obtiennent comme on va voir.

Je remarque d'abord que, au moyen de la fonction $\varphi_1(x, \omega)$, définie au paragraphe VI, page 280, on peut écrire

$$\Phi(u) = C\,\varphi_1(u, -\omega)\, e^{\frac{i\delta u}{n}}, \qquad \Phi_1(u) = C_1\,\varphi_1(x, \omega)\, e^{-\frac{i\delta u}{n}},$$

C et C_1, désignant des constantes. C'est ce qu'on voit en joignant aux relations précédemment employées,

$$i\lambda = \frac{i\alpha}{n} + \frac{\Theta'(\omega)}{\Theta(\omega)} = \frac{i\beta}{n} + \frac{\Theta_1'(\omega)}{\Theta_1(\omega)} = \frac{i\gamma}{n} + \frac{H'(\omega)}{H(\omega)},$$

la suivante

$$i\lambda = \frac{i\delta}{n} + \frac{H_1'(\omega)}{H_1(\omega)},$$

qui résulte de la condition $\alpha - \delta = in\frac{\operatorname{sn}\omega \operatorname{dn}\omega}{\operatorname{cn}\omega}$ (§ XV, p. 303), en la mettant sous la forme

$$\frac{i\alpha}{n} - \frac{i\delta}{n} = D_\omega \log \operatorname{cn}\omega = \frac{H_1'(\omega)}{H_1(\omega)} - \frac{\Theta'(\omega)}{\Theta(\omega)}.$$

Cela posé, l'équation $i\varphi_1(u, \omega) = \chi(u, \omega + K + iK')$ montre qu'on a le développement de $\varphi_1(iK'+\varepsilon, \omega)$ en changeant simplement ω en $\omega + K + iK'$ dans la formule de la page 279 :

$$\chi(iK'+\varepsilon, \omega) = \frac{1}{\varepsilon} - \frac{1}{2}\Omega\varepsilon - \frac{1}{3}\Omega_1\varepsilon^2 - \frac{1}{8}\Omega_2\varepsilon^3 + \ldots,$$

et il vient ainsi, en nous bornant aux seuls termes nécessaires,

$$i\varphi_1(iK'+\varepsilon, \omega) = \frac{1}{\varepsilon} - \left(\frac{k'^2}{\operatorname{cn}^2\omega} + \frac{2k^2-1}{3}\right)\frac{\varepsilon}{2} - \frac{k'^2 \operatorname{sn}\omega \operatorname{dn}\omega}{\operatorname{cn}^3\omega}\frac{\varepsilon^2}{3} - \ldots.$$

Désignons par S_1, pour abréger, la série du second membre, et par S ce qu'elle devient lorsqu'on change i en $-i$, c'est-à-dire ω en $-\omega$, puisqu'on a $\omega = i\upsilon$; on aura les expressions

$$\Phi(iK'+\varepsilon) = RS\, e^{\frac{i\delta\varepsilon}{n}}, \qquad \Phi_1(iK'+\varepsilon) = R_1 S_1\, e^{-\frac{i\delta\varepsilon}{n}},$$

où R et R_1 sont deux nouvelles constantes, dont la signification se montre d'elle-même. Il est clair, en effet, que ces quantités sont les résidus des fonctions $\Phi(u)$ et $\Phi_1(u)$ pour $u = i\mathrm{K}'$, de sorte qu'on trouve immédiatement les valeurs

$$\mathrm{R} = -n\, e^{\frac{i\pi\omega}{2\mathrm{K}} - \lambda\mathrm{K}' + i\nu}, \qquad \mathrm{R}_1 = +n\, e^{-\frac{i\pi\omega}{2\mathrm{K}} + \lambda\mathrm{K}' - i\nu},$$

et par suite la relation $\mathrm{RR}_1 = -n^2$. Voici maintenant les applications de nos formules.

XVIII.

Je pars des équations suivantes

$$\mathrm{D}_\varepsilon\,\Phi(i\mathrm{K}'+\varepsilon)\,\mathrm{D}_\varepsilon\,\Phi_1(i\mathrm{K}'+\varepsilon) = -n^2\left(\mathrm{S}' + \frac{i\delta}{n}\mathrm{S}\right)\left(\mathrm{S}'_1 - \frac{i\delta}{n}\mathrm{S}_1\right),$$

$$\mathrm{D}_\varepsilon\,\Phi(i\mathrm{K}'+\varepsilon)\quad \Phi_1(i\mathrm{K}'+\varepsilon) = -n^2\left(\mathrm{S}' + \frac{i\delta}{n}\mathrm{S}\right)\mathrm{S}_1,$$

$$\mathrm{D}_\varepsilon^2\,\Phi(i\mathrm{K}'+\varepsilon)\,\mathrm{D}_\varepsilon\,\Phi_1(i\mathrm{K}'+\varepsilon) = -n^2\left(\mathrm{S}'' + \frac{2i\delta}{n}\mathrm{S}' - \frac{\delta^2}{n^2}\mathrm{S}\right)\left(\mathrm{S}'_1 - \frac{i\delta}{n}\mathrm{S}_1\right),$$

et je me borne à la partie principale des développements en faisant, dans les deux dernières, abstraction des termes réels; le calcul donne pour résultats

$$-\frac{\mathrm{P}}{\varepsilon^2} - \frac{n^2}{\varepsilon^4}, \quad -\frac{n\delta}{\varepsilon^2}, \quad -\frac{\mathrm{Q}}{n\varepsilon^2},$$

si l'on écrit, pour abréger,

$$\mathrm{P} = \frac{n^2 k'^2}{\mathrm{cn}^2\omega} + \frac{n^2(2k^2-1)}{3} + \delta^2,$$

$$\mathrm{Q} = -\frac{2n^3 k'^2\,\mathrm{sn}\,\omega\,\mathrm{dn}\,\omega}{i\,\mathrm{cn}^3\omega} + \frac{3\delta n^2 k'^2}{\mathrm{cn}^2\omega} + \delta n^2(2k^2-1) + \delta^3 \text{ (1)}.$$

---

(1) M. Magnus de Sparre a signalé (*C. R.*, t. XCIX, 1889, p. 906) l'oubli du signe — devant le premier terme de la quantité Q. Il en a conclu que l'équation déterminant les points stationnaires pouvait s'écrire

$$\mathrm{sn}^2 u = \beta\,\frac{\delta-\alpha}{\beta-\alpha}\,\frac{\beta\gamma+\alpha\beta+\alpha\gamma}{\delta(\beta\gamma+\gamma\alpha+\alpha\beta)-2\alpha\beta\gamma}$$

et a retrouvé le théorème démontré antérieurement par Hess dans sa thèse (Munich, 1880) que l'erpoloïde n'a pas de points stationnaires réels (Cf. HESS, *Ueber die Herpolodie*, *Math. Ann.*, t. XXVII, 1886, p. 465). E. P.

Remplaçant donc $\frac{1}{\varepsilon^2}$ et $\frac{1}{\varepsilon^4}$ par $-D_\varepsilon \frac{1}{\varepsilon}$, $-\frac{1}{6} D^3_\varepsilon \frac{1}{\varepsilon}$, on obtiendra, en désignant par C, C′, C″ des constantes,

$$x'^2 + y'^2 = C + P D_u \frac{\Theta'(u)}{\Theta(u)} + \frac{1}{6} n^2 D^3_u \frac{\Theta'(u)}{\Theta(u)},$$
$$xy' - yx' = C' + n\delta D_u \frac{\Theta'(u)}{\Theta(u)},$$
$$x'y'' - y'x'' = C'' + \frac{Q}{n} D_u \frac{\Theta'(u)}{\Theta(u)}.$$

Employons enfin la relation $D_u \frac{\Theta'(u)}{\Theta(u)} = \frac{J}{K} - k^2 \operatorname{sn}^2 u$, et nous parviendrons, en modifiant convenablement les constantes, aux expressions suivantes,

$$x'^2 + y'^2 = C + \left(n^2 - \delta^2 - \frac{n^2 k'^2}{\operatorname{cn}^2 \omega}\right) k^2 \operatorname{sn}^2 u - n^2 k^4 \operatorname{sn}^4 u,$$
$$xy' - yx' = C' - \delta n k^2 \operatorname{sn}^2 u,$$
$$xy'' - yx'' = C'' - \frac{Q}{n} k^2 \operatorname{sn}^2 u.$$

Pour déterminer C, C′, C″, je supposerai $u = 0$; il suffira ainsi de connaître les valeurs des fonctions $\Phi(u)$, $\Phi_1(u)$ et de leurs premières dérivées quand on pose $u = 0$; or on obtient, par un calcul facile dont je me borne à donner le résultat,

$$e^{-i\nu}\Phi(u) = -in \frac{\operatorname{dn}\omega}{\operatorname{cn}\omega} + \beta \frac{\operatorname{dn}\omega}{\operatorname{cn}\omega} u + i \frac{n^2 k^2 \operatorname{cn}^2\omega + \beta^2 \operatorname{dn}^2\omega}{n \operatorname{cn}\omega \operatorname{dn}\omega} \frac{u^2}{2} + \ldots,$$
$$e^{+i\nu}\Phi_1(u) = +in \frac{\operatorname{dn}\omega}{\operatorname{cn}\omega} + \beta \frac{\operatorname{dn}\omega}{\operatorname{cn}\omega} u - i \frac{n^2 k^2 \operatorname{cn}^2\omega + \beta^2 \operatorname{dn}^2\omega}{n \operatorname{cn}\omega \operatorname{dn}\omega} \frac{u^2}{2} + \ldots;$$

on en conclut

$$C = \beta^2 \frac{\operatorname{dn}^2\omega}{\operatorname{cn}^2\omega}, \qquad C' = n\beta \frac{\operatorname{dn}^2\omega}{\operatorname{cn}^2\omega}, \qquad C'' = \beta \frac{n^2 k^2 \operatorname{cn}^2\omega + \beta^2 \operatorname{dn}^2\omega}{n \operatorname{cn}^2\omega}.$$

Soient donc S l'aire d'un secteur, s la longueur de l'arc et R le rayon de courbure de l'erpoloïde; nous aurons

$$D_u S = n\left(\beta \frac{\operatorname{dn}^2\omega}{\operatorname{cn}^2\omega} - \delta k^2 \operatorname{sn}^2 u\right),$$
$$(D_u s)^2 = \beta^2 \frac{\operatorname{dn}^2\omega}{\operatorname{cn}^2\omega} + \left(n^2 - \delta^2 - \frac{n^2 k'^2}{\operatorname{cn}^2\omega}\right) k^2 \operatorname{sn}^2 u - n^2 k^4 \operatorname{sn}^4 u,$$
$$R = \frac{n \operatorname{cn}^2\omega \left[\beta^2 \frac{\operatorname{dn}^2\omega}{\operatorname{cn}^2\omega} + \left(n^2 - \delta^2 - \frac{n^2 k'^2}{\operatorname{cn}^2\omega^2}\right) k^2 \operatorname{sn}^2 u - n^2 k^4 \operatorname{sn}^4 u\right]^{\frac{3}{2}}}{\beta(n^2 k^2 \operatorname{cn}^2\omega + \beta^2 \operatorname{dn}^2\omega) - Q k^2 \operatorname{cn}^2\omega \operatorname{sn}^2 u}.$$

Ces formules donnent lieu à quelques remarques.

J'observerai, en premier lieu, qu'on tire de la première, en comptant l'aire à partir de $t = t_0$ où $u = 0$,

$$S = n\beta\frac{\mathrm{dn}^2\omega}{\mathrm{cn}^2\omega}u - n\delta\left[\frac{J}{K}u - \frac{\Theta'(u)}{\Theta(u)}\right] = nu\left(\beta\frac{\mathrm{dn}^2\omega}{\mathrm{cn}^2\omega} - \delta\frac{J}{K}\right) + n\delta\frac{\Theta'(u)}{\Theta(u)};$$

il en résulte que, u devenant $u + 2K$, le secteur s'accroît de la quantité constante

$$2n\left(\beta\frac{\mathrm{dn}^2\omega}{\mathrm{cn}^2\omega}K - \delta J\right),$$

ou, sous une autre forme,

$$2\sqrt{\frac{\delta - \alpha}{\gamma - \beta}}[(\gamma - \delta)\beta K - (\gamma - \beta)\delta J].$$

Je démontrerai ensuite que le trinome en $\mathrm{sn}\, u$ qui se présente dans l'élément de l'arc, et dont les racines sont réelles et de signes contraires, a sa racine positive comprise entre 1 et $\frac{1}{k}$. En faisant, en effet, $\mathrm{sn}\, u = 1$, puis $\mathrm{sn}\, u = \frac{1}{k}$, nous trouvons pour résultats les quantités

$$\frac{\alpha^2(\gamma - \delta)(\delta - \beta)}{(\gamma - \beta)(\delta - \alpha)}, \quad \frac{\gamma^2(\beta - \delta)}{\gamma - \beta},$$

dont la première est positive et la seconde négative. On verra sans peine aussi qu'en introduisant $\mathrm{dn}\, u$ au lieu de $\mathrm{sn}\, u$, il prend la forme suivante, qui est assez simple,

$$\frac{\gamma^2(\beta - \delta)}{\gamma - \beta} - [\gamma(\alpha + \beta - 2\delta) - \alpha\beta]\,\mathrm{dn}^2 u - (\gamma - \beta)(\delta - \alpha)\,\mathrm{dn}^4 u.$$

Enfin, et en dernier lieu, je remarquerai que les constantes qui entrent dans le dénominateur du rayon de courbure peuvent s'écrire ainsi

$$Q = \delta(\beta\gamma + \gamma\alpha + \alpha\beta) + 2\alpha\beta\gamma;$$

$$\frac{\beta(n^2k^2\,\mathrm{cn}^2\omega + \beta^2\,\mathrm{dn}^2\omega)}{\mathrm{cn}^2\omega} = \frac{\beta(\gamma - \delta)(\beta\alpha + \beta\gamma - \alpha\gamma)}{\gamma - \beta}\ (^1).$$

---

(1) Nous supprimons ici quelques lignes relatives à la formule donnant les points stationnaires, inexacte comme il a été indiqué dans la note de la page 313.

E. P.

XIX.

Après l'erpoloïde, je considère encore la courbe sphérique décrite par un point déterminé du corps pendant la rotation, et dont les équations sont

$$x = a\,\xi + b\,\eta + c\,\zeta,$$
$$y = a'\xi + b'\eta + c'\zeta,$$
$$z = a''\xi + b''\eta + c''\zeta.$$

Je remarquerai tout d'abord que les éléments géométriques, qui conservent la même valeur quand on passe d'un système de coordonnées rectangulaires à un autre quelconque, seront des fonctions doublement périodiques du temps. Si l'on pose, en effet,

$$D_t^n x = a\,\xi_n + b\,\eta_n + c\,\zeta_n,$$
$$D_t^n y = a'\xi_n + b'\eta_n + c'\zeta_n,$$
$$D_t^n z = a''\xi_n + b''\eta_n + c''\zeta_n,$$

les équations de Poisson donnent facilement

$$\xi_{n+1} = D_t\xi_n + q\,\zeta_n - r\,\eta_n,$$
$$\eta_{n+1} = D_t\eta_n + r\,\xi_n - p\,\zeta_n,$$
$$\zeta_{n+1} = D_t\zeta_n + p\,\eta_n - q\,\xi_n,$$

et ces relations permettent d'exprimer de proche en proche, pour toute valeur de n, les quantités ξ_n, η_n, ζ_n par des fonctions rationnelles et entières de a'', b'', c''. On trouvera, en particulier,

$$\xi_1 = b''\beta\zeta - c''\gamma\eta, \qquad \eta_1 = c''\gamma\xi - a''\alpha\zeta, \qquad \zeta_1 = a''\alpha\eta - b''\beta\xi,$$

et, par conséquent, en désignant par s l'arc de la courbe, nous aurons la formule

$$(D_t s)^2 = \xi_1^2 + \eta_1^2 + \zeta_1^2.$$

On obtient ensuite, pour le rayon de courbure R et le rayon de torsion R_1, les expressions suivantes

$$R^2 = \frac{(\xi_1^2 + \eta_1^2 + \zeta_1^2)^3}{u^2 + v^2 + w^2}, \qquad R_1 = \frac{u^2 + v^2 + w^2}{\Delta},$$

où j'ai fait, pour abréger,

$$u = \eta_1\zeta_2 - \zeta_1\eta_2, \qquad v = \zeta_1\xi_2 - \zeta_2\xi_1, \qquad w = \xi_1\eta_2 - \xi_2\eta_1,$$

$$\Delta = \begin{vmatrix} \xi_1 & \xi_2 & \xi_3 \\ \eta_1 & \eta_2 & \eta_3 \\ \zeta_1 & \zeta_2 & \zeta_3 \end{vmatrix}.$$

C'est à l'élément de l'arc que je m'arrêterai un moment, afin de tirer quelques conséquences de la forme analytique remarquable que présente la quantité $\xi_1^2 + \eta_1^2 + \zeta_1^2$. Nous avons, en effet, la relation

$$\xi\xi_1 + \eta\eta_1 + \zeta\zeta_1 = 0,$$

qui donne facilement

$$(\xi^2 + \zeta^2)(D_t s)^2 = (\xi^2 + \eta^2 + \zeta^2)\eta_1^2 + (\zeta\xi_1 - \xi\zeta_1)^2,$$

et, par suite, cette décomposition en facteurs imaginaires conjugués, où j'écris, pour abréger, $\rho^2 = \xi^2 + \eta^2 + \zeta^2$,

$$(\xi^2 + \zeta^2)(D_t s)^2 = (\zeta\xi_1 - \xi\zeta_1 + i\rho\eta_1)(\zeta\xi_1 - \xi\zeta_1 - i\rho\eta_1).$$

Or les valeurs de a'', b'', c'', à savoir

$$a'' = -\sqrt{\frac{\gamma - \delta}{\gamma - \alpha}}\,\mathrm{cn}\,u, \qquad b'' = \sqrt{\frac{\gamma - \delta}{\gamma - \beta}}\,\mathrm{sn}\,u, \qquad c'' = \sqrt{\frac{\delta - \alpha}{\gamma - \alpha}}\,\mathrm{dn}\,u,$$

conduisent à l'expression suivante

$$\begin{aligned} \zeta\xi_1 - \xi\zeta_1 + i\rho\eta_1 = {} & \alpha\sqrt{\frac{\gamma - \delta}{\gamma - \alpha}}(\xi\eta + i\rho\zeta)\,\mathrm{cn}\,u \\ & + \beta\sqrt{\frac{\gamma - \delta}{\gamma - \beta}}(\xi^2 + \zeta^2)\,\mathrm{sn}\,u \\ & - \gamma\sqrt{\frac{\delta - \alpha}{\gamma - \alpha}}(\eta\zeta - i\rho\xi)\,\mathrm{dn}\,u, \end{aligned}$$

et nous allons facilement en déduire les valeurs particulières des coordonnées ξ, η, ζ, pour lesquelles l'arc de la courbe sphérique, au lieu de dépendre d'une transcendante compliquée, s'obtient sous forme finie explicite. Je me fonderai, à cet effet, sur cette remarque, que le produit de deux fonctions linéaires

$$\Pi(u) = (\mathrm{A}\,\mathrm{cn}\,u + \mathrm{B}\,\mathrm{sn}\,u + \mathrm{C}\,\mathrm{dn}\,u)(\mathrm{A}'\,\mathrm{cn}\,u + \mathrm{B}'\,\mathrm{sn}\,u + \mathrm{C}'\,\mathrm{dn}\,u)$$

devient le carré d'une fonction uniforme si l'on a

$$A^2 k'^2 + B^2 - C^2 k'^2 = 0, \qquad A'^2 k'^2 + B'^2 - C'^2 k'^2 = 0.$$

A cet effet, j'observe que les formules

$$\operatorname{sn} 2u = \frac{2 \operatorname{sn} u \operatorname{cn} u \operatorname{dn} u}{1 - k^2 \operatorname{sn}^4 u},$$

$$\operatorname{cn} 2u = \frac{1 - 2 \operatorname{sn}^2 u + k^2 \operatorname{sn}^4 u}{1 - k^2 \operatorname{sn}^4 u},$$

$$\operatorname{dn} 2u = \frac{1 - 2k^2 \operatorname{sn}^2 u + k^2 \operatorname{sn}^4 u}{1 - k^2 \operatorname{sn}^4 u}$$

permettent d'écrire

$$\begin{aligned} &A \operatorname{cn} 2u + B \operatorname{sn} 2u + C \operatorname{dn} 2u \\ &\quad = \frac{A + C - 2(A + Ck^2) \operatorname{sn}^2 u + (A + C)k^2 \operatorname{sn}^4 u + 2B \operatorname{sn} u \operatorname{cn} u \operatorname{dn} u}{1 - k^2 \operatorname{sn}^4 u}. \end{aligned}$$

Cela étant, soit, en désignant par g et h deux constantes,

$$\begin{aligned} A + C - 2(A + Ck^2) \operatorname{sn}^2 u + (A + C)k^2 \operatorname{sn}^4 u \\ + 2B \operatorname{sn} u \operatorname{cn} u \operatorname{dn} u = (g \operatorname{sn} u + h \operatorname{cn} u \operatorname{dn} u)^2, \end{aligned}$$

on verra que les quatre équations résultant de l'identification se réduisent aux trois suivantes

$$A + C = h^2, \qquad 2(A + Ck^2) = h^2(1 + k^2) - g^2, \qquad B = gh;$$

or l'élimination de g et h conduit immédiatement à la condition

$$A^2 k'^2 + B^2 - C^2 k'^2 = 0.$$

Soit de même ensuite

$$A' \operatorname{cn} 2u + B' \operatorname{sn} 2u + C' \operatorname{dn} 2u = \frac{(g' \operatorname{sn} u + h' \operatorname{cn} u \operatorname{dn} u)^2}{1 - k^2 \operatorname{sn}^4 u},$$

sous la condition semblable

$$A'^2 k'^2 + B'^2 - C'^2 k'^2 = 0;$$

nous en conclurons, pour $\sqrt{\Pi(2u)}$, l'expression suivante

$$\sqrt{\Pi(2u)} = \frac{(g \operatorname{sn} u + h \operatorname{cn} u \operatorname{dn} u)(g' \operatorname{sn} u + h' \operatorname{cn} u \operatorname{dn} u)}{1 - k^2 \operatorname{sn}^4 u},$$

ou, en développant,

$$\sqrt{\Pi(2u)} = \frac{gg' \operatorname{sn}^2 u + hh'[1 - (1 + k^2) \operatorname{sn}^2 u + k^2 \operatorname{sn}^4 u] + (gh' + hg') \operatorname{sn} u \operatorname{cn} u \operatorname{dn} u}{1 - k^2 \operatorname{sn}^4 u}$$

on en déduit ensuite facilement, si l'on change u en $\frac{u}{2}$,

$$2\sqrt{\Pi(u)} = \frac{2}{k^2} gg'(\operatorname{dn} u - \operatorname{cn} u) + (gh' + hg') \operatorname{sn} u + hh'(\operatorname{dn} u + \operatorname{cn} u).$$

Voici maintenant l'application de la remarque que nous venons d'établir.

XX.

Revenant à l'expression précédemment donnée des facteurs de $(D_t s)^2$, je pose

$$= \alpha\sqrt{\frac{\gamma-\delta}{\gamma-\alpha}}(\xi\eta + i\rho\zeta), \qquad B = \beta\sqrt{\frac{\gamma-\delta}{\gamma-\beta}}(\xi^2+\zeta^2), \qquad C = -\gamma\sqrt{\frac{\delta-\alpha}{\gamma-\alpha}}(\eta\zeta - i\rho\xi),$$

$$= \alpha\sqrt{\frac{\gamma-\delta}{\gamma-\alpha}}(\xi\eta - i\rho\zeta), \qquad B' = \beta\sqrt{\frac{\gamma-\delta}{\gamma-\beta}}(\xi^2+\zeta^2), \qquad C' = -\gamma\sqrt{\frac{\delta-\alpha}{\gamma-\alpha}}(\eta\zeta + i\rho\xi),$$

et j'observe que, au moyen de la valeur $k'^2 = \frac{(\alpha-\gamma)(\beta-\delta)}{(\beta-\gamma)(\alpha-\delta)}$, nos conditions se présentent sous la forme suivante

$$\frac{\alpha^2}{\alpha-\delta}(\xi\eta + i\rho\zeta)^2 + \frac{\beta^2}{\beta-\delta}(\xi^2+\zeta^2)^2 + \frac{\gamma^2}{\gamma-\delta}(\eta\zeta - i\rho\xi)^2 = 0,$$

$$\frac{\alpha^2}{\alpha-\delta}(\xi\eta - i\rho\zeta)^2 + \frac{\beta^2}{\beta-\delta}(\xi^2+\zeta^2)^2 + \frac{\gamma^2}{\gamma-\delta}(\eta\zeta + i\rho\xi)^2 = 0.$$

Elles donnent immédiatement $\xi\eta\zeta = 0$; et nous poserons en conséquence:

1° $\quad \xi = 0, \quad \left(\frac{\gamma^2}{\gamma-\delta} - \frac{\alpha^2}{\alpha-\delta}\right)\eta^2 + \left(\frac{\beta^2}{\beta-\delta} - \frac{\alpha^2}{\alpha-\delta}\right)\zeta^2 = 0,$

2° $\quad \eta = 0, \quad \left(\frac{\alpha^2}{\alpha-\delta} - \frac{\beta^2}{\beta-\delta}\right)\zeta^2 + \left(\frac{\gamma^2}{\gamma-\delta} - \frac{\beta^2}{\beta-\delta}\right)\xi^2 = 0,$

3° $\quad \zeta = 0, \quad \left(\frac{\beta^2}{\beta-\delta} - \frac{\gamma^2}{\gamma-\delta}\right)\xi^2 + \left(\frac{\alpha^2}{\alpha-\delta} - \frac{\gamma^2}{\gamma-\delta}\right)\eta^2 = 0.$

Soit, pour abréger,

$$\begin{aligned}
a &= (\alpha-\delta)(\gamma-\beta)(\gamma\delta+\beta\delta-\gamma\beta),\\
b &= (\beta-\delta)(\alpha-\gamma)(\alpha\delta+\gamma\delta-\alpha\gamma),\\
c &= (\gamma-\delta)(\beta-\alpha)(\beta\delta+\alpha\delta-\beta\alpha);
\end{aligned}$$

au moyen de ces quantités, qu'on verra facilement vérifier les relations

$$a + b + c = 0, \qquad \frac{a\alpha^2}{\alpha - \delta} + \frac{b\beta^2}{\beta - \delta} + \frac{c\gamma^2}{\gamma - \delta} = 0,$$

nous obtenons les trois systèmes de valeurs

1° $\xi = 0, \quad \eta^2 = c, \quad \zeta^2 = b,$

2° $\eta = 0, \quad \zeta^2 = a, \quad \xi^2 = c,$

3° $\zeta = 0, \quad \xi^2 = b, \quad \eta^2 = a.$

Maintenant je vais démontrer que, de ces diverses solutions, la première est seule réelle et répond à la question proposée.

Pour cela, je rappelle que les constantes α, β, γ, δ satisfont aux conditions

$$\text{(I)} \qquad \alpha < \beta < \delta < \gamma,$$

ou à celles-ci

$$\text{(II)} \qquad \alpha > \beta > \delta > \gamma,$$

et j'observe qu'on aura, dans les deux cas,

$$(\alpha - \delta)(\gamma - \beta) < 0, \qquad (\beta - \delta)(\alpha - \gamma) > 0, \qquad (\gamma - \delta)(\beta - \alpha) > 0.$$

J'ajoute à ces résultats les suivants

$$\gamma\delta + \beta\delta - \gamma\beta > 0, \qquad \alpha\delta + \gamma\delta - \alpha\gamma > 0, \qquad \beta\delta + \alpha\delta - \beta\alpha > 0,$$

qui donneront, comme on voit,

$$a < 0, \qquad b > 0, \qquad c > 0.$$

On peut écrire, en effet,

$$\begin{aligned} \gamma\delta + \beta\delta - \gamma\beta &= \beta\delta + (\delta - \beta)\gamma, \\ \alpha\delta + \gamma\delta - \gamma\alpha &= \alpha\delta + (\delta - \alpha)\gamma, \\ \beta\delta + \alpha\delta - \beta\alpha &= \alpha\delta + (\delta - \alpha)\beta, \end{aligned}$$

et, dans le premier système de conditions, on voit ainsi que les premiers membres sont tous positifs. Nous ferons ensuite, en passant au second système,

$$\begin{aligned} \gamma\delta + \beta\delta - \gamma\beta &= \gamma\delta + (\delta - \gamma)\beta, \\ \alpha\delta + \gamma\delta - \alpha\gamma &= \gamma\delta + (\delta - \gamma)\alpha; \end{aligned}$$

mais ces transformations faciles ne suffisent plus, à l'égard de la troisième quantité $\beta\delta + \alpha\delta - \beta\alpha$, pour reconnaître qu'elle est toujours positive comme les autres. Il est nécessaire, en effet, d'introduire une condition nouvelle, $\frac{1}{\alpha} + \frac{1}{\beta} > \frac{1}{\gamma}$, ayant son origine dans la définition des quantités $\frac{1}{\alpha}, \frac{1}{\beta}, \frac{1}{\gamma}$, qui sont proportionnelles aux moments principaux d'inertie. Nous écrirons, dans ce cas,

$$\beta\delta + \alpha\delta - \alpha\beta = \alpha\beta\delta\left[\left(\frac{1}{\alpha} + \frac{1}{\beta} - \frac{1}{\gamma}\right) + \left(\frac{1}{\gamma} - \frac{1}{\delta}\right)\right],$$

et le dernier résultat qui nous restait à établir se trouve démontré. Les valeurs réelles ainsi obtenues pour les coordonnées ξ, η, ζ, à savoir $\xi = 0$, $\eta = \sqrt{\mathrm{b}}$, $\zeta = \sqrt{\mathrm{c}}$, donnent, en prenant les radicaux avec le double signe, quatre points qui décrivent des courbes rectifiables, ou plutôt deux droites remarquables : $\xi = 0, \eta = \pm\sqrt{\frac{\mathrm{c}}{\mathrm{b}}}\,\zeta$, dont tous les points décrivent pendant la rotation du corps de telles courbes. Pour former l'expression de l'arc s, observons que, d'après l'égalité $\mathrm{a} + \mathrm{b} + \mathrm{c} = 0$, on peut écrire $i\rho = \sqrt{\mathrm{a}}$, ce qui donne les valeurs suivantes :

$$\mathrm{A} = \zeta\alpha\sqrt{\frac{\gamma - \delta}{\gamma - \alpha}\,\mathrm{a}}, \qquad \mathrm{B} = \zeta\beta\sqrt{\frac{\gamma - \delta}{\gamma - \beta}\,\mathrm{b}}, \qquad \mathrm{C} = \zeta\gamma\sqrt{\frac{\delta - \alpha}{\gamma - \alpha}\,\mathrm{c}}.$$

On a ensuite

$$\mathrm{A}' = -\mathrm{A}, \qquad \mathrm{B}' = \mathrm{B}, \qquad \mathrm{C}' = \mathrm{C},$$

et nous en concluons

$$\begin{aligned}(\mathrm{A}\,\mathrm{cn}\,u + \mathrm{B}\,\mathrm{sn}\,u + \mathrm{C}\,\mathrm{dn}\,u)&(\mathrm{A}'\,\mathrm{cn}\,u + \mathrm{B}'\,\mathrm{sn}\,u + \mathrm{C}'\,\mathrm{dn}\,u)\\ &= (\mathrm{B}\,\mathrm{sn}\,u + \mathrm{C}\,\mathrm{dn}\,u)^2 - \mathrm{A}^2\,\mathrm{cn}^2 u.\end{aligned}$$

La condition $\mathrm{A}^2 k'^2 + \mathrm{B}^2 - \mathrm{C}^2 k'^2 = 0$ conduit enfin à cette nouvelle transformation

$$\begin{aligned}(\mathrm{B}\,\mathrm{sn}\,u &+ \mathrm{C}\,\mathrm{dn}\,u)^2 - \mathrm{A}^2\,\mathrm{cn}^2 u\\ &= (\mathrm{B}\,\mathrm{sn}\,u + \mathrm{C}\,\mathrm{dn}\,u)^2 - \frac{\mathrm{C}^2 k'^2 - \mathrm{B}^2}{k'^2}(\mathrm{dn}^2 u - k'^2\,\mathrm{sn}^2 u)\\ &= \left(\mathrm{C}k'\,\mathrm{sn}\,u + \frac{\mathrm{B}}{k'}\,\mathrm{dn}\,u\right)^2,\end{aligned}$$

et il vient, en définitive, après quelques réductions, pour l'expression de l'arc de la courbe sphérique,

$$s = \gamma\sqrt{\frac{\beta-\delta}{\beta-\gamma}(\beta\delta+\alpha\delta-\beta\alpha)(\delta-\alpha)(\gamma-\beta)}\int k\operatorname{sn}u\,du$$
$$+\beta\sqrt{\frac{\gamma-\delta}{\gamma-\alpha}(\alpha\delta+\gamma\delta-\alpha\gamma)(\delta-\alpha)(\gamma-\alpha)}\int \operatorname{dn}u\,du,$$

puis, en effectuant les intégrations,

$$s = \gamma\sqrt{\frac{\beta-\delta}{\beta-\gamma}(\beta\delta+\alpha\delta-\beta\alpha)(\delta-\alpha)(\gamma-\beta)}\log(\operatorname{dn}u-k\operatorname{cn}u)$$
$$+\beta\sqrt{\frac{\gamma-\delta}{\gamma-\alpha}(\alpha\delta+\gamma\delta-\alpha\gamma)(\delta-\alpha)(\gamma-\alpha)}\operatorname{am}u.$$

Il en résulte que, u devenant $u+4K$, l'arc s'accroît de la quantité constante

$$2\pi\beta\sqrt{\frac{\gamma-\delta}{\gamma-\alpha}(\alpha\delta+\gamma\delta-\alpha\gamma)(\delta-\alpha)(\gamma-\alpha)}.$$

XXI.

Je terminerai cette étude de la rotation en indiquant encore un point de vue sous lequel on peut traiter la question et où l'on évitera le défaut de symétrie des méthodes précédemment exposées, qui donnent d'abord les quantités A, B, C ; puis, par un calcul différent, la quantité V, en séparant ainsi des expressions composées de la même manière avec les quatre fonctions fondamentales de Jacobi. Des transformations algébriques faciles des équations de la rotation, lorsqu'on suppose en général le corps sollicité par des forces quelconques, permettent, en effet, d'associer les composantes de la vitesse aux neuf cosinus ; elles seront le point de départ du nouveau procédé que je vais donner pour le cas où il n'y a point de forces accélératrices. Avant de les exposer, je rappelle d'abord les équations d'Euler

$$\mathrm{a}\,D_t p = (\mathrm{b}-\mathrm{c})qr + P,$$
$$\mathrm{b}\,D_t q = (\mathrm{c}-\mathrm{a})rp + Q,$$
$$\mathrm{c}\,D_t r = (\mathrm{a}-\mathrm{b})pq + R,$$

où les moments d'inertie sont désignés par a, b, c et celles de

Poisson, dont j'ai déjà fait usage,

$$\begin{aligned} D_t a'' &= b'' r - c'' q, \\ D_t b'' &= c'' p - a'' r, \\ D_t c'' &= a'' q - b'' p, \end{aligned}$$

puis

$$\begin{aligned} D_t A &= B r - C q, \\ D_t B &= C p - A r, \\ D_t C &= A q - B p. \end{aligned}$$

Cela étant, soit, comme précédemment,

$$\begin{aligned} v &= a\ p + b\ q + c\ r, \\ v' &= a' p + b' q + c' r, \\ v'' &= a'' p + b'' q + c'' r, \\ V &= A\ p + B\ q + C\ r; \end{aligned}$$

en écrivant, pour abréger,

$$\Delta = p D_t p + q D_t q + r D_t r - (a'' p + b'' q + c'' r)(a'' D_t p + b'' D_t q + c'' D_t r),$$

nous aurons, comme conséquence, les relations suivantes, que je vais démontrer :

I.

$$\begin{aligned} A\Delta &= V(D_t p - a'' D_t v'') + i D_t V\, D_t a'', \\ B\Delta &= V(D_t q - b'' D_t v'') + i D_t V\, D_t b'', \\ C\Delta &= V(D_t r - c'' D_t v'') + i D_t V\, D_t c'', \end{aligned}$$

II.

$$\begin{aligned} V a'' &= A v'' + i D_t A, \\ V b'' &= B v'' + i D_t B, \\ V c'' &= C v'' + i D_t C; \end{aligned}$$

III.

$$\begin{aligned} i C D_t b'' &= B r + i c'' D_t B, \\ i A D_t c'' &= C p + i a'' D_t C, \\ i B D_t a'' &= A q + i b'' D_t A; \end{aligned}$$

IV.

$$\begin{aligned} i B D_t c'' &= C q + i b'' D_t C, \\ i C D_t a'' &= A r + i c'' D_t A, \\ i A D_t b'' &= B p + i a'' D_t B. \end{aligned}$$

A cet effet, je remarque que, en écrivant Δ sous la forme

$$\Delta = \tfrac{1}{2} D_t(p^2 + q^2 + r^2) - v'' D_t v'',$$

la condition $p^2 + q^2 + r^2 = v^2 + v'^2 + v''^2$ donne immédiatement

$$\Delta = v D_t v + v' D_t v'.$$

Observons encore qu'on tire des équations

$$v = ap + bq + cr, \qquad v' = a'p + b'q + c'r,$$

en employant les égalités $ab' - ba' = c''$, $ca' - ac' = b''$, l'expression suivante :

$$a'v - av' = b''r - c''q = D_t a''.$$

On a d'ailleurs immédiatement

$$D_t p - a'' D_t v'' = a D_t v + a' D_t v',$$

et ces résultats transforment l'équation

$$A\Delta = V(D_t p - a'' D_t v'') + i D_t V D_t a''$$

dans la suivante

$$\begin{aligned}(a + ia')(v D_t v + v' D_t v') \\ = (v + iv')(a D_t v + a' D_t v') + i(D_t v + i D_t v')(a'v - av'),\end{aligned}$$

qui est une identité.

Passons à l'égalité $Va'' = Av'' + i D_t A$; il suffit d'y remplacer les quantités V, v'', $D_t A$ par les expressions en A, B, C, p, q, r, ce qui donne

$$(Ap + Bq + Cr)a'' = A(a''p + b''q + c''r) + i(Br - Cq),$$

et par conséquent encore une identité, en l'écrivant ainsi

$$q(Ba'' - Ab'' + iC) + r(Ca'' - Ac'' - iB) = 0.$$

Enfin les équations

$$i A D_t c'' = Cp + i D_t C a'', \qquad i A D_t b'' = Bp + i D_t B a''$$

des systèmes III et IV conduisent, par un calcul semblable, en se servant des expressions de $D_t c''$ et $D_t b''$, aux mêmes égalités

$$Ab'' - Ba'' = iC, \qquad Ac'' - Ca'' = -iB;$$

elles se trouvent donc encore vérifiées ; or toutes les autres équations, dans les quatre systèmes, se démontreraient de même, ou se déduisent de celles que nous venons d'établir par un simple changement de lettres.

XXII.

J'applique maintenant ces résultats au cas où il n'y a point de forces accélératrices, et je pose à cet effet $p = \alpha a''$, $q = \beta b''$,

$r = \gamma c''$, $v'' = \delta$, ce qui donne d'abord

$$\Delta = \alpha^2 a'' D_t a'' + \beta^2 b'' D_t b'' + \gamma^2 c'' D_t c'' = (\alpha - \beta)(\beta - \gamma)(\gamma - \alpha) a'' b'' c''.$$

Ayant ensuite

$$D_t p - a'' D_t v'' = \alpha(\gamma - \beta) b'' c'',$$

on voit que, en supprimant le facteur $(\gamma - \beta)\, b''\, c''$, l'équation

$$A\Delta = V(D_t p - a'' D_t v'') + i D_t V D_t a''$$

devient simplement

$$A a''(\alpha - \beta)(\alpha - \gamma) = V\alpha + i D_t V.$$

Dans les trois autres systèmes, les réductions sont encore plus faciles, et nous nous trouvons ainsi amenés aux relations suivantes :

I.

$$A a''(\alpha - \beta)(\alpha - \gamma) = V\alpha + i D_t V,$$
$$B b''(\beta - \gamma)(\beta - \alpha) = V\beta + i D_t V,$$
$$C c''(\gamma - \alpha)(\gamma - \beta) = V\gamma + i D_t V;$$

II.

$$V a'' = A\delta + i D_t A,$$
$$V b'' = B\delta + i D_t B,$$
$$V c'' = C\delta + i D_t C;$$

III.

$$i C a''(\alpha - \gamma) = B\gamma + i D_t B,$$
$$i A b''(\beta - \alpha) = C\alpha + i D_t C,$$
$$i B c''(\gamma - \beta) = A\beta + i D_t A;$$

IV.

$$i B a''(\beta - \alpha) = C\beta + i D_t C,$$
$$i C b''(\gamma - \beta) = A\gamma + i D_t A,$$
$$i A c''(\alpha - \gamma) = B\alpha + i D_t B.$$

La question est maintenant d'obtenir quatre fonctions A, B, C, V, qui vérifient à la fois les douze équations. Nous ferons un premier pas vers notre but, par un changement d'inconnues, en posant

$$A = \frac{i}{k \operatorname{cn} \omega}\mathfrak{a}, \qquad B = \frac{\operatorname{dn} \omega}{k \operatorname{cn} \omega}\mathfrak{b}, \qquad C = -\frac{\operatorname{sn} \omega}{\operatorname{cn} \omega}\mathfrak{c}, \qquad V = -in\mathfrak{v};$$

nous prendrons aussi la quantité u pour variable indépendante à la place de t ; enfin, en employant les expressions de a'', b'', c'', on trouvera les transformées suivantes de nos équations :

I.

$$ik \operatorname{cn} u\, \mathfrak{a} = \frac{i\alpha}{n}\mathfrak{v} - D_u \mathfrak{v},$$
$$k \operatorname{sn} u\, \mathfrak{b} = \frac{i\beta}{n}\mathfrak{v} - D_u \mathfrak{v},$$
$$i \operatorname{dn} u\, \mathfrak{c} = \frac{i\gamma}{n}\mathfrak{v} - D_u \mathfrak{v};$$

II.

$$ik \operatorname{cn} u\, \mathfrak{v} = \frac{i\delta}{n}\mathfrak{a} - D_u \mathfrak{a},$$
$$k \operatorname{sn} u\, \mathfrak{v} = \frac{i\delta}{n}\mathfrak{b} - D_u \mathfrak{b},$$
$$i \operatorname{dn} u\, \mathfrak{v} = \frac{i\delta}{n}\mathfrak{c} - D_u \mathfrak{c};$$

III.	IV.
$ik \operatorname{cn} u\, \mathfrak{c} = \frac{i\gamma}{n}\mathfrak{b} - D_u \mathfrak{b},$	$ik \operatorname{cn} u\, \mathfrak{b} = \frac{i\beta}{n}\mathfrak{c} - D_u \mathfrak{c},$
$k \operatorname{sn} u\, \mathfrak{a} = \frac{i\alpha}{n}\mathfrak{c} - D_u \mathfrak{c},$	$k \operatorname{sn} u\, \mathfrak{c} = \frac{i\gamma}{n}\mathfrak{a} - D_u \mathfrak{a},$
$i \operatorname{dn} u\, \mathfrak{b} = \frac{i\beta}{n}\mathfrak{a} - D_u \mathfrak{a},$	$i \operatorname{dn} u\, \mathfrak{a} = \frac{i\alpha}{n}\mathfrak{b} - D_u \mathfrak{b}.$

Je ne m'arrêterai point aux calculs faciles qui donnent ces résultats, et je remarque immédiatement qu'il convient de les disposer dans ce nouvel ordre, à savoir

$$ik \operatorname{cn} u\mathfrak{a} = \frac{i\alpha}{n}\mathfrak{d} - D_u \mathfrak{d}, \quad k \operatorname{sn} u\mathfrak{a} = \frac{i\alpha}{n}\mathfrak{c} - D_u \mathfrak{c}, \quad i \operatorname{dn} u\mathfrak{a} = \frac{i\alpha}{n}\mathfrak{b} - D_u \mathfrak{b},$$

$$ik \operatorname{cn} u\mathfrak{b} = \frac{i\beta}{n}\mathfrak{c} - D_u \mathfrak{c}, \quad k \operatorname{sn} u\mathfrak{b} = \frac{i\beta}{n}\mathfrak{d} - D_u \mathfrak{d}, \quad i \operatorname{dn} u\mathfrak{b} = \frac{i\beta}{n}\mathfrak{a} - D_u \mathfrak{a},$$

$$ik \operatorname{cn} u\mathfrak{c} = \frac{i\gamma}{n}\mathfrak{b} - D_u \mathfrak{b}, \quad k \operatorname{sn} u\mathfrak{c} = \frac{i\gamma}{n}\mathfrak{a} - D_u \mathfrak{a}, \quad i \operatorname{dn} u\mathfrak{c} = \frac{i\gamma}{n}\mathfrak{d} - D_u \mathfrak{d},$$

$$ik \operatorname{cn} u\mathfrak{d} = \frac{i\delta}{n}\mathfrak{a} - D_u \mathfrak{a}, \quad k \operatorname{sn} u\mathfrak{d} = \frac{i\delta}{n}\mathfrak{b} - D_u \mathfrak{b}, \quad i \operatorname{dn} u\mathfrak{d} = \frac{i\delta}{n}\mathfrak{c} - D_u \mathfrak{c}.$$

Par là se trouvent mises en évidence trois substitutions remarquables, qui correspondent aux multiplications des quatre fonctions par $\operatorname{cn} u$, $\operatorname{sn} u$, $\operatorname{dn} u$, à savoir

$$\begin{pmatrix} \mathfrak{a} & \mathfrak{b} & \mathfrak{c} & \mathfrak{d} \\ \mathfrak{d} & \mathfrak{c} & \mathfrak{b} & \mathfrak{a} \end{pmatrix}, \quad \begin{pmatrix} \mathfrak{a} & \mathfrak{b} & \mathfrak{c} & \mathfrak{d} \\ \mathfrak{c} & \mathfrak{d} & \mathfrak{a} & \mathfrak{b} \end{pmatrix}, \quad \begin{pmatrix} \mathfrak{a} & \mathfrak{b} & \mathfrak{c} & \mathfrak{d} \\ \mathfrak{b} & \mathfrak{a} & \mathfrak{d} & \mathfrak{c} \end{pmatrix};$$

elles ont la propriété caractéristique de laisser invariables les quantités du type $(\mathfrak{a} - \mathfrak{b})(\mathfrak{c} - \mathfrak{d})$, et, si on les applique deux fois, chacune d'elles donne la substitution identique. Représentons les quatre lettres $\mathfrak{a}$, $\mathfrak{b}$, $\mathfrak{c}$, $\mathfrak{d}$ par X_s pour les valeurs 0, 1, 2, 3 de l'indice, en convenant de prendre cet indice suivant le module 4; elles s'expriment comme il suit

$$\begin{pmatrix} X_s \\ X_{3-s} \end{pmatrix}, \quad \begin{pmatrix} X_s \\ X_{2+s} \end{pmatrix}, \quad \begin{pmatrix} X_s \\ X_{1-s} \end{pmatrix}.$$

Si l'on adopte un autre ordre, en supposant que Z_s donne $\mathfrak{c}$, $\mathfrak{a}$, $\mathfrak{b}$, $\mathfrak{d}$ pour $s = 0, 1, 2, 3$, on retrouvera encore, sauf un certain échange, les mêmes fonctions de l'indice, à savoir

$$\begin{pmatrix} Z_s \\ Z_{2+s} \end{pmatrix}, \quad \begin{pmatrix} Z_s \\ Z_{1-s} \end{pmatrix}, \quad \begin{pmatrix} Z_s \\ Z_{3-s} \end{pmatrix}.$$

C'est cette disposition qu'il convient de garder, et semblablement nous désignerons les constantes $\frac{i\gamma}{n}, \frac{i\alpha}{n}, \frac{i\beta}{n}, \frac{i\delta}{n}$ par ε_s pour $s = 0, 1, 2, 3$; cela étant, nous pouvons comprendre, dans ces trois seules équations, le système de nos douze relations :

$$(\mathrm{I}) \qquad \left\{ \begin{aligned} ik \operatorname{cn} u\, Z_s &= \varepsilon_s Z_{2+s} - D_u Z_{2+s}, \\ k \operatorname{sn} u\, Z_s &= \varepsilon_s Z_{1-s} - D_u Z_{1-s}, \\ i \operatorname{dn} u\, Z_s &= \varepsilon_s Z_{3-s} - D_u Z_{3-s}. \end{aligned} \right.$$

Le résultat relatif aux quantités X_s ne diffère de celui-ci qu'en ce que $ik \operatorname{cn} u$, $k \operatorname{sn} u$, $i \operatorname{dn} u$ se trouvent remplacés respectivement par $i \operatorname{dn} u$, $ik \operatorname{cn} u$, $k \operatorname{sn} u$; en désignant $\frac{i\alpha}{n}, \frac{i\beta}{n}, \frac{i\gamma}{n}, \frac{i\delta}{n}$ par η_s pour $s = 0, 1, 2, 3$, nous aurons, en effet,

$$(\mathrm{II}) \qquad \left\{ \begin{aligned} ik \operatorname{cn} u\, X_s &= \eta_s X_{3-s} - D_u X_{3-s}, \\ k \operatorname{sn} u\, X_s &= \eta_s X_{2+s} - D_u X_{2+s}, \\ i \operatorname{dn} u\, X_s &= \eta_s X_{1-s} - D_u X_{1-s}. \end{aligned} \right.$$

Avant d'aller plus loin, je crois devoir montrer comment ces deux systèmes d'équations se ramènent l'un à l'autre, par un changement très simple de la variable et des constantes.

Je me fonderai, à cet effet, sur les formules de la transformation du premier ordre

$$\operatorname{cn}\left(iku, \frac{ik'}{k}\right) = \frac{1}{\operatorname{dn} u}, \qquad \operatorname{sn}\left(iku, \frac{ik'}{k}\right) = \frac{ik \operatorname{sn} u}{\operatorname{dn} u}, \qquad \operatorname{dn}\left(iku, \frac{ik'}{k}\right) = \frac{\operatorname{cn} u}{\operatorname{dn} u},$$

en les écrivant de la manière suivante, où j'ai fait, pour abréger, $l = \frac{ik'}{k}$,

$$\begin{aligned} k' \operatorname{cn}(iku, l) &= -\operatorname{dn}(u - K + 2iK'), \\ l \operatorname{sn}(iku, l) &= +\operatorname{cn}(u - K + 2iK'), \\ \operatorname{dn}(iku, l) &= -\operatorname{sn}(u - K + 2iK'). \end{aligned}$$

Changeons, en effet, u en $u - K + 2iK'$, et désignons par Z'_s ce que devient ainsi Z_s; les équations (I) donneront celles-ci

$$\begin{aligned} ikl \operatorname{sn}(iku, l) Z'_s &= \varepsilon_s Z'_{2+s} - D_u Z'_{2+s}, \\ -k' \operatorname{dn}(iku, l) Z'_s &= \varepsilon_s Z'_{1-s} - D_u Z'_{1-s}, \\ -ik' \operatorname{cn}(iku, l) Z'_s &= \varepsilon_s Z'_{3-s} - D_u Z'_{3-s}. \end{aligned}$$

Soit encore Z''_s le résultat de la substitution de $\frac{u}{ik}$; au lieu de u, on trouvera, si l'on remarque que $il = -\frac{k'}{k}$,

$$l \operatorname{sn}(u, l) Z''_s = \frac{\varepsilon_s}{ik} Z'_{2+s} - D_u Z''_{2+s},$$

$$i \operatorname{dn}(u, l) Z''_s = \frac{\varepsilon_s}{ik} Z''_{1-s} - D_u Z''_{1-s},$$

$$il \operatorname{cn}(u, l) Z''_s = \frac{\varepsilon_s}{ik} Z''_{3-s} - D_u Z''_{3-s};$$

nous sommes donc ainsi ramené aux équations (II), en y remplaçant les constantes η_s par $\frac{\varepsilon_s}{ik}$, ce qui entraîne le changement de k en l.

Je vais montrer maintenant comment la théorie des fonctions elliptiques donne la solution de ces nouvelles équations auxquelles nous a conduit le problème de la rotation.

XXIII.

Je représenterai dans ce qui va suivre les fonctions $\Theta(u)$, $H(u)$, $H_1(u)$, $\Theta_1(u)$ par $\theta_0(u)$, $\theta_1(u)$, $\theta_2(u)$, $\theta_3(u)$, en adoptant une notation employée pour la première fois par Jacobi dans ses leçons à l'Université de Kœnigsberg, dont plusieurs auteurs ont depuis fait usage. L'une quelconque des quatre fonctions fondamentales sera ainsi désignée par $\theta_s(u)$, et je ferai de plus la convention que l'indice sera pris suivant le module 4, afin de pouvoir lui supposer une valeur entière quelconque. Cela posé, soit R_s le résidu correspondant au pôle $u = iK'$ de la quantité $\frac{\theta_s(u+a)e^{\lambda u}}{\theta_0(u)}$, où a et λ sont des constantes quelconques, et posons

$$\Phi_s(u) = \frac{\theta_s(u+a)e^{\lambda u}}{R_s\,\theta_0(u)}.$$

Nous définissons ainsi un système de quatre fonctions comprenant comme cas particulier $\operatorname{sn} u$, $\operatorname{cn} u$, $\operatorname{dn} u$ lorsqu'on suppose $a = 0$, $\lambda = 0$, mais qui, en général, ne sont point doublement périodiques, et se reproduisent multipliées par des constantes, lorsqu'on change

u en $u+2\mathrm{K}$ et en $u+2i\mathrm{K}'$ (¹). On a en effet, en posant $\mu = e^{2\lambda\mathrm{K}}$, $\mu' = e^{-\frac{i\pi a}{\mathrm{K}}+2i\lambda\mathrm{K}'}$, les relations suivantes :

$$\Phi_s(u+2\ \mathrm{K}) = \mu\,(-1)^{\frac{1}{2}s(s+1)}\,\Phi_s(u),$$
$$\Phi_s(u+2i\mathrm{K}) = \mu'(-1)^{\frac{1}{2}s(s-1)}\,\Phi_s(u),$$

et, en passant aux valeurs particulières de l'indice, les multiplicateurs seront indiqués comme il suit :

$\Phi_0(s)$,	$+\mu$,	$+\mu'$,
$\Phi_1(s)$,	$-\mu$,	$+\mu'$,
$\Phi_2(s)$,	$-\mu$,	$-\mu'$,
$\Phi_3(s)$,	$+\mu$,	$-\mu'$.

L'étude de leurs propriétés pourrait peut-être former un chapitre nouveau dans la théorie des fonctions elliptiques, mais en ce moment je dois me borner à en tirer la solution que j'ai en vue du problème de la rotation. Je partirai de ce que les rotations $\Phi_s(u)$, ayant un pôle $u = i\mathrm{K}'$ à l'intérieur du rectangle des périodes et pour résidu correspondant l'unité, peuvent jouer le rôle d'éléments simples à l'égard des fonctions qui ont les mêmes multiplicateurs. Telles seront, par exemple, les quantités

$$\operatorname{cn} u\,\Phi_s(u),\quad \operatorname{sn} u\,\Phi_s(u),\quad \operatorname{dn} u\,\Phi_s(u);$$

si l'on remarque qu'en mettant $2+s$, $1-s$, $3-s$, au lieu de s, le facteur $(-1)^{\frac{1}{2}s(s+1)}$ se produit multiplié par -1, -1, $+1$, tandis que $(-1)^{\frac{1}{2}s(s-1)}$ est multiplié successivement par -1, $+1$, -1, on reconnaît en effet qu'elles ont respectivement les multiplicateurs des fonctions

$$\Phi_{2+s}(u),\quad \Phi_{1-s}(u),\quad \Phi_{3-s}(u).$$

(¹) Peut-être pourrait-on, afin d'abréger, convenir de désigner les quantités de cette nature sous le nom de *fonctions doublement périodiques de seconde espèce*, les fonctions périodiques de première espèce correspondant au cas où les multiplicateurs seraient égaux à l'unité. Enfin les quantités telles que $\Theta(u)$, $\mathrm{H}(u)$, ..., les fonctions intermédiaires de MM. Briot et Bouquet, où les multiplicateurs sont des exponentielles, recevraient par analogie le nom de *fonctions périodiques de troisième espèce*.

Nous voyons aussi qu'elles n'admettent que le pôle $u = iK'$, dans le rectangle des périodes, de sorte que la décomposition en éléments simples s'obtiendra immédiatement au moyen de la partie principale des trois développements

$$\begin{gathered}\operatorname{cn}(iK'+\varepsilon)\,\Phi_s(iK'+\varepsilon),\\ \operatorname{sn}(iK'+\varepsilon)\,\Phi_s(iK'+\varepsilon),\\ \operatorname{dn}(iK'+\varepsilon)\,\Phi_s(iK'+\varepsilon).\end{gathered}$$

Or on a, sans aucun terme constant dans les seconds membres,

$$ik\operatorname{cn}(iK'+\varepsilon) = \frac{1}{\varepsilon}, \qquad k\operatorname{sn}(iK'+\varepsilon) = \frac{1}{\varepsilon}, \qquad i\operatorname{dn}(iK'+\varepsilon) = \frac{1}{\varepsilon},$$

et par conséquent il suffit de calculer les deux premiers termes du développement de l'autre facteur $\Phi_s(iK'+\varepsilon)$, c'est-à-dire le terme en $\frac{1}{\varepsilon}$, et le terme constant. J'emploie à cet effet la relation, sur laquelle je reviendrai tout à l'heure,

$$\theta_s(u+iK') = \sigma\,\theta_{1-s}(u)\,e^{-\frac{i\pi}{4K}(2u+iK')},$$

où σ est égal à i pour $s=0$, $s=1$, et à l'unité si l'on suppose $s=2$, $s=3$, de sorte qu'on peut faire $\sigma = -e^{-\frac{i\pi}{4}(s+1)(s+2)(2s+1)}$. On en conclut l'expression suivante

$$\Phi_s(iK'+\varepsilon) = A\,\frac{\theta_{1-s}(a+\varepsilon)\,e^{\lambda\varepsilon}}{\theta_1(\varepsilon)},$$

A désignant un facteur constant, et par suite ce développement, que je limite à ses deux premiers termes

$$\Phi_s(iK'+\varepsilon) = \frac{A\,\theta_{1-s}(a)}{\theta_1'(0)}\left[\frac{1}{\varepsilon} + \lambda + D_a\log\theta_{1-s}(a)\right].$$

Mais A doit être tel que le coefficient de $\frac{1}{\varepsilon}$ soit l'unité ; nous avons donc simplement

$$\Phi_s(iK'+\varepsilon) = \frac{1}{\varepsilon} + \lambda + D_a\log\theta_{1-s}(a),$$

et l'on voit que les parties principales des développements des fonctions

$$\begin{gathered}ik\operatorname{cn}(iK'+\varepsilon)\,\Phi_s(iK'+\varepsilon),\\ k\operatorname{sn}(iK'+\varepsilon)\,\Phi_s(iK'+\varepsilon),\\ i\operatorname{dn}(iK'+\varepsilon)\,\Phi_s(iK'+\varepsilon)\end{gathered}$$

se réduisent à cette seule et même expression dans les trois cas, à savoir

$$\frac{1}{\varepsilon^2} + [\lambda + D_a \log \theta_{1-s}(a)] \frac{1}{\varepsilon}.$$

La formule générale de décomposition en éléments simples nous donne en conséquence les relations suivantes

$$\begin{aligned} ik \operatorname{cn} u\, \Phi_s(u) &= [\lambda + D_a \log \theta_{1-s}(a)]\, \Phi_{2+s}(u) - D_u \Phi_{2+s}(u), \\ k \operatorname{sn} u\, \Phi_s(u) &= [\lambda + D_a \log \theta_{1-s}(a)]\, \Phi_{1-s}(u) - D_u \Phi_{1-s}(u), \\ i \operatorname{dn} u\, \Phi_s(u) &= [\lambda + D_a \log \theta_{1-s}(a)]\, \Phi_{3-s}(u) - D_u \Phi_{3-s}(u); \end{aligned}$$

et l'on voit qu'on les identifiera aux équations (I), obtenues dans le paragraphe précédent, en disposant des indéterminées a et λ de manière à avoir

$$\varepsilon_s = \lambda + D_a \log \theta_{1-s}(a).$$

Reprenons, à cet effet, les égalités données, paragraphe XV, page 303,

$$\alpha - \beta = in \frac{k^2 \operatorname{sn} \omega \operatorname{cn} \omega}{\operatorname{dn} \omega}, \qquad \alpha - \delta = in \frac{\operatorname{sn} \omega \operatorname{dn} \omega}{\operatorname{cn} \omega}, \qquad \gamma - \alpha = in \frac{\operatorname{cn} \omega \operatorname{dn} \omega}{\operatorname{sn} \omega},$$

en les écrivant d'abord de cette manière (*voir* p. 304) :

$$\frac{i\alpha}{n} + \frac{\Theta'(\omega)}{\Theta(\omega)} = \frac{i\beta}{n} + \frac{\Theta_1'(\omega)}{\Theta_1(\omega)} = \frac{i\gamma}{n} + \frac{H'(\omega)}{H(\omega)} = \frac{i\delta}{n} + \frac{H_1'(\omega)}{H_1(\omega)}.$$

Rappelons ensuite que les constantes $\frac{i\gamma}{n}, \frac{i\alpha}{n}, \frac{i\beta}{n}, \frac{i\delta}{n}$ ont été désignées par ε_s pour $s = 0, 1, 2, 3$, et elles prendront, en introduisant les quantités $\theta_s(\omega)$, cette nouvelle forme

$$\begin{aligned} \varepsilon_1 + D_\omega \log \theta_0(\omega) &= \varepsilon_2 + D_\omega \log \theta_3(\omega) \\ &= \varepsilon_0 + D_\omega \log \theta_1(\omega) = \varepsilon_3 + D_\omega \log \theta_2(\omega). \end{aligned}$$

Il en résulte que l'expression

$$\varepsilon_s + D_\omega \log \theta_{1-s}(\omega)$$

reste la même pour toutes les valeurs de s; par conséquent, on satisfait immédiatement à la condition posée en faisant

$$a = -\omega \qquad \text{et} \qquad \lambda = \varepsilon_s + D_\omega \log \theta_{1-s}(\omega).$$

XXIV.

Les résultats que nous venons d'obtenir montrent encore par un nouvel exemple combien la question de la rotation se trouve intimement liée à la théorie des fonctions elliptiques. C'est même à l'étude d'un problème de Mécanique qu'est due la considération de ces nouveaux éléments analytiques $\Phi_s(u)$, très voisins des fonctions $\varphi(x, \omega)$, $\varphi_1(x, \omega)$, $\chi(x, \omega)$, $\chi_1(x, \omega)$, employées au commencement de ce travail pour intégrer l'équation de Lamé, mais qui en sont néanmoins distincts et offrent un ensemble de propriétés propres. Il est nécessaire, en effet, d'attribuer à la constante λ quatre valeurs particulières pour en déduire ces dernières fonctions, et de là résultent, pour les multiplicateurs de chacune d'elles, des déterminations essentiellement différentes, tandis que la propriété essentielle qui réunit en un seul système les fonctions $\Phi_s(u)$, c'est d'avoir, sauf le signe, les mêmes multiplicateurs. Je me bornerai à leur égard à considérer, pour en donner l'intégrale complète, les équations différentielles auxquelles elles satisfont, équations linéaires et du second ordre comme celle de Lamé; mais auparavant je dois d'abord montrer comment les formules de Jacobi résultent de l'expression à laquelle nous venons de parvenir, $Z_s = N\Phi_s(u)$, où N désigne une constante. J'emploie, à cet effet, la valeur de R_s, qu'on obtient facilement sous la forme

$$R_s = \frac{\sigma\,\theta_{1-s}(a)\,e^{-\frac{i\pi a}{2K}+i\lambda K'}}{i\,\theta'_1(0)}$$

et où l'on doit faire $a = -\omega$. En se rappelant la détermination du facteur σ, et écrivant pour un moment

$$\Omega = \sigma\,\frac{e^{\frac{i\pi\omega}{2K}+i\lambda K'}}{i\,\theta'_1(0)};$$

nous obtenons ainsi

$$R_0 = -i\Omega\,\theta_1(\omega), \qquad R_1 = i\Omega\,\theta_0(\omega), \qquad R_2 = \Omega\,\theta_3(\omega), \qquad R_3 = \Omega\,\theta_2(\omega).$$

Or on a

$$A = \frac{i}{k\,\mathrm{cn}\,\omega} Z_1, \qquad B = \frac{\mathrm{dn}\,\omega}{k\,\mathrm{cn}\,\omega} Z_2, \qquad C = -\frac{\mathrm{sn}\,\omega}{\mathrm{cn}\,\omega} Z_0, \qquad V = -inZ_3;$$

de là résultent, si l'on remplace N par Ω N et les quantités θ_s par Θ, H, ..., les valeurs suivantes

$$A = \frac{iN}{k\,\mathrm{cn}\,\omega}\,\frac{H\,(u-\omega)\,e^{\lambda u}}{i\,\Theta(\omega)\,\Theta(u)} = \frac{N}{\sqrt{kk'}}\,\frac{H\,(u-\omega)\,e^{\lambda u}}{H_1(\omega)\,\Theta(u)},$$

$$B = \frac{\mathrm{dn}\,\omega\,N}{k\,\mathrm{cn}\,\omega}\,\frac{H_1(u-\omega)\,e^{\lambda u}}{\Theta_1(\omega)\,\Theta(u)} = \frac{N}{\sqrt{k}}\,\frac{H_1(u-\omega)\,e^{\lambda u}}{H_1(\omega)\,\Theta(u)},$$

$$C = \frac{\mathrm{sn}\,\omega\,N}{\mathrm{cn}\,\omega}\,\frac{\Theta\,(u-\omega)\,e^{\lambda u}}{i\,H(\omega)\,\Theta(u)} = \frac{N}{\sqrt{k'}}\,\frac{\Theta\,(u-\omega)\,e^{\lambda u}}{i\,H_1(\omega)\,\Theta(u)},$$

$$V = -\,in\,N\,\frac{\Theta_1(u-\omega)\,e^{\lambda u}}{H_1(\omega)\,\Theta(u)}.$$

Je ne m'arrête pas à la détermination de la constante N qui s'obtient comme on l'a déjà vu au paragraphe XIV, page 300, elle a pour valeur $H'(0)e^{i\nu}$, et nous retrouvons bien, sauf le changement de λ en $i\lambda$, les résultats qu'il fallait obtenir.

Je reviens encore un moment sur la désignation par $\theta_s(u)$ des quatre fonctions fondamentales de Jacobi, afin de la rapprocher de la notation qui résulte de la définition même de ces fonctions, par la série

$$\theta_{\mu,\nu}(u) = e^{-\frac{\mu\nu i\pi}{2}}\sum(-1)^{m\nu}\,e^{\frac{i\pi}{K}\left[(2m+\mu)u+\frac{1}{4}(2m+\mu)^2 iK'\right]}.$$

Supposant μ et ν égaux à zéro ou à l'unité, on a donc en même temps

$$\begin{aligned}
\Theta\,(u) &= \theta_0(u) = \theta_{0,1}(u),\\
H\,(u) &= \theta_1(u) = \theta_{1,1}(u),\\
H_1(u) &= \theta_2(u) = \theta_{1,0}(u),\\
\Theta_1(u) &= \theta_3(u) = \theta_{0,0}(u);
\end{aligned}$$

et, en premier lieu, je remarquerai que le système des quatre équations fondamentales

$$\begin{aligned}
\Theta\,(u+iK') &= i\,H\,(u)\,e^{-\frac{i\pi}{4K}(2u+iK')},\\
H\,(u+iK') &= i\,\Theta\,(u)\,e^{-\frac{i\pi}{4K}(2u+iK')},\\
H_1(u+iK') &= \Theta_1(u)\,e^{-\frac{i\pi}{4K}(2u+iK')},\\
\Theta_1(u+iK') &= H_1(u)\,e^{-\frac{i\pi}{4K}(2u+iK')},
\end{aligned}$$

peut être remplacé par la relation unique dont j'ai déjà fait usage, à savoir

$$\theta_s(u+i\mathrm{K}')=\sigma\,\theta_{1-s}(u)\,e^{-\frac{i\pi}{4\mathrm{K}}(2u+i\mathrm{K}')}.$$

On doit y joindre les suivantes

$$\begin{aligned}\theta_s(u+\mathrm{K}) &= \sigma'\,\theta_{3-s}(u),\\ \theta_s(u+\mathrm{K}+i\mathrm{K}') &= \sigma''\,\theta_{2+s}(u)\,e^{-\frac{i\pi}{4\mathrm{K}}(2u+i\mathrm{K}')},\end{aligned}$$

les facteurs σ, σ', σ'' ayant pour valeurs

$$\sigma=-e^{-\frac{i\pi}{4}(s+1)(s+2)(2s+1)},\qquad \sigma'=e^{\frac{i\pi}{2}s(s-1)},\qquad \sigma''=e^{-\frac{i\pi}{4}s(s-1)};$$

puis celles-ci

$$\begin{aligned}\theta_s(u+2\mathrm{K}) &= (-1)^{\frac{1}{2}s(s+1)}\,\theta_s(u),\\ \theta_s(u+2i\mathrm{K}') &= -(-1)^{\frac{1}{2}s(s-1)}\,\theta_s(u)\,e^{-\frac{i\pi}{\mathrm{K}}(u+i\mathrm{K}')}.\end{aligned}$$

Je remarquerai enfin qu'en passant du système de deux indices à un indice unique on est amené à exprimer, d'une manière générale, s au moyen de μ et ν. Si nous avons égard à la convention admise que s est pris suivant le module 4, on trouve aisément l'expression

$$s\equiv -1-\mu+\nu+2\mu\nu.$$

Cela étant, soit de même

$$s'\equiv -1-\mu'+\nu'+2\mu'\nu',$$

et désignons par S la quantité relative aux sommes $\mu+\mu'$ et $\nu+\nu'$. Les admirables travaux de M. Weierstrass ayant montré de quelle importance est, pour la théorie des fonctions abéliennes, l'addition des indices dans les fonctions θ à n variables, où entrent $2n$ quantités analogues à μ et ν, on est amené, dans le cas le plus simple des fonctions elliptiques, à chercher l'expression de S en s et s'. M. Lipschitz m'a communiqué la solution de cette question par la formule élégante

$$\mathrm{S}\equiv -1-s-s'-2ss'\qquad (\mathrm{mod}\,4),$$

et voici comment l'éminent géomètre la démontre. Écrivons l'égalité précédemment donnée : $s\equiv -1-\mu+\nu+2\mu\nu$ sous cette forme

$$2s+1\equiv(2\mu+1)(2\nu-1)\qquad (\mathrm{mod}\,8),$$

et remarquons qu'on peut poser, μ et ν étant zéro ou l'unité,

$$2\mu + 1 \equiv 3^\mu, \qquad 2\nu - 1 \equiv -7^\nu \qquad (\text{mod} 8).$$

On en conclura

$$2s + 1 \equiv -3^\mu 7^\nu \qquad (\text{mod} 8);$$

or les relations analogues

$$2s' + 1 \equiv -3^{\mu'} 7^{\nu'}, \qquad 2S + 1 \equiv -3^{\mu+\mu'} 7^{\nu+\nu'} \qquad (\text{mod} 8)$$

donneront immédiatement

$$2S + 1 \equiv -(2s + 1)(2s' + 1) \qquad (\text{mod} 8),$$

et l'on en conclut l'équation qu'il s'agissait d'obtenir.

XXV.

Nous avons vu que le système des quatre fonctions représentées, en faisant $s = 0, 1, 2, 3$, par l'expression

$$\Phi_s(u) = \frac{\theta_s(u + a)\, e^{\lambda u}}{R_s\, \theta_0(u)},$$

où a et λ sont des constantes quelconques et R_s le résidu correspondant au pôle $u = iK'$ de $\frac{\theta_s(u + a)\, e^{\lambda u}}{\theta_0(u)}$, conduit aux équations différentielles suivantes (§ XXIII, p. 331),

$$\begin{aligned} ik \operatorname{cn} u\, \Phi_s(u) &= [\lambda + D_a \log \theta_{1-s}(a)]\, \Phi_{2+s}(u) - D_u\, \Phi_{2+s}(u), \\ k \operatorname{sn} u\, \Phi_s(u) &= [\lambda + D_a \log \theta_{1-s}(a)]\, \Phi_{1-s}(u) - D_u\, \Phi_{1-s}(u), \\ i \operatorname{dn} u\, \Phi_s(u) &= [\lambda + D_a \log \theta_{1-s}(a)]\, \Phi_{3-s}(u) - D_u\, \Phi_{3-s}(u). \end{aligned}$$

Ces relations me paraissent appeler l'attention, comme donnant d'elles-mêmes des équations linéaires du second ordre, dont la solution complète s'obtient, ainsi que celle de Lamé, dans le cas de $n = 1$, par des fonctions doublement périodiques de seconde espèce, ayant la demi-période iK' pour infini simple. Pour y parvenir facilement, il convient de représenter les quantités $ik\operatorname{cn} u$, $k\operatorname{sn} u$, $i\operatorname{dn} u$ par U_1, U_2, U_3, de manière à avoir sous forme entièrement symétrique

$$D_u U_1 = -U_2 U_3, \qquad D_u U_2 = -U_1 U_3, \qquad D_u U_3 = -U_1 U_2.$$

Cela étant, si nous changeons successivement s en $2+s$, $1-s$, $3-s$, on obtiendra, en écrivant, pour abréger, Φ_s au lieu de $\Phi_s(u)$ et ε_s pour $\lambda + D_a \log \theta_{1-s}(a)$, ces trois groupes de deux équations, à savoir

$$\begin{cases} U_1 \Phi_s = \varepsilon_s \Phi_{2+s} - D_u \Phi_{2+s}, \\ U_1 \Phi_{2+s} = \varepsilon_{2+s} \Phi_s - D_u \Phi_s, \end{cases}$$

$$\begin{cases} U_2 \Phi_s = \varepsilon_s \Phi_{1-s} - D_u \Phi_{1-s}, \\ U_2 \Phi_{1-s} = \varepsilon_{1-s} \Phi_s - D_u \Phi_s, \end{cases}$$

$$\begin{cases} U_3 \Phi_s = \varepsilon_s \Phi_{3-s} - D_u \Phi_{3-s}, \\ U_2 \Phi_{3-s} = \varepsilon_{3-s} \Phi_s - D_u \Phi_s. \end{cases}$$

L'élimination successive des quantités Φ_{2+s}, Φ_{1-s}, Φ_{3-s} donne ensuite

$$\text{(I)} \quad D_u^2 \Phi_s - (\varepsilon_s + \varepsilon_{2+s} + D_u \log U_1) D_u \Phi_s + (\varepsilon_s \varepsilon_{2+s} + \varepsilon_{2+s} D_u \log U_1 - U_1^2) \Phi_s = o$$

$$\text{(II)} \quad D_u^2 \Phi_s - (\varepsilon_s + \varepsilon_{1-s} + D_u \log U_2) D_u \Phi_s + (\varepsilon_s \varepsilon_{1-s} + \varepsilon_{1-s} D_u \log U_2 - U_2^2) \Phi_s = o$$

$$\text{(III)} \quad D_u^2 \Phi_s - (\varepsilon_s + \varepsilon_{3-s} + D_u \log U_3) D_u \Phi_s + (\varepsilon_s \varepsilon_{3-s} + \varepsilon_{3-s} D_u \log U_3 - U_3^2) \Phi_s = o$$

Nous avons donc trois équations du second ordre dont une solution particulière est la fonction $\Phi_s(u)$; voici comment on parvient à les intégrer complètement.

Faisons successivement dans (I), (II) et (III)

$$\Phi_s = X_1 e^{\frac{u}{2}(\varepsilon_s + \varepsilon_{2+s})},$$

$$\Phi_s = X_2 e^{\frac{u}{2}(\varepsilon_s + \varepsilon_{1-s})},$$

$$\Phi_s = X_3 e^{\frac{u}{2}(\varepsilon_s + \varepsilon_{3-s})};$$

on aura pour transformées

$$D_u^2 X_1 - D_u \log U_1 D_u X_1 - (\delta_1^2 + \delta_1 D_u \log U_1 + U_1^2) X_1 = o,$$
$$D_u^2 X_2 - D_u \log U_2 D_u X_2 - (\delta_2^2 + \delta_2 D_u \log U_2 + U_2^2) X_2 = o,$$
$$D_u^2 X_3 - D_u \log U_3 D_u X_3 - (\delta_3^2 + \delta_3 D_u \log U_3 + U_3^2) X_3 = o,$$

en posant, pour abréger l'écriture,

$$\delta_1 = \tfrac{1}{2}(\varepsilon_s - \varepsilon_{2+s}), \qquad \delta_2 = \tfrac{1}{2}(\varepsilon_s - \varepsilon_{1-s}), \qquad \delta_3 = \tfrac{1}{2}(\varepsilon_s - \varepsilon_{3-s}).$$

Je remarque maintenant que ces équations ne changent pas si, en remplaçant dans la première, la deuxième et la troisième, s par $2+s$, $1-s$ et $3-s$, on écrit dans toutes en même temps $-u$

au lieu de u. Par conséquent, on peut, d'une solution, en tirer une autre : la première, par exemple, qui est vérifiée en prenant

$$X_1 = \Phi_s(u)\, e^{-\frac{u}{2}(\varepsilon_s + \varepsilon_{2+s})},$$

le sera encore si l'on fait

$$X_1 = \Phi_{2+s}(-u)\, e^{+\frac{u}{2}(\varepsilon_s + \varepsilon_{2+s})}.$$

En employant les formules

$$\varepsilon_s = \lambda + D_a \log \theta_{1-s}(a), \qquad \varepsilon_{2+s} = \lambda + D_a \log \theta_{3-s}(a),$$

et mettant pour abréger θ_s au lieu de $\theta_s(a)$, on en conclut pour l'intégrale générale

$$X_1 = \frac{C\,\theta_s(u+a)}{\theta_0(u)}\, e^{-\frac{u}{2} D_a \log \theta_{1-s}\theta_{3-s}} + \frac{C'\,\theta_{2+s}(u-a)}{\theta_0(u)}\, e^{\frac{u}{2} D_a \log \theta_{1-s}\theta_{3-s}}.$$

Les solutions des deux autres équations seront semblablement

$$X_2 = \frac{C\,\theta_s(u+a)}{\theta_0(u)}\, e^{-\frac{u}{2} D_a \log \theta_s \theta_{1-s}} + \frac{C'\,\theta_{1-s}(u-a)}{\theta_0(u)}\, e^{\frac{u}{2} D_a \log \theta_s \theta_{1-s}},$$

$$X_3 = \frac{C\,\theta_s(u+a)}{\theta_0(u)}\, e^{-\frac{u}{2} D_a \log \theta_s \theta_{2+s}} + \frac{C'\,\theta_{3-s}(u-a)}{\theta_0(u)}\, e^{\frac{u}{2} D_a \log \theta_s \theta_{2+s}}.$$

XXVI.

Les relations qui nous ont servi de point de départ donnent lieu à d'autres combinaisons dont se tirent de nouvelles équations du second ordre analogues aux précédentes, et qu'il est important de former. On a, par exemple, comme on le voit facilement,

$$U_1(\varepsilon_s \Phi_{1-s} - D_u \Phi_{1-s}) = U_2(\varepsilon_s \Phi_{2+s} - D_u \Phi_{2+s}),$$

et l'on en conclut, en changeant s en $1 - s$,

$$U_1(\varepsilon_{1-s} \Phi_s - D_u \Phi_s) = U_2(\varepsilon_{1-s} \Phi_{3-s} - D_u \Phi_{3-s}).$$

Joignons à cette équation la suivante

$$U_3 \Phi_{3-s} = \varepsilon_{3-s} \Phi_s - D_u \Phi_s,$$

et l'on trouvera, par l'élimination de Φ_{3-s},

$$D_u^2\Phi_s-(\varepsilon_{1-s}+\varepsilon_{3-s}+D_u\log U_2U_3)D_u\Phi_s+(\varepsilon_{1-s}\varepsilon_{3-s}+\varepsilon_{1-s}D_u\log U_2+\varepsilon_{3-s}D_u\log U_3)\Phi_s=$$

De simples changements de lettres donneront ensuite

$$D_u^2\Phi_s-(\varepsilon_{3-s}+\varepsilon_{2+s}+D_u\log U_3U_1)D_u\Phi_s+(\varepsilon_{3-s}\varepsilon_{2+s}+\varepsilon_{3-s}D_u\log U_3+\varepsilon_{2+s}D_u\log U_1)\Phi_s=$$
$$D_u^2\Phi_s-(\varepsilon_{1-s}+\varepsilon_{2+s}+D_u\log U_1U_2)D_u\Phi_s+(\varepsilon_{1-s}\varepsilon_{2+s}+\varepsilon_{2+s}D_u\log U_2+\varepsilon_{1-s}D_u\log U_1)\Phi_s=$$

Cela posé, je fais dans la première, la deuxième et la troisième de ces équations, les substitutions

$$\Phi_s = Y_1\, e^{\frac{u}{2}(\varepsilon_{1-s}+\varepsilon_{3-s})},$$
$$\Phi_s = Y_2\, e^{\frac{u}{2}(\varepsilon_{3-s}+\varepsilon_{2+s})},$$
$$\Phi_s = Y_3\, e^{\frac{u}{2}(\varepsilon_{1-s}+\varepsilon_{2+s})}.$$

J'écris aussi, pour abréger,

$$\delta'_1 = \tfrac{1}{2}(\varepsilon_{1-s}-\varepsilon_{3-s}),\qquad \delta'_2 = \tfrac{1}{2}(\varepsilon_{3-s}-\varepsilon_{2+s}),\qquad \delta'' = \tfrac{1}{2}(\varepsilon_{1-s}-\varepsilon_{2+s});$$

les transformées qui en résultent, savoir

$$D_u^2 Y_1 - D_u\log U_2U_3\, D_u Y_1 - \left(\delta_1'^2 - \delta'_1\, D_u\log\frac{U_2}{U_3}\right)Y_1 = 0,$$
$$D_u^2 Y_2 - D_u\log U_3U_1\, D_u Y_2 - \left(\delta_2'^2 - \delta'_2\, D_u\log\frac{U_3}{U_1}\right)Y_2 = 0,$$
$$D_u^2 Y_3 - D_u\log U_1U_2\, D_u Y_3 - \left(\delta_3'^2 - \delta'_3\, D_u\log\frac{U_1}{U_2}\right)Y_3 = 0,$$

se reproduisent comme les équations en X, lorsqu'on change s en $2+s$, $1-s$, $3-s$ et u en $-u$, les quantités δ et δ', ainsi que les dérivées logarithmiques, changeant de signe. On en conclut immédiatement pour les intégrales complètes les formules

$$Y_1 = \frac{C\,\theta_s(u+a)}{\theta_0(a)}\,e^{-\frac{u}{2}D_a\log\theta_s\theta_{2+s}} + \frac{C'\,\theta_{2+s}(u-a)}{\theta_0(u)}\,e^{\frac{u}{2}D_a\log\theta_s\theta_{2+s}},$$
$$Y_2 = \frac{C\,\theta_s(u+a)}{\theta_0(a)}\,e^{-\frac{u}{2}D_a\log\theta_{2+s}\theta_{3-s}} + \frac{C'\,\theta_{1-s}(u-a)}{\theta_0(u)}\,e^{\frac{u}{2}D_a\log\theta_{2+s}\theta_{3-s}},$$
$$Y_3 = \frac{C\,\theta_s(u+a)}{\theta_0(u)}\,e^{-\frac{u}{2}D_a\log\theta_s\theta_{3-s}} + \frac{C'\,\theta_{3-s}(u-a)}{\theta_0(u)}\,e^{\frac{u}{2}D_a\log\theta_s\theta_{3-s}}.$$

Ce sont donc les mêmes quotients des fonctions θ qui figurent dans les valeurs de X_1 et Y_1, X_2 et Y_2, X_3 et Y_3, les exponentielles qui multiplient ces quotients étant seules différentes. Cette circonstance fait présumer l'existence d'équations linéaires du second ordre plus générales, dont la solution s'obtiendrait en remplaçant, dans les expressions $CA + C'B$ des quantités X et Y, les fonctions déterminées A et B par Ae^{pu} et Be^{-pu}, où p est une constante quelconque ; voici comment on les obtient.

XXVII.

Considérons en général une équation linéaire du second ordre à laquelle nous donnerons la forme suivante

$$PX'' - P'X' + QX = 0,$$

où P et Q sont des fonctions quelconques de la variable u, et dont l'intégrale soit

$$X = CA + C'B.$$

Je dis que, si l'on connaît le produit de deux solutions particulières, et qu'on fasse en conséquence

$$AB = R,$$

nous pourrons obtenir l'équation qui aurait pour solution l'expression plus générale

$$\mathfrak{X} = CA\, e^{pu} + C'B\, e^{-pu}.$$

J'observe à cet effet que, le résultat de l'élimination des constantes C et C' étant

$$\begin{vmatrix} \mathfrak{X} & A & B \\ \mathfrak{X}' & Ap + A' & -Bp + B' \\ \mathfrak{X}'' & Ap^2 + 2A'p + A'' & Bp^2 - 2B'p + B'' \end{vmatrix} = 0,$$

le développement du déterminant donne pour l'équation cherchée

$$\mathfrak{P}\mathfrak{X}'' - \mathfrak{P}'\mathfrak{X}' + \mathfrak{Q}\mathfrak{X} = 0,$$

les nouvelles fonctions $\mathfrak{P}$ et $\mathfrak{Q}$ ayant pour expressions

$$\mathfrak{P} = AB' - BA' - 2ABp,$$
$$\mathfrak{Q} = A'B'' - B'A'' + (AB'' - 4A'B' + BA'')p - 3(AB' - BA')p^2 + 2ABp^3.$$

Or on a, quelles que soient les solutions particulières A et B, la relation

$$AB' - BA' = Pg,$$

en désignant par g une constante dont voici la détermination.

Donnons à la variable une valeur $u = u_0$ qui annule B dans cette équation et la suivante

$$AB' + BA' = R',$$

et soient P_0 et R'_0 les valeurs que prennent P et R'; on trouvera immédiatement la condition

$$P_0 g = R'_0.$$

La constante g étant ainsi connue, nous avons déjà la formule

$$\mathfrak{P} = Pg - 2Rp.$$

Pour obtenir $\mathfrak{Q}$, je remarque d'abord qu'on peut écrire

$$A'B'' - B'A'' = \frac{P'B' - QB}{P} A' - \frac{P'A' - QA}{P} B' = Qg,$$

puis semblablement

$$AB'' + BA'' = \frac{P'B' - QB}{P} A + \frac{P'A' - QA}{P} B = \frac{P'R' - 2QR}{P};$$

nous avons d'ailleurs

$$AB'' + 2A'B' + BA'' = R'',$$

par conséquent

$$AB'' - 4A'B' + BA'' = -\frac{2PR'' - 3P'R' + 6QR}{P},$$

et l'on en conclut la valeur cherchée

$$\mathfrak{Q} = Qg - \frac{2PR'' - 3P'R' + 6QR}{P} p - 3Pgp^2 + 2Rp^3.$$

Ce point établi, j'envisage, dans les équations différentielles en X_1, X_2, X_3, les expressions du produit AB, que je désignerai successivement par $R_1(u)$, $R_2(u)$, $R_3(u)$, en faisant

$$R_1(u) = \frac{\theta_1'^2(o)\,\theta_s(u+a)\,\theta_{2+s}(u-a)}{\theta_0^2(u)\,\theta_{1-s}(a)\,\theta_{3-s}(a)},$$

$$R_2(u) = \frac{\theta_1'^2(o)\,\theta_s(u+a)\,\theta_{1-s}(u-a)}{\theta_0^2(u)\,\theta_s(a)\,\theta_{1-s}(a)},$$

$$R_3(u) = \frac{\theta_1'^2(o)\,\theta_s(u+a)\,\theta_{3-s}(u-a)}{\theta_0^2(u)\,\theta_{1-s}(a)\,\theta_{2+s}(a)}.$$

Les formules élémentaires concernant les fonctions θ donneraient ces quantités pour chaque valeur de s, mais j'y parviendrai par une autre voie en conservant l'indice variable. Et d'abord, au moyen des relations

$$\theta_s(u+2\,\mathrm{K}) = (-1)^{\frac{s(s+1)}{2}}\,\theta_s(u),$$
$$\theta_s(u+2i\mathrm{K}') = (-1)^{\frac{(s+1)(s+2)}{2}}\,\theta_s(u)\,e^{-\frac{i\pi}{\mathrm{K}}(u+i\mathrm{K}')},$$

on obtient

$$\begin{aligned} \mathrm{R}_1(u+2\mathrm{K}) &= -\mathrm{R}_1(u), & \mathrm{R}_1(u+2i\mathrm{K}') &= -\mathrm{R}_1(u),\\ \mathrm{R}_2(u+2\mathrm{K}) &= -\mathrm{R}_2(u), & \mathrm{R}_2(u+2i\mathrm{K}') &= +\mathrm{R}_2(u),\\ \mathrm{R}_3(u+2\mathrm{K}) &= +\mathrm{R}_3(u), & \mathrm{R}_3(u+2i\mathrm{K}') &= -\mathrm{R}_3(u). \end{aligned}$$

Les fonctions $\mathrm{R}_1(u)$, $\mathrm{R}_2(u)$, $\mathrm{R}_3(u)$ possèdent ainsi la même périodicité que $\mathrm{cn}\,u$, $\mathrm{sn}\,u$, $\mathrm{dn}\,u$, par conséquent les quantités proportionnelles U_1, U_2, U_3, ayant le seul pôle $u = i\mathrm{K}'$ à l'intérieur du rectangle des périodes $2\mathrm{K}$, $2i\mathrm{K}'$, et pour résidu correspondant l'unité, peuvent servir, à leur égard, d'éléments simples. Employons maintenant l'équation

$$\theta_s(u+i\mathrm{K}') = \sigma\,\theta_{1-s}(u)\,e^{-\frac{i\pi}{4\mathrm{K}}(2u+i\mathrm{K}')},$$

où j'ai posé

$$\sigma = -e^{-\frac{i\pi}{4}(s+1)(s+2)(2s+1)},$$

et désignons par σ_1, σ_2, σ_3 ce que devient σ, et, changeant s en $2+s$, $1-s$, $3-s$, nous trouverons [1]

$$\mathrm{R}_1(i\mathrm{K}'+\varepsilon) = -\sigma\sigma_1\,\frac{\theta_1'^2(0)\,\theta_{1-s}(a+\varepsilon)\,\theta_{3-s}(-a+\varepsilon)}{\theta_1^2(\varepsilon)\,\theta_{1-s}(a)\,\theta_{3-s}(a)},$$
$$\mathrm{R}_2(i\mathrm{K}'+\varepsilon) = -\sigma\sigma_2\,\frac{\theta_1'^2(0)\,\theta_{1-s}(a+\varepsilon)\,\theta_{s}(-a+\varepsilon)}{\theta_1^2(\varepsilon)\,\theta_{1-s}(a)\,\theta_{s}(a)},$$
$$\mathrm{R}_3(i\mathrm{K}'+\varepsilon) = -\sigma\sigma_3\,\frac{\theta_1'^2(0)\,\theta_{1-s}(a+\varepsilon)\,\theta_{2+s}(-a+\varepsilon)}{\theta_1^2(\varepsilon)\,\theta_{1-s}(a)\,\theta_{2+s}(a)}.$$

Cela étant, comme on peut introduire à volonté un facteur constant dans la fonction R, je prends, au lieu des expressions précédentes,

---

[1] On démontre facilement qu'on a

$$\sigma\sigma_1 = +i, \qquad \sigma\sigma_2 = (-1)^{\frac{s(s-1)}{2}}, \qquad \sigma\sigma_3 = +i.$$

celles-ci, qui en diffèrent seulement par le signe ou le facteur $\pm i$, savoir

$$R_1(iK'+\varepsilon) = \frac{\theta_1'^2(0)\,\theta_{1-s}(a+\varepsilon)\,\theta_{3-s}(a-\varepsilon)}{\theta_1^2(\varepsilon)\,\theta_{1-s}(a)\,\theta_{3-s}(a)},$$

$$R_2(iK'+\varepsilon) = \frac{\theta_1'^2(0)\,\theta_{1-s}(a+\varepsilon)\,\theta_s(a-\varepsilon)}{\theta_1^2(\varepsilon)\,\theta_{1-s}(a)\,\theta_s(a)},$$

$$R_3(iK'+\varepsilon) = \frac{\theta_1'^2(0)\,\theta_{1-s}(a+\varepsilon)\,\theta_{2+s}(a-\varepsilon)}{\theta_1^2(\varepsilon)\,\theta_{1-s}(a)\,\theta_{2+s}(a)}.$$

Développant donc suivant les puissances de ε et faisant usage des quantités δ, précédemment introduites, qui donnent

$$\frac{\theta'_{1-s}(a)}{\theta_{1-s}(a)} - \frac{\theta'_{3-s}(a)}{\theta_{3-s}(a)} = 2\delta_1,$$

$$\frac{\theta'_{1-s}(a)}{\theta_{1-s}(a)} - \frac{\theta'_s(a)}{\theta_s(a)} = 2\delta_2,$$

$$\frac{\theta'_{1-s}(a)}{\theta_{1-s}(a)} - \frac{\theta'_{2+s}(a)}{\theta_{2+s}(a)} = 2\delta_3,$$

nous obtenons, pour les parties principales, les quantités

$$\frac{1}{\varepsilon^2} + \frac{2\delta_1}{\varepsilon}, \quad \frac{1}{\varepsilon^2} + \frac{2\delta_2}{\varepsilon}, \quad \frac{1}{\varepsilon^2} + \frac{2\delta_3}{\varepsilon},$$

et l'on en conclut les valeurs suivantes, qu'il s'agissait d'obtenir :

$$R_1(u) = 2\delta_1 U_1 - D_u U_1,$$

$$R_2(u) = 2\delta_2 U_2 - D_u U_2,$$

$$R_3(u) = 2\delta_3 U_3 - D_u U_3.$$

Ces résultats nous permettent de former les fonctions $\mathfrak{P}$ et $\mathfrak{Q}$; mais, pour la deuxième, le calcul est un peu long, et je me bornerai à en retenir cette conclusion, que dans les trois cas on parvient, en désignant par U une quantité qui soit successivement U_1, U_2, U_3, à des expressions de cette forme

$$\mathfrak{P} = \alpha U + \alpha' D_u U,$$

$$\mathfrak{Q} = \beta U + \beta' D_u U + \beta'' D_u^2 U,$$

où les coefficients α et β sont des constantes. Leur complication tient à ce qu'ils sont exprimés au moyen des quantités a et p qui figurent explicitement dans l'intégrale, et nous allons voir comment l'introduction d'autres éléments conduit à des valeurs beaucoup plus simples.

XXVIII.

Soient U et U_1 deux fonctions doublement périodiques de seconde espèce ayant chacune un pôle unique $u = 0$, et représentées par les formules

$$U = \frac{H(u+\alpha)e^{pu}}{H(u)}, \qquad U_1 = \frac{H(u+\beta)e^{qu}}{H(u)};$$

je me propose de former en général l'équation du second ordre, admettant pour intégrale l'expression

$$\mathfrak{x} = CU + C'U_1,$$

qui est

$$\begin{vmatrix} \mathfrak{x} & U & U_1 \\ \mathfrak{x}' & U' & U'_1 \\ \mathfrak{x}'' & U'' & U''_1 \end{vmatrix} = \mathfrak{p}\mathfrak{x}'' - \mathfrak{p}'\mathfrak{x}' + \mathfrak{Q}\mathfrak{x} = 0,$$

en posant

$$\mathfrak{p} = UU'_1 - U_1U', \qquad \mathfrak{Q} = U'U''_1 - U'_1U''.$$

Nommons pour un moment μ et μ' les multiples de A, ν et ν' ceux de B ; on voit d'abord que les coefficients $\mathfrak{P}$ et $\mathfrak{Q}$ sont des fonctions de seconde espèce aux multiplicateurs $\mu\nu$ et $\mu'\nu'$, ayant de même pour seul pôle $u = 0$, qui est un infini double pour $\mathfrak{P}$ et un infini triple pour $\mathfrak{Q}$. L'équation $\mathfrak{P} = 0$ n'admet ainsi à l'intérieur du rectangle des périodes que deux racines, $u = a$ et $u = b$, et, en décomposant en éléments simples les fonctions de première espèce, $\frac{\mathfrak{p}'}{\mathfrak{p}}$ et $\frac{\mathfrak{Q}}{\mathfrak{p}}$, on aura les expressions suivantes,

$$\frac{\mathfrak{p}'}{\mathfrak{p}} = \frac{H'(u-a)}{H(u-a)} + \frac{H'(u-b)}{H(u-b)} - 2\frac{H'(u)}{H(u)} + \lambda,$$

$$\frac{\mathfrak{Q}}{\mathfrak{p}} = \frac{P\,H'(u-a)}{H(u-a)} + \frac{Q\,H'(u-b)}{H(u-b)} + \frac{R\,H'(u)}{H(u)} + S,$$

où P, Q, ... sont des constantes assujetties à la condition

$$P + Q + R = 0.$$

Les quantités a et b, que nous venons d'introduire, représentent donc, à l'égard de l'équation différentielle, des points que M. Weierstrass nomme *à apparence singulière*, $u = 0$ étant seul un point singulier. Ce sont les véritables éléments qu'il convient d'employer comme appropriés à la formation de l'équation différentielle, au lieu des constantes α, β, p, q qui entrent dans les fonctions A et B. Je me fonderai, à cet effet, sur le lemme suivant, qui donnera, par un calcul facile, la détermination des coefficients P, Q, ...

Considérons l'équation différentielle

$$y'' - f(u)y' + g(u)y = 0,$$

où les fonctions uniformes $f(u)$, $g(u)$ admettent seulement des infinis simples qui soient, d'une part, $u = 0$ et de l'autre $u = a$, b, c, ... Posons d'abord, en développant suivant les puissances croissantes de ε,

$$f(\varepsilon) = -\frac{2}{\varepsilon} + F + \ldots, \qquad g(\varepsilon) = \frac{G}{\varepsilon} + \ldots$$

et en second lieu, pour les diverses quantités a, b, c, ...,

$$f(a+\varepsilon) = \frac{1}{\varepsilon} + f_a + \ldots, \qquad g(a+\varepsilon) = \frac{g_a}{\varepsilon} + g_a^1 + \ldots.$$

Si l'on a, d'autre part,

$$F + G = 0,$$

puis, pour toutes les quantités a, b, c, ...,

$$g_a^1 = g_a(f_a - g_a),$$

l'intégrale de l'équation proposée sera une fonction uniforme ayant pour seul point singulier $u = 0$, et, dans le domaine de ce point, les intégrales nommées *fondamentales* par M. Fuchs seront de la forme $\varphi_1(u)$ et $\frac{1}{u} + \varphi_2(u)$, où $\varphi_1(u)$ et $\varphi_2(u)$ représentent des séries qui procèdent suivant les puissances ascendantes entières et positives de la variable.

XXIX.

Ce sont ces belles et importantes découvertes de M. Fuchs dans la théorie générale des équations différentielles linéaires qui permettent ainsi d'obtenir les conditions nécessaires et suffisantes pour que l'intégrale complète de l'équation considérée soit une fonction uniforme de la variable. Il n'est pas inutile, à l'égard de ces conditions, de remarquer qu'elles se conservent, comme on le vérifie aisément, dans les transformées auxquelles conduit la substitution $y = ze^{-\alpha u}$, à savoir

$$z'' - [2\alpha + f(u)]z' + [\alpha^2 + \alpha f(u) + g(u)]z = 0.$$

J'observe encore qu'on peut supposer doublement périodiques les fonctions $f(u)$ et $g(u)$, en convenant que les quantités $u = 0$, $u = a$, $u = b$, ..., au lieu de représenter tous leurs pôles, désigneront seulement ceux de ces pôles qui sont à l'intérieur du rectangle des périodes. Soit donc, en nous plaçant dans ce cas,

$$f(u) = \frac{\mathfrak{P}'}{\mathfrak{P}},$$

$$g(u) = \frac{\mathfrak{Q}}{\mathfrak{P}},$$

ou bien, d'après la remarque qui vient d'être faite,

$$f(u) = 2\alpha + \frac{\mathfrak{P}'}{\mathfrak{P}},$$

$$g(u) = \alpha^2 + \alpha\frac{\mathfrak{P}'}{\mathfrak{P}} + \frac{\mathfrak{Q}}{\mathfrak{P}},$$

α étant une constante arbitraire. Je disposerai de cette constante de sorte qu'on ait

$$f(u) = \frac{H'(u-a)}{H(u-a)} + \frac{H'(u-b)}{H(u-b)} - 2\frac{H'(u)}{H(u)} + \frac{\Theta'(a)}{\Theta(a)} + \frac{\Theta'(b)}{\Theta(b)},$$

et par conséquent, d'après les formules connues,

$$f(u) = \frac{\operatorname{sn} a}{\operatorname{sn} u \operatorname{sn}(u-a)} + \frac{\operatorname{sn} b}{\operatorname{sn} u \operatorname{sn}(u-b)}.$$

Cela étant, il est clair qu'on peut écrire, avec trois indéterminées, A, B, C,

$$g(u) = \frac{A \operatorname{sn} a}{\operatorname{sn} u \operatorname{sn}(u-a)} + \frac{B \operatorname{sn} b}{\operatorname{sn} u \operatorname{sn}(u-b)} + C,$$

et nous tirerons sur-le-champ de ces expressions les valeurs suivantes :

$$F = -\frac{\operatorname{cn} a \operatorname{dn} a}{\operatorname{sn} a} - \frac{\operatorname{cn} b \operatorname{dn} b}{\operatorname{sn} b},$$

$$G = -A - B,$$

$$f_a = -\frac{\operatorname{cn} a \operatorname{dn} a}{\operatorname{sn} a} + \frac{\operatorname{sn} b}{\operatorname{sn} a \operatorname{sn}(a-b)},$$

$$g_a = A,$$

$$g_a^1 = -\frac{A \operatorname{cn} a \operatorname{dn} a}{\operatorname{sn} a} + \frac{B \operatorname{sn} b}{\operatorname{sn} a \operatorname{sn}(a-b)} + C.$$

Or la condition

$$g_a^1 = g_a(f_a - g_a)$$

conduit à

$$\frac{\operatorname{sn} b(A-B)}{\operatorname{sn} a \operatorname{sn}(a-b)} - A^2 - C = 0;$$

le second pôle $u = b$ donne semblablement

$$\frac{\operatorname{sn} a(B-A)}{\operatorname{sn} b \operatorname{sn}(b-a)} - B^2 - C = 0,$$

et l'on conclut enfin de l'équation $F + G = 0$

$$\frac{\operatorname{cn} a \operatorname{dn} a}{\operatorname{sn} a} + \frac{\operatorname{cn} b \operatorname{dn} b}{\operatorname{sn} b} + A + B = 0.$$

Je remarque immédiatement que cette dernière relation n'est point distincte des deux autres et qu'elle en résulte en les retranchant membre à membre et divisant par $A - B$. En l'employant avec la première, nous trouvons, par l'élimination de B,

$$A^2 - 2A\frac{\operatorname{sn} b}{\operatorname{sn} a \operatorname{sn}(a-b)} - \frac{\operatorname{sn}^2 a - \operatorname{sn}^2 b}{\operatorname{sn}^2 a \operatorname{sn}^2(a-b)} + C = 0,$$

ou encore

$$\left[A - \frac{\operatorname{sn} b}{\operatorname{sn} a \operatorname{sn}(a-b)}\right]^2 - \frac{1}{\operatorname{sn}^2(a-b)} + C = 0.$$

Remplaçant désormais C par $\frac{1}{\operatorname{sn}^2(a-b)} - C^2$, on voit qu'on aura

$$A = \frac{\operatorname{sn} b}{\operatorname{sn} a \operatorname{sn}(a-b)} + C,$$

et par conséquent

$$B = \frac{\operatorname{sn} a}{\operatorname{sn} b \operatorname{sn}(b-a)} - C.$$

Telles sont donc, exprimées au moyen de la nouvelle indéterminée C, les valeurs très simples des constantes A et B pour lesquelles, d'après les principes de M. Fuchs, l'intégrale complète de l'équation

$$y'' - \left[\frac{\operatorname{sn} a}{\operatorname{sn} u \operatorname{sn}(u-a)} + \frac{\operatorname{sn} b}{\operatorname{sn} u \operatorname{sn}(u-b)}\right] y'$$
$$+ \left[\frac{\mathrm{A} \operatorname{sn} a}{\operatorname{sn} u \operatorname{sn}(u-a)} + \frac{\mathrm{B} \operatorname{sn} b}{\operatorname{sn} u \operatorname{sn}(u-b)} + \frac{1}{\operatorname{sn}^2(a-b)} - \mathrm{C}^2\right] y = 0$$

est une fonction uniforme de la variable avec le seul pôle $u = 0$.

Nous sommes assurés de plus, par une proposition générale de M. Picard (*Comptes rendus* du 21 juillet 1879, p. 140, et du 19 janvier 1880, p. 128), que cette intégrale s'exprime dès lors par deux fonctions périodiques de seconde espèce. Si donc on restitue, en faisant la substitution $y = ze^{\alpha u}$, une constante arbitraire dont il a été disposé pour simplifier les calculs, il est certain que la nouvelle équation différentielle contiendra, comme cas particuliers, toutes celles dont il a été précédemment question. C'est, en effet, ce que je ferai bientôt voir; mais je veux auparavant obtenir une confirmation de l'important théorème du jeune géomètre en effectuant directement l'intégration de cette équation et donner ainsi, avant d'aborder des cas plus généraux, un nouvel exemple du procédé déjà employé pour l'équation de Lamé dans le cas le plus simple de $n = 1$.

XXX.

Considérons la fonction doublement périodique de seconde espèce la plus générale, admettant pour seul pôle $u = 0$, à savoir

$$f(u) = \frac{\mathrm{H}'(0)\,\Theta(u+\omega)}{\Theta(\omega)\,\mathrm{H}(u)}\, e^{\left[\lambda - \frac{\Theta'(\omega)}{\Theta(\omega)}\right] u},$$

et proposons-nous de déterminer ω et λ de telle sorte qu'elle soit une solution de l'équation proposée. Soit, à cet effet, $\Phi(u)$ le résultat de la substitution de $f(u)$ dans son premier membre. Les coefficients de l'équation ayant pour périodes $2\mathrm{K}$ et $2i\mathrm{K}'$, on voit que cette quantité est une fonction de seconde espèce, ayant les mêmes multiplicateurs que $f(u)$, qui pourra, par conséquent, remplir à son égard le rôle d'élément simple. On voit aussi que les pôles de $\Phi(u)$ sont $u=a$, $u=b$, $u=0$, les deux premiers représentant des infinis simples et le troisième un infini triple. Nous aurons donc

$$\Phi(u)=\mathfrak{A}\,f(u-a)+\mathfrak{B}\,f(u-b)+\mathfrak{C}\,f(u)+\mathfrak{C}'\,f'(u)+\mathfrak{C}''\,f''(u),$$

et la condition $\Phi(u)=0$ entraîne ces cinq équations

$$\mathfrak{A}=0,\qquad \mathfrak{B}=0,\qquad \mathfrak{C}=0,\qquad \mathfrak{C}'=0,\qquad \mathfrak{C}''=0,$$

qu'il est aisé de former, comme on va voir.

Nous avons pour cela à décomposer en éléments simples les produits de $f(u)$ et $f'(u)$ par deux quantités de la même forme $\dfrac{\operatorname{sn} p}{\operatorname{sn} u\,\operatorname{sn}(u-p)}$, c'est-à-dire à chercher les parties principales des développements de ces produits, d'abord suivant les puissances de u, puis, en posant $u=p+\varepsilon$, suivant les puissances de ε. Or il résulte de l'expression de $f(u)$ qu'on a

$$f(u)=\chi(i\mathrm{K}'+u)\,e^{\lambda u},$$

$\chi(u)$ désignant la fonction considérée au paragraphe V, page 277, et par conséquent

$$\begin{aligned} f(u)&=\left[\frac{1}{u}-\frac{1}{2}\left(k^2\operatorname{sn}^2\omega-\frac{1+k^2}{3}\right)u+\ldots\right]e^{\lambda u}\\ &=\frac{1}{u}+\lambda+\frac{1}{2}\left(\lambda^2-k^2\operatorname{sn}^2\omega+\frac{1+k^2}{3}\right)u+\ldots. \end{aligned}$$

On trouve ensuite

$$\frac{\operatorname{sn} p}{\operatorname{sn} u\operatorname{sn}(u-p)}=-\frac{1}{u}-\frac{\operatorname{cn} p\operatorname{dn} p}{\operatorname{sn} p}-\left(\frac{1}{\operatorname{sn}^2 p}-\frac{1+k^2}{3}\right)u+\ldots$$

et sans nouveau calcul, en remplaçant u par $-\varepsilon$,

$$\frac{\operatorname{sn} p}{\operatorname{sn}(p+\varepsilon)\operatorname{sn}\varepsilon}=\frac{1}{\varepsilon}-\frac{\operatorname{cn} p\operatorname{dn} p}{\operatorname{sn} p}+\left(\frac{1}{\operatorname{sn}^2 p}-\frac{1+k^2}{3}\right)\varepsilon+\ldots.$$

Ces développements nous donnent les formules

$$\frac{\operatorname{sn} p}{\operatorname{sn} u\operatorname{sn}(u-p)}f(u)=f(p)f(u-p)-\left(\lambda+\frac{\operatorname{cn} p\operatorname{dn} p}{\operatorname{sn} p}\right)f(u)+f'(u),$$

$$\begin{aligned} \frac{\operatorname{sn} p}{\operatorname{sn} u\operatorname{sn}(u-p)}f'(u)=f'(p)f(u-p)&-\frac{1}{2}\left(\lambda^2-k^2\operatorname{sn}^2\omega-\frac{2}{\operatorname{sn}^2 p}+1+k^2\right)f(u\\ &-\frac{\operatorname{cn} p\operatorname{dn} p}{\operatorname{sn} p}f'(u)+\frac{1}{2}f''(u), \end{aligned}$$

et l'on en conclut, en faisant successsivement $p = a, p = b$, les expressions cherchées

$$\mathfrak{A} = \mathrm{A}\, f(a) - f'(a),$$
$$\mathfrak{B} = \mathrm{B}\, f(b) - f'(b),$$
$$\mathfrak{C} = \lambda^2 - \mathrm{A}\left(\lambda + \frac{\mathrm{cn}\, a\, \mathrm{dn}\, a}{\mathrm{sn}\, a}\right) - \mathrm{B}\left(\lambda + \frac{\mathrm{cn}\, b\, \mathrm{dn}\, b}{\mathrm{sn}\, b}\right) - \mathrm{C}^2 + \frac{1}{\mathrm{sn}^2(a-b)}$$
$$- k^2\, \mathrm{sn}^2 \omega - \frac{1}{\mathrm{sn}^2 a} - \frac{1}{\mathrm{sn}^2 b} + 1 + k^2,$$
$$\mathfrak{C}' = \mathrm{A} + \mathrm{B} + \frac{\mathrm{cn}\, a\, \mathrm{dn}\, a}{\mathrm{sn}\, a} + \frac{\mathrm{cn}\, b\, \mathrm{dn}\, b}{\mathrm{sn}\, b},$$
$$\mathfrak{C}'' = 0.$$

Ces résultats obtenus, nous observons d'abord que $\mathfrak{C}'$ s'évanouit, d'après une des relations trouvées entre A et B; j'ajoute que l'équation $\mathfrak{C} = 0$ est une conséquence des deux premières; par conséquent, les cinq conditions se réduisent, comme il est nécessaire, à deux seulement, qui serviront à déterminer ω et λ. Nous recourrons, pour l'établir, à la transformation suivante de la valeur de $\mathfrak{C}$. Soit, pour abréger l'écriture,

$$\mathrm{G} = \left(\lambda - \mathrm{C} + \frac{\mathrm{cn}\, b\, \mathrm{dn}\, b}{\mathrm{sn}\, b}\right)\left(\lambda + \mathrm{C} + \frac{\mathrm{cn}\, a\, \mathrm{dn}\, a}{\mathrm{sn}\, a}\right),$$
$$\mathrm{H} = \left(\mathrm{A} - \mathrm{C} + \frac{\mathrm{cn}\, b\, \mathrm{dn}\, b}{\mathrm{sn}\, b}\right)\left(\mathrm{B} + \mathrm{C} + \frac{\mathrm{cn}\, a\, \mathrm{dn}\, a}{\mathrm{sn}\, a}\right);$$

on a identiquement

$$\mathfrak{C} = \mathrm{G} - \mathrm{H} + (\mathrm{A} - \mathrm{C})(\mathrm{B} + \mathrm{C}) - k^2\, \mathrm{sn}^2 \omega$$
$$+ \frac{1}{\mathrm{sn}^2(a-b)} - \frac{1}{\mathrm{sn}^2 a} - \frac{1}{\mathrm{sn}^2 a} + 1 + k^2;$$

et plus simplement déjà

$$\mathfrak{C} = \mathrm{G} - \mathrm{H} - k^2\, \mathrm{sn}^2 \omega - \frac{1}{\mathrm{sn}^2 a} - \frac{1}{\mathrm{sn}^2 b} + 1 + k^2.$$

les valeurs de A et B que je rappelle

$$\mathrm{A} = \frac{\mathrm{sn}\, b}{\mathrm{sn}\, a\, \mathrm{sn}(a-b)} + \mathrm{C}, \qquad \mathrm{B} = \frac{\mathrm{sn}\, a}{\mathrm{sn}\, b\, \mathrm{sn}(b-a)} - \mathrm{C},$$

donnant

$$(\mathrm{A} - \mathrm{C})(\mathrm{B} + \mathrm{C}) = -\frac{1}{\mathrm{sn}^2(a-b)}.$$

Nous obtenons ensuite, en faisant usage de ces expressions,

$$\begin{aligned}
\mathrm{H} &= \left[\frac{\mathrm{sn}\, b}{\mathrm{sn}\, a\, \mathrm{sn}(a-b)} + \frac{\mathrm{cn}\, b\, \mathrm{dn}\, b}{\mathrm{sn}\, b}\right]\left[\frac{\mathrm{sn}\, a}{\mathrm{sn}\, b\, \mathrm{sn}(b-a)} + \frac{\mathrm{cn}\, a\, \mathrm{dn}\, a}{\mathrm{sn}\, a}\right] \\
&= -\frac{1}{\mathrm{sn}^2(a-b)} + \frac{1}{\mathrm{sn}(a-b)}\left(\frac{\mathrm{sn}\, b\, \mathrm{cn}\, a\, \mathrm{dn}\, a}{\mathrm{sn}^2 a} - \frac{\mathrm{sn}\, a\, \mathrm{cn}\, b\, \mathrm{dn}\, b}{\mathrm{sn}^2 b}\right) + \frac{\mathrm{cn}\, a\, \mathrm{dn}\, a\, \mathrm{cn}\, b\, \mathrm{dn}}{\mathrm{sn}\, a\, \mathrm{sn}\, b}
\end{aligned}$$

On a d'ailleurs

$$\begin{aligned}
&\frac{1}{\mathrm{sn}(a-b)}\left(\frac{\mathrm{sn}\, b\, \mathrm{cn}\, a\, \mathrm{dn}\, a}{\mathrm{sn}^2 a} - \frac{\mathrm{sn}\, a\, \mathrm{cn}\, b\, \mathrm{dn}\, b}{\mathrm{sn}^2 b}\right) \\
&\quad = \left(\frac{\mathrm{sn}\, a\, \mathrm{cn}\, b\, \mathrm{dn}\, b + \mathrm{sn}\, b\, \mathrm{cn}\, a\, \mathrm{dn}\, a}{\mathrm{sn}^2 a - \mathrm{sn}^2 b}\right)\left(\frac{\mathrm{sn}^3 b\, \mathrm{cn}\, a\, \mathrm{dn}\, a - \mathrm{sn}^3 a\, \mathrm{cn}\, b\, \mathrm{dn}\, b}{\mathrm{sn}^2 a\, \mathrm{sn}^2 b}\right) \\
&\quad = -\frac{\mathrm{sn}^2 a + \mathrm{sn}^2 b}{\mathrm{sn}^2 a\, \mathrm{sn}^2 b} - \frac{\mathrm{cn}\, a\, \mathrm{dn}\, a\, \mathrm{cn}\, b\, \mathrm{dn}\, b}{\mathrm{sn}\, a\, \mathrm{sn}\, b} + 1 + k^2,
\end{aligned}$$

et la valeur de H qui en résulte, à savoir

$$\mathrm{H} = -\frac{1}{\mathrm{sn}^2(a-b)} - \frac{1}{\mathrm{sn}^2 a} - \frac{1}{\mathrm{sn}^2 b} + 1 + k^2,$$

donne cette nouvelle réduction

$$\mathfrak{C} = \mathrm{G} - k^2\, \mathrm{sn}^2\omega + \frac{1}{\mathrm{sn}^2(a-b)}.$$

C'est maintenant qu'il est nécessaire d'introduire les conditions $\mathfrak{A} = 0$, $\mathfrak{B} = 0$, c'est-à-dire $\mathrm{A} = \frac{f'(a)}{f(a)}$, $\mathrm{B} = \frac{f'(b)}{f(b)}$. Or, au moyen des valeurs de A, de B et de l'expression

$$\begin{aligned}
\frac{f'(x)}{f(x)} &= \frac{\Theta'(x+\omega)}{\Theta(x+\omega)} - \frac{\mathrm{H}'(x)}{\mathrm{H}(x)} - \frac{\Theta'(\omega)}{\Theta(\omega)} + \lambda, \\
&= -k^2\, \mathrm{sn}\, x\, \mathrm{sn}\, \omega\, \mathrm{sn}(x+\omega) - \frac{\mathrm{cn}\, x\, \mathrm{dn}\, x}{\mathrm{sn}\, x} + \lambda,
\end{aligned}$$

on en tire

$$\begin{aligned}
\lambda - \mathrm{C} &= \frac{\mathrm{sn}\, b}{\mathrm{sn}\, a\, \mathrm{sn}(a-b)} + \frac{\mathrm{cn}\, a\, \mathrm{dn}\, a}{\mathrm{sn}\, a} + k^2\, \mathrm{sn}\, a\, \mathrm{sn}\, \omega\, \mathrm{sn}(a+\omega), \\
\lambda + \mathrm{C} &= \frac{\mathrm{sn}\, a}{\mathrm{sn}\, b\, \mathrm{sn}(b-a)} + \frac{\mathrm{cn}\, b\, \mathrm{dn}\, b}{\mathrm{sn}\, b} + k^2\, \mathrm{sn}\, b\, \mathrm{sn}\, \omega\, \mathrm{sn}(b+\omega).
\end{aligned}$$

Cela étant, une réduction qui se présente facilement donne

$$\begin{aligned}
\lambda - \mathrm{C} + \frac{\mathrm{cn}\, b\, \mathrm{dn}\, b}{\mathrm{sn}\, b} &= \frac{\mathrm{sn}\, a}{\mathrm{sn}\, b\, \mathrm{sn}(a-b)} + k^2\, \mathrm{sn}\, a\, \mathrm{sn}\, \omega\, \mathrm{sn}(a+\omega), \\
\lambda + \mathrm{C} + \frac{\mathrm{cn}\, a\, \mathrm{dn}\, a}{\mathrm{sn}\, a} &= \frac{\mathrm{sn}\, b}{\mathrm{sn}\, a\, \mathrm{sn}(b-a)} + k^2\, \mathrm{sn}\, b\, \mathrm{sn}\, \omega\, \mathrm{sn}(b+\omega),
\end{aligned}$$

et nous pouvons écrire en conséquence

$$G = \left[\frac{\operatorname{sn} a}{\operatorname{sn} b \operatorname{sn}(a-b)} + k^2 \operatorname{sn} a \operatorname{sn} \omega \operatorname{sn}(a+\omega)\right] \times \left[\frac{\operatorname{sn} b}{\operatorname{sn} a \operatorname{sn}(b-a)} + k^2 \operatorname{sn} b \operatorname{sn} \omega \operatorname{sn}(b+\omega)\right].$$

Je considérerai cette expression comme une fonction doublement périodique de ω, ayant pour infinis simples $\omega = i\mathrm{K}' - a$, $\omega = i\mathrm{K}' - b$, et pour infini double $\omega = i\mathrm{K}'$. Elle présente cette circonstance que les résidus qui correspondent aux infinis simples sont nuls. En effet, des deux facteurs dont elle se compose, le premier s'évanouit en faisant $\omega = i\mathrm{K}' - b$, et le second pour $\omega = i\mathrm{K}' - a$. Il en résulte que le résidu relatif au troisième pôle $\omega = i\mathrm{K}'$ est également nul, de sorte qu'en décomposant en éléments simples on obtient

$$G = -D_\omega \frac{\Theta'(\omega)}{\Theta(\omega)} + \text{const.} = k^2 \operatorname{sn}^2 \omega + \text{const.}$$

Posons, afin de déterminer la constante, $\omega = 0$; nous trouverons finalement

$$G = k^2 \operatorname{sn}^2 \omega - \frac{1}{\operatorname{sn}^2(a-b)},$$

et de là résulte, comme il importait essentiellement de le démontrer, que l'équation $\mathfrak{C} = 0$ est une conséquence des relations $\mathfrak{A} = 0$ et $\mathfrak{B} = 0$.

XXXI.

La détermination des constantes ω et λ s'effectue au moyen des deux équations

$$\lambda - C = \frac{\operatorname{sn} b}{\operatorname{sn} a \operatorname{sn}(a-b)} + \frac{\operatorname{cn} a \operatorname{dn} a}{\operatorname{sn} a} + k^2 \operatorname{sn} a \operatorname{sn} \omega \operatorname{sn}(a+\omega),$$

$$\lambda + C = \frac{\operatorname{sn} a}{\operatorname{sn} b \operatorname{sn}(b-a)} + \frac{\operatorname{cn} b \operatorname{dn} b}{\operatorname{sn} b} + k^2 \operatorname{sn} b \operatorname{sn} \omega \operatorname{sn}(b+\omega),$$

que nous avons maintenant à traiter. En les retranchant et après une réduction qui s'offre facilement, elles donnent d'abord

$$k^2 \operatorname{sn} \omega [\operatorname{sn} b \operatorname{sn}(b+\omega) - \operatorname{sn} a \operatorname{sn}(a+\omega)] - 2\frac{\operatorname{sn} a \operatorname{cn} a \operatorname{dn} a + \operatorname{sn} b \operatorname{cn} b \operatorname{dn} b}{\operatorname{sn}^2 a - \operatorname{sn}^2 b} - 2C = 0,$$

et nous démontrerons immédiatement, le premier membre étant une fonction doublement périodique, qu'on n'aura, dans le rectangle des périodes $2K$ et $2iK'$, que deux valeurs pour l'inconnue. En effet, la fonction, qui au premier abord paraît avoir les trois pôles $\omega = iK' - a$, $\omega = iK' - b$, $\omega = iK'$, ne possède en réalité que les deux premiers, le résidu relatif au troisième, qui est un infini simple, étant nul, comme on le vérifie aisément. Ce point établi, nous donnerons, pour éviter des longueurs de calcul, une autre forme à l'équation, en employant l'identité suivante

$$\begin{aligned} &\operatorname{sn} b \operatorname{sn}(b+\omega) - \operatorname{sn} a \operatorname{sn}(a+\omega) \\ &\quad = \operatorname{sn}(b-a)\operatorname{sn}(a+b+\omega)[1 - k^2 \operatorname{sn} a \operatorname{sn} b \operatorname{sn}(a+\omega)\operatorname{sn}(b+\omega)], \end{aligned}$$

à laquelle je m'arrête un moment. Elle est la conséquence immédiate de la relation mémorable obtenue par Jacobi, dans un article intitulé : *Formulæ novæ in theoria transcendentium ellipticarum fundamentales* (*Journal de Crelle,* t. XV, p. 201, et *Gesammelte Werke*, t. I, p. 337), à savoir

$$\begin{aligned} &E(u) + E(a) + E(b) - E(u+a+b) \\ &\quad = k^2 \operatorname{sn}(u+a)\operatorname{sn}(u+b)\operatorname{sn}(a+b)[1 - k^2 \operatorname{sn} u \operatorname{sn} a \operatorname{sn} b \operatorname{sn}(u+a+b)]. \end{aligned}$$

Qu'on change en effet a en $-a$, puis u en $a+\omega$, on aura

$$\begin{aligned} &E(a+\omega) - E(a) + E(b) - E(b+\omega) \\ &\quad = k^2 \operatorname{sn}\omega \operatorname{sn}(b-a)\operatorname{sn}(a+b+\omega)[1 - k^2 \operatorname{sn} a \operatorname{sn} b \operatorname{sn}(a+\omega)\operatorname{sn}(b+\omega)] \end{aligned}$$

et il suffit de remarquer que le premier membre, étant la différence des quantités

$$E(a+\omega) - E(a) - E(\omega), \qquad E(b+\omega) - E(b) - E(\omega),$$

peut être remplacé par

$$k^2 \operatorname{sn}\omega[\operatorname{sn} b \operatorname{sn}(b+\omega) - \operatorname{sn} a \operatorname{sn}(a+\omega)].$$

On y parvient encore d'une autre manière au moyen de la relation précédemment démontrée

$$\begin{aligned} G = &\left[\frac{\operatorname{sn} a}{\operatorname{sn} b \operatorname{sn}(a-b)} + k^2 \operatorname{sn} a \operatorname{sn}\omega \operatorname{sn}(a+\omega)\right] \\ &\times \left[\frac{\operatorname{sn} b}{\operatorname{sn} a \operatorname{sn}(b-a)} + k^2 \operatorname{sn} b \operatorname{sn}\omega \operatorname{sn}(b+\omega)\right] = k^2 \operatorname{sn}^2\omega - \frac{1}{\operatorname{sn}^2(a-b)}, \end{aligned}$$

car on en tire

$$\begin{aligned}&\operatorname{sn} b \operatorname{sn}(a+\omega) - \operatorname{sn} a \operatorname{sn}(b+\omega)\\ &\quad = \operatorname{sn}\omega \operatorname{sn}(b-a)[1 - k^2 \operatorname{sn} a \operatorname{sn} b \operatorname{sn}(a+\omega)\operatorname{sn}(b+\omega)],\end{aligned}$$

ce qui donne la formule proposée en changeant a en $-a$, b en $-b$ et ω en $\omega + a + b$.

Cela posé, soit $\upsilon = \omega + \frac{a+b}{2}$; faisons aussi, pour abréger, $\alpha = \frac{a+b}{2}$, $\beta = \frac{a-b}{2}$; nous trouverons, par cette formule,

$$\begin{aligned}&\operatorname{sn}\omega[\operatorname{sn} b \operatorname{sn}(b+\omega) - \operatorname{sn} a \operatorname{sn}(a+\omega)]\\ &\quad = -\operatorname{sn} 2\beta \operatorname{sn}(\upsilon+\alpha)\operatorname{sn}(\upsilon-\alpha)\\ &\qquad \times [1 - k^2 \operatorname{sn}(\alpha+\beta)\operatorname{sn}(\alpha-\beta)\operatorname{sn}(\upsilon+\beta)\operatorname{sn}(\upsilon-\beta)].\end{aligned}$$

Or, on voit que le second membre devient ainsi une fonction rationnelle de $\operatorname{sn}^2\upsilon$; on peut, en outre, supprimer au numérateur et au dénominateur le facteur $1 - k^2\operatorname{sn}^2\upsilon\operatorname{sn}^2\alpha$, de sorte qu'il se réduit à l'expression

$$-\frac{\operatorname{sn} 2\beta(1 - k^2\operatorname{sn}^4\beta)(\operatorname{sn}^2\upsilon - \operatorname{sn}^2\alpha)}{(1 - k^2\operatorname{sn}^2\alpha\operatorname{sn}^2\beta)(1 - k^2\operatorname{sn}^2\upsilon\operatorname{sn}^2\beta)}.$$

Remarquant encore qu'on a

$$\operatorname{sn} 2\beta(1 - k^2\operatorname{sn}^4\beta) = 2\operatorname{sn}\beta\operatorname{cn}\beta\operatorname{dn}\beta,$$

nous poserons, pour simplifier l'écriture,

$$\mathrm{L} = \frac{1 - k^2\operatorname{sn}^2\alpha\operatorname{sn}^2\beta}{k^2\operatorname{sn}\beta\operatorname{cn}\beta\operatorname{dn}\beta}\left(\frac{\operatorname{sn} a\operatorname{cn} a\operatorname{dn} a + \operatorname{sn} b\operatorname{cn} b\operatorname{dn} b}{\operatorname{sn}^2 a - \operatorname{sn}^2 b} + \mathrm{C}\right),$$

et l'équation en $\operatorname{sn}\upsilon$ sera simplement

$$\frac{\operatorname{sn}^2\upsilon - \operatorname{sn}^2\alpha}{1 - k^2\operatorname{sn}^2\upsilon\operatorname{sn}^2\beta} = -\mathrm{L}.$$

On en tire

$$\operatorname{sn}^2\upsilon = \frac{\operatorname{sn}^2\alpha - \mathrm{L}}{1 - k^2\operatorname{sn}^2\beta\mathrm{L}},\quad \operatorname{cn}^2\upsilon = \frac{\operatorname{cn}^2\alpha + \operatorname{dn}^2\beta\mathrm{L}}{1 - k^2\operatorname{sn}^2\beta\mathrm{L}},\quad \operatorname{dn}^2\upsilon = \frac{\operatorname{dn}^2\alpha + k^2\operatorname{cn}^2\beta\mathrm{L}}{1 - k^2\operatorname{sn}^2\beta\mathrm{L}},$$

et, si l'on fait

$$\mathfrak{L} = (\operatorname{sn}^2\alpha - \mathrm{L})(\operatorname{cn}^2\alpha + \operatorname{dn}^2\beta\mathrm{L})(\operatorname{dn}^2\alpha + k^2\operatorname{cn}^2\beta\mathrm{L})(1 - k^2\operatorname{sn}^2\beta\mathrm{L}),$$

ces valeurs donnent

$$\operatorname{sn}\upsilon\operatorname{cn}\upsilon\operatorname{dn}\upsilon = \frac{\sqrt{\mathfrak{L}}}{(1 - k^2\operatorname{sn}^2\beta\mathrm{L})^2}.$$

Nous ferons usage de cette expression pour le calcul de λ, qui nous reste à déterminer. A cet effet je reprends, pour les ajouter membre à membre, les équations

$$\lambda - C = \frac{\operatorname{sn} b}{\operatorname{sn} a \operatorname{sn}(a-b)} + \frac{\operatorname{cn} a \operatorname{dn} a}{\operatorname{sn} a} + k^2 \operatorname{sn} a \operatorname{sn} \omega \operatorname{sn}(a+\omega),$$

$$\lambda + C = \frac{\operatorname{sn} a}{\operatorname{sn} b \operatorname{sn}(b-a)} + \frac{\operatorname{cn} b \operatorname{dn} b}{\operatorname{sn} b} + k^2 \operatorname{sn} b \operatorname{sn} \omega \operatorname{sn}(b+\omega),$$

et j'obtiens, comme on le voit facilement,

$$2\lambda = k^2[\operatorname{sn} a \operatorname{sn} \omega \operatorname{sn}(a+\omega) + \operatorname{sn} b \operatorname{sn} \omega \operatorname{sn}(b+\omega)],$$

ou bien encore

$$\begin{aligned} 2\lambda = k^2[& \operatorname{sn}(\alpha+\beta) \operatorname{sn}(\upsilon-\alpha) \operatorname{sn}(\upsilon+\beta) \\ & + \operatorname{sn}(\alpha-\beta) \operatorname{sn}(\upsilon-\alpha) \operatorname{sn}(\upsilon-\beta)]. \end{aligned}$$

Maintenant, un calcul sans difficulté donne en premier lieu l'expression

$$\begin{aligned} \lambda = & \frac{k^2 \operatorname{sn}\alpha \operatorname{cn}\alpha \operatorname{dn}\alpha(\operatorname{sn}^2\upsilon - \operatorname{sn}^2\beta)}{(1 - k^2 \operatorname{sn}^2\upsilon \operatorname{sn}^2\alpha)(1 - k^2 \operatorname{sn}^2\alpha \operatorname{sn}^2\beta)} \\ & + \frac{k^2 \operatorname{sn}\upsilon \operatorname{cn}\upsilon \operatorname{dn}\upsilon(\operatorname{sn}^2\beta - \operatorname{sn}^2\alpha)}{(1 - k^2 \operatorname{sn}^2\upsilon \operatorname{sn}^2\alpha)(1 - k^2 \operatorname{sn}^2\upsilon \operatorname{sn}^2\beta)}; \end{aligned}$$

on en conclut ensuite la valeur cherchée, à savoir

$$\begin{aligned} \lambda = & \frac{k^2 \operatorname{sn}\alpha \operatorname{cn}\alpha \operatorname{dn}\alpha[\operatorname{sn}^2\alpha - \operatorname{sn}^2\beta - (1 - k^2 \operatorname{sn}^4\beta)L]}{(1 - k^2 \operatorname{sn}^2\alpha \operatorname{sn}^2\beta)[1 - k^2 \operatorname{sn}^4\alpha + k^2(\operatorname{sn}^2\alpha - \operatorname{sn}^2\beta)L]} \\ & + \frac{k^2(\operatorname{sn}^2\beta - \operatorname{sn}^2\alpha)\sqrt{\mathfrak{L}}}{(1 - k^2 \operatorname{sn}^2\alpha \operatorname{sn}^2\beta)[1 - k^2 \operatorname{sn}^4\alpha + k^2(\operatorname{sn}^2\alpha - \operatorname{sn}^2\beta)L]}. \end{aligned}$$

Cette expression devient illusoire lorsqu'on suppose d'abord $1 - k^2 \operatorname{sn}^2\alpha \operatorname{sn}^2\beta = 0$, c'est-à-dire

$$\alpha + \beta = a = iK',$$

ou bien

$$\alpha - \beta = b = iK',$$

puis en faisant

$$1 - k^2 \operatorname{sn}^4\alpha + k^2(\operatorname{sn}^2\alpha - \operatorname{sn}^2\beta)L = 0.$$

La première condition, ayant pour effet de rendre infinis les coefficients de l'équation différentielle, doit être écartée; mais la seconde appelle l'attention, et je m'y arrêterai un moment, afin d'obtenir la nouvelle forme analytique que prend l'intégrale dans ce cas singulier.

XXXII.

Remarquons en premier lieu que cette condition se trouve en posant

$$\operatorname{sn}^2 \upsilon = \frac{\operatorname{sn}^2 \alpha - L}{1 - k^2 \operatorname{sn}^2 \beta L} = \frac{1}{k^2 \operatorname{sn}^2 \alpha},$$

c'est-à-dire $\upsilon = \alpha + iK'$, et donne par conséquent $\omega = iK'$. Cela étant, je fais dans la solution de l'intégrale, qui est représentée par la formule

$$\frac{\Theta(u+\omega)}{H(u)} e^{\left[\lambda - \frac{\Theta'(\omega)}{\Theta(\omega)}\right] u}, \qquad \omega = iK' + \varepsilon,$$

ε étant infiniment petit, et je développe suivant les puissances croissantes de ε la différence $\lambda - \frac{\Theta'(\omega)}{\Theta(\omega)}$. Or, l'expression précédemment employée

$$2\lambda = k^2[\operatorname{sn} a \operatorname{sn} \omega \operatorname{sn}(a+\omega) + \operatorname{sn} b \operatorname{sn} \omega \operatorname{sn}(b+\omega)]$$

donne facilement

$$\lambda = \frac{1}{\varepsilon} - \frac{\operatorname{cn} a \operatorname{dn} a}{2 \operatorname{sn} a} - \frac{\operatorname{cn} b \operatorname{dn} b}{2 \operatorname{sn} b} + \ldots;$$

nous avons d'ailleurs

$$\frac{\Theta'(\omega)}{\Theta(\omega)} = \frac{H'(\varepsilon)}{H(\varepsilon)} - \frac{i\pi}{2K} = \frac{1}{\varepsilon} - \frac{i\pi}{2K} + \ldots,$$

et l'on conclut, pour $\varepsilon = 0$, la limite finie

$$\lambda - \frac{\Theta'(\omega)}{\Theta(\omega)} = \frac{i\pi}{2K} - \frac{\operatorname{cn} a \operatorname{dn} a}{2 \operatorname{sn} a} - \frac{\operatorname{cn} b \operatorname{dn} b}{2 \operatorname{sn} b}.$$

Remplaçant donc $\Theta(u+iK')$ par $iH(u)e^{-\frac{i\pi}{4K}(2u+iK')}$, on voit qu'au lieu de la fonction doublement périodique de seconde espèce nous obtenons l'exponentielle $e^{-\left(\frac{\operatorname{cn} a \operatorname{dn} a}{2 \operatorname{sn} a} + \frac{\operatorname{cn} b \operatorname{dn} b}{2 \operatorname{sn} b}\right) u}$, qui devient ainsi une des solutions de l'équation différentielle. Nous parvenons à l'autre solution en employant, au lieu de $\upsilon = \alpha + iK'$, la valeur égale et de signe contraire $\upsilon = -\alpha - iK'$, d'où l'on tire $\omega = -2\alpha - iK' = -a - b - iK'$, et par conséquent

$$\lambda = \frac{\operatorname{sn}^2 a + \operatorname{sn}^2 b}{2\operatorname{sn}(a+b)\operatorname{sn} a \operatorname{sn} b}, \qquad \frac{\Theta'(\omega)}{\Theta(\omega)} = -\frac{H'(a+b)}{H(a+b)} + \frac{i\pi}{2K}.$$

Des réductions qui s'offrent d'elles-mêmes en employant la formule

$$\frac{H'(a+b)}{H(a+b)} = \frac{H'(a)}{H(a)} + \frac{H'(b)}{H(b)} - \frac{\operatorname{sn} b}{\operatorname{sn} a \operatorname{sn}(a+b)} - \frac{\operatorname{cn} b \operatorname{dn} b}{\operatorname{sn} b}$$

donnent ensuite

$$\lambda - \frac{\Theta'(\omega)}{\Theta(\omega)} = \frac{H'(a)}{H(a)} + \frac{H'(b)}{H(b)} - \frac{\operatorname{cn} a \operatorname{dn} a}{2\operatorname{sn} a} - \frac{\operatorname{cn} b \operatorname{dn} b}{2\operatorname{sn} b} + \frac{i\omega}{2K}.$$

La seconde intégrale devient donc

$$\frac{H(u-a-b)}{H(u)} e^{\left[\frac{H'(a)}{H(a)} + \frac{H'(b)}{H(b)} - \frac{\operatorname{cn} a \operatorname{dn} a}{2\operatorname{sn} a} - \frac{\operatorname{cn} b \operatorname{dn} b}{2\operatorname{sn} b}\right]u},$$

et l'on voit que, pour le cas singulier considéré, la solution générale est représentée par la relation suivante,

$$y\, e^{\left(\frac{\operatorname{cn} a \operatorname{dn} a}{2\operatorname{sn} a} + \frac{\operatorname{cn} b \operatorname{dn} b}{2\operatorname{sn} b}\right)u} = C + C' \frac{H(u-a-b)}{H(u)} e^{\left[\frac{H'(a)}{H(a)} + \frac{H'(b)}{H(b)}\right]u}.$$

XXXIII.

Un dernier point me reste maintenant à traiter; j'ai encore à montrer comment les équations différentielles obtenues aux paragraphes XVII et XVIII se tirent comme cas particulier de l'équation que nous venons de considérer, ou plutôt de celle qui en résulte si l'on change u en $u + iK'$, à savoir

$$\begin{aligned} y'' &- [k^2 \operatorname{sn} u \operatorname{sn} a \operatorname{sn}(u-a) + k^2 \operatorname{sn} u \operatorname{sn} b \operatorname{sn}(u-b)]y' \\ &+ \left[A k^2 \operatorname{sn} u \operatorname{sn} a \operatorname{sn}(u-a) + B k^2 \operatorname{sn} u \operatorname{sn} b \operatorname{sn}(u-b) + \frac{1}{\operatorname{sn}^2(a-b)} - C^2\right] y = 0. \end{aligned}$$

Je me fonde, à cet effet, sur ce que les deux déterminations de la quantité $\upsilon = \omega + \frac{a+b}{2}$ peuvent être supposées égales et de signes contraires, de sorte que, en désignant par ω et ω' les valeurs correspondantes de ω, on a la condition $\omega + \omega' = -a - b$. Qu'on se reporte maintenant aux expressions données au paragraphe XXV (p. 337) :

$$X_1 = \frac{C\,\theta_s(u+a)}{\theta_0(u)} e^{-\frac{u}{2} D_a \log \theta_{1-s}\theta_{3-s}} + \frac{C'\,\theta_{2+s}(u-a)}{\theta_0(u)} e^{\frac{u}{2} D_a \log \theta_{1-s}\theta_{3-s}},$$

$$X_2 = \frac{C\,\theta_s(u+a)}{\theta_0(u)} e^{-\frac{u}{2} D_a \log \theta_s\theta_{1-s}} + \frac{C'\,\theta_{1-s}(u-a)}{\theta_0(u)} e^{\frac{u}{2} D_a \log \theta_s\theta_{1-s}},$$

$$X_3 = \frac{C\,\theta_s(u+a)}{\theta_0(u)} e^{-\frac{u}{2} D_a \log \theta_s\theta_{2+s}} + \frac{C'\,\theta_{3-s}(u-a)}{\theta_0(u)} e^{\frac{u}{2} D_a \log \theta_s\theta_{2+s}}.$$

On voit aisément que les quantités qui jouent le rôle des constantes ω et ω' ont pour somme, successivement, $K + iK'$, iK', K. C'est, en effet, la conséquence des relations déjà remarquées

$$\begin{aligned} \theta_s(u+iK') &= \sigma\;\theta_{1-s}(u)\,e^{-\frac{i\pi}{4K}(u+iK')},\\ \theta_s(u+K) &= \sigma'\;\theta_{3-s}(u),\\ \theta_s(u+K+iK') &= \sigma''\;\theta_{2+s}(u)\,e^{-\frac{i\pi}{4K}(2u+iK')}. \end{aligned}$$

D'après cela, je ferai successivement $a + b = K + iK'$, iK', K; je poserai en outre, en changeant d'inconnue dans ces divers cas,

$$y = z\,e^{-\frac{u}{2} D_a \log \operatorname{cn} a}, \quad z\,e^{-\frac{u}{2} D_a \log \operatorname{sn} a}, \quad z\,e^{-\frac{u}{2} D_a \log \operatorname{dn} a}.$$

Or, en considérant, pour abréger, seulement le premier de ces cas, voici le calcul et le résultat auquel il conduit. La condition supposée $b = K + iK' - a$ donne d'abord

$$\operatorname{sn} b = \frac{\operatorname{dn} a}{k \operatorname{cn} a}, \quad \operatorname{sn}(u-b) = -\frac{\operatorname{dn}(u+a)}{k\operatorname{cn}(u+a)}, \quad \operatorname{sn}(a-b) = -\frac{\operatorname{dn} 2a}{k \operatorname{cn} 2a},$$

et nous obtenons, pour la transformée en z, l'équation suivante :

$$\begin{aligned} z'' &- \left[k^2 \operatorname{sn} u \operatorname{sn} a \operatorname{sn}(u-a) - \frac{\operatorname{sn} u \operatorname{dn} a \operatorname{dn}(u+a)}{\operatorname{cn} a \operatorname{cn}(u+a)} - \frac{\operatorname{sn} a \operatorname{dn} a}{\operatorname{cn} a}\right] z' \\ &+ \left[P k^2 \operatorname{sn} u \operatorname{sn} a \operatorname{sn}(u-a) - Q\,\frac{\operatorname{sn} u \operatorname{dn} a \operatorname{dn}(u+a)}{\operatorname{cn} a \operatorname{cn}(u+a)} + R\right] z = 0, \end{aligned}$$

où j'ai fait, pour abréger,

$$P = A - \frac{\operatorname{sn} a \operatorname{dn} a}{2 \operatorname{cn} a}, \quad Q = B - \frac{\operatorname{sn} a \operatorname{dn} a}{2\operatorname{cn} a}, \quad R = \frac{\operatorname{sn}^2 a \operatorname{dn}^2 a}{4 \operatorname{cn}^2 a} + \frac{k^2 \operatorname{cn}^2 2a}{\operatorname{dn}^2 2a} - C^2.$$

Soit maintenant

$$\mathfrak{P} = \operatorname{cn}(u+a)(1-k^2\operatorname{sn}^2 u \operatorname{sn}^2 a) = \operatorname{cn} a \operatorname{cn} u - \operatorname{sn} a \operatorname{dn} a \operatorname{sn} u \operatorname{dn} u;$$

on trouvera d'abord que le coefficient de z' est simplement

$$D_u \log \mathfrak{P} = \frac{\mathfrak{P}'}{\mathfrak{P}}.$$

Représentons ensuite par $\frac{\mathfrak{C}}{\mathfrak{P}}$ le coefficient de z ; au moyen de la formule élémentaire,

$$\operatorname{sn}(u-a)\operatorname{cn}(u+a) = \frac{\operatorname{sn} u \operatorname{cn} u \operatorname{dn} a - \operatorname{dn} u \operatorname{sn} a \operatorname{cn} a}{1-k^2\operatorname{sn}^2 u \operatorname{sn}^2 a},$$

nous obtiendrons

$$\begin{aligned}\mathfrak{C} = {} & \mathrm{P}k^2 \operatorname{sn} u \operatorname{sn} a(\operatorname{sn} u \operatorname{cn} u \operatorname{dn} a - \operatorname{dn} u \operatorname{sn} a \operatorname{cn} a) \\ & - \mathrm{Q}\frac{\operatorname{sn} u \operatorname{dn} a}{\operatorname{cn} a}(\operatorname{dn} u \operatorname{dn} a - k^2 \operatorname{sn} u \operatorname{cn} u \operatorname{sn} a \operatorname{cn} a) \\ & + \mathrm{R}(\operatorname{cn} u \operatorname{cn} a - \operatorname{sn} u \operatorname{dn} u \operatorname{sn} a \operatorname{dn} a),\end{aligned}$$

ou bien, en réunissant les termes semblables,

$$\begin{aligned}\mathfrak{C} = {} & (\mathrm{P}+\mathrm{Q})k^2 \operatorname{sn} a \operatorname{dn} a \operatorname{sn}^2 u \operatorname{cn} u \\ & - \left(\mathrm{P}k^2 \operatorname{sn}^2 a \operatorname{cn} a + \mathrm{Q}\frac{\operatorname{dn}^2 a}{\operatorname{cn} a} + \mathrm{R} \operatorname{sn} a \operatorname{dn} a\right)\operatorname{sn} u \operatorname{dn} u + \mathrm{R} \operatorname{cn} a \operatorname{cn} u.\end{aligned}$$

Soit maintenant $\mathrm{C} = \delta - \frac{\operatorname{sn} a \operatorname{dn} a}{2 \operatorname{cn} a}$; cette nouvelle forme de la constante donnera, après quelques réductions,

$$\begin{aligned}\mathfrak{C} = {} & -k^2 \operatorname{cn} a \operatorname{sn}^2 u \operatorname{cn} u \\ & + \Big[\operatorname{sn} a \operatorname{dn} a\, \delta^2 + \operatorname{cn} a(1-2k^2\operatorname{sn}^2 a)\,\delta \\ & \qquad + k^2 \operatorname{sn}^3 a \operatorname{dn} a - \frac{k^2 \operatorname{cn}^2 2a}{\operatorname{dn}^2 2a}\operatorname{sn} a \operatorname{dn} a\Big]\operatorname{sn} u \operatorname{dn} u \\ & - \left[\operatorname{cn} a\, \delta^2 - \operatorname{sn} a \operatorname{dn} a\, \delta - \frac{k^2 \operatorname{cn}^2 2a}{\operatorname{dn}^2 2a}\operatorname{cn} a\right]\operatorname{cn} u.\end{aligned}$$

Or, en faisant successivement $a = 0$, puis $a = \mathrm{K}$, on tire de là les équations

$$\operatorname{cn} u z'' - \mathrm{D}_u \operatorname{cn} u z' - [k^2 \operatorname{sn}^2 u \operatorname{cn} u - \operatorname{sn} u \operatorname{dn} u\, \delta + (\delta^2 - k^2)\operatorname{cn} u]z = 0,$$
$$\operatorname{sn} u \operatorname{dn} u z'' - \mathrm{D}_u \operatorname{sn} u \operatorname{dn} u z' - [\operatorname{cn} u\, \delta + \operatorname{sn} u \operatorname{dn} u\, \delta^2]z = 0;$$

ce sont précisément les relations en X_1 et Y_1 des paragraphes **XXV** et **XXVI**, en supposant dans la première $\delta = \delta_1$ et dans la seconde $\delta = -\delta'_1$.

XXXIV.

Les fonctions doublement périodiques de seconde espèce avec un pôle simple, qu'on pourrait nommer *unipolaires*, donnent, comme nous l'avons vu, la solution découverte par Jacobi du problème de la rotation d'un corps autour d'un point fixe, lorsqu'il n'y a pas de forces accélératrices. Ces mêmes quantités s'offrent encore dans une autre question mécanique importante, la recherche de la figure d'équilibre d'un ressort soumis à des forces quelconques, que je vais traiter succinctement. On sait que Binet a réussi le premier à ramener aux quadratures l'expression des coordonnées de l'élastique, dans le cas le plus général où la courbe est à double courbure (*Comptes rendus*, t. XVIII, p. 1115, et t. XIX, p. 1). Son analyse et ses résultats ont été immédiatement beaucoup simplifiés par Wantzel ([1]), et j'adopterai la marche de l'éminent géomètre en me proposant de conduire la question à son terme et d'obtenir explicitement les coordonnées de la courbe en fonction de l'arc. Mais d'abord je crois devoir considérer le cas particulier où l'élastique est supposée plane et où l'on a, en désignant l'arc par s (*Mécanique* de Poisson, t. I, p. 608),

$$ds = \frac{2c^2\,dx}{\sqrt{4c^4-(2ax-x^2)^2}}, \qquad dy = \frac{(2ax-x^2)\,dx}{\sqrt{4c^4-(2ax-x^2)^2}}.$$

Soit alors

$$x = a-\sqrt{2c^2+a^2}\sqrt{1-X^2}, \qquad k'^2 = \frac{1}{2}+\frac{a^2}{4c^2};$$

on obtient facilement

$$ds = \frac{c\,dX}{\sqrt{(1-X^2)(1-k^2X^2)}},$$

de sorte qu'on peut prendre $X = \operatorname{sn}\left(\frac{s-s_0}{c}\right)$, s_0 étant une constante arbitraire. Mais il est préférable de faire $X = \operatorname{sn}\left(\frac{s-s_0}{c}+K\right)$;

([1]) Wantzel, enlevé à la Science par une mort prématurée à l'âge de 37 ans, en 1840, a laissé d'excellents travaux, parmi lesquels un Mémoire extrêmement remarquable, sur les nombres incommensurables, publié dans le *Journal de l'École Polytechnique*, t. XV, p. 151, et une Note sur l'intégration des équations de la courbe élastique à double courbure (*Comptes rendus*, t. XVIII, p. 1197).

nous parviendrons ainsi à des expressions mieux appropriées au cas important qui a été considéré par Poisson, où c est supposé une ligne dont la longueur est très grande par rapport à a, s et x. En premier lieu, les formules

$$\operatorname{cn}(z+\mathrm{K}) = -k'\frac{\operatorname{sn} z}{\operatorname{dn} z}, \qquad k^2 = \frac{1}{2} - \frac{a^2}{4c^2}$$

donnent, pour l'abscisse,

$$x = a + \frac{\sqrt{4c^4 - a^4}}{2c}\,\frac{\operatorname{sn}\left(\dfrac{s-s_0}{c}\right)}{\operatorname{dn}\left(\dfrac{s-s_0}{c}\right)}.$$

La valeur de l'ordonnée, à savoir

$$2c^2 y = \int (2ax - x^2)\,ds = \int \left[a^2 - (2c^2+a^2)\operatorname{cn}^2\left(\frac{s-s_0}{c} + \mathrm{K}\right)\right] ds,$$

s'obtient ensuite immédiatement en employant la relation

$$\int_0^z k^2 \operatorname{cn}^2(z+\mathrm{K})\,dz = k^2 z + \mathrm{D}_z \log \mathrm{Al}(z)_3.$$

Or ces formules conduisent comme il suit aux développements de x et y suivant les puissances décroissantes de c. J'emploie à cet effet la série

$$\frac{\operatorname{sn} z}{\operatorname{dn} z} = z + \frac{k^2 - k'^2}{6} z^3 + \frac{1 - 16k^2k'^2}{120} z^5 + \ldots,$$

et je remarque qu'en désignant par $\mathrm{F}_n(k)$ le coefficient de z^{2n+1}, qui est un polynome de degré n en k^2, on a la relation suivante :

$$\mathrm{F}_n(k') = (-1)^n \mathrm{F}_n(k).$$

Nous en concluons facilement pour n pair l'expression

$$\mathrm{F}_n(k) = \alpha_0 + \alpha_1(kk')^2 + \alpha_2(kk')^4 + \ldots + \alpha_{\frac{1}{2}n}(kk')^n,$$

et pour n impair

$$\mathrm{F}_n(k) = (k^2 - k'^2)\left[\beta_0 + \beta_1(kk')^2 + \ldots + \beta_{\frac{n-1}{2}}(kk')^{n-1}\right].$$

Cela étant, les formules

$$k^2k'^2 = \frac{1}{4} - \frac{a^4}{16c^4} \qquad \text{et} \qquad k^2 - k'^2 = \frac{a^2}{2c^2}$$

montrent que le terme général $F_n(k)z^{2n+1}$, qui est de l'ordre $\frac{1}{c^{2n+1}}$, lorsqu'on remplace z par $\frac{s-s_0}{c}$, devient, si l'on suppose n impair, de l'ordre $\frac{1}{c^{2n+3}}$. Nous pourrons donc écrire, en négligeant $\frac{1}{c^8}$ dans la parenthèse,

$$x = a + \frac{\sqrt{4c^4 - a^4}}{2c^2}\left[s - s_0 + \frac{a^2(s-s_0)^3}{12c^4} - \frac{(s-s_0)^5}{40c^4}\right].$$

Remplaçons enfin le facteur $\frac{\sqrt{4c^4-a^4}}{2c^2}$ par $1 - \frac{a^4}{8c^4}$, et prenons $s_0 = a$; il viendra, avec le même ordre d'approximation,

$$x = s - \frac{s-a}{120c^4}[3(s-a)^4 - 10a^2(s-a)^2 + 15a^4].$$

Le développement de c^2y résulte ensuite de l'équation

$$\int_0^z k^2 \operatorname{cn}^2(z+K)\,dz = \frac{k^2k'^2}{3}z^3 + \frac{k^2k'^2(k^2-k'^2)}{3.5}z^5 + \frac{k^2k'^2(2-17k^2k'^2)}{5.7.9}z^7 + \ldots;$$

mettant $\frac{s-a}{c}$ au lieu de z et déterminant la constante amenée par l'intégration de manière qu'on ait $y = 0$ pour $s = a$, on en tire, par un calcul facile,

$$2c^2y = as^2 - \frac{s^3+2a^3}{3} + \frac{(s-a)^3}{420c^4}[3(s-a)^4 - 14a^2(s-a)^2 + 35a^4].$$

Le second membre, dans cette expression de l'ordonnée, est exact aux termes près de l'ordre $\frac{1}{c^8}$, comme la valeur trouvée pour l'abscisse.

XXXV.

Les équations différentielles de l'élastique, dans le cas le plus général où la courbe est à double courbure, se ramènent par un choix convenable de coordonnées, comme l'a remarqué Wantzel, à la forme suivante,

$$\begin{aligned} y'z'' - y''z' &= \alpha x' + \beta y, \\ z'x'' - z''x' &= \alpha y' - \beta x, \\ x'y'' - x''y' &= \alpha z' + \gamma, \end{aligned}$$

où x', y', z', x'', y'', z'' désignent les dérivées par rapport à l'arc s de x, y, z et α, β, γ des constantes dont les deux premières sont essentiellement positives.

Cela étant, j'observai en premier lieu que, si on les ajoute après les avoir multipliées respectivement, d'abord par x', y', z', puis par x'', y'', z'', on obtient

$$\alpha(x'^2 + y'^2 + z'^2) + \beta(x'y - xy') + \gamma z' = 0,$$
$$\alpha(x'x'' + y'y'' + z'z'') + \beta(x''y - xy'') + \gamma z'' = 0.$$

Or la première de ces relations donne, par la différentiation,

$$2\alpha(x'x'' + y'y'' + z'z'') + \beta(x''y - xy'') + \gamma z'' = 0;$$

nous avons donc

$$x'x'' + y'y'' + z'z'' = 0,$$

d'où

$$x'^2 + y'^2 + z'^2 = \text{const.},$$

et l'on voit que, en prenant la constante égale à l'unité, on satisfera à la condition que l'arc s soit, comme on l'a admis, la variable indépendante.

Cela posé, et après avoir écrit les équations précédentes de cette manière,

$$\beta(xy' - x'y) = \gamma z' + \alpha, \qquad \beta(xy'' - x''y) = \gamma z'',$$

j'en déduis

$$\beta[(xy' - x'y)z'' - (xy'' - x''y)z'] = \alpha z'';$$

mais le premier membre, étant écrit ainsi,

$$\beta[(y'z'' - y''z')x + (z'x'' - z''x')y],$$

se réduit à

$$\beta[(\alpha x' + \beta y)x + (\alpha y' - \beta x)y] = \alpha\beta(xx' + yy'),$$

de sorte que nous avons

$$\beta(xx' + yy') = z'',$$

puis par l'intégration, en désignant par δ une constante arbitraire,

$$\beta(x^2 + y^2) = 2(z' - \delta).$$

Soit maintenant $z' = \zeta$; nous remplacerons le système des équations à intégrer par celles-ci,

$$\begin{aligned}
\beta(x^2+y^2) &= 2(\zeta-\delta),\\
\beta(xx'+yy') &= \zeta',\\
x'^2+y'^2 &= 1-\zeta^2,\\
\beta(xy'-x'y) &= \gamma\zeta+\alpha.
\end{aligned}$$

Or l'identité

$$(x^2+y^2)(x'^2+y'^2) = (xx'+yy')^2+(xy'-x'y)^2$$

donne en premier lieu

$$\zeta'^2 = 2\beta(\zeta-\delta)(1-\zeta^2)-(\gamma\zeta+\alpha)^2,$$

et l'on trouve ensuite facilement

$$\frac{x'+iy'}{x+iy} = \frac{\zeta'+i(\gamma\zeta+\alpha)}{2(\zeta-\delta)};$$

ces résultats obtenus, les expressions des coordonnées en fonction de l'arc s'en déduisent comme il suit.

Soient a, b, c les racines de l'équation

$$2\beta(\zeta-\delta)(1-\zeta^2)-(\gamma\zeta+\alpha)^2 = 0,$$

de sorte qu'on ait

$$\zeta'^2 = -2\beta(\zeta-a)(\zeta-b)(\zeta-c).$$

Désignons aussi par ζ_0 une des valeurs de ζ, qu'on doit, d'après la condition $x'^2+y'^2+\zeta^2=1$, supposer comprise entre $+1$ et -1. Le facteur β étant positif, comme nous l'avons dit, le polynome $2\beta(\zeta-a)(\zeta-b)(\zeta-c)$ sera négatif en faisant $\zeta=\zeta_0$. Mais il prend pour $\zeta=+1$ et $\zeta=-1$ les valeurs positives $(\gamma+\alpha)^2$ et $(\gamma-\alpha)^2$; par conséquent, les racines a, b, c sont réelles, et, si on les suppose rangées par ordre décroissant de grandeur, a sera compris entre $+1$ et ζ_0, b entre ζ_0 et -1, et c entre -1 et $-\infty$. Remarquons aussi que, ayant pour $z=\zeta$ un résultat positif, il est nécessaire que cette constante δ soit supérieure à a ou comprise entre b et c. Mais la relation $x^2+y^2=2(\zeta-\delta)$ montre que la seconde hypothèse est seule possible, car dans la première x^2+y^2 serait négatif. Cela posé, puisque ζ a pour limites a et b, nous ferons

$$\zeta = a - (a-b)U^2;$$

soient encore

$$k^2 = \frac{a-b}{a-c}, \qquad k'^2 = \frac{b-c}{a-c};$$

on aura

$$(\zeta - a)(\zeta - b)(\zeta - c) = -(a-b)^2(a-c)U^2(1-U^2)(1-k^2U^2),$$

et de l'équation

$$\zeta'^2 = -2\beta(\zeta - a)(\zeta - b)(\zeta - b)$$

nous conclurons

$$U'^2 = \frac{(a-c)\beta}{2}(1-U^2)(1-k^2U^2).$$

Faisons donc $n = \sqrt{\frac{(a-c)\beta}{2}}$; puis, en désignant par s_0 une constante, $u = n(s-s_0)$, on aura

$$U = \operatorname{sn} u, \qquad \zeta = a - (a-b)\operatorname{sn}^2 u,$$

et par conséquent

$$n(z - z_0) = \int_0^u \zeta\, du = \left[a - (a-c)\frac{J}{K}\right]u + (a-c)\frac{\Theta'(u)}{\Theta(u)},$$

z_0 étant la valeur arbitraire de z pour $u = 0$.

Considérons, pour obtenir la valeur de $x + iy$, l'expression $\frac{\zeta' + i(\gamma\zeta + \alpha)}{2(\zeta - \delta)}$, qui en représente la dérivée logarithmique. C'est une fonction doublement périodique de la variable u, ayant pour pôles d'une part $u = iK'$ et de l'autre les racines de l'équation $\zeta - \delta = 0$. Mais des deux solutions $u = \pm\omega$ qu'on en tire une seule est en effet un pôle, comme le montre la relation

$$\zeta'^2 + (\gamma\zeta + \alpha)^2 = 2\beta(\zeta - \delta)(1 - \zeta^2),$$

d'où l'on déduit

$$\zeta' = \pm i(\gamma\delta + \alpha),$$

en faisant $\zeta = \delta$. Il en résulte que, si nous prenons pour $u = \omega$ la valeur $\zeta' = +i(\gamma\delta + \alpha)$, on aura

$$\zeta' = -i(\gamma\delta + \alpha) \qquad \text{pour} \qquad u = -\omega,$$

la dérivée changeant de signe avec la variable. En même temps on voit que le résidu de la fonction qui correspond au pôle $u = \omega$ est $+n$; le résidu relatif à l'autre pôle $u = i\mathrm{K}'$ est donc $-n$, et, par la décomposition en éléments simples, nous obtenons

$$\frac{\zeta' + i(\gamma\zeta + \alpha)}{2(\zeta - \delta)} = n\left[\lambda - \frac{\Theta'(u)}{\Theta(u)} + \frac{\mathrm{H}'(u-\omega)}{\mathrm{H}(u-\omega)}\right].$$

La constante λ se détermine en supposant $u = 0$ ou $\zeta = a$, ce qui donne immédiatement

$$\lambda = \frac{in(a\gamma + \alpha)}{a - \delta} + \frac{\mathrm{H}'(\omega)}{\mathrm{H}(\omega)},$$

et l'expression cherchée se conclut de la relation

$$\mathrm{D}_s \log(x + iy) = n\,\mathrm{D}_u \log(x + iy) = n\left[\lambda - \frac{\Theta'(u)}{\Theta(u)} + \frac{\mathrm{H}'(u-\omega)}{\mathrm{H}(u-\omega)}\right]$$

au moyen d'une fonction doublement périodique de seconde espèce

$$x + iy = (x_0 + iy_0)\frac{\Theta(0)\,\mathrm{H}(\omega - u)\,e^{\lambda u}}{\Theta(u)\,\mathrm{H}(\omega)}.$$

Dans cette formule, x_0 et y_0 désignent les valeurs que prennent x et y pour $u = 0$; elles sont liées par l'équation

$$\beta(x_0^2 + y_0^2) = 2(a - \delta)$$

et ne contiennent, par conséquent, qu'une seule indéterminée. En y joignant les constantes z_0, s_0 et δ, on a donc quatre quantités arbitraires dans l'expression générale des coordonnées de l'élastique. A l'égard de δ, nous avons vu que sa valeur doit rester comprise entre b et c; de là résulte que $\mathrm{sn}^2\omega$, déterminé par la formule $\mathrm{sn}^2\omega = \frac{a-\delta}{a-b}$, a pour limites 1 et $\frac{1}{k^2}$. On peut écrire par suite $\omega = \mathrm{K} + i\upsilon$, υ étant réel, et poser

$$x + iy = (x_0 + iy_0)\frac{\Theta(0)\,\mathrm{H}_1(i\upsilon - u)\,e^{\lambda u}}{\Theta(u)\,\mathrm{H}_1(i\upsilon)}.$$

Changeons i en $-i$, ce qui change λ en $-\lambda$; on aura

$$x - iy = (x_0 - iy_0)\frac{\Theta(0)\,\mathrm{H}_1(i\upsilon + u)\,e^{-\lambda u}}{\Theta(u)\,\mathrm{H}_1(i\upsilon)},$$

et ces relations, jointes à celle qui a été précédemment obtenue, à savoir

$$n(z-z_0)=\left[a-(a-c)\frac{J}{K}\right]u+(a-c)\frac{\Theta'(u)}{\Theta(u)},$$

donnent la solution complète de la question proposée.

XXXVI.

Les expressions des rayons de courbure et de torsion, R et r, se calculent facilement, sans qu'il soit besoin d'employer les valeurs des coordonnées, et comme conséquence immédiate des équations différentielles

$$\begin{aligned} y'z''-y''z' &= \alpha x'+\beta y,\\ z'x''-z''x' &= \alpha y'-\beta x,\\ x'y''-x''y' &= \alpha z'+\gamma. \end{aligned}$$

On trouve, en effet, après les réductions qui s'offrent d'elles-mêmes,

$$\begin{aligned} \frac{1}{R^2} &= (\alpha x'+\beta y)^2+(\alpha y'-\beta x)^2+(\alpha z'+\gamma)^2\\ &= 2\beta(\zeta-\delta)+\gamma^2-\alpha^2\\ &= 2\beta[a-\delta-(a-b)\operatorname{sn}^2 u]+\gamma^2-\alpha^2, \end{aligned}$$

puis

$$\begin{vmatrix} x' & x'' & x''' \\ y' & y'' & y''' \\ z' & z'' & z''' \end{vmatrix}=\alpha\beta(\zeta-\delta)-\beta(\alpha\delta+\gamma)+\alpha(\gamma^2-\alpha^2),$$

et, par conséquent,

$$\frac{1}{r}=\frac{\alpha\beta(\zeta-\delta)-\beta(\alpha\delta+\gamma)+\alpha(\gamma^2-\alpha^2)}{2\beta(\zeta-\delta)+\gamma^2-\alpha^2}.$$

Cette expression du rayon de torsion conduit naturellement à envisager le cas particulier où elle devient indépendante de ζ et a la valeur constante $r=\frac{2}{\alpha}$. La condition à remplir à cet effet étant

$$2\beta(\alpha\delta+\gamma)-\alpha(\gamma^2-\alpha^2)=0,$$

je remarque que, en remplaçant l'indéterminée ζ par $-\frac{\gamma}{\alpha}$, dans l'égalité

$$2\beta(\zeta-\delta)(1-\zeta^2)-(\gamma\zeta+\alpha)^2=-2\beta(\zeta-a)(\zeta-b)(\zeta-c),$$

le résultat peut s'écrire ainsi

$$(\gamma^2 - \alpha^2)[2\beta(\alpha\delta + \gamma) - \alpha(\gamma^2 - \alpha^2)] = 2\beta(\gamma + a\alpha)(\gamma + b\alpha)(\gamma + c\alpha),$$

par où l'on voit que l'une des racines a, b, c est alors égale à $-\frac{\gamma}{\alpha}$. Mais notre condition donne

$$\delta + \frac{\alpha^2 - \gamma^2}{2\beta} = -\frac{\gamma}{\alpha};$$

ainsi l'on doit poser

$$\delta + \frac{\alpha^2 - \gamma^2}{2\beta} = a, \; b \text{ ou } c,$$

et voici la conséquence remarquable qui résulte de là. Nous avons trouvé tout à l'heure

$$\frac{1}{R^2} = 2\beta[a - \delta - (a - b)\,\text{sn}^2 u] + \gamma^2 - \alpha^2,$$

ou plutôt

$$\frac{1}{R^2} = 2\beta\left(a - \delta - \frac{\alpha^2 - \gamma^2}{2\beta}\right) - 2\beta(a - b)\,\text{sn}^2 u;$$

or cette expression montre que le premier cas, où l'on suppose

$$\delta + \frac{\alpha^2 - \gamma^2}{2\beta} = a,$$

doit être rejeté, comme conduisant à une valeur négative pour R^2. Mais les deux autres peuvent avoir lieu et donnent successivement, en employant la valeur du module $k^2 = \frac{a - b}{a - c}$,

$$\frac{1}{R^2} = 2\beta(a - b)\,\text{cn}^2 u,$$

$$\frac{1}{R^2} = 2\beta(a - c)\,\text{dn}^2 u.$$

Le rayon de courbure devient donc, comme les coordonnées elles-mêmes, une fonction uniforme de l'arc, en même temps que le rayon de torsion prend une valeur constante. Ces circonstances remarquables me semblent appeler l'attention sur la courbe qui les présente; mais ce serait trop m'étendre d'essayer d'en suivre les conséquences, et je reviens à mon objet principal, en donnant une dernière remarque sur la formation des équations linéaires d'ordre quelconque dont les intégrales sont des fonctions doublement périodiques de seconde espèce, unipolaires ([1]).

XXXVII.

Soit, comme au paragraphe XXX (p. 347),

$$f(u) = \frac{H'(o)\,\Theta(u+\omega)}{H(u)\,\Theta(\omega)} e^{\left[\lambda - \frac{\Theta'(\omega)}{\Theta(\omega)}\right]u};$$

désignons par $f_i(u)$ ce que devient cette fonction quand on y remplace les quantités ω, λ par ω_i, λ_i; nommons enfin μ_i et μ'_i ses multiplicateurs. Si l'on pose

$$y = C_1 f_1(u) + C_2 f_2(u) + \ldots + C_n f_n(u),$$

l'équation différentielle linéaire d'ordre n, admettant cette expression analytique pour intégrale, se présente sous la forme suivante :

$$\begin{vmatrix} y & f_1(u) & f_2(u) & \ldots & f_n(u) \\ y' & f'_u(u) & f'_2(u) & \ldots & f'_n(u) \\ \ldots & \ldots & \ldots & \ldots & \ldots \\ y^n & f_1^n(u) & f_2^n(u) & \ldots & f_n^n(u) \end{vmatrix} = 0.$$

D'après cela, j'observe que, le déterminant étant mis sous la forme

$$\Phi_0(u)\,y^n + \Phi_1(u)\,y^{n-1} + \ldots + \Phi_n(u)\,y,$$

les coefficients $\Phi_i(u)$ sont des fonctions de seconde espèce, aux multiplicateurs $\mu_1\ \mu_2 \ldots \mu_n$, $\mu'_1\ \mu'_2 \ldots \mu'_n$, ayant le pôle $u = 0$, avec l'ordre de multiplicité $n+1$, sauf le premier $\Phi_0(u)$, où l'ordre de multiplicité est n. C'est ce qu'on voit immédiatement en retranchant la seconde colonne du déterminant de celles qui suivent, attendu que les différences $f_2(u) - f_1(u)$, $f_3(u) - f_1(u)$, ..., ainsi que leurs dérivées, ne sont plus infinies pour $u = 0$. Nous pouvons donc poser, comme je l'ai fait voir ailleurs (*Sur l'inté-*

([1]) On doit à M. de Saint-Venant un travail important sur les flexions considérables des verges élastiques, que l'éminent géomètre a publié dans le *Journal de Mathématiques* de M. Liouville (t. IX, 1844), et auquel je dois renvoyer; je citerai aussi, sur la même question, un Mémoire récemment publié par M. Adolphe Steen, sous le titre : *De elastike Kurve, og dens anvendelse i böjningstheorien*, Copenhague, 1879.

gration de l'équation différentielle de Lamé, dans le *Journal de M. Borchardt*, t. LXXXIX, p. 10),

$$\Phi_0(u) = \frac{G_0 \, H(u-a_1)\, H(u-a_2) \ldots H(u-a_n)\, e^{g_0 u}}{H^n(u)},$$

les quantités G_0, g_0, a_i étant des constantes, puis d'une manière semblable pour les coefficients suivants,

$$\Phi_i(u) = \frac{G_i \, H(u-a'_1)\, H(u-a'_2) \ldots H(u-a'_{n+1})\, e^{g_i u}}{H^{n+1}(u)}.$$

Il en résulte qu'en décomposant en éléments simples les quotients $\frac{\Phi_i(u)}{\Phi_0(u)}$, qui sont des fonctions doublement périodiques de première espèce, on aura

$$\frac{\Phi_i(u)}{\Phi_0(u)} = \text{const.} + \frac{A_1 \, H'(u-a_1)}{H(u-a_1)} + \frac{A_2 \, H'(u-a_2)}{H(u-a_2)} + \ldots$$
$$+ \frac{A_n \, H'(u-a_n)}{H(u-a_n)} + \frac{A_0 \, H'(u)}{H(u)},$$

avec la condition

$$A_0 = -(A_1 + A_2 + \ldots + A_n).$$

C'est donc la généralisation du résultat trouvé au paragraphe XXVIII (p. 343) pour les équations du second ordre, et il est clair qu'on peut encore écrire

$$\frac{\Phi_i(u)}{\Phi_0(a)} = \text{const.} + \frac{A_1 \operatorname{sn} a_1}{\operatorname{sn} u \operatorname{sn}(u-a_1)}$$
$$+ \frac{A_2 \operatorname{sn} a_2}{\operatorname{sn} u \operatorname{sn}(u-a_2)} + \ldots + \frac{A_n \operatorname{sn} a_n}{\operatorname{sn} u \operatorname{sn}(u-a_n)}.$$

La détermination des constantes A_1, A_2, ..., qui entrent dans ces expressions des coefficients de l'équation linéaire, par la condition que les solutions soient des fonctions uniformes, est une question difficile et importante, que je n'ai pas abordée au delà du cas le plus simple de $n = 2$; je me borne à donner la forme analytique générale de ces coefficients et à observer que, chacune des fonctions $f_i(u)$ contenant deux arbitraires, l'équation différentielle en renferme en tout $2n$. Les remarques que j'ai à présenter ont un autre objet, comme on va le voir. Je me suis attaché à cette circonstance que présente l'équation de Lamé, $y'' = (2k^2 \operatorname{sn}^2 u + h)y$, de ne contenir aucun point à apparence singulière ; elle m'a paru donner l'indication d'un type spécial, à distinguer et à caractériser, de manière qu'on ait ses analogues, si je puis dire, pour un ordre quelconque. Introduisons donc la condition $\Phi_0(u) =$ const. pour amener la disparition des points à apparence singulière $u = a_1$, a_2, ..., a_n, et posons, à cet effet, les $n+1$ conditions

$$\alpha_1 = 0, \quad \alpha_2 = 0, \quad \ldots, \quad \alpha_n = 0, \quad g_0 = 0.$$

J'observerai, en premier lieu, que, dans ce type particulier d'équations, le nombre des arbitraires se trouve réduit à $2n-(n+1)$, c'est-à-dire à $n-1$. Je remarque ensuite que, les fonctions $\Phi_i(u)$ ayant toutes les mêmes multiplicateurs, ces multiplicateurs seront nécessairement l'unité, puisque l'une d'elles, $\Phi_0(u)$, est une constante. C'est dire qu'elles deviennent des fonctions doublement périodiques de première espèce, ayant pour pôle unique $u = 0$, avec l'ordre de multiplicité maximum $n+1$. Nous avons, par conséquent, l'expression

$$\Phi_i(u) = a + b\frac{1}{\operatorname{sn}^2 u} + c\, D_u \frac{1}{\operatorname{sn}^2 u} + \ldots + h\, D_u^{n-1} \frac{1}{\operatorname{sn}^2 u},$$

que la considération suivante va nous permettre encore de simplifier.

Et, d'abord, il résulte des expressions de $\Phi_0(u)$ et $\Phi_1(u)$, sous forme de déterminants, qu'on a, en général,

$$\Phi_1(u) = -D_u\,\Phi_0(u).$$

La condition $\Phi_0(u) =$ const. donne donc

$$\Phi_1(u) = 0,$$

et l'on voit que l'équation d'ordre n, analogue à celle de Lamé, a la forme

$$y^n + \Phi_2(u)\,y^{n-2} + \ldots + \Phi_n(u)\,y = 0.$$

Je ferai maintenant un nouveau pas en appliquant l'un des beaux théorèmes donnés par M. Fuchs, à savoir que le point singulier effectif $u = 0$ doit être, dans le coefficient $\Phi_i(u)$, un pôle dont l'ordre de multiplicité ne dépasse pas i, pour que l'intégrale de l'équation différentielle soit une fonction uniforme de la variable. On a, en conséquence, les expressions suivantes des coefficients, en remplacant u par $u + i\mathrm{K}'$, afin de nous rapprocher autant que possible de l'équation de Lamé,

$$\Phi_2(u) = \alpha_0 + \alpha_1 \operatorname{sn}^2 u,$$
$$\Phi_3(u) = \beta_0 + \beta_1 \operatorname{sn}^2 u + \beta_2 \mathrm{D}_u \operatorname{sn}^2 u,$$
$$\Phi_4(u) = \gamma_0 + \gamma_1 \operatorname{sn}^2 u + \gamma_2 \mathrm{D}_u \operatorname{sn}^2 u + \gamma_3 \mathrm{D}_u^2 \operatorname{sn}^2 u,$$
$$\dots\dots\dots\dots\dots\dots\dots\dots\dots\dots$$

La question de déterminer les constantes α_0, α_1, ..., de manière à réaliser complètement la condition que l'intégrale soit une fonction uniforme, offre, comme on le voit, beaucoup d'intérêt. Elle a fait le sujet des recherches d'un jeune géomètre du talent le plus distingué, M. Mittag-Leffler, professeur à l'Université d'Helsingfors, et je vais exposer les résultats auxquels il est parvenu.

XXXVIII.

Considérons en premier lieu les équations du troisième ordre, que nous savons devoir contenir deux constantes arbitraires. Elles présentent deux types distincts, et l'un d'eux, découvert antérieurement par M. Picard, a offert le premier et mémorable exemple de l'intégration au moyen des fonctions elliptiques d'une équation différentielle d'ordre supérieur au second (¹). C'est l'équation

$$y''' + (\alpha - 6k^2 \operatorname{sn}^2 u) y' + \beta y = 0,$$

a là quelle on satisfait de la manière suivante.

Soit

$$y = \frac{\mathrm{H}(u+\omega)}{\Theta(u)} e^{\left[\lambda - \frac{\Theta'(\omega)}{\Theta(\omega)}\right]},$$

et posons, comme au paragraphe V,

$$\Omega = k^2 \operatorname{sn}^2 \omega - \frac{1+k^2}{3},$$
$$\Omega_1 = k^2 \operatorname{sn} \omega \operatorname{cn} \omega \operatorname{dn} \omega.$$
$$\Omega_2 = k^2 \operatorname{sn}^4 \omega - \frac{2(k^2+k^4)}{3} \operatorname{sn}^2 \omega - \frac{7 - 22k^2 + 7k^4}{45},$$
$$\dots\dots\dots\dots\dots\dots\dots\dots\dots\dots,$$

(¹) *Sur une classe d'équations différentielles* (*Comptes rendus*, t. XC, p. 128).

de sorte qu'on ait, pour $u = i\mathrm{K}' + \varepsilon$,

$$y = \mathrm{C}\, e^{\lambda\varepsilon}\left(\frac{1}{\varepsilon} - \frac{1}{2}\Omega\varepsilon - \frac{1}{3}\Omega_1\varepsilon^2 - \frac{1}{8}\Omega_2\varepsilon^3 - \ldots\right),$$

C désignant un facteur constant. Les quantités ω et λ se déterminent au moyen des relations

$$\begin{aligned} 3(\lambda^2 - \Omega) + \alpha - 2(1 + k^2) &= 0, \\ 2\lambda^3 - 6\lambda\Omega - 4\Omega_1 - \beta &= 0, \end{aligned}$$

et il a été démontré par M. Picard qu'elles admettent trois systèmes de solutions, d'où se tirent trois intégrales particulières et par conséquent l'intégrale complète de l'équation considérée.

Le second type qu'il faut joindre au précédent pour avoir, dans le troisième ordre, toutes les équations analogues à celle de Lamé est

$$y''' + (\alpha - 3k^2\,\mathrm{sn}^2 u)y' + (\beta + \gamma k^2\,\mathrm{sn}^2 u - 3k^2\,\mathrm{sn}\,u\,\mathrm{cn}\,u\,\mathrm{dn}\,u)y = 0,$$

avec la condition

$$3(\alpha - 1 - k^2) + \gamma^2 = 0.$$

Il présente cette circonstance bien remarquable que, dans les trois intégrales particulières, la constante λ a la même valeur, à savoir : $\lambda = -\frac{\gamma}{3}$. Cela étant, ω s'obtient par la relation

$$2\lambda^3 - \lambda(3\Omega - 1 - k^2) - \Omega_1 - \beta = 0.$$

En passant maintenant au quatrième ordre, on obtient quatre équations A, B, C, D avec trois constantes arbitraires, et pour chacune d'elles les constantes ω et λ se déterminent ainsi que je vais l'indiquer.

A.

$$y^{\text{IV}} + (\alpha - 12k^2\,\mathrm{sn}^2 u)y'' + \beta y' + (\gamma + \delta k^2\,\mathrm{sn}^2 u)y = 0,$$

avec la condition

$$2\alpha - 8(1 + k^2) + \delta = 0.$$

Les relations entre ω et λ sont

$$\begin{aligned} &4\lambda^3 - \lambda(12\Omega + \delta) - 8\Omega_1 + \beta = 0, \\ &90\lambda^4 - (540\Omega + 15\delta)\lambda^2 - 720\Omega_1\lambda - 270\Omega_2 + 15\delta\Omega \\ &\qquad - 30\gamma - 10\delta(1 + k^2) + 48(1 - k^2 + k^4) = 0. \end{aligned}$$

B.

$$y^{\text{IV}} + (\alpha - 8k^2 \operatorname{sn}^2 u)y'' + (\beta + \gamma k^2 \operatorname{sn}^2 u - 8k^2 \operatorname{sn} u \operatorname{cn} u \operatorname{dn} u)y'$$
$$+ (\delta + \varepsilon k^2 \operatorname{sn}^2 u - \gamma k^2 \operatorname{sn} u \operatorname{cn} u \operatorname{dn} u)y = 0,$$

sous les conditions

$$4\varepsilon = \gamma^2, \qquad \gamma^3 + 8\gamma(\alpha - 2 - 2k^2) + 16\beta = 0.$$

On a ensuite

$$48(\lambda^2 - \Omega) + 12\lambda\gamma + 24\alpha + 3\gamma^2 - 64(1 + k^2) = 0,$$
$$120\lambda^4 - 720\lambda^2\Omega - 960\lambda\Omega_1 - 360\Omega_2 - 60(\lambda^3 - 3\lambda\Omega - 2\Omega_1)\gamma$$
$$- 15(\lambda^2 - \Omega)\gamma^2 - 120\delta - 10(1 + k^2)\gamma^2 + 64(1 - k^2 + k^4) = 0.$$

C.

$$y^{\text{IV}} + (\alpha - 6k^2 \operatorname{sn}^2 u)y'' + (\beta - 12k^2 \operatorname{sn} u \operatorname{cn} u \operatorname{dn} u)y' + (\gamma + \delta k^2 \operatorname{sn}^2 u)y = 0,$$

avec la relation

$$12\gamma - \delta^2 - 2\delta[\alpha - 4(1 + k^2)] = 0.$$

Les équations en ω et λ sont

$$6(\lambda^2 - \Omega) + 2\alpha + \delta - 4(1 + k^2) = 0,$$
$$2\lambda^3 - \lambda(6\Omega - \delta) - 4\Omega_1 - \beta = 0.$$

D.

$$y^{\text{IV}} + (\alpha - 4k^2 \operatorname{sn}^2 u)y'' + (\beta + \gamma k^2 \operatorname{sn}^2 u - 8k^2 \operatorname{sn} u \operatorname{cn} u \operatorname{dn} u)y'$$
$$+ (\delta + \varepsilon k^2 \operatorname{sn}^2 u - 8k^4 \operatorname{sn}^4 u + \gamma k^2 \operatorname{sn} u \operatorname{cn} u \operatorname{dn} u)y = 0.$$

On a entre les constantes les deux conditions

$$8\alpha - 32(1 + k^2) + 4\varepsilon + \gamma^2 = 0,$$
$$4\beta + \gamma[\varepsilon - 4(1 + k^2)] = 0.$$

Ce dernier cas présente un second exemple de la circonstance remarquable qui s'est offerte dans l'une des équations du troisième ordre, la quantité λ ayant dans toutes les intégrales particulières la même valeur, à savoir $\lambda = -\frac{\gamma}{4}$. L'équation en ω est ensuite

$$90\lambda^4 - 15(\lambda^2 - \Omega)[3\varepsilon - 8(1 + k^2)] - 360\lambda^2\Omega - 360\lambda\Omega_1$$
$$- 90\Omega_2 - 90\delta - 30\varepsilon(1 + k^2) + 16(11 + 4k^2 + 11k^4) = 0.$$

XXXIX.

Les recherches dont je viens d'énoncer succinctement les premiers résultats ont été étendues par M. Mittag-Leffler aux équations linéaires d'ordre quelconque, dans un travail qui paraîtra prochainement. (*Annali di Mathematica*, II, t. XI, 1882, p. 65.) Il sera ainsi établi que la théorie des fonctions elliptiques conduit aux premiers types généraux, après celui des équations à coefficients constants, dont la solution est connue sous forme explicite. L'équation de Lamé

$$D_x^2 y = [n(n+1)k^2 \operatorname{sn}^2 x + h] y,$$

ayant été l'origine et le point de départ de ces recherches, doit d'autant plus appeler notre attention, et j'y reviens pour aborder un second cas, celui de $n=2$, en me proposant d'en faire l'application à la théorie du pendule. Je traiterai ce cas par une méthode spéciale que j'expose avant d'arriver au cas général où le nombre n est quelconque, afin de réunir divers points de vue sous lesquels peut être traitée la même question. Reprenons à cet effet l'équation considérée au paragraphe XXX (p. 347) et dont nous avons obtenu la solution complète, à savoir

$$\begin{aligned} D_u^2 y &- \left[\frac{\operatorname{sn} a}{\operatorname{sn} u \operatorname{sn}(u-a)} + \frac{\operatorname{sn} b}{\operatorname{sn} u \operatorname{sn}(u-b)}\right] D_u y \\ &+ \left[\frac{A \operatorname{sn} a}{\operatorname{sn} u \operatorname{sn}(u-a)} + \frac{B \operatorname{sn} b}{\operatorname{sn} u \operatorname{sn}(u-b)} + \frac{1}{\operatorname{sn}^2(a-b)} - C^2\right] y = 0. \end{aligned}$$

Soit $u = x + iK'$, et changeons aussi a et b en $a + iK'$ et $b + iK'$, de sorte que les constantes A et B deviennent

$$A = \frac{\operatorname{sn} a}{\operatorname{sn} b \operatorname{sn}(a-b)} + C,$$

$$B = \frac{\operatorname{sn} b}{\operatorname{sn} a \operatorname{sn}(b-a)} - C.$$

L'équation prendra la forme suivante,

$$\begin{aligned} D_x^2 y &- \left[\frac{\operatorname{sn} x}{\operatorname{sn} a \operatorname{sn}(x-a)} + \frac{\operatorname{sn} x}{\operatorname{sn} b \operatorname{sn}(x-b)}\right] D_x y \\ &- \left[\frac{A \operatorname{sn} x}{\operatorname{sn} a \operatorname{sn}(x-a)} + \frac{B \operatorname{sn} x}{\operatorname{sn} b \operatorname{sn}(x-b)} + \frac{1}{\operatorname{sn}^2(a-b)} - C^2\right] y = 0, \end{aligned}$$

et aura pour solution la fonction de seconde espèce

$$y = \frac{\mathrm{H}(x+\omega)}{\Theta(x)} e^{\left[\lambda - \frac{\Theta'(\omega)}{\Theta(\omega)}\right]x},$$

les quantités ω et λ étant déterminées maintenant par les conditions

$$\lambda - \mathrm{C} = \frac{\operatorname{sn} a}{\operatorname{sn} b \operatorname{sn}(a-b)} - \frac{\operatorname{cn} a \operatorname{dn} a}{\operatorname{sn} a} + \frac{\operatorname{sn}\omega}{\operatorname{sn} a \operatorname{sn}(a+\omega)},$$

$$\lambda + \mathrm{C} = \frac{\operatorname{sn} b}{\operatorname{sn} a \operatorname{sn}(b-a)} - \frac{\operatorname{cn} b \operatorname{dn} b}{\operatorname{sn} b} + \frac{\operatorname{sn}\omega}{\operatorname{sn} b \operatorname{sn}(b+\omega)}.$$

Cela posé, considérons le cas où $b = -a$; on trouve aisément, en chassant le dénominateur $\operatorname{sn}^2 x - \operatorname{sn}^2 a$, l'équation

$$\begin{aligned}(\operatorname{sn}^2 x - \operatorname{sn}^2 a)\mathrm{D}_x^2 y &- 2\operatorname{sn} x \operatorname{cn} x \operatorname{dn} x \,\mathrm{D}_x y \\ &+ \left[\frac{2\mathrm{A}\operatorname{cn} a \operatorname{dn} a}{\operatorname{sn} a}\operatorname{sn}^2 x + \left(\frac{1}{\operatorname{sn}^2 2a} - \mathrm{C}^2\right)(\operatorname{sn}^2 x - \operatorname{sn}^2 a)\right] y = 0.\end{aligned}$$

Particularisons encore davantage et, observant qu'on a

$$\mathrm{A} = -\frac{1}{\operatorname{sn} 2a} + \mathrm{C},$$

faisons disparaître le terme en $\operatorname{sn}^2 x$ dans le coefficient de y, en posant

$$\frac{2\operatorname{cn} a \operatorname{dn} a}{\operatorname{sn} a} = \frac{1}{\operatorname{sn} 2a} + \mathrm{C}.$$

Ce coefficient se réduisant à une constante, l'équation précédente devient

$$\begin{aligned}(\operatorname{sn}^2 x - \operatorname{sn}^2 a)\mathrm{D}_x^2 y &- 2\operatorname{sn} x \operatorname{cn} x \operatorname{dn} x \,\mathrm{D}_x y \\ &+ 2[3k^2 \operatorname{sn}^4 a - 2(1+k^2)\operatorname{sn}^2 a + 1] y = 0.\end{aligned}$$

Soit donc, pour un moment,

$$\Phi(x) = \operatorname{sn}^2 x - \operatorname{sn}^2 a;$$

on voit qu'on peut l'écrire ainsi

$$\Phi(x)\mathrm{D}_x^2 y - \Phi'(x)\mathrm{D}_x y + \Phi''(a) y = 0,$$

et l'on en conclut, par la différentiation,

$$\Phi(x)\mathrm{D}_x^3 y - [\Phi''(x) - \Phi''(a)]\mathrm{D}_x y = 0.$$

Ce résultat remarquable donne, en remplaçant $D_x y$ par z,

$$D_x^2 z = \left[\frac{\Phi''(x) - \Phi''(a)}{\Phi(x)}\right] z = (6k^2 \operatorname{sn}^2 x + 6k^2 \operatorname{sn}^2 a - 4 - 4k^2) z:$$

c'est précisément l'équation de Lamé dans le cas de $n = 2$, la constante qui y figure étant $h = 6k^2 \operatorname{sn}^2 a - 4 - 4k^2$. Nous n'avons donc plus, pour parvenir à notre but, qu'à former l'intégrale de l'équation en y, c'est-à-dire à déterminer les quantités ω et λ au moyen des équations rappelées plus haut. Introduisons, à cet effet, les conditions $b = -a$, $C = \frac{2 \operatorname{cn} a \operatorname{dn} a}{\operatorname{sn} a} - \frac{1}{\operatorname{sn} 2a}$; on en tirera successivement, en les retranchant et les ajoutant,

$$\frac{\operatorname{sn}^2 \omega}{\operatorname{sn}^2 a - \operatorname{sn}^2 \omega} = \frac{\operatorname{sn}^2 a (2k^2 \operatorname{sn}^2 a - 1 - k^2)}{\operatorname{cn}^2 a \operatorname{dn}^2 a},$$

$$\lambda = \frac{\operatorname{sn} \omega \operatorname{cn} \omega \operatorname{dn} \omega}{\operatorname{sn}^2 a - \operatorname{sn}^2 \omega}.$$

De là nous concluons d'abord, pour ω, les expressions suivantes,

$$\operatorname{sn}^2 \omega = \frac{\operatorname{sn}^4 a (2k^2 \operatorname{sn}^2 a - 1 - k^2)}{3k^2 \operatorname{sn}^4 a - 2(1 + k^2) \operatorname{sn}^2 a + 1},$$

$$\operatorname{cn}^2 \omega = -\frac{\operatorname{cn}^4 a (2k^2 \operatorname{sn}^2 a - 1)}{3k^2 \operatorname{sn}^4 a - 2(1 - k^2) \operatorname{sn}^2 a + 1},$$

$$\operatorname{dn}^2 \omega = -\frac{\operatorname{dn}^4 a (2 \operatorname{sn}^2 a - 1)}{3k^2 \operatorname{sn}^4 a - 2(1 - k^2) \operatorname{sn}^2 a + 1}.$$

On a ensuite

$$\lambda^2 = \frac{\operatorname{sn}^2 \omega \operatorname{cn}^2 \omega \operatorname{dn}^2 \omega}{(\operatorname{sn}^2 a - \operatorname{sn}^2 \omega)^2} = \frac{(2k^2 \operatorname{sn}^2 a - 1 - k^2)(2k^2 \operatorname{sn}^2 a - 1)(2 \operatorname{sn}^2 a - 1)}{3k^2 \operatorname{sn}^4 a - 2(1 + k^2) \operatorname{sn}^2 a + 1},$$

et l'on voit que les constantes $\operatorname{sn}^2 \omega$ et λ^2 sont des fonctions rationnelles de $\operatorname{sn}^2 a$ ou de h. Nous remarquerons en même temps que $\operatorname{sn} \omega$ et, par conséquent, ω ayant deux déterminations égales et de signes contraires, le signe de λ est donné par celui de ω, en vertu de la relation $\lambda = \frac{\operatorname{sn} \omega \operatorname{cn} \omega \operatorname{dn} \omega}{\operatorname{sn}^2 a - \operatorname{sn}^2 \omega}$. Aucune ambiguïté ne s'offre donc dans la formule

$$y = C \frac{H(x + \omega)}{\Theta(x)} e^{\left[\lambda - \frac{\Theta'(\omega)}{\Theta(\omega)}\right] x} + C' \frac{H(x - \omega)}{\Theta(x)} e^{-\left[\lambda - \frac{\Theta'(\omega)}{\Theta(\omega)}\right] x},$$

et l'on en conclut, pour l'intégrale de l'équation de Lamé,

$$D_x^2 y = (6k^2 \operatorname{sn}^2 x + 6k^2 \operatorname{sn}^2 a - 4 - 4k^2)y,$$

l'expression

$$y = C D_x \frac{H(x+\omega)}{\Theta(x)} e^{\left[\lambda - \frac{\Theta'(\omega)}{\Theta(\omega)}\right]x} + C' D_x \frac{H(x-\omega)}{\Theta(x)} e^{-\left[\lambda - \frac{\Theta'(\omega)}{\Theta(\omega)}\right]x}.$$

Voici les remarques auxquelles elle donne lieu.

XL.

Nous allons supposer nulle ou infinie la quantité λ, en nous proposant d'étudier les circonstances qu'offre alors la solution de l'équation différentielle.

Et d'abord, on voit, par l'expression de λ^2, que le premier cas a lieu en posant les conditions

$$2k^2 \operatorname{sn}^2 a - 1 - k^2 = 0,$$
$$2k^2 \operatorname{sn}^2 a - 1 = 0,$$
$$2 \operatorname{sn}^2 a - 1 = 0,$$

qui donnent successivement $\operatorname{sn}\omega = 0$, $\operatorname{cn}\omega = 0$, $\operatorname{dn}\omega = 0$. Les valeurs de ω qui en résultent, à savoir, $\omega = 0$, $\omega = K$, $\omega = K + iK'$, conduisent aux solutions considérées par Lamé, qui sont des fonctions doublement périodiques de la variable, avec la périodicité caractéristique de $\operatorname{sn} x$, $\operatorname{cn} x$, $\operatorname{dn} x$. Nous avons, en effet, pour $\omega = 0$ et $\omega = K$: $y = D_x \operatorname{sn} x$, $y = D_x \operatorname{cn} x$. Il suffit ensuite d'employer les relations

$$H(x + K + iK') = \Theta_1(x) e^{-\frac{i\pi}{4K}(2x + iK')},$$
$$\frac{\Theta'(K + iK')}{\Theta(K + iK')} = -\frac{i\pi}{2K},$$

pour conclure de la valeur $\omega = K + iK'$ l'expression $y = D_x \operatorname{dn} x$.

Supposons maintenant λ infini, et soit à cet effet

$$3k^2 \operatorname{sn}^4 a - 2(1 + k^2)\operatorname{sn}^2 a + 1 = 0;$$

en désignant une solution de cette équation par $a = \alpha$, je ferai $a = \alpha + \eta$, $\omega = iK' + \varepsilon$, les quantités η et ε étant infiniment petites. D'après la relation

$$\operatorname{sn}^2\omega = \frac{\operatorname{sn}^4 a(2k^2\operatorname{sn}^2 a - 1 - k^2)}{3k^2\operatorname{sn}^4 a - 2(1+k^2)\operatorname{sn}^2 a + 1},$$

on voit d'abord qu'on aura, en développant en série,

$$\varepsilon^2 = p\eta + q\eta^2 + \ldots,$$

p, q étant des constantes. Cela étant, nous développerons aussi λ suivant les puissances croissantes de ε, au moyen de l'expression

$$\lambda = \frac{\operatorname{sn}\omega\operatorname{cn}\omega\operatorname{dn}\omega}{\operatorname{sn}^2 a - \operatorname{sn}^2\omega} = \frac{\operatorname{cn}\varepsilon\operatorname{dn}\varepsilon}{\operatorname{sn}\varepsilon}\,\frac{1}{1 - k^2\operatorname{sn}^2(\alpha+\eta)\operatorname{sn}^2\varepsilon}.$$

Or, ayant

$$\frac{\operatorname{cn}\varepsilon\operatorname{dn}\varepsilon}{\operatorname{sn}\varepsilon} = \frac{1}{\varepsilon} - \frac{1+k^2}{3}\varepsilon + \ldots,$$

$$\frac{1}{1 - k^2\operatorname{sn}^2(\alpha+\eta)\operatorname{sn}^2\varepsilon} = 1 + k^2\operatorname{sn}^2\alpha\,\varepsilon^2 + \ldots,$$

on en conclut

$$\lambda = \frac{1}{\varepsilon} + \left(k^2\operatorname{sn}^2\alpha - \frac{1+k^2}{3}\right)\varepsilon + \ldots.$$

Employons maintenant l'équation

$$\frac{\Theta'(i\mathrm{K}'+\varepsilon)}{\Theta(i\mathrm{K}'+\varepsilon)} = \frac{\mathrm{H}'(\varepsilon)}{\mathrm{H}(\varepsilon)} - \frac{i\pi}{2\mathrm{K}} = \frac{1}{\varepsilon} - \frac{i\pi}{2\mathrm{K}} + \left(\frac{\mathrm{J}}{\mathrm{K}} - \frac{1+k^2}{3}\right)\varepsilon + \ldots;$$

nous obtenons cette expression, qui est finie, pour $\varepsilon = 0$, à savoir

$$\lambda - \frac{\Theta'(i\mathrm{K}'+\varepsilon)}{\Theta(i\mathrm{K}'+\varepsilon)} = \frac{i\pi}{2\mathrm{K}} + \left(k^2\operatorname{sn}^2\alpha - \frac{\mathrm{J}}{\mathrm{K}}\right)\varepsilon + \ldots.$$

Enfin, je remplace, dans la solution de l'équation différentielle, la quantité $\mathrm{H}(x + i\mathrm{K} + \varepsilon)$ par

$$i\,\Theta(x+\varepsilon)\,e^{-\frac{i\pi}{4\mathrm{K}}(2x+2\varepsilon+i\mathrm{K}')};$$

il viendra ainsi

$$\frac{\mathrm{H}(x+\omega)}{\Theta(x)}\,e^{\left[\lambda - \frac{\Theta'(\omega)}{\Theta(\omega)}\right]x} = i\,e^{\frac{\pi\mathrm{K}'}{4\mathrm{K}}}\,\frac{\Theta(x+\varepsilon)\,e^{g\varepsilon}}{\Theta(x)},$$

en faisant, pour abréger,

$$g = -\frac{i\pi}{2\mathrm{K}} + \left(k^2\operatorname{sn}^2\alpha - \frac{\mathrm{J}}{\mathrm{K}}\right)x.$$

Or, en développant suivant les puissances de ε, on obtient, si l'on se borne aux deux premiers termes,

$$\frac{\Theta(x+\varepsilon)\,e^{g\varepsilon}}{\Theta(x)} = 1 + \left[\frac{\Theta'(x)}{\Theta(x)} + g\right]\varepsilon;$$

il suffira donc de remplacer la constante arbitraire C par $\frac{C}{\varepsilon}$, pour la limite cherchée, lorsqu'on pose $\varepsilon = 0$. Nous trouvons ainsi

$$\frac{1}{\varepsilon} D_x\left[\frac{\Theta(x+\varepsilon)\,e^{g\varepsilon}}{\Theta(x)}\right] = D_x\left[\frac{\Theta'(x)}{\Theta(x)} + g\right] = k^2(\operatorname{sn}^2\alpha - \operatorname{sn}^2 x),$$

où la constante $\operatorname{sn}^2\alpha$ est déterminée par l'équation

$$3k^2\operatorname{sn}^4\alpha - 2(1+k^2)\operatorname{sn}^2\alpha + 1 = 0.$$

Ces deux solutions de l'équation différentielle, réunies à celles qui ont été obtenues précédemment, complètent l'ensemble des cinq solutions de Lamé, qui sont des fonctions doublement périodiques, ces deux dernières ayant, comme on voit, la périodicité de $\operatorname{sn}^2 x$.

XLI.

La théorie du pendule conique ou du mouvement d'un point pesant sur une sphère conduit à une application immédiate de l'équation qui vient de nous occuper. C'est M. Tissot qui a le premier traité cette question importante, par une analyse semblable à celle de Jacobi dans le problème de la rotation, et donné explicitement, en fonction du temps, les coordonnées du point mobile (*Thèse de Mécanique*, *Journal de M. Liouville*, t. XVII, p. 88). En suivant une autre marche, nous trouvons une autre forme analytique de la solution que j'ai indiquée, sans démonstration, dans une Lettre adressée à M. H. Gyldén et publiée dans le *Journal de Borchardt,* t. LXXXV, p. 246. Ces résultats s'établissent de la manière suivante.

Soient x, y, z les coordonnées rectangulaires d'un point pesant, assujetti à rester sur une sphère de rayon égal à l'unité; les équations du mouvement, si l'on désigne par g la pesanteur et N la force accélératrice, seront (¹)

$$\frac{d^2 x}{dt^2} + N x = 0,$$

$$\frac{d^2 y}{dt^2} + N y = 0,$$

$$\frac{d^2 z}{dt^2} + N z = g,$$

$$x^2 + y^2 + z^2 = 1.$$

Elles donnent d'abord, comme on sait, en désignant par c et l des constantes,

$$\left(\frac{dx}{dt}\right)^2 + \left(\frac{dy}{dt}\right)^2 + \left(\frac{dz}{dt}\right)^2 = 2g(z + c),$$

$$y\frac{dx}{dt} - x\frac{dy}{dt} = l.$$

Cela étant, j'emploie la combinaison suivante,

$$(x + iy)\left(\frac{dx}{dt} - i\frac{dy}{dt}\right) = x\frac{dx}{dt} + y\frac{dy}{dt} + i\left(y\frac{dx}{dt} - x\frac{dy}{dt}\right) = -z\frac{dz}{dt} + il,$$

et je remarque que le carré du module du premier membre,

$$(x^2 + y^2)\left[\left(\frac{dx}{dt}\right)^2 + \left(\frac{dy}{dt}\right)^2\right],$$

s'exprime par

$$(1 - z^2)\left[2g(z + c) - \left(\frac{dz}{dt}\right)^2\right],$$

de sorte qu'on obtient, en l'égalant au carré du module du second membre,

$$(1 - z^2)\left[2g(z + c) - \left(\frac{dz}{dt}\right)^2\right] = z^2\left(\frac{dz}{dt}\right)^2 + l^2,$$

ou bien

$$\left(\frac{dz}{dt}\right)^2 = 2g(z + c)(1 - z^2) - l^2.$$

La variable z étant déterminée par cette relation, une première méthode pour obtenir les deux autres coordonnées consiste à di-

(¹) *Traité de Mécanique* de Poisson, t. I, p. 386.

viser membre à membre les équations

$$(x+iy)\left(\frac{dx}{dt}-i\frac{dy}{dt}\right)=-z\frac{dz}{dt}+il,$$
$$x^2+y^2=1-z^2.$$

On obtient facilement ainsi les expressions qui conduisent aux résultats de M. Tissot, à savoir

$$x-iy=e^{-\int\frac{z\,dz-il\,dt}{1-z^2}},$$

puis, en changeant i en $-i$,

$$x+iy=e^{-\int\frac{z\,dz+il\,dt}{1-z^2}}.$$

Mais j'opérerai différemment; je déduis d'abord des équations différentielles, et les ajoutant après les avoir multipliées respectivement par x, y, z,

$$x\frac{d^2x}{dt^2}+y\frac{d^2y}{dt^2}+z\frac{d^2z}{dt^2}+\mathrm{N}=gz,$$

puis de l'équation de la sphère, différentiée deux fois,

$$x\frac{d^2x}{dt^2}+y\frac{d^2y}{dt^2}+z\frac{d^2z}{dt^2}=-\left(\frac{dx}{dt}\right)^2-\left(\frac{dy}{dt}\right)^2-\left(\frac{dz}{dt}\right)^2=-2g(z+c).$$

Nous avons donc

$$\mathrm{N}=g(3z+2c),$$

et, par conséquent,

$$\frac{d^2(x+iy)}{dt^2}=-g(3z+2c)(x+iy);$$

or on est ainsi amené à l'équation de Lamé, dans le cas de $n=2$, comme nous allons le voir.

Formons pour cela l'expression de z, et soit à cet effet

$$2g(z+c)(1-z^2)-l^2=-2g(z-\alpha)(z-\beta)(z-\gamma),$$

ce qui donne les relations suivantes :

$$\alpha+\beta+\gamma=-c,$$
$$\alpha\beta+\beta\gamma+\gamma\alpha=-1,$$
$$\alpha\beta\gamma=c-\frac{l^2}{2g}.$$

On sait que les racines α, β, γ sont nécessairement réelles, et qu'en les rangeant par ordre décroissant de grandeur α sera positive, β positive ou négative, et toutes deux moindres en valeur absolue que l'unité, tandis que γ sera négative et supérieure à l'unité en valeur absolue. Soient donc

$$k^2 = \frac{\alpha - \beta}{\alpha - \gamma},$$
$$u = n(t - t_0),$$
$$n = \sqrt{\frac{g(\alpha - \gamma)}{2}};$$

on aura

$$z = \alpha - (\alpha - \beta)\,\text{sn}^2(u, k),$$

t_0 étant une constante et le coefficient n étant pris positivement. Introduisons maintenant la variable u dans l'équation du second ordre; elle deviendra

$$D_u^2(x + iy) = \frac{g}{n^2}[3(\alpha - \beta)\,\text{sn}^2 u - 3\alpha - 2c](x + iy)$$

et, en simplifiant,

$$D_u^2(x + iy) = \left(6k^2\,\text{sn}^2 u - 2\,\frac{\alpha - 2\beta - 2\gamma}{\alpha - \gamma}\right)(x + iy).$$

C'est donc l'équation de Lamé dont nous avons donné la solution complète au moyen de deux fonctions doublement périodiques de seconde espèce à multiplicateurs réciproques. Or une seule de ces fonctions doit figurer dans l'expression de $x + iy$, comme le montre la formule obtenue tout à l'heure

$$x + iy = e^{-\int \frac{z\,dz + il\,dt}{1 - z^2}};$$

par conséquent, nous pouvons immédiatement écrire

$$x + iy = \text{C}D_u \frac{\text{H}(u + \omega)}{\Theta(u)} e^{\left[\lambda - \frac{\Theta'(\omega)}{\Theta(\omega)}\right]u}$$

ou, sous une autre forme, en modifiant la constante arbitraire,

$$x + iy = \text{A}D_u \frac{\text{H}'(0)\,\text{H}(u + \omega)}{\Theta(\omega)\,\Theta(u)} e^{\left[\lambda - \frac{\Theta'(\omega)}{\Theta(\omega)}\right]u};$$

maintenant il nous faut déterminer cette constante, ainsi que les quantités ω et λ.

XLII.

En posant la condition

$$6k^2 \operatorname{sn}^2 a - 4 - 4k^2 = -2\frac{\alpha - 2\beta - 2\gamma}{\alpha - \gamma},$$

et employant l'expression du module $k^2 = \frac{\alpha - \beta}{\alpha - \gamma}$, on trouve d'abord

$$\operatorname{sn}^2 a = \frac{\alpha}{\alpha - \beta}.$$

De là se tirent ensuite, après quelques réductions faciles où l'on fera usage de la relation

$$\alpha\beta + \beta\gamma + \gamma\alpha = -1,$$

les formules suivantes,

$$\operatorname{sn}^2 \omega = -\frac{\alpha^2(\beta + \gamma)}{\alpha - \beta},$$

$$\operatorname{cn}^2 \omega = +\frac{\beta^2(\alpha + \gamma)}{\alpha - \beta},$$

$$\operatorname{dn}^2 \omega = +\frac{\gamma^2(\alpha + \beta)}{\alpha - \gamma},$$

$$\lambda^2 = -\frac{(\alpha + \beta)(\beta + \gamma)(\gamma + \alpha)}{\alpha - \gamma}.$$

Cela étant, nous remarquerons en premier lieu que, d'après les limites entre lesquelles sont comprises les quantités α, β, γ, on obtient pour $\operatorname{sn}^2 \omega$ et $\operatorname{dn}^2 \omega$ des valeurs positives, tandis que $\operatorname{cn}^2 \omega$ est négatif. Il en résulte que $\operatorname{sn}^2 \omega$ est plus grand que l'unité et moindre que $\frac{1}{k^2}$, de sorte qu'on doit supposer

$$\omega = \pm K + i\upsilon,$$

υ étant réel et donné par ces expressions

$$\operatorname{sn}^2(\upsilon, k') = \frac{\beta^2(\gamma^2 - \alpha^2)}{\alpha^2(\gamma^2 - \beta^2)},$$

$$\operatorname{cn}^2(\upsilon, k') = \frac{\gamma^2(\beta^2 - \alpha^2)}{\alpha^2(\beta^2 - \gamma^2)},$$

$$\operatorname{dn}^2(\upsilon, k') = \frac{\beta - \alpha}{\alpha^2(\beta + \gamma)}.$$

J'observe ensuite qu'ayant $n^2 = \frac{g(\alpha-\gamma)}{2}$ nous pouvons écrire la valeur de λ^2 de cette manière,

$$\lambda^2 = -\frac{g(\alpha+\beta)(\beta+\gamma)(\gamma+\alpha)}{2n^2},$$

d'où l'on conclut facilement

$$\lambda^2 = -\frac{l^2}{4n^2}.$$

Les constantes ω et λ se trouvent ainsi déterminées, mais seulement au signe près, et deux autres relations sont encore nécessaires pour lever toute ambiguïté. La première résulte d'abord de la condition qui a été donnée pour la solution générale de l'équation de Lamé, à savoir

$$\lambda = \frac{\operatorname{sn}\omega \operatorname{cn}\omega \operatorname{dn}\omega}{\operatorname{sn}^2 a - \operatorname{sn}^2\omega},$$

et l'on en tire immédiatement

$$\lambda = -\frac{(\alpha-\beta)\operatorname{sn}\omega \operatorname{cn}\omega \operatorname{dn}\omega}{\alpha\beta\gamma}.$$

Nous obtiendrons tout à l'heure la seconde comme conséquence de l'équation considérée plus haut,

$$(x+iy)\left(\frac{dx}{dt} - i\frac{dy}{dt}\right) = -z\frac{dz}{dt} + il.$$

Mais voici d'abord la détermination de la constante A qui entre dans la formule

$$x+iy = \mathrm{A}\,\mathrm{D}_u \frac{\mathrm{H}'(0)\,\mathrm{H}(u+\omega)}{\Theta(\omega)\,\Theta(u)} e^{\left[\lambda - \frac{\Theta'(\omega)}{\Theta(\omega)}\right]u}.$$

Soit, pour abréger,

$$\mathrm{F}(u) = \frac{\mathrm{H}'(0)\,\mathrm{H}(u+\omega)}{\Theta(\omega)\,\Theta(u)} e^{\left[\lambda - \frac{\Theta'(\omega)}{\Theta(\omega)}\right]u}.$$

Désignons par $\mathrm{F}_1(u)$ ce que devient cette fonction lorsqu'on change i en $-i$, et par A_1 la quantité conjuguée de A, de sorte qu'o

$$x+iy = \mathrm{A}\ \mathrm{F}'(u),$$
$$x-iy = \mathrm{A}_1\,\mathrm{F}'_1(u),$$

et, par conséquent,

$$x^2+y^2 = AA_1\,F'(u)\,F_1'(u).$$

Nous supposerons $u=0$, ce qui donne $z=\alpha$, dans l'équation $x^2+y^2+z^2=1$; il viendra ainsi

$$AA_1\,F'(0)\,F_1'(0) = 1-\alpha^2,$$

ou encore, au moyen de la condition $\alpha\beta+\beta\gamma+\gamma\alpha=-1$,

$$AA_1\,F'(0)\,F_1'(0) = -(\alpha+\beta)(\alpha+\gamma).$$

J'emploie maintenant, pour y faire $u=0$, la relation

$$\frac{F'(u)}{F(u)} = \frac{H'(u+\omega)}{H(u+\omega)} - \frac{\Theta'(u)}{\Theta(u)} - \frac{\Theta'(\omega)}{\Theta(\omega)} + \lambda;$$

on en tire d'abord

$$\frac{F'(0)}{F(0)} = \frac{\operatorname{cn}\omega\operatorname{dn}\omega}{\operatorname{sn}\omega} + \lambda,$$

puis, au moyen de la valeur donnée précédemment de λ,

$$\frac{F'(0)}{F(0)} = \frac{\operatorname{cn}\omega\operatorname{dn}\omega}{\operatorname{sn}\omega} - \frac{\alpha-\beta}{\alpha\beta\gamma}\operatorname{sn}\omega\operatorname{cn}\omega\operatorname{dn}\omega = \frac{\operatorname{cn}\omega\operatorname{dn}\omega}{\operatorname{sn}\omega}\left(1-\frac{\alpha-\beta}{\alpha\beta\gamma}\operatorname{sn}^2\omega\right),$$

et enfin

$$\frac{F'(0)}{F(0)} = -\frac{\operatorname{cn}\omega\operatorname{dn}\omega}{\beta\gamma\operatorname{sn}\omega},$$

comme conséquence de la formule

$$\operatorname{sn}^2\omega = -\frac{\alpha^2(\beta+\gamma)}{\alpha-\beta};$$

mais l'expression de $F(u)$ donne immédiatement

$$F(0) = \frac{H'(0)\,H(\omega)}{\Theta'(0)\,\Theta(\omega)} = k\operatorname{sn}\omega,$$

et nous en concluons l'expression cherchée, à savoir

$$F'(0) = -\frac{k\operatorname{cn}\omega\operatorname{dn}\omega}{\beta\gamma}.$$

Changeons enfin i en $-i$; la constance $\omega=\pm K+i\upsilon$ deviendra

$$\omega' = \pm K - i\upsilon;$$

on a donc

$$\operatorname{sn}\omega' = \operatorname{sn}\omega, \qquad \operatorname{cn}\omega' \operatorname{dn}\omega' = -\operatorname{cn}\omega \operatorname{dn}\omega,$$

et par suite

$$F'(o)\,F'_1(o) = -\frac{k^2 \operatorname{cn}^2\omega \operatorname{dn}^2\omega}{\beta^2\gamma^2} = -\frac{(\alpha+\beta)(\alpha+\gamma)}{(\alpha-\gamma)^2}.$$

De cette expression nous tirons

$$AA_1 = (\alpha-\gamma)^2,$$

de sorte qu'on peut écrire

$$A \quad = (\alpha-\gamma)\,e^{i\varphi},$$

φ désignant un angle arbitraire.

Ce point établi, je reprends l'équation

$$(x+iy)\left(\frac{dx}{dt} - i\frac{dy}{dt}\right) = -z\frac{dz}{dt} + il,$$

qui devient, si l'on introduit, au lieu de t, la variable u,

$$(x+iy)\left(\frac{dx}{du} - i\frac{dy}{du}\right) = -z\frac{dz}{du} + \frac{il}{n},$$

et j'y fais $u = o$. En remarquant qu'alors $\frac{dz}{du}$ s'évanouit, on trouve

$$(\alpha-\gamma)^2\,F'(o)\,F''_1(o) = \frac{il}{n},$$

ce qui nous mène à chercher la valeur de $F''_1(o)$. Pour cela, je déduis de la relation employée tout à l'heure

$$\frac{F'(u)}{F(u)} = \frac{H'(u+\omega)}{H(u+\omega)} - \frac{\Theta'(u)}{\Theta(u)} - \frac{\Theta'(\omega)}{\Theta(\omega)} + \lambda$$

la suivante :

$$\frac{F''(u)}{F(u)} - \frac{F'^2(u)}{F^2(u)} = -\frac{1}{\operatorname{sn}^2(u+\omega)} + k^2\operatorname{sn}^2 u,$$

et j'en tire d'abord

$$\frac{F''(o)}{F(o)} = \frac{F'^2(o)}{F^2(o)} - \frac{1}{\operatorname{sn}^2\omega} = \frac{\operatorname{cn}^2\omega\operatorname{dn}^2\omega}{\beta^2\gamma^2\operatorname{sn}^2\omega} - \frac{1}{\operatorname{sn}^2\omega},$$

puis, après une réduction facile et au moyen de la valeur obtenue pour F(o),

$$F''(o) = -\frac{2k \operatorname{sn}\omega}{\alpha(\alpha-\gamma)}.$$

Cette expression restant la même lorsqu'on change i en $-i$, nous pouvons écrire

$$F''_1(o) = -\frac{2k \operatorname{sn}\omega}{\alpha(\alpha-\gamma)},$$

et, comme on a déjà trouvé

$$F'(o) = -\frac{k \operatorname{cn}\omega \operatorname{dn}\omega}{\beta\gamma},$$

nous en concluons

$$F'(o)\,F''_1(o) = \frac{2k^2 \operatorname{sn}\omega \operatorname{cn}\omega \operatorname{dn}\omega}{\alpha\beta\gamma(\alpha-\gamma)},$$

et, en employant la valeur de k^2, l'équation suivante,

$$(\alpha-\gamma)^2\,F'(o)\,F''_1(o) = \frac{2(\alpha-\beta)\operatorname{sn}\omega \operatorname{cn}\omega \operatorname{dn}\omega}{\alpha\beta\gamma} = \frac{il}{n}.$$

Si on la rapproche maintenant de la relation déjà donnée

$$\lambda = -\frac{(\alpha-\beta)\operatorname{sn}\omega \operatorname{cn}\omega \operatorname{dn}\omega}{\alpha\beta\gamma},$$

on trouve immédiatement

$$\lambda = -\frac{il}{2n};$$

c'est le résultat que j'ai principalement en vue d'obtenir, afin d'avoir la détermination précise de la constante λ, qui n'était encore connue qu'au signe près.

En dernier lieu, et à l'égard de ω, on remarquera que la fonction $F(u)$ change seulement de signe ou se reproduit quand on met $\omega + 2K$ et $\omega + 2iK'$ à la place de ω. Et comme on peut obtenir un tel changement de signe pour la valeur de $x + iy$, en remplaçant φ par $\varphi + \pi$ dans l'argument du facteur constant A, il en résulte qu'il est permis de faire $\omega = K + i\upsilon$, au lieu de $\omega = \pm K + i\upsilon$, et de déterminer une valeur de υ, comprise entre $-K'$ et $+K'$.

Or, de la relation

$$\operatorname{sn}^2(\upsilon, k') = \frac{\beta^2(\gamma^2-\alpha^2)}{\alpha^2(\gamma^2-\beta^2)},$$

se tirent deux valeurs égales et de signes contraires de cette quantité entre lesquelles il reste à choisir. C'est à quoi l'on parvient au moyen de la condition

$$\frac{il}{2n} = \frac{(\alpha - \beta)\,\mathrm{sn}\,\omega\,\mathrm{cn}\,\omega\,\mathrm{dn}\,\omega}{\alpha\beta\gamma},$$

qui prend, si l'on y fait $\omega = \mathrm{K} + i\upsilon$, la forme suivante,

$$\frac{l}{2n} = -\frac{(\alpha - \beta)k'^2\,\mathrm{sn}(\upsilon, k)\,\mathrm{cn}(\upsilon, k')}{\alpha\beta\gamma\,\mathrm{dn}^3(\upsilon, k')};$$

or, γ étant négatif, on voit ainsi que υ aura le signe de l ou un signe contraire, suivant que la racine moyenne β sera positive ou négative. Dans le cas de $\beta = 0$, on a donc

$$\omega = \mathrm{K}$$

et, par suite,

$$\mathrm{F}(u) = k\,\mathrm{D}_u\,e^{\frac{ilu}{2n}}\,\mathrm{cn}\,u :$$

c'est un exemple de ces fonctions particulières de seconde espèce qui ont été considérées par M. Mittag-Leffler dans un article intitulé *Sur les fonctions doublement périodiques de seconde espèce* (*Comptes rendus*, t. XC, p. 177).

XLIII.

Je terminerai par une remarque sur l'équation

$$\frac{il}{n} + \frac{\Theta'(\omega)}{\Theta(\omega)} = 0,$$

qui exprime que les coordonnées x et y se reproduisent, sauf le signe, lorsqu'on change u en $u + 2\mathrm{K}$. Soit $\omega = \mathrm{K} + i\upsilon$ et posons

$$i\,\Pi(\upsilon) = \frac{il}{n} + \frac{\Theta'(\mathrm{K} + i\upsilon)}{\Theta(\mathrm{K} + i\upsilon)};$$

cette fonction $\Pi(\upsilon)$, évidemment réelle, finie et continue pour toute valeur réelle de υ, a pour dérivé l'expression

$$\Pi'(\upsilon) = \frac{\mathrm{J}}{\mathrm{K}} - k^2\,\mathrm{sn}^2(\mathrm{K} + i\upsilon),$$

qui est toujours négative. On a, en effet,

$$J < k^2 K,$$

comme conséquence des formules

$$K = \int_0^1 \frac{dx}{\sqrt{(1-x^2)(1-k^2x^2)}}, \qquad J = \int_0^1 \frac{k^2x^2\,dx}{\sqrt{(1-x^2)(1-k^2x^2)}},$$

et l'on sait d'ailleurs que $\mathrm{sn}^2(K + iv)$ est supérieur à l'unité. La fonction $\Pi(\nu)$, étant décroissante, ne peut s'évanouir qu'une fois; or on a, en désignant par a un nombre entier,

$$\frac{\Theta'(K + 2iaK')}{\Theta(K + 2iaK')} = -\frac{ia\pi}{K},$$

et par conséquent

$$\Pi(0) = \frac{l}{n}, \qquad \Pi(2aK') = \frac{l}{n} - \frac{a\pi}{K}.$$

Nous établissons ainsi l'existence d'une racine, puisqu'on peut disposer de a de manière que $\frac{l}{n} - \frac{a\pi}{K}$ soit de signe contraire à $\frac{l}{n}$. Mais c'est en déterminant les quantités c et l qu'il serait surtout important d'obtenir les cas où le mouvement du pendule est périodique, ces constantes représentant les éléments essentiels de la question. N'ayant pu surmonter les difficultés qui s'offrent alors, je me borne à donner de l'équation précédente une transformée où ces constantes se trouvent plus explicitement en évidence. Soit, à cet effet,

$$R(z) = 2g(z + c)(1 - z^2) - l^2;$$

on aura, en premier lieu,

$$K = \int_\beta^\alpha \frac{n\,dz}{\sqrt{R(z)}}, \qquad J = \int_\beta^\alpha \frac{n(\alpha - z)\,dz}{(\alpha - \gamma)\sqrt{R(z)}};$$

on trouvera ensuite

$$z = \alpha - (\alpha - \beta)\,\mathrm{sn}^2\omega = -\alpha\beta\gamma,$$

d'où

$$\omega = \int_{-\alpha\beta\gamma}^{\alpha} \frac{n\,dz}{\sqrt{R(z)}}, \qquad \int_0^\omega k^2\,\mathrm{sn}^2 x\,dx = \int_{-\alpha\beta\gamma}^{\alpha} \frac{n(\alpha - z)\,dz}{(\alpha - \gamma)\sqrt{R(z)}}.$$

Enfin, en partageant l'intervalle compris entre les limites, en deux parties, l'une de $-\alpha\beta\gamma$ à β, et l'autre de β à α, l'équation se présentera, après une réduction facile, sous la forme suivante :

$$\frac{2l}{g}\int_\beta^\alpha \frac{dz}{\sqrt{R(z)}} = \int_\beta^\alpha \frac{z\,dz}{\sqrt{R(z)}}\int_{-\alpha\beta\gamma}^\beta \frac{dz}{\sqrt{-R(z)}} - \int_\beta^\alpha \frac{dz}{\sqrt{R(z)}}\int_{-\alpha\beta\gamma}^\beta \frac{z\,dz}{\sqrt{-R(z)}}.$$

La question qui vient d'être traitée termine les applications à la Mécanique que j'ai annoncées au commencement de ce travail, et j'arrive maintenant, pour la considérer dans toute sa généralité, à l'équation

$$D_x^2 y = [n(n+1)k^2 \operatorname{sn}^2 x + h]y,$$

dont la solution n'a encore été obtenue que pour $n=1$ et $n=2$. Au moyen des méthodes de M. Fuchs, permettant de reconnaître que l'intégrale est une fonction uniforme de la variable, et de l'importante proposition de M. Picard, que cette intégrale est dès lors une fonction doublement périodique de seconde espèce, la solution de l'équation de Lamé est donnée directement par l'application de principes généraux s'appliquant aux équations linéaires d'un ordre quelconque. J'exposerai néanmoins une méthode indépendante de ces principes ; je m'attacherai ensuite, et ce sera mon principal but, à la question difficile de la détermination, sous forme entièrement explicite, des éléments de la solution. La considération du développement en série, qu'on tire de l'équation proposée lorsqu'on suppose $x = iK' + \varepsilon$, aura, dans ce qui va suivre, une grande importance ; voici, en premier lieu, comment on l'obtient.

XLIV.

Soit, pour abréger,

$$\frac{1}{\operatorname{sn}^2\varepsilon} = \frac{1}{\varepsilon^2} + s_0 + s_1\varepsilon^2 + \ldots + s_i\varepsilon^{2i} + \ldots,$$

les expressions des premiers coefficients étant

$$s_0 = \frac{1+k^2}{3},$$

$$s_1 = \frac{1-k^2+k^4}{15},$$

$$s_2 = \frac{2-3k^2-3k^4+2k^6}{189},$$

$$s_3 = \frac{2(1-k^2+k^4)^2}{675}.$$

Je dis qu'on vérifie l'équation

$$D_\varepsilon^2 y = \left[\frac{n(n+1)}{\operatorname{sn}^2\varepsilon} + h\right] y,$$

en posant

$$y = \frac{1}{\varepsilon^n} + \frac{h_1}{\varepsilon^{n-2}} + \ldots + \frac{h_i}{\varepsilon^{n-2i}} + \ldots.$$

La substitution donne en effet les conditions

$$\begin{aligned}
(n-1)(n-2)h_1 &= h + n(n+1)(h_1 + s_0),\\
(n-3)(n-4)h_2 &= hh_1 + n(n+1)(h_2 + s_0 h_1 + s_1),\\
&\ldots\ldots\ldots\ldots\ldots\ldots\ldots\ldots\ldots\ldots,
\end{aligned}$$

et nous allons voir qu'elles déterminent de proche en proche les coefficients h_1, h_2, ... Mettons-les d'abord sous une forme plus simple; en éliminant la quantité h au moyen de la première, on aura, après une réduction facile,

$$i(2n-2i+1)h_i = (2n-1)h_1 h_{i-1} - m(s_1 h_{i-2} + s_2 h_{i-3} + \ldots + s_{i-1}),$$

où j'ai écrit, pour abréger, $n(n+1) = 2m$.

Or, le facteur $2n-2i+1$ ne pouvant jamais être nul, on voit que le coefficient de rang quelconque h_i s'obtient au moyen des précédents, h_{i-1}, h_{i-2}, ... En particulier, on trouve

$$h_2 = \frac{(2n-1)h_1^2}{2(2n-3)} - \frac{ms_1}{2(2n-3)},$$

$$h_3 = \frac{(2n-1)^2 h_1^3}{6(2n-3)(2n-5)} - \frac{m(6n-7)s_1 h_1}{6(2n-3)(2n-5)} - \frac{ms_2}{3(2n-5)}.$$

Ce premier développement obtenu, nous en concluons immédiatement un second. Effectivement, le coefficient $n(n+1)$ ne change pas si l'on remplace n par $-(n+1)$, de sorte qu'en désignant par h'_1, h'_2, ... ce que deviennent h_1, h_2, ... par ce changement, l'équation différentielle sera de même satisfaite en prenant

$$y = \varepsilon^{n+1} + h'_1 \varepsilon^{n+3} + h'_2 \varepsilon^{n+5} + \ldots,$$

ou bien

$$y = \varepsilon^{n+1}(1 + h'_1 \varepsilon^2 + h'_2 \varepsilon^4 + \ldots).$$

Je remarque enfin qu'en substituant dans l'expression

$$D_\varepsilon^2 y - \left[\frac{n(n+1)}{\operatorname{sn}^2\varepsilon} + h\right] y$$

la partie de la première série représentée par

$$y = \frac{1}{\varepsilon^n} + \frac{h_2}{\varepsilon^{n-2}} + \ldots + \frac{h_i}{\varepsilon^{n-2i}},$$

tous les termes en $\frac{1}{\varepsilon^{n+2}}, \frac{1}{\varepsilon^n}, \ldots, \frac{1}{\varepsilon^{n-2i+2}}$ disparaissent, de sorte que le résultat ordonné suivant les puissances croissantes de ε commence par un terme en $\frac{1}{\varepsilon^{n-2i}}$. On en conclut qu'en supposant n pair et égal à 2ν, ou bien $n = 2\nu - 1$, on n'aura aucun terme en $\frac{1}{\varepsilon}$, si l'on prend dans le premier cas

$$y = \frac{1}{\varepsilon^{2\nu}} + \frac{h_1}{\varepsilon^{2\nu-2}} + \ldots + \frac{h_{\nu-1}}{\varepsilon^2} + h_\nu,$$

et dans le second

$$y = \frac{1}{\varepsilon^{2\nu-1}} + \frac{h_1}{\varepsilon^{2\nu-3}} + \ldots + \frac{h_{\nu-1}}{\varepsilon} + h_\nu \varepsilon.$$

Ce point établi, nous obtenons facilement, comme on va le voir, la solution générale de l'équation de Lamé.

XLV.

Je considère l'élément simple des fonctions doublement périodiques de seconde espèce, en le prenant sous la forme suivante,

$$f(x) = e^{\lambda(x - iK')} \chi(x),$$

où l'on a, comme au paragraphe V,

$$\chi(x) = \frac{H'(0)\, H(x+\omega)}{\Theta(\omega)\, \Theta(x)} e^{-\frac{\Theta'(\omega)}{\Theta(\omega)}(x - iK') + \frac{i\pi\omega}{2K}}.$$

Le résidu qui correspond au pôle unique $x = iK'$ sera ainsi égal à l'unité, et nous pourrons écrire

$$f(iK' + \varepsilon) = \frac{1}{\varepsilon} + H_0 + H_1 \varepsilon + \ldots + H_i \varepsilon^i + \ldots.$$

Cela posé, je dis que les expressions

$$F(x) = -\frac{D_x^{2\nu-1} f(x)}{\Gamma(2\nu)} - h_1 \frac{D_x^{2\nu-3} f(x)}{\Gamma(2\nu-2)} - \ldots - h_{\nu-1} D_x f(x),$$

$$F(x) = +\frac{D_x^{2\nu-2} f(x)}{\Gamma(2\nu-1)} + h_1 \frac{D_x^{2\nu-4} f(x)}{\Gamma(2\nu-3)} + \ldots + h_{\nu-1} \quad f(x)$$

satisferont, suivant les cas de $n = 2\nu$ et $n = 2\nu - 1$, à l'équation différentielle en déterminant convenablement les constantes ω et λ.

Pour le démontrer, je remarque que, si l'on pose $x = iK' + \varepsilon$, les parties principales de leurs développements proviendront du seul terme $\frac{1}{\varepsilon}$ qui entre dans $f(iK' + \varepsilon)$, et seront, par conséquent,

$$\frac{1}{\varepsilon^{2\nu}} + \frac{h_1}{\varepsilon^{2\nu-2}} + \ldots + \frac{h_{\nu-1}}{\varepsilon^2}$$

et

$$\frac{1}{\varepsilon^{2\nu-1}} + \frac{h_1}{\varepsilon^{2\nu-3}} + \ldots + \frac{h_{\nu-1}}{\varepsilon}.$$

Disposons maintenant de ω et λ, de telle sorte que dans le premier cas le terme constant soit égal à h_ν et le coefficient de ε, dans le suivant, égal à zéro; nous poserons pour cela les conditions

$$H_{2\nu-1} + h_1 H_{2\nu-3} + h_2 H_{2\nu-5} + \ldots + h_{\nu-1} H_1 + h_\nu = 0,$$
$$2\nu H_{2\nu} + (2\nu - 2) h_1 H_{2\nu-2} + (2\nu - 4) h_2 H_{2\nu-4} + \ldots + 2 h_{\nu-1} H_2 = 0.$$

Et semblablement, dans le second cas, faisons en sorte que le terme constant soit nul et le coefficient de ε égal à h_ν, en écrivant

$$H_{2\nu-2} + h_1 H_{2\nu-4} + h_2 H_{2\nu-6} + \ldots + h_{\nu-1} H_0 = 0,$$
$$(2\nu - 1) H_{2\nu-1} + (2\nu - 3) h_1 H_{2\nu-3} + \ldots + h_{\nu-1} H_1 - h_\nu = 0.$$

On a donc ces deux développements, à savoir :

$$F(iK' + \varepsilon) = \frac{1}{\varepsilon^{2\nu}} + \frac{h_1}{\varepsilon^{2\nu-2}} + \ldots + \frac{h_{\nu-1}}{\varepsilon^2} + h_\nu + \ldots,$$

puis

$$F(iK' + \varepsilon) = \frac{1}{\varepsilon^{2\nu-1}} + \frac{h_1}{\varepsilon^{2\nu-3}} + \ldots + \frac{h_{\nu-1}}{\varepsilon} + h_\nu \varepsilon + \ldots;$$

il en résulte que les deux fonctions doublement périodiques de seconde espèce

$$D_x^2 F(x) - [n(n+1)k^2 \operatorname{sn}^2 x + h] F(x),$$

étant finies pour $x = iK'$, sont par conséquent nulles. Nous avons ainsi démontré que l'équation se trouve vérifiée en faisant $y = F(x)$, de sorte que l'expression

$$y = C F(x) + C' F(-x)$$

en donne l'intégrale générale.

XLVI.

La question qui s'offre maintenant est d'obtenir ω et λ au moyen des relations précédentes, qui sont algébriques en $\operatorname{sn}\omega$ et λ. Or, on est de la sorte amené à un problème d'Algèbre dont la difficulté se montre au premier coup d'œil et résulte de la complication des coefficients H_0, H_1, ...

Revenons, en effet, au développement déjà donné paragraphe V, à savoir :

$$\chi(iK'+\varepsilon)=\frac{1}{\varepsilon}-\frac{1}{2}\Omega\varepsilon-\frac{1}{3}\Omega_1\varepsilon^2-\frac{1}{8}\Omega_2\varepsilon^3-\frac{1}{30}\Omega_3\varepsilon^4-\ldots,$$

où l'on a

$$\begin{aligned}
\Omega\ &= k^2\operatorname{sn}^2\omega-\frac{1+k^2}{3},\\
\Omega_1 &= k^2\operatorname{sn}\omega\operatorname{cn}\omega\operatorname{dn}\omega,\\
\Omega_2 &= k^4\operatorname{sn}^4\omega-\frac{2(k^2+k^4)}{3}\operatorname{sn}^2\omega-\frac{7-22k^2+7k^4}{45},\\
\Omega_3 &= k^2\operatorname{sn}\omega\operatorname{cn}\omega\operatorname{dn}\omega\left(k^2\operatorname{sn}^2\omega-\frac{1+k^2}{3}\right),\\
&\ldots\ldots\ldots\ldots\ldots\ldots\ldots\ldots
\end{aligned}$$

Les coefficients H_0, H_1, ... résultant de l'identité

$$\frac{1}{\varepsilon}+H_0+H_1\varepsilon+\ldots=\left(1+\lambda\varepsilon+\frac{\lambda^2\varepsilon^2}{2}+\ldots\right)\left(\frac{1}{\varepsilon}-\frac{1}{2}\Omega\varepsilon-\ldots\right)$$

seront

$$\begin{aligned}
H_0 &= \lambda,\\
H_1 &= \tfrac{1}{2}(\lambda^2-\Omega),\\
H_2 &= \tfrac{1}{6}(\lambda^3-3\Omega\lambda-2\Omega_1),\\
H_3 &= \tfrac{1}{24}(\lambda^4-6\Omega\lambda^2-8\Omega_1\lambda-3\Omega_2),\\
&\ldots\ldots\ldots\ldots\ldots\ldots\ldots\ldots,
\end{aligned}$$

et l'on voit que, H_n étant du degré $n+1$ en λ, l'une de nos deux équations est, par rapport à cette quantité, du degré n, et la seconde du degré $n+1$. A l'égard de $\operatorname{sn}\omega$, une nouvelle complication se présente en raison du facteur irrationnel $\operatorname{cn}\omega\operatorname{dn}\omega$, qui entre dans Ω_1, Ω_3, Ω_5, ...; aussi paraît-il impossible de conclure de leur forme actuelle qu'elles ne donnent pour λ^2 et $\operatorname{sn}^2\omega$ qu'une seule et unique détermination. Et si l'on considère ces quantités comme des coordonnées, en se plaçant au point de vue de la Géométrie, on verra aisément que les courbes représentées par nos deux équations n'ont aucun point d'intersection indépendant de la constante h qui entre sous forme rationnelle et entière dans les coefficients. Il n'est donc pas possible d'employer les méthodes si simples de Clebsch et de Chasles qui permettent de reconnaître, *a priori* et sans calcul, que les points d'un lieu géométrique se déterminent individuellement en fonction d'un paramètre. Le cas de $n=3$, qui sera traité tout à l'heure, fera voir en effet que les intersections des deux courbes se trouvent, à l'exception d'une seule, rejetées à l'infini. Mais, avant d'y arriver, je ferai encore cette remarque, qu'on peut joindre aux équations déjà obtenues une infinité d'autres, dont voici l'origine.

Nous avons vu au paragraphe XLIV que l'équation de Lamé donne, en faisant $x=i\mathrm{K}'+\varepsilon$, ces deux développements, à savoir :

$$y=\frac{1}{\varepsilon^n}+\frac{h_1}{\varepsilon^{n-2}}+\frac{h_2}{\varepsilon^{n-4}}+\ldots,$$
$$y=\varepsilon^{n+1}+h'_1\,\varepsilon^{n+3}+h'_2\,\varepsilon^{n+5}+\ldots.$$

Il en résulte que, si l'on pose de même $x=i\mathrm{K}'+\varepsilon$ dans la solution représentée par $\mathrm{F}(x)$, nous aurons, en désignant par C une constante dont on obtiendra bientôt la valeur,

$$\mathrm{F}(i\mathrm{K}'+\varepsilon)=\frac{1}{\varepsilon^n}+\frac{h_1}{\varepsilon^{n-2}}+\frac{h_2}{\varepsilon^{n-4}}+\ldots$$
$$+\,\mathrm{C}(\varepsilon^{n+1}+h'_1\,\varepsilon^{n+3}+h'_2\,\varepsilon^{n+5}+\ldots).$$

On peut donc identifier ce développement avec celui que donnent l'une ou l'autre des deux formules

$$\mathrm{F}(x)=-\frac{\mathrm{D}_x^{2\nu-1}f(x)}{\Gamma(2\nu)}-h_1\frac{\mathrm{D}_x^{2\nu-3}f(x)}{\Gamma(2\nu-2)}-\ldots-h_{\nu-1}\mathrm{D}_x f(x),$$
$$\mathrm{F}(x)=+\frac{\mathrm{D}_x^{2\nu-2}f(x)}{\Gamma(2\nu-1)}+h_1\frac{\mathrm{D}_x^{2\nu-4}f(x)}{\Gamma(2\nu-3)}+\ldots+h_{\nu-1}\quad f(x)$$

lorsqu'on pose $x=i\mathrm{K}'+\varepsilon$. Bornons-nous, pour abréger, au cas de $n=2\nu$, et représentons la partie qui procède, suivant les puissances positives de ε, par

$$\sum_0 {}_i\,\mathfrak{H}_i\,\varepsilon^i.$$

On trouve facilement, si l'on écrit

$$m_i = \frac{m(m-1)\ldots(m-i+1)}{1.2\ldots i},$$

l'expression

$$\mathfrak{H}_i = -(i+2\nu-1)_i \mathrm{H}_{i+2\nu-1} - (i+2\nu-3)_i h_1 \mathrm{H}_{i+2\nu-3}$$
$$-(i+2\nu-5)_i h_2 \mathrm{H}_{i+2\nu-5} - \ldots - (i+1)_i h_{\nu-1} \mathrm{H}_{i+1}.$$

Nous aurons donc, pour $i = 1, 3, 5, \ldots, 2\nu-1$, les équations

$$\mathfrak{H}_i = 0;$$

on trouvera ensuite, pour les valeurs paires de l'indice,

$$\mathfrak{H}_{2i} = h_{i+\nu},$$

et enfin, pour les valeurs impaires supérieures à $2\nu - 1$,

$$\mathfrak{H}_{2i+2\nu+1} = \mathrm{C} h'_i.$$

Telles sont les relations, en nombre illimité, qui doivent toutes résulter des deux que nous avons données en premier lieu, à savoir :

$$\mathfrak{H}_1 = 0, \qquad \mathfrak{H}_0 = h_\nu;$$

on est amené ainsi à se demander si leurs premiers membres, $\mathfrak{H}_i$, $\mathfrak{H}_{2i} - h_{i+\nu}$, $\mathfrak{H}_{2i+2\nu+1} - \mathrm{C}h'_i$, ne s'exprimeraient point, sous forme rationnelle et entière, par les fonctions $\mathfrak{H}_1$ et $\mathfrak{H}_0 - h_\nu$. Mais je laisserai entièrement de côté cette question difficile, et j'arrive immédiatement à la résolution des équations relatives au cas de $n = 3$.

XLVII.

Ces équations ont été données au paragraphe XXXVIII, et sont

$$\mathrm{H}_2 + h_1 \mathrm{H}_0 = 0,$$
$$3\mathrm{H}_3 + h_1 \mathrm{H}_1 = h_2.$$

Si l'on met en évidence les quantités Ω, et qu'on fasse $h_1 = \frac{l}{2}$, ce qui donne

$$h = -4(1+k^2) - 5l,$$
$$h_2 = \frac{5l^2}{24} - s_1,$$

elles prennent la forme suivante :

$$\lambda^3 - 3\Omega\lambda - 2\Omega_1 + 3l\lambda = 0,$$
$$\lambda^4 - 6\Omega\lambda^2 - 8\Omega_1\lambda - 3\Omega_2 + 2l\lambda^2 - 2l\Omega = \frac{5l^2}{3} - 8s_1.$$

Cela étant, j'emploie ces identités, à savoir :

$$\Omega^2 - \Omega_2 = 4s_1,$$
$$\Omega\Omega_2 - \Omega_1^2 = \Omega s_1 + 7s_2,$$

et je remarque qu'on en tire, par l'élimination de Ω_1 et Ω_2, deux équations du second degré en Ω. Mais il convient d'introduire H_1 au lieu de Ω; en faisant alors, pour un moment,

$$a = 1 - k^2 + k^4,$$
$$b = 2 - 3k^2 - 3k^4 + 2k^6,$$

ces relations seront

$$36H_1^2 - 12lH_1 + 36l\lambda^2 + 5l^2 - 4a = 0,$$
$$72lH_1^2 - 6(5l^2 - a)H_1 + 72l^2\lambda^2 + b = 0.$$

Éliminons λ^2; elles donnent immédiatement

$$H_1 = -\frac{10l^3 - 8al - b}{6(l^2 - a)};$$

nous obtenons ensuite

$$\lambda^2 = -\frac{4(l^2 - a)^3 + (11l^3 - 9al - b)^2}{36l(l^2 - a)^2},$$

ou bien

$$\lambda^2 = -\frac{\varphi(l)}{36l(l^2 - a)^2},$$

si l'on pose, pour abréger,

$$\varphi(l) = 125l^6 - 210al^4 - 22bl^3 + 93a^2l^2 + 18abl + b^2 - 4a^3,$$

soit encore

$$\psi(l) = 5l^6 + 6al^4 - 10bl^3 - 3a^2l^2 + 6abl + b^2 - 4a^3$$
$$= \varphi(l) - 12l(l^2 - a)(10l^3 - 8al - b);$$

de la relation $\lambda^2 - 2H_1 = \Omega$ on conclura

$$\Omega = k^2 \operatorname{sn}^2\omega - \frac{1 + k^2}{3} = -\frac{\psi(l)}{36l(l^2 - a)^2}.$$

Enfin j'observe qu'on déduit des équations proposées la valeur de Ω_1 exprimée en Ω et λ, par cette formule,

$$2\Omega_1 = (\lambda^2 - 3\Omega + 3l)\lambda;$$

faisant donc

$$\chi(l) = l^6 - 6al^4 + 4bl^3 - 3a^2l^2 - b^2 + 4a^2,$$

nous parvenons encore à la relation

$$\Omega_1 = k^2 \operatorname{sn}\omega \operatorname{cn}\omega \operatorname{dn}\omega = -\frac{\chi(l)\lambda}{36l(l^2-a)^2}.$$

Le signe de λ se trouve ainsi déterminé par celui de ω, et la solution complète de l'équation de Lamé dans le cas de $n = 3$ est obtenue sans aucune ambiguïté au moyen de la fonction

$$\frac{H(x+\omega)}{\Theta(x)} e^{\left[\lambda - \frac{\Theta'(\omega)}{\Theta(\omega)}\right]x}.$$

On n'a toutefois pas mis en évidence dans les formules précédentes les valeurs de la constante l qui donnent les solutions doublement périodiques, ou les fonctions particulières de seconde espèce de M. Mittag-Leffler, comme nous l'avons fait dans le cas de $n = 2$.

Voici, dans ce but, les nouvelles expressions qu'on en déduit.

Posons, en premier lieu,

$$\begin{aligned} P &= 5l^2 - 2(1+k^2)l - 3(1-k^2)^2,\\ Q &= 5l^2 - 2(1-2k^2)l - 3,\\ R &= 5l^2 - 2(k^2-2)\,l - 3k^4,\\ S &= 36l, \end{aligned}$$

et, d'autre part,

$$\begin{aligned} A &= l^2 - (1+k^2)l - 3k^2,\\ B &= l^2 - (1-2k^2)l + 3(k^2-k^4),\\ C &= l^2 - (k^2-2)\,l - 3(1-k^2),\\ D &= l^2 - 1 + k^2 - k^4; \end{aligned}$$

on aura

$$\begin{aligned} \lambda^2 &= -\frac{PQR}{SD^2},\\ k^2\operatorname{sn}^2\omega &= -\frac{PA^2}{SD^2},\\ k^2\operatorname{cn}^2\omega &= +\frac{QB^2}{SD^2},\\ \operatorname{dn}^2\omega &= +\frac{RC^2}{SD^2}, \end{aligned}$$

et enfin, pour établir la correspondance des signes entre ω et λ, l'équation

$$k^2 \operatorname{sn}\omega \operatorname{cn}\omega \operatorname{dn}\omega = -\frac{ABC\lambda}{SD^2}.$$

Cela étant, ce sont les conditions $P = o$, $Q = o$, $R = o$, $S = o$ qui donnent les solutions doublement périodiques, au nombre de sept, tandis qu'on obtient les fonctions de M. Mittag-Leffler en posant $A = o$, $B = o$, $C = o$, $D = o$. Mais je laisse de côté l'étude détaillée de ces formules, en me bornant à la remarque suivante, sur laquelle je reviendrai plus tard. Exprimons les quantités $k^2 \operatorname{sn}^2\omega$, $k^2 \operatorname{cn}^2\omega$, $\operatorname{dn}^2\omega$, en partant de l'équation

$$k^2 \operatorname{sn}^2\omega - \frac{1+k^2}{3} = -\frac{\psi(l)}{36\,l(l^2-a)^2},$$

de cette nouvelle manière, à savoir :

$$k^2 \operatorname{sn}^2\omega = \frac{12\,l(l^2-a)^2(1+k^2) - \psi(l)}{36\,l(l^2-a)^2},$$

$$k^2 \operatorname{cn}^2\omega = \frac{12\,l(l^2-a)^2(2k^2-1) + \psi(l)}{36\,l(l^2-a)^2},$$

$$\operatorname{dn}^2\omega = \frac{12\,l(l^2-a)^2(2-k^2) + \psi(l)}{36\,l(l^2-a)^2}.$$

On conclura facilement de l'égalité

$$k^4 \operatorname{sn}^2\omega \operatorname{cn}^2\omega \operatorname{dn}^2\omega = -\frac{\varphi(l)\,\chi^2(l)}{[36\,l(l^2-a)^2]^3}$$

la relation que voici :

$$\psi^3(l) - 3.12^2 a l^2(l^2-a)^4\,\psi(l) + 12^3 b l^3(l^2-a)^6 = \varphi(l)\,\chi^2(l).$$

Or elle conduit à cette conséquence, qu'en posant

$$y = \frac{\psi(l)}{12\,l(l^2-a)^2},$$

on a

$$\int \frac{dy}{\sqrt{y^3-3ay+b}} = 2\sqrt{3}\int \frac{(5\,l^2-a)\,dl}{\sqrt{l\,\varphi(l)}};$$

c'est donc un exemple de réduction d'une intégrale hyperelliptique de seconde classe à l'intégrale elliptique de première espèce.

XLVIII.

La méthode générale que je vais exposer maintenant pour la détermination des constantes ω et λ repose principalement sur la considération du produit des solutions de l'équation de Lamé, qui viennent d'être représentées par $F(x)$ et $F(-x)$. Et, d'abord, on remarquera que, ayant

$$F(x+2K) = \mu F(x),$$
$$F(x+2iK') = \mu' F(x)$$

et, par suite,

$$F(-x-2K) = \frac{1}{\mu} F(-x),$$
$$F(-x-2iK') = \frac{1}{\mu'} F(-x),$$

ce produit est une fonction doublement périodique de première espèce, qui a pour pôle unique $x = iK'$. Voici, en conséquence, comment s'obtient son expression sous forme entièrement explicite.

Soit

$$\Phi(x) = (-1)^n \mu' F(x) F(-x),$$

le facteur μ' ayant été introduit pour pouvoir écrire

$$\begin{aligned}\Phi(iK'+\varepsilon) &= (-1)^n \mu' F(iK'+\varepsilon) F(-iK'-\varepsilon)\\ &= (-1)^n \quad F(iK'+\varepsilon) F(\quad iK'-\varepsilon).\end{aligned}$$

Cela étant et posant, pour abréger,

$$S = \frac{1}{\varepsilon^n} + \frac{h_1}{\varepsilon^{n-2}} + \frac{h_2}{\varepsilon^{n-4}} + \ldots,$$
$$S_1 = C(\varepsilon^{n+1} + h'_1 \varepsilon^{n+3} + h'_2 \varepsilon^{n+5} + \ldots),$$

nous aurons

$$F(iK'+\varepsilon) = S + S_1,$$
$$F(iK'-\varepsilon) = (-1)^n (S - S_1),$$

d'où, par conséquent,

$$\Phi(iK'+\varepsilon) = S^2 - S_1^2.$$

On voit ainsi que la partie principale de développement suivant les puissances croissantes de ε est donnée par le premier terme S^2, et ne dépend point de la constante C, entrant dans le second terme, que nous ne connaissons pas encore. Faisons donc

$$S^2 = \frac{1}{\varepsilon^{2n}} + \frac{A_1}{\varepsilon^{2n-2}} + \frac{A_2}{\varepsilon^{2n-4}} + \ldots + \frac{A_{n-1}}{\varepsilon^2} + \ldots;$$

les coefficients A_1, A_2, ... seront

$$\begin{aligned} A_1 &= 2h_1, \\ A_2 &= 2h_2 + h_1^2, \\ A_3 &= 2h_3 + 2h_1h_2, \\ &\ldots\ldots\ldots\ldots, \end{aligned}$$

et l'on en conclut que, h_i étant un polynome de degré i en h_1, il en est de même, en général, pour un coefficient de rang quelconque A_i. Maintenant l'expression cherchée découle de la formule de décomposition en éléments simples, qui a été donnée au paragraphe II. Nous obtenons ainsi

$$\Phi(x) = -\frac{D_x^{2n-1}\left[\frac{\Theta'(x)}{\Theta(x)}\right]}{\Gamma(2n)} - A_1\frac{D^{2n-3}\left[\frac{\Theta'(x)}{\Theta(x)}\right]}{\Gamma(2n-2)} - A_2\frac{D^{2n-5}\left[\frac{\Theta'(x)}{\Theta(x)}\right]}{\Gamma(2n-4)} - \ldots$$
$$- A_{n-1}D_x\left[\frac{\Theta'(x)}{\Theta(x)}\right] + \text{const.}$$

La relation élémentaire

$$D_x\frac{\Theta'(x)}{\Theta(x)} = \frac{J}{K} - k^2 \operatorname{sn}^2 x$$

donnera ensuite, sous une autre forme, en désignant par A une nouvelle constante,

$$\Phi(x) = \frac{D_x^{2n-2}(k^2 \operatorname{sn}^2 x)}{\Gamma(2n)} + A_1\frac{D^{2n-4}(k^2 \operatorname{sn}^2 x)}{\Gamma(2n-2)} + A_2\frac{D^{2n-6}(k^2 \operatorname{sn}^2 x)}{\Gamma(2n-4)} + \ldots$$
$$+ A_{n-1}(k^2 \operatorname{sn}^2 x) + A.$$

Pour la déterminer, nous emploierons, en outre de la partie principale de la série S^2, le terme indépendant de ε, qui sera désigné par A_n. En déduisant ce même terme de l'expression de $\Phi(x)$, et se rappelant qu'on a fait

$$\frac{1}{\operatorname{sn}^2 \varepsilon} = \frac{1}{\varepsilon^2} + s_0 + s_1\varepsilon^2 + \ldots + s_i\varepsilon^{2i} + \ldots,$$

nous trouvons immédiatement

$$A = A_n - A_{n-1}s_0 - A_{n-2}\frac{s_1}{3} - \ldots - A_1\frac{s_{n-2}}{2n-3} - \frac{s_{n-1}}{2n-1}.$$

Beaucoup d'autres expressions s'obtiennent par un procédé semblable en fonction linéaire de dérivées successives de $k^2 \operatorname{sn}^2 x$, celles-ci, par exemple,

$$D_x^\alpha F(x)\, D_x^\beta F(-x),$$

que je vais considérer dans le cas particulier de $\alpha = 1$, $\beta = 1$.

Soit alors

$$\Phi_1(x) = (-1)^{n+1}\mu' F'(x)F'(-x),$$

et désignons par S' et S'_1 les dérivées par rapport à ε des séries S et S_1, de sorte qu'on ait

$$\begin{aligned} F'(iK' + \varepsilon) &= S' + S'_1, \\ F'(iK' - \varepsilon) &= (-1)^{n+1}(S' - S'_1). \end{aligned}$$

De la relation

$$\Phi_1(iK' + \varepsilon) = (-1)^{n+1} F'(iK' + \varepsilon) F'(iK' - \varepsilon),$$

on conclura cette expression, savoir :

$$\Phi_1(iK' + \varepsilon) = S'^2 - S_1'^2.$$

Faisant donc, comme tout à l'heure,

$$S'^2 = \frac{n^2}{\varepsilon^{2n+2}} + \frac{B_1}{\varepsilon^{2n}} + \frac{B_2}{\varepsilon^{2n-2}} + \ldots + \frac{B_n}{\varepsilon^2} + B_{n+1} + \ldots,$$

où le coefficient B_i est encore un polynome en h_1 de degré i, nous aurons

$$\begin{aligned} \Phi_1(x) = n^2 \frac{D_x^{2n}(k^2 \operatorname{sn}^2 x)}{\Gamma(2n+2)} &+ B_1 \frac{D_x^{2n-2}(k^2 \operatorname{sn}^2 x)}{\Gamma(2n)} \\ &+ B_2 \frac{D^{2n-4}(k^2 \operatorname{sn}^2 x)}{\Gamma(2n-2)} + \ldots + B_n(k^2 \operatorname{sn}^2 x) + B, \end{aligned}$$

et la constante sera donnée par la formule

$$B = B_{n+1} - B_n s_0 - B_{n-1}\frac{s_1}{3} - \ldots - B_1\frac{s_{n-1}}{2n-1} - n^2\frac{s_n}{2n+1}.$$

J'envisage enfin le déterminant fonctionnel formé avec les solutions $F(x)$ et $F(-x)$ de l'équation de Lamé, et je pose

$$\Phi_2(x) = (-1)^{n+1}\mu'[F(x)F'(-x) + F'(x)F(-x)].$$

La relation suivante, qui s'obtient aisément, et dont le second membre ne contient que des termes entiers en ε, à savoir

$$\Phi_2(iK' + \varepsilon) = 2(SS'_1 - S'S_1) = 2(2n+1)C + \ldots,$$

donne, comme on le voit, la proposition bien connue que cette fonction est constante; nous allons en obtenir la valeur en la mettant sous la forme

$$(2n+1)C = \sqrt{N},$$

que nous garderons désormais.

XLIX.

J'observe, à cet effet, que de l'identité

$$(SS' - S_1S'_1)^2 = (SS'_1 - S_1S')^2 + (S^2 - S_1^2)(S'^2 - S_1'^2)$$

on conclut immédiatement, entre les fonctions dont il vient d'être question, la relation suivante :

$$\frac{1}{4}\Phi'^2(iK' + \varepsilon) = \frac{1}{4}\Phi_2^2(iK' + \varepsilon) + \Phi(iK' + \varepsilon)\Phi_1(iK' + \varepsilon),$$

et, par conséquent,

$$\frac{1}{4}\Phi'^2(x) = N + \Phi(x)\Phi_1(x).$$

Elle fait voir qu'en attribuant à la variable une valeur particulière, en supposant, par exemple, $x = 0$, N s'obtient comme un polynome entier en h_1 du degré $2n+1$, puisque cette quantité entre, comme on l'a vu, au degré n dans $\Phi(x)$ et au degré $n+1$ dans $\Phi_1(x)$. Ce point établi, nous remarquons que, en posant la condition $N = 0$, le déterminant fonctionnel $\Phi_2(x)$ est nul, de sorte que le quotient $\frac{F(x)}{F(-x)}$ se réduit alors à une constante. Désignons-la pour un instant par A, on voit que le changement de x en $-x$ donne $A = \frac{1}{A}$; on a donc

$$A = \pm 1,$$

et, par conséquent,

$$F(-x) = \pm F(x).$$

Remplaçons ensuite x par $x + 2K$ et $x + 2iK'$: le quotient se reproduit multiplié par μ^2 et μ'^2; ainsi il faut poser $\mu^2 = 1$, $\mu'^2 = 1$, c'est-à-dire $\mu = \pm 1$, $\mu' = \pm 1$.

La condition $N = 0$ détermine donc les valeurs de h, pour lesquelles l'équation de Lamé est vérifiée par des fonctions doublement périodiques. Ce sont ces solutions, auxquelles est attaché à jamais le nom du grand géomètre, et dont les propriétés lui ont permis de traiter pour la première fois le problème difficile de la détermination des températures d'un ellipsoïde, lorsque l'on donne en chaque point la température de la surface. Elles s'offrent en ce moment comme un cas singulier de l'équation différentielle, où l'intégrale cesse d'être représentée par la formule

$$y = C\,F(x) + C'\,F(-x)$$

et subit un changement de forme analytique. Je me borne à les signaler sous ce point de vue, devant bientôt y revenir, et je reprends, pour en tirer une nouvelle conséquence, l'équation

$$\frac{1}{4}\Phi'^2(x) = N + \Phi(x)\,\Phi_1(x).$$

Introduisons $\operatorname{sn}^2 x$ pour variable, en posant $\operatorname{sn}^2 x = t$; on voit que $\Phi(x)$ et $\Phi_1(x)$, ne contenant que des dérivées d'ordre pair de $\operatorname{sn}^2 x$, deviendront des polynomes entiers en t des degrés n et $n+1$, que je désignerai par $\Pi(t)$ et $\Pi_1(t)$. Soit encore

$$R(t) = t(1-t)(1-k^2 t);$$

la relation considérée prend cette forme

$$R(t)\,\Pi'^2(t) = N + \Pi(t)\,\Pi_1(t);$$

et voici la remarque, importante pour notre objet, à laquelle elle donne lieu.

Développons la fonction rationnelle $\frac{\Pi'(t)}{\Pi(t)}$ en fraction continue, et distinguons, dans la série des réduites, celle dont le dénominateur est du degré ν, dans les deux cas de $n = 2\nu$ et $n = 2\nu - 1$. Si on la représente par $\frac{\theta(t)}{\varphi(t)}$, le développement, suivant les puissances décroissantes de t, de la différence

$$\frac{\Pi'(t)}{\Pi(t)}\varphi(t) - \theta(t),$$

commencera ainsi par un terme en $\frac{1}{t^{\nu+1}}$, et, en posant

$$\Pi'(t)\varphi(t) - \Pi(t)\theta(t) = \psi(t),$$

on voit que, dans le premier cas, $\psi(t)$ sera un polynome de degré $\nu - 1$, et, dans le second, de degré $\nu - 2$. Cela étant, je considère l'expression suivante,

$$\mathrm{N}\,\varphi^2(t) - \mathrm{R}(t)\,\psi^2(t);$$

on trouve d'abord aisément, en employant la relation proposée et la valeur de $\psi(t)$, qu'elle devient

$$\Pi(t)[-\varphi^2(t)\,\Pi_1(t) + 2\varphi(t)\,\theta(t)\,\mathrm{R}(t)\,\Pi'(t) - \theta^2(t)\,\mathrm{R}(t)\,\Pi(t)],$$

et contient, par conséquent, en facteur, le polynome $\Pi(t)$. On vérifie ensuite qu'elle est de degré $n+1$ en t, dans les deux cas de $n = 2\nu$ et $n = 2\nu - 1$; nous pouvons ainsi poser

$$\mathrm{N}\,\varphi^2(t) - \mathrm{R}(t)\,\psi^2(t) = \Pi(t)(gt - g'),$$

et nous allons voir que ω est donné par la formule

$$\mathrm{sn}^2\omega = \frac{g'}{g},$$

où le second membre est une fonction rationnelle de h.

L.

Considérons dans ce but une nouvelle fonction doublement périodique définie de la manière suivante,

$$\Psi(x) = -\mu' f(-x)\,\mathrm{F}(x),$$

en faisant toujours

$$f(x) = e^{\lambda(x - i\mathrm{K}')}\chi(x),$$

de sorte que les deux facteurs $f(-x)$ et $F(x)$ soient encore des fonctions de seconde espèce à multiplicateurs réciproques. Nous aurons d'abord

$$\Psi(x)\Psi(-x) = \mu'^2 f(x) f(-x) F(x) F(-x),$$

et, en employant l'égalité, qu'il est facile d'établir,

$$\mu' f(x) f(-x) = -k^2(\operatorname{sn}^2 x - \operatorname{sn}^2 \omega),$$

on parvient à cette relation

$$\Psi(x)\Psi(-x) = (-1)^{n+1} k^2(\operatorname{sn}^2 x - \operatorname{sn}^2 \omega)\Phi(x),$$

dont on va voir l'importance. Formons à cet effet l'expression de $\Psi(x)$ qui s'obtiendra sous forme linéaire au moyen des dérivées successives de $k^2 \operatorname{sn}^2 x$, puisque cette fonction, comme celles qui ont été précédemment introduites, a pour seul pôle $x = iK'$. Nous déduirons pour cela un développement, suivant les puissances croissantes de ε, de l'équation

$$\begin{aligned}\Psi(iK' + \varepsilon) &= -f(iK' - \varepsilon) F(iK' + \varepsilon)\\ &= \left(\frac{1}{\varepsilon} - H_0 + H_1 \varepsilon - H_2 \varepsilon^2 + \ldots\right)\left(\frac{1}{\varepsilon^n} + \frac{h_1}{\varepsilon^{n-2}} + \frac{h_2}{\varepsilon^{n-4}} + \ldots\right),\end{aligned}$$

développement que je représenterai par la formule

$$\Psi(iK' + \varepsilon) = \frac{1}{\varepsilon^{n+1}} + \frac{\alpha_0}{\varepsilon^n} + \frac{\alpha_1}{\varepsilon^{n-1}} + \ldots + \frac{\alpha_i}{\varepsilon^{n-i}} + \ldots,$$

en posant

$$\alpha_0 = -H_0, \qquad \alpha_1 = H_1, \qquad \ldots,$$

et nous observerons immédiatement que cette série ne contient point le terme $\frac{\alpha_{n-1}}{\varepsilon}$. On a effectivement, pour $n = 2\nu$,

$$\alpha_{n-1} = H_{2\nu-1} + h_1 H_{2\nu-3} + h_2 H_{2\nu-5} + \ldots + h_{\nu-1} H_1 + h_\nu,$$

puis, en supposant $n = 2\nu - 1$,

$$\alpha_{n-1} = -(H_{2\nu-2} + h_1 H_{2\nu-4} + h_2 H_{2\nu-6} + \ldots + h_{\nu-1} H_0).$$

Or on voit que, d'après les équations obtenues pour la détermination de ω et λ, au paragraphe XLV, le coefficient α_{n-1} est nul dans les deux cas. La partie principale du développement de

$\Psi(iK' + \varepsilon)$, à laquelle nous joindrons le terme indépendant de ε, est donc

$$\frac{1}{\varepsilon^{n+1}} + \frac{\alpha_0}{\varepsilon^n} + \frac{\alpha_1}{\varepsilon^{n-1}} + \ldots + \frac{\alpha_{n-2}}{\varepsilon^2} + \alpha_n.$$

On en conclut, quand $n = 2\nu$,

$$\Psi(x) = -\frac{D_x^{2\nu-1}(k^2 \operatorname{sn}^2 x)}{\Gamma(2\nu+1)} + \alpha_0 \frac{D_x^{2\nu-2}(k^2 \operatorname{sn}^2 x)}{\Gamma(2\nu)} - \alpha_1 \frac{D_x^{2\nu-3}(k^2 \operatorname{sn}^2 x)}{\Gamma(2\nu-1)} + \ldots + \alpha_{2\nu-2}(k^2 \operatorname{sn}^2 x) + \alpha,$$

la constante ayant pour valeur

$$\alpha = \alpha_{2\nu} - \alpha_{2\nu-2} s_0 - \alpha_{2\nu-4} \frac{s_1}{3} - \ldots - \alpha_0 \frac{s_{\nu-1}}{2\nu-1},$$

puis, dans le cas de $n = 2\nu - 1$,

$$\Psi(x) = +\frac{D_x^{2\nu-2}(k^2 \operatorname{sn}^2 x)}{\Gamma(2\nu)} - \alpha_0 \frac{D_x^{2\nu-3}(k^2 \operatorname{sn}^2 x)}{\Gamma(2\nu-1)} + \alpha_1 \frac{D_x^{2\nu-4}(k^2 \operatorname{sn}^2 x)}{\Gamma(2\nu-3)} - \ldots + \alpha_{2\nu-3}(k^2 \operatorname{sn}^2 x) + \alpha,$$

en posant

$$\alpha = \alpha_{2\nu-1} - \alpha_{2\nu-3} s_0 - \alpha_{2\nu-5} \frac{s_1}{3} - \ldots - \alpha_1 \frac{s_{\nu-2}}{2\nu-3} - \frac{s_{\nu-1}}{2\nu-1}.$$

Soit maintenant $\operatorname{sn}^2 x = t$; les expressions auxquelles nous venons de parvenir prendront cette nouvelle forme, à savoir

$$\Psi(x) = G(t) + \sqrt{R(t)}\, G_1(t),$$

où $G(t)$ et $G_1(t)$ sont des polynomes entiers en t des degrés ν et $\nu - 1$ dans le premier cas, ν et $\nu - 2$ dans le second. Observons aussi que, le radical $\sqrt{R(t)}$ changeant de signe avec x, d'après la condition

$$\sqrt{R(t)} = \operatorname{sn} x \operatorname{cn} x \operatorname{dn} x,$$

on aura

$$\Psi(-x) = G(t) - \sqrt{R(t)}\, G_1(t);$$

nous concluons donc de l'égalité donnée plus haut

$$\Psi(x)\,\Psi(-x) = (-1)^{n+1} k^2 (\operatorname{sn}^2 x - \operatorname{sn}^2 \omega)\,\Phi(x)$$

la suivante :

$$G^2(t) - R(t)\, G_1^2(t) = (-1)^{n+1} k^2 (t - \operatorname{sn}^2 \omega)\, \Pi(t).$$

Cette forme de relation est bien connue par le théorème d'Abel pour l'addition des intégrales elliptiques, et l'on sait que les polynomes $G(t)$, $G_1(t)$, étant des degrés donnés tout à l'heure, se trouvent, à un facteur constant près, déterminés par la condition que l'expression

$$G^2(t) - R(t)\, G_1^2(t)$$

soit divisible par $\Pi(t)$. Il suffit, par conséquent, de nous reporter à l'équation obtenue au paragraphe XLIX, à savoir

$$N\,\varphi^2(t) - R(t)\,\psi^2(t) = \Pi(t)(gt - g'),$$

pour en conclure le résultat que nous avons annoncé

$$\operatorname{sn}^2\omega = \frac{g'}{g}.$$

Mais nous voyons, de plus, qu'on peut poser

$$\rho\left[G(t) + \sqrt{R(t)}\, G_1(t)\right] = \sqrt{N}\,\varphi(t) + \sqrt{R(t)}\,\psi(t),$$

ρ désignant une constante. Voici maintenant les conséquences à tirer de cette relation.

Je supposerai que l'on ait $n = 2\nu$; les polynomes $\varphi(t)$ et $\psi(t)$, dont les coefficients doivent être regardés comme connus et, si l'on veut, exprimés sous forme entière en h, seront alors des degrés ν et $\nu - 1$. Cela étant, revenons à la variable primitive en faisant $t = \operatorname{sn}^2 x$; on pourra mettre $\sqrt{R(t)}\,\psi(t)$ et $\varphi(t)$ sous la forme suivante, à savoir

$$\sqrt{R(t)}\,\psi(t) = -\,a\,\frac{D_x^{2\nu-1}(k^2\operatorname{sn}^2 x)}{\Gamma(2\nu+1)} - a'\,\frac{D_x^{2\nu-3}(k^2\operatorname{sn}^2 x)}{\Gamma(2\nu-1)} - \ldots,$$

$$\varphi(t) = +\,b\,\frac{D_x^{2\nu-2}(k^2\operatorname{sn}^2 x)}{\Gamma(2\nu)} + b'\,\frac{D_x^{2\nu-4}(k^2\operatorname{sn}^2 x)}{\Gamma(2\nu-2)} + \ldots.$$

Nous aurons donc cette expression de la fonction $\Psi(x)$,

$$\begin{aligned}\rho\,\Psi(x) = -\quad & a\,\frac{D_x^{2\nu-1}(k^2\operatorname{sn}^2 x)}{\Gamma(2\nu+1)} - a'\,\frac{D_x^{2\nu-3}(k^2\operatorname{sn}^2 x)}{\Gamma(2\nu-1)} - \ldots \\ & + \sqrt{N}\left[b\,\frac{D_x^{2\nu-2}(k^2\operatorname{sn}^2 x)}{\Gamma(2\nu)} + b'\,\frac{D_x^{2\nu-4}(k^2\operatorname{sn}^2 x)}{\Gamma(2\nu-2)} + \ldots\right],\end{aligned}$$

où les constantes $a, a', \ldots, b, b', \ldots$ sont déterminées linéairement par les coefficients de $\varphi(t)$ et $\psi(t)$.

Or on en déduit, en faisant $x = i\mathrm{K}' + \varepsilon$ et se rappelant qu'on a supposé $n = 2\nu$, l'égalité suivante,

$$\rho\left(\frac{1}{\varepsilon^{n+1}} + \frac{\alpha_n}{\varepsilon^n} + \frac{\alpha_1}{\varepsilon^{n-1}} + \ldots\right) = \frac{a}{\varepsilon^{n+1}} + \frac{a'}{\varepsilon^{n-1}} + \ldots + \sqrt{\mathrm{N}}\left(\frac{b}{\varepsilon^n} + \frac{b'}{\varepsilon^{n-2}} + \ldots\right),$$

d'où nous tirons

$$\rho = a,$$
$$\rho\alpha_0 = b\sqrt{\mathrm{N}},$$
$$\rho\alpha_1 = a',$$
$$\ldots\ldots\ldots$$

Éliminons l'indéterminée ρ et remplaçons les coefficients α_0, α_1, ... par leurs valeurs du paragraphe L (p. 406); on aura ces relations

$$\lambda = -\frac{b\sqrt{\mathrm{N}}}{a},$$

$$h_1 + \frac{1}{2}(\lambda^2 - \Omega) = \frac{a'}{a},$$
$$\ldots\ldots\ldots\ldots\ldots\ldots$$

La première donne l'expression de λ, et nous reconnaissons, par cette voie, qu'elle ne contient d'autre irrationnalité que $\sqrt{\mathrm{N}}$. On obtiendrait la même conclusion dans le cas de $n = 2\nu - 1$, et c'est le résultat que j'avais principalement en vue d'établir, après avoir démontré que $\mathrm{sn}^2\omega$ est une fonction rationnelle de h. L'étude des solutions de Lamé qui correspondent aux racines de l'équation $\mathrm{N} = 0$ nous permettra, comme on va le voir, d'aller plus loin et d'approfondir davantage la nature de ces expressions de λ et $\mathrm{sn}^2\omega$.

LI.

On a vu au paragraphe XLIX (p. 404) que l'intégrale générale de l'équation différentielle n'est plus représentée, lorsqu'on a $\mathrm{N} = 0$, par la formule

$$y = \mathrm{C\,F}(x) + \mathrm{C'\,F}(-x),$$

le rapport $\frac{\mathrm{F}(x)}{\mathrm{F}(-x)}$ se réduisant alors à une constante, et, comme conséquence, nous avons établi que les multiplicateurs de la fonction de seconde espèce deviennent, au signe près, égaux à l'unité.

Suivant les diverses combinaisons des signes de μ et μ', nous pouvons donc avoir des solutions particulières de quatre espèces, caractérisées par les relations suivantes :

$$\begin{array}{lll} \text{(I)} & F(x+2K) = -F(x), & F(x+2iK') = +F(x), \\ \text{(II)} & F(x+2K) = -F(x), & F(x+2iK') = -F(x), \\ \text{(III)} & F(x+2K) = +F(x), & F(x+2iK') = -F(x), \\ \text{(IV)} & F(x+2K) = +F(x), & F(x+2iK') = +F(x). \end{array}$$

Toutes existent en effet, et les trois premières, où $F(x)$ a successivement la périodicité de $\operatorname{sn} x$, $\operatorname{cn} x$, $\operatorname{dn} x$, s'obtiennent en faisant, dans l'expression générale de cette formule, $\lambda = 0$, conjointement avec $\omega = 0$, $\omega = K$, $\omega = K + iK'$. Nous remarquerons, pour l'établir, que, les valeurs de l'élément simple

$$f(x) = e^{\lambda(x-iK')}\chi(x)$$

étant alors $f(x) = k \operatorname{sn} x$, $ik \operatorname{cn} x$, $i \operatorname{dn} x$, dans ces trois cas, les développements en série de $f(iK'+\varepsilon)$ ne contiennent que des puissances impaires de ε, de sorte que les coefficients désignés par H_i s'évanouissent tous pour des valeurs paires de l'indice. Des deux conditions obtenues au paragraphe XLV (p. 393), pour la détermination de ω et λ, à savoir

$$H_{2\nu-1} + h_1 H_{2\nu-3} + h_2 H_{2\nu-5} + \ldots + h_{\nu-1} H_1 + h_\nu = 0,$$
$$2\nu H_{2\nu} + (2\nu-2) h_1 H_{2\nu-2} + (2\nu-4) h_2 H_{2\nu-4} + \ldots + 2 h_{\nu-1} H_2 = 0,$$

dans le cas de $n = 2\nu$; puis, en supposant $n = 2\nu - 1$,

$$H_{2\nu-2} + h_1 H_{2\nu-4} + h_2 H_{2\nu-6} + \ldots + h_{\nu-1} H_0 = 0,$$
$$(2\nu-1) H_{2\nu-1} + (2\nu-3) h_1 H_{2\nu-3} + \ldots + h_{\nu-1} H_1 - h_\nu = 0;$$

on voit ainsi qu'une seule subsiste et détermine la constante h, l'autre étant satisfaite d'elle-même.

Mais soit, pour plus de précision,

$$k \operatorname{sn}(iK'+\varepsilon) = \frac{1}{\varepsilon} + p_1 \varepsilon + p_2 \varepsilon^3 + \ldots + p_i \varepsilon^{2i-1} + \ldots,$$

$$ik \operatorname{cn}(iK'+\varepsilon) = \frac{1}{\varepsilon} + q_1 \varepsilon + q_2 \varepsilon^3 + \ldots + q_i \varepsilon^{2i-1} + \ldots,$$

$$i \operatorname{dn}(iK'+\varepsilon) = \frac{1}{\varepsilon} + r_1 \varepsilon + r_2 \varepsilon^3 + \ldots + r_i \varepsilon^{2i-1} + \ldots;$$

je poserai, dans le cas de $n = 2\nu$,

$$P = p_\nu + h_1 p_{\nu-1} + h_2 p_{\nu-2} + \ldots + h_{\nu-1} p_1 + h_\nu,$$
$$Q = q_\nu + h_1 q_{\nu-1} + h_2 q_{\nu-2} + \ldots + h_{\nu-1} q_1 + h_\nu,$$
$$R = r_\nu + h_1 r_{\nu-1} + h_2 r_{\nu-2} + \ldots + h_{\nu-1} r_1 + h_\nu;$$

puis, en supposant $n = 2\nu - 1$,

$$P = (2\nu - 1) p_\nu + (2\nu - 3) h_1 p_{\nu-1} + \ldots + h_{\nu-1} p_1 - h_\nu,$$
$$Q = (2\nu - 1) q_\nu + (2\nu - 3) h_1 q_{\nu-1} + \ldots + h_{\nu-1} q_1 - h_\nu,$$
$$R = (2\nu - 1) r_\nu + (2\nu - 3) h_1 r_{\nu-1} + \ldots + h_{\nu-1} r_1 - h_\nu;$$

cela étant, les équations

$$P = 0, \qquad Q = 0, \qquad R = 0$$

détermineront les valeurs particulières de h auxquelles correspondent les trois espèces de solutions que nous avons considérées, et l'on voit que dans les deux cas elles sont toutes du degré ν.

Il ne nous reste plus maintenant qu'à obtenir les solutions de la quatrième espèce dont la périodicité est celle de $\operatorname{sn}^2 x$, mais elles se déduisent moins immédiatement que les précédentes de l'expression générale de $F(x)$; il est nécessaire, en effet, de supposer alors la constante λ et $\operatorname{sn}\omega$ infinis; je donnerai en premier lieu une méthode plus directe et plus facile pour y parvenir.

Soit d'abord $n = 2\nu$; je remarque que toute solution de l'équation différentielle par une fonction doublement périodique de première espèce résulte du développement

$$y = \frac{1}{\varepsilon^{2\nu}} + \frac{h_1}{\varepsilon^{2\nu-2}} + \ldots + \frac{h_{\nu-1}}{\varepsilon^2} + h_\nu,$$

et sera donnée par l'expression

$$F(x) = \frac{D_x^{2\nu-2}(k^2 \operatorname{sn}^2 x)}{\Gamma(2\nu)} + h_1 \frac{D_x^{2\nu-4}(k^2 \operatorname{sn}^2 x)}{\Gamma(2\nu - 2)} + \ldots + h_{\nu-1}(k^2 \operatorname{sn}^2 x)$$
$$+ h_\nu - h_{\nu-1} s_0 - h_{\nu-2} \frac{s_1}{3} - \ldots - h_1 \frac{s_{\nu-2}}{2\nu - 3} - \frac{s_{\nu-1}}{2\nu - 1}.$$

Cela étant, disposons de h de manière à avoir

$$F(iK' + \varepsilon) = \frac{1}{\varepsilon^{2\nu}} + \frac{h_1}{\varepsilon^{2\nu-2}} + \ldots + \frac{h_{\nu-1}}{\varepsilon^2} + h_\nu + h_{\nu+1} \varepsilon^2,$$

ce qui donne la condition

$$\nu s_\nu + (\nu-1)h_1 s_{\nu-1} + (\nu-2)h_2 s_{\nu-2} + \ldots + h_{\nu-1}s_1 = h_{\nu+1};$$

je dis que la fonction doublement périodique

$$D_x^2\,F(x) - [n(n+1)k^2\,\mathrm{sn}^2 x + h]\,F(x)$$

est nécessairement nulle. Si, après avoir posé $x = i\mathrm{K}' + \varepsilon$, on l développe en effet suivant les puissances croissantes de ε, no seulement la partie principale, mais le terme indépendant dispa raîtront, comme on l'a vu au paragraphe XLIV (p. 392). De ce qu la partie principale n'existe pas, on conclut que la fonction es constante; enfin cette constante elle-même est nulle, puisqu'ell s'exprime linéairement et sous forme homogène par le terme indé pendant de ε, et les coefficients des divers termes en $\frac{1}{\varepsilon}$.

Soit ensuite $n = 2\nu - 1$; le développement qu'on tire de l'équation différentielle, à savoir

$$y = \frac{1}{\varepsilon^{2\nu-1}} + \frac{h_1}{\varepsilon^{2\nu-3}} + \ldots + \frac{h_{\nu-1}}{\varepsilon} + \ldots,$$

contenant un terme en $\frac{1}{\varepsilon}$, on doit tout d'abord le faire disparaîtr en posant $h_{\nu-1} = 0$, pour en déduire une fonction doublemen périodique de première espèce, qui sera de cette manière

$$F(x) = -\frac{D_x^{2\nu-3}(k^2\,\mathrm{sn}^2 x)}{\Gamma(2\nu-1)} - h_1\frac{D_x^{2\nu-5}(k^2\,\mathrm{sn}^2 x)}{\Gamma(2\nu-3)} - \ldots - h_{\nu-2}\,D_x(k^2\,\mathrm{sn}^2 x).$$

Cela étant, et en nous bornant à la partie principale, on aura

$$F(i\mathrm{K}' + \varepsilon) = \frac{1}{\varepsilon^{2\nu-1}} + \frac{h_1}{\varepsilon^{2\nu-3}} + \ldots + \frac{h_{\nu-2}}{\varepsilon^3};$$

il en résulte que, si on laisse indéterminée la constante h, le développement de l'expression

$$D_x^2\,F(x) - [n(n+1)k^2\,\mathrm{sn}^2 x + h]\,F(x),$$

après avoir posé $x = i\mathrm{K}' + \varepsilon$, commencera par un terme en $\frac{1}{\varepsilon^3}$. Mais faisons $h_{\nu-1} = 0$; comme on peut écrire alors

$$F(i\mathrm{K}' + \varepsilon) = \frac{1}{\varepsilon^{2\nu-1}} + \frac{h_1}{\varepsilon^{2\nu-3}} + \ldots + \frac{h_{\nu-2}}{\varepsilon^3} + \frac{h_{\nu-1}}{\varepsilon},$$

on voit que ce développement commencera par un terme en $\frac{1}{\varepsilon}$, qui lui-même doit nécessairement s'évanouir, et il est ainsi prouvé que, sous la condition posée, le résultat de la substitution de la fonction $F(x)$, dans le premier membre de l'équation différentielle, ne peut être qu'une constante. J'ajoute que cette constante est nulle, le résultat de la substitution étant, comme $F(x)$, une fonction qui change de signe avec la variable. Soit donc, dans le cas de $n = 2\nu$,

$$S = \nu s_\nu + (\nu - 1)h_1 s_{\nu-1} + (\nu - 2)h_2 s_{\nu-2} + \ldots + h_{\nu-1} s_1 - h_{\nu+1};$$

puis, en supposant $n = 2\nu - 1$,

$$S = h_{\nu-1},$$

on voit que les équations

$$P = 0, \qquad Q = 0, \qquad R = 0, \qquad S = 0$$

déterminent les valeurs de h auxquelles correspondent les quatre espèces de solutions doublement périodiques découvertes par Lamé, ces solutions ne se trouvant plus distinguées par leur expression algébrique, comme l'a fait l'illustre auteur, mais d'après la nature de leur périodicité. On voit aussi que la condition $N = 0$, d'où elles ont été tirées, se présente sous la forme

$$PQRS = 0,$$

et l'on vérifie immédiatement que le produit des quatre facteurs, dans les deux cas de $n = 2\nu$ et $n = 2\nu - 1$, est bien du degré $2n + 1$ en h, comme nous l'avons établi pour N au paragraphe XLIX (p. 403).

Voici maintenant le procédé que j'ai annoncé pour déduire les solutions de la quatrième espèce de la solution générale.

LII.

Je reviens à l'élément simple

$$f(x) = \frac{H'(0)\,H(x+\omega)}{\Theta(x)\,\Theta(\omega)}\, e^{\left[\lambda - \frac{\Theta'(\omega)}{\Theta(\omega)}\right](x - iK') + \frac{i\pi\omega}{2K}},$$

où λ et $\operatorname{sn}\omega$ sont des fonctions déterminées de h; je les suppose infinies l'une et l'autre pour une certaine valeur de cette constante, et je me propose de reconnaître ce que devient, lorsqu'on attribue à h cette valeur, l'expression de $f(x)$. Concevons, à cet effet, que λ soit exprimé au moyen de ω ; je ferai

$$\omega = i\mathrm{K}' + \delta,$$

ce qui donne, après une réduction facile,

$$f(x) = \frac{\mathrm{H}'(0)\,\Theta(x+\delta)}{\Theta(x)\,\mathrm{H}(\delta)} e^{\left[\lambda - \frac{\mathrm{H}'(\delta)}{\mathrm{H}(\delta)}\right](x - i\mathrm{K}') + \frac{i\pi\delta}{\mathrm{K}}}.$$

Or nous avons, en développant suivant les puissances croissantes de δ,

$$\frac{\mathrm{H}'(\delta)}{\mathrm{H}(\delta)} = \frac{1}{\delta} - \left(s_0 - \frac{\mathrm{J}}{\mathrm{K}}\right)\delta - \frac{s_1\delta^3}{3} - \frac{s_2\delta^5}{5} - \ldots;$$

cela étant, pour que l'exponentielle

$$e^{\left[\lambda - \frac{\mathrm{H}'(\delta)}{\mathrm{H}(\delta)}\right](x - i\mathrm{K}')}$$

soit finie lorsqu'on fera $\delta = 0$, on voit que λ doit s'exprimer de telle manière en ω qu'on ait, en supposant $\omega = i\mathrm{K}' + \delta$,

$$\lambda = \frac{1}{\delta} + \lambda_0 + \lambda_1\delta + \ldots.$$

Cette forme de développement nous donne, en effet,

$$\lambda - \frac{\mathrm{H}'(\delta)}{\mathrm{H}(\delta)} = \lambda_0 + \left(\lambda_1 + s_0 - \frac{\mathrm{J}}{\mathrm{K}}\right)\delta + \ldots;$$

on a d'ailleurs immédiatement

$$\frac{\mathrm{H}'(0)}{\mathrm{H}(\delta)} = \frac{1}{\delta} + \left(s_0 - \frac{\mathrm{J}}{\mathrm{K}}\right)\frac{\delta}{2} + \ldots,$$

$$\frac{\Theta(x+\delta)}{\Theta(x)} = 1 + \frac{\Theta'(x)}{\Theta(x)}\delta + \ldots,$$

et nous en concluons l'expression

$$f(x) = e^{\lambda_0(x - i\mathrm{K}')}\left(\frac{1}{\delta} + \mathrm{X} + \mathrm{X}_1\delta + \ldots\right),$$

où le terme indépendant de δ, qui sera seul à considérer, est

$$X = \left(\lambda_1 + s_0 - \frac{J}{K}\right)(x - iK') + \frac{i\pi}{2K} + \frac{\Theta'(x)}{\Theta(x)}.$$

Elle fait voir que les formules, pour $n = 2\nu$ et $n = 2\nu - 1$,

$$F(x) = -\frac{D_x^{2\nu-1} f(x)}{\Gamma(2\nu)} - h_1 \frac{D^{2\nu-3} f(x)}{\Gamma(2\nu-2)} - \ldots - h_{\nu-1} D_x f(x),$$

puis

$$F(x) = +\frac{D_x^{2\nu-2} f(x)}{\Gamma(2\nu-1)} + h_1 \frac{D^{2\nu-4} f(x)}{\Gamma(2\nu-3)} + \ldots + h_{\nu-1} \quad f(x),$$

contiennent chacune un terme en $\frac{1}{\delta}$, qui est, pour la première,

$$-e^{\lambda_0(x-iK')}\left[\frac{\lambda_0^{2\nu-1}}{\Gamma(2\nu)} + h_1 \frac{\lambda_0^{2\nu-3}}{\Gamma(2\nu-2)} + \ldots + h_{\nu-1}\lambda_0\right],$$

et, dans la seconde,

$$e^{\lambda_0(x-iK')}\left[\frac{\lambda_0^{2\nu-2}}{\Gamma(2\nu-1)} + h_1 \frac{\lambda_0^{2\nu-4}}{\Gamma(2\nu-3)} + \ldots + h_{\nu-1}\right].$$

Il est donc nécessaire, afin d'obtenir des quantités finies en faisant $\delta = 0$, que λ_0 satisfasse à ces équations

$$\frac{\lambda_0^{2\nu-1}}{\Gamma(2\nu)} + h_1 \frac{\lambda_0^{2\nu-3}}{\Gamma(2\nu-2)} + \ldots + h_{\nu-1}\lambda_0 = 0,$$

$$\frac{\lambda_0^{2\nu-2}}{\Gamma(2\nu-1)} + h_1 \frac{\lambda_0^{2\nu-4}}{\Gamma(2\nu-3)} + \ldots + h_{\nu-1} \quad = 0.$$

Cela étant, les expressions de $F(x)$ se transforment de la manière suivante.

Soit, en général,

$$f(x) = e^{\lambda x} X,$$

en désignant par λ et X une constante et une fonction quelconques. On voit aisément que la quantité

$$A D_x^n f(x) + A_1 D_x^{n-1} f(x) + \ldots + A_n f(x),$$

si l'on admet la relation

$$A\lambda^n + A_1\lambda^{n-1} + \ldots + A_n = 0,$$

s'exprime, au moyen de la nouvelle fonction

$$f_1(x) = e^{\lambda x} D_x X,$$

par la formule

$$\begin{aligned} AD_x^{n-1} f_1(x) + (A\lambda + A_1) D_x^{n-2} f_1(x) + \ldots \\ + (A\lambda^{n-1} + A_1\lambda^{n-2} + \ldots + A_{n-1}) f_1(x). \end{aligned}$$

Dans le cas auquel nous avons été conduit, on tire immédiatement de la valeur de X l'expression

$$f_1(x) = e^{\lambda_0(x-iK')}(\lambda_1 + s_0 - k^2 \operatorname{sn}^2 x),$$

et nous obtenons par conséquent pour $F(x)$ le produit, par l'exponentielle $e^{\lambda_0 x}$, d'une fonction doublement périodique de première espèce, composée linéairement avec les dérivées de $\operatorname{sn}^2 x$. L'analyse précédente, en établissant l'existence de ce genre de solutions de l'équation différentielle, les rattache aux valeurs de h qui rendent à la fois infinies les constantes λ et $\operatorname{sn}\omega$; on voit aussi que, dans le cas particulier où λ_0 est nul, elles donnent bien les fonctions que je me suis proposé de déduire de la solution générale. Mais revenons à la première forme qui a été obtenue au moyen de la fonction

$$f(x) = e^{\lambda_0(x-iK')}\left(\frac{1}{\delta} + X + X_1\delta + \ldots\right).$$

Le terme $\dfrac{e^{\lambda_0(x-iK')}}{\delta}$ disparaissant, comme nous l'avons vu dans l'expression de $F(x)$, il est permis de prendre plus simplement à la limite, pour $\delta = 0$,

$$f(x) = e^{\lambda_0(x-iK')} X.$$

Cette fonction joue donc le rôle d'élément simple; il est facile, lorsqu'on fait $x = iK' + \varepsilon$, d'obtenir son développement et d'avoir ainsi les quantités qui remplacent, dans le cas présent, les coefficients désignés en général par H_0, H_1, etc. Nous avons en effet, pour $x = iK' + \varepsilon$,

$$X = \left(\lambda_1 + s_0 - \frac{J}{K}\right)\varepsilon + \frac{H'(\varepsilon)}{H(\varepsilon)} = \frac{1}{\varepsilon} + \lambda_1\varepsilon - \frac{s_1\varepsilon^3}{3} - \frac{s_2\varepsilon^5}{5} - \ldots.$$

Multiplions par $e^{\lambda_0\varepsilon}$ les deux membres, et soit

$$e^{\lambda_0\varepsilon} X = \frac{1}{2} + S_0 + S_1\varepsilon + \ldots + S_i\varepsilon^i;$$

nous trouverons

$$S_0 = \lambda_0,$$
$$S_1 = \frac{\lambda_0^2}{1.2} + \lambda_1,$$
$$S_2 = \frac{\lambda_0^3}{1.2.3} + \lambda_1 \lambda_0,$$
$$S_3 = \frac{\lambda_0^4}{1.2.3.4} + \lambda_1 \frac{\lambda_0^2}{1.2} - \frac{s_1}{3},$$
$$\dots\dots\dots\dots\dots\dots\dots\dots,$$

S_i étant, en général, un polynome du degré $i+1$ en λ_0, où n'entrent que des puissances impaires ou des puissances paires, suivant que l'indice est pair ou impair. Les conditions données au paragraphe XLV (p. 392) conduisent donc, dans les deux cas de $n = 2\nu$, $n = 2\nu - 1$, en y joignant l'équation en λ_0 précédemment trouvée, à ces trois relations

$$\frac{\lambda_0^{2\nu-1}}{\Gamma(2\nu)} + h_1 \frac{\lambda_0^{2\nu-3}}{\Gamma(2\nu-2)} + \dots + h_{\nu-1}\lambda_0 = 0,$$
$$S_{2\nu-1} + h_1 S_{2\nu-3} + h_2 S_{2\nu-5} + \dots + 2h_{\nu-1} S_1 + h_\nu = 0,$$
$$2\nu S_{2\nu} + (2\nu-2) h_1 S_{2\nu-2} + (2\nu-4) h_2 S_{2\nu-4} + \dots + 2h_{\nu-1} S_2 = 0,$$

lorsque l'on suppose $n = 2\nu$, puis

$$\frac{\lambda_0^{2\nu-2}}{\Gamma(2\nu-1)} + h_1 \frac{\lambda_0^{2\nu-4}}{\Gamma(2\nu-3)} + \dots + h_{\nu-1} = 0,$$
$$S_{2\nu-2} + h_1 S_{2\nu-4} + h_2 S_{2\nu-6} + \dots + h_{\nu-1} S_0 = 0,$$
$$(2\nu-1) S_{2\nu-1} + (2\nu-3) h_1 S_{2\nu-3} + \dots + h_{\nu-1} S_1 - h_\nu = 0$$

pour $n = 2\nu - 1$. Elles donnent le moyen d'obtenir directement, et sans supposer la connaissance de la solution générale, les trois quantités λ_0, λ_1 et h. Elles montrent aussi qu'on a en particulier la valeur $\lambda_0 = 0$, à laquelle correspondent les solutions de Lamé. Effectivement, lorsque λ_0 est supposé nul, on obtient

$$S_{2i} = 0, \qquad S_1 = \lambda_1, \qquad S_{2i+1} = -\frac{s_i}{2i+1};$$

cela étant, dans le cas de $n = 2\nu$, la première et la troisième équation sont satisfaites d'elles-mêmes; la deuxième, devenant

$$-\frac{s_{\nu-1}}{2\nu-1} - h_1 \frac{s_{\nu-2}}{2\nu-3} - h_2 \frac{s_{\nu-3}}{2\nu-5} + \dots + h_{\nu+1}\lambda_1 + h_\nu = 0,$$

ne détermine que λ_1. Il est donc nécessaire de recourir à l'une des relations en nombre infini qui ont été données au paragraphe XLVI (p. 394), sous ces formes,

$$\mathfrak{H}_i = 0, \qquad \mathfrak{H}_{2i} = h_{i+\nu}, \qquad \mathfrak{H}_{2i+2\nu+1} = C h_i.$$

» La plus simple est

$$\mathfrak{H}_2 = h_{\nu+1},$$

ou bien

$$\begin{aligned} -\nu(2\nu+1)H_{2\nu+1} &+ (\nu-1)(2\nu-1)h_1 H_{2\nu-1} \\ &+ (\nu-2)(2\nu-3)h_2 H_{2\nu-3} + \ldots + 3h_{\nu-1}H_3 + h_{\nu+1} = 0, \end{aligned}$$

et nous en tirons immédiatement

$$-\nu s_\nu - (\nu-1)h_1 s_{\nu-1} - (\nu-2)h_2 s_{\nu-2} - \ldots - h_{\nu-1}s_1 + h_{\nu+1} = 0,$$

ce qui est l'équation en h précédemment trouvée.

» En dernier lieu et pour le cas de $n = 2\nu - 1$, nos trois relations se trouvent vérifiées si l'on fait $h_{\nu-1} = 0$; on retrouve donc encore de cette manière le résultat auquel nous étions précédemment parvenu par une méthode toute différente. »

ÉTUDES DE M. SYLVESTER

SUR LA

THÉORIE ALGÉBRIQUE DES FORMES.

Comptes rendus de l'Académie des Sciences,
t. LXXXIV, 1877, p. 974.

On doit à M. Paul Gordan, professeur à l'Université d'Erlangen, la belle et importante découverte, qu'à l'égard des formes à deux indéterminées, les invariants et covariants, qui sont, comme on sait, en nombre illimité, peuvent être exprimés tous par les fonctions rationnelles et entières d'un nombre essentiellement fini et limité d'invariants et covariants fondamentaux, nommés, pour ce motif, *Grundformen*. Cette proposition capitale vient d'être étendue par M. Sylvester aux formes les plus générales, quels que soient leur degré et le nombre de leurs indéterminées, et je me fais un devoir de reproduire les termes mêmes dans lesquels l'illustre géomètre m'a chargé d'annoncer sa belle découverte.

Baltimore. — Depuis mon dernier envoi, avertissez l'Académie que j'ai résolu le problème de trouver les *Grundformen* complètes pour des *quantités* quelconques avec n variables.

EXTRAIT

D'UNE

LETTRE DE M. CH. HERMITE A M. L. FUCHS.

Journal de Crelle, t. 82, 1877, p. 343.

Soit

$$Z(x) = \frac{H'(x)}{H(x)};$$

on peut à l'aide de cette fonction représenter toute fonction uniforme, ayant pour périodes $2K$ et $2iK'$, par une formule entièrement analogue à celle d'une fraction rationnelle décomposée en fractions simples, à savoir

$$\begin{aligned} F(x) = \text{const.} &+ AZ(x-a) + A_1 D_x Z(x-a) + A_2 D_x^2 Z(x-a) + \ldots \\ &+ BZ(x-b) + B_1 D_x Z(x-b) + B_2 D_x^2 Z(x-b) + \ldots \\ &+ \ldots\ldots\ldots\ldots\ldots\ldots\ldots\ldots\ldots\ldots\ldots\ldots \\ &+ LZ(x-l) + L_1 D_x Z(x-l) + L_2 D_x^2 Z(x-l) + \ldots, \end{aligned}$$

où les constantes A, B, ..., L sont essentiellement assujetties à remplir la condition

$$A + B + \ldots + L = 0.$$

C'est cette expression, dont j'ai fait usage dans bien des circonstances, que je vais employer à la recherche des coordonnées d'une cubique plane en fonction explicite d'un paramètre. Je pose à cet effet

$$\begin{aligned} x &= x_0 + A\,Z(t-a) + B\,Z(t-b) + C\,Z(t-c), \\ y &= y_0 + A'Z(t-a) + B'Z(t-b) + C'Z(t-c), \end{aligned}$$

avec les conditions

$$A + B + C = 0, \qquad A' + B' + C' = 0,$$

de sorte que les coordonnées x et y se trouveront des fonctions linéaires des deux différences : $Z(t-a)-Z(t-c)$ et $Z(t-b)-Z(t-c)$. Cela étant, je remarque que x^2, xy, y^2 étant des fonctions doublement périodiques uniformes aux périodes $2K$ et $2iK'$, s'expriment linéairement, d'une part par ces deux différences, et de l'autre par les dérivées $D_t Z(t-a)$, $D_t Z(t-b)$, $D_t Z(t-c)$. Et pareillement, si l'on considère x^3, x^2y, xy^2, y^3, il résulte de la formule générale qu'on aura seulement les dérivées secondes $D_t^2 Z(t-a)$, $D_t^2 Z(t-b)$, $D_t^2 Z(t-c)$, à joindre aux dérivées premières et aux deux différences. Ce sont donc huit fonctions en tout, entrant linéairement dans les neuf fonctions doublement périodiques, que je viens de former, et la relation du troisième degré entre les coordonnées x et y en est la conséquence immédiate. J'ajoute que ces coordonnées renfermant, en premier lieu, les constantes a, b, c, ou seulement $a-c$, $b-c$, car on peut mettre $t-c$ au lieu de t, puis les coefficients A, B, A', B', et enfin x_0 et y_0, contiendront huit arbitraires, de sorte qu'en y joignant le module de la transcendante, on aura bien le nombre maximum égal à neuf, des indéterminées d'une cubique plane quelconque.

Soit maintenant

$$\begin{aligned} x &= x_0 + A\,Z(t-a) + B\,Z(t-b) + C\,Z(t-c) + D\,Z(t-d),\\ y &= y_0 + A'\,Z(t-a) + B'\,Z(t-b) + C'\,Z(t-c) + D'\,Z(t-d),\\ z &= z_0 + A''\,Z(t-a) + B''\,Z(t-b) + C''\,Z(t-c) + D''\,Z(t-d), \end{aligned}$$

avec les conditions

$$\Sigma A = 0, \qquad \Sigma A' = 0, \qquad \Sigma A'' = 0.$$

Ces trois quantités d'une part, et celles-ci de l'autre, à savoir : x^2, y^2, z^2, xy, xz, yz, s'exprimeront en fonctions linéaires de $Z(t-a)-Z(t-d)$, $Z(t-b)-Z(t-d)$, $Z(t-c)-Z(t-d)$, et des quatre dérivées $D_t Z(t-a)$, etc. On a par conséquent sept fonctions, dans l'expression de neuf quantités, qui dès lors sont liées par deux équations, de sorte que les quantités considérées représentent bien l'intersection de deux surfaces du second ordre, et comme ci-dessus, on voit qu'elles contiennent le nombre d'arbitraires maximum que comporte une telle courbe, lequel est égal à seize.

Je reviens à la Géométrie plane pour considérer les courbes de Clebsch, dont les coordonnées sont des fonctions elliptiques d'un paramètre, que je prends sous la forme suivante :

$$x = x_0 + \mathrm{A}\,\mathrm{Z}(t-a) + \mathrm{B}\,\mathrm{Z}(t-b) + \ldots + \mathrm{L}\,\mathrm{Z}(t-l),$$
$$y = y_0 + \mathrm{A}'\mathrm{Z}(t-a) + \mathrm{B}'\mathrm{Z}(t-b) + \ldots + \mathrm{L}'\mathrm{Z}(t-l),$$

en supposant toujours

$$\Sigma \mathrm{A} = 0, \qquad \Sigma \mathrm{A}' = 0.$$

Le succès de la méthode précédente dans le cas de la cubique m'a fait tenter d'établir par la même voie que x et y satisfont à une équation algébrique d'un degré égal au nombre des transcendantes : $\mathrm{Z}(t-a)$, $\mathrm{Z}(t-b)$, ..., $\mathrm{Z}(t-l)$. Mais les choses se passent alors moins simplement. Considérez en effet les diverses fonctions homogènes de x et y, jusqu'au degré μ, dont le nombre sera $2+3+\ldots+\mu+1=\frac{1}{2}(\mu^2+3\mu)$, et soit m le nombre des transcendantes. Toutes ces fonctions doublement périodiques s'expriment linéairement par les différences : $\mathrm{Z}(t-a)-\mathrm{Z}(t-l)$, $\mathrm{Z}(t-b)-\mathrm{Z}(t-l)$, ..., en nombre $m-1$, puis par les dérivées jusqu'à l'ordre $\mu-1$, des quantités $\mathrm{Z}(t-a)$, c'est-à-dire en tout par $m-1+m(\mu-1)$ fonctions. Afin donc de pouvoir effectuer l'élimination de ces fonctions, je pose la condition

$$\frac{1}{2}(\mu^2+3\mu) = m + m(\mu-1) = m\mu$$

qui me donne $\mu = 2m-3$, de sorte que je parviens par cette voie à une courbe d'ordre $2m-3$, au lieu d'obtenir l'ordre m. Le procédé qui réussit dans le cas de $m=3$, donne donc en général un degré trop élevé, et j'ai dû complètement y renoncer, comme méthode d'élimination. Mais l'existence, au moins, d'une équation de ce degré m se prouve très facilement. Considérez pour cela une droite arbitraire $\alpha x+\beta y+\gamma=0$, dont les points de rencontre avec la courbe s'obtiennent en déterminant t par l'équation

$$\alpha x_0 + \beta y_0 + \gamma + (\mathrm{A}\alpha + \mathrm{A}'\beta)\mathrm{Z}(t-a) + (\mathrm{B}\alpha + \mathrm{B}'\beta)\mathrm{Z}(t-b) + \ldots = 0.$$

Le premier membre de cette équation est une fonction doublement périodique qui devient infinie pour les m valeurs

$$t = a, b, c, \ldots, l.$$

Elle ne peut donc s'annuler, d'après un théorème connu de la théorie des fonctions elliptiques, que pour m valeurs de t, dans l'intérieur du rectangle des périodes $2K$ et $2iK'$, et la courbe ne pouvant être coupée qu'en m points par une droite quelconque, est bien d'ordre m.

Ce même raisonnement appliqué à la polaire, dont les coordonnées sont

$$X = \frac{-y'}{xy' - x'y}, \qquad Y = \frac{x'}{xy' - x'y},$$

en détermine le degré.

Effectivement les intersections de cette seconde courbe avec la droite $\alpha X + \beta Y + \gamma = 0$ sont données par l'élément

$$-\alpha y' + \beta x' + \gamma(xy' - yx') = 0,$$

et vous voyez, que son premier membre est une fonction doublement périodique, admettant les infinis doubles $t = a, b, \ldots, l$, de sorte qu'on a $2m$ racines, et par suite $2m$ points d'intersection. Connaissant l'ordre de la polaire des courbes de Clebsch, $\delta = 2m$, le nombre d des points doubles de ces courbes en résulte immédiatement, comme conséquence de la relation $2d + \delta = m(m-1)$ donnée dans mon *Cours d'Analyse* (p. 385); on trouve ainsi par une voie facile la proposition fondamentale $d = \frac{1}{2}m(m-3)$ démontrée par Clebsch (t. 63 de ce *Journal*, p. 189).

Paris, 29 juin 1876.

P.-S. — La détermination des points d'inflexion de la cubique plane, et des points stationnaires de la quadrique dans l'espace, dépendent des équations suivantes :

$$\begin{vmatrix} Z'(t-a) - Z'(t-c) & Z'(t-b) - Z'(t-c) \\ Z''(t-a) - Z''(t-c) & Z''(t-b) - Z''(t-c) \end{vmatrix} = 0$$

et

$$\begin{vmatrix} Z'(t-a)-Z'(t-d) & Z'(t-b)-Z'(t-d) & Z'(t-c)-Z'(t-d) \\ Z''(t-a)-Z''(t-d) & Z''(t-b)-Z''(t-d) & Z''(t-c)-Z''(t-d) \\ Z'''(t-a)-Z'''(t-d) & Z'''(t-b)-Z'''(t-d) & Z'''(t-c)-Z'''(t-d) \end{vmatrix} = 0.$$

Je me suis proposé de calculer les déterminants qui forment les premiers membres, et j'ai trouvé les expressions suivantes. Soit pour abréger

$$\begin{aligned}\Phi(a, b, c) &= H(a-b)H(a-c)H(b-c),\\ \Phi(a, b, c, d) &= H(a-b)H(a-c)H(a-d)\\ &\qquad H(b-c)H(b-d)\\ &\qquad H(c-d),\end{aligned}$$

le premier déterminant est

$$H'(o)^5 \frac{\Phi(a, b, c)H(3t-a-b-c)}{[H(t-a)H(t-b)H(t-c)]^3},$$

et le second

$$H'(o)^9 \frac{\Phi(a, b, c, d)H(4t-a-b-c-d)}{[H(t-a)H(t-b)H(t-c)H(t-d)]^4}.$$

Les beaux résultats découverts par Clebsch sont la conséquence de ces expressions qui m'ont amené à considérer, en général, le déterminant à $n-1$ colonnes

$$\begin{vmatrix} Z'(t-a)-Z'(t-l) & Z'(t-b)-Z'(t-l) & \ldots & Z'(t-k)-Z'(t-l) \\ Z''(t-a)-Z''(t-l) & Z''(t-b)-Z''(t-l) & \ldots & Z''(t-k)-Z''(t-l) \\ \ldots & \ldots & \ldots & \ldots \\ Z^{n-1}(t-a)-Z^{n-1}(t-l) & Z^{n-1}(t-b)-Z^{n-1}(t-l) & \ldots & Z^{n-1}(t-k)-Z^{n-1}(t-l) \end{vmatrix}$$

où $a, b, \ldots, k, l$ sont n constantes. Si l'on pose comme précédemment

$$\begin{aligned}\Phi(a, b, \ldots, k, l) = H(a-b)H(a-c)&\ldots H(a-l)\\ H(b-c)&\ldots H(b-l)\\ &\ldots\ldots\\ &H(k-l),\end{aligned}$$

on trouve qu'il a pour valeur

$$\mu H'(o)^{\frac{1}{2}(n-1)(n+2)} \frac{\Phi(a, b, \ldots, k, l)H(nt-a-b-\ldots-l)}{[H(t-a)H(t-b)\ldots H(t-l)]^n},$$

μ désignant un facteur numérique.

Paris, 29 décembre 1876.

EXTRAIT D'UNE LETTRE DE M. CH. HERMITE A M. BORCHARDT

SUR LA FORMULE DE MACLAURIN.

Journal de Crelle, t. 84, 1878, p. 64.

Les propriétés de la fonction de Jacob Bernouilli établies par M. Malmsten dans son beau Mémoire sur la formule

$$hu'_x = \Delta u_x - \frac{1}{2} h \Delta u'_x + \ldots$$

(t. 35 de ce *Journal*, p. 55) peuvent être obtenues par une autre méthode à laquelle m'ont conduit les recherches que vous avez publiées, t. 79, p. 339. Reprenant à cet effet l'équation de définition, à savoir

$$\frac{e^{\lambda x} - 1}{e^{\lambda} - 1} = S(x)_0 + \frac{\lambda}{1} S(x)_1 + \frac{\lambda^2}{1.2} S(x)_2 + \ldots,$$

de sorte que l'on ait pour x entier

$$S(x)_n = 1^n + 2^n + 3^n + \ldots + (x-1)^n,$$

je remplacerai d'abord λ par $i\lambda$, ce qui donnera

$$\frac{e^{i\lambda x} - 1}{e^{i\lambda} - 1} = \frac{e^{\frac{1}{2} i\lambda x}\left(e^{\frac{1}{2} i\lambda x} - e^{-\frac{1}{2} i\lambda x}\right)}{e^{\frac{1}{2} i\lambda}\left(e^{\frac{1}{2} i\lambda} - e^{-\frac{1}{2} i\lambda}\right)} = \frac{e^{\frac{1}{2} i\lambda(x-1)} \sin\frac{1}{2}\lambda x}{\sin\frac{1}{2}\lambda}$$

$$= \frac{\sin\frac{1}{2}\lambda x \cos\frac{1}{2}\lambda(x-1)}{\sin\frac{1}{2}\lambda} + i\frac{\sin\frac{1}{2}\lambda x \sin\frac{1}{2}\lambda(x-1)}{\sin\frac{1}{2}\lambda},$$

et l'on en conclura ces deux égalités, où je fais pour abréger $(n) = 1.2.3\ldots n$:

$$(1)\quad \frac{\sin\frac{1}{2}\lambda x \sin\frac{1}{2}\lambda(x-1)}{\sin\frac{1}{2}\lambda} = \lambda\, S(x)_1 - \frac{\lambda^3}{(3)} S(x)_3 + \frac{\lambda^5}{(5)} S(x)_5 - \ldots,$$

$$(2)\quad \frac{\sin\frac{1}{2}\lambda x \cos\frac{1}{2}\lambda(x-1)}{\sin\frac{1}{2}\lambda} = S(x)_0 - \frac{\lambda^2}{(2)} S(x)_2 + \frac{\lambda^4}{(4)} S(x)_4 - \ldots.$$

Ceci posé, la formule suivante dans laquelle B_1, B_2, etc., désignent suivant l'usage les nombres de Bernouilli

$$\log\sin\frac{1}{2}x = \log\frac{1}{2}x - \frac{B_1}{(2)}\frac{x^2}{2} - \frac{B_2}{(4)}\frac{x^4}{4} - \ldots - \frac{B_n}{(2n)}\frac{x^{2n}}{2n} - \ldots$$

conduit à une expression analytique des polynomes $S(x)_n$, qui met immédiatement en évidence les propriétés découvertes par M. Malmsten. En considérant d'abord la première de nos deux relations, on en déduit en effet

$$\begin{aligned}\log\frac{\sin\frac{1}{2}\lambda x \sin\frac{1}{2}\lambda(x-1)}{\sin\frac{1}{2}\lambda} = \log\frac{1}{2}\lambda x(x-1) &+ [1 - x^2 - (1-x)^2]\frac{B_1}{(2)}\frac{\lambda^2}{2}\\ &+ [1 - x^4 - (1-x)^4]\frac{B_2}{(4)}\frac{\lambda^4}{4}\\ &+ \ldots\ldots\ldots\ldots\\ &+ [1 - x^{2n} - (1-x)^{2n}]\frac{B_n}{(2n)}\frac{\lambda^{2n}}{2n}\\ &+ \ldots\ldots\ldots\ldots\end{aligned}$$

Posant donc

$$X_n = 1 - x^{2n} - (1-x)^{2n}$$

et observant que

$$X_1 = -2x(x-1),$$

nous avons cette formule

$$\frac{\sin\frac{1}{2}\lambda x \sin\frac{1}{2}\lambda(x-1)}{\sin\frac{1}{2}\lambda} = -\frac{\lambda}{4} X_1\, e^{\frac{B_1 X_1}{(2)}\frac{\lambda^2}{2} + \frac{B_2 X_2}{(4)}\frac{\lambda^4}{4} + \ldots}$$

dont voici les conséquences. Je remarque que le développement de l'exponentielle, suivant les puissances de λ, donnera pour le coefficient d'une puissance quelconque de cette indéterminée, une fonction rationnelle et entière des quantités $X_1, X_2, \ldots, X_n$, dont les coefficients seront tous positifs. On trouvera successivement, en effet,

$$S(x)_1 = -\frac{1}{4}X_1,$$

$$S(x)_3 = \frac{1}{16}X_1^2,$$

$$S(x)_5 = -\frac{1}{192}(2X_1X_2 + 5X_1^3),$$

$$S(x)_7 = \frac{1}{2304}(16X_1X_3 + 42X_1^2X_2 + 35X_1^4),$$

. . . .

Or X_n qui s'annule pour $x = 0$ et $x = 1$, n'admet dans l'intervalle de ces deux racines, qu'un seul maximum, correspondant à la valeur $x = \frac{1}{2}$, comme le montre la dérivée

$$D_x X_n = -2nx^{2n-1} + 2n(1-x)^{2n-1}.$$

Cette valeur ne dépendant point de n, fournit par conséquent le maximum de toute fonction rationnelle entière et à coefficients positifs des quantités X_n, et il est ainsi prouvé que le polynome $(-1)^{n-1}S(x)_{2n+1}$, est positif quand la variable croît de $x = 0$ à $x = 1$, et acquiert sa valeur la plus grande pour $x = \frac{1}{2}$.

Je passe à l'équation (2) qui concerne les polynomes d'indices pairs, et en écrivant le premier membre sous la forme $\frac{1}{2} + \frac{\sin\frac{1}{2}\lambda(2x-1)}{\sin\frac{1}{2}\lambda}$, je développerai le logarithme de la quantité $\frac{\sin\frac{1}{2}\lambda(2x-1)}{\sin\frac{1}{2}\lambda}$. On sera ainsi amené à employer l'expression

$$X_n^0 = 1 - (2x-1)^{2n},$$

qui permettra d'écrire

$$\log\frac{\sin\frac{1}{2}\lambda(2x-1)}{\sin\frac{1}{2}\lambda} = \log(2x-1) + \frac{B_1X_1^0}{(2)}\frac{\lambda^2}{2} + \frac{B_2X_2^0}{(4)}\frac{\lambda^4}{4} + \ldots.$$

et par suite

$$\frac{\sin\frac{1}{2}\lambda(2x-1)}{\sin\frac{1}{2}\lambda} = (2x-1)\,e^{\frac{B_1X_1^0}{(2)}\frac{\lambda^2}{2} + \frac{B_2X_2^0}{(4)}\frac{\lambda^4}{4} + \ldots}.$$

Les polynomes X_n^0 possèdent la même propriété que les précédents de s'annuler pour $x=0$, $x=1$, et de n'admettre dans l'intervalle qu'un seul maximum correspondant à $x=\frac{1}{2}$. Il en est donc aussi de même de tous les coefficients des puissances de λ dans le développement de l'exponentielle, et en exceptant seulement $S(x)_0$, nous avons cette seconde proposition que les polynomes $\frac{(-1)^n S(x)_{2n}}{2x-1}$ sont positifs de $x=0$ à $x=1$ avec un seul maximum dans l'intervalle pour $x=\frac{1}{2}$.

La facilité avec laquelle les propriétés des polynomes $S(x)_n$ résultent de la forme trigonométrique de leurs fonctions génératrices conduit à employer ces mêmes fonctions pour établir la formule de Maclaurin. A cet effet je partirai de la formule élémentaire

$$\int U^{2n} V\,dx = U^{2n-1} V - U^{2n-2} V' + \ldots - U V^{2n-1} + \int U V^{2n}\,dx,$$

où U et V sont deux fonctions quelconques de la variable x, dont les dérivées d'ordre k sont désignées par U^k et V^k. Posons pour abréger

$$\begin{aligned}\Phi(x) &= U^{2n-1} V + U^{2n-3} V'' + \ldots + U' V^{2n-2},\\ \Psi(x) &= U^{2n-2} V' + U^{2n-4} V''' + \ldots + U\, V^{2n-1},\end{aligned}$$

ce qui donnera

$$\int U^{2n} V\,dx = \Phi(x) - \Psi(x) + \int U V^{2n}\,dx;$$

en laissant arbitraire la fonction V, je prendrai

$$U = \frac{\sin\frac{1}{2}\lambda x \sin\frac{1}{2}\lambda(x-1)}{\sin\frac{1}{2}\lambda} = S(x)_1 - \frac{\lambda^3}{1.2.3} S(x)_3 + \ldots$$

et il sera facile d'obtenir les expressions de $\Phi(x)$ et $\Psi(x)$, si l'on met U sous la forme $\frac{\cos\frac{1}{2}\lambda - \cos\frac{1}{2}\lambda(2x-1)}{2\sin\frac{1}{2}\lambda}$. Ayant en effet

$$\begin{aligned}U^{2k} &= (-1)^k \lambda^{2k}\,\frac{\cos\frac{1}{2}\lambda(2x-1)}{2\sin\frac{1}{2}\lambda},\\ U^{2k-1} &= (-1)^k \lambda^{2k-1}\,\frac{\sin\frac{1}{2}\lambda(2x-1)}{2\sin\frac{1}{2}\lambda},\end{aligned}$$

on trouvera

$$\Phi(x) = (-1)^n \frac{\sin\frac{1}{2}\lambda(2x-1)}{2\sin\frac{1}{2}\lambda}[\lambda^{2n-1}V - \lambda^{2n-3}V'' + \ldots - (-1)^n\lambda V^{2n-2}],$$

$$\Psi(x) = (-1)^{n-1}\frac{\cos\frac{1}{2}\lambda(2x-1)}{2\sin\frac{1}{2}\lambda}[\lambda^{2n-2}V' - \lambda^{2n-4}V''' + \ldots + (-1)^n \quad V^{2n-1}]$$
$$+ \frac{\cos\frac{1}{2}\lambda}{2\sin\frac{1}{2}\lambda}V^{2n-1}.$$

Maintenant désignons les valeurs de V^k pour $x = 1$ et $x = 0$, par V_1^k et V_0^k, de ce qui précède nous déduirons les formules

$$\Phi(1) - \Psi(0) = \frac{(-1)^n}{2}[\lambda^{2n-1}(V_1 + V_0) - \lambda^{2n-3}(V_1'' + V_0'') + \ldots],$$

$$\Psi(1) - \Psi(0) = \frac{(-1)^{n-1}\cos\frac{1}{2}\lambda}{2\sin\frac{1}{2}\lambda}[\lambda^{2n-2}(V_1' - V_0') - \lambda^{2n-4}(V_1''' - V_0''') + \ldots]$$
$$+ \frac{\cos\frac{1}{2}\lambda}{2\sin\frac{1}{2}\lambda}(V_1^{2n-1} - V_0^{2n-1}),$$

dont la première comme on voit renferme des sommes et la seconde des différences. Soit encore

$$\varphi(\lambda) = \lambda^{2n-2}(V_1 + V_0) - \lambda^{2n-2}(V_1'' + V_0'') + \ldots + (-1)^n \lambda(V_1^{2n-2} + V_0^{2n-2}),$$
$$\psi(\lambda) = \lambda^{2n-2}(V_1' - V_0') - \lambda^{2n-4}(V_1''' - V_0''') + \ldots + (-1)^n\lambda^2(V_1^{2n-3} - V_0^{2n-3});$$

en remarquant que le terme indépendant de λ disparaît dans la seconde formule, nous pouvons écrire

$$\Phi(1) - \Phi(0) = \frac{(-1)^n}{2}\varphi(\lambda),$$

$$\Psi(1) - \Psi(0) = \frac{(-1)^{n-1}\cot\frac{1}{2}\lambda}{2}\psi(\lambda),$$

et l'on en conclura, en prenant pour limites des intégrales zéro et l'unité, la relation suivante :

$$(-1)^n\int_0^1 \lambda^{2n}\frac{\cos\frac{1}{2}\lambda(2x-1)}{2\sin\frac{1}{2}\lambda}V\,dx$$
$$= \frac{(-1)^n}{2}\varphi(\lambda) - \frac{(-1)^{n-1}\cot\frac{1}{2}\lambda}{2}\psi(\lambda) + \int_0^1 \frac{\cos\frac{1}{2}\lambda - \cos\frac{1}{2}\lambda(2x-1)}{2\sin\frac{1}{2}\lambda}V^{2n}\,dx,$$

ou, plus simplement,

$$\int_0^1 \lambda^{2n}\frac{\cos\frac{1}{2}\lambda(2x-1)}{2\sin\frac{1}{2}\lambda}V\,dx = \frac{1}{2}\varphi(\lambda) + \frac{\cot\frac{1}{2}\lambda}{2}\psi(\lambda) + (-1)^n\int_0^1 UV^{2n}\,dx.$$

Elle donne parmi divers résultats la formule de Maclaurin que j'ai eue principalement en vue, et qui s'obtient, comme on va le voir, en égalant les termes en λ^{2n-1}. Posons en effet $V=f(x_0+hx)$, d'où

$$V_1^k = h^k f^k(x_0+h), \qquad V_0^k = h^k f^k(x_0);$$

le coefficient de λ^{2n-1}, dans la quantité $\frac{1}{2}\cot\frac{1}{2}\lambda\psi(\lambda)$, s'obtient au moyen de la série

$$\frac{1}{2}\cot\frac{1}{2}\lambda = \frac{1}{\lambda} - \frac{B_1\lambda}{(2)} - \frac{B_2\lambda^3}{(4)} - \frac{B_3\lambda^5}{(6)} - \ldots,$$

sous la forme suivante :

$$-\frac{B_1 h}{(2)}[f'(x_0+h)-f'(x_0)] + \frac{B_2 h^3}{(4)}[f'''(x_0+h)-f'''(x_0)] - \ldots$$
$$+(-1)^{n-1}\frac{B_{n-1}h^{2n-3}}{(2n-2)}[f^{2n-3}(x_0+h)-f^{2n-3}(x_0)].$$

D'ailleurs, dans $\varphi(\lambda)$, le coefficient du même terme est simplement

$$V_1+V_0=f(x_0+h)+f(x_0);$$

dans la fonction

$$U=\lambda\, S(x)_1 - \frac{\lambda^3}{(3)}S(x)_3+\ldots,$$

son expression est $\frac{(-1)^{n-1}}{(2n-1)}S(x)_{2n-1}$; on est par conséquent amené à l'égalité

$$\int_0^1 f(x_0+hx)\,dx = \frac{1}{2}[f(x_0+h)+f(x_0)] - \frac{B_1 h}{(2)}[f'(x_0+h)-f'(x_0)]$$
$$+\frac{B_2 h^3}{(4)}[f'''(x_0+h)-f'''(x_0)]+\ldots$$
$$+(-1)^{n-1}\frac{B_{n-1}h^{2n-3}}{(2n-2)}[f^{2n-3}(x_0+h)-f^{2n-3}(x_0)]$$
$$-\frac{h^{2n}}{(2n-1)}\int_0^1 f^{2n}(x_0+hx)\,S(x)_{2n-1}\,dx$$

qui se ramène à la forme habituelle, en remplaçant dans le premier membre l'intégrale $\int_0^1 f(x_0+hx)\,dx$ par $\frac{1}{h}\int_{x_0}^{x_0+h} f(x)\,dx$.

La proposition de M. Malmsten à l'égard de $S(x)_{2n-1}$ permet ensuite d'écrire

$$\int_0^1 f^{2n}(x_0+hx)\,S(x)_{2n-1}\,dx = f^{2n}(x_0+\theta h)\int_0^1 S(x)_{2n-1}\,dx,$$

θ étant compris entre zéro et l'unité. Quant au facteur $\int_0^1 S(x)_{2n-1}dx$, il est donné par le coefficient de $\frac{(-1)^{n-1}\lambda^{2n-1}}{(2n-1)}$, dans le développement de l'intégrale

$$\int_0^1 \frac{\cos\frac{1}{2}\lambda - \cos(2x-1)\frac{1}{2}\lambda}{2\sin\frac{1}{2}\lambda}\,dx = \frac{1}{2}\cot\frac{1}{2}\lambda,$$

d'où la valeur

$$\int_0^1 S(x)_{m-1}\,dx = (-1)^n B_n,$$

de sorte que la formule ordinaire s'obtiendra en remplaçant dans le premier membre l'intégrale

$$\int_0^1 f(x_0+hx)\,dx \qquad \text{par} \qquad \frac{1}{h}\int_{x_0}^{x_0+h} f(x)\,dx.$$

Paris, 7 avril 1877.

EXTRAIT D'UNE LETTRE DE M. CH. HERMITE A M. BORCHARDT

SUR LA

FORMULE D'INTERPOLATION DE LAGRANGE.

Journal de Crelle, t. 84, 1878, p. 70.

Je me suis proposé de trouver un polynome entier $F(x)$ de degré $n-1$, satisfaisant aux conditions suivantes :

$$\begin{array}{llll} F(a)=f(a), & F'(a)=f'(a), & \ldots, & F^{\alpha-1}(a)=f^{\alpha-1}(a), \\ F(b)=f(b), & F'(b)=f'(b), & \ldots, & F^{\beta-1}(b)=f^{\beta-1}(b), \\ \ldots\ldots\ldots, & \ldots\ldots\ldots, & \ldots, & \ldots\ldots\ldots\ldots, \\ F(l)=f(l), & F'(l)=f'(l), & \ldots & F^{\lambda-1}(l)=f^{\lambda-1}(l), \end{array}$$

où $f(x)$ est une fonction donnée. En supposant

$$\alpha+\beta+\ldots+\lambda=n,$$

la question comme on voit est déterminée et conduira à une généralisation de la formule de Lagrange sur laquelle je présenterai quelques remarques. Elle se résout d'abord facilement comme il suit. Je considère une aire s, comprenant d'une part, $a, b, \ldots, l$, et de l'autre la quantité x; je suppose qu'à son intérieur la fonction $f(x)$ soit uniforme et n'ait aucun pôle; cela étant je vais établir la relation

$$F(x)-f(x)=\frac{1}{2i\pi}\int_s \frac{f(z)(x-a)^\alpha(x-b)^\beta\ldots(x-l)^\lambda}{(x-z)(z-a)^\alpha(z-b)^\beta\ldots(z-l)^\lambda}\,dz,$$

l'intégrale du second membre se rapportant au contour de s, et en même temps donner l'expression du polynome cherché $F(x)$.

Faisons pour abréger

$$\Phi(x) = (x - a)^\alpha (x - b)^\beta \dots (x - l)^\lambda$$

et

$$\varphi(x) = \frac{f(z)\Phi(x)}{(x - z)\Phi(z)};$$

l'intégrale curviligne sera la somme des résidus de $\varphi(z)$ pour les valeurs $z = a, b, \dots, l$ et $z = x$. Le dernier de ces résidus est évidemment $-f(x)$; à l'égard des autres, en considérant pour fixer les idées celui qui correspond à $z = a$, je vais le déterminer par le calcul du terme en $\frac{1}{h}$ dans le développement de $\varphi(a + h)$, suivant les puissances croissantes de h.

Observons d'abord qu'on a

$$\Phi(a + h) = h^\alpha (a - b + h)^\beta (a - c + h)^\gamma \dots (a - l + h)^\lambda,$$

de sorte qu'en posant

$$\begin{aligned}(a - b + h)^{-\beta} (a - c + h)^{-\gamma} \dots (a - l + h)^{-\lambda} \\ = A + A_1 h + A_2 h^2 + \dots + A_{\alpha-1} h^{\alpha-1} + \dots,\end{aligned}$$

nous pouvons écrire

$$\varphi(a + h) = \frac{f(a + h)\Phi(x)}{(x - a - h)h^\alpha}[A + A_1 h + A_2 h^2 + \dots].$$

Effectuons ensuite le produit des deux séries

$$f(a + h) = f(a) + f'(a)\frac{h}{1} + f''(a)\frac{h^2}{1.2} + \dots + f^{\alpha-1}(a)\frac{h^{\alpha-1}}{1.2\dots\alpha - 1} + \dots,$$

$$\frac{1}{x - a - h} = \frac{1}{x - a} + \frac{h}{(x - a)^2} + \frac{h^2}{(x - a)^3} + \dots + \frac{h^{\alpha-1}}{(x - a)^\alpha} + \dots;$$

il est clair qu'on aura pour résultat

$$\frac{f(a + h)}{x - a - h} = \frac{X_0}{x - a} + \frac{X_1 h}{(x - a)^2} + \frac{X_2 h^2}{(x - a)^3} + \dots + \frac{X_{\alpha-1} h^{\alpha-1}}{(x - a)^\alpha} + \dots,$$

X_i désignant un polynome entier en x du degré i. Il résulte que le résidu cherché, étant le coefficient de $h^{\alpha-1}$, dans le produit

$$\begin{aligned}\Phi(x)[A + A_1 h + A_2 h^2 + \dots + A_{\alpha-1} h^{\alpha-1}] \\ + \left[\frac{X_0}{x - a} + \frac{X_1 h}{(x - a)^2} + \frac{X_2 h^2}{(x - a)^3} + \dots + \frac{X_{\alpha-1} h^{\alpha-1}}{(x - a)^\alpha}\right],\end{aligned}$$

aura pour expression

$$\Phi(x)\left[\frac{AX_{\alpha-1}}{(x-a)^\alpha}+\frac{A_1X_{\alpha-2}}{(x-a)^{\alpha-1}}+\ldots+\frac{A_{\alpha-1}X_0}{x-a}\right],$$

ou encore

$$(x-b)^\beta(x-c)^\gamma\ldots(x-l)^\lambda$$
$$\times[AX_{\alpha-1}+A_1X_{\alpha-2}(x-a)+\ldots+A_{\alpha-1}X_0(x-a)^{\alpha-1}].$$

C'est donc à l'égard de la variable x, un polynome entier de degré $\alpha+\beta+\ldots+\lambda-1=n-1$; il en est de même des autres résidus de $\varphi(z)$, et par conséquent leur somme que je désignerai par $F(x)$ est bien un polynome entier de degré $n-1$, dans la relation que nous venons d'obtenir

$$F(x)-f(x)=\frac{1}{2i\pi}\int_s\frac{f(z)\Phi(x)}{(x-z)\Phi(z)}dz.$$

Observez maintenant que l'intégrale du second membre, renfermant comme facteur, sous le signe d'intégration, la fonction $\Phi(x)$, s'annule ainsi que ses dérivées par rapport à x, jusqu'à l'ordre $\alpha-1$ pour $x=a$ jusqu'à l'ordre $\beta-1$ pour $x=b$, etc. Il est ainsi immédiatement mis en évidence que $F(x)$ est le polynome cherché, toutes les conditions à remplir se trouvant en effet satisfaites. Mais de plus, nous obtenons une expression de la différence entre la fonction et le polynome d'interpolation, sous une forme permettant de reconnaître qu'elle diminue sans limite, lorsque le nombre des quantités $a, b, \ldots, l$, ou bien les exposants $\alpha, \beta, \ldots, \lambda$ vont en augmentant. Effectivement, si nous admettons que tous les cercles passant par le point dont l'affixe est x et ayant pour centres les n points $a, b, \ldots, l$ soient contenus à l'intérieur de s, les rayons de ces cercles, c'est-à-dire les modules de $x-a$, $x-b$, $\ldots$, seront respectivement inférieurs aux modules des quantités $z-a$, $z-b$, $\ldots$, $z-l$, lorsque la variable z décrit le contour de l'aire.

Le module du facteur $\frac{\Phi(x)}{\Phi(z)}$ entrant dans l'intégrale curviligne peut ainsi devenir moindre que toute quantité donnée, lorsqu'on augmente le degré du polynome $F(x)$.

Cette considération est d'ailleurs exactement celle dont on fait usage à l'égard du reste de la série de Taylor,

$$R = \frac{1}{2i\pi}\int_s \frac{f(z)(x-a)^\alpha}{(x-z)(z-a)^\alpha}\,dz,$$

lorsqu'on veut établir la convergence de cette série pour des valeurs imaginaires de la variable. J'ajouterai cette remarque que la différentiation par rapport à a donne

$$\frac{dR}{da} = \frac{\alpha(x-a)^{\alpha-1}}{2i\pi}\int_s \frac{f(z)\,dz}{(z-a)^{\alpha+1}},$$

de sorte que la formule

$$f^{(\alpha)}(a) = \frac{1.2\ldots\alpha}{2i\pi}\int_s \frac{f(z)\,dz}{(z-a)^{\alpha+1}}$$

permet d'écrire

$$\frac{dR}{da} = \frac{(x-a)^{\alpha-1}f^{(\alpha)}(a)}{1.2\ldots\alpha-1},$$

et l'on en conclut, R s'évanouissant pour $a = x$, la forme élémentaire du reste

$$R = \int_x^a \frac{(x-a)^{\alpha-1}f^{(\alpha)}(a)\,da}{1.2\ldots\alpha-1}.$$

Après avoir rattaché à un même point de vue la série de Taylor et la formule d'interpolation de Lagrange, qui s'obtiennent, comme on voit, en posant

$$\Phi(x) = (x-a)^\alpha \qquad \text{et} \qquad \Phi(x) = (x-a)(x-b)\ldots(x-l),$$

je vais considérer un nouveau cas et faire

$$\Phi(x) = (x-a)^\alpha(x-b)^\beta.$$

Si l'expression des polynomes $F(x)$ devient alors plus compliquée, l'intégrale $\int_a^b F(x)\,dx$ donne, pour la valeur approchée de la quadrature $\int_a^b f(x)\,dx$, un résultat très simple, auquel on parvient comme il suit.

Nommons A et B les résidus correspondant à $z = a$ et $z = b$ de la fonction

$$\varphi(z) = \frac{f(z)(x-a)^\alpha(x-b)^\beta}{(x-z)(z-a)^\alpha(z-b)^\beta},$$

de sorte qu'on ait

$$F(x) = A + B,$$

je montrerai d'abord que les intégrales

$$\mathcal{A} = \int_a^b A\,dx, \qquad \mathcal{B} = \int_a^b B\,dx,$$

se déduisent immédiatement l'une de l'autre. Ces quantités sont en effet les coefficients de $\frac{1}{h}$, dans le développement des expressions

$$\int_a^b \varphi(a+h)\,dx = \frac{f(a+h)}{h^\alpha(a-b+h)^\beta}\int_a^b \frac{(x-a)^\alpha(x-b)^\beta\,dx}{x-a-h}$$

et

$$\int_a^b \varphi(b+h)\,dx = \frac{f(b+h)}{h^\beta(b-a+h)^\alpha}\int_a^b \frac{(x-a)^\alpha(x-b)^\beta\,dx}{x-b-h}.$$

Or écrivons pour un moment

$$(a, b, \alpha, \beta) = \frac{f(a+h)}{h^\alpha(a-b+h)^\beta}\int_a^b \frac{(x-a)^\alpha(x-b)^\beta\,dx}{x-a-h},$$

et permutons à la fois, d'une part a et b, et de l'autre α et β, ce qui donnera

$$(b, a, \beta, \alpha) = \frac{f(b+h)}{h^\beta(b-a+h)^\alpha}\int_b^a \frac{(x-a)^\alpha(x-b)^\beta\,dx}{x-b-h};$$

on voit que le second membre de cette égalité étant $-\mathcal{B}$, on a simplement

$$\int_a^b F(x)\,dx = (a, b, \alpha, \beta) - (b, a, \beta, \alpha).$$

Cette remarque faite, posons $m = \alpha + \beta$; la formule élémentaire

$$\int_a^b (x-a)^{p-1}(b-x)^{q-1}\,dx = (b-a)^{p+q-1}\frac{\Gamma(p)\,\Gamma(q)}{\Gamma(p+q)}$$

donne le développement

$$\begin{aligned}\int_a^b &\frac{(x-a)^\alpha(b-x)^\beta\,dx}{x-a-h}\\ &= \frac{\Gamma(\alpha)\,\Gamma(\beta+1)}{\Gamma(m+1)}(b-a)^m + \frac{\Gamma(\alpha-1)\,\Gamma(\beta+1)}{\Gamma(m)}(b-a)^{m-1}h\\ &\quad+ \frac{\Gamma(\alpha+2)\,\Gamma(\beta+1)}{\Gamma(m-1)}(b-a)^{m-2}h^2 + \ldots.\end{aligned}$$

Faisons encore $h=(b-a)t$, on pourra l'écrire sous cette nouvelle forme

$$\frac{\Gamma(\alpha)\Gamma(\beta+1)}{\Gamma(m+1)}(b-a)^m\left[1+\frac{m}{\alpha-1}t+\frac{m(m-1)}{(\alpha-1)(\alpha-2)}t^2+\ldots\right].$$

Cela étant, nous effectuerons la multiplication par le facteur $(a-b+h)^{-\beta}$, ou plutôt par la quantité égale

$$(-1)^\beta(b-a)^{-\beta}(1-t)^{-\beta}.$$

Des réductions qui se présentent d'elles-mêmes montrent que le produit des deux séries

$$1+\frac{m}{\alpha-1}t+\frac{m(m-1)}{(\alpha-1)(\alpha-2)}t^2+\frac{m(m-1)(m-2)}{(\alpha-1)(\alpha-2)(\alpha-3)}t^3+\ldots,$$

$$1+\frac{\beta}{1}t+\frac{\beta(\beta+1)}{1.2}t^2+\frac{\beta(\beta+1)(\beta+2)}{1.2.3}t^3+\ldots$$

a la forme simple

$$\begin{aligned}T=1&+\frac{\alpha(\beta+1)}{\alpha-1}t+\frac{\alpha(\beta+1)(\beta+2)}{1.2(\alpha-2)}t^2+\frac{\alpha(\beta+1)(\beta+2)(\beta+3)}{1.2.3(\alpha-3)}t^3+\ldots\\&+\frac{\alpha(\beta+1)(\beta+2)\ldots(\beta+\alpha-1)}{1.2.3\ldots(\alpha-1)}t^{\alpha-1}+\ldots,\end{aligned}$$

de sorte qu'on a

$$\frac{1}{(a-b+h)^\beta}\int_a^b\frac{(x-a)^\alpha(x-b)^\beta\,dx}{x-a-h}=\frac{\Gamma(\alpha)\Gamma(\beta+1)}{\Gamma(m+1)}(b-a)^\alpha\mathrm{T}.$$

Mais il est préférable, en gardant seulement les puissances de h, dont l'exposant est inférieur à α, et qui nous seront seules utiles, d'ordonner le second membre suivant les puissances décroissantes de cette quantité. On obtient ainsi

$$\begin{aligned}&\frac{1}{(a-b+h)^\beta}\int_a^b\frac{(x-a)^\alpha(x-b)^\beta\,dx}{x-a-h}\\&\quad=\frac{\alpha}{m}(b-a)h^{\alpha-1}+\frac{\alpha(\alpha-1)}{m(m-1)}\frac{(b-a)^2h^{\alpha-2}}{2}\\&\quad+\frac{\alpha(\alpha-1)(\alpha-2)}{m(m-1)(m-2)}\frac{(b-a)^3h^{\alpha-3}}{3}+\ldots.\end{aligned}$$

En dernier lieu, multiplions par le facteur

$$f(a+h)=f(a)+f'(a)\frac{h}{1}+f''(a)\frac{h^2}{1.2}+\ldots+f^{\alpha-1}(a)\frac{h^{\alpha-1}}{1.2\ldots\alpha-1}+\ldots;$$

pour former le coefficient du terme en $h^{\alpha-1}$, qui est la quantité cherchée, nous parvenons ainsi à l'expression

$$(a, b, \alpha, \beta) = \frac{\alpha}{m}(b-a)f(a) + \frac{\alpha(\alpha-1)}{1.2\ldots m(m-1)}\,\frac{(b-a)^2 f'(a)}{1.2} + \frac{\alpha(\alpha-1)(\alpha-2)}{m(m-1)(m-2)}\,\frac{(b-a)^3 f''(a)}{1.2.3} + \ldots,$$

dont la loi est manifeste.

On obtient d'une autre manière cette formule, en partant de la relation

$$\int \mathrm{UV}^m\,dx = \Theta(x) + (-1)^m \int \mathrm{VU}^m\,dx,$$

où j'ai fait

$$\Theta(x) = \mathrm{UV}^{m-1} - \mathrm{U'V}^{m-2} + \mathrm{U''V}^{m-3} - \ldots.$$

Prenons en effet $\mathrm{U} = f(x)$, $\mathrm{V} = (x-a)^\beta (x-b)^\alpha$, avec la condition $\alpha + \beta = m$, de sorte qu'on ait $\mathrm{V}^m = 1.2\ldots m$. On en déduira en intégrant entre les limites $x = a$ et $x = b$

$$\int_a^b f(x)\,dx = \frac{\Theta(b) - \Theta(a)}{1.2\ldots m} + \frac{(-1)^m}{1.2\ldots m}\int_a^b f^m(x)(x-a)^\beta (x-b)^\alpha\,dx,$$

et il est aisé de calculer $\Theta(a)$ et $\Theta(b)$. Il suffit en effet d'avoir les dérivées successives de $\mathrm{V} = (x-a)^\beta (x-b)^\alpha$ pour $x = a$ et $x = b$; or les premières s'obtiennent en faisant $x = a + h$, et sont données par les coefficients de $h^\beta (a - b + h)^\alpha$, les autres résultant semblablement de l'expression $h^\alpha (b - a + h)^\beta$, et l'on trouve ainsi

$$\frac{\Theta(a)}{1.2\ldots m} = \frac{\alpha}{m}(a-b)f(a) - \frac{\alpha(\alpha-1)}{m(m-1)}\,\frac{(a-b)^2 f'(a)}{1.2} + \frac{\alpha(\alpha-1)(\alpha-2)}{m(m-1)(m-2)}\,\frac{(a-b)^3 f''(a)}{1.2.3} - \ldots.$$

Écrivons cette quantité de la manière suivante

$$\frac{\Theta(a)}{1.2\ldots m} = -\frac{\alpha}{m}(b-a)f(a) - \frac{\alpha(\alpha-1)}{m(m-1)}\,\frac{(b-a)^2 f'(a)}{1.2} - \frac{\alpha(\alpha-1)(\alpha-2)}{m(m-1)(m-2)}\,\frac{(b-a)^3 f''(a)}{1.2.3} - \ldots;$$

on aura de même

$$\frac{\Theta(b)}{1.2\ldots m} = -\frac{\beta}{m}(a-b)f(b) - \frac{\beta(\beta-1)}{m(m-1)}\frac{(a-b)^2 f'(b)}{1.2}$$
$$-\frac{\beta(\beta-1)(\beta-2)}{m(m-1)(m-2)}\frac{(a-b)^3 f''(b)}{1.2.3} - \ldots,$$

et nous sommes ramenés à la formule précédemment obtenue. Mais on trouve, par cette méthode, que la différence entre l'intégrale $\int_a^b f(x)\,dx$ et sa valeur approchée est la quantité

$$\frac{(-1)^m}{1.2\ldots m}\int_a^b f^m(x)(x-a)^\beta(x-b)^\alpha\,dx,$$

où le facteur $(x-a)^\beta(x-b)^\alpha$ conserve toujours le même signe entre les limites de l'intégration.

Écrivant donc

$$\int_a^b f^m(x)(x-a)^\beta(x-b)^\alpha\,dx = f^m(\xi)\int_a^b (x-a)^\beta(x-b)^\alpha\,dx,$$

en désignant par ξ une quantité comprise entre a et b, on voit que pour une valeur donnée de m, l'approximation obtenue dépend du facteur

$$\int_a^b (x-a)^\beta(x-b)^\alpha\,dx,$$

ce qui conduit à déterminer α et β par la condition qu'il soit le plus petit possible. Or on trouve aisément que le minimum du produit $\Gamma(x)\Gamma(m-x)$ s'obtient en faisant $x = \frac{m}{2}$. Parmi les diverses formules qui se rapportent à la même valeur de m, c'est donc celle où $\alpha = \beta$, où figure par conséquent la dérivée de l'ordre le moins élevé de la fonction $f(x)$, qui conduit en même temps à l'approximation la plus grande.

En particulier on trouvera, pour $\alpha = \beta = 1$,

$$\int_a^b f(x)\,dx = \frac{1}{2}(b-a)[f(a)+f(b)] - \frac{1}{12}(b-a)^3 f''(\xi),$$

puis en supposant $\alpha = \beta = 2$,

$$\int_a^b f(x)\,dx = \frac{1}{2}(b-a)[f(a)+f(b)] + \frac{1}{12}(b-a)^2[f'(a)-f'(b)] + \frac{1}{720}(b-a)^5 f^{\text{IV}}(\xi).$$

Paris, 5 juillet 1877.

POST-SCRIPTUM.

J'ai réfléchi de nouveau à ces deux origines de la série de Taylor, suivant qu'on la déduit, au point de vue élémentaire, de l'intégrale définie

$$\int_x^a \frac{(x-u)^\alpha f^{\alpha+1}(u)}{1.2\ldots a}\,du,$$

ou bien sous un point de vue analytique plus étendu, de l'intégrale curviligne

$$\frac{1}{2i\pi}\int_s \frac{(x-a)^{\alpha+1} f(z)}{(x-z)(z-a)^{\alpha+1}}\,dz,$$

et j'ai pensé qu'il devait être possible pareillement d'arriver au polynome d'interpolation par une autre voie qui n'exigerait pas l'emploi des variables imaginaires et des intégrales curvilignes. C'est en effet ce qui a lieu, mais il faut recourir comme vous allez le voir à la considération des intégrales multiples.

En posant

$$\Pi(z) = (z-a_0)(z-a_1)\ldots(z-a_n)$$

j'envisage l'intégrale

$$\frac{1}{2i\pi}\int_s \frac{f(z)}{\Pi(z)}\,dz,$$

où la fonction $f(z)$ est supposée continue à l'intérieur de l'aire s, qui comprend tous les points ayant pour affixes a_0, a_1, ..., a_n.

Si l'on désigne par $f^n(z)$ la dérivée d'ordre n de $f(z)$ et qu'on fasse

$$u = (a_0 - a_1)t_1 + (a_1 - a_2)t_2 + \ldots + (a_{n-1} - a_n)t_n + a_n,$$

l'intégrale curviligne s'exprime comme il suit au moyen d'une intégrale multiple d'ordre n. On a

$$\frac{1}{2i\pi}\int_s \frac{f(z)}{\Pi(z)}\,dz = \int_0^1 dt_n \int_0^{t_n} dt_{n-1} \int_0^{t_{n-1}} dt_{n-2} \ldots \int_0^{t_2} f^n(u)\,dt_1,$$

et nous allons aisément le démontrer.

Il vient d'abord en effet

$$\int_0^{t_2} f^n(u)\,dt = \frac{f^{n-1}[(a_0-a_2)t_2+(a_2-a_3)t_3+\ldots+a_n]}{a_0-a_1} + \frac{f^{n-1}[(a_1-a_2)t_2+(a_2-a_3)t_3+\ldots+a_n]}{a_1-a_0},$$

puis successivement

$$\begin{aligned}\int_0^{t_3} dt_2 \int_0^{t_2} f^n(u)\,dt_1 = {} & \frac{f^{n-2}[(a_0-a_3)t_3+(a_3-a_4)t_4+\ldots+a_n]}{(a_0-a_1)(a_0-a_2)} \\ & + \frac{f^{n-2}[(a_1-a_3)t_3+(a_3-a_4)t_4+\ldots+a_n]}{(a_1-a_0)(a_1-a_2)} \\ & + \frac{f^{n-2}[(a_2-a_3)t_3+(a_3-a_4)t_4+\ldots+a_n]}{(a_2-a_0)(a_2-a_1)},\end{aligned}$$

$$\begin{aligned}\int^{t_4} dt_3 \int_0^{t_3} dt_2 \int_0^{t_2} f^n(u)\,dt_1 = {} & \frac{f^{n-3}[(a_0-a_4)t_4+(a_4-a_5)t_5+\ldots+a_n]}{(a_0-a_1)(a_0-a_2)(a_0-a_3)} \\ & + \frac{f^{n-3}[(a_1-a_4)t_4+(a_4-a_5)t_5+\ldots+a_n]}{(a_1-a_0)(a_1-a_2)(a_1-a_3)} \\ & + \frac{f^{n-3}[(a_2-a_4)t_4+(a_4-a_5)t_5+\ldots+a_n]}{(a_2-a_0)(a_2-a_1)(a_2-a_3)} \\ & + \frac{f^{n-3}[(a_3-a_4)t_4+(a_4-a_5)t_5+\ldots+a_n]}{(a_3-a_0)(a_3-a_1)(a_3-a_2)},\end{aligned}$$

en faisant usage des identités élémentaires :

$$\frac{1}{(a_0-a_1)(a_0-a_2)} + \frac{1}{(a_1-a_0)(a_1-a_2)} + \frac{1}{(a_2-a_0)(a_2-a_1)} = 0,$$

$$\begin{aligned}& \frac{1}{(a_0-a_1)(a_0-a_2)(a_0-a_3)} + \frac{1}{(a_1-a_0)(a_1-a_2)(a_1-a_3)} \\ & + \frac{1}{(a_2-a_0)(a_2-a_1)(a_2-a_3)} + \frac{1}{(a_3-a_0)(a_3-a_2)(a_3-a_1)} = 0.\end{aligned}$$

En dernier lieu, et sans qu'il soit besoin d'entrer dans des détails que la simplicité des calculs rend inutiles, on obtient pour l'intégrale multiple d'ordre n l'expression

$$\frac{f(a_0)}{\Pi'(a_0)}+\frac{f(a_1)}{\Pi'(a_1)}+\ldots+\frac{f(a_n)}{\Pi'(a_n)},$$

qui est en effet la valeur de l'intégrale $\frac{1}{2i\pi}\int_s \frac{f(z)}{\Pi(z)}dz$.

Appliquons ce résultat en supposant $a_0 = x$, et faisons pour abréger

$$\Phi(x) = (x-a_1)(x-a_2)\ldots(x-a_n);$$

si l'on désigne comme précédemment par $\mathrm{F}(x)$ le polynome d'interpolation de Lagrange, on trouvera

$$f(x)-\mathrm{F}(x) = \Phi(x)\int_0^1 dt_n\int_0^{t_n} dt_{n-1}\ldots\int_0^{t_2} f^n(u)\,dt_1,$$

la valeur de u pouvant être mise sous la forme suivante :

$$\begin{aligned} u = xt_1 + a_1 & \;(t_2-t_1\;) \\ + a_2 & \;(t_3-t_2\;) \\ + & \ldots\ldots\ldots\ldots\ldots \\ + a_{n-1} & (t_n-t_{n-1}) \\ + a_n & \;(1-t_n\;). \end{aligned}$$

Je remarque ensuite qu'en différentiant la relation

$$\frac{1}{2i\pi}\int_s \frac{f(z)}{(z-x)\Phi(z)}dz = \int_0^1 dt_n\int_0^{t_n} dt_{n-1}\ldots\int_0^{t_2} f^n(u)\,dt_1$$

$\alpha - 1$ fois par rapport à a_1, $\beta - 1$ fois par rapport à a_2, ..., $\lambda - 1$ fois par rapport à a_n, nous obtiendrons dans le premier membre l'intégrale

$$\frac{1}{2i\pi}\int_s \frac{\Gamma(\alpha)\Gamma(\beta)\ldots\Gamma(\lambda)f(z)}{(z-x)(z-a_1)^\alpha(z-a_2)^\beta\ldots(z-a_n)^\lambda}dz,$$

qui se trouvera donc exprimée par l'intégrale multiple

$$\int_0^1 dt_n\int_0^{t_n} dt_{n-1}\ldots\int_0^{t_2} f^\sigma(u)\Theta\,dt_1,$$

où j'ai fait

$$\Theta = (t_2-t_1)^{\alpha-1}(t_3-t_2)^{\beta-1}\ldots(1-t_n)^{\lambda-1},$$
$$\sigma = \alpha+\beta+\ldots+\lambda.$$

Nous parvenons ainsi, pour la formule plus générale d'interpolation, à l'expression suivante du reste

$$f(x) - F(x) = \frac{\Phi(x)}{\Gamma(\alpha)\Gamma(\beta)\ldots\Gamma(\lambda)} \int_0^1 dt_n \int_0^{t_n} dt_{n-1} \ldots \int_0^{t_2} f^{\alpha+\beta+\ldots+\lambda}(u)\,\Theta\, dt_1,$$

$\Phi(x)$ représentant le polynome $(x - a_1)^\alpha (x - a_2)^\beta \ldots (x - a_n)^\lambda$; c'est le résultat que je me suis proposé d'obtenir et qui me semble compléter sous un point de vue essentiel la théorie élémentaire de l'interpolation.

Bain-de-Bretagne, septembre 1877.

EXTRAIT D'UNE LETTRE DE M. HERMITE A M. LINDEMANN.

OBSERVATIONS ALGÉBRIQUES

SUR

LES COURBES PLANES.

Journal de Crelle, t. 84, 1878, p. 298-299.

Les formules que je crois d'une grande importance, par lesquelles vous représentez les coordonnées d'une courbe d'ordre m et de genre p, renferment-elles le nombre maximum de constantes arbitraires qu'elles comportent, c'est-à-dire

$$\frac{1}{2}m(m+3) - \left[\frac{1}{2}(m-1)(m-2) - p\right] = 3m - 1 + p?$$

Pour $p = 0$, les expressions des coordonnées étant

$$\xi = \frac{B}{A}, \qquad \eta = \frac{C}{A},$$

où A, B, C représentent des polynomes du $m^{\text{ième}}$ degré en t, on peut d'abord, si l'on remplace cette variable par la fonction linéaire $\frac{\alpha + \beta t}{1 + \gamma t}$, diminuer de trois unités, en disposant de α, β, γ, le nombre des constantes que contiennent ces formules. On peut encore dans les résultats de cette substitution

$$\xi = \frac{\mathfrak{B}}{\mathfrak{A}}, \qquad \eta = \frac{\mathfrak{C}}{\mathfrak{A}},$$

supposer égal à l'unité le coefficient de la puissance la plus élevée de t, dans le dénominateur $\mathfrak{A}$, par exemple; et ainsi le nombre des arbitraires se réduit à

$$2(m+1)+m-3=3m-1.$$

Pour $p=1$, les formules

$$\xi=\xi_0+A_1Z(t-t_1)+A_2Z(t-t_2)+\ldots+A_mZ(t-t_m),$$
$$\eta=\eta_0+B_1Z(t-t_1)+B_2Z(t-t_2)+\ldots+B_mZ(t-t_m)$$

mettent en évidence, d'une part les résidus, $A_1, A_2, \ldots, B_1, B_2, \ldots$, c'est-à-dire $2(m-1)$ constantes, à cause des conditions $\Sigma A=0$, $\Sigma B=0$, puis les quantités $t_1, t_2, \ldots, t_m$ qu'il faut réduire à $m-1$ arbitraires, puisqu'on peut remplacer t, par $t+t_1$, par exemple. Si l'on ajoute à ces constantes le module ainsi que ξ_0 et η_0, on trouve bien en définitive le nombre $3m$.

Après avoir appelé votre attention sur ce point, permettez-moi de vous dire de quelle manière j'exprime qu'une courbe

$$f(x,y)=0$$

admet δ points doubles. Je considère à cet effet les relations

$$u=f(x,y),\qquad \frac{df}{dx}=0,\qquad \frac{df}{dy}=0,$$

et j'observe que le résultat de l'élimination de x et y sera une équation en u, $\Pi(u)=0$ dont les racines représenteront les diverses valeurs que prend $f(x,y)$, quand on y remplace x et y, par les solutions des équations $\frac{df}{dx}=0$, $\frac{df}{dy}=0$. Par conséquent le nombre des points doubles est donné par le nombre des racines u qui sont égales à zéro. Ceci posé, nommons $a, b, c, \ldots, k$ les coefficients de $f(x,y)$ et supposons que le terme indépendant des variables soit k. Il est évident que l'équation $\Pi(u)=0$ se formera au moyen du discriminant relatif à l'équation proposée, en y remplaçant k par $k-u$, de sorte qu'en représentant ce discriminant par $\Pi(a, b, c, \ldots, k)$, on aura

$$\Pi(u)=\Pi(a, b, c, \ldots, k-u).$$

Les conditions pour que la courbe $f(x,y)=0$ possède δ points doubles peuvent donc s'obtenir, au moyen du discriminant, sous la forme suivante :

$$\Pi = 0, \qquad \frac{d\Pi}{dk} = 0, \qquad \frac{d^2\Pi}{dk^2}, \qquad \dots, \qquad \frac{d^{\delta-1}\Pi}{dk^{\delta-1}} = 0.$$

Paris, 13 juillet 1877.

EXTRAIT D'UNE LETTRE A M. GYLDÉN, DE STOCKHOLM.

SUR LE PENDULE.

Journal de Crelle, Bd. 85, 1878, p. 246.

J'ai remarqué que les coordonnées x, y, z de l'extrémité d'un pendule sphérique sont les dérivées de fonctions uniformes du temps dont voici les expressions. Considérons en premier lieu la valeur de z qui s'obtient immédiatement comme conséquence des équations fondamentales

$$x^2 + y^2 + z^2 = 1,$$
$$(D_t x)^2 + (D_t y)^2 + (D_t z)^2 = 2g(z + c),$$
$$y D_t x - x D_t y = h,$$

où c et h désignent des constantes dont la signification est bien connue et qui donnent comme on sait

$$(D_t z)^2 = 2g(z + c)(1 - z^2) - h^2.$$

Nommons α, β, γ les racines rangées par ordre décroissant de grandeur, de l'équation du troisième degré

$$2g(z + c)(1 - z^2) - h^2 = 0,$$

de sorte que α soit positive et moindre que l'unité, β moindre également que l'unité en valeur absolue et γ enfin négative et supérieure à l'unité en valeur absolue. Si l'on pose

$$k^2 = \frac{\alpha - \beta}{\alpha - \gamma},$$
$$k'^2 = \frac{\beta - \gamma}{\alpha - \gamma},$$
$$n^2 = \frac{1}{2} g(\alpha - \gamma)$$

et

$$u = n(t - t_0),$$

on aura

$$\alpha - z = (\alpha - \beta)\sin^2 \operatorname{am}(u),$$

$$z - \beta = (\alpha - \beta)\cos^2 \operatorname{am}(u),$$

$$z - \gamma = (\alpha - \gamma)\Delta^2 \quad \operatorname{am}(u).$$

Or la formule

$$\int_0^u k^2 \sin^2 \operatorname{am}(u)\, du = \frac{\mathrm{J}u}{\mathrm{K}} - \frac{\Theta'(u)}{\Theta(u)}$$

permet déjà d'écrire

$$z = \mathrm{D}_u \left[\frac{\alpha k^2 \mathrm{K} - (\alpha - \beta)\mathrm{J}}{k^2 \mathrm{K}} u + \frac{\Theta'(u)}{k^2 \Theta(u)} \right].$$

Soit ensuite, en désignant par φ un angle arbitraire,

$$\mathrm{A} = \alpha \sqrt{(\gamma - \alpha)(\gamma + \beta)}\, e^{i\varphi},$$

et posons

$$\Phi(u) = \frac{\Theta(0)\, \mathrm{H}_1(u + \omega)}{\mathrm{H}_1(\omega)\, \Theta(u)}\, e^{\left[\lambda - \frac{\Theta_1'(\omega)}{\Theta_1(\omega)}\right] u},$$

on aura cette expression

$$x + iy = \mathrm{A}\mathrm{D}_u \Phi(u),$$

de sorte qu'en égalant les parties réelles et les coefficients de i, x et y seront, aussi bien que z, les dérivées de fonctions à sens unique. Voici maintenant la détermination des constantes ω et λ qui entrent dans la fonction $\Phi(u)$. Nous avons d'abord

$$\lambda^2 = -\frac{h^2}{4n^2},$$

puis ces formules

$$\sin^2 \operatorname{am}(\omega) = \frac{\beta^2(\alpha^2 - \gamma^2)}{\gamma^2(\alpha^2 - \beta^2)},$$

$$\cos^2 \operatorname{am}(\omega) = \frac{\alpha^2(\gamma^2 - \beta^2)}{\gamma^2(\alpha^2 - \beta^2)},$$

$$\Delta^2 \operatorname{am}(\omega) = \frac{\beta - \gamma}{\gamma^2(\alpha + \beta)}.$$

Elles font voir que ω est imaginaire, mais sans partie réelle, comme λ. Si l'on pose en effet $\omega = ia$, et qu'on emploie les relations

$$\sin \operatorname{am}(ix, k') = \frac{i \sin \operatorname{am}(x, k)}{\cos \operatorname{am}(x, k)},$$

$$\cos \operatorname{am}(ix, k') = \frac{1}{\cos \operatorname{am}(x, k)},$$

$$\Delta \operatorname{am}(ix, k') = \frac{\Delta \operatorname{am}(x, k)}{\cos \operatorname{am}(x, k)},$$

on obtient les valeurs

$$\sin^2 \operatorname{am}(a, k') = \frac{\beta^2(\alpha^2 - \gamma^2)}{\alpha^2(\beta^2 - \gamma^2)},$$

$$\cos^2 \operatorname{am}(a, k') = \frac{\gamma^2(\beta^2 - \alpha^2)}{\alpha^2(\beta^2 - \gamma^2)},$$

$$\Delta^2 \operatorname{am}(a, k') = \frac{\beta - \alpha}{\alpha^2(\beta + \gamma)},$$

et d'après l'ordre de grandeur des quantités α, β, γ, vous voyez qu'elles sont, en effet, toutes positives et moindres que l'unité. Mais une double indétermination subsiste à l'égard des signes de ω et λ; elle se lève par les formules suivantes. On a, en premier lieu,

$$\frac{\sin \operatorname{am}(\omega) \cos \operatorname{am}(\omega)}{\Delta^3 \operatorname{am}(\omega)} = \frac{ih}{n} \frac{\alpha\beta\gamma(\alpha - \gamma)}{2(\alpha - \beta)(\gamma - \beta)},$$

ce qui fixe le signe de ω, sa valeur absolue étant connue; je trouve ensuite qu'on doit prendre

$$\lambda = -\frac{ih}{2n}.$$

Vérifions, par l'élévation au carré, la formule relative à ω au moyen des expressions données pour $\sin^2 \operatorname{am}(\omega)$, $\cos^2 \operatorname{am}(\omega)$, $\Delta^2 \operatorname{am}(\omega)$. On trouve d'abord, dans le premier membre, la quantité

$$-\frac{\alpha^2\beta^2\gamma^2(\alpha + \beta)(\beta + \gamma)(\gamma + \alpha)(\alpha - \gamma)}{(\beta - \gamma)^2(\beta - \alpha)^2},$$

et le second, en remplaçant n^2 par $\frac{1}{2} g (\alpha - \gamma)$, devient

$$-\frac{h^2}{2g} \frac{\alpha^2\beta^2\gamma^2(\alpha - \gamma)}{(\beta - \gamma)^2(\beta - \alpha)^2};$$

il suffit, par conséquent, de vérifier la condition

$$\frac{h^2}{2g} = (\alpha + \beta)(\beta + \gamma)(\gamma + \alpha),$$

ce qui se fait immédiatement, en posant dans l'équation

$$2g(z+c)(1-z^2)-h^2=-2g(z-\alpha)(z-\beta)(z-\gamma),$$

$z=-c$, et remarquant qu'on a

$$\alpha+\beta+\gamma=-c.$$

Vous m'avez dit, Monsieur, dans votre dernière lettre, que la différentiation des fonctions elliptiques par rapport au module pourrait peut-être servir dans les importantes recherches auxquelles vous consacrez vos efforts pour l'application de ces fonctions à la théorie des perturbations. Voici à ce sujet les diverses formules que j'ai obtenues, et dans lesquelles j'ai posé pour abréger $\zeta=\frac{J}{K}$:

$$D_k \sin\operatorname{am}(x)=\frac{\cos\operatorname{am}(x)\Delta\operatorname{am}(x)}{kk'^2}\left[(\zeta-k^2)x-\frac{\Theta'_1(x)}{\Theta_1(x)}\right],$$

$$D_k \cos\operatorname{am}(x)=-\frac{\sin\operatorname{am}(x)\Delta\operatorname{am}(x)}{kk'^2}\left[(\zeta-k^2)x-\frac{\Theta'_1(x)}{\Theta_1(x)}\right],$$

$$D_k \Delta\operatorname{am}(x)=-\frac{k^2\sin\operatorname{am}(x)\cos\operatorname{am}(x)}{kk'^2}\left[(\zeta-k^2)x-\frac{H'_1(x)}{H_1(x)}\right].$$

Si l'on pose, en outre,

$$Z(x)=\int_0^x k^2\sin^2\operatorname{am}(x)\,dx,$$

on a aussi

$$D_k Z(x)=\frac{K}{k'^2}[x\Delta^2\operatorname{am}(x)-\sin\operatorname{am}(x)\cos\operatorname{am}(x)\Delta\operatorname{am}(x)-\cos^2\operatorname{am}(x)Z(x)].$$

M. C. O. Meyer avait déjà donné les trois premières, mais sous une forme différente et en prenant pour variable la quantité q au lieu du module, dans son Mémoire intitulé *Ueber rationale Verbindungen der elliptischen Transcendenten*, t. LVI de ce *Journal*, p. 321.

Paris, 8 octobre 1877.

SUR LA

THÉORIE DES FONCTIONS SPHÉRIQUES.

Comptes rendus de l'Académie des Sciences,
t. LXXXVI, 1878, p. 1515.

J'ai l'honneur de faire hommage à l'Académie, au nom de l'auteur, M. le Dr E. Heine, professeur à l'Université de Halle, de la seconde édition d'un Ouvrage intitulé : *Sur les fonctions sphériques. Théorie et applications*. Ce sont les applications du calcul à la Mécanique céleste qui ont conduit à la découverte et à l'introduction en Analyse des fonctions auxquelles est consacré le beau et savant Ouvrage de M. Heine. Legendre et Laplace, dans d'admirables recherches sur la théorie de l'attraction des sphéroïdes et la figure des planètes, en ont donné les propriétés fondamentales, et elles ont été ensuite employées avec le plus grand succès dans beaucoup de questions importantes de Physique mathématique, et principalement dans la Théorie de la chaleur. Après ces deux grands géomètres, et en suivant la voie qu'ils avaient ouverte, Lamé est parvenu à ses belles découvertes qui ont étendu à la fois, comme on le sait, le champ des applications du calcul à la Physique et celui de l'Analyse pure. Coordonner, sous ce double point de vue, de nombreux et importants travaux, ceux de Dirichlet, de Jacobi, de nos illustres confrères Lamé et M. Liouville, de M. F.-E. Neumann, compléter la théorie sous un point de vue essentiel par l'introduction des fonctions de seconde espèce, montrer enfin par quels liens étroits elle se rattache aux fractions continues algébriques et à la série hypergéométrique de Gauss, tel est en peu de mots l'objet d'un Ouvrage auquel l'auteur a fait concourir tous les travaux de sa vie scientifique. Un point entièrement nouveau me semble devoir être particulièrement signalé à l'attention : c'est celui qui se rattache aux recherches de Lamé. Soient $a_1, a_2, \ldots, a_p$ des constantes, et $\mathfrak{S}(x)$ une fonction entière, composée de telle manière que l'une des intégrales de l'équation différentielle

$$(a) \qquad \frac{dy^2}{du^2} + \mathfrak{S}(x)y = 0,$$

où l'on suppose

$$du = \frac{dx}{\sqrt{x(x-a_1)(x-a_2)\ldots(x-a_p)}},$$

soit une fonction entière et du degré n de $\sqrt{x}$, $\sqrt{x-a_1}$, ..., $\sqrt{x-a_p}$. L'auteur appelle cette intégrale *fonction de Lamé* de première espèce, de degré n et d'ordre p. Il démontre l'existence et trouve le nombre de ces fonctions pour chaque ordre p (§ 135). Les intégrales de l'équation différentielle, qui s'évanouissent pour des valeurs infinies de x, forment les fonctions de seconde espèce. Pour $p = 2$, on a les fonctions ellipsoïdales E, introduites par Lamé lui-même; et, si l'on fait $a_1 = a_2$, elles se changent en fonctions sphériques de Legendre. Supposons ensuite que les produits $n\sqrt{x-a_1}$, $n\sqrt{x-a_2}$ soient finis pour n infini, on trouve (p. 413) les *fonctions du cylindre elliptique;* et, faisant en outre $a_1 = a_2$, on en conclut les *fonctions de cylindre de révolution.* Ces dernières, introduites par Fourier, en 1822, sont de première ou de seconde espèce et, dans le premier cas, ont la forme

$$\begin{aligned} J_\nu(x) &= \frac{x^\nu}{2.4\ldots 2\nu}\left[1 - \frac{x^2}{2(2\nu+2)} + \frac{x^4}{2.4(2\nu+2)(2\nu+4)} - \ldots\right] \\ &= \frac{(-1)^\nu}{\pi}\int_0^\pi e^{ix\cos\varphi}\cos\nu\varphi\, d\varphi. \end{aligned}$$

L'auteur les représente ainsi

$$K_\nu(x) = (-1)^\nu \int_0^\infty e^{ix\cos iu}\cos i\nu u\, du = (-1)^\nu K_\nu(-x),$$

sous la condition que la partie réelle de ix soit négative; et, pour une valeur réelle de x, il égale $K_\nu(x)$ à la moyenne arithmétique, entre $K_\nu(x + oi)$ et $K_\nu(x - oi)$.

Pour toutes ces fonctions on a des théorèmes semblables, par exemple un théorème d'addition, comme celui de Laplace (voir p. 312, 333, 340, 346, 455, etc.).

Lamé a créé ses fonctions (*Journal de M. Liouville*, t. IV, p. 139) en intégrant par des produits $E(\rho_1).E(\rho_2)$ l'équation

$$\frac{d^2 U}{d\varepsilon_1^2} + \frac{d^2 U}{d\varepsilon_2^2} + n(n+1)U(\rho_1^2 - \rho_2^2) = 0;$$

et les fonctions du cylindre elliptique tirent leur origine de l'équation bien connue

$$\frac{d^2 U}{du^2} + \frac{d^2 U}{d\varphi^2} + \lambda^2(\cos^2\varphi - \cos^2 iu)U = 0.$$

Pour qu'elle admette une intégrale particulière de la forme $F(\varphi)F(iu)$, il faut poser

$$(b) \qquad \frac{d^2 F(\varphi)}{d\varphi^2} + (\lambda^2 \cos^2\varphi - l)F(\varphi) = 0.$$

Mais la constante l n'est pas définie comme la constante B de Lamé, par la condition que les fonctions F, du moins dans la première de leurs quatre classes, soient entières. La condition est alors que chaque intégrale de l'équation (b) soit une fonction périodique de φ, développable par la formule de Fourier. Si l'on représente les fonctions $F(\varphi)$, par exemple, dans la première de leurs quatre classes, par les séries $\Sigma\alpha_\nu \cos 2\nu\varphi$, la condition nécessaire est que α_ν s'évanouisse pour ν infini, et l'auteur démontre (p. 412) qu'elle suffit en même temps pour assurer la convergence de la série. Or α_ν est un polynome entier en l, du degré ν, et la condition $\alpha_\infty = 0$ donne une équation d'un degré infini. M. Heine démontre (§ 104) que chaque racine, jusqu'à une grandeur quelconque, peut être comprise entre des limites aussi rapprochées qu'on le veut, et parvient (p. 408) au résultat suivant :

Les constantes α_ν sont les dénominateurs N_ν des réduites de la fraction continue

$$\sigma = 1 - \cfrac{1}{-\frac{1}{2}bz - \cfrac{1}{b(1-z) - \cfrac{1}{b(4-z) - \cfrac{1}{b(9-z) - \dots}}}}$$

où $\lambda\sqrt{b=4}$, en prenant pour z les diverses racines de l'équation $N=0$.

Les mêmes coefficients α_ν entrent dans le développement de $F(\varphi)$ suivant les fonctions J (p. 414), et, en y remplaçant les quantités J par les fonctions de deuxième espèce K, on a le développement des fonctions $F(\varphi)$ de deuxième espèce du cylindre elliptique.

On retrouve enfin les mêmes valeurs α_ν (p. 421), si l'on transforme, par une substitution orthogonale, la forme quadratique d'un nombre infini de variables,

$$b(1.x_1^2+4x_2^2+9x_3^2+\ldots)-2(x_0x_1+x_1x_2+x_2x_3+\ldots)$$

en une somme de carrés $z_0y_0^2+z_1y_1^2+z_2y_2^2+\ldots$, et ce résultat pouvait être prévu, d'après une proposition analogue concernant les fonctions de Lamé.

Dans les deux cas, le polynome homogène du second degré à transformer a la forme singulière

$$\Sigma a_i x_i^2 + 2\Sigma b_i x_i x_{i+1}.$$

La démonstration des théorèmes ainsi que les résultats dans la théorie de la transformation orthogonale sont plus simples à l'égard d'une telle forme singulière que dans le cas général. On peut mettre cette remarque à profit, Jacobi ayant démontré (*Journal de Crelle* et de M. Borchardt, p. 39 et 69, p. 290 et 1) que toute forme quadratique peut être réduite par des substitutions équivalentes à cette forme particulière, et une légère modification de la méthode de Jacobi permet de démontrer qu'on peut obtenir cette transformation au moyen d'une série de substitutions orthogonales très simples, les coefficients s'exprimant par des racines carrées (p. 480). Ces mêmes remarques ont été faites d'ailleurs par M. Kronecker dans un Mémoire publié dans les *Comptes rendus de l'Académie des Sciences de Berlin*, 1878, p. 105, et dont l'auteur a reçu communication pendant que s'imprimaient les dernières pages de son livre.

SUR L'INTÉGRALE $\int_0^1 \frac{z^{a-1}-z^{-a}}{1-z}\,dz$.

Atti della Reale Accademia delle Scienze di Torino, vol. XIV
(séance du 17 novembre 1878).

L'application des procédés élémentaires de l'intégration des fonctions rationnelles aux quantités

$$\int_{-\infty}^{+\infty} \frac{x^{2n}}{x^{2m}+1}\,dx \qquad \text{et} \qquad \int_{-\infty}^{+\infty} \frac{x^{2n}-x^{2p}}{x^{2m}-1}\,dx,$$

où m, n, p sont des nombres entiers, conduit facilement aux formules

$$\int_0^{\infty} \frac{x^{a-1}}{1+z}\,dz = \frac{\pi}{\sin a\pi}, \qquad \int_0^{\infty} \frac{z^{a-1}-z^{b-1}}{1-z}\,dz = \pi(\cot a\pi - \cot b\pi),$$

et si l'on suppose $b = 1 - a$, la seconde devenant

$$\int_0^{\infty} \frac{z^{a-1}-z^{-a}}{1-z}\,dz = 2\pi\cot a\pi,$$

on a sous forme d'intégrales définies les expressions des fonctions $\frac{1}{\sin a\pi}$ et $\cot a\pi$, pour des valeurs de l'argument comprises entre zéro et l'unité. Ces expressions peuvent servir de base à la fois à l'étude des fonctions circulaires et à celle des intégrales eulériennes, en établissant une transition naturelle entre la théorie des deux transcendantes et montrant le lien étroit qui les réunit. En ce qui concerne les fonctions circulaires, je m'attacherai principalement à la formule

$$\pi\cot a\pi = \frac{1}{a} + \frac{2a}{a^2-1} + \frac{2a}{a^2-4} + \frac{2a}{a^2-9} + \ldots$$

pour lever une difficulté singulière qu'elle présente, lorsque, en remplaçant a par ia, on suppose a infiniment grand. La limite du premier membre est, en effet, $-i\pi$ ou $+i\pi$, suivant que a croît positivement ou négativement, et depuis longtemps Eisenstein a fait la remarque que la série ne conduit point à cette limite et donne lieu ainsi à un paradoxe que je me propose d'expliquer. Relativement aux intégrales eulériennes, j'aurai surtout pour but, en suivant une indication rapidement donnée par Cauchy dans son Mémoire sur les intégrales prises entre des limites imaginaires (p. 45), d'obtenir la relation

$$\log \Gamma(a) = \left(a - \frac{1}{2}\right)\log a - a + \log\sqrt{2\pi} + \frac{1}{2}\int_{-\infty}^{0} \frac{e^x(2-x)-2-x}{x^2(1-e^x)} e^{ax}\,dx,$$

démontrée par le grand Géomètre dans les *Nouveaux Exercices d'Analyse et de Physique mathématique* (t. II, p. 386). Ces résultats se rapportant aux fonctions circulaires et aux intégrales eulériennes, vont s'offrir comme les conséquences successives d'une même analyse, qui mettra ainsi en évidence la liaison et l'enchaînement des théories des deux genres de fonction.

1. Je commencerai par faire voir que des relations

$$\int_0^\infty \frac{z^{a-1}}{1+z}\,dz = \frac{\pi}{\sin a\pi}, \qquad \int_0^\infty \frac{z^{a-1}-z^{-a}}{1-z}\,dz = 2\pi\cot a\pi,$$

la première est une conséquence de la seconde, et en découle par suite de l'égalité

$$\frac{2}{\sin 2a\pi} = \cot a\pi + \operatorname{tang} a\ .$$

Ayant, en effet,

$$\int_0^\infty \frac{z^{a-1}-z^{-a}+z^{-\frac{1}{2}-a}-z^{-\frac{1}{2}+a}}{1-z}\,dz = 2\pi\left[\cot a\pi + \cot\left(\frac{1}{2}-a\right)\pi\right],$$

nous écrirons

$$z^{a-1}-z^{-a}+z^{-\frac{1}{2}-a}-z^{-\frac{1}{2}+a} = \left(1-z^{\frac{1}{2}}\right)z^{a-1}+\left(1-z^{\frac{1}{2}}\right)z^{-a-\frac{1}{2}},$$

de sorte que l'intégrale sera ramenée à la forme

$$\int_0^\infty \frac{z^{a-1}+z^{-a-\frac{1}{2}}}{1+z^{\frac{1}{2}}}\,dz.$$

Cela étant, il convient d'y remplacer z par z^2; elle devient ainsi

$$2\int_0^\infty \frac{z^{2a-1}+z^{-2a}}{1+z}\,dz.$$

Or, il est visible que les deux quantités

$$\int_0^\infty \frac{z^{2a-1}}{1+z}\,dz \qquad \text{et} \qquad \int_0^\infty \frac{z^{-2a}}{1+z}\,dz$$

sont égales : la première se ramenant à la seconde par le changement de z en $\frac{1}{z}$. Si l'on remplace a par $\frac{a}{2}$, nous obtenons donc bien la relation

$$\int_0^\infty \frac{z^{a-1}}{1+z}\,dz = \frac{\pi}{\sin a\pi}.$$

D'après cela, je me bornerai poùr abréger à considérer l'intégrale définie, qui représente la cotangente, et j'y introduirai encore les limites zéro et l'unité, au lieu de zéro et l'infini, En faisant, en effet

$$\int_0^1 \frac{z^{a-1}-z^{-a}}{1-z}\,dz + \int_1^\infty \frac{z^{a-1}-z^{-a}}{1-z}\,dz = 2\pi\cot a\pi,$$

et remarquant, comme tout à l'heure, que la seconde intégrale se ramène à la première par le changement de z en $\frac{1}{2}$, nous aurons

$$\int_0^1 \frac{z^{a-1}-z^{-a}}{1-z}\,dz = \pi\cot a\pi.$$

Posons, en effet, $z=e^x$, et l'on se trouve amené à cette nouvelle forme

$$\int_{-\infty}^0 \frac{e^{ax}-e^{(1-a)x}}{1-e^x}\,dx = \pi\cot a\pi,$$

qui suffit à faire prévoir les rapports avec la théorie des intégrales eulériennes, dont je viens de parler. En représentant sur $S(a)_n$ la fonction de Jacob Bernouilli, de sorte qu'on ait pour a entier

$$S(a)_n = (a-1)^n + (a-2)^n + \ldots + 1^n,$$

nous avons en effet

$$\frac{e^{ax} - e^{(1-a)x}}{1-e^x} = 1 - 2a - 2\,S(a)_2 \frac{x^2}{1.2} - 2\,S(a)_4 \frac{x^4}{1.2.3.4} - \ldots - 2\,S(a)_{2n} \frac{x^{2n}}{1.2\ldots 2n} - \ldots.$$

La formule relative à l'inverse du sinus, à savoir

$$\int_0^1 \frac{z^{a-1} + z^{-a}}{1+z}\,dz = \frac{\pi}{\sin a\pi},$$

ou bien

$$\int_{-\infty}^0 \frac{e^{ax} + e^{(1-a)x}}{1+e^x}\,dx = \frac{\pi}{\sin a\pi},$$

conduit à une remarque analogue, la quantité $\frac{e^{ax} + e^{(1-a)x}}{1+e^x}$ donnant la série

$$1 + 2\,\mathfrak{S}(a)_2 \frac{x^2}{1.2} + 2\,\mathfrak{S}(a)_4 \frac{x^4}{1.2.3.4} + \ldots + 2\,\mathfrak{S}(a)_{2n} \frac{x^{2n}}{1.2\ldots 2n} + \ldots,$$

où

$$\mathfrak{S}(a)_n = (a-1)^n - (a-2)^n + (a-3)^n - \ldots \pm 1^n,$$

lorsque a est entier (¹).

2. Le développement de la cotangente, sous forme d'une série infinie de fractions simples, est à bien des égards d'une grande importance en analyse, mais plus particulièrement peut-être, comme ayant offert le premier exemple d'un mode d'expression d'une fonction périodique où la périodicité se trouvait mise en évidence. Et c'est sous ce point de vue qu'elle a été l'objet des recherches d'Eisenstein en servant de point de départ à la théorie des fonctions

(¹) Les polynomes $\mathfrak{S}(a)_{2n}$ s'annulent pour $a = 0$, $a = 1$, et possèdent la même propriété que les polynomes $S(a)_{2n+1}$ de n'avoir entre ces limites qu'un seul maximum pour $a = \frac{1}{2}$.

elliptiques qu'a donnée l'illustre géomètre. Or la formule

$$\int_0^1 \frac{z^{a-1} - z^{-a}}{1-z} dz = \pi \cot a\pi$$

conduit immédiatement à ce développement. En remplaçant dans l'intégrale $\frac{1}{1-z}$ par l'expression

$$1 + z + z^2 + \ldots + z^{n-1} + \frac{z^n}{1-z},$$

on en tire en effet

$$\pi \cot a\pi = \frac{1}{a} + \frac{1}{a+1} + \ldots + \frac{1}{a+n-1}$$
$$+ \int_0^1 \frac{z^{a-1} - z^{-a}}{1-z} z^n dz - \frac{1}{1-a} - \frac{1}{2-a} - \ldots - \frac{1}{n-a}.$$

Nous représenterons pour abréger par S_n la somme des fractions simples, et par R_n le reste, de sorte qu'on ait

$$S_n = \frac{1}{a} + \frac{1}{a+1} + \ldots + \frac{1}{a+n-1} - \frac{1}{1-a} - \frac{1}{2-a} - \ldots - \frac{1}{n-a}$$
$$= \frac{1}{a} + \frac{2a}{a^2-1} + \ldots + \frac{2a}{a^2-(n-1)^2} - \frac{1}{n-a}$$

et

$$R_n = \int_0^1 \frac{z^{a-1} - z^{-a}}{1-z} z^n dz = \int_{-\infty}^0 \frac{e^{ax} - e^{(1-a)x}}{1-e^x} e^{nx} dx.$$

Je me propose maintenant d'établir que pour une valeur imaginaire quelconque de l'argument, $a = \alpha + i\beta$, R_n, ou plutôt son module, a pour limite zéro quand n croît indéfiniment. A cet effet je considérerai l'intégrale

$$\int_{-\infty}^0 \text{mod}\left[\frac{e^{(\alpha+i\beta)x} - e^{(1-\alpha-i\beta)x}}{1-e^x} e^{nx}\right] dx,$$

qui est une limite supérieure de modR_n, et en distinguant deux cas suivant que α est négatif ou positif, je l'écris successivement sous ces deux formes :

$$\int_{-\infty}^0 \text{mod}\left[\frac{e^{i\beta x} - e^{(1-2\alpha-i\beta)x}}{1-e^x}\right] e^{(n+\alpha)x} dx$$

et

$$\int_{-\infty}^{0} \operatorname{mod}\left[\frac{e^{(2\alpha+i\beta)x} - e^{(1-i\beta)x}}{1-e^x}\right] e^{(n-\alpha)x}\,dx.$$

Cela posé, je dis, à l'égard de la première, que la plus grande valeur du module de $\frac{e^{i\beta x} - e^{(1-2\alpha-i\beta)x}}{1-e^x}$, entre les limites de l'intégrale, est donnée à la limite supérieure pour $x = 0$. Ce maximum étant donc $\sqrt{(2\alpha-1)^2+4\beta^2}$, nous pourrons écrire, en désignant par ε un nombre inférieur à l'unité,

$$\operatorname{mod} R_n = \varepsilon\sqrt{(2\alpha-1)^2+4\beta^2}\int_{-\infty}^{0} e^{(n+\alpha)x}\,dx = \frac{\varepsilon\sqrt{(2\alpha-1)^2+4\beta^2}}{n+\alpha}.$$

Je mets, pour le démontrer, l'expression

$$\operatorname{mod}^2\left[\frac{e^{i\beta x} - e^{(1-2\alpha-i\beta)x}}{1-e^x}\right] = \frac{1 - 2\cos 2\beta x\, e^{(1-2\alpha)x} + e^{(2-4\alpha)x}}{(1-e^x)^2},$$

sous la forme suivante

$$\left[\frac{1-e^{(1-2\alpha)x}}{1-e^x}\right]^2 + 4\left[\frac{\sin\beta x}{1-e^x}\right]^2 e^{(1-2\alpha)x},$$

et je remarque d'abord que la quantité $\frac{1-e^{(1-2\alpha)x}}{1-e^x}$, ou bien $\frac{1-z^{1-2\alpha}}{1-z}$ en prenant $z = e^x$, est toujours pour des valeurs de z inférieures à l'unité, au-dessous de la limite $1-2\alpha$, qu'elle atteint pour $z = 1$. On vérifie en effet l'inégalité

$$\frac{1-z^{1-2\alpha}}{1-z} < 1-2\alpha,$$

ou la suivante

$$1 - z^{1-2\alpha} - (1-2\alpha)(1-z) < 0,$$

en observant que la dérivée du premier membre est la quantité positive $(1-2\alpha)(1-z^{-2\alpha})$. Ce premier membre va donc en croissant depuis la valeur négative 2α qui correspond à $z = 0$, pour aboutir à une valeur nulle à la limite supérieure $z = 1$, et reste par conséquent négatif dans l'intervalle.

Ce point établi, je passe à l'autre terme, j'y remplace $\sin\beta x$ par βx, ce qui en augmente la valeur, et après l'avoir écrit

$$4\left[\frac{\beta x\, e^{\frac{1}{2}x}}{e^x-1}\right]^2 e^{-2\alpha x},$$

ou encore

$$4\beta^2 \left[\frac{x}{e^{\frac{1}{2}x} - e^{-\frac{1}{2}x}} \right]^2 e^{-2\alpha x},$$

je remarque que la quantité $\frac{x}{e^{\frac{1}{2}x} - e^{-\frac{1}{2}x}}$ croît de zéro à l'unité lorsque x varie de $-\infty$ à o. C'est ce qu'on reconnaît immédiatement en développant en série le dénominateur, car on obtient ainsi l'expression

$$\frac{x}{e^{\frac{1}{2}x} - e^{-\frac{1}{2}x}} = \frac{1}{1 + \frac{1}{1.2.3}\frac{x^2}{4} + \frac{1}{1.2.3.4.5}\frac{x^4}{16} + \ldots}.$$

On en conclut, le facteur $e^{-2\alpha x}$ atteignant lui-même sa plus grande valeur pour $x = 0$, que pour ce second terme comme pour le premier, le maximum est encore donné en faisant $x = 0$, ce qui démontre le résultat annoncé.

Nous obtiendrons à l'égard de l'expression

$$\text{mod}^2 \left[\frac{e^{(2\alpha+i\beta)x} - e^{(1-i\beta)x}}{1-e^x} \right] = \frac{e^{4\alpha x} - 2\cos 2\beta\, x\, e^{(1+2\alpha)x} + e^{2x}}{(1-e^x)^2}$$

une conclusion toute pareille, en la mettant sous la forme

$$\left[\frac{e^{2\alpha x} - e^x}{1-e^x} \right]^2 + 4 \left[\frac{\sin \beta x}{1-e^x} \right]^2 e^{(1+2\alpha)x}.$$

Nous n'avons en effet qu'à considérer la quantité $\frac{e^{2\alpha x} - e^x}{1-e^x}$, ou $\frac{z^{2\alpha} - z}{1-z}$, la variable z croissant de zéro à l'unité; mais deux cas sont maintenant à distinguer. Supposons d'abord $2\alpha < 1$ de sorte qu'elle soit positive, nous prouverons qu'on a

$$\frac{z^{2\alpha} - z}{1-z} < 1 - 2\alpha,$$

ou bien

$$z^{2\alpha} - z - (1-2\alpha)(1-z) < 0,$$

en remarquant que le premier membre prend les valeurs $-(1-2\alpha)$ et o, pour $z = 0$, $z = 1$, et a pour dérivée la quantité positive

$$2\alpha(1 - z^{1-2\alpha})z^{2\alpha-1}.$$

Soit enfin $2\alpha > 1$, nous raisonnerons sur $\frac{z - z^{2\alpha}}{1 - z}$; et la condition

$$\frac{z - z^{2\alpha}}{1 - z} < 2\alpha - 1$$

se vérifiera absolument de même. Il est donc ainsi démontré que le maximum du module des deux expressions introduites, en supposant successivement α négatif et α positif, a pour valeur

$$\sqrt{(1 - 2\alpha)^2 + 4\beta^2},$$

de sorte qu'on a dans la première hypothèse

$$\operatorname{mod} R_n = \frac{\varepsilon\sqrt{(1 - 2\alpha)^2 + 4\beta^2}}{n + \alpha},$$

et dans la seconde

$$\operatorname{mod} R_n = \frac{\varepsilon\sqrt{(1 - 2\alpha)^2 + 4\beta^2}}{n - \alpha}.$$

Ces expressions, du reste, dans le développement en série de fractions simples de la cotangente, établissent en toute rigueur la convergence de cette série; elles montrent en effet que pour des valeurs aussi grandes qu'on le veut de α et β, mais finies cependant, R_n est nul si l'on suppose n infini. Mais on voit en même temps qu'on n'est point autorisé à faire usage de l'expression

$$\frac{1}{a} + \frac{2a}{a^2 - 1} + \frac{2a}{a^2 - 4} + \ldots$$

pour des valeurs infinies de l'argument; dans le domaine de ces valeurs, la définition de $\cot a\pi$ par la série offre en effet une lacune que la considération du reste permet seule de combler, comme nous allons le faire voir.

3. Je dis en premier lieu que la limite de S_n est indéterminée lorsqu'après avoir remplacé a par ia on suppose à la fois n et a infinis. Revenons en effet à l'expression

$$\begin{aligned} S_n &= \frac{1}{a} + \frac{2a}{a^2 - 1} + \ldots + \frac{2a}{a^2 - (n-1)^2} - \frac{1}{n - a} \\ &= \frac{1}{a} + \frac{2a}{a^2 - 1} + \ldots + \frac{2a}{a^2 - n^2} - \frac{1}{n + a}, \end{aligned}$$

et changeons a en ia, on en conclura

$$iS_n = \frac{1}{a} + \frac{2a}{a^2+1} + \ldots + \frac{2a}{a^2+n^2} + \frac{i}{n+ia}.$$

Soit maintenant, en supposant a positif $\frac{1}{a} = dx$, désignons aussi par λ la limite du rapport $\frac{n}{a}$ lorsqu'on fait croître n et a indéfiniment, de sorte qu'on ait $\frac{n}{a} = n\,dx = \lambda$; nous pourrons écrire, en négligeant $\frac{1}{a}$ et $\frac{1}{n+ia}$,

$$iS_n = \frac{2\,dx}{1+dx^2} + \frac{2\,dx}{1+(2\,dx)^2} + \ldots + \frac{2\,dx}{1+(n\,dx)^2}.$$

De cette expression résulte immédiatement, comme on voit, la valeur cherchée

$$iS_n = \int_0^\lambda \frac{2\,dx}{1+x^2} = 2 \operatorname{arc\,tang} \lambda$$

qui dépend de la quantité entièrement arbitraire λ.

Ce point établi, cherchons ce que devient l'intégrale représentant le reste,

$$R_n = \int_{-\infty}^0 \frac{e^{ax} - e^{(1-a)x}}{1-e^x} e^{nx}\,dx.$$

Pour cela je remplace a par ia, n par λa, ce qui donne d'abord

$$R_n = \int_{\infty}^0 \frac{e^{iax} - e^{(1-ia)x}}{1-e^x} e^{\lambda a x}\,dx,$$

puis en changeant de variable et posant $x = \frac{t}{a}$

$$R_n = \int_{-\infty}^0 \frac{e^{it} - e^{\left(\frac{1}{a}-i\right)t}}{a\left(1-e^{\frac{t}{a}}\right)} e^{\lambda t}\,dt.$$

Maintenant on obtient pour a infini la valeur

$$R_n = -2i\int_{-\infty}^0 \frac{\sin t}{t} e^{\lambda t}\,dt = -2i \operatorname{arc\,tang} \frac{1}{\lambda},$$

et l'on en tire la relation

$$i(S_n + R_n) = 2\left(\operatorname{arc\,tang}\lambda + \operatorname{arc\,tang}\frac{1}{\lambda}\right) = \pi$$

ou encore

$$S_n + R_n = -i\pi.$$

Ce résultat lève entièrement, comme on voit, la difficulté d'analyse offerte par le développement en série de la cotangente.

4. L'expression de $\sin a\pi$ en produit de facteurs linéaires est immédiatement donnée en intégrant par rapport à a les deux membres de l'équation

$$\pi \cot a\pi = \frac{1}{a} + \frac{2a}{a^2-1} + \ldots + \frac{2a}{a^2-n^2} - \frac{1}{n+a} + R_n;$$

on obtient ainsi

$$\log\frac{\sin a\pi}{\pi} = \log a + \log\left(1-\frac{a^2}{1}\right) + \log\left(1-\frac{a^2}{4}\right) + \ldots$$
$$+ \log\left(1-\frac{a^2}{n^2}\right) - \log\left(1-\frac{a}{n}\right) + R_n,$$

si l'on pose

$$R'_n - \int_{-\infty}^{0} \frac{e^{ax} + e^{(1-a)x} - e^x - 1}{x(1-e^x)} e^{nx}\,dx.$$

Peut-être n'est-il pas inutile de donner encore pour R'_n une limite supérieure montant que cette quantité est nulle en supposant n infini, quelle que soit la valeur réelle ou imaginaire

$$a = \alpha + i\beta.$$

Posons à cet effet, pour abréger,

$$f(x) = \frac{e^{ax} + e^{(1-a)x} - e^x - 1}{x(1-e^x)};$$

je remarque qu'on peut écrire en ajoutant et retranchant $2e^{\frac{1}{2}x}$ au numérateur

$$f(x) = \frac{\left[e^{\frac{1}{2}ax} - e^{\frac{1}{2}(1-a)x}\right]^2}{x(1-e^x)} - \frac{\left[e^{\frac{1}{2}x} - 1\right]^2}{x(1-e^x)}.$$

On en déduit par une proposition connue,

$$\operatorname{mod} f(x) < \operatorname{mod}\frac{\left[e^{\frac{1}{2}ax} - e^{\frac{1}{2}(1-a)x}\right]^2}{x(1-e^x)} + \operatorname{mod}\frac{\left(e^{\frac{1}{2}x} - 1\right)^2}{x(1-e^x)},$$

c'est-à-dire

$$\operatorname{mod} f(x) < \frac{e^{\alpha x} - 2\cos\beta x\, e^{\frac{1}{2}x} + e^{(1-\alpha)x}}{x(e^x - 1)} + \frac{\left(e^{\frac{1}{2}x} - 1\right)^2}{x(e^x - 1)}.$$

L'expression suivante

$$\int_{-\infty}^{0} \frac{e^{\alpha x} - 2\cos\beta x\, e^{\frac{1}{2}x} + e^{(1-\alpha)x}}{x(e^x - 1)} e^{nx}\,dx + \int_{-\infty}^{0} \frac{\left(e^{\frac{1}{2}x} - 1\right)^2}{x(e^x - 1)} e^{nx}\,dx$$

est donc une quantité supérieure à l'intégrale $\int_{-\infty}^{0} \operatorname{mod} f(x) e^{nx}\,dx$ et à plus forte raison au module de R'_n. Or en considérant d'abord la seconde des intégrales qui y entrent et qu'on peut écrire ainsi

$$\int_{-\infty}^{0} \frac{e^{\frac{1}{2}x} - 1}{x\left(e^{\frac{1}{2}x} + 1\right)} e^{nx}\,dx,$$

je remarque que le maximum de la fraction $\frac{e^{\frac{1}{2}x} - 1}{x\left(e^{\frac{1}{2}x} + 1\right)}$ entre les limites de l'intégration est donné à la limite supérieure en faisant $x = 0$. Mettons en effet $-x$ au lieu de x, elle gardera la même forme, et l'inégalité

$$\frac{e^{\frac{1}{2}x} - 1}{x\left(e^{\frac{1}{2}x} + 1\right)} < \frac{1}{4},$$

ou bien celle-ci

$$4\left(e^{\frac{1}{2}x} - 1\right) < x\left(e^{\frac{1}{2}x} + 1\right),$$

se vérifie immédiatement par le développement en série, le coefficient de $\left(\frac{x}{2}\right)^{n+1}$ dans le premier membre étant

$$\frac{4}{1.2\ldots n+1} \quad \text{et} \quad \frac{1}{1.2\ldots n}$$

dans le second.

Passant maintenant à la première intégrale, j'emploie la décomposition suivante

$$e^{\alpha x} - 2\cos\beta x\, e^{\frac{1}{2}x} + e^{(1-\alpha)x} = \left[e^{\frac{1}{2}\alpha x} - e^{\frac{1}{2}(1-\alpha)x}\right]^2 + 4\sin^2\frac{1}{2}\beta x\, e^{\frac{1}{2}x},$$

qui nous conduit à deux termes, dont l'un $\frac{4\sin^2\frac{1}{2}\beta x e^{\frac{1}{2}x}}{x(e^x-1)}$ atteint encore son maximum pour $x=0$. Si on l'augmente en effet en remplaçant $\sin\frac{1}{2}\beta x$ par $\frac{1}{2}\beta x$, il se réduit à l'expression $\frac{xe^{\frac{1}{2}x}}{e^x-1}$, dont le maximum a été obtenu plus haut, et ce résultat joint au précédent montre qu'on peut poser, en désignant par ε un nombre plus petit que l'unité

$$\int_{-\infty}^{0}\frac{4\sin^2\frac{1}{2}\beta x\, e^{\frac{1}{2}x}+\left(e^{\frac{1}{2}x}-1\right)^2}{x(e^x-1)}e^{nx}\,dx$$
$$=\varepsilon\left(\beta^2+\frac{1}{4}\right)\int_{-\infty}^{0}e^{nx}\,dx=\frac{\varepsilon(4\beta^2+1)}{4n}.$$

Quant au dernier terme qui nous reste à considérer

$$\frac{\left[e^{\frac{1}{2}\alpha x}-e^{\frac{1}{2}(1-\alpha)x}\right]^2}{x(e^x-1)},$$

nous l'écrirons sous l'une ou l'autre de ces deux formes

$$\frac{\left[1-e^{\frac{1}{2}(1-2\alpha)x}\right]^2e^{\alpha x}}{x(e^x-1)}\quad\text{et}\quad\frac{\left[e^{\alpha x}-e^{\frac{1}{2}x}\right]^2e^{-\alpha x}}{x(e^x-1)},$$

suivant que α est négatif ou positif, en mettant en évidence, comme facteurs des exponentielles, des quantités ayant leur maximum pour $x=0$. En nous bornant par exemple à la première pour abréger, il suffit de la décomposer ainsi

$$\frac{1-e^{\frac{1}{2}(1-2\alpha)x}}{1-e^x}\times\frac{e^{\frac{1}{2}(1-2\alpha)x}-1}{x};$$

on retrouve en effet dans le premier facteur l'expression dont l'étude a été déjà faite, et l'on vérifie facilement que le second augmente de zéro à $\frac{1-2\alpha}{2}$, quand la variable augmente de $-\infty$ à 0.

De là résulte que nous pouvons poser

$$\int_{-\infty}^{0}\frac{\left[e^{\frac{1}{2}\alpha x}-e^{\frac{1}{2}(1-\alpha)x}\right]^2}{x(e^x-1)}e^{nx}\,dx=\frac{\eta(1-2\alpha)^2}{4}\int_{-\infty}^{0}e^{(n+\alpha)x}\,dx,$$

pour α négatif, et

$$\int_{-\infty}^{0} \frac{\left[e^{\frac{1}{2}\alpha x} - e^{\frac{1}{2}(1-\alpha)x}\right]^2}{x(e^x - 1)} e^{nx}\, dx = \frac{\eta(1-2\alpha)^2}{4} \int_{-\infty}^{0} e^{(n-\alpha)x}\, dx,$$

quand α est positif, η désignant un nombre < 1. Suivant ces deux cas, nous parvenons donc aux expressions suivantes que je me suis proposé d'obtenir :

$$\operatorname{mod} R'_n = \frac{\eta(1-2\alpha)^2}{4(n+\alpha)} + \frac{\varepsilon(4\beta^2+1)}{4n}$$

et

$$\operatorname{mod} R'_n = \frac{\eta(1-2\alpha)^2}{4(n-\alpha)} + \frac{\varepsilon(4\beta^2+1)}{4n}.$$

Elles donnent la formule

$$\sin a\pi = \pi a\left(1 - \frac{a^2}{1}\right)\left(1 - \frac{a^2}{4}\right)\cdots\left(1 - \frac{a^2}{n^2}\right)\frac{e^{R'_n}}{1 + \frac{a}{n}},$$

et par conséquent une démonstration rigoureuse du développement du sinus en produit d'un nombre infini de facteurs.

5. Les intégrales R_n et R'_n sont des cas particuliers de cette expression plus générale

$$\int_{-\infty}^{0} \Phi(x)\, e^{nx}\, dx,$$

qui offre des circonstances sur lesquelles l'attention a été appelée pour la première fois par l'étude des intégrales Eulériennes. Nous allons voir qu'elle donne lieu à un développement en série procédant suivant les puissances décroissantes de n, mais que cette série est nécessairement divergente pour toute valeur de cette quantité, si grande qu'on la suppose. Il en résulte qu'on ne peut en employer que les premiers termes, avec l'obligation d'avoir une limite supérieure du reste permettant d'apprécier pour quel nombre de termes il est le plus petit possible. Admettons que pour x infiniment grand et négatif, les quantités

$$\Phi(x)\, e^{nx}, \quad \Phi'(x)^{nx}, \quad \ldots, \quad \Phi^{i-1}(x)\, e^{nx}$$

s'évanouissent; ce développement limité à un nombre déterminé de termes, et le reste s'obtiennent comme conséquence de la formule élémentaire

$$\int \Phi(x)\, e^{nx}\, dx = \left[\frac{\Phi(x)}{n} - \frac{\Phi'(x)}{n^2} + \ldots \mp \frac{\Phi^{i-1}(x)}{n^i}\right] e^{nx} \pm \frac{1}{n^i} \int \Phi^i(x)\, e^{nx}\, dx.$$

On en tire en effet

$$\int_{-\infty}^{0} \Phi(x)\, e^{nx}\, dx = S_i \pm \frac{1}{n^i} \int_{-\infty}^{0} \Phi^i(x)\, e^{nx}\, dx,$$

en posant

$$S_i = \frac{\Phi(0)}{n} - \frac{\Phi'(0)}{n^2} + \frac{\Phi''(0)}{n^3} - \ldots - (-1)^i \frac{\Phi^{i-1}(0)}{n^i},$$

et nous allons voir que cette série prolongée indéfiniment est divergente, au moins dans tous les cas où $\Phi(x)$ n'est point une fonction holomorphe.

Soit en effet

$$\Phi(x) = A_0 + A_1 x + \ldots + A_k x^k + \ldots,$$

sous la condition que ce développement cesse d'être convergent à l'extérieur d'un cercle de rayon ρ. C'est dire que A_k est de la forme $\frac{\mathfrak{a}_k}{\rho^k}$, $\mathfrak{a}_k$ tendant vers une limite finie lorsque k augmente indéfiniment. Or ayant

$$\frac{\Phi^k(0)}{1.2.3\ldots k} = \frac{\mathfrak{a}_k}{\rho^k},$$

on en conclut pour le terme général de S_i, cette expression

$$\rho\, \frac{1.2.3\ldots k\, \mathfrak{a}_k}{(n\rho)^{k+1}},$$

et la divergence est rendue ainsi évidente, puisque ces termes augmentent indéfiniment à partir d'une certaine valeur de k. Mais la conclusion que nous venons d'obtenir pourrait ne plus avoir lieu si $\Phi(x)$ était, dans toute l'étendue du plan, développable en série convergente. En supposant par exemple

$$\Phi(x) = A\, e^{ax} + B\, e^{bx} + \ldots,$$

et par suite

$$\int_{-\infty}^{0} \Phi(x)\, e^{nx}\, dx = \frac{A}{n+a} + \frac{B}{n+b} + \ldots,$$

il est clair que le second membre donnera lieu à une série convergente quand n sera supérieur en valeur absolue à la plus grande des quantités a, b, etc.

Les remarques précédentes s'appliquent aux intégrales R_n, R'_n. Et d'abord, en employant la relation donnée en commençant

$$\frac{e^{ax} - e^{(1-a)x}}{1 - e^x} = 1 - 2a - 2\,S(a)_2 \frac{x^2}{1.2} - 2\,S(a)_4 \frac{x^4}{1.2.3.4} - \ldots,$$

on obtient pour S_i cette expression

$$S_{2i+1} = \frac{1-2a}{n} - \frac{2\,S(a)_2}{n^3} - \frac{2\,S(a)_4}{n^5} - \ldots - \frac{2\,S(a)_{2i}}{n^{2i+1}},$$

qui doit finir par devenir divergente, la fraction $\frac{e^{ax} - e^{(1-a)x}}{1 - e^x}$ n'étant pas en général synectique. Mais si l'on suppose que a soit un nombre entier, elle change de nature; elle prend, suivant qu'il est négatif ou positif, l'une ou l'autre de ces deux formes

$$[1 + e^{2x} + e^{4x} + \ldots + e^{-2ax}\ ]\, e^{(n+a)x},$$
$$-[1 + e^{2x} + e^{4x} + \ldots + e^{(2a-2)x}]\, e^{(n-a)x};$$

et alors la série cesse d'être divergente en ayant une somme finie, lorsque n est en valeur absolue plus grand que a.

La théorie des intégrales Eulériennes, à laquelle j'arrive maintenant, va nous donner de nouvelles et importantes applications des mêmes considérations.

6. Nous rattacherons cette théorie à l'étude de l'intégrale

$$\int_0^1 \frac{z^{a-1} - z^{-a}}{1-z} dz,$$

en développant une idée jetée par Cauchy dans son Mémoire sur les intégrales définies prises entre des limites imaginaires (p. 45), et dont le grand géomètre se borne à tirer, lorsque n est un grand nombre, la formule de Laplace

$$1 = \frac{\sqrt{2\pi}\, n^{n+\frac{1}{2}}}{\Gamma(n)},$$

mais qui a une portée plus étendue, comme on va voir.

Revenons à la relation

$$\log\frac{\sin a\pi}{\pi} = \log a + \log(1+a) + \ldots + \log\left(1+\frac{a}{n-1}\right) + R'_n$$
$$+ \log(1-a) + \log\left(1-\frac{a}{2}\right) + \ldots + \log\left(1-\frac{a}{n}\right),$$

et intégrons les deux membres entre les limites $a=0$ et $a=1$. Les formules élémentaires

$$\int \log x\,dx = x(\log x - 1),$$
$$\int \log\left(1+\frac{x}{k}\right)dx = (x+k)\log\left(1+\frac{x}{k}\right) - x,$$

nous donnant

$$\int_0^1 \log a\,da = \int_0^1 \log(1-a)\,da = -1,$$

puis en général

$$\int_0^1 \left[\log\left(1+\frac{a}{k}\right) + \log\left(1-\frac{a}{k+1}\right)\right] da = (2k+1)\log\frac{k+1}{k} - 2,$$

on aura dans le second membre, pour la somme des intégrales des logarithmes, la quantité

$$-2n + 3\log 2 + 5(\log 3 - \log 2) + \ldots + (2n-1)[\log n - \log(n-1)],$$

ou bien en réduisant

$$-2n - 2\log(1.2.3\ldots n-1) + (2n-1)\log n.$$

On tire ensuite de l'expression de R'_n, à savoir

$$R'_n = \int_{-\infty}^0 \frac{e^{ax} + e^{(1-a)x} - e^x - 1}{x(1-e^x)}\,e^{nx}\,dx,$$

par un calcul facile

$$\int_0^1 R'_n\,da = \int_{-\infty}^0 \frac{e^x(2-x) - 2 - x}{x^2(1-e^x)}\,e^{nx}\,dx.$$

Dans le premier membre enfin s'offre la quantité $\int_0^1 \log\frac{\sin a\pi}{\pi}\,da$

que nous obtenons ainsi. Soit pour un moment,

$$f(a) = \int_0^1 \log \frac{\sin a\pi}{\pi}\, da;$$

on aura aisément ces relations

$$f(a) = f(1-a),$$
$$f(a) = f\left(\frac{a}{2}\right) + f\left(\frac{1-a}{2}\right) + \log 2\pi,$$

et nous conclurons de la seconde

$$\int_0^1 f(a)\,da = \int_0^1 f\left(\frac{a}{2}\right) da + \int_0^1 f\left(\frac{1-a}{2}\right) da + \log 2\pi.$$

Mais les deux intégrales du second membre sont égales, et l'on peut écrire par conséquent

$$\int_0^1 f(a)\,da = 2\int_0^1 f\left(\frac{a}{2}\right) + \log 2\pi.$$

Remarquant ensuite que la première relation nous donne

$$\int_0^1 f(a)\,da = 2\int_0^{\frac{1}{2}} f(a)\,da,$$

et qu'on a évidemment

$$\int_0^1 f\left(\frac{a}{2}\right) da = 2\int_0^{\frac{1}{2}} f(a)\,da,$$

nous conclurons la valeur cherchée

$$\int_0^1 \log \frac{\sin a\pi}{\pi}\, da = -\log 2\pi.$$

Au moyen de ce résultat, on parvient à la relation suivante

$$-\log 2\pi = -2n - 2\log[1.2.3\ldots(n-1)] + (2n-1)\log n$$
$$+ \int_{-\infty}^{0} \frac{e^x(2-x) - 2 - x}{x^2(1-e^x)} e^{nx}\,dx,$$

d'où

$$\log[1.2.3\ldots(n-1)] = \left(n-\frac{1}{2}\right)\log n - n + \log\sqrt{2\pi} + \frac{1}{2}\int_{-\infty}^{0} \frac{e^x(2-x)-2-x}{x^2(1-e^x)} e^{nx}\,dx,$$

et nous allons en exposer les conséquences.

7. En premier lieu nous avons une démonstration rigoureuse de la formule de Laplace par cette remarque que le maximum de la fonction $\frac{e^x(2-x)-2-x}{x^2(1-e^x)}$ a lieu pour $x=0$, et a par conséquent pour valeur $\frac{1}{6}$. Afin de considérer des valeurs positives de la variable mettons en effet $-x$ au lieu de x, ce qui n'en change pas la valeur, et nous vérifierons sur le champ l'inégalité

$$2+x-(2-x)e^x < x^2(e^x-1),$$

par le développement en série, car on trouve pour le premier membre

$$2+x-(2-x)e^x = \frac{x^3}{6}+\ldots+\frac{n}{1.2\ldots n+2}x^{n+2},$$

tandis que le coefficient de x^{n+2} dans le second est $\frac{1}{1.2\ldots n}$ qui est évidemment supérieur à $\frac{n}{1.2.3\ldots n+2}$. Il suit de là qu'on peut écrire, en désignant par ε un nombre <1,

$$\int_{-\infty}^{0} \frac{e^x(2-x)-2-x}{x^2(1-e^x)} e^{nx}\,dx = \frac{\varepsilon}{6}\int_{-\infty}^{0} e^{nx}\,dx = \frac{\varepsilon}{6n},$$

et qu'on a par conséquent

$$\log\Gamma(n) = \left(n-\frac{1}{2}\right)\log n - n + \log\sqrt{2\pi} + \frac{\varepsilon}{12n}.$$

En second lieu j'établirai que si l'on remplace dans l'égalité

$$\log\Gamma(n) = \left(n-\frac{1}{2}\right)\log n - n + \log\sqrt{2\pi} + \frac{1}{2}\int_{-\infty}^{0} \frac{e^x(2-x)-2-x}{x^2(1-e^x)} e^{nx}\,dx,$$

le nombre entier n par une quantité quelconque a, et qu'on pose

$$F(a) = \left(a-\frac{1}{2}\right)\log a - a + \log\sqrt{2\pi} + \frac{1}{2}\int_{-\infty}^{0} \frac{e^x(2-x)-2-x}{x^2(1-e^x)} e^{ax}\,dx,$$

on aura $F(a)=\log\Gamma(a)$ quel que soit a.

J'observe à cet effet qu'on a d'abord

$$F'(a) = \log a - \frac{1}{2a} + \frac{1}{2}\int_{-\infty}^{0} \frac{e^x(2-x) - 2 - x}{x(1-e^x)} e^{ax}\,dx,$$

puis

$$F''(a) = \frac{1}{a} + \frac{1}{2a^2} + \frac{1}{2}\int_{-\infty}^{0} \frac{e^x(2-x) - 2 - x}{1-e^x} e^{ax}\,dx.$$

Or on obtient un développement en série de cette quantité, en remplaçant $\frac{1}{1-e^x}$, dans l'intégrale, par la progression indéfinie $1 + e^x + \ldots + e^{nx} + \ldots$; les intégrales de chaque terme résultent de la formule suivante

$$\int_{-\infty}^{0} [e^x(2-x) - 2 - x]\, e^{(a+n)x}\,dx = \frac{1}{(a+n)^2} + \frac{1}{(a+n+1)^2} - \frac{2}{a+n} + \frac{2}{a+n+1},$$

et l'on en conclut aisément cette expression

$$F''(a) = \frac{1}{a^2} + \frac{1}{(a+1)^2} + \frac{1}{(a+2)^2} + \ldots$$

qui est précisément $D_a^2 \log\Gamma(a)$. Les deux fonctions $F(a)$ et $\log\Gamma(a)$ ne pourront ainsi différer que par un binome du premier degré en a, et comme elles sont égales pour toutes les valeurs entières de a, on voit, comme nous avions pour but de l'établir, qu'elles sont identiques.

La découverte de l'équation que nous venons de démontrer est due à Binet qui l'a donnée dans son beau Mémoire intitulé *Sur les intégrales définies Eulériennes et leur application à la théorie des suites, ainsi qu'à l'évaluation des fonctions de grands nombres* (*Journal de l'École Polytechnique*, t. XVI, p. 123). Elle a été ensuite le sujet des recherches de Cauchy qui y a consacré une partie essentielle d'un travail d'une grande importance, publié dans le Tome II des *Nouveaux Exercices d'Analyse et de Physique mathématique*, p. 384, sous ce titre : *Mémoire sur la théorie des intégrales définies singulières, appliquée généralement à la détermination des intégrales définies, et en particulier à l'évaluation des intégrales Eulériennes*. L'analyse un peu longue du grand géomètre peut être beaucoup abrégée et rendue, comme on l'a vu, entièrement élémentaire, en suivant une voie qu'il avait lui-même ouverte, bien des années auparavant; et c'est l'étude de la courte indication donnée à ce sujet dans le Mémoire sur les intégrales infinies prises entre des limites imaginaires, qui m'a conduit aux recherches qu'on vient de lire.

EXTRAIT D'UNE LETTRE A M. BRIOSCHI.

SUR L'ÉQUATION DE LAMÉ.

Annali di Matematica pura ed applicata, 2e série, t. IX, p. 21-24.

. . . .

Vous ne serez donc pas surpris que je sois parvenu de mon côté à l'équation différentielle du troisième ordre

$$z''' + 3pz'' + (p' + 2p^2 + 4q)z' + 2(q' + 2pq)z = 0$$

dont les solutions sont les produits de deux solutions de l'équation du second ordre

$$y'' + py' + qy = 0;$$

mais je l'obtiens sous une forme un peu différente, en prenant pour point de départ l'équation

(1) $$2Ay'' + A'y' = By.$$

Un calcul facile me donne

(2) $$2Az''' + 3A'z'' + A''z' = 4Bz' + 2B'z,$$

et voici les conséquences que j'en tire. Faisant dans l'équation de Lamé, $\mathrm{sn}^2 x = t$, on obtiendra pour transformée l'équation (1), où l'on prendra

$$A = t(1-t)(1-k^2 t),$$
$$2B = n(n+1)k^2 t + h.$$

Les fonctions A et B étant ainsi de simples polynomes, du troisième et du premier degré en t, la différentiation d'ordre p de l'équation (2) donne

$$2Az^{p+3}+(2p+3)A'z^{p+2}+\left[\frac{5p(p+1)+2}{2}A''-2B\right]z^{p+1}$$
$$+[2p(p-1)(p-2)+9p(p-1)+6p-(2p+1)(n^2+n)]k^2z^p=0;$$

or on peut mettre le coefficient de z^p, sous la forme

$$(2p+1)(p-n)(p+n+1);$$

il s'annule donc en faisant $p=n$, et en adoptant cette valeur, l'équation est satisfaite si l'on pose $z^p=$ const. L'équation (2) par conséquent admet pour solution un polynome entier en t de degré n, $z=F(t)$, et les conclusions auxquelles vous êtes parvenu pour $n=1$ s'étendent d'elles-mêmes au cas où n est quelconque. En effet, deux solutions y_1 et y_2 de l'équation (1) sont liées par la relation

$$y_2\frac{dy_1}{dt}-y_1\frac{dy_2}{dt}=\frac{C}{\sqrt{A}},$$

où C est une constante, et en y joignant la condition

$$\frac{d(y_1.y_2)}{dt}=y_2\frac{dy_1}{dt}+y_1\frac{dy_2}{dt}=F'(t),$$

on en déduira

$$y_2\frac{dy_1}{dt}=\frac{1}{2}\left[F'(t)+\frac{C}{\sqrt{A}}\right],\qquad y_1\frac{dy_2}{dt}=\frac{1}{2}\left[F'(t)-\frac{C}{\sqrt{A}}\right],$$

et par suite

$$\frac{1}{y_1}\frac{dy_1}{dt}=\frac{1}{2}\left[\frac{F'(t)}{F(t)}+\frac{C}{\sqrt{A}\,F(t)}\right],\qquad \frac{1}{y^2}\frac{dy_2}{dt}=\frac{1}{2}\left[\frac{F'(t)}{F(t)}-\frac{C}{\sqrt{A}\,F(t)}\right],$$

d'où enfin

$$(3)\qquad y=G\,e^{\frac{1}{2}\int\left[\frac{F'(t)}{F(t)}+\frac{C}{\sqrt{A}F(t)}\right]dt}+G'\,e^{\frac{1}{2}\int\left[\frac{F'(t)}{F(t)}-\frac{C}{\sqrt{A}F(t)}\right]dt},$$

en désignant par G et G′ deux constantes arbitraires.

Voici maintenant, à l'égard de la constante C, une remarque essentielle. On tire aisément de l'équation (2) la suivante

$$(4)\qquad A(2zz''-z'^2)+A'zz'=2Bz^2-N,$$

et ce résultat se vérifie sur-le-champ en différentiant et divisant les deux membres par z. Mais à la solution spéciale de cette équation qui est donnée en prenant pour z le polynome $F(t)$, correspond une valeur entièrement déterminée de N. Qu'on attribue en effet à la variable t pour valeur particulière une racine de l'équation $y_1 = 0$, nous aurons en même temps $z = 0$, $z' = y'_1 y_2$, donc $N = A(y'_1 y_2)^2$. Or en attribuant cette même valeur à t, dans l'équation

$$y_2 \frac{dy_1}{dt} - y_1 \frac{dy_2}{dt} = \frac{C}{\sqrt{A}},$$

vous voyez qu'on en conclut $C = \sqrt{A}\, y'_1 y_2$; nous parvenons par suite à cette expression $C = \sqrt{N}$, et tout se trouve par conséquent déterminé dans la formule (3) qui donne ainsi la solution complète de l'équation de Lamé.

Vous reconnaîtrez maintenant sans peine qu'en posant $N = 0$ on a les valeurs particulières de h auxquelles correspondent les solutions qui, à l'égard de la variable x, sont des fonctions doublement périodiques, mais en laissant de côté ce point, je vous indiquerai une dernière remarque. L'équation (4) montre qu'en supposant N différent de zéro, il est impossible d'avoir à la fois $F(t) = 0$ et $F'(t) = 0$, de sorte que la première équation n'a que des racines simples. Soit $t = \tau$ l'une quelconque de ces racines, et faisons

$$\frac{1}{F(t)} = \sum \frac{1}{F'(\tau)(t-\tau)}.$$

Si nous désignons par T la valeur de A pour $t = \tau$, de sorte que l'équation (4) donne

$$TF'^2(\tau) = N,$$

on en conclura

$$\frac{\sqrt{N}}{F(t)} = \sum \frac{\sqrt{N}}{F'(\tau)(t-\tau)} = \sum \frac{\sqrt{T}}{t-\tau},$$

et par conséquent

$$\frac{F'(t)}{F(t)} + \frac{\sqrt{N}}{\sqrt{A}\,F(t)} = \sum \left[\frac{1}{t-\tau} + \frac{\sqrt{T}}{\sqrt{A}(t-\tau)}\right] = \sum \frac{\sqrt{A}+\sqrt{T}}{\sqrt{A}(t-\tau)}.$$

Cette formule conduit de la manière la plus facile à l'expression de l'intégrale qui figure en exponentielle dans l'équation (3).

Faisant en effet $t = \operatorname{sn}^2 x$, $\tau = \operatorname{sn}^2 \omega$, on a

$$\frac{1}{2}\int \frac{\sqrt{A}+\sqrt{T}}{t-\tau}\,dt = \int \frac{\operatorname{sn} x \operatorname{cn} x \operatorname{dn} x + \operatorname{sn}\omega \operatorname{cn}\omega \operatorname{dn}\omega}{\operatorname{sn}^2 x - \operatorname{sn}^2\omega}\,dx$$

$$= \int \left[\frac{H'(x-\omega)}{H(x-\omega)} - \frac{\Theta'(x)}{\Theta(x)} + \frac{\Theta'(\omega)}{\Theta(\omega)}\right] dx$$

(voyez *Comptes rendus*, p. 1086). Soit pour plus de clarté ω_1, ω_2, ..., ω_n les n déterminations de ω qui correspondent aux diverses racines τ, et qui ont été choisies de telle sorte qu'on ait $\sqrt{T} = \operatorname{sn}\omega \operatorname{cn}\omega \operatorname{dn}\omega$, en excluant comme vous voyez la supposition $\sqrt{T} = -\operatorname{sn}\omega \operatorname{cn}\omega \operatorname{dn}\omega$, nous parvenons à ce résultat

$$e^{\frac{1}{2}\int\left[\frac{F'(t)}{F(t)} + \frac{\sqrt{N}}{\sqrt{A}F(t)}\right]dt} = \frac{H(x-\omega_1)H(x-\omega_2)\dots H(x-\omega_n)}{\Theta^n(x)}\, e^{x\sum\frac{\Theta'(\omega)}{\Theta(\omega)}},$$

et il est clair qu'on aurait semblablement

$$e^{\frac{1}{2}\int\left[\frac{F'(t)}{F(t)} - \frac{\sqrt{N}}{\sqrt{A}F(t)}\right]dt} = \frac{H(x+\omega_1)H(x+\omega_2)\dots H(x+\omega_n)}{\Theta^n(x)}\, e^{-x\sum\frac{\Theta'(\omega)}{\Theta(\omega)}}.$$

Cette méthode pour intégrer l'équation de Lamé se trouve dans les feuilles lithographiées de mon cours de 1872 à l'École Polytechnique (¹)....

17 décembre 1877.

(¹) *Voir* page 118 de ce Volume. E. P.

SUR UN THÉORÈME DE GALOIS

RELATIF AUX

ÉQUATIONS SOLUBLES PAR RADICAUX [1].

J.-A. SERRET, *Algèbre supérieure*, t. II, 5e édition, p. 677-680.

Étant données deux quelconques des racines d'une équation irréductible de degré premier, soluble par radicaux, les autres s'en déduisent rationnellement.

LEMME I. — *Soient*

$$F(x) = 0$$

une équation irréductible de degré quelconque n, *et*

$$x_0, \quad x_1, \quad x_2, \quad \ldots, \quad x_{n-1}$$

ses n *racines. Si toutes les fonctions des racines invariables par les substitutions de la forme* x_k, x_{k+1} *ou* $\begin{pmatrix} k+1 \\ k \end{pmatrix}$ (les indices étant pris comme fait Galois, suivant le module n) *sont rationnellement connues, on pourra déterminer rationnellement une fonction entière* $\varphi(x)$ *du degré* $n-1$, *telle qu'on ait*

$$x_1 = \varphi(x_0), \quad x_2 = \varphi(x_1), \quad \ldots, \quad x_{k+1} = \varphi(x_k), \quad \ldots, \quad x_{n-1} = \varphi(x_{n-2}).$$

On a, en effet,

$$F(x) = (x - x_0)(x - x_1)\ldots(x - x_{n-1}),$$

---

(1) Cette Note a été publiée seulement dans l'*Algèbre supérieure* de J.-A. Serret, qui s'exprime ainsi (*loc. cit.*, p. 677) : « Il ne sera pas inutile de présenter ici une analyse remarquable que M. Hermite m'a communiquée, et qui a pour objet la démonstration de ce théorème de Galois. » E. P.

et, si l'on pose

$$\varphi(x) = \frac{F(x)}{x - x_0} \frac{x_1}{F'(x_0)} + \frac{F(x)}{x - x_1} \frac{x_2}{F'(x_1)} + \ldots + \frac{F(x)}{x - x_{n-1}} \frac{x_0}{F'(x_{n-1})},$$

il est évident que $\varphi(x)$ sera une fonction entière du degré $n - 1$ en x et que ses coefficients seront des fonctions des racines invariables par les substitutions de la forme x_k, x_{k+1}; on voit aussi immédiatement qu'on a

$$\varphi(x_0) = x_1, \qquad \varphi(x_1) = x_2, \qquad \ldots,$$

ce qui démontre la proposition énoncée.

Lemme II. — *Si une équation irréductible de degré premier n est telle que toutes les fonctions des racines invariables par les substitutions de la forme x_k, x_{k+1}, et de la forme x_k, x_{ρ^k}, ρ désignant une racine primitive de n, soient rationnellement connues, on pourra déterminer rationnellement une fonction entière de $\varphi(x)$ de degré $n - 1$, telle que l'on ait*

$$\begin{array}{l}
(x_1 + \lambda x_\rho \quad + \lambda^2 x_{\rho^2} \quad + \ldots + \lambda^{n-2} x_{\rho^{n-2}} \quad)^{n-1} = \varphi(x_0),\\
(x_2 + \lambda x_{\rho+1} \quad + \lambda^2 x_{\rho^2+1} \quad + \ldots + \lambda^{n-2} x_{\rho^{n-2}+1} \quad)^{n-1} = \varphi(x_1),\\
\ldots\ldots\ldots\ldots\ldots\ldots\ldots\ldots\ldots\ldots\ldots\ldots,\\
(x_n + \lambda x_{\rho+n-1} + \lambda^2 x_{\rho^2+n-1} + \ldots + \lambda^{n-2} x_{\rho^{n-2}+n-1})^{n-1} = \varphi(x_{n+1}),
\end{array}$$

les indices étant pris toujours suivant le module n et λ désignant une racine de l'équation binome $\lambda^{n-1} = 1$.

Pour démontrer cette proposition, nous ferons voir que le système des équations linéaires ainsi posées entre les coefficients indéterminés de la fonction φ n'est pas altéré lorsqu'à la place d'une racine quelconque x_k on met x_{k+1} et aussi quand on remplace x_k par x_{ρ^k}.

Le premier point est évident, puisque chaque équation se déduit de la précédente en ajoutant une unité aux indices des racines, et qu'en opérant de la sorte sur la dernière on reproduit la première.

Le second point se vérifie aussi immédiatement par rapport à l'équation

$$(x_1 + \lambda x_\rho + \lambda^2 x_{\rho^2} + \ldots + \lambda^{n-2} x_{\rho^{n-2}})^{n-1} = \varphi(x_0),$$

car la $(n-1)^{\text{ième}}$ puissance de la fonction linéaire

$$x_1 + \lambda x_\rho + \lambda^2 x_{\rho^2} + \ldots + \lambda^{n-2} x_{\rho^{n-2}}$$

ne change pas quand on multiplie cette fonction par λ; or cela revient à multiplier les indices des racines par ρ, ce qui ne change pas non plus le second membre $\varphi(x_0)$. Mais les autres équations du système ne se comportent plus de même. Dans l'une quelconque d'entre elles

$$(x_{1+\alpha} + \lambda x_{\rho+\alpha} + \lambda^2 x_{\rho^2+\alpha} + \ldots + \lambda^{n-2} x_{\rho^{n-2}+\alpha})^{n-1} = \varphi(x_\alpha),$$

faisons $\alpha \equiv \rho^\mu \pmod{n}$, ce qui est possible, puisque α ne reçoit plus la valeur zéro; il viendra

$$(1) \quad (x_{1+\rho^\mu} + \lambda x_{\rho+\rho^\mu} + \lambda^2 x_{\rho^2+\rho^\mu} + \ldots + \lambda^{n-2} x_{\rho^{n-2}+\rho^\mu})^{n-1} = \varphi(x_{\rho^\mu}),$$

et, en multipliant les indices par ρ,

$$(2) \quad (x_{\rho+\rho^{\mu+1}} + \lambda x_{\rho^2+\rho^{\mu+1}} + \lambda^2 x_{\rho^3+\rho^{\mu+1}} + \ldots + \lambda^{n-2} x_{\rho^{n-1}+\rho^{\mu+1}})^{n-1} = \varphi(x_{\rho^{\mu+1}}).$$

Or la $(n-1)^{\text{ième}}$ puissance de la fonction linéaire

$$x_{\rho+\rho^{\mu+1}} + \lambda x_{\rho^2+\rho^{\mu+1}} + \ldots + \lambda^{n-1} x_{\rho^{n-1}+\rho^{\mu+1}}$$

ne change pas quand on multiplie cette fonction par λ; au lieu de l'équation (2), on peut donc écrire la suivante :

$$(x_{\rho^{n-1}+\rho^{\mu+1}} + \lambda x_{\rho+\rho^{\mu+1}} + \lambda^2 x_{\rho^2+\rho^{\mu+1}} + \ldots + \lambda^{n-2} x_{\rho^{n-2}+\rho^{\mu+1}})^{n-1} = \varphi(x_{\rho^{\mu+1}}).$$

Or, en remarquant que $\rho^{n-1} \equiv 1 \pmod{n}$, on reconnaît que celle-ci se déduit de l'équation (1) par le changement de μ en $\mu + 1$.

Il suit de là que la substitution x_k, x_{ρ^k} ne fait que permuter circulairement nos équations, rangées, à partir de la deuxième, suivant l'ordre des valeurs croissantes de μ. En les résolvant par rapport aux coefficients de φ, on sera conduit à des fonctions rationnelles des racines, invariables par les substitutions x_k, x_{k+1} et x_k, x_{ρ^k}; de sorte que ces coefficients s'exprimeront bien rationnellement, comme nous l'avons annoncé. Notre lemme est donc démontré, et l'on en déduit le suivant :

Lemme III. — *Si une équation de degré premier est résoluble algébriquement, l'équation de degré moindre d'une unité, qu'on forme en divisant son premier membre par un de ses facteurs linéaires, appartient à la classe des équations abéliennes.*

En effet, relativement à l'équation de degré $n-1$, qu'on obtient par la suppression du facteur $x - x_\alpha$, et dont les racines ont été représentées par

$$x_{1+\alpha}, \quad x_{\rho+\alpha}, \quad x_{\rho^2+\alpha}, \quad \ldots, \quad x_{\rho^{n-2}+\alpha},$$

on connaît *rationnellement* la fonction résolvante

$$(x_{1+\alpha} + \lambda x_{\rho+\alpha} + \lambda^2 x_{\rho^2+\alpha} + \ldots + \lambda^{n-2} x_{\rho^{n-2}+\alpha})^{n-1}.$$

Les trois lemmes que nous venons de démontrer permettent maintenant d'établir très aisément le théorème que nous avons en vue. Faisons pour un instant

$$x_{\rho^k+\alpha} = X_k.$$

Puisque nous connaissons (lemme III), en fonction rationnelle de x_α, l'expression

$$(X_0 + \lambda X_1 + \lambda^2 X_2 + \ldots + \lambda^{n-2} X_{n-2})^{n-1},$$

nous devons pareillement regarder comme connue toute fonction rationnelle des racines X_k, invariable par les substitutions de la forme X_k, X_{k+1}. Cela nous place dans les conditions du lemme I; ainsi nous pouvons former une fonction φ telle qu'on ait généralement

$$X_{k+1} = \varphi(X_k).$$

D'ailleurs, les coefficients de cette fonction s'exprimeront rationnellement par les quantités connues et la racine x_α; de sorte qu'en mettant cette racine en évidence nous aurons

$$X_{k+1} = \varphi(X_k, x_\alpha) \qquad \text{ou} \qquad x_{\rho^{k+1}+\alpha} = \varphi(x_{\rho^k+\alpha}, x_\alpha).$$

Or on peut prendre $\rho^k \equiv 6$, 6 étant un entier arbitraire, mais essentiellement différent de zéro; il vient ainsi

$$x_{\rho 6+\alpha} = \varphi(x_{6+\alpha}, x_\alpha).$$

Cette équation exprime précisément la relation que nous nous proposions d'établir; elle montre très facilement comment toutes les racines s'expriment de proche en proche, au moyen des deux racines arbitraires x_α, $x_{\alpha+\beta}$, et met immédiatement en évidence dans quel ordre elles naissent ainsi les unes des autres.

Il est aisé de démontrer que, réciproquement, la relation précédente, admise entre trois racines x_α, $x_{\alpha+\beta}$, $x_{\alpha+\rho\beta}$, entraîne la résolution par radicaux de l'équation.

A cet effet, soient θ une racine de l'équation binome $x^n = 1$, et

$$F(\theta) = (x_0 + \theta x_1 + \theta^2 x_2 + \ldots + \theta^{n-1} x_{n-1})^n$$

la fonction résolvante de Lagrange. D'après la propriété caractéristique de cette fonction, on pourra, sans altérer sa valeur, ajouter aux indices des racines un nombre entier arbitraire α, et écrire

$$F(\theta) = (x_\alpha + \theta x_{\alpha+1} + \theta^2 x_{\alpha+2} + \ldots + \theta^{n-1} x_{\alpha+n-1})^n.$$

Cela posé, soit β un autre nombre entier arbitraire, mais différent de zéro, et prenons β_0 de manière qu'on ait

$$\beta\beta_0 \equiv 1 \pmod{n};$$

on voit immédiatement qu'on a

$$F(\theta^{\beta_0}) = (x_\alpha + \theta x_{\alpha+\beta} + \theta^2 x_{\alpha+2\beta} + \ldots + \theta^{n-1} x_{\alpha+(n-1)\beta})^n,$$

et il est clair qu'en employant la relation

$$x_{\rho\beta+\alpha} = \varphi(x_{\beta+\alpha}, x_\alpha),$$

on pourra, par des substitutions successives, transformer le second membre en une fonction rationnelle Π de deux racines x_α, $x_{\alpha+\beta}$, de manière à avoir

$$F(\theta^{\beta_0}) = \Pi(x_\alpha, x_{\alpha+\beta})$$

pour une valeur quelconque de l'indice arbitraire α.

Cela étant, soit, comme plus haut, λ une racine de l'équation binome $x^{n-1} = 1$, la fonction

$$\begin{aligned}[\Pi(x_\alpha, x_{\alpha+\beta}) &+ \lambda \Pi(x_\alpha, x_{\alpha+\rho\beta}) \\ &+ \lambda^2 \Pi(x_\alpha, x_{\alpha+\rho^2\beta}) + \ldots + \lambda^{n-2} \Pi(x_\alpha, x_{\alpha+\rho^{n-2}\beta})]^{n-1}\end{aligned}$$

conserve la même valeur quand on met $\rho\beta$ au lieu de β, c'est-à-dire qu'elle est indépendante de la valeur attribuée à β. Chacun des termes dont elle se compose est d'ailleurs indépendant de α; donc, en la transformant, au moyen de la relation

$$x_{\alpha+\rho\beta} = \varphi(x_{\alpha+\beta}, x_\alpha),$$

en une fonction rationnelle des deux seules racines x_α et $x_{\alpha+\beta}$, cette fonction devra se réduire à une quantité connue. Effectivement, si une fonction

$$u = \psi(x_{\alpha+\beta}, x_\alpha)$$

conserve la même valeur, quels que soient les indices α et β, le second indice étant différent de zéro, on peut écrire

$$n(n-1)u = \sum_0^{n-1}{}_\alpha \sum_1^{n-1}{}_\beta \psi(x_{\alpha+\beta}, x_\alpha),$$

relation dont le second membre est une fonction symétrique de toutes les racines $x_0, x_1, \ldots, x_{n-1}$.

Il résulte de là que nous pouvons regarder les $n-1$ quantités

$$\Pi(x_\alpha, x_{\alpha+\beta}), \quad \Pi(x_\alpha, x_{\alpha+\rho\beta}), \quad \ldots, \quad \Pi(x_\alpha, x_{\alpha+\rho^{n-2}\beta})$$

comme les racines d'une équation abélienne résoluble par l'extraction d'un seul radical de degré $n-1$. Or, ces quantités une fois obtenues, nous connaissons, pour toutes les valeurs de β, excepté $\beta = 0$, la puissance $n^{\text{ième}}$ de la fonction résolvante $F(\beta^{\beta_0})$; donc, par l'extraction de $n-1$ radicaux du $n^{\text{ième}}$ degré, nous aurons ces diverses fonctions résolvantes, et, par conséquent, les racines elles-mêmes. On sait d'ailleurs, par une observation d'Abel, que ces $n-1$ radicaux s'expriment rationnellement en fonction de l'un d'entre eux et des quantités sur lesquelles ils portent, quantités qui sont, comme nous venons de le dire, les racines d'une équation abélienne.

SUR LE CONTACT DES SURFACES.

HERMITE, *Cours d'Analyse de l'École Polytechnique*, p. 139-149. Gauthier-Villars, 1873.

I. Une surface étant définie par l'équation $F(x, y, z) = 0$, les coordonnées d'un quelconque de ses points seront des fonctions de deux variables différentes, et devront s'exprimer de cette manière

$$x = \varphi(t, u), \qquad y = \psi(t, u), \qquad z = \theta(t, u).$$

Et si nous considérons une seconde surface dont tous les points se déduisent par une construction déterminée de ceux de la première, leurs coordonnées seront représentées pareillement par ces expressions où figurent les mêmes variables indépendantes t et u

$$X = \Phi(t, u), \qquad Y = \Psi(t, u), \qquad z = \Theta(t, u).$$

Cela étant, la théorie du contact repose encore sur la considération de la fonction $\delta = f(t, u)$, qui donne la distance de deux points correspondants, savoir

$$\begin{aligned}\delta &= [(X - x)^2 + (Y - y)^2 + (Z - z)^2]^{\frac{1}{2}} \\ &= \{[\Phi(t, u) - \varphi(t, u)]^2 + [\Psi(t, u) - \psi(t, u)]^2 + [\Theta(t, u) - \theta(t, u)]^2\}^{\frac{1}{2}},\end{aligned}$$

et nous dirons qu'en un point donné par les valeurs $t = a$, $u = b$, les surfaces ont un contact du $n^{\text{ième}}$ ordre, lorsqu'en posant $t = a + h$, $u = b + k$, la distance δ est infiniment petite d'ordre $n + 1$ par rapport à h et k. Mais il faut tout d'abord préciser ce qu'on entend par l'ordre d'un infiniment petit par rapport à deux autres. Nous imaginerons à cet effet que h et k dépendent d'une seule variable, en faisant par exemple $k = \omega h$, et supposant ω fini.

Cela posé, la quantité

$$\delta = f(a+h,\ b+\omega h)$$

pourra se développer en série suivant les puissances croissantes de h, et il sera désormais entendu qu'elle est infiniment petite d'ordre $n+1$, lorsque indépendamment de toute valeur attribuée à ω, les coefficients des puissances de h jusqu'à la $n^{\text{ième}}$ seront tous nuls. En admettant ce principe, on déduira sur-le-champ de la définition de l'ordre du contact à l'égard des deux surfaces, ces conséquences qu'il suffit d'énoncer :

1° Les trois différences $X - x$, $Y - y$, $Z - z$ doivent être chacune infiniment petites de l'ordre $n+1$;

2° Ces conditions restent les mêmes en changeant les axes coordonnés;

3° Elles subsistent si l'on change de variables indépendantes, en posant

$$t = f(\tau, \upsilon), \qquad t = f_1(\tau, \upsilon).$$

Ainsi en admettant qu'à $t = a$, $u = b$ répondent $\tau = \alpha$, $\upsilon = \beta$, et qu'on ait

$$a + h = f(\alpha + i,\ \beta + j), \qquad b + k = f_1(\alpha + i,\ \beta + j),$$

si les quantités $X - x$, $Y - y$, $Z - z$ sont infiniment petites d'ordre $n+1$ par rapport à h et k, elles seront infiniment petites du même ordre par rapport à i et j.

4° Prenant d'après cela pour variables indépendantes les coordonnées x et y, de sorte que les équations des surfaces deviennent

$$z = f(x, y),$$
$$X = \mathfrak{F}(x, y), \qquad Y = \mathfrak{F}_1(x, y), \qquad Z = F(x, y),$$

une des trois fonctions $\mathfrak{F}$, $\mathfrak{F}_1$, F détermine la nature de la seconde surface, les deux autres, $\mathfrak{F}$ et $\mathfrak{F}_1$ par exemple, la loi de correspondance de leurs points, et les conditions relatives aux différences $X - x$, $Y - y$ caractérisent les lois de correspondances compatibles avec la définition de l'ordre du contact. Quant aux conditions concernant les surfaces elles-mêmes, elles se déduisent des développements que donne la série de Taylor étendue à deux variables, savoir :

$$F(a+h,\ b+k)$$
$$= F(a,b) + \left(\frac{dF}{da} + \omega\frac{dF}{db}\right)\frac{h}{1} + \left(\frac{d^2F}{da^2} + 2\omega\frac{d^2F}{da\,db} + \omega^2\frac{d^2F}{db^2}\right)\frac{h^2}{1.2} + \ldots,$$

$$f(a+h,\ b+\omega h)$$
$$= f(a,b) + \left(\frac{df}{da} + \omega\frac{df}{db}\right)\frac{h}{1} + \left(\frac{d^2f}{da^2} + 2\omega\frac{d^2f}{da\,db} + \omega^2\frac{d^2f}{db^2}\right)\frac{h^2}{1.2} + \ldots;$$

on exprime en effet que la différence $Z - z$ est infiniment petite d'ordre $n+1$, en posant

$$F(a,b) = f(a,b),$$
$$\frac{dF}{da} + \omega\frac{dF}{db} = \frac{df}{da} + \omega\frac{df}{db},$$
$$\frac{d^2F}{da^2} + 2\omega\frac{d^2F}{da\,db} + \omega^2\frac{d^2F}{db^2} = \frac{d^2f}{da^2} + 2\omega\frac{d^2f}{da\,db} + \omega^2\frac{d^2f}{db^2},$$
$$\ldots\ldots\ldots\ldots\ldots\ldots\ldots\ldots\ldots\ldots,$$
$$\frac{d^nF}{da^n} + \frac{n}{1}\omega\frac{d^nF}{da^{n-1}\,db} + \ldots + \frac{n}{1}\omega^{n-1}\frac{d^nF}{da\,db^{n-1}} + \omega^n\frac{d^nF}{db^n}$$
$$= \frac{d^nf}{da^n} + \frac{n}{1}\omega\frac{d^nf}{da^{n-1}\,db} + \ldots + \frac{n}{1}\omega^{n-1}\frac{d^nf}{da\,db^{n-1}} + \omega^n\frac{d^nf}{db^n},$$

et considérant ω dans ce système de relations comme une indéterminée; il en résulte que le contact du premier ordre exige trois équations :

$$F(a,b) = f(a,b), \qquad \frac{dF}{da} = \frac{df}{da}, \qquad \frac{dF}{db} = \frac{df}{db};$$

le contact du second ordre six, car aux précédentes il faudra joindre celles-ci :

$$\frac{d^2F}{da^2} = \frac{d^2f}{da^2}, \qquad \frac{d^2F}{da\,db} = \frac{d^2f}{da\,db}, \qquad \frac{d^2F}{db^2} = \frac{d^2f}{db^2},$$

et en général le contact d'ordre n, $\frac{(n+1)(n+2)}{2}$ équations. C'est ce nombre qui donne à la théorie dont nous nous occupons son caractère propre, et éloigne, sauf le premier cas de $n=1$, toute analogie avec celle du contact de deux courbes, ou d'une courbe et d'une surface, comme on va le voir par les applications suivantes.

II. En premier lieu, nous envisagerons le plan

$$Z = aX + bY + c,$$

dont l'équation renferme trois coefficients, de sorte qu'on peut, comme pour la ligne droite à l'égard d'une courbe, obtenir, en un point quelconque

$$X = x, \qquad Y = y,$$

un contact de premier ordre avec toute surface $z = f(x, y)$. Ayant en effet

$$F(X, Y) = aX + bY + c,$$

les conditions

$$F(x, y) = f(x, y), \qquad \frac{dF}{dx} = \frac{df}{dx}, \qquad \frac{dF}{dy} = \frac{df}{dy}$$

donnent immédiatement

$$z = ax + by + c, \qquad a = \frac{dz}{dx}, \qquad b = \frac{dz}{dy},$$

et l'on retrouve ainsi l'équation déjà obtenue du plan tangent sous la forme

$$Z - z = \frac{dz}{dx}(X - x) + \frac{dz}{dy}(Y - y).$$

Nous remarquerons, avant de faire les applications de ce résultat, qu'en supposant parallèle au plan coordonné des XY le plan tangent en x, y, z à la surface $z = f(x, y)$, on a nécessairement

$$\frac{df}{dx} = 0, \qquad \frac{df}{dy} = 0.$$

Et si le plan des XY est lui-même tangent à l'origine des coordonnées, la fonction $f(x, y)$ ainsi que ses dérivées partielles du premier ordre s'annuleront pour $x = 0$, $y = 0$, de sorte que le développement par la série de Maclaurin de l'ordonnée z suivant les puissances croissantes de x et y commencera seulement aux termes du second degré, et sera de la forme

$$z = ax^2 + bxy + cy^2 + dx^3 + ex^2y + \ldots.$$

De là se déduirait que la distance au plan tangent d'un point d'une surface infiniment voisin d'un point de contact est un infiniment petit du second ordre. Mais d'une manière plus générale, comme par définition la distance δ de deux points correspondants A et B de deux surfaces, infiniment voisins de leur point de contact, est infiniment petite d'ordre $n+1$ lorsqu'elles ont un contact du $n^{\text{ième}}$ ordre, il en résulte *a fortiori* que la plus courte distance du point A de la première surface à la seconde, est aussi infiniment petite du même ordre.

Observons enfin qu'en supposant z une fonction implicite déterminée par la relation

$$f(x, y, z) = 0,$$

l'équation

$$Z - z = \frac{dz}{dx}(X - x) + \frac{dz}{dy}(Y - y)$$

reprend la forme sous laquelle nous l'avions précédemment obtenue. On a en effet

$$\frac{df}{dz}\frac{dz}{dx} + \frac{df}{dx} = 0, \qquad \frac{df}{dz}\frac{dz}{dy} + \frac{df}{dy} = 0,$$

d'où l'on tire

$$\frac{dz}{dx} = -\frac{\frac{df}{dx}}{\frac{df}{dz}}, \qquad \frac{dz}{dy} = -\frac{\frac{df}{dy}}{\frac{df}{dz}},$$

et en substituant il vient

$$(X - x)\frac{df}{dx} + (Y - y)\frac{df}{dy} + (Z - z)\frac{df}{dz} = 0.$$

Nous en conclurons pour la normale à la surface, c'est-à-dire la perpendiculaire élevée en x, y, z au plan tangent, les équations

$$\frac{X - x}{\frac{df}{dx}} = \frac{Y - y}{\frac{df}{dy}} = \frac{Z - z}{\frac{df}{dz}},$$

en supposant que les axes coordonnés soient rectangulaires.

III. Soit pour première application les surfaces données par l'équation

$$f(x - az, y - bz) = 0,$$

ou plus simplement

$$f(\alpha, \beta) = 0,$$

en posant

$$\alpha = x - az, \qquad \beta = y - bz.$$

On tirera de là

$$\frac{df}{dx} = \frac{df}{d\alpha}, \qquad \frac{df}{dy} = \frac{df}{d\beta}, \qquad \frac{df}{dz} = -a\frac{df}{d\alpha} - b\frac{df}{d\beta},$$

de sorte qu'en réunissant les termes en $\frac{df}{d\alpha}$ et $\frac{df}{d\beta}$, l'équation du plan tangent devient

$$\frac{df}{d\alpha}[X - x - a(Z - z)] + \frac{df}{d\beta}[Y - y - b(Z - z)] = 0.$$

Ce résultat fait voir que, quelle que soit la fonction $f(\alpha, \beta)$, ce plan contient la droite

$$X - x = a(Z - z), \qquad Y - y = b(Z - z).$$

Effectivement, l'équation proposée est celle des *surfaces cylindriques*, et le calcul met en évidence cette propriété du plan tangent, de contenir la génératrice qui passe par le point de contact.

Nous considérons en second lieu les *surfaces coniques* qui sont données par l'équation

$$f(\alpha, \beta) = 0,$$

en posant

$$\alpha = \frac{x-a}{z-c}, \qquad \beta = \frac{y-b}{z-c}.$$

On aura alors

$$\frac{df}{dx} = \frac{1}{z-c}\frac{df}{d\alpha}, \qquad \frac{df}{dy} = \frac{1}{z-c}\frac{df}{d\beta},$$

$$\frac{df}{dz} = -\frac{x-a}{(z-c)^2}\frac{df}{d\alpha} - \frac{y-b}{(z-c)^2}\frac{df}{d\beta},$$

et, par suite, pour l'équation du plan tangent, après avoir supprimé le facteur $\frac{1}{z-c}$,

$$\frac{df}{d\alpha}\left[X - x - (Z - z)\frac{x-a}{z-c}\right] + \frac{df}{d\beta}\left[Y - y - (Z - z)\frac{y-b}{z-c}\right] = 0.$$

Il contient donc encore la génératrice qui passe par le point de contact.

En dernier lieu, les équations de la normale aux surfaces de révolution

$$f(\alpha, \beta) = 0,$$

en faisant

$$\alpha = x^2 + y^2, \qquad \beta = z,$$

seront

$$\frac{X - x}{2xf'(\alpha)} = \frac{Y - y}{2yf'(\alpha)} = \frac{Z - z}{f'(\beta)},$$

et les deux premières se réduisant à $\frac{X}{x} = \frac{Y}{y}$, il en résulte que cette droite est dans le plan déterminé par le point (x, y, z) et l'axe des z, qui est l'axe de révolution de la surface.

IV. Une surface reçoit le nom *d'osculatrice*, lorsqu'on a disposé de toutes les constantes qui fixent sa position et déterminent sa nature, de manière à obtenir, avec une surface donnée, le contact de l'ordre le plus élevé possible. C'est là, comme on voit, l'extension naturelle de la notion qui s'est offerte dans la théorie du contact des courbes considérées sur un plan ou dans l'espace, et qui a reçu, dans le cas du cercle, une application d'une grande importance. Mais toute surface ne peut point devenir osculatrice d'une autre, comme toute courbe plane, quelle qu'elle soit, d'une ligne donnée. Il faut en effet que le nombre des constantes à déterminer soit un terme de la série

$$3, \quad 6, \quad 10, \quad 15, \quad 21, \quad \ldots, \quad \frac{(n+1)(n+2)}{2},$$

de sorte qu'il n'y a ni sphère, ni surface du second degré osculatrices, puisque leurs équations générales renferment repectivement 4 et 9 coefficients. En général, une surface du $m^{\text{ième}}$ degré en contient $\frac{(m+1)(m+2)(m+3)}{6} - 1$, ce qui conduit à poser l'équation

$$\frac{(n+1)(n+2)}{2} = \frac{(m+1)(m+2)(m+3)}{6} - 1,$$

dont il y aurait lieu ainsi de rechercher toutes les solutions en nombres entiers et positifs pour m et n. Mais l'Arithmétique supérieure ne donne à cet égard aucune méthode, et je me bornerai à remarquer qu'on y satisfait, par les moindres nombres, en prenant $m = 5$ et $n = 9$. Il n'y a donc aucune surface algébrique, de degré inférieur à 5, pouvant être osculatrice, de sorte que la théorie actuelle ne semble pas applicable au delà du plan et du contact du premier ordre. La considération suivante permettra cependant d'aller plus loin. En disposant des deux coordonnées d'un point d'une surface, on peut en effet ajouter deux constantes à celles qui déterminent une sphère, et par conséquent la rendre en ces points osculatrice du second ordre, puisqu'on aura le nombre voulu de six quantités arbitraires. En disposant d'une seule des coordonnées on ajoute une arbitraire aux neuf coefficients d'une surface du second degré, ce qui permettra de la rendre osculatrice du troisième ordre, non plus alors en un certain nombre de points, mais comme il le semble au premier abord, tout le long d'une ligne déterminée d'une surface quelconque. Nous allons traiter ces deux questions.

V. L'équation de la sphère étant

$$(X-a)^2+(Y-b)^2+(Z-c)^2=R^2,$$

on obtiendra les dérivées du premier ordre

$$P=\frac{dZ}{dX}, \qquad Q=\frac{dZ}{dY}$$

par les relations

$$X-a+P(Z-c)=0,$$
$$Y-b+Q(Z-c)=0,$$

et celles du second

$$R=\frac{d^2Z}{dX^2}, \qquad S=\frac{d^2Z}{dX\,dY}, \qquad T=\frac{d^2Z}{dY^2},$$

par celles-ci, qui s'en déduisent en différentiant successivement par rapport à X et à Y,

$$1+P^2+R(Z-c)=0,$$
$$PQ+S(Z-c)=0,$$
$$1+Q^2+T(Z-c)=0.$$

Or les conditions du contact du second ordre avec une surface quelconque $z=f(x,y)$, au point $X=x$, $Y=y$, sont

$$Z=z, \qquad P=\frac{dz}{dx}, \qquad Q=\frac{dz}{dy},$$
$$R=\frac{d^2z}{dx^2}, \qquad S=\frac{d^2z}{dx\,dy}, \qquad T=\frac{d^2z}{dy},$$

de sorte qu'en faisant

$$p = \frac{dz}{dx}, \qquad q = \frac{dz}{dy}, \qquad r = \frac{d^2 z}{dx^2}, \qquad s = \frac{d^2 z}{dx\, dy}, \qquad t = \frac{d^2 z}{dy^2},$$

nous les obtiendrons en remplaçant dans les relations précédentes, X, Y, Z, P, Q, R, S, T par x, y, z, p, q, r, s, t, ce qui donnera

$$\begin{aligned} x - a + y(z-c) &= 0, \\ y - b + q(z-c) &= 0, \\ 1 + p^2 + r(z-c) &= 0, \\ pq + s(z-c) &= 0, \\ 1 + q^2 + t(z-c) &= 0. \end{aligned}$$

Cela étant, les trois dernières conduisent immédiatement par l'élimination de c ou plutôt de $z-c$ aux deux équations de condition cherchées entre x et y, savoir

$$\frac{1+p^2}{r} = \frac{pq}{s} = \frac{1+q^2}{t},$$

et en chassant les dénominateurs,

$$\begin{aligned} (1+p^2)s - pqr &= 0, \\ (1+p^2)t - (1+q^2)r &= 0. \end{aligned}$$

On donne le nom *d'ombilics* aux points de la surface $z = f(x, y)$, que déterminent ces relations, et que bientôt nous verrons s'offrir sous un autre point de vue. Je me bornerai en ce moment à les obtenir à l'égard de l'ellipsoïde

$$\frac{x^2}{a^2} + \frac{y^2}{b^2} + \frac{z^2}{c^2} = 1,$$

où ils ont un rôle extrêmement important dans l'étude géométrique des courbes tracées sur cette surface. En formant à cet effet les valeurs des quantités p, q, r, s, t, on trouve

$$p = -\frac{c^2 x}{a^2 z}, \qquad q = -\frac{c^2 y}{b^2 z},$$

$$r = -\frac{c^4(b^2-y^2)}{a^2 b^2 z^3}, \qquad s = -\frac{c^4 xy}{a^2 b^2 z^3}, \qquad t = -\frac{c^4(a^2-x^2)}{a^2 b^2 z^3},$$

et après quelques réductions, il viendra simplement

$$(a^2-c^2)xy = 0, \qquad b^2(a^2-c^2)x^2 - a^2(b^2-c^2)y^2 - a^2 b^2(a^2-b^2) = 0.$$

Ces relations sont identiques dans le cas où l'ellipsoïde se réduit à une sphère, comme on pouvait le prévoir; mais si les axes sont inégaux, et qu'on suppose

$$a > b > c,$$

nous parviendrons très aisément à ces solutions, les seules réelles, savoir

$$x = \pm a\sqrt{\frac{a^2 - b^2}{a^2 - c^2}}, \qquad y = 0, \qquad z = \pm c\sqrt{\frac{b^2 - c^2}{a^2 - c^2}}.$$

On en conclut que les ombilics sont les quatre points où les plans des sections circulaires deviennent tangents à la surface.

VI. Dans la seconde question, il s'agit de l'équation générale du second degré

$$\begin{aligned} F(X, Y, Z) = aX^2 + a'Y^2 + a''Z^2 + 2bYZ + 2b'ZX + 2b''XY \\ + 2cX + 2c'Y + 2c''Z + d = 0, \end{aligned}$$

et des conditions du contact du troisième ordre avec la surface quelconque $z = f(x, y)$. Alors il est nécessaire d'introduire, en outre des dérivées partielles du premier et du second ordre p, q, r, s, t, celles du troisième que je désignerai ainsi

$$g = \frac{d^3 z}{dx^3}, \qquad h = \frac{d^3 z}{dx^2\, dy}, \qquad k = \frac{d^3 z}{dx\, dy^2}, \qquad l = \frac{d^3 z}{dy^3}.$$

Cela étant, et sans répéter ce qui a été dit tout à l'heure à propos de la sphère, j'écrirai immédiatement ces relations

$$\begin{gathered} ax^2 + a'y^2 + a''z^2 + 2byz + 2b'zx + 2b''xy + 2cx + 2c'y + 2c''z + d = 0, \\ (b'x + by + a''z + c'')p + ax + b''y + b'z + c = 0, \\ (b'x + by + a''z + c'')q + b''x + a'y + bz + c' = 0; \end{gathered}$$

puis celles-ci, qui contiennent les dérivées du second ordre, et où je fais pour abréger

$$\omega = \frac{1}{2}\frac{df}{dz} = b'x + by + a''z + c,$$

savoir

$$\begin{gathered} \omega r + a''p^2 + 2b'p + a = 0, \\ \omega s + a''pq + bp + b'q + b'' = 0, \\ \omega t + a''q^2 + 2bq + a' = 0. \end{gathered}$$

On en tire, par la différentiation, ces quatre dernières équations, où entrent les dérivées partielles du troisième ordre, et qui ne contiennent plus que les coefficients a'', b, b', c'' sous forme homogène

$$\begin{aligned} \omega g + 3(a''p + b')r &= 0, \\ \omega h + (a''q + b)r + 2(a''p + b')s &= 0, \\ \omega k + (a''p + b')t + 2(a''q + b)s &= 0, \\ \omega l + 3(a''q + b)t &= 0. \end{aligned}$$

Voici la conséquence remarquable à laquelle elles conduisent; deux d'entre elles donnent

$$a''p + b' = -\frac{\omega g}{3r}, \qquad a''q + b = -\frac{\omega l}{3t},$$

et, en substituant dans les deux autres, la quantité ω disparaîtra comme facteur commun, de sorte qu'au lieu d'une seule équation de condition entre x et y, nous obtenons les deux suivantes [1]:

$$\begin{aligned} 3hrt - lr^2 - 2gst &= 0, \\ 3krt - gt^2 - 2lrs &= 0. \end{aligned}$$

Mais, en même temps, les inconnues a'', b, b', c'' entre lesquelles on n'a plus que deux équations, et par suite tous les coefficients de $F(X, Y, Z)$, s'exprimeront en fonction linéaire et homogène de deux indéterminées λ et μ, de sorte qu'on doit poser

$$F(X, Y, Z) = \lambda\Phi + \mu\Phi_1,$$

où Φ et Φ_1 sont des polynomes entièrement déterminés. Il s'ensuit qu'en un nombre fini de points de la surface $z = f(x, y)$, et non le long d'une ligne comme on l'avait d'abord présumé, nous obtenons un faisceau de surfaces, au lieu d'une surface osculatrice unique du second degré [2].

---

[1] Elles expriment, comme on le vérifie aisément, que le polynome du troisième degré $g\lambda^3 + 3h\lambda^2 + 3k\lambda + l$ est exactement divisible par $r\lambda^2 + 2s\lambda + t$.

[2] Il est remarquable qu'on trouve des lignes en appliquant cette théorie aux surfaces du troisième degré; ces lignes sont les 27 droites situées sur ces surfaces.

SUR LES

ÉQUATIONS DIFFÉRENTIELLES LINÉAIRES.

Bulletin des Sciences mathématiques, 2e série, t. III, 1879, p. 311-325.

C'est à Euler qu'est due la première méthode d'intégration de ces équations dans le cas où, les coefficients étant supposés constants, l'équation a la forme

$$\alpha y + \beta \frac{dy}{dx} + \gamma \frac{d^2 y}{dx^2} + \ldots + \frac{d^n y}{dx^n} = 0.$$

Cauchy a ensuite donné une seconde méthode, qui est celle que nous allons exposer.

A cette équation différentielle, Cauchy a rattaché l'équation algébrique suivante

$$\alpha + \beta z + \gamma z^2 + \ldots + z^n = 0,$$

obtenue en remplaçant les dérivées successives de la fonction y par les puissances de l'inconnue z, dont les exposants sont respectivement égaux aux ordres de dérivation. Soit $F(z)$ le premier membre de cette équation, que Cauchy a appelée l'*équation caractéristique* de l'équation différentielle proposée. Si nous envisageons l'intégrale suivante

$$y = \int \frac{e^{zx} \Pi(z)}{F(z)} dz,$$

où $\Pi(z)$ est un polynome entier en z à coefficients arbitraires, et si nous supposons cette intégrale effectuée en faisant décrire à la variable z un contour fermé tout à fait quelconque, nous allons montrer que cette intégrale est une solution de l'équation différentielle proposée.

Dans le cas particulier où le contour ne renferme aucun pôle de la fonction $\frac{e^{zx}\Pi(z)}{F(z)}$, c'est-à-dire aucun point qui ait pour affixe une racine de l'équation caractéristique, l'intégrale est nulle, et $y = 0$ est bien une solution de l'équation différentielle proposée; mais c'est dans le cas où le contour renferme des pôles que nous obtenons effectivement des solutions.

Pour démontrer ou plutôt pour vérifier ce théorème, formons les dérivées successives de l'intégrale par rapport à x; nous aurons

$$\frac{dy}{dx} = \int \frac{e^{zx} z \Pi(z)}{F(z)} dz,$$

$$\frac{d^2y}{dx^2} = \int \frac{e^{zx} z^2 \Pi(z)}{F(z)} dz,$$

$$\dots\dots\dots\dots\dots\dots\dots,$$

$$\frac{d^n y}{dx^n} = \int \frac{e^{zx} z^n \Pi(z)}{F(z)} dz,$$

chacune de ces intégrales étant toujours supposée effectuée le long du contour fermé.

Substituons dans l'équation proposée; le premier membre devient

$$\int \frac{e^{zx}\Pi(z)}{F(z)} (\alpha + \beta z + \ldots + z^n) dz.$$

On voit que $F(z)$ disparaît comme facteur commun et que l'intégrale est celle de $e^{zx}\Pi(z)$, qui, effectuée le long du contour fermé, est nulle, puisque $\Pi(z)$ est un polynome entier. L'équation est donc vérifiée, ce qui démontre que, quel que soit le contour fermé d'intégration, l'intégrale

$$\int \frac{e^{zx}\Pi(z)}{F(z)} dz$$

est une solution de l'équation proposée.

Remarque. — $\Pi(z)$ étant un polynome de degré quelconque, il semble qu'il entre dans la solution un nombre quelconque de constantes arbitraires; mais il est facile de voir que ce nombre est au plus égal à n. En effet, on peut toujours, si $\Pi(z)$ est de degré supérieur à celui de $F(z)$, écrire identiquement

$$\frac{\Pi(z)}{F(z)} = \Phi(z) + \frac{\Psi(z)}{F(z)},$$

$\Psi(z)$ étant un polynome entier en z de degré inférieur à n, d'où l'on tire

$$\int \frac{e^{zx}\Pi(z)}{F(z)}dz = \int e^{zx}\Phi(z)\,dz + \int \frac{e^{zx}\Psi(z)}{F(z)}dz;$$

mais, en intégrant le long d'un contour fermé quelconque, on voit que la première intégrale s'évanouit, puisque $\Phi(z)$ est un polynome entier, et il ne reste que la seconde où $\Psi(z)$ renferme au plus n constantes arbitraires, puisque son degré est au plus égal à $n-1$.

Nous allons maintenant passer de l'expression de la solution sous forme d'intégrale à une expression sous forme explicite.

Soit S la somme des résidus de la fonction $\frac{e^{zx}\Pi(z)}{F(z)}$ qui correspondent aux racines du dénominateur affixes de points intérieurs au contour d'intégration.

L'intégrale aura pour valeur $2i\pi S$.

Calculons ces résidus.

Supposons d'abord que l'équation caractéristique n'ait pas de racine multiple, et décomposons la fonction $\frac{\Pi(z)}{F(z)}$ en éléments simples. On peut toujours supposer que le degré $\Pi(z)$ est inférieur à celui de $F(z)$; par suite, le résultat de la décomposition sera

$$\frac{\Pi(z)}{F(z)} = \frac{A}{z-a} + \frac{B}{z-b} + \ldots + \frac{L}{z-l}.$$

Faisons $z = a + h$ dans la fonction $\frac{e^{zx}\Pi(z)}{F(z)}$; elle devient

$$\begin{aligned}\frac{e^{x(a+h)}\Pi(a+h)}{F(a+h)} &= e^{ax}\left(1 + \frac{hx}{1} + \frac{h^2x^2}{1.2} + \ldots\right)\\ &\quad\times\left(\frac{A}{h} + p + qh + rh^2 + \ldots\right),\end{aligned}$$

puisque le terme $\frac{A}{z-a}$ donne seul un terme en $\frac{1}{h}$. Le résidu sera donc égal à Ae^{ax}; on a donc pour première solution, en intégrant le long d'un contour qui ne contient que la racine a, $2i\pi Ae^{ax}$. En général, le contour pouvant contenir un nombre quelconque de pôles de la fonction $\frac{e^{zx}\Pi(z)}{F(z)}$, la solution générale sera de la forme

$$y = A\,e^{ax} + B\,e^{bx} + \ldots + L\,e^{lx},$$

a, b, ..., l étant les racines de l'équation caractéristique, et A, B, ..., L, n constantes arbitraires qui peuvent être nulles et qui renferment le facteur $2i\pi$.

Supposons maintenant que l'équation caractéristique ait des racines multiples, et soit

$$F(z) = (z-a)^{\alpha+1}(z-b)^{\beta+1}\ldots(z-l)^{\lambda+1}.$$

La formule de décomposition est alors

$$\begin{aligned}\frac{\Pi(z)}{F(z)} = {} & \frac{A}{z-a} + \frac{B}{(z-b)} + \ldots \\ & + \frac{A_1}{(z-a)^2} + \frac{B_1}{(z-b)^2} + \ldots \\ & + \ldots\ldots\ldots\ldots\ldots\ldots \\ & + \frac{A_\alpha}{(z-a)^{\alpha+1}} + \frac{B_\beta}{(z-b)^{\beta+1}} + \ldots\end{aligned}$$

Nous aurons, en faisant $z = a + h$,

$$\frac{\Pi(a+h)}{F(a+h)} = \frac{A}{h} + \frac{A_1}{h^2} + \ldots + \frac{A_\alpha}{h^{\alpha+1}},$$

les termes suivants ne contenant pas de puissances négatives de h; d'ailleurs,

$$e^{x(a+h)} = e^{ax}\left(1 + \frac{hx}{1} + \frac{h^2x^2}{1.2} + \ldots + \frac{h^\alpha x^\alpha}{1.2\ldots\alpha} + \ldots\right).$$

Pour avoir le résidu correspondant à $z = a$, c'est-à-dire le coefficient du terme en $\frac{1}{h}$ dans le développement de $\frac{\Pi(a+h)}{F(a+h)}e^{x(a+h)}$, il suffit de multiplier les coefficients des termes qui se correspondent dans les seconds membres des deux égalités précédentes. On trouve ainsi pour expression du résidu, et par conséquent pour une solution de l'équation différentielle proposée,

$$2i\pi\,e^{ax}\left(A + \frac{A_1x}{1} + \ldots + \frac{A_\alpha x^\alpha}{1.2\ldots\alpha}\right).$$

La solution générale sera donc de la forme

$$\begin{aligned}& e^{ax}(\mathcal{A} + \mathcal{A}_1x + \ldots + \mathcal{A}_\alpha x^\alpha) + e^{bx}(\mathcal{B} + \mathcal{B}_1x + \ldots + \mathcal{B}_\beta x^\beta) + \ldots \\ & \qquad + e^{lx}(\mathcal{L} + \mathcal{L}_1x + \ldots + \mathcal{L}_\lambda x^\lambda),\end{aligned}$$

et, comme

$$(\alpha+1)+(\beta+1)+\ldots+(\lambda+1)=n,$$

on voit que la solution générale contient n coefficients arbitraires.

Faisons une vérification dans le cas des racines simples.

Montrons d'abord que $y = \mathrm{A}e^{ax}$ est une solution; nous partirons de là pour vérifier la solution générale. Soit donc

$$\begin{aligned} y &= \mathrm{A}\,e^{ax},\\ \frac{dy}{dx} &= \mathrm{A}\,a\,e^{ax},\\ \frac{d^2y}{dx^2} &= \mathrm{A}\,a^2\,e^{ax},\\ &\ldots\ldots\ldots\ldots,\\ \frac{d^ny}{dx^n} &= \mathrm{A}\,a^n\,e^{ax}. \end{aligned}$$

Substituant dans l'équation différentielle, le premier membre devient

$$\mathrm{A}\,e^{ax}(\alpha+\beta a+\gamma a^2+\ldots+a^n).$$

Or le second facteur n'est autre chose que $\mathrm{F}(a)$; il est donc nul, puisque $\mathrm{F}(z)=0$ admet la racine a. Donc $y=\mathrm{A}e^{ax}$ est une solution.

Je dis que, si y_1 et y_2 sont des solutions, il en est de même de y_1+y_2.

En effet, si l'on a

$$\alpha y_1+\beta\frac{dy_1}{dx}+\gamma\frac{d^2y_1}{dx^2}+\ldots+\frac{d^ny_1}{dx^n}=0,$$

$$\alpha y_2+\beta\frac{dy_2}{dx}+\gamma\frac{d^2y_2}{dx^2}+\ldots+\frac{d^ny_2}{dx^n}=0,$$

il vient, en ajoutant,

$$\alpha(y_1+y_2)+\beta\frac{d}{dx}(y_1+y_2)+\gamma\frac{d^2}{dx^2}(y_1+y_2)+\ldots=0,$$

ce qui montre que y_1+y_2 est une solution. Il en serait de même de la somme d'un nombre quelconque de solutions de la forme $\mathrm{A}e^{ax}$, ce qui vérifie la solution générale

$$\mathrm{A}\,e^{ax}+\mathrm{B}\,e^{bx}+\ldots+\mathrm{L}\,e^{lx}.$$

Passons au cas des racines multiples. La vérification est moins immédiate. Nous considérerons, pour y parvenir, une transformée de l'équation différentielle proposée, dont la variable z sera liée à la variable y par la relation

$$y = e^{mx} z,$$

m étant une constante arbitraire. Formons les dérivées successives de y; on aura

$$\frac{dy}{dx} = e^{mx}(mz + z'),$$

$$\frac{d^2y}{dx^2} = e^{mx}(m^2 z + 2mz' + z''),$$

$$\dots\dots\dots\dots\dots\dots$$

On voit que, en substituant dans l'équation proposée, on obtient le produit de e^{mx} par une fonction linéaire de z et de ses dérivées.

Nous avons donc identiquement

$$\alpha y + \beta \frac{dy}{dx} + \dots + \frac{d^n y}{dx^n} = e^{mx}(Gz + Hz' + \dots + Lz^{(n)}).$$

Pour calculer les coefficients constants G, H, ..., L, remarquons que nous n'avons fait aucune hypothèse sur la nature de z, qui est une fonction quelconque de x. Faisons $z = e^{hx}$, h étant une constante; nous devons avoir identiquement, en divisant les deux membres par le facteur $e^{(m+h)x}$,

$$\alpha + \beta(m+h) + \gamma(m+h)^2 + \dots + (m+h)^n = G + Hh + \dots + Lh^n.$$

Le premier membre est $F(m+h)$; l'identité précédente devant avoir lieu quel que soit h, les coefficients G, H, ... doivent être égaux respectivement aux coefficients des puissances successives de h dans le développement de $F(m+h)$. On a donc

$$G = F(m),$$
$$H = F'(m),$$
$$\dots\dots\dots,$$
$$L = \frac{F^n(m)}{1.2\dots n}.$$

L'équation transformée est donc la suivante :

$$e^{mx}\left[zF(m) + \frac{dz}{dx}F'(m) + \frac{d^2z}{dx^2}\frac{F''(m)}{1.2} + \dots\right] = 0.$$

Supposons que m soit une racine simple de l'équation caractéristique; alors $F(m) = 0$. L'équation précédente commence par un terme en $\frac{dz}{dx}$; elle est donc vérifiée si l'on suppose que z est une constante A. L'équation proposée aura pour solution correspondante

$$y = A e^{mx}.$$

Si m est une racine double, on a $F(m) = 0$, $F'(m) = 0$; la transformée, commençant par un terme en $\frac{d^2 z}{dx^2}$, est vérifiée si l'on suppose que z est un binome du premier degré en $x (z = A + Bx)$. La solution correspondante pour l'équation proposée est

$$y = e^{mx}(A + Bx).$$

On verrait de même que, si m est une racine d'ordre de multiplicité $\alpha + 1$ de la caractéristique, on a pour solution de l'équation différentielle

$$y = e^{mx}(A + Bx + \ldots + Lx^{\alpha}),$$

A, B, ..., L étant des coefficients arbitraires.

Nous allons maintenant déterminer les constantes arbitraires que renferme la solution générale de l'équation différentielle linéaire, de façon que pour une valeur particulière de x, pour $x = 0$ par exemple, la fonction y et ses dérivées successives prennent des valeurs données.

Voici quelle était la méthode suivie avant que Cauchy eût donné une solution générale de ce problème. Prenons le cas où $F(z)$ n'a que des racines simples; la solution est de la forme

$$y = A e^{ax} + B e^{hx} + \ldots + L e^{lx}.$$

On forme les $(n - 1)$ premières dérivées, on y fait $x = 0$, et, en égalant les valeurs qu'elles prennent aux valeurs données $y_0, y'_0, \ldots, y_0^{n-1}$, on obtient, pour déterminer A, B, ..., L, les n équations suivantes :

$$\begin{aligned}
A + B + \ldots + L &= y_0,\\
Aa + Bb + \ldots + Ll &= y'_0,\\
&\ldots\ldots\ldots\ldots,\\
Aa^{n-1} + Bb^{n-1} + \ldots + Ll^{n-1} &= y_0^{(n-1)}.
\end{aligned}$$

Quand on passe au cas où l'équation caractéristique a des racines multiples, cette méthode est d'une application difficile, puisque les dérivées de y sont plus compliquées et que les diverses racines n'entrent plus de la même manière dans les équations à résoudre.

Cauchy a donné une méthode très simple, qui est la même dans le cas des racines simples et des racines multiples.

Reprenons la solution de l'équation différentielle sous la forme

$$y = \frac{1}{2i\pi}\int \frac{e^{zx}\Pi(z)}{F(z)}\,dz;$$

pour que cette intégrale soit la solution générale, il faut supposer que le contour d'intégration renferme à son intérieur tous les points dont les affixes sont des racines de $F(z)$, et, comme l'intégrale ne change pas de valeur quand on agrandit le contour, je supposerai que c'est un cercle dont le centre est à l'origine des coordonnées et dont le rayon sera très grand.

Il s'agit de déterminer les coefficients de $\Pi(z)$ de sorte que, pour $x = 0$, $\frac{1}{2i\pi}\int \frac{e^{zx}\Pi(z)}{F(z)}\,dz$ et ses $n-1$ premières dérivées prennent les valeurs données, que je supposerai être $y_0, y'_0, \ldots, y_0^{(n-1)}$; nous avons les n équations

$$\frac{1}{2i\pi}\int \frac{\Pi(z)}{F(z)}\,dz = y_0,$$

$$\frac{1}{2i\pi}\int \frac{z\Pi(z)}{F(z)}\,dz = y'_0,$$

$$\frac{1}{2i\pi}\int \frac{z^2\Pi(z)}{F(z)}\,dz = y''_0,$$

$$\ldots\ldots\ldots\ldots\ldots\ldots,$$

$$\frac{1}{2i\pi}\int \frac{z^{n-1}\Pi(z)}{F(z)}\,ds = y_0^{(n-1)}.$$

Pour obtenir ces diverses intégrales, développons $\frac{\Pi(z)}{F(z)}$ suivant les puissances décroissantes de la variable; $\Pi(z)$ étant en général de degré $n-1$, le premier terme du développement sera du degré -1 en z, et l'on aura

$$\frac{\Pi(z)}{F(z)} = \frac{\varepsilon_0}{z} + \frac{\varepsilon_1}{z^2} + \frac{\varepsilon_2}{z^3} + \ldots + \frac{\varepsilon_{n-1}}{z^n} + \ldots.$$

En effectuant le long du cercle de rayon infini les n intégrales précédentes, il suffira d'avoir égard dans chaque développement au terme en $\frac{1}{z}$, et nous nous trouverons immédiatement amenés aux relations

$$\begin{aligned} \varepsilon_0 &= y_0, \\ \varepsilon_1 &= y'_0, \\ &\ldots\ldots, \\ \varepsilon_{n-1} &= y_0^{n-1}, \end{aligned}$$

puisque les valeurs des intégrales sont respectivement

$$\varepsilon_0, \quad \varepsilon_1, \quad \ldots, \quad \varepsilon_{n-1}.$$

Nous connaissons ainsi dans le développement de $\frac{\Pi(z)}{F(z)}$ les coefficients des termes de degré égal ou supérieur à $-n$; cela suffit pour déterminer complètement $\Pi(z)$, puisqu'on a identiquement

$$\Pi(z) = F(z)\left(\frac{y_0}{z} + \frac{y'_0}{z^2} + \ldots + \frac{y_0^{n-1}}{z^n}\right)$$

et que $\Pi(z)$ doit être un polynome entier; par conséquent, $F(z)$ étant de degré n, on voit que les n premiers termes de la série sont seuls utiles à la détermination de ce polynome et qu'on obtient

$$\begin{aligned} \Pi(z) = {} & y_0(\beta + \gamma z + \delta z^2 + \ldots + z^{n-1}) \\ & + y'_0(\gamma + \delta z + \ldots + z^{n-2}) \\ & + y''_0(\delta + \varepsilon z + \ldots + z^{n-3}) \\ & + \ldots\ldots\ldots\ldots\ldots\ldots\ldots \\ & + y_0^{n-1}. \end{aligned}$$

On a donc $\Pi(z)$ par une méthode qui s'applique aussi bien au cas des racines simples qu'à celui des racines multiples. Cela étant, et pour obtenir explicitement la valeur de y, il suffira, connaissant $\Pi(z)$, de calculer les résidus de la fonction $\frac{e^{zx}\Pi(z)}{F(z)}$. Ce calcul, que nous avons effectué précédemment, n'exige, comme on l'a vu, que l'opération algébrique élémentaire de la décomposition de la fraction rationnelle $\frac{\Pi(z)}{F(z)}$ en fractions simples.

Comme application des formules obtenues dans la dernière Leçon pour l'intégration des équations linéaires à coefficients constants sans second membre, je prendrai l'équation

$$\frac{d^2 y}{dx^2} + n^2 y^2 = 0,$$

qui se rencontre dans les applications de l'Analyse à la Physique, et en particulier à l'Optique. Elle appartient à un type déjà étudié d'équations différentielles du second ordre; mais nous la traiterons suivant les procédés que nous venons d'expliquer.

L'équation caractéristique est $z^2 + n^2 = 0$; elle admet les deux racines $z = \pm in$. Si nous voulons que, pour $x = 0$, y et y' prennent certaines valeurs fixées d'avance, y_0 et y'_0, il faudra déterminer le polynome entier $\Pi(z)$ par la relation

$$\frac{\Pi(z)}{F(z)} = \frac{y_0}{z} + \frac{y'_0}{z^2} + \frac{y''_0}{z^3} + \ldots,$$

qui donne, en multipliant les deux membres par $F(z)$ et ne conservant dans le second que les termes ne contenant pas z en dénominateur,

$$\Pi(z) = y_0 z + y'_0.$$

La fonction $\frac{e^{zx}\Pi(z)}{F(z)}$, dont on doit calculer les résidus, est $\frac{y_0 z + y'_0}{z^2 + n^2} e^{zx}$; pour une racine z, son résidu est $\frac{e^{zx}\Pi(z)}{F(z)}$ ou $\frac{1}{2}\left(y_0 + \frac{y'_0}{z}\right) e^{zx}$; pour la racine $-z$, ce sera $\frac{1}{2}\left(y_0 - \frac{y'_0}{z}\right) e^{-zx}$. La somme de ces deux résidus est alors

$$\frac{1}{2} y_0 (e^{zx} + e^{-zx}) + \frac{1}{2} y'_0 \frac{e^{zx} - e^{-zx}}{z};$$

en y faisant $z = in$, on trouve l'intégrale cherchée

$$y_0 \cos nx + y'_0 \frac{\sin nx}{n}.$$

D'après la forme de l'équation différentielle, il est évident que, si l'on a une solution $y = \varphi(z)$, $y_1 = \varphi(x + c)$ sera encore une solution, c étant une constante quelconque. On profite de cette remarque pour mettre l'intégrale sous une forme telle qu'elle prenne des valeurs y_0 et y'_0, non plus pour la valeur $x = 0$, mais pour une valeur quelconque $x = c$; il suffit de prendre

$$y = y_0 \cos n x(x - c) + y'_0 \frac{\sin n(x - c)}{n}.$$

Cette intégrale, comme on voit, est une expression réelle, bien que les racines de l'équation soient imaginaires; or, en général, étant donnée une équation différentielle linéaire sans second membre et à coefficients constants, je dis que, si ces coefficients sont réels, ainsi que les quantités $y_0, y'_0, y''_0, \ldots$, on pourra mettre aisément l'intégrale sous forme explicitement réelle. En effet, a étant une racine imaginaire de l'équation caractéristique, on prendra sa conjuguée b et l'on considérera les deux termes $A e^{ax} + B e^{bx}$. A et B sont évidemment conjugués, puisque ce sont les résidus d'une même fonction réelle $\frac{\Pi(z)}{F(z)}$ pour deux racines conjuguées du dénominateur.

Supposons que $a = \alpha + i\beta$, $b = \alpha - i\beta$ et $A = P + iQ$, $B = P - iQ$; nous aurons

$$\begin{aligned} A\, e^{ax} + B\, e^{bx} &= A\, e^{\alpha x}(\cos\beta x + i \sin\beta x) + B\, e^{\alpha x}(\cos\beta x - i \sin\beta x) \\ &= e^{\alpha x} \cos\beta x (A + B) + e^{\alpha x} \sin\beta x (A - B) i \\ &= 2 P\, e^{\alpha x} \cos\beta x - 2 Q\, e^{\alpha x} \sin\beta x, \end{aligned}$$

quantité qui est en effet réelle.

Nous avons vu tout à l'heure que, étant donnée une solution de $\frac{d^2y}{dx^2} + n^2 y = 0$, en y changeant x en $x + c$, on a encore une solution. Cela se voit immédiatement sur la forme générale $y = A e^{ax} + B e^{bx} + \ldots$, car les différents termes se trouvent simplement multipliés par e^{ax}, e^{bx}, ce qui revient à changer les constantes A, B, qui sont arbitraires.

Équations linéaires à second membre et à coefficients constants.

Je supposerai que, ce second membre étant un polynome entier $f(x)$ de degré p, l'équation proposée soit

$$\alpha y + \beta \frac{dy}{dx} + \gamma \frac{d^2 y}{dx^2} + \ldots + \frac{d^n y}{dx^n} = f(x).$$

Si je prends la dérivée d'ordre $p + 1$ des deux membres, je trouverai

$$\alpha \frac{d^{p+1}y}{dx^{p+1}} + \beta \frac{d^{p+2}y}{dx^{p+2}} + \ldots + \frac{d^{n+p+1}y}{dx^{n+p+1}} = 0,$$

que je sais intégrer et dont les solutions fourniront celles de la proposée. A la vérité, cette nouvelle équation est plus générale que la première; aussi devrons-nous particulariser le résultat obtenu.

L'équation caractéristique est

$$\alpha z^{p+1} + \beta z^{p+2} + \ldots + z^{n+p+1} = 0.$$

Le premier membre est z^{p+1} multiplié par le premier membre de l'équation caractéristique qui correspondrait à l'équation différentielle proposée sans second membre. On sait qu'une racine a d'ordre $(p+1)$ de l'équation caractéristique donne dans l'intégrale un terme $e^{ax}(g + hx + \ldots + x^p)$. Ici $a = 0$; on aura donc simplement un polynome de degré p, $F(x)$, auquel il faudra ajouter l'ensemble des termes correspondant aux racines simples ou multiples de l'équation caractéristique

$$\alpha + \beta z + \ldots + z^n = 0.$$

La valeur de y sera donc

$$y = F(x) + A\, e^{ax} + B\, e^{bx} + \ldots,$$

où la partie ajoutée à $F(x)$ représente la solution de l'équation proposée, privée de second membre.

Il s'agit maintenant de déterminer les coefficients de $F(x)$; on pourrait le faire en effectuant la substitution de cette valeur de y dans l'équation proposée, et il n'y aura qu'à s'occuper des termes produits par $F(x)$ et ses dérivées successives et identifier la somme de ces termes au second membre $f(x)$.

Mais nous donnerons le moyen de déterminer plus rapidement les coefficients de $F(x)$. Effectuons la division $\dfrac{1}{\alpha + \beta z + \gamma z^2 + \ldots}$, et représentons le quotient par $\alpha_0 + \beta_0 z + \gamma_0 z^2 + \delta_0 z^3 + \ldots$. Les coefficients α_0, β_0, γ_0, ... seront liés par les relations

$$(1)\qquad \left\{\begin{aligned} \alpha\alpha_0 &= 1, \\ \alpha\beta_0 + \beta\alpha_0 &= 0, \\ \alpha\gamma_0 + \beta\beta_0 + \gamma\alpha_0 &= 0, \\ &\ldots\ldots\ldots\ldots \end{aligned}\right.$$

Cela étant, je dis que

$$F(x) = \alpha_0 f(x) + \beta_0 f'(x) + \gamma_0 f''(x) + \ldots,$$

série qui s'arrêtera d'elle-même quand on arrivera à $f^{p+1}(x)$, qui est nul.

Pour vérifier cette valeur de $F(x)$, il suffit de faire la substitution comme il a été dit tout à l'heure; or on trouvera ainsi

$$\alpha\alpha_0 f(x) + (\alpha\beta_0 + \beta\alpha_0) f'(x) + (\alpha\gamma_0 + \beta\beta_0 + \gamma\alpha_0) f''(x) + \ldots,$$

qui doit être identique à $F(x)$, et cette condition est satisfaite d'après les relations (1).

Comme exemple, je prendrai l'équation linéaire du premier ordre

$$\frac{dy}{dx} + ay = f(x),$$

que nous savons déjà intégrer; nous allons ainsi retrouver le résultat précédemment obtenu. En appliquant la méthode qui vient d'être exposée, nous ferons le quotient

$$\frac{1}{a+z} = \frac{1}{a} - \frac{z}{a^2} + \frac{z^2}{a^3} - \ldots.$$

En posant alors

$$F(x) = \frac{f(x)}{a} - \frac{f'(x)}{a^2} + \frac{f''(x)}{a^3} - \ldots,$$

la solution générale sera

$$y = c\, e^{-ax} + F(x).$$

Remarque. — Dans un grand nombre de questions, on se sert, comme nous l'avons fait ici, d'une fonction $\varphi(x) = \alpha + \beta x + \gamma x^2 + \ldots$, dans laquelle les exposants de la variable correspondent à des indices de dérivation d'une fonction donnée $F(x)$. Lorsqu'on déduit ainsi de $F(x)$ la nouvelle fonction $\alpha F(x) + \beta F'(x) + \gamma F''(x) + \ldots$, cela s'appelle *opérer* sur $F(x)$ à l'aide de $\varphi(x)$.

En terminant, nous indiquerons, sans la démontrer, la conséquence suivante : *Lorsque l'équation caractéristique a toutes ses racines réelles, le nombre des racines réelles de* $F(x)$ *est au plus égal au nombre des racines réelles de* $f(x)$.

SUR

L'INDICE DES FRACTIONS RATIONNELLES.

Bulletin de la Société mathématique de France, t. VII, 1879, p. 128-131.

Soient U et V deux polynomes de degré n et $n-1$, que je supposerai premiers entre eux; je me propose de montrer, par une considération directe et entièrement élémentaire, que l'indice de la fraction $\frac{V}{U}$, entre les limites $-\infty$ et $+\infty$ de la variable, donne la différence entre le nombre des racines imaginaires de l'équation $U+iV=0$, où le coefficient de i est positif, et le nombre de ces racines où il est négatif. Soit, à cet effet,

$$U+iV=(x-a_1-ib_1)(x-a_2-ib_2)\ldots(x-a_n-ib_n),$$

et posons

$$U_1+iV_1=(x-a_2-ib_2)\ldots(x-a_n-ib_n),$$

de sorte qu'on ait

$$U+iV=(x-a_1-ib_1)(U_1+iV_1),$$

et, par conséquent,

$$U=(x-a_1)U_1+b_1V_1,$$
$$V=-b_1U_1+(x-a_1)V_1,$$

Je remarque d'abord qu'il résulte de ces relations que les polynomes U et U_1 sont premiers entre eux; car autrement U et V auraient un diviseur commun, contre la supposition faite. Cela posé, l'égalité

$$(U+iV)(U_1-iV_1)=(x-a_1-ib_1)(U_1^2+V_1^2)$$

donne, en égalant dans les deux membres les coefficients de i,

$$VU_1 - UV_1 = -b_1(U_1^2 + V_1^2)$$

ou bien

$$\frac{V}{U} - \frac{V_1}{U_1} = -\frac{b_1(U_1^2 + V_1^2)}{UU_1}.$$

Faisons croître maintenant la variable de $-\infty$ à $+\infty$; puisque les polynomes U et U_1 ne peuvent s'évanouir pour la même valeur, on voit que l'indice du premier membre sera la différence des indices des fractions $\frac{U}{V}$ et $\frac{U_1}{V_1}$, qui va s'obtenir immédiatement.

Supprimons, en effet, le facteur positif $U_1^2 + V_1^2$; nous sommes amené à la quantité $\frac{-b_1}{UU_1}$, dont la réciproque a un indice nul, de sorte qu'il suffit d'appliquer la proposition contenue dans l'égalité

$$\mathop{\mathbf{I}}_{x_0}^{x_1} f(x) + \mathop{\mathbf{I}}_{x_0}^{x_1} \frac{1}{f(x)} = \varepsilon,$$

où $\varepsilon = +1$ lorsque $f(x_0) > 0$, $f(x_1) < 0$, $\varepsilon = -1$ si l'on a $f(x_0) < 0$, $f(x_1) > 0$, et enfin $\varepsilon = 0$ lorsque $f(x_0)$ et $f(x_1)$ sont de même signe. Dans le cas présent, $x_0 = -\infty$, $x_1 = +\infty$; d'ailleurs U et U_1 sont de degrés n et $n-1$: il en résulte que ε sera $+1$ ou -1 suivant que b_1 sera positif ou négatif.

La proposition énoncée à l'égard de l'équation $U + iV = 0$, de degré n, se trouve ainsi ramenée au cas de l'équation $U_1 + iV_1 = 0$, dont le degré est moindre d'une unité, et, de proche en proche, on arrivera au cas le plus simple, à savoir

$$x - a_n - ib_n = 0,$$

où elle se vérifie immédiatement.

Une première conséquence à en tirer, c'est que, en désignant par I l'indice de $\frac{V}{U}$, c'est-à-dire l'excès du nombre de fois que cette fraction, en devenant infinie, passe du positif au négatif sur le nombre de fois qu'elle passe du négatif au positif, le nombre des racines imaginaires de l'équation $U + iV = 0$ dans lesquelles le coefficient de i est positif est donné par la formule $\frac{I + n}{2}$.

Supposons ensuite que, en changeant x en $x + i\lambda$, $U + iV$ devienne $U_\lambda + iV_\lambda$, et soit I_λ l'indice de $\frac{V_\lambda}{U_\lambda}$. Le nombre des racines de l'équation proposée dans lesquelles le coefficient de i est supérieur à λ sera $\frac{I_\lambda + n}{2}$; la formule $\frac{I_\lambda - I_{\lambda'}}{2}$ donnera donc, en supposant $\lambda < \lambda'$, le nombre des racines où le coefficient de i est compris entre les deux limites λ et λ'. La transformée déduite de l'équation $U + iV = 0$ par le changement de x en ix conduira d'ailleurs de la même manière au nombre des racines dont la partie réelle est dans un intervalle donné. Considérons encore l'équation en y obtenue en faisant

$$y = \frac{x - g}{h - x}$$

et la droite passant par les points dont les affixes sont g et h. L'indice relatif à cette nouvelle transformée donnera le nombre des racines de la proposée qui sont au-dessus ou au-dessous de cette droite, et, si nous remplaçons g et h par $g + k$ et $h + k$, de manière à définir une seconde droite parallèle à la première, la demi-différence des indices relatifs aux deux transformées représentera le nombre des racines comprises entre les deux parallèles.

En dernier lieu, je remarquerai que, si l'on suppose les quantités $b_1, b_2, \ldots, b_n$ toutes de même signe, on a

$$I = +n \quad \text{ou} \quad I = -n,$$

selon qu'elles seront positives ou négatives. Dans les deux cas, la fraction $\frac{V}{U}$ doit, par conséquent, passer n fois par l'infini lorsque la variable croît de $-\infty$ à $+\infty$; ainsi l'équation $U = 0$ a nécessairement toutes ses racines réelles. C'est donc un nouvel exemple qui s'ajoute, en Algèbre, à l'équation dont dépendent les inégalités séculaires du mouvement elliptique des planètes et qui a été l'objet du travail célèbre de notre confrère M. Borchardt. Je ne tenterai point de suivre la voie qu'a ouverte l'illustre géomètre en appliquant le théorème de Sturm à l'équation $U = 0$ pour obtenir, sous forme de sommes de carrés, les fonctions littérales dont dépendent les conditions de réalité des racines; mais je saisis l'occasion d'employer, pour démontrer directement la propriété que j'ai en vue, une méthode que Sturm a lui-même donnée dans une Note du *Journal de M. Liouville*, publiée à la suite d'un travail de M. Gascheau, intitulé *Application du théorème de Sturm aux transformées des équations binomes*, t. VII, p. 126 (*voir* aussi le *Cours d'Algèbre supérieure* de M. Serret, t. I, p. 183). J'introduis, à cet effet, la série entière des polynomes $U_1, U_2, \ldots, U_{n-1}$, en posant

$$U_k + iV_k = (x - a_{k+1} - ib_{k+1})(x - a_{k+2} - ib_{k+2})\ldots(x - a_n - ib_n),$$

et je remarque que la suite

$$U, \quad U_1, \quad U_2, \quad \ldots, \quad U_{n-1}, \quad 1$$

présente n variations pour $x = -\infty$ et n permanences pour $x = +\infty$. J'observe ensuite que trois fonctions consécutives quelconques, par exemple U, U_1, U_2, sont liées par la relation

$$b_2 U - [b_1(x - a_2) + b_2(x - a_1)] U_1 + b_1[(x - a_2)^2 + b_2^2] U_2 = 0.$$

Sous la condition admise à l'égard des quantités $b_1, b_2, \ldots$, on voit donc que, quand une fonction s'annule, la précédente et la suivante sont de signes contraires; il en résulte que, en faisant croître la variable de $-\infty$ à $+\infty$, des changements dans le nombre des variations de la suite considérée ne peuvent se produire qu'autant que c'est la première fonction qui s'évanouit. Puisqu'on perd n variations, il est donc démontré que le polynome U passe n fois par zéro; en même temps que nous voyons que, à l'égard de U, la fonction U_1 possède la propriété caractéristique de la dérivée, c'est-à-dire que le rapport $\frac{U}{U_1}$ passe toujours, en s'évanouissant, du négatif au positif, pour des valeurs croissantes de la variable.

EXTRAIT D'UNE LETTRE DE M. CH. HERMITE A M. BORCHARDT.

SUR UNE EXTENSION DONNÉE A LA THÉORIE DES FRACTIONS CONTINUES

PAR M. TCHEBYCHEF.

Journal de Crelle, t. 88, 1879, p. 10-15.

M. Tchebychef m'a fait part, dans un entretien, d'un théorème arithmétique qui m'a vivement intéressé. Il a établi, dans un Mémoire publié en langue russe dans les *Mémoires de Saint-Pétersbourg* et dont sans lui je n'aurais jamais eu connaissance, cette proposition extrêmement remarquable, qu'il existe une infinité de systèmes de nombres entiers x et y tels que la fonction linéaire

$$x - ay - b,$$

où a et b sont deux constantes quelconques, soit plus petite en valeur absolue que $\frac{1}{2y}$. C'est, comme vous voyez, le résultat fondamental de la théorie des fractions continues, étendu à une expression toute différente, et qui ouvre la voie à bien des recherches. Dans une lettre adressée à M. Braschmann, et publiée dans le *Journal de Liouville*, 2e série, t. X, M. Tchebychef, appliquant cette même conception à l'Algèbre, considère l'expression

$$X - UY - V,$$

où U et V sont deux fonctions quelconques d'une variable x, et il détermine des polynomes entiers par rapport à cette variable, X et Y, tels qu'en ordonnant suivant les puissances décroissantes, le degré soit le nombre négatif le plus grand possible en valeur absolue. Les recherches de l'illustre géomètre sur la question sont extrêmement belles ; à bien des titres elles sont pour moi du plus grand intérêt, et voici une remarque à laquelle elles m'ont amené. Me plaçant d'abord au point de vue arithmétique, je suppose que a soit une quantité positive ; les valeurs entières de x et y s'obtiennent alors comme il suit. Soient $\frac{m}{n}$, $\frac{m'}{n'}$ deux réduites consécutives du développement en fraction continue de a; posons

$$nb = \mathrm{N} + \omega, \qquad n'b = \mathrm{N}' + \omega',$$

en désignant par N et N′ des nombres entiers, par ω et ω' des quantités inférieures en valeur absolue à $\frac{1}{2}$. Soit encore, pour abréger,

$$\varepsilon = mn' - m'n = \pm 1\,;$$

on aura

$$\varepsilon x = m\mathrm{N}' - m'\mathrm{N}, \qquad \varepsilon y = n\mathrm{N}' - n'\mathrm{N}.$$

Ces formules donnent en effet

$$\begin{aligned}\varepsilon(x - ay) &= (m - an)\mathrm{N}' - (m' - an')\mathrm{N}\\ &= (m - an)(n'b - \omega') - (m' - an')(nb - \omega)\\ &= \varepsilon b + \omega(m' - an') - \omega'(m - an),\end{aligned}$$

de sorte qu'il vient déjà

$$\varepsilon(x - ay - b) = \omega(m' - an') - \omega'(m - an).$$

Employons maintenant la quantité λ qu'on nomme *quotient complet* dans la théorie des fractions continues et qui résulte de l'égalité

$$a = \frac{m'\lambda + m}{n'\lambda + n};$$

on aura

$$m - an = \frac{\varepsilon\lambda}{n'\lambda + n}, \qquad m' - an' = -\frac{\varepsilon}{n'\lambda + n}$$

et, par suite,

$$\omega(m' - an') - \omega'(m - an) = -\varepsilon\frac{\omega'\lambda + \omega}{n'\lambda + n},$$

quantité moindre, d'après les limitations de ω et ω', que

$$\frac{1}{2}\frac{\lambda+1}{n'\lambda+n}.$$

Mais cette expression décroît avec λ sous la condition $n'>n$, qui est ici remplie; son maximum a donc lieu pour $\lambda=1$, et de là résulte qu'on peut poser

$$x-ya-b=\frac{\theta}{n'+n},$$

θ étant compris entre -1 et $+1$. Ce point établi, il suffit de remarquer qu'ayant

$$\varepsilon y = n\mathrm{N}'-n'\mathrm{N}=n(n'b-\omega')-n'(nb-\omega),$$

c'est-à-dire

$$\varepsilon y=\omega n'-\omega' n,$$

l'entier y est renfermé entre les limites

$$+\frac{n'+n}{2},\quad -\frac{n'+n}{2},$$

ce qui démontre le beau théorème découvert par M. Tchebychef.

Les expressions de x et y conduisent facilement à une conséquence qu'il n'est pas inutile de remarquer. Supposons qu'on ait $g-ah-b=0$, g et h étant entiers; je dis qu'à partir d'une certaine réduite du développement de a en fraction continue, et pour toutes celles qui suivent, on trouvera constamment $x=g, y=h$. La théorie des fractions continues donnant en effet

$$a=\frac{m}{n}+\frac{\theta}{nn'},\qquad a=\frac{m'}{n'}+\frac{\theta'}{n'n''},$$

où θ et θ' désignent des quantités moindres que l'unité, on obtient, en substituant dans la valeur $b=g-ah$,

$$nb=ng-mh+\frac{\theta h}{n'},\qquad n'b=n'g-m'h+\frac{\theta h}{n''}.$$

Vous voyez donc que, quand n' dépassera $2h$, nous aurons

$$\mathrm{N}=ng-mh,\qquad \mathrm{N}'=n'g-m'h;$$

or en remplaçant dans les formules proposées

$$\varepsilon x = mN' - m'N, \qquad \varepsilon y = nN' - n'N,$$

on en tire sur-le-champ

$$x = g, \qquad y = h.$$

Si l'on suppose $b = a^2$, cette remarque donne un algorithme pour la détermination des diviseurs du second degré des équations algébriques à coefficients entiers, lorsque le coefficient de la plus haute puissance de l'inconnue est l'unité.

Enfin, en passant de l'Arithmétique à l'Algèbre et considérant l'expression $X - UY - V$, où U et V sont des fonctions quelconques dont la partie infinie est de la forme $\frac{a}{x} + \frac{a'}{x^2} + \ldots$, on obtient sous une forme toute semblable les polynomes X et Y qui donnent l'approximation la plus grande de la fonction V, par la formule $X - UY$. Désignons encore par $\frac{M}{N}$, $\frac{M'}{N'}$ deux réduites consécutives du développement de U en fraction continue algébrique; faisons toujours $\varepsilon = MN' - M'N = \pm 1$, et représentons la partie entière du développement d'une fonction $f(x)$ suivant les puissances descendantes de la variable par $[f(x)]$, on aura

$$\varepsilon X = M[N'V] - M'[NV],$$
$$\varepsilon Y = N[N'V] - N'[NV].$$

Soit, de plus, $\frac{M''}{N''}$ la réduite qui suit $\frac{M'}{N'}$ et posons semblablement

$$\varepsilon' X' = M'[N''V] - M''[N'V],$$
$$\varepsilon' Y' = N'[N''V] - N''[N'V].$$

En observant que $\varepsilon' = -\varepsilon$, on en déduira

$$\varepsilon(X' - X) = (M'' - M)[N'V] - M'[NV] - M'[N''V],$$
$$\varepsilon(Y' - Y) = (N'' - N)[N'V] + N'[NV] - N'[N''V].$$

Mais la loi de formation des réduites donnant, si l'on désigne par q le quotient incomplet,

$$M'' = qM' + M, \qquad N'' = qN' + N,$$

vous voyez qu'on obtient

$$\varepsilon(X' - X) = \omega M', \qquad \varepsilon(Y' - Y) = \omega N',$$

en posant

$$\omega = q[N'V] + [NV] - [N''V].$$

Cette formule se simplifie, si l'on remplace dans le dernier terme N'' par sa valeur, et devient évidemment

$$\omega = q[N'V] - [qN'V].$$

De là se tire l'expression des polynomes X et Y sous forme de séries, telle que l'a donnée M. Tchebychef dans sa lettre à M. Braschmann, et je remplis l'intention qu'a bien voulu m'exprimer l'illustre géomètre en vous communiquant ce qui m'a été suggéré par l'étude de son beau travail.

La considération de la forme

$$f = (x - ay - bz)^2 + \frac{y^2}{\delta} + \frac{z^2}{\delta'},$$

où δ et δ sont des quantités variables essentiellement positives, qui donne une démonstration facile des résultats découverts par Dirichlet sur les minima de la fonction linéaire $x - ay - bz$, conduit également à la proposition de M. Tchebychef. Soit d'abord $\delta = t^2 u$, $\delta' = tu^2$, de sorte que l'invariant D ait pour expression $t^3 u^3$, je rappelle qu'un minimum de f, pour des valeurs entières des indéterminées, ayant pour limite supérieure le double de l'invariant, on a, quelles que soient les quantités positives de t et u,

$$(x - ay - bz)^2 + \frac{y^2}{t^2 u} + \frac{z^2}{tu^2} < \frac{\sqrt[3]{2}}{tu},$$

et par conséquent

$$(x - ay - bz)^2 < \frac{\sqrt[3]{2}}{tu}, \qquad x - ay - bz < \sqrt{\frac{2}{27}} \times \frac{1}{yz},$$

puis

$$y^2 < t\sqrt[3]{2}, \qquad z^2 < u\sqrt[3]{2}.$$

Cela posé, je remarque en premier lieu que, si la limite supérieure de z est inférieure à l'unité, on aura $z = 0$, et les minima obtenus en faisant croître t indéfiniment seront ceux de la fonction linéaire $x - ay$ que donne le développement de a en fraction continue.

Concevons ensuite qu'on fasse croître u, la valeur entière de z à partir d'une certaine limite ne sera plus égale à zéro, et il s'agit de prouver qu'en cessant d'être nulle elle devient égale à l'unité. Je me fonderai pour cela sur la remarque suivante : Considérant une forme définie à coefficients variables quelconques $f(x, y, z) = ax^2 + a'y^2 + a''z^2 + \ldots$; je suppose que, pour trois systèmes de valeurs infiniment voisines de ces coefficients, les minima soient

$$f(m, n, p), \quad f(m', n'. p'), \quad f(m'', n'', p'');$$

je dis que le déterminant

$$\Delta = \begin{vmatrix} m & m' & m'' \\ n & n' & n'' \\ p & p' & p'' \end{vmatrix}$$

sera zéro ou l'unité.

Soit en effet D l'invariant de f, $AX^2 + A'Y^2 - A''Z^2 + \ldots$ la transformée qui en résulte en faisant

$$\begin{aligned} x &= mX + m'Y + m''Z, \\ y &= nX + n'Y + n''Z, \\ z &= pX + p'Y + p''Z, \end{aligned}$$

et dont l'invariant sera, par conséquent, $\Delta^2 D$. Comme, pour toute forme définie, le produit des coefficients des carrés des variables surpasse l'invariant, nous aurons $AA'A'' > \Delta^2 D$, ou bien

$$f(m, n, p) f(m', n', p') f(m'', n'', p'') > \Delta^2 D.$$

Mais on peut poser, en négligeant les quantités infiniment petites,

$$f(m, n, p) < D\sqrt[3]{2}, \qquad f(m', n', p') < D\sqrt[3]{2}, \qquad f(m'', n'', p'') < D\sqrt[3]{2},$$

et par conséquent

$$f(m, n, p) f(m', n', p') f(m'', n'', p'') < 2D.$$

Nous en tirons la condition $\Delta^2 < 2$, de sorte qu'on a bien $\Delta = 0$ ou $\Delta = \pm 1$.

Cela établi et revenant à la forme $f = (x - ay - bz)^2 + \frac{y^2}{t^2 u} + \frac{z^2}{tu^2}$, je considère t et u comme l'abscisse et l'ordonnée d'un point rapporté dans un plan à des axes rectangulaires, de sorte qu'à un système de trois entiers, qui donnent le minimum de f, correspond un ensemble de points ou une aire déterminée dans ce plan. De telles aires limitées par la partie positive de l'axe des abscisses s'offrent d'abord lorsqu'en faisant varier t, on suppose u assez petit pour avoir $z = 0$, et à deux aires contiguës appartiennent deux minima successifs de $x - ay$, ou bien deux réduites consécutives $\frac{m}{n}$, $\frac{m'}{n'}$ de a. Vous voyez qu'en un point de la ligne de séparation de ces deux aires voisines, les valeurs des quantités t et u présentent cette circonstance qu'une variation infiniment petite donne les minima correspondant aux deux systèmes m, n, 0 et m', n', 0. Suivons cette ligne jusqu'à son extrémité où elle aboutit à une nouvelle aire placée au-dessus des précédentes et à laquelle appartiennent les nombres m'', n'', p''. Nous introduirons, en supposant p'' différent de zéro, la condition que cette aire ne fasse plus partie de la première série où la troisième indéterminée est toujours nulle. Mais il en résulte que le déterminant

$$\Delta = \begin{vmatrix} m & m' & m'' \\ n & n' & n'' \\ 0 & 0 & p'' \end{vmatrix},$$

ayant pour valeur $\pm p''$, est lui-même alors différent de zéro ; or on a vu dans ce cas qu'il est en valeur absolue égal à l'unité, nous démontrons donc ainsi que $p'' = \pm 1$, ce qui établit bien l'existence du minimum découvert par M. Tchebychef. Enfin et comme conséquence de cette seconde méthode, la limitation précédemment obtenue $x - ay - b < \frac{1}{2y}$ se trouve remplacée par celle-ci : $x - ay - b < \sqrt{\frac{2}{27}}\,\frac{1}{y}$ où le coefficient numérique $\sqrt{\frac{2}{27}}$ est sensiblement plus petit que $\frac{1}{2}$.

Paris, le 22 mars 1879.

FIN DU TOME III.

ERRATA DU TOME I.

Page 168, lignes 18 et 19, *au lieu de* pour des valeurs entières des indéterminées, *lire* pour des valeurs entières des indéterminées, premières entre elles.

Page 179, ligne 9, *au lieu de* comme distincts, *lire* comme non distincts.

ERRATA DU TOME III.

					au lieu de	*lire*
Page	9,	ligne	2,	à partir d'en bas	z_{m1}	z_{m-1}
»	35,	»	3,	» haut	(1	(1)
»	55,	»	1,	» bas	$(f \sin x, \cos x)$	$f(\sin x, \cos x)$
»	68,	»	7,	» bas	$\int \sin^a \cos^b x\, dx$	$\int \sin^a x \cos^b x\, dx$
»	69,	»	4,	» haut	$\int \sin^{a-2n} \cos^b x\, dx$	$\int \sin^{a-2n} x \cos^b x\, dx$
»	77,	»	2,	» haut	$f(\sin x, \cos x$	$f(\sin x, \cos x)$
»	81,	»	3,	» haut	$-\cot\frac{x-\mu}{2}$	$-\cot\frac{x+\mu}{2}$
»	122,	»	9,	» bas	$\frac{dy}{dt}\, d\, \frac{\frac{1}{2\sqrt{x}}}{dx}$	$\frac{dy}{dt}\, \frac{d}{dx}\, \frac{1}{2\sqrt{x}}$
»	150,	»	8,	» haut	$A\sqrt{A}$	$A\sqrt[n]{A}$
»	221,	»	8,	» haut	$B(x)$	$B'(x)$
»	225,	»	3,	» haut	$en(x-z)$	$cn(x-z)$
»	302,	»	1,	» haut	$\nu + i\nu'$	$\nu + i\nu'$
»	357,	»	10,	» haut	$e^{-\frac{i\pi}{4K}(u+iK_1)}$	$e^{-\frac{i\pi}{4K}(u+iK')}$
»	371,	»	9,	» bas	$e^{\left[\lambda-\frac{\Theta'(\omega)}{\Theta(\omega)}\right]}$	$e^{\left[\lambda-\frac{\Theta'(\omega)}{\Theta(\omega)}\right]u}$
»	408,	»	7,	» bas	$D_x^{2\nu 3}$	$D_x^{2\nu-3}$
»	415,	»	14,	» bas	$\lambda_0^{2\nu 4}$	$\lambda_0^{2\nu-4}$
»	426,	»	9,	» haut	$Sn^c(ix, k')$	$Sn^c(ix. k')$
»	433,	»	1,	» bas	$+[\ldots\ldots]$	$\times[\ldots\ldots]$
»	448,	»	5,	» bas	a^2	α^2
»	457,	»	7,	» bas	$\frac{1}{2}$	$\frac{1}{z}$

TABLE DES MATIÈRES.

FIN DE LA TABLE DES MATIÈRES DU TOME III.

43600 Paris. — Imp. GAUTHIER-VILLARS, quai des Grands-Augustins, 55.

www.ingramcontent.com/pod-product-compliance
Lightning Source LLC
Chambersburg PA
CBHW060905220326
41599CB00020B/2847
9782013716789